危险化学品企业安全管理丛书

危险化工工艺安全技术与管理

崔政斌　丁　强　主　编
张美元　周礼庆　副主编

U0178181

 化学工业出版社

·北京·

《危险化工工艺安全技术与管理》是"危险化学品企业安全管理丛书"中的一册。工艺安全管理是危险化学品企业安全管理的核心。本书根据国家安监总局颁发的"重点监管的危险化工工艺"目录，对 18 种危险化工工艺的工艺流程、危险因素识别、作业安全控制、重点设备管理、安全操作规程等进行了系统全面阐述，是一本比较全面的介绍危险化工工艺安全管理的著作。

《危险化工工艺安全技术与管理》可供危险化学品企业的领导、安全监管人员、技术人员以及广大操作人员阅读，也可供大中专院校化工、制药、安全工程等专业的师生参考。

图书在版编目(CIP)数据

危险化工工艺安全技术与管理/崔政斌，丁强主编.
—北京：化学工业出版社，2019.8
（危险化学品企业安全管理丛书）
ISBN 978-7-122-34319-2

Ⅰ.①危⋯ Ⅱ.①崔⋯②丁⋯ Ⅲ.①化工产品-危险品-生产工艺-安全技术 Ⅳ.①TQ086.5

中国版本图书馆 CIP 数据核字（2019）第 071086 号

责任编辑：杜进祥　高　震　　　　　　　　　　装帧设计：韩　飞
责任校对：王素芹

出版发行：化学工业出版社（北京市东城区青年湖南街 13 号　邮政编码 100011）
印　　刷：三河市航远印刷有限公司
装　　订：三河市宇新装订厂
710mm×1000mm　1/16　印张 35　字数 677 千字　2020 年 2 月北京第 1 版第 1 次印刷

购书咨询：010-64518888　　售后服务：010-64518899
网　　址：http://www.cip.com.cn
凡购买本书，如有缺损质量问题，本社销售中心负责调换。

定　　价：158.00 元　　　　　　　　　　　　　　　版权所有　违者必究

《危险化工工艺安全技术与管理》编写人员

主　　　编：崔政斌　丁　强
副　主　编：张美元　周礼庆
其他编写人员：赵海波　范拴红　陈　伟　张　堃　石跃武
　　　　　　　杜冬梅　陈　鹏　崔　佳　崔　敏　戴国冕

我国是危险化学品生产和使用大国。改革开放以来，我国的化学工业快速发展，已可生产大约 45000 余种化工产品，主要化工产品产量已位于世界第一。危险化学品的生产特点是：生产流程长，工艺过程复杂，原料、半成品、副产品、产品及废弃物均具有危险特性，原料、辅助材料、中间产品、产品呈三种状态（气、液、固）且互相变换，整个生产过程必须在密闭的设备、管道中进行，不允许有泄漏，对包装物、包装规格、储存、运输以及装卸有严格的要求。

近年来，我国对危险化学品的生产、储存、运输、使用、废弃制定和颁发了一系列的法律、法规、标准、规范、制度，有力地促进了我国危险化学品的安全管理，促使危险化学品安全生产形势出现稳定好转的发展态势。但是，我国有 9.6 万余家化工企业，其中直接生产危险化学品的企业就有 2.2 万余家，导致危险化学品重大事故的情况还时有发生，特别是 2015 年天津港发生的"8·12"危险化学品特别重大火灾爆炸事故，再次给我们敲响了安全的警钟。

在这样一种背景下，我们感觉到很有必要组织编写一套"危险化学品企业安全管理丛书"，以此来指导、规范危险化学品生产企业在安全管理、工艺过程、隐患排查、安全标准化、应急救援、储存运输等过程中，全面推进落实安全主体责任，执行安全操作规程，装备集散控制系统和紧急停车系统，提高自动控制水平，从而确保企业的安全生产。

本套丛书由 8 个分册组成，包括《危险化学品企业安全管理指南》《危险化学品企业工艺安全管理》《危险化工工艺安全技术与管理》《危险化学品企业隐患排查治理》《危险化学品企业安全标准化》《危险化学品泄漏预防与处置》《危险化学品企业应急救援》《危险化学品运输储存》。这 8 个分册就当前危险化学品企业的安全管理、工艺安全管理、隐患排查治理、安全标准化建设、应急救援、运输储存作了详尽的阐述。可以预见的是，这套丛书的出版，会给我国危险化学品企业的安全管理注入新的活力。

本套丛书的编者均是在危险化学品企业从事安全生产管理、工艺生产管理、储存运输管理的专业人员，他们是危险化学品企业安全生产的管理者、实践者、维护者、受益者，具有丰富的生产一线安全管理经验。因此，本套丛书是实践性较强的一套专业管理丛书。

　　本套丛书在编写、出版过程中，得到了化学工业出版社有关领导和编辑的大力支持和悉心指导，在此出版之际表示衷心的感谢。

丛书编委会

化工生产是以化学变化或者化学处理为主要特征的工业生产过程。 在化学工业中，对原料进行大规模的加工处理，使其不仅在状态与物理性质上发生变化，而且在化学性质上也发生变化，成为符合要求的产品，这个过程即叫化工生产过程。

化工生产具有易燃、易爆、易中毒，高温、高压，有腐蚀等特点，因此，安全生产在化学工业中就更为重要。 一些发达国家的统计资料表明，在工业企业发生的爆炸事故中，化工企业就占了1/3。 随着生产技术的发展和生产规模的大型化，安全生产已成为一个社会问题。 我国的化工企业由于安全制度不健全或执行制度不严，操作人员缺乏安全生产知识或技术水平不高、违章作业等，也发生了许多事故。 国家安监总局在2009年公布了《首批重点监管的危险化工工艺目录》(安监总管三[2009]116号)，对指导各地区开展涉及危险化工工艺的生产装置自动化控制改造，提升化工生产装置本质安全水平起到了积极推动作用。 根据各地区施行情况，2013年，国家安监总局以安监总管三[2013]3号文，下发了《关于公布第二批重点监管危险化工工艺目录和调整首批重点监管危险化工工艺中部分典型工艺的通知》，研究确定了第二批重点监管危险化工工艺，组织编制了《第二批重点监管危险化工工艺重点监控参数、安全控制基本要求及推荐的控制方案》，并对首批重点监管危险化工工艺中的部分典型工艺进行了调整。

国家安监总局要求：化工企业要根据第二批重点监管危险化工工艺目录及其重点监控参数、安全控制基本要求和推荐的控制方案要求，对照本企业采用的危险化工工艺及其特点，确定重点监控的工艺参数，装备和完善自动控制系统，大型和高度危险的化工装置要按照推荐的控制方案装备安全仪表系统(紧急停车或安全联锁)。 地方各级安全监管部门要督促本辖区涉及第二批重点监管危险化工工艺的化工企业积极开展自动化控制改造工作，各省级安全监管部门可以根据本辖区内化工产业和安全生产的特点，补充本辖区内重点监管的危险化工工艺目录和自动化控制要求。

化工生产中的安全操作规程、工艺规程、设备检修规程（俗称"三大规程"）是保障安全的必不可少的作业法则，具有科学性、严肃性、技术性、普遍性，是衡量一个生产企业科学管理水平的重要标志。 这"三大规程"中的相关规定，是前人从生产实验、实践中得来的，以至用生命和血的代价编写出来的，具有其特殊性、真实性。在化工生产中人人不能违背，否则将受到惩罚。在国家安监总局颁发的有关危险化工工艺要求的指导下，我们结合危险化工工艺的特点，组织有关专业技术人员和安全管理人员编写了《危险化工工艺安全技术与管理》，从危险化工工艺、危险性识别、过程安全控制、重点设备管理、安全操作规程等方面入手，给化工技术人员、操作人员和检修人员以及管理人员提供一本实用的安全技术与管理读物。

　　本书的编写是按照国家安监总局两次公布的 18 个重点监管的危险化工工艺的顺序进行的，每一种重点监管的危险化工工艺组成一章，加上第一章（绪论），共有 19 章。本书在编写过程中得到了化学工业出版社有关领导和编辑的大力支持和悉心帮助，在此深表感谢。

　　限于编者水平，书中可能存在各种不足，恳请读者不吝指正。

编者

2019 年 10 月于山西朔州

目录

第一章

绪　论

第一节　危险化工工艺基础知识

一、定义

所谓危险化工工艺就是指能够导致火灾、爆炸、中毒的工艺。其中，所涉及的化学反应包括：硝化、氧化、磺化、氯化、氟化、氨化、重氮化、过氧化、加氢、聚合、裂解等反应。

二、有关概念

1. 危险化学品

危险化学品是指具有毒害、腐蚀、爆炸、燃烧、助燃等性质，对人体、设施、环境具有危害的剧毒化学品和其他化学品。

2. 危险化工工艺分类

（1）首批重点监控的危险化工工艺：a. 光气及光气化工艺；b. 电解工艺（氯碱）；c. 氯化工艺；d. 硝化工艺；e. 合成氨工艺；f. 裂解（裂化）工艺；g. 氟化工艺；h. 加氢工艺；i. 重氮化工艺；j. 氧化工艺；k. 过氧化工艺；l. 氨基化工艺；m. 磺化工艺；n. 聚合工艺；o. 烷基化工艺。

（2）第二批重点监控的危险化工工艺：

a. 新型煤化工工艺：煤制油（甲醇制汽油、费-托合成油）、煤制烯烃（甲醇制烯烃）、煤制二甲醚、煤制乙二醇（合成气制乙二醇）、煤制甲烷气（煤气甲烷化）、煤制甲醇、甲醇制乙酸等工艺。

b. 电石生产工艺。

c. 偶氮化工艺。

3. 危险化学品重大危险源

长期或临时生产、加工、使用或储存危险化学品，且危险化学品的数量等于或超过临界量的单元。

三、危险化工工艺存在的危险因素

1. 工厂选址

（1）易遭受地震、洪水、暴风雨等自然灾害。

（2）水源不充足。

（3）缺少公共消防设施的支援。

（4）有高湿度、温度变化显著等气候问题。

（5）受邻近危险性大的工业装置影响。

（6）邻近公路、铁路、机场等运输设施。

（7）在紧急状态下难以把人和车辆疏散至安全地。

2. 工厂布局

（1）工艺设备和储存设备过于密集。

（2）有显著危险性和无危险性的工艺装置间的安全距离不够。

（3）昂贵设备过于集中。

（4）对不能替换的装置不能有效地防护。

（5）锅炉加热器等火源与可燃物工艺装置之间距离太小。

（6）有地形障碍。

3. 结构

（1）支撑物、门、墙等不是防火结构。

（2）电气设备无防护设施。

（3）防爆通风换气能力不足。

（4）控制和管理的指示装置无防护措施。

（5）装置基础薄弱。

4. 对加工物质的危险性认识不足

（1）原料在装置中混合，在催化剂作用下自然分解。

（2）对处理的气体、粉尘等在其工艺条件下的爆炸范围不明确。

（3）没有充分掌握因误操作、控制不良而使工艺过程处于不正常状态时的物料和产品的详细情况。

5. 危险化工工艺

（1）没有足够的有关化学反应的动力学数据。

（2）对有危险的副反应认识不足。

（3）没有根据热力学研究确定爆炸能量。

（4）对工艺异常情况检测不够。

6. 物料输送

（1）各种单元操作时对物料流动不能进行良好控制。

（2）产品的标示不完全。

（3）风送装置内的粉尘爆炸。

（4）废气、废水和废渣的处理。

（5）装置内的装卸设施。

7. 误操作

（1）忽略关于运转和维修的操作教育。

（2）没有充分发挥管理人员的监督作用。

（3）开车、停车计划不适当。

（4）缺乏紧急停车的操作训练。

（5）没有建立操作人员和安全人员之间的协作体制。

8. 设备缺陷

（1）因选材不当引起的装置腐蚀。

（2）设备不完善，如缺少可靠的控制仪表等。

（3）材料的疲劳。

（4）对金属材料没有进行充分的无损探伤检查或没有经过专家验收。

（5）结构上有缺陷，如不能停车而无法定期检查或进行预防维修。

（6）设备在超过设计权限的工艺条件下运行。

（7）对运转中存在的问题或不完善的防灾措施没有及时改进。

（8）没有连续记录温度、压力、开停车情况及中间罐和受压罐内的压力变动。

9. 防灾计划不充分

（1）没有得到管理部门的大力支持。

（2）责任分工不明确。

（3）装置运行异常或故障仅由安全部门负责，只是单线起作用。

（4）没有预防事故的计划。

（5）遇有紧急情况未采取得力措施。

（6）没有实行由管理部门和生产部门共同进行的定期安全检查。

（7）没有对生产负责人和技术人员进行安全生产的继续教育和必要的防灾培训。

四、危险化工工艺装置自动控制和安全联锁

1. 人工手动控制的危险有害因素

（1）**危险性大小五要素** 危险化工工艺的危险性大小通常用危险度来分级，分为高度危险级、中度危险级和低度危险级三级，构成危险度的五个要素是：

① **物质** 工艺过程中的物质本身固有的点火性、可燃性、爆炸性和毒性。

② 容量　工艺过程中的物料量，量大的危险性大。

③ 温度　运行温度高时，点火温度低的危险性大。

④ 压力　运行压力越高越危险。

⑤ 操作　不同的化工产品、不同的反应类型、不同的运行条件、不同的工艺路线、不同的原料路线造成化工操作异常复杂。

（2）人工手动控制的危险有害因素　据初步调查，中小型化工企业的生产装置，一般以人工手动控制为主要操作手段。从化工生产的特点分析，人工手动控制的危险有害因素有：

① 现场人工操作用人多，一旦发生事故会直接造成人员伤亡。

② 人的不安全行为是事故发生的重要原因。在温度、压力、液位、进料量的控制中，阀门开关错误或指挥错误将会导致事故的发生。

③ 人工手动控制中很难严格控制工艺参数，稍有不慎即会出现投料比控制不当和超温、超压等异常现象，引发溢料、火灾甚至爆炸事故。

④ 作业环境对人体健康的影响不容忽视，很容易造成职业危害。

⑤ 设备和环境的不安全状态及管理缺陷，增加了现场人员机械伤害、触电、灼伤、高处坠落及中毒等事故的发生，直接威胁现场人员安全。

2. 常用的自动化控制和安全联锁方式

（1）自动控制和安全联锁的作用　化工生产过程中高温、高压、易燃、易爆、易中毒、有腐蚀性、有刺激性臭味等危险危害因素是固有的。自动化操作不仅能严格控制工艺参数，避免手动操作的不安全隐患，降低劳动强度，改善作业环境，而且能更好地实现高产、优质、长周期的安全运行。对高危险工艺装置，在不能消除固有的危险危害因素，又不能彻底避免人为失误的情况下，采用隔离、远程自动控制等方法是最有效的安全措施。

（2）常用的自动控制及安全联锁方式　对高危作业的化工装置最基本的安全要求应当是实行温度、压力、液位超高（低）自动报警、联锁停车，最终实现工艺过程自动化控制。目前，常用的工艺过程自动化控制及安全联锁主要有：

① 智能自动化仪表　可以对温度、压力、液位实现自动控制。

② 分布式工业控制计算机系统（DCS）　又称分散控制系统。DCS是采用网络通信技术，将分布在现场的控制点、采集点与操作中心连接起来，共同实现分散控制、集中管理的系统。

③ 可编程序控制器（PLC）　应用领域主要是逻辑控制、顺序控制，具有取代继电器的作用，也可以用于小规模的过程控制。

④ 现场总线控制系统（FCS）　是基于现场总线的开放型的自动化系统，广泛应用于各个控制领域，被认为是工业控制发展的必然趋势。尤其本质安全型总线，更加适合直接安装于石油、化工等危险防爆场所，减少系统发生危险的可

能性。

⑤ 各种总线结构的工业控制机（OEM） 总线结构的工业控制机的配置灵活，扩展使用方便，适应性强，便于集中控制。

以上控制方式都可以配备紧急停车系统（ESD）和其他安全联锁装置。

（3）典型控制单元模式 危险化工工艺生产过程千差万别，单元操作类型并不多。下面，简单介绍几个典型的基本单元控制模式：

① 化学反应器基本单元操作模式 多数化学反应是放热反应，硝化、卤化、强氧化反应是剧烈的放热反应；磺化、重氮化、加氢反应是强放热反应。随着反应温度的升高，反应速率将会加快，反应热也将随之增加，使温度继续上升，若没有可靠的移除反应热的措施，反应不稳定，将会超温，引发事故。

化学反应器的控制指标有温度、压力、流量、液位等，化学反应器的操作是各单元操作中较复杂也是最危险的操作。多数反应器应当配置超温、超压、超液位报警和联锁系统。

a. 流量控制 通过控制进料量使系统反应配比及反应过程稳定，也可以根据实际情况采用比值调节来控制进料配比。

b. 温度调节 通过控制冷媒流量来调节反应器温度，当反应器温度上升时，系统自动调大调节阀开度使冷媒流量加大，反之调小。

c. 温度超高联锁 当温度超高时系统报警，同时关闭紧急切断阀，切断进料。

d. 液位控制 通过控制出料阀的开度来控制出料量，使反应器液位保持恒定。同时，可设液位高低限报警。

② 换热器基本单元模式 工艺过程中常设置换热器设备（冷却器、再沸器、冷凝器等），其调节控制参数都是温度。通常控制方案有三种：调节有效传热面积，根据工艺物料出口温度来调节冷（热）载体流量，改变温差。

a. 温度超高报警联锁，温度超高后报警，同时切断蒸汽入口阀；b. 加热量控制系统；c. 进料量控制系统；d. 进料预热控制系统；e. 液位控制系统；f. 压力控制系统。

③ 易燃液体储罐基本单元模式 仪表控制设计一般要求。

a. 液位：就地液位指示，远传液位指示，高、低液位报警，高、低液位联锁（需要时设）。b. 温度：就地温度指示，远传温度指示（需要时设报警），有加热系统的设温度调节。c. 流量：进出料管线上设流量计。d. 易燃液体储罐说明：安全设施有喷洒冷却水，压力指示、报警，可和温度联锁实现自动喷淋。现场流量指示及液位现场指示、远传指示、高低液位报警及超高液位联锁。设置氮封压力调节，使罐内氮封压力保持正压。设置阻燃式呼吸阀。必要时，设温度指示、报警、联锁。必要时，在储罐附近设可燃气体浓度监测报警及有毒气体浓度监测报警。有些储罐可设置泡沫灭火设施。

以上的这些监测点的采集、显示，以及控制阀门的动作等，所有这些控制策略需要 DCS 或者 PLC 来完成。

3. 安装（改造）自动控制和安全联锁装置应做的主要工作

危险化工工艺装置安装自动控制和安全联锁的技术改造工作，应主要做好以下几点：

（1）对工艺装置进行风险分析

① 对产品、中间产品、原料及辅助材料的物理、化学性质进行分析，确定其点火性、可燃性和毒性，并根据其储存量和工艺过程中的物料量确定危险程度。

② 对工艺的固有危险性进行分析，确认工艺过程中有几步化学反应，主要危险是什么，并对可能发生的事故类型、损失程度进行分析。

③ 对反应器、储罐等主要危险设备的新旧程度，生产、储存装置的现有状态进行分析。

④ 对企业现有工艺规程、安全规程等操作制度和现有的安全设施进行分析。

通过以上分析找出现有装置的主要危险有害因素，以及主要工艺控制参数，初步确定控制点和监测点的要求。

对以上的风险分析工作，大型企业可以组织自己的工艺、设备、安全方面的专家自主进行，中小型企业从提高企业安全生产条件的角度出发，应当委托具有相应资质的安全评价、化工设计等中介机构进行。

（2）制定安装（改造）方案　危险化工工艺企业高危险工艺装置安装自动控制和安全联锁是一项非常复杂的系统工作。自动控制和安全联锁系统的方案设计，应当委托具有资质的设计单位承担。对于高度危险装置的自动化控制和安全联锁系统方案设计，建议委托具备甲级资质、有经验的设计单位承担，根据国家相关设计规范和标准进行全面的安全系统设计。

（3）做好实施的各项准备工作　企业的设计方案确定后，要做好实施前的准备工作，一是自动控制系统、安全联锁装置的选型，根据先进性、经济合理性、供应商服务能力与质量等原则，咨询设计等单位的意见后确定；二是对相关人员进行专业培训，确保掌握自动控制及安全联锁装置的知识和操控能力；三是制定新的工艺操作规程和安全规程，并组织企业全员学习。

（4）安装、调试和投入运行　装置停车进行相关的吹扫、置换、封堵等工作，确保停车过程中的安全。自动控制及安全联锁装置的安装、调试，必须由具备能力、有资质的单位承担，企业应当选派人员参与安装调试工作，培养自己的技术人才。安装调试完成后，企业按照事先制定的开车方案，并严格按照安全规程的要求，进行空车联动试运转，在确认无问题后再投料开工，正式投入运行。

五、危险化工工艺设计时应考虑的因素

1. 工艺物料

要想对原材料是否具备危险性进行分辨，就需要广大工作人员对工作中所使用的材料特点进行掌握。因为在实际生产环节中，采用的原料和材料状态往往存在较大的差别，储存和运输的方式也存在较大区别，所以在不同的状态下，工艺物料必然会受到各种影响或限制。在此环节中，更要求广大工作人员具备丰富的工作经验，通过这种方式对材料危险性进行合理控制，实现对生命生产安全的保障。

2. 工艺路线

要想进行一些反应就需要借助各种工艺路线实现，所以广大工作人员在实际工作的环节中也需要选择更为合理的工艺路线，通过这种方式对危险物质的用量进行合理控制。在这一环节中应该尽可能选择一些风险性更小的物料。在对催化剂进行使用的环节中更应该保持慎重性，确保采用无毒、无污染的催化剂。如果在实际工作中不得不采用具备危险性的催化剂，就应该事先对危险性物料进行稀释，通过这种方式实现对危险介质的藏量进行降低，避免出现泄漏的问题。此外，还应该尽可能减少对废料的生产，通过有效的循环，更合理地进行清洁生产，借助该方式降低对环境的污染。

3. 管道方面

对管道进行有效设计也可以在很大程度上对危险因素进行控制。借助管道进行运输的物料大多结构或性质是比较复杂的，比如具备易燃易爆特点，甚至一些还具备较为显著的腐蚀性等，如果在运输环节中有害物质出现了泄漏，那么必然会对环境造成十分严重的威胁和负面影响。因此在对管道进行设计的环节中，也需要对材料进行合理选择，通过这种方式实现对管道的合理布置。设计人员也应该对工艺流程进行准确的掌握和了解，进一步认识到对管道进行系统设计的重要性。在这项工作的开展过程中，工作人员还需要对管道的相关操作方式进行掌握，通过这种方式对工艺要求和管道腐蚀性进行明确，从而根据管道实际对管道进行有效设计和布置，防止管道振动情况的出现。

在对管道进行工艺设计的环节中，除了对安全因素问题进行关注之外，还应该适当加强对投资经济性的分析，在对管道厚度进行选择的过程中应该根据经济厚度进行选择，从而借助软管连接的方式。但是这种方式也存在较大的风险，软管如果受到压力出现断裂的情况，就可能造成喷溅事故，所以在实际工作中也应该减少采用软管连接的方式。

六、危险化工工艺的安全管理

1. 装置的安全管理

成熟的危险化学品生产装置必须有完善的生产工艺仪表控制系统，要有可靠

的温度、压力、流量、液面等工艺参数控制仪表。在工作过程中，对于需要严格控制的工艺参数，要设置相应的控制仪表单元，并尽可能提高其自动化程度，不断完善 DCS 控制系统和仪表联锁系统。对于两重点一重大危险化学品生产系统，还必须设置紧急停车系统，保证出现不安全行为时能够安全停车。在特别危险的场所中，要设置双电源供电或备用电源，并在重要的控制仪表上设置不间断电源（UPS）。另外，在特别的危险场所和高度危险场所，要设置排除险情的装置，即采用安全阀保护容器、相应的管道和设备，避免超压。同时，故障安全保护阀要具有自动定位的功能，当电源或仪表空气压力发生故障时要发挥相应的作用。

企业要对所有设备进行编号，建立设备台账、技术档案和备品配件管理制度，编制设备操作和维护规程、设备检测检验台账。设备操作、维修人员要进行专门的培训和资格考核，培训考核情况要记录存档。建立装置泄漏监（检）测管理制度、电气安全管理制度、仪表自动化控制系统安全管理制度等。基层分管技术员建立分管设备完好台账，做到人人心中有本账，依据设备状况报月度、年度检修计划，开展预防性维修，以使设备台台完好，从生产技术管理环节实现"管生产必须管安全"。

2. 风险管理

鉴于工作中存在的风险，要制定"风险评价控制管理制度"，明确风险辨识范围，风险辨识评价组织机构，以及管理职责、方法、标准、频次、风险分析结果应用和改进措施等，并针对生产全过程进行风险辨识分析。对于涉及重点监管的危险化学品、重点监管的危险化工工艺和危险化学品重大危险源的生产储存装置，要进行必要的风险辨识分析，并采用危险与可操作性分析技术辨识其他生产装置中存在的风险。针对装置的复杂程度，可选用安全检查表、工作危害分析、预先危险性分析、故障树分析（FTA）、HAZOP 分析等方法完成相关工作。在确定了风险辨识分析内容后，可依据国家有关规定或参照国际相关标准制定可接受的风险标准。对于辨识分析中发现的不可接受风险，要及时制定并落实消除、减小或控制风险的措施，将风险控制在可接受的范围内。

（1）危险源辨识　根据不同企业的具体生产过程，对其工艺中各种物质与装置的固有危险性、危险物质容量、温度、压力、操作方式、反应放热与腐蚀性等各个项目分等级赋值并进行累计计算，所得的危险程度结合其风险指标、危险程度及后果、控制方案等建立完备的资料数据库。以危险物质容量为例，该指标是根据工艺装置中各种反应物的含量参考《危险化学品重大危险源辨识》（GB 18218—2018）或《压力容器中化学介质毒性危害和爆炸危险程度分类》（HG/T 20666—2017）等标准进行分级，含量的计算应以反应物的反应形态为标准，有催化剂的反应还应去掉催化剂层所在的空间。

（2）危险化工生产设备的风险识别　在危险化工工艺生产中，会使用到各种类型的机械设备，而这些设备中隐藏着较多的安全隐患。因此，在识别危险化工工艺风险时，必须要将设备作为风险检测的主要对象。在处理、运输化工原材料的过程中，要严格检查相关设备，做好安全防范工作，将风险隐患控制在合理范围内。同时，在生产过程中，应尽可能让设备处于稳定的运行状态，以期在增强化工生产安全性的基础上提高化工生产效率。

（3）化学反应过程中的风险识别　化工原材料间形成的化学反应是化工工艺中最关键的一步，其反应过程也是生产流程中最重要的一环。原材料发生的化学反应不仅对化工生产的效率和质量有很大的影响，还在很大程度上影响着生产安全。因此，要加强对化学反应过程的风险识别，认真审核其中应用的各种原材料，在保证化工产品质量的前提下，尽可能选择毒性小、安全系数高的材料。如果必须要使用高危材料，应提前做好相应的安全防范措施，避免受到反应物的影响和伤害。

3. 检修作业安全管理

装置检修时期也是各类安全事故的高发期。为此，危险化学品生产企业按照八大高风险作业安全规范制定各类检修作业安全管理制度，建立作业安全许可制度，落实作业安全管理责任。运行车间和承修单位、企业安全管理部门共同进行安全管控监督，落实好运行车间和承修单位安全管理的属地管理责任和企业安全管理部门监管责任，针对不同的责任，应编制检修安全方案，成立检修安全管理组织，使得各级人员各司其职，各负其责，共同参与检修作业的安全管理工作。设备交付检修前的排放、置换、清洗均有专人负责落实执行确认；检修过程中设备状态、盲板状态，检修过程中对危险介质等使用表单进行检查确认和专人许可；必须安排专人负责对检修人员的资质管理、安全培训教育、安全责任落实，对作业项目分级分辖区安全监督检查、安全监护等措施是否落实进行现场确认，确保检修作业安全。

4. 安全技术措施

安全技术措施包括预防事故发生和减少事故损失两方面，这些措施归纳起来主要有以下几类：

（1）减少潜在危险因素　新工艺新产品的开发时，尽量避免使用具有危险性的物质、工艺和设备，即尽可能用不燃和难燃物质代替可燃物，用无毒和低毒物质代替有毒物质，这样使爆炸、中毒事故将因失去基础而不会发生。

（2）降低潜在危险因素的数值　潜在危险因素往往达到一定的程度或强度才能产生危害。通过一些方法降低它的数值，使之处在安全范围以内就能防止事故的发生。例如作业环境中存在有毒气体，可安装通风设施，降低有毒气体的浓度，使之达到允许值以下，就不会影响人身安全和健康。

（3）联锁　当设备或安装出现危险情况时，以某种方法强制一些原件相互作用，以保证安全操作。例如，当检测仪表显示出工艺参数达到危险值时，与之相连的控制元件就会自动关闭或调节系统，使之处于正常状态或安全停车。目前，由于化工、石油化工生产工艺越来越复杂，联锁的应用也越来越多。联锁是一种很重要的安全防护装置，可有效地防止人的误操作。

（4）隔离操作或远距离操作　由事故致因理论得知，伤亡事故的发生必须是人与施害物相互接触，如果将两者隔离开或保持一定距离，就会避免人身事故的发生。例如，对放射性、辐射和噪声等的防护，可以通过提高自动化生产程度，设置隔离屏障。

（5）设置薄弱环节　在设备或装置上安装薄弱元件，当危险因素达到危险值之前这个地方预先被破坏，将能量释放，防止重大破坏事故发生。例如，在压力容器上装安全阀或爆破膜，在电气设备上安装熔断器。

（6）坚固或加强　有时为了提高设备的安全程度，可增加安全系数，加大安全裕度，提高结构的强度，防止因结构破坏而导致事故发生。

（7）封闭　封闭就是将危险物质和危险能量局限在一定范围内，防止能量逆流，可有效地预防事故发生或减少事故损失。例如，使用易燃易爆、有毒有害物质，将其封闭在容器和管道里，不与空气、人和火源接触，就不会发生火灾、爆炸和中毒事故。将容易发生爆炸的设备用防爆墙围起来。

（8）警告牌示和信号装置　警告可以提醒人们注意，及时发现危险因素和危险部位，以便及时采取措施，防止事故的发生。警告牌示是利用人们的视觉引起注意，警告信号则是利用听觉引起注意。目前应用比较多的可燃性气体、有毒气体检测报警仪，既有光也有声的报警，可以从视觉听觉两方面提醒人们注意。

5. 安全教育管理

安全教育是增强搞好安全生产的责任感，提高执行安全法规的自觉性，掌握安全生产的科学知识，提高安全操作技能的手段。安全教育的内容包括安全思想政治教育、安全管理知识教育、安全技术知识教育。安全思想政治教育主要是思想教育、劳动纪律，以及国家安全生产的方针、政策、法规法纪教育。安全管理知识教育包括安全管理体制、安全组织机构及基本安全管理方法和现代安全管理方法。安全技术知识教育内容包括一般安全技术知识和专业性安全技术知识。一般安全技术知识包括生产过程中各种原料、产品的危险有害特性，可能出现的危险设备和场所，形成事故的规律，安全防护的基本措施，尘毒危害的防治方法，异常情况下的紧急处理方案，事故发生时的紧急救护和自救措施等。对从事特殊工种的作业，如锅炉压力容器、电气、焊接、化学危险品管理、尘毒作业等有特殊的安全要求，应对操作人员进行专业安全技术知识教育。

安全技术知识教育应做到应知应会，不仅要懂得方法原理，还要学会熟练操作，加强处理异常情况的训练，提高突发事件的应变能力。

七、危险化工工艺安全控制基本要求

18个危险化工工艺，大部分是放热反应。危险化工企业要建立健全各级安全生产责任制，层层签订安全生产责任书，形成上下左右全方位责任到人的安全生产管理保证体系。成立专职安全管理机构，配备合格的专职安全管理人员，实行各级主管领导负责制，将安全生产管理的职责层层分解，落实到各岗位每一个人。要经常检查，全面消除隐患，落实安全生产检查制度，经常开展安全检查。公司、安全主管部门、车间（工段）都要经常检查。检查的形式：公司可进行普检、抽检、专检；车间应进行自检、互检；主管领导和安全员应经常进行巡逻检、监督检；班组应进行上班检、下班检和过程检。全面检查，消除隐患死角。

1. 重视安全管理

一方面，化工企业需要加大在安全管理上的资金投入，使化工企业的员工能够获取更多的学习机会，提高企业员工的生产技能，降低化工产品在生产过程中安全事故的发生。另一方面，化工企业需要通过培训、考核等方式不断地提高企业中工作人员对安全管理的意识，使企业的员工能够在思考问题时从企业出发，从安全生产出发，配合企业安全生产工作的开展，使企业的利益能够得到保障的同时保护自身的安全。

2. 把好设计安全关

在化工产品生产过程中，做好化工安全管理工作第一步就是设计，如果产品的设计无法依照要求完成，那么接下来的生产步骤也就更加无法依照要求进行，从而导致整个化工产品的生产都无法满足生产要求。设计是化工产品安全生产的前提和基础，对化工产品的生产有着一定的调节作用。化工产品种类的不断增加，对化工产品的设计也提出了更高的要求。同时，化工产品生产企业也要对检查部分的工作进行积极的配合，在条件允许的情况下，应当对企业的化工产品的生产进行定期的评估，从而能够及时发现在安全生产过程设计环节中存在的问题，避免安全事故的发生，提高化工产品生产的安全性，进一步提升企业本质安全水平。按照国家安全监管总局关于提升危险化学品领域本质安全水平专项行动"回头看"要求，对完成改造企业进行"回头查"，发现企业存在改造不到位或隐患整改不合格、自动化改造完成后弃而不用以及自动控制设施和检测报警仪表不能正常运行的，要将其列入隐患清单，逐项督促企业限期整改。要督促企业通过机械化、自动化和远程操控等形式，切实减少现场作业人数，降低事故风险。要根据企业实际情况，采取自聘外部专家或专业机构服务等形式，推进危化品企业安全生产社会化服务工作落到实处。要督促企业充分利用自身力量，认真落实《危险化学品从业单位安全标准化通用规范》（AQ 3013），建立以安全标准化为基础的企业安全生产管理体系，并保持有效运行，及时发现和解决各类问题，做到安全制度完善、安全投入到位、安全培训到位、基础管理到位、应急救援到位，实现安全管理、操作行为、工艺设备、作业环境标准化。要充分发挥安全标准化作用，动员并组织全体员工，对照标准，突出隐患排查治理、作业现场管理和全员培训教育等重点环节，通过开展岗位达标、专业达标，推进安全标准化提质工程建设。

3. 在设备上做好把关

化工企业在发展过程中需要不断增添设备，企业中使用的设备质量和性能对化工产品的安全生产有着重要影响。在对生产设备进行把关时，首先需要确保设备的先进性，要对生产中使用的设备进行及时的更新换代，避免化工产品生产过程中因为设备的老化而导致安全事故的发生。同时在使用设备过程中，如果企业引进了新型设备，需要同时引进对设备了解的人员，对企业其他的工作人员进行培训，提高所有员工对设备的掌握程度，降低事故发生的概率。最后，应当建立安全管理机制对设备进行管理，应当指派专门人员对设备的使用、检查、维护进行管理，当设备出现问题时应当对相应的责任制进行落实，并做好化工生产设备的防爆、放电、防雷检查。

4. 在操作上做好把关

在安全管理中最重要的环节就是操作环节，在化工产品生产的具体操作中，可能会存在各种各样的问题，例如在生产过程中因为错误操作而引发的爆炸事件时有发生。针对操作把关来说，应当制定合理的把关制度，在实际操作过程中应当针对不同的部门制定相应的制度，用制度对产品的生产进行约束，确保化工产品生产的安全性。同时应当通过培训、考核等方式不断加强监管人员的整体素质，对可能存在的安全问题要进行及时的排查，避免问题的出现。

5. 开展安全生产监督执法检查

危险化工企业，要认真抓好"三个一"。一是组织开展一次宣传活动。要以学习习近平总书记对安全生产工作系列重要指示批示讲话精神为重点，通过事故案例分析，观看生产安全事故典型案例，讲解国家的法律法规和标准规范，明确加强化工过程安全管理要求，推动安全生产各项工作落实。二是组织一次监督执法检查。要紧紧围绕化工过程安全管理、安全标准化提质工程建设、危险化学品领域本质安全水平专项行动"回头看"三个方面，对照《化工（危险化学品）企业安全检查重点指导目录》内容，制定操作性、针对性强的专项现场执法检查方案，明确专家检查和执法人员检查项目，集中监管、许可和执法三部分力量，对危化品企业和使用危化品的化工生产企业、经营带储存企业进行逐一检查，彻底查找企业违法违规行为，责令企业限期完成整改。三是处罚一批违法违规企业。

第二节 原国家安监总局对危险化工工艺的要求

一、两次发文公布重点监控的危险化工工艺目录

1. 首批公布的 15 项重点监控危险化工工艺

国家安全监管总局于 2009 年 6 月 12 日，以安监总管三字〔2009〕116 号颁发了《首批重点监管的危险化工工艺目录》。为贯彻落实《国务院安委会办公室关于进一步加强危险化学品安全生产工作的指导意见》（安委办〔2008〕26 号，以下简称《指导意见》）有关要求，提高化工生产装置和危险化学品储存设施本质安全水平，指导各地对涉及危险化工工艺的生产装置进行自动化改造，国家安监总局组织编制了《首批重点监管的危险化工工艺目录》和《首批重点监管的危险化工工艺安全控制要求、重点监控参数及推荐的控制方案》，为企业更好地控制危险化工的危险性提供了方法和方案。全国各地对贯彻执行这个目录进行如下工作。

（1）提高认识，加强领导，落实责任　各级安全监管部门要充分认识化工企业安全生产基础仍然薄弱，特别是一些高危险工艺化工企业没有配置自动化控制及安全联锁，工艺装置本质安全水平较低，化工生产过程大多涉及高温、高压、易燃、易爆和有毒有害，一旦出现异常且控制不当，极易引发恶性事故。实施化工生产过程自动化控制及安全联锁技术改造，是规范安全生产管理、降低安全风险、防止事故发生的重要措施，也是强化企业安全生产基础、提升本质安全水平的有效途径。各级政府要切实加强对自动化改造工作的组织领导，周密部署，精心组织，强力推进，认真实施，切实督促企业严格落实主体责任，加大安全投入，加快安装改造进度。

（2）强化管理，狠抓落实，确保进度　各地都针对这项工作时间紧、专业性强、改造任务重的情况，加强各实施阶段督促检查，及时掌握改造企业工作进展和存在困难，采取得力措施，狠抓落实，确保如期完成工作任务。各企业要科学分析各自装置特点，按照安全可靠、经济适用原则，充分吸收设计、评价等单位技术人员和化工专家意见，积极稳妥地实施改造。各地安全监管部门要切实加强对安装改造工作过程中停产和复工环节的安全监管，督促企业建立并严格落实化工装置开、停车方案，安全操作规程和应急处置预案，保证装置改造工作安全顺利进行。

（3）强化监管，严格许可，把住安全准入关　要将是否安装自动化控制及安全联锁系统作为换（发）安全生产行政许可的必要条件，严把安全生产准入关。实施改造的企业，要在安装改造工程验收后，编制自动化控制及安全联锁系统安

装报告书报当地安监部门。新、改、扩建项目，涉及化工装置属于安装改造范围的，必须同时设计、安装和使用相应的自动化控制及安全联锁装置。未经设立安全审查或安全设施设计审查的，必须提出或设计相应的自动化控制及安全联锁系统，否则，不予通过安全审查。已经试生产的，必须在试生产结束前配置相应的自动化控制及安全联锁装置，确因时间紧、工作量大等原因无法完成的，要作出安装改造的时限承诺（最长不超过6个月），并认真实施，否则不予通过安全设施竣工验收。危险化学品建设项目设立安全评价报告，要采用危险度评价法，分析工艺装置的安全风险，提出是否安装自动化控制及安全联锁系统的措施建议。危险化学品建设项目竣工验收安全评价报告、生产企业现状安全评价报告，要对是否按规定要求安装自动化控制及安全联锁装置作出评价。危险化学品建设项目安全设施设计专篇，要根据工艺装置的安全风险分析、风险级别和措施建议，充分考虑和设计重要参数的测量、控制、报警、自动联锁保护、紧急停车等自动化控制及安全联锁设施和措施。

2. 第二批公布重点监管的危险化工工艺目录

2013年1月15日，国家安监总局公布安监总管三〔2013〕3号《关于公布第二批重点监管危险化工工艺目录和调整首批重点监管危险化工工艺中部分典型工艺的通知》。

为进一步做好重点监管的危险化学品安全管理工作，国家安监总局在分析国内危险化学品生产情况和近年来国内发生的危险化学品事故情况、国内外重点监管化学品品种、化学品固有危险特性及国内外重特大化学品事故等因素的基础上，研究确定了《第二批重点监管的危险化学品目录》，并就有关事项通知如下：

（1）生产、储存、使用重点监管的危险化学品的企业，应当积极开展涉及重点监管危险化学品的生产、储存设施自动化监控系统改造提升工作，高度危险和大型装置要依法装备安全仪表系统（紧急停车或安全联锁）。

（2）地方各级安监部门应当按照有关法律法规和上述通知的要求，对生产、储存、使用、经营重点监管的危险化学品的企业实施重点监管。

（3）各省级安监部门可以根据本辖区危险化学品安全生产状况，补充和确定本辖区内实施重点监管的危险化学品类项及具体品种。

第二批公布的重点监管的危险化工工艺共有三种。第一种是新型煤化工工艺，包括：煤制油（甲醇制汽油、费托合成油）、煤制烯烃（甲醇制烯烃）、煤制二甲醚、煤制乙二醇（合成气制乙二醇）、煤制甲烷气（煤气甲烷化）、煤制甲醇、甲醇制乙酸等工艺。第二种是电石生产工艺。第三种是偶氮化工艺。

二、加强危险化工工艺过程管理

危险化工过程或工艺的危险性，主要来自参与该过程的物质危险性，而过程中的物质处于动态，这往往比处于静态时的危险性要大。此外，化工过程的危险性还有过程本身的危险性，条件的危险性及设备的危险性等。物质危险性属第一类危险源，决定着事故后果的严重性，化工工艺过程及环境、设备、操作者的不安全因素属第二类危险源，决定着事故发生的可能性。危险化工工艺生产过程具有易燃易爆、高温高压、连续作业等特点，生产流程长，危险性大，又涉及工艺、设备、仪表、电气等多个专业和复杂的公用工程系统。化工过程安全管理涉及安全生产信息管理、风险管理、装置运行安全管理、岗位安全教育和操作技能培训、试生产安全管理、设备完好性（完整性）管理、作业安全管理、承包商管理、变更管理、应急管理、事故和事件管理等内容。各地要督促企业按照《国家安全监管总局关于加强化工过程安全管理的指导意见》（安监总管三〔2013〕88 号）要求，严格落实化工过程安全管理。要采用危险与可操作性分析（HAZOP）技术对涉及"两重点一重大"企业进行风险辨识分析；按照《危险化学品重大危险源监督管理暂行规定》《危险化学品生产、储存装置个人可接受风险标准和社会可接受风险标准（试行）》开展个人风险和社会风险分析，落实相应安全控制措施。要认真吸取近期事故教训，认真做好变更过程风险辨识，严格落实特殊作业许可、作业过程监督和承包商管理。

任何化学物质都具有一定的特点和特性。如酸类、碱类有腐蚀性，除能给装置的设备造成腐蚀外，还能给接触的人员造成化学灼伤。有的酸还有氧化的特性，如硫酸、硝酸。又如易燃液体，它们的通性是易燃易爆，另一个通性是具有一定的毒性，有的毒性较大。另外，处于化工过程中的物质会不断受到热的、机械的（如搅拌）、化学的（参与化学反应）多种作用，而且是在不断的变化中。而有潜在危险性的物质耐受（外界给予的能量，超过其参与化学反应的最低能量，也导致激活）能力是有限的，超过某极限值就会发生事故。因此，了解参与化工生产过程的原料的物化性质极其必要，只有掌握它们的通性及特性才能在实际生产中做好安全预防措施，否则就会发生意想不到的后果。

化工过程根本目的和特点就是改变物质，而改变的方法不外乎是化学的、物理的、机械的过程等。化学反应的类型较多，诸如裂化、催化、还原、电解、聚合、重氮化、磺化、缩合、烷基化等反应，因其类型不同、特点不同，需要的反应条件不同，其安全预防措施也不尽相同。

三、加强"两重点一重大"管理

1."两重点一重大"

"两重点一重大"即重点监管的危险化工工艺、重点监管的危化品、危化品重大危险源。

近年来，我国采取了一系列强化危化品安全监管的措施，全国危化品安全生产形势呈现稳定好转的发展态势。但是，由于危化品企业 80％以上是小企业，大多工艺技术落后、设备简陋、管理水平低，从业人员素质不能满足安全生产需要，安全监管体制机制也需进一步完善，因而危化品事故还时有发生，形势依然严峻。因此，迫切需要国家对危化品安全监管加强指导，突出重点，完善体系。

首批及第二批重点监管的危险化工工艺已公布实施，并取得了良好的效果。在首批重点监管的危险化工工艺中，包括光气及光气化工艺、氯碱电解工艺、氯化工艺等 15 种工艺。国家规定，采用危险化工工艺的新建生产装置原则上要由甲级资质化工设计单位进行设计，各化企应确定重点监控的工艺参数，装备和完善自动控制系统等。从目前的实践看，这些重点监管的危险工艺的公布，使各地、各企业明确了化工生产工艺监管重点，提高了化工装置和危化品储存设施的安全水平。

现行《危险化学品名录》中有 3823 种危化品，对危险性较大的危化品实施重点监管，已成为各国化学品安全管理的共识。国家安监总局组织专门技术力量进行了 1 年多的专题研究，进行了认真筛选，综合考虑了化学品的固有危险性、发生事故情况、生产量、国内外重点监管品种等要素，研究、借鉴国外相关安全管理名录，确定了首批及第二批重点监管的危险化学品名录。

目前国内部分危化品单位缺少有经验的安全生产管理人员，安全生产管理水平不高，从业人员不掌握或不完全掌握相关危化品的危险特性和安全生产知识。针对这种现状，国家安监总局还组织有关单位和专家配套编制了《首批重点监管的危险化学品安全措施和应急处置原则》，从特别警示、理化特性、危害信息、安全措施、应急处置原则等方面，对首批重点监管的危化品逐一提出了安全措施和应急处置原则，既可以指导企业加强安全生产工作，又为各地安监部门执法检查提供参考和指导。

2011 年国家安监总局颁发第 40 号令——《危险化学品重大危险源安全监督管理暂行规定》，其中对一级重大危险源、二级重大危险源、三级和四级重大危险源、重大危险源中的毒性气体、剧毒液体和易燃气体等重点设施都有相应细致而严格的规定。通过定量风险评价确定的重大危险源的个人和社会风险值，不得超过该规定的个人和社会可容许风险限值标准。超过个人和社会可容许风险限值标准的，危险化学品单位应当采取相应的降低风险措施。危险化学品单位应当按照国家有关规定，定期对重大危险源的安全设施和安全监测监控系统进行检测、检验，并进行经常性维护、保养，保证重大危险源的安全设施和安全监测监控系统有效、可靠运行。维护、保养、检测应当作好记录，并由有关人员签字。

危险化学品单位应当明确重大危险源中关键装置、重点部位的责任人或者责任机构，并对重大危险源的安全生产状况进行定期检查，及时采取措施消除事故隐患。事故隐患难以立即排除的，应当及时制定治理方案，落实整改措施、责任、资金、时限和预案。危险化学品单位应当对重大危险源的管理和操作岗位人员进行安全操作技能培训，使其了解重大危险源的危险特性，熟悉重大危险源安全管理规章制度和安全操作规程，掌握本岗位的安全操作技能和应急措施。

危险化学品单位应当依法制定重大危险源事故应急预案，建立应急救援组织或者配备应急救援人员，配备必要的防护装备及应急救援器材、设备、物资，并保障其完好和方便使用；配合安全生产监督管理部门制定所在地区涉及本单位的危险化学品事故应急预案。

对存在吸入性有毒、有害气体的重大危险源，危险化学品单位应当配备便携式浓度检测设备、空气呼吸器、化学防护服、堵漏器材等应急器材和设备；涉及剧毒气体的重大危险源，还应当配备两套及以上气密型化学防护服；涉及易燃易爆气体或者易燃液体蒸气的重大危险源，还应当配备一定数量的便携式可燃气体检测设备。危险化学品单位应当制定重大危险源事故应急预案演练计划，并按照下列要求进行事故应急预案演练。

危险化学品单位应当对辨识确认的重大危险源及时、逐项进行登记建档。重大危险源档案应当包括下列文件、资料：

① 辨识、分级记录；

② 重大危险源基本特征表；

③ 涉及的所有化学品安全技术说明书；

④ 区域位置图、平面布置图、工艺流程图和主要设备一览表；

⑤ 重大危险源安全管理规章制度及安全操作规程；

⑥ 安全监测监控系统、措施说明、检测及检验结果；

⑦ 重大危险源事故应急预案、评审意见、演练计划和评估报告；

⑧ 安全评估报告或者安全评价报告；

⑨ 重大危险源关键装置、重点部位的责任人、责任机构名称；

⑩ 重大危险源场所安全警示标志的设置情况。

总之，在深入贯彻落实国务院《关于进一步加强企业安全生产工作的通知》过程中，危化品监管政策相继出台，其目的是进一步突出重点、强化监管，将危化品安全管理提高到一个新的高度。在国家安监总局《危险化学品重大危险源安全监督管理暂行规定》发布施行后，危化品"两重点一重大"的监管格局将得以确立。

2. 规范特殊作业环节管理和许可程序

（1）严格执行特殊作业安全规范　企业要严格执行《化学品生产单位特殊作业安全规范》（GB 30871—2014）的规定，建立完善的特殊作业许可制度，规范动火、进入受限空间、动土、临时用电、高处作业、断路、吊装、抽堵盲板等特殊作业安全条件和审批程序，对特殊作业实施许可，必须按规范规定程序进行作业许可证的会签、审批和管理，明确作业负责人、作业人、监护人、审批人的安全职责，明确安全隔绝、清洗、置换、通风、监测、用电、监护、抢救等安全措施的落实。涉及"两重点一重大"的危险化学品企业的特殊作业要实行梯级管理。

（2）严格实施特殊作业风险分析　要按照有关规定，根据工艺技术、生产操作、设施设备和物料介质的特点，及时组织对特殊作业活动的场所、设施、设备及生产工艺流程进行危险有害因素识别和风险分析。风险分析的内容要涵盖特殊作业过程、步骤，所使用的工具和设备，作业环境特点，以及作业人员情况等。要根据风险分析的结果采取相应的工程技术、管理、培训教育、个体防护等方面的预防和控制措施，以消除或降低特殊作业风险。凡在特殊作业前未实施风险分析、未采取和落实预防和控制措施的，一律不得实施作业。

（3）严格确认特殊作业安全条件　企业特殊作业必须严格检查确认以下主要安全条件后方可实施特殊作业：制定特殊作业方案，明确特殊作业项目负责人和安全技术措施；对特殊作业人员、监护人员进行安全培训教育和作业方案现场交底；对生产装置的工艺处理和设备的隔绝、清洗、置换等安全技术措施满足安全要求；用于特殊作业的设备、工（器）具符合国家相关安全规范的要求；特殊作业现场设立安全警示标志，采取有效安全防护措施，保证消防和行车通道畅通；应急救援器材、个人防护用品、通信和照明设备等要符合风险分析的条件，保证完好并满足安全要求；当出现异常情况时，立即通知人员停止作业，迅速撤离作业场所。

（4）认真规范特殊作业许可控制　特殊作业许可管理严格执行以下要素和流程：确定任务性质、范围和时机，识别危险及相互影响，确认资源和条件，制定方案和控制措施，落实隔离和防护措施，明确职责、授权，审核签发作业许可证。特殊作业要明确特殊作业许可证签发人、监护人、许可证签发人的职责、范围和要求，特殊作业许可证签发时签发人和签收人必须一同检查作业现场，不得由同一人员签发和签收许可证。

（5）加强对特殊作业现场的安全控制　企业要加强对特殊作业现场，特别是高危作业现场（边生产边施工、局部停工处理、易燃易爆场所或特殊带压作业等）的安全控制，规范作业前和作业现场的安全告知，严格控制特殊作业现场的人员数量，禁止无关人员进入特殊作业区域；杜绝在同一时间、同一地点进行相互禁忌作业；减少立体交叉作业；控制节假日、夜间作业。同时，特殊作业人员、监护人员应选择安全的工作位置，熟悉作业现场及周边环境，做好撤离、疏散、救护等应急准备，最大限度减少事故发生时的人员伤亡。

第三节　危险化工工艺安全生产基本条件

一、选址布局、规划设计

（1）国家及省有关的产业政策、行业规划和布局；当地县级以上（含县级）人民政府的规划、布局和安全发展规划；新设立企业和新建危险化学品生产项目建在县级以上（含县级）地方人民政府规划的专门用于危险化学品生产、储存的区域内。

（2）危险化学品生产装置或者储存数量构成重大危险源的危险化学品储存设施，与《危险化学品安全管理条例》规定的八类场所、设施、区域的距离符合有关法律、法规、规章和国家标准或者行业标准的规定。

（3）厂址选择、总体布局及周边安全间距等依照适用范围分别符合《化工企业总图运输设计规范》（GB 50489）、《工业企业总平面设计规范》（GB 50187）、《建筑设计防火规范》（GB 50016）、《石油化工企业设计防火规范》（GB 50160）及有关专业设计规范等标准的要求。

二、企业的厂房、作业场所、生产装置

（1）新建、改建、扩建生产、储存危险化学品的建设项目，应当由具备相应资质的单位进行设计、施工建设和监理，有关的设备、设施应当由具备相应资质的单位进行制造，项目的建设和试生产应当依法通过建设项目安全审查和取得试生产备案意见书，确保建设项目安全设施与主体工程同时设计，同时施工，同时投入生产和使用。

（2）现有生产、储存危险化学品的装置和设施未经设计或者承担设计的单位不具备相应资质的，应当委托具备相应资质的设计单位进行设计安全诊断，整改存在的安全问题和隐患。

（3）不得采用国家明令淘汰、禁止使用和危及安全生产的工艺、设备，应当采用有利于提高安全保障水平的先进技术、工艺、设备以及自动控制系统。不得生产、使用国家禁止生产、使用的危险化学品，不得违反国家对危险化学品使用的限制性规定使用危险化学品。新开发的危险化学品生产工艺必须在小试、中试、工业化试验的基础上逐步放大到工业化生产，国内首次使用的化工工艺，必须经过国家有关部门、行业协会或者省级有关部门组织的安全可靠性论证。

（4）生产区与非生产区分开设置，并符合国家标准或者行业标准规定的距离。

（5）厂区内建（构）筑物、装置、设施间的安全距离，厂房、仓库等建（构）筑物的结构形式、耐火等级、防火分区、厂区道路设置等，应符合《建筑设计防火规范》（GB 50016）、《石油化工企业设计防火规范》（GB 50160）等相关标准的要求。

（6）新建工程的消防设计审核、验收、备案等应符合《中华人民共和国消防法》《建设工程消防监督管理规定》（公安部令第106号）的规定；现有厂区内消防设施的配备、使用应符合相关标准的规定。

（7）按照国家标准、行业标准或者有关规定，根据生产、储存的危险化学品的种类和危险特性，在作业场所设置相应的监测、监控、通风、防晒、调温、防

火、灭火、防爆、泄压、防毒、中和、防潮、防雷、防静电、防腐、防泄漏以及防护围堤，或者隔离操作等安全设施、设备，并在作业场所和设施、设备上设置明显的安全警示标志。如：

按照《石油化工可燃气体和有毒气体检测报警设计规范》（GB 50493）等标准要求，在易燃、易爆、有毒区域设置固定式可燃气体和/或有毒气体的检测报警设施，报警信号应传输到相关的控制室或操作室，并与工艺报警区分。按照《储罐区防火堤设计规范》（GB 50351）等标准要求，在可燃液体罐区设置防火堤，在酸、碱罐区设置围堤并进行防腐处理。按照《石油化工静电接地设计规范》（SH/T 3097）等标准要求，在输送易燃物料的设备、管道安装防静电设施。按照《建筑物防雷设计规范》（GB 50057）等标准要求，在厂区安装防雷设施。按照《建筑设计防火规范》（GB 50016）、《建筑灭火器配置设计规范》（GB 50140）等标准要求，配置消防设施与器材。按照《爆炸危险环境电力装置设计规范》（GB 50058）等标准要求，设置电力装置。按照《个体防护装备选用规范》（GB/T 11651）等标准要求，配备个体防护设施。厂房、库房等建（构）筑应符合《建筑设计防火规范》（GB 50016）、《石油化工企业设计防火规范》（GB 50160）等标准的要求。按照《安全标志及其使用导则》（GB 2894）、《安全色》（GB 2893）等标准要求，在易燃、易爆、有毒有害等危险场所的醒目位置设置符合规定的安全标志等。

涉及危险化工工艺、重点监管危险化学品的装置应根据工艺安全要求装设自动化控制系统，涉及危险化工工艺的大型化工装置应根据工艺安全要求装设紧急停车系统。在容易引起火灾、爆炸的工艺装置部位，应根据工艺安全要求设置超温、超压等检测仪表、声和/或光报警、安全联锁装置等设施。新建大型和危险程度高的化工装置，在设计阶段要进行仪表系统安全完整性等级评估，选用安全可靠的仪表、联锁控制系统，提高工艺装置的安全可靠性。

严格执行安全设施管理制度，建立安全设施台账，各种安全设施应有专人负责管理，并按照国家标准、行业标准或者有关规定进行定期检查和经常性维护、保养，安全设施应编入设备检维修计划，定期检维修，保证正常使用。

（8）根据设备设施的使用维护要求，制定设备设施日常维护保养管理制度，实施预防性维修程序，及早识别工艺设备存在的缺陷，及时进行修复或替换，确保设备设施的完整性和运行可靠，防止小缺陷和故障演变成灾难性的物料泄漏或安全事故。对监视和测量设备进行规范管理，依法定期进行检测检验。对风险较高的系统或装置，加强在线检测或功能测试，保证设备、设施的完整性和生产装置的长周期安全稳定运行。

加强公用工程系统管理，制定并落实公用工程系统维修计划，定期进行维护、检查，供电、供热、供水、供气及污水处理等设施必须符合国家标准或者行业标准的规定，使用外部公用工程的企业应与供应单位建立规范的联系制度，明确检修维护、信息传递、应急处置等方面的程序和责任，保证公用工程的安全、稳定运行。

（9）按照《特种设备安全监察条例》（国务院令第 549 号）的规定，对特种设备及其安全附件的安装、维修、使用、检验检测等进行规范管理，建立特种设备台账和档案。

（10）依据国家有关法规标准的规定对铺设的危险化学品管道设置明显标志，并对危险化学品管道定期检查、检测。按照《危险化学品输送管道安全管理规定》（国家安监总局令第 43 号），对厂区外公共区域埋地、地面和架空的危险化学品输送管道及其附属设施实施安全管理。

（11）按照国家有关法规规定和《化工企业工艺安全管理实施导则》（AQ/T 3034）的要求，全面加强工艺安全信息管理，从工艺、设备、仪表、控制、应急响应等方面开展系统的工艺过程风险分析，针对工艺操作中的风险制定安全措施及应急处置措施，按规定对操作规程进行审核修订和培训，对工艺参数运行出现的偏离情况及时分析，保证工艺参数控制不超出安全限值，偏差及时得到纠正。加强生产装置紧急情况的报告、处置和紧急停车以及泄压系统或排空系统有效运行的管理。

（12）按照《危险化学品从业单位安全标准化通用规范》（AQ 3013）的规定，结合企业实际，确定关键装置和重点部位，建立档案。对关键装置和重点部位，实行厂级领导干部联系点管理机制，联系人应每月至少到联系点进行一次安全活动，建立企业、管理部门、基层单位和班组的监控机制，制定关键装置、重点部位应急预案并定期演练，加强安全管理。

（13）危险化学品的包装以及重复使用的危险化学品包装物、容器，应当符合《危险化学品安全管理条例》第十七、十八条的相关要求，符合有关法律、法规、规章和标准的规定。

三、劳动防护用品

（1）按照《作业场所职业危害申报管理办法》（国家安监总局令第 27 号）和《职业病危害因素分类目录》（卫法监发〔2002〕63 号）的规定，辨识、申报本单位存在的职业危害因素。依据《工作场所有害因素职业接触限值》（GBZ 2），定期对作业场所进行检测，在检测点设置告知牌告知检测结果，并将结果存入职业卫生档案。

（2）按照国家有关法律法规和《工业企业设计卫生标准》（GBZ 1）、《化工企业安全卫生设计规范》（HG 20571）等标准的要求设置相应的职业危害防护设施，定期检查、记录并确保完好适用。

（3）按照《个体防护装备选用规范》（GB/T 11651）和国家颁发的劳动防护用品配备标准以及有关规定，为从业人员配备劳动防护用品；按照《劳动防护用品监督管理规定》（国家安监总局令第 1 号），加强对劳动防护用品使用的管理。

四、危险辨识

依据《危险化学品重大危险源辨识》（GB 18218），对企业的生产、储存和使用装置、设施或者场所进行重大危险源辨识。

对已确定为重大危险源的生产和储存设施，应当执行《危险化学品重大危险源监督管理暂行规定》（国家安监总局令第 40 号）。

五、设置安全生产管理机构

（1）设置具备相对独立职能，与生产调度分开的安全生产管理机构（部门）。

（2）配备专职安全生产管理人员，人数应当符合《中华人民共和国安全生产法》等法规规定，能够满足安全生产的需要。

（3）按照《注册安全工程师管理规定》（国家安监总局令第 11 号）的规定要求，配备符合安全生产管理人员比例的注册安全工程师，且至少有一名具有 3 年化工安全生产经历，或委托安全生产中介机构选派注册安全工程师提供危险化学品安全生产服务。

（4）设置由企业主要负责人为主任或组长，分管负责人、有关职能部门和基层单位负责人参加的安全生产委员会或领导小组，建立、健全从安全生产委员会或者领导小组到各职能部门、车间、基层班组的安全生产管理网络，网络中的每一个单位要明确负责安全生产的人员。

企业主要负责人应至少半年组织召开一次安全生产委员会或领导小组会议，听取企业安全生产情况的汇报，研究、决策安全生产的重大问题，并形成会议纪要。

六、建立全员安全生产责任制

（1）建立企业安全生产委员会或领导小组。

（2）明确企业主要负责人、分管负责人、各职能部门和基层单位负责人、各级管理人员、工程技术人员、岗位操作人员的安全生产职责，内容与其职务、岗位相匹配，做到"安全生产人人有责，一岗一责"。

（3）企业主要负责人是本企业安全生产的第一责任人，对本企业的危险化学品安全管理工作全面负责，其安全生产职责应当符合《中华人民共和国安全生产法》等国家有关法律、法规和文件规定的职责，并符合企业实际。

（4）建立安全生产责任制考核机制，对企业主要负责人、分管负责人、各级管理部门和基层单位负责人、管理人员及全体从业人员安全职责的履行情况和安全生产责任制的实行情况进行定期考核，予以奖惩，保证安全生产责任的落实。

（5）坚持"安全第一，预防为主，综合治理"的安全生产方针，制定符合本企业实际、文件化的安全生产方针和目标，根据安全生产目标制定量化的指标和年度工作计划，将企业年度安全生产目标层层分解到各级组织（包括各个管理部门、车间、班组等），层层签订安全生产目标责任书并定期考核，保证年度安全生产目标的有效完成。

七、制定完善安全生产规章制度

（1）各项安全生产规章制度的内容和深度应当符合国家有关法规标准规定，符合企业实际，具有可操作性，明确责任部门、职责、工作要求，由企业主要负责人或分管安全负责人组织审定并签发，并发放到有关的工作岗位。

（2）主动识别和获取与本企业有关的安全生产法律、法规、标准和规范性文件，结合本企业安全生产特点，将有关规定转化为安全生产规章制度的具体内容，规范全体员工的行为。

（3）明确评审和修订安全生产规章制度的时机和频次，定期组织相关管理人员、技术人员、操作人员和工会代表进行评审和修订，注明生效日期。安全生产规章制度至少每3年评审和修订一次，若发生重大变更应及时修订。

（4）安全生产规章制度修订完善后，要及时组织相关管理人员、作业人员培训学习，保证使用最新有效版本的安全生产规章制度，确保有效贯彻执行。

八、编制岗位操作安全规程

（1）岗位操作安全规程应当涵盖企业所有操作岗位，各项规程的内容和深度应当符合国家有关法规标准规定，符合企业实际，具有可操作性，由企业主要负责人或其指定的技术负责人审定并签发，并发放到相关岗位。

（2）主动识别和获取与本企业有关的安全生产法律、法规、标准和规范性文件，结合本企业安全生产特点，将有关规定转化为岗位操作安全规程的具体内容，规范岗位操作人员的行为。

（3）明确评审和修订岗位操作安全规程的时机和频次，定期组织进行评审和修订，注明生效日期。岗位操作安全规程至少每3年评审和修订一次，若发生重大变更应及时修订。新工艺、新技术、新装置、新产品投产或投用前，应组织编制新的操作规程。

（4）岗位操作安全规程修订完善后，要及时组织相关管理人员、作业人员培训学习，保证使用最新有效版本的岗位操作安全规程，确保有效贯彻执行。

九、符合应急管理要求

（1）按照《生产安全事故应急预案管理办法》（国家安监总局令第17号）和《生产经营单位安全生产事故应急预案编制导则》（AQ/T 9002），参照《危险化学品事故应急救援预案编制导则》（单位版）（安监管危化字〔2004〕43号），编制企业的危险化学品事故应急救援预案、专项应急预案和现场处置方案，定期组织培训和演练，并及时进行评审修订。应急救援预案应当报所在地设区的市级安监部门备案，并通报当地应急协作单位，建立应急联动机制。

（2）建立应急指挥系统和应急救援队伍，实行分级（厂级、车间级）管理，明确各级应急指挥系统和救援队伍的职责。按国家有关规定配备足够的应急救援器材并保持完好，设置疏散通道、安全出口、消防通道并保持畅通；建立应急通信网络，在作业场所设置通信、报警装置，并保证畅通；为有毒有害岗位配备救援器材柜，放置必要的防护救护器材，进行经常性的维护保养并记录，保证其处于完好状态。

生产、储存和使用氯气、氨气、光气、硫化氢等吸入性有毒有害气体的企业，除符合上述规定外，还应当配备至少两套以上全封闭防化服；构成重大危险源的，还应当设立气体防护站（组）。

（3）发生危险化学品事故时，事故单位主要负责人应当立即按照本企业的危险化学品应急预案组织救援，并向当地安全生产监督管理部门和环境保护、公安、卫生等主管部门报告。

（4）应当向与本企业有关的危险化学品事故应急救援提供技术指导和必要的协助。

十、符合安全生产条件

（1）按照《危险化学品从业单位安全标准化通用规范》（AQ 3013）和《化工企业工艺安全管理实施导则》（AQ/T 3034）的要求，建立风险管理制度，定期开展全面的危险有害因素辨识，采用相应的评价方法进行风险评估（评价），根据评估结果制定和落实有针对性的风险控制措施，预防事故发生。

（2）安全生产事故隐患的排查治理符合《安全生产事故隐患排查治理暂行规定》（国家安监总局令第 16 号）和有关法律、法规、规章、标准和规程的要求。

（3）制定并严格执行变更管理制度，对工艺、技术、设备设施、管理（法规标准、人员、机构等）方面的变更，按照《危险化学品从业单位安全标准化通用规范》（AQ 3013）规定的变更程序加强管理。任何未履行变更程序的变更，不得实施。任何超出变更批准范围和时限的变更必须重新履行变更程序。

（4）危险化工工艺装置的检维修管理和动火、进入受限空间、临时用电、高处作业、吊装、破土、断路、设备检维修、盲板抽堵和其他危险作业的许可管理应当符合《危险化学品从业单位安全标准化通用规范》（AQ 3013），以及国家有关法律、法规、规章及标准的规定。

（5）加强对承担工程建设、检维修、维护保养的承包商的管理，对承包商的资格预审、选择、开工前准备、作业过程监督、表现评价、续用等过程加强管理，建立合格的承包商名录和档案，与选用的承包商签订安全协议书。承包商作业时要执行与企业完全一致的安全作业标准。

严格执行供应商管理制度，对供应商资格预审、选用和续用等过程进行管理，并定期识别与控制有关的风险。

（6）销售剧毒化学品、易制爆危险化学品，应当依法查验相关许可证件或者证明文件，不得向不具有相关许可证件或者证明文件的单位销售剧毒化学品、易制爆危险化学品。对持剧毒化学品购买许可证购买剧毒化学品的，应当按照许可证载明的品种、数量销售。禁止向个人销售剧毒化学品（属于剧毒化学品的农药除外）和易制爆危险化学品。

（7）事故报告和调查处理应符合《生产安全事故报告和调查处理条例》（国务院令第493号）、《生产安全事故信息报告和处置办法》（国家安监总局令第21号）等法规、规章和有关规定。

加强安全事件管理，对涉险事故、未遂事故等安全事件（如生产事故征兆、非计划停工、异常工况、泄漏等），按照重大、较大、一般等级别进行分级管理，建立事故档案和事故管理台账，制定和落实整改措施；建立安全事故事件报告激励机制，鼓励员工和基层单位报告安全事件，强化事故事前控制，关口前移，消除不安全行为和不安全状态，把事故消灭在萌芽状态。

（8）安全检查的形式、内容、频次、职责分工，以及检查发现的问题整改、验证、记录等应当符合《危险化学品从业单位安全标准化通用规范》（AQ 3013）的要求。

（9）生产、储存设备设施的拆除和报废应当符合《危险化学品从业单位安全标准化通用规范》（AQ 3013）和设备设施安装拆卸等相关专业标准规范的要求。

第二章

光气及光气化工艺

光气又名氧氯化碳、碳酰氯、氯代甲酰氯等，是一种无色或略带黄色（工业品通常为已液化的淡黄色液体）的剧毒气体，当浓缩时，具有强烈的刺激性气味或窒息性气味，溶于水并逐渐分解，溶于芳烃、四氯化碳、氯仿等有机溶剂。

第一节　光气及光气化工艺基础知识

一、光气及光气化反应原理

1. 光气合成原理

光气是由造气工段输送来的一氧化碳气体和汽化后的氯气在光气反应器里，在一定的温度下合成的。也可以用双氧水与氯仿直接反应生成，而在实验室中通常用四氯化碳与发烟硫酸反应制得。

（1）见光反应　光气的生产是以干燥高浓度的一氧化碳与干燥的氯气在活性炭催化下进行一氧化碳酰氯化反应，是气相连续化工艺，主要反应如下：

$$CO + Cl_2 \xrightarrow[180℃]{催化剂,0.3MPa} COCl_2$$

（2）氯仿与双氧水直接反应　光气还可以氯仿为原材料，利用氯仿易被氧化的原理进行制备，主要反应如下：

$$CHCl_3 + H_2O_2 \longrightarrow HCl + H_2O + COCl_2（光气）$$

也可以用双氧水制出氧气后与氯仿进行反应，主要反应如下：

$$2CHCl_3 + O_2 \longrightarrow 2HCl + 2COCl_2（光气）$$

（3）四氯化碳与发烟硫酸反应　在实验室中，通常通过四氯化碳与发烟硫酸反应制得光气，主要反应如下：

$$SO_3 + CCl_4 \longrightarrow SO_2Cl_2 + COCl_2（光气）$$

将四氯化碳加入发烟硫酸中，加热至 $55\sim60℃$，即发生反应逸出光气，如需使用液态光气，则将产生的光气加以冷凝。

2. 光气化反应

光气化反应是指以光气为原料合成光气化产品的反应。常见的光气化反应有：光气合成双光气反应、光气合成三光气反应、光气合成聚碳酸酯反应、光气合成 TDI 反应、光气合成 MDI 反应、氯化酸化反应及酰氯化反应。

（1）光气合成双光气反应 双光气是氯甲酸三氯甲酯的别称，化学式 $ClCO_2CCl_3$，无色液体，有刺激性气味，难溶于水，可作其他毒剂的溶剂。双光气为一种窒息性毒剂，会对人体的肺组织造成损害，导致血浆渗入肺泡而引起肺水肿，从而使肺泡气体交换受阻，机体因缺氧而窒息死亡。

双光气性质不稳定，加热变为两分子光气，有催泪作用。双光气在冷水中水解慢，完全水解需要几小时到一昼夜。加热煮沸可使双光气在几分钟内完全水解，生成盐酸和二氧化碳。在工业生产中用光气作为原材料与甲醇先合成氯甲酸甲酯，然后采用紫外线照射氯甲酸甲酯发生自由基氯化的方法得到双光气，主要反应如下：

$$COCl_2 + CH_3OH \longrightarrow Cl-CO-OCH_3 + HCl$$
$$Cl-CO-OCH_3 + 3Cl_2 \longrightarrow Cl-CO-OCCl_3 + 3HCl$$

也可以用甲酸甲酯发生自由基氯化得到双光气，主要反应如下：

$$H-CO-OCH_3 + 4Cl_2 \longrightarrow Cl-CO-OCCl_3 + 4HCl$$

（2）光气合成三光气反应 三光气又名固体光气，学名为双（三氯甲基）碳酸酯，外观为白色固体，熔点 $81 \sim 83℃$，沸点 $203 \sim 206℃$，溶于苯、四氢呋喃、氯仿、己烷等有机溶剂，常温下稳定，表面蒸气压极低，热稳定性高，即使在蒸馏温度（206℃）下，也仅有极少量的分解，因而在储存和使用过程中较为安全。

（3）光气合成聚碳酸酯反应 聚碳酸酯是一种无色透明的无定形热塑性材料，化学名 2,2′-双(4-羟基苯基)丙烷聚碳酸酯。聚碳酸酯耐弱酸、中性油，不耐紫外光、强酸，密度 $1.20 \sim 1.22 g/cm^3$，热变形温度 135℃。

聚碳酸酯（PC）是分子链中含有碳酸酯基的高分子聚合物，根据酯基的结构可分为脂肪族、芳香族、脂肪族-芳香族等多种类型。其中由于脂肪族和脂肪族-芳香族聚碳酸酯的力学性能较低，从而限制了其在工程塑料方面的应用。目前仅有芳香族聚碳酸酯获得了工业化生产。由于聚碳酸酯结构上的特殊性，现已成为五大工程塑料中增长速度最快的公用工程塑料。在工业中通常运用光气法合成聚碳酸酯，应用非常广泛。

（4）光气合成甲苯二异氰酸酯（TDI）反应 甲苯二异氰酸酯（TDI）有两种异构体：2,4-甲苯二异氰酸酯和 2,6-甲苯二异氰酸酯。甲苯二异氰酸酯是水白色或淡黄色液体，具有强烈的刺激性气味，在人体中具有积聚性和潜伏性，对皮肤、眼睛和呼吸道有强烈刺激作用，吸入高浓度甲苯二异氰酸酯蒸气会引起支气管炎、支气管肺炎和肺水肿。其液体与皮肤接触可引起皮炎，与眼睛接触可引起严重刺激作用，如果不加以治疗，可能导致永久性损伤。长期接触甲苯二异氰酸酯可引起慢性支气管炎。对甲苯二异氰酸酯过敏者，可能引起气喘、半气喘、呼吸困难和咳嗽。甲苯二异氰酸酯工艺见图 2-1。

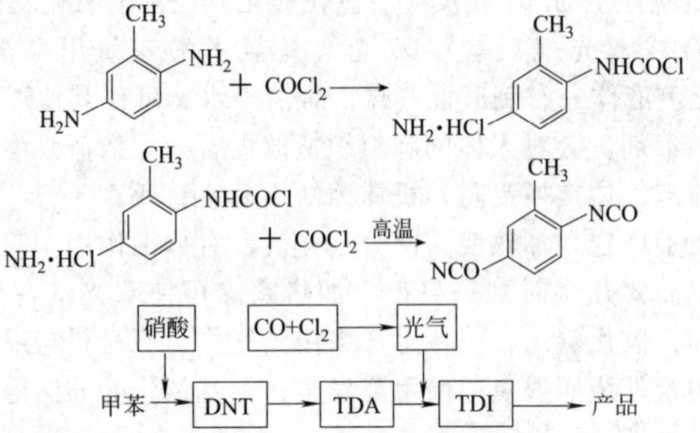

图 2-1　甲苯二异氰酸酯工艺

工业上常用胺光气法制备甲苯二异氰酸酯（TDI）。TDI 的合成反应大致由以下 5 个工序组成：

① 一氧化碳和氯气生成光气；

② 甲苯与硝酸反应生成二硝基甲苯（DNT）；

③ TNT 与氢反应生成甲苯二胺（TDA）；

④ 处理过的干燥 TDA 与光气反应生成甲苯二异氰酸酯（TDI）；

⑤ 提纯 TDI。

主要合成路线：

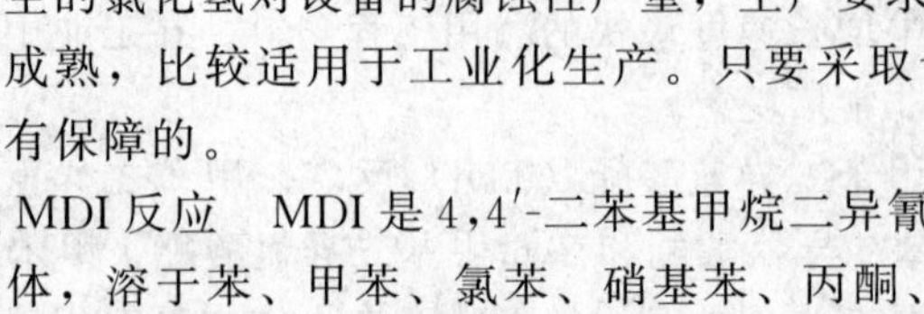

光气化法制备 TDI 中，光气剧毒，污染严重，工艺流程长，技术复杂，生产设备投资大，产生的氯化氢对设备的腐蚀性严重，生产要求苛刻，操作危险性很大，但是其工艺成熟，比较适用于工业化生产。只要采取切实可行的安全措施，生产安全也是有保障的。

（5）光气合成 MDI 反应　MDI 是 4,4′-二苯基甲烷二异氰酸酯的简称。MDI 是白色或淡黄色固体，溶于苯、甲苯、氯苯、硝基苯、丙酮、乙醚、乙酸乙酯、二噁烷等。在工业生产中，MDI 主要用于防水材料、密封材料、陶器材料等；用 MDI 制成的聚氨酯泡沫塑料，用作保暖（冷）器材、建材、车辆、船舶的部件，精制品可制成汽车车挡、缓冲器、合成革、非塑料聚氨酯、聚氨酯弹性纤维、无塑性弹性纤维、薄膜、黏合剂等。

在工业生产中，制备二苯基甲烷二异氰酸酯（MDI）的常用工艺方法是以苯胺为原料，与甲醛反应，在酸性溶液中缩合，用碱中和，然后蒸馏，可制得二氨基二苯甲烷，然后用光气法与碳酰氯反应，再精馏精制可得到，主要反应如下：

$$R-NH_2+COCl_2 \longrightarrow R-N=C=O+2HCl$$

二、光气及光气化典型工艺流程

光气及光气化工艺包含光气的制备工艺，以光气为原料制备光气化产品的工艺。光气化工艺主要分为气相和液相两种。气相反应是指参与化学反应的各种反应物均为气体状态。液相反应是指参与反应的各种物质在液相中进行。

1. 光气合成工艺流程

光气合成工艺主要是采用氯气与一氧化碳发生见光反应的工艺，见光反应是强烈的放热反应。光气制造过程主要分为煤气合成工序、煤气干燥工序及光气合成工序。

（1）煤气合成工序 一氧化碳（煤气）的制备方法有焦炭氧化法、二氧化碳还原法、水煤气法、天然气或石脑油裂解法等。工业化制造光气用一氧化碳大多采用焦炭氧化法，其工艺流程如图2-2所示。

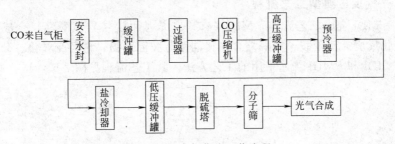

图 2-2 焦炭氧化法工艺流程

将焦炭通过漏斗投入煤气发生炉，送入氧气反应生成一氧化碳气体（煤气）；煤气经洗气箱、一二级水洗塔，再经碱洗塔碱洗除去部分酸性气体后，通过安全水封、气液分离器后进入CO气柜；由气柜经水封、缓冲罐、丝网进入CO压缩机后送入干燥工段。

（2）煤气干燥工序

① 反应原理 煤气干燥工序是将从气柜出来的一氧化碳进行压缩，用浓硫酸除去水分和灰尘，控制水分含量$\leqslant 50mg/m^3$。

② 工艺流程 来自气柜的CO气体经安全水封、过滤器进入CO压缩机加压后，经高压缓冲罐（通过控制回流量调节压力）缓冲，气水分离后气体进入预冷器与冷却水换热后初步降温，再进入盐冷却器与冷冻盐水换热后温度降至0℃以下，经低压缓冲罐缓冲分离后再经脱硫塔，经分子筛干燥塔控制水分含量小于50×10^{-6}，送往光气合成工段，其生产工艺流程见图2-3。

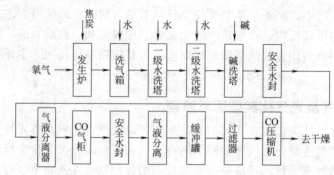

图 2-3　一氧化碳干燥工艺流程

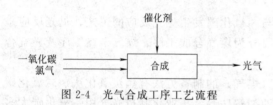

图 2-4　光气合成工序工艺流程

（3）光气合成工序　经干燥后的一氧化碳气体和氯气按一定比例进入光气合成器，在一定条件下合成光气，生产的副产物去尾气进行处理，其工艺流程如图 2-4 所示。

2. 光气反应典型工艺流程

（1）MDI 合成工艺流程　MDI（4,4′-二苯基甲烷二异氰酸酯）合成是重要的光气化反应。使苯胺、甲醛缩合制得同系芳胺混合物，再经光气化、分离，称为制备 MDI 和 PMDI 普遍采用的工艺方法。其工艺流程见图 2-5。

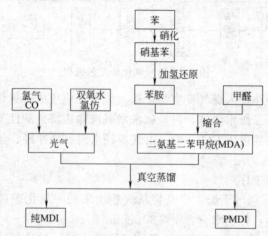

图 2-5　MDI 合成工艺流程

① 苯胺与甲醛的缩合反应　苯胺与 25%～35% 的盐酸催化剂首先反应生成苯胺盐酸盐溶液，然后滴加 37% 左右的甲醛水溶液，在 80℃ 下进行缩合反应 1～2h，在升高温度（达 100℃ 左右）时反应 1h，进行重排反应，溶液用苛性钠

水溶液进行中和，最后经水洗、分层、水洗、蒸馏等步骤制得含不同缩合度的二苯基甲烷二胺（MDA）混合物。在二胺缩合物中，二苯基甲烷二胺约占混合物的 70%，其余多苯基甲烷多异氰酸酯组分约占 30%。根据各制造商生产工艺条件的不同，其混合物的组分不完全相同。

在苯胺与甲醛缩聚反应中，苯胺氨基上的氢原子比较活泼，易与甲醛进行低温缩合，经分子重排也生成相应的胺的盐酸盐。

② 二胺缩合物的光气化反应　二胺缩合物的光气化反应，在工业上通常分为低温光气化和高温光气化两段进行。在低温光气化阶段，主要是使二胺与光气、氯化氢反应生成相应的二胺酰胺盐和盐酸盐。在高温光气化阶段，主要是使二胺的酰胺盐和盐酸盐转化成相应的异氰酸酯。

（2）TDI 合成工艺流程　甲苯二异氰酸酯（TDI）是 1930 年由 O. Bayer 首先合成和使用的芳香族有机二异氰酸酯之一。它是由甲苯经连续二硝化、还原、光气化而制得。TDI 主要存在 2,4-和 2,6-甲苯二异氰酸酯两种异构体。根据两种异构体的含量不同，分别以 TDI-65、TDI-80 和 TDI-100 三种商品出售，而以 80/20 混合物为主。三种 TDI 异构体产品的工业化光气法生产工艺流程如图 2-6 所示。

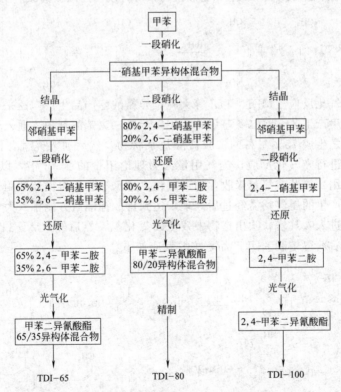

图 2-6　光气法生产 TDI 工艺流程图

① 硝化反应　使用 25%～30% 至 55%～58% 的硝酸硫酸的混合酸与甲苯反应，可生成二硝基甲苯，该过程分为一段硝化和二段硝化。一段硝化使之生成一硝基甲苯，反应比较容易进行，而二段硝化反应条件则要苛刻得多，硝酸在混酸中的比例必须加大，通常它与硫酸的混合比例将达到 60%。生成的二硝基甲苯应经过无离子水进行水洗、碱洗等后处理步骤，脱除重金属等杂质进行提纯。若要生产 2,4-TDI，在硝化产物阶段就应该采用结晶等方法将 2,4-二硝基甲苯从混合物中单独分离出来，反应方程式为：

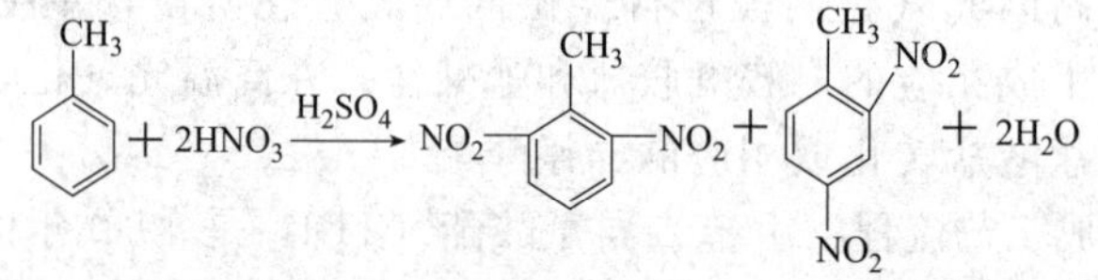

② 还原反应　在二硝基甲苯中间体中加入甲醇溶液的 2%（质量分数）雷尼镍（Raney Ni）催化剂的悬浮液，采用中压连续加氢法，在 100℃ 下反应，生成物一部分进行循环，一部分则除去催化剂后蒸馏而获得二氨基甲苯中间体。早期采用的硫酸铁粉还原法，因收率低、铁粉废渣污染等，现已逐渐被淘汰。主要反应为：

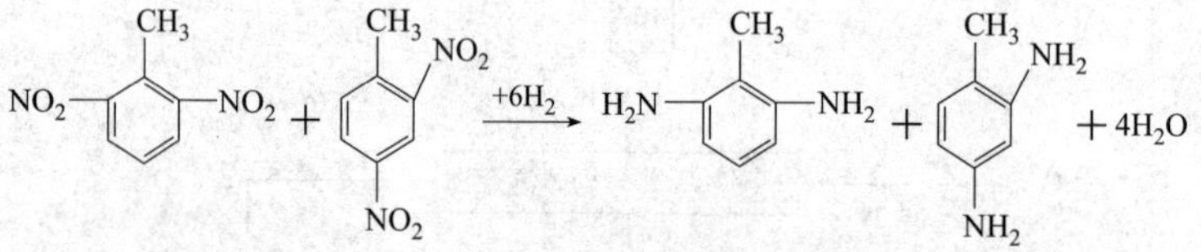

（3）光气化反应　MDI、TDI 等大吨位异氰酸酯产品生产广泛采用的是液相直接光气化生产工艺。将二氨基甲苯溶于氯苯或二氯苯溶剂中，通入干燥的氯化氢气体，使之生成 75% 左右的二胺盐酸盐浆状物，然后通入光气，使之在较缓和的条件下进行光气化反应，光气用量约为理论用量的 2～3 倍，以利于反应。过量的光气用二氯苯或氯苯吸收，副产氯化氢进水吸收后再循环利用。光气化反应生产中所产生的尾气均需经过后处理，达到排放标准后方能排入大气。光气反应生成产物进入吹气塔，吹出产物中残留的氯化氢，然后经过 2～3 个蒸馏塔进行蒸馏提纯后获得精制 TDI 产品，主要反应如下：

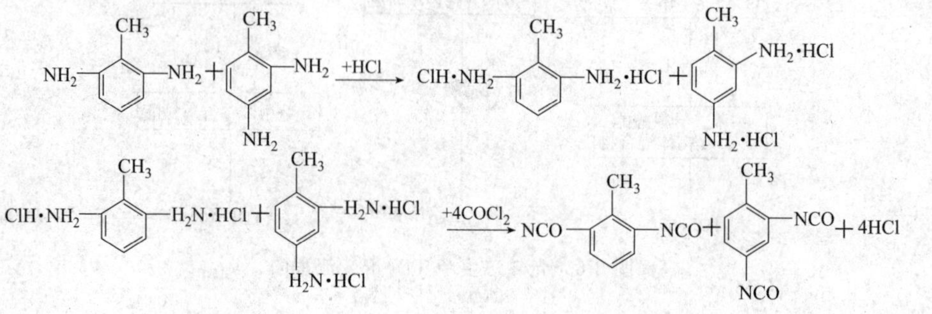

第二节 光气及光气化工艺危险性分析

一、光气及光气化物料危险性分析

1.光气及光气化物料的危险性

光气及光气化产品所用的主要物料有：一氧化碳、氯气、醇、胺类、酸、甲苯等。这些物质均具有易燃、易爆、易中毒的性质，在使用和生产过程中，对安全的要求极高。因此，要充分认识其危险性，进而采取有针对性的措施，才能使光气及光气化工艺处于有效的控制中。

（1）一氧化碳 一氧化碳在物品火灾危险性分类中属于乙类，是一种易燃易爆的气体，与空气易形成爆炸性混合物，在生产过程中稍有不慎就会有引起火灾的危险，一氧化碳还容易引起人员中毒。一氧化碳是无色、无臭、无刺激性的气体，相对密度 0.968，不溶于水，可溶于氨水、乙醇、苯和乙酸，燃烧时火焰呈蓝色，爆炸极限为 12.5%～74.2%（体积分数）。

一氧化碳的中毒机理为：一氧化碳被吸入后，通过肺泡进入血液循环，与血红蛋白形成碳氧血红蛋白，碳氧血红蛋白无携氧能力，又不易解离，造成全身组织缺氧。

一氧化碳中毒表现：

① 轻度中毒：血液中碳氧血红蛋白在 30% 以下时，表现为头痛、头昏、头沉重感、恶心、呕吐、全身疲乏，上述症状在活动时加剧。

② 重度中毒：血液中碳氧血红蛋白在 30%～50%，面部呈樱桃红色，呼吸困难，心率加快，共济失调，甚至出现昏迷、大小便失禁。

③ 重度中毒：血液中碳氧血红蛋白在 50% 以上；常有昏迷，并出现肌肉痉挛和抽搐，可继发脑中毒、心力衰竭、休克；病死率高，存活者常有后遗症。

（2）氯气 氯气在化学品危险性分类中属于 2.3 类有毒气体，在物品火灾危险性分类中属于乙类，可助燃，有强烈的腐蚀性，可对人体造成较大的伤害。氯气是黄绿色气体，密度为空气的 2.45 倍；易溶于水、碱溶液、二硫化碳和四氯化碳等；沸点 $-34.6℃$；在高压下液化为深黄色的液体，相对密度为 1.56；化学性质活泼，与一氧化碳反应可生成毒性更大的光气。

氯气中毒的临床表现：

① 轻度中毒：接触较低浓度时，可产生眼结膜和上呼吸道的刺激症状，如眼及鼻辛辣感、咽喉烧灼感、流泪、流涕、喷嚏、咽痛、干咳等。检查可见眼结膜、鼻和咽黏膜充血，肺部听诊可闻及干性啰音或哮鸣音。

② 中度中毒：症状加剧，有频发性呛咳、胸部紧迫感，同时有胸骨后疼痛，

呼吸困难，并有头痛、头昏、烦躁不安。常有恶心、呕吐、中上腹痛。肺部听诊有呼吸音粗糙，有散在干性啰音。数小时后出现中毒性肺炎，咳嗽，全身无力，肺部有较多的湿性啰音。

③ 重度中毒：可有咳血、胸闷、呼吸困难，发生中毒性肺水肿，咳出大量粉红色泡沫痰。可发生昏迷、休克，或咽喉部及支气管痉挛、水肿而造成窒息。

（3）胺类　胺类以 N,N-二甲基甲酰胺为例，其属于 3.3 类高闪点易燃液体，遇明火、高热或与氧化剂接触，有引起燃烧爆炸的危险，能与浓硫酸、发烟硝酸猛烈反应，甚至发生爆炸。人体中毒会引起肝功能变化。

（4）醇类　醇类属于易燃性物质，人接触高浓度醇蒸气会出现头疼及其他刺激性症状，口服可致恶心、呕吐、腹痛、腹泻、昏迷，甚至死亡。

（5）甲苯　甲苯是无色透明的液体，有类似苯的芳香气味，熔点 $-94.9℃$，相对密度 0.87，化学性质活泼，与苯相似，可进行氧化、硝化反应。甲苯对皮肤、黏膜有刺激性，对中枢神经系统有麻醉作用。其蒸气与空气混合可形成爆炸性混合物，流速过快容易产生和集聚静电。甲苯对环境有严重危害，对空气、水环境及水源可造成污染。

甲苯中毒表现：

① 急性中毒：短时间内吸入较高浓度甲苯可出现眼及上呼吸道明显的刺激症状。眼结膜及咽部充血、头晕、头痛、恶心、呕吐、胸闷、四肢无力、步态蹒跚、意识模糊，重症者可有躁动、抽搐、昏迷。

② 慢性中毒：长期接触可发生神经衰弱综合征，肝肿大，女性月经异常等，皮肤干燥、皲裂、发炎。

2. 光气及光气化产品的危险性

（1）光气　光气（$COCl_2$）为无色有霉烂草样气味的气体，相对密度 3.4，沸点 8.3℃；加压成液体，相对密度 1.392；易溶于乙酸、氯仿、苯和甲苯等；遇水可水解成盐酸和二氧化碳。光气属于剧毒类物质，其毒性比氯气大 10 倍。对上呼吸道仅有轻度刺激，主要是光气被吸入后，其分子中的羰基同肺组织内的蛋白质结合（酰化反应），从而干扰了细胞的正常代谢，损害细胞膜，肺泡上皮细胞和肺毛细血管受损，通透性增加，导致化学性肺炎和肺水肿。

（2）氯甲酸酯类　氯甲酸酯类一般均属于剧毒类物质，在生产过程中要特别小心，以防接触到引起中毒，甚至死亡。有的酯类如氯甲酸苯酯，在生产过程中如氯化苯的含量过高，则有发生爆炸的危险。有的酯类在生产出来以后要存入冷库放置。

（3）异氰酸酯类　异氰酸酯类物质虽然有的毒性并不大，但在操作时也应穿戴好防护用品。

（4）酰氯类　酰氯类中像十八酰氯等毒性并不大，但像二甲氨基酰氯等对健康还是有危害的，其主要侵入途径有吸入、食入、经皮肤吸收，对眼睛、皮肤黏膜和呼吸道有强烈的刺激作用。吸入可能由于喉、支气管的痉挛、水肿、炎症，化学性肺炎，肺水肿而致死。中毒表现有烧灼感、咳嗽、喘息、喉炎、气短、头痛、恶心和呕吐。

二、生产过程中的危险性

1. 可能发生火灾的危险性

（1）化学品（危险化学品）火灾　生产中的危险化学品，如甲醇、乙醇、氨、一甲胺、二甲胺、三甲胺均有燃爆性质，活性炭具有可燃性，氧气、氯气为助燃物质，遇到各类点火源（明火、电气火花、静电、雷击）可能发生火灾。生产装置中大量存在的可燃性工艺气体，以及焦炭、变压器油和转动设备的各种润滑油等遇到明火源也会发生火灾。

（2）电气火灾　现代化的光气及光气化生产装置是用电大户，供电、变电、生产中使用的变压器等电气设备等在短路、漏电、过负荷等情况下会发生电气火灾。若电机、灯具、开关等采用非防爆型或防爆等级不够，也极易点燃泄漏的危险物料，从而引起火灾事故的发生。

（3）发生火灾的潜在位置　厂区内发生火灾的位置主要有煤气发生炉、一氧化碳气柜、光气合成厂房、光气化产品联合厂房、AKD（烷基烯酮二聚体）生产厂房、制冷站、变压器、配电箱、控制柜和焦炭堆场等。

针对厂区内可能发生的电气及化学品（危险化学品）火灾，相关人员一定要严格遵守安全操作规程，小心细致操作。当在生产中发现有火灾发生时，须及时向领导汇报，根据应急方案，积极采取有效措施。对于化学品（危险化学品）火灾，首先要弄清楚起火物质的性质，然后采取针对性的正确的灭火方法。对于电气火灾，应当首先切断电源，同时进行灭火。

2. 可能发生爆炸的危险性

（1）化学性爆炸　光气与光气化工艺中存在的一氧化碳、甲醇、乙醇、氨、一甲胺、二甲胺、氯气等气相物质在局部空间聚集，遇到点火源（明火、电气火花、静电、雷击等）可能发生燃爆事故，发生化学性爆炸的位置有煤气发生炉（气化炉）、一氧化碳气柜（煤气气柜）、光气合成厂房、AKD生产厂房、制冷站等区域。在光气与光气化工艺中发生化学性爆炸的主要原因有：

①工艺中存在的一氧化碳、甲醇、乙醇、氨、一甲胺、二甲胺等，都具有易燃易爆的性质，若在生产中设备、管道密闭不好，或操作人员操作不当，极易因剧烈摩擦产生高温和静电火花，从而导致火灾爆炸事故的发生。

②处于压力下的工艺气体一旦发生泄漏，其体积就会迅速膨胀，与空气混合形成爆炸性混合物。加之泄漏处工艺气体流速往往都很高，极易因剧烈摩擦产生高温和静电火花，导致着火爆炸事故的发生。

　　③ 生产装置中能引起火灾爆炸的点火源种类比较多，分布范围广，主要有明火、电气火花、静电火花、高温表面等。这些点火源遇到泄漏的光气及光气化工艺气体，就有可能将其点燃而发生燃烧爆炸事故。

　　④ 生产装置中存在明火设备，如煤气发生炉、锅炉，检修时的电、气焊作业。此外，烟囱散发的飞火、厂区内未装阻火器的行驶的机动车辆等，都可能引起易燃易爆物质的燃烧和爆炸。据有关资料统计表明，由明火引发的火灾爆炸事故，多数是检修时违章动火所致，由此造成的人员伤亡和财产损失相当大。

　　⑤ 生产装置以电能为主要动力时，所涉及的电气设备种类繁多，遍布全厂各个生产工序和操作岗位。电气设备产生的电火花和电弧是引发火灾爆炸的重要原因之一，特别是在有火灾爆炸危险的生产场所，当使用非防爆型或防爆等级不符合要求的电气设备时，会因接触不良、电线绝缘老化等产生电火花和电弧，或使电气设备外表面温度过高，均可能引起工艺气体的燃烧或爆炸。

　　若发生易燃气体的大量泄漏，此时进行电气设备操作，或在周围产生电火花或电弧，很容易发生爆炸或火灾事故。静电火花是生产中引起火灾爆炸的另一个重要因素。生产中输送的易燃液体、工艺气体等都是导电性差、电阻率较高的物料，它们在设备、管道内高速流动或发生泄漏喷出时，产生的静电不易散失，集聚到一定数量就会发生放电，产生静电火花，是引起燃烧爆炸绝不可忽视的点火源。对于这一点，在光气与光气化生产作业中必须引起高度重视。

　　(2) 物理性爆炸

　　① 生产装置中的光气合成器及相关设备均为压力容器，且压力管道也遍布于整个生产工序，若操作不当，控制有误或发生泄漏，高压物料会窜入低压系统，可导致低压系统的物理性爆炸。超压操作是发生物理性爆炸的主要原因。

　　② 生产装置的供热设备有蒸汽锅炉，锅炉在断水、违章操作或操作失误，锅炉工未经安全技术培训，或锅炉安全附件失灵的情况下，会发生锅炉爆炸，锅炉爆炸一般是物理性爆炸。

　　③ 生产过程中使用的压力容器，在设备有缺陷，或定期检验、安全附件失效、超压操作、在环境因素的影响下均可能发生物理性爆炸。

　　④ 厂区内发生物理性爆炸的主要位置在光气合成厂房、锅炉房。针对厂区内易于发生爆炸的厂所及物质，相关人员必须做好应对准备，在生产作业过程中严格执行操作规程，对可能存在的安全隐患进行深入细致的排查，做好相应的应急预案，在突发事件来临时能够临危不乱，按照既定的步骤和程序进行操作，努力做到伤亡和损失最小。

3. 发生中毒的危险性

　　毒物伤害是光气及光气化产品在生产过程中最容易而且频繁发生的事故之一。发生中毒的主要原因是操作人员在生产作业过程中接触、使用有毒有害物质的种类和机会较多。光气属高毒化合物和窒息性毒气，毒性比氯气大 10 倍，空气中最高允许浓度为 $0.5mg/m^3$。因此，不允许将含有光气的尾气或废液直接排空或排入下水道。光气装置应采用的安全措施及中毒抢救措施，应严格按照《光气及光气化产品生产安全规程》（GB 19041）的要求执行。

（1）危险化学品自身的毒性作用　光气及光气化产品在生产过程中存在多种有毒有害物质，分布也十分广泛。属于危险化学品的毒性物质主要有光气、氯（液态或气态）、液氨、二氯甲烷、对硝基苯甲酰氯、一氧化碳、十八酰氯、二甲氨基甲酰氯、N,N-二甲基甲酰胺、氯甲酸甲酯、氯甲酸乙酯等，可引发人类窒息危险的物质还有氧、氮等。这些物质大多是生产所需原辅材料、中间物料、产品和副产品，它们主要以气态形式对人产生危害。它们的分布几乎涵盖了光气及光气化生产的整个过程，只是在不同的生产工序有种类、数量的差别和主次之分，但中毒的作用是恒定的。

（2）不安全物质条件导致中毒　在光气及光气化生产过程中，当设备、管道密封不好，或因腐蚀发生泄漏，或因违章检修，或因操作失误而发生事故等情况时，有毒有害物质会迅速外泄、扩散，瞬间污染作业环境，造成空气中有害物浓度增高甚至超标。若防护不当或处理不及时，很容易发生中毒事故，轻者使人员受到不同程度的毒害，重者使人员发生中毒死亡。特别是具有高度危害且无色无臭的一氧化碳气体，泄漏后不易被人察觉，往往危害更大，后果严重。高浓度的氧、氮、氩也会使人窒息。

（3）危险化学品泄漏中毒　光气及光气化产品生产厂内存在的危险化学品，如光气、氯（液态或气态）、氨（液态）、二氯甲烷、对硝基苯甲酰氯、一氧化碳、十八酰氯、二甲氨基甲酰氯等均具有毒性，这些物料泄漏和防护不当时可能会发生中毒事故。

（4）作业时措施不当发生中毒　当容器内气体未置换完全而进入容器检修，或不正常泄漏时员工位于设备附近时，均有可能发生人员中毒和窒息。存在的氧、氮在相对密闭空间浓度过高时，也会发生窒息事故。中毒和窒息的危害区域为全厂区，应特别注意防范的是光气、一氧化碳、氯气、氨、氯甲酸甲酯、氯甲酸乙酯中毒。

（5）救护措施　遇到光气及光气化产品泄漏的情况，相关人员应先撤离，然后佩戴相应的防护工具，一般是正压式空气呼吸器，穿化学防毒服，进入泄漏现场进行处理。处理后的有毒物质运到专门的处理场处置。除应迅速果断地选择以上方法采取紧急措施外，还需注意以下几点：

① 设置警戒区，有效控制各种引燃源　警戒区的大小，应根据泄漏气体的密度和泄漏的数量、时间、地形、气象等情况确定。其大小应以所泄漏气体爆炸下限的 25%～50%（用测爆仪检测）为准，特别要注意对沟渠等低洼处的检测。

② 注重自身的保护　消防员（气防员）在抢修现场必须有强有效的防护，

确保自身的安全。消防员（气防员）应穿戴手套、靴子、连体防护服、安全帽等专用防护器具和喷雾水枪，在处置易燃、剧毒或腐蚀性液化气体或火灾事故时，消防（气防）堵漏人员应佩戴空气呼吸器或其他隔绝式呼吸器；要把袖口、裤口扎紧，不要穿化纤衣服；要从上风向接近险区，并尽量减少人员的进入；堵漏人员在操作时不要处在槽体或瓶体的正前方或后方，尽量注意利用掩体；处置完毕，对现场要进行有效的洗消，消防和气防员要进行充分的洗浴。

③ 保证统一指挥和信息畅通　泄漏较大时，应当成立指挥部统一指挥协调。指挥员应能及时得到前方堵漏的准确信息，注意监视风向和风力；视实际情况准确判断，迅速做出继续抢险或撤离的决策。警戒应当在泄漏事故确实得到安全可靠处置后，经检查确认无危险时才能消除。

④ 彻底处理外泄气体，不留任何隐患　抢险堵漏结束后，善后处理一定要彻底，不得留有任何事故隐患，这是泄漏气体被封堵住后必须认真做好的重要工作。

4.发生灼伤的危险性

（1）化学灼伤　光气生产副产品盐酸及使用的硫酸、二甲氨基甲酰氯等为酸性腐蚀品，氢氧化钠、氨（液态）等为碱性腐蚀品，相关作业场所设备、管道、管件、阀门的泄漏和人员防护不当可能造成化学灼伤。造成化学灼伤的区域主要为光气合成车间，光化产品联合厂房，尾气吸收装置区，氨制冷系统，以及盐酸储存、输送、装车等作业场所。

（2）高温物体灼伤　厂区内生产装置使用的蒸汽、高温液体泄漏和蒸汽管道保温材料损坏脱落或损失，若人员防护不当靠近时均有可能发生高温物体灼伤。对高温的带压设备、管道进行检修，可能发生泄漏、火灾爆炸等事故，就更容易发生复合性灼伤。发生高温物体灼伤的位置主要有锅炉房、煤气发生厂房、光气合成厂房、光化产品联合厂房等。

（3）冷灼伤　光气及光气产品生产中，场内设置有制冷装置，如果人员在无防护的情况下长期接触氨制冷的管道，有可能发生冷灼伤。发生冷灼伤的一般位置为制冷站。另外，液氨储存、装卸过程中防护不当也可能发生冷灼伤。

第三节　光气及光气化作业的安全控制

一、安全控制的基本要求

（1）设有事故紧急切断阀。

（2）安装紧急冷却系统。

（3）设置反应釜温度、压力报警联锁。

（4）安装局部排风设施。

（5）设有有毒气体回收及处理系统。

（6）装设自动泄压装置及自动氨或碱液喷淋装置。

（7）配置光气、氯气、一氧化碳检测及超限报警。

（8）按照双电源供电方式进行供电。

二、光气及光气化反应过程的安全控制

1. 设置紧急切断阀

光气化反应釜通入的光气是由流量计控制的，应设紧急切断阀，用于监控光气及反应釜内的压力。在控制光气流量的同时，控制反应温度，及时移除反应热，监控冷盐水或冷却水的进出口压力和温度。监控尾气中光气的含量，尾气经尾气处理系统后高空排放。光气原料一氧化碳和氯气设置在线红外线分析仪，或进行定时取样分析，检测水分、H_2 等杂质。

2. 设置紧急冷却系统、氨与碱液喷淋系统、毒气检测和紧急停车系统

副产氯化氢用碱或水吸收，尾气高空排放，设置紧急冷却系统、氨与碱液喷淋系统、毒气检测和紧急停车系统。光气装置采用双电源加应急电源供电方案，装置电源由两个回路提供，应急电源采用柴油发电机组。

3. 设置流量计

在生产现场应分别设置流量计，监控原料一氧化碳和氯气流量，供 DCS 系统计算调节两者配比流量。光气合成车间分布式安装多点环境可燃气体（CO）检测器、光气检测器和氯气检测器，检测器信号系统处理后按设定程序报警或启动预设自动事故紧急处理程序停车及喷氨气捕消，确保光气生产安全。光气产品车间仅在光气反应器（塔）周边视需要设置若干环境光气检测器。进入光气车间、光气化产品生产车间人员应配备环境光气浓度指示试纸（或试管）。

4. 设置现场检测仪表

光气合成反应釜、光气化产品反应釜等设备均安装现场检测仪表，重要操作参数均由相应的变送器输出信号至 DCS 控制做数据处理，工艺参数及过程控制均在控制室集中显示、控制、管理，实时打印各种参数、报表，且设置联锁保护系统，事故状态下能够实现各种保证生产和安全的措施，实现对装置、罐区、装车及公用工程设施重要参数的控制、记录、报警、联锁等功能。在光气装置及光气化装置中设置视频监控系统，将视频信号传送至控制室。

DCS 画面根据报警级别的高低分别选择不同的颜色闪烁或报警音响来提醒操作人员，操作键盘上预组态的报警指示灯可以提供非当前画面的报警信息。

5. 宜采用的控制方式

光气及光气化生产系统一旦出现异常现象或发生光气及其剧毒产品泄漏事故时，应通过自动控制联锁装置启动紧急停车，并自动切断所有进出生产装置的物料，将反应装置迅速冷却降温，同时将发生事故设备内的剧毒物料导入事故槽内，开启氨水、稀碱液喷淋，启动通风排毒系统，将事故部位的有毒气体排至处理系统。

三、光气及光气化反应过程的安全联锁

1. 光气合成车间安全联锁

（1）自动紧急停车联锁主要参数：a. CO 总管压力下下限；b. Cl_2 单管压力上限及下限；c. CO、Cl_2 混合气出口温度上限；d. 光气反应器出口温度上限；e. 光气清洁器出口温度上限；f. 光气清洁器出口压力上限；g. 光气反应器循环冷却水压力下下限；h. 仪表空气压力下下限；i. 两路总电源停电；j. DCS 控制室紧急停车按钮；k. 装置现场手动紧急停车按钮。

（2）上面联锁有任一信号输入，系统执行以下操作：a. CO 主阀关闭；b. Cl_2 主阀关闭；c. 紧急停车报警启动；d. 各光气化装置停车报警启动；e. 关闭液氯蒸发器进口主阀；f. 关闭液氯蒸发器热水进口阀；g. 启动通风排毒系统，将事故部位的有毒气体排至处理系统，该系统的装置处理能力应在 30min 内消除事故部位绝大部分的有毒气体。

2. 液氯存储单元安全联锁

（1）紧急碱破坏系统独立为液氯存储单元设置，由于液氯一旦大量泄漏，危害程度高，因此，宜对液氯封闭存储，用管线与紧急碱破坏系统连接。紧急碱破坏系统启动联锁参数：a. 液氯蒸发器压力上上限；b. 环境气体检测到氯气、光气超标（可设定上限报警，上上限启动）；c. 现场及控制室手动按钮。

（2）以上联锁有任一信号输入，系统可执行以下操作：a. 关闭环境紧急排放总管旁通阀；b. 环境风总管进碱破塔主阀；c. 碱液大流量待机循环泵启动；d. 事故槽进入阀门打开，将发生事故设备内的剧毒物料导入；e. 碱液冷却器循环冷却水总阀打开；f. 大风量抽风机启动；g. 大风量抽风机进口阀开启；h. 液氯引风总管阀门开启；i. 报警启动后，由人工进入手动调态，检查系统阀位、流量、温度、压力等。

四、光气及光气化主要安全设计控制措施

在光气及光气化工艺过程中，主要应采取的安全控制措施有：

（1）光气合成及光气化反应装置设应急破坏处理系统，在正常生产状况下应保持运行。另宜对氯气存储单元密闭，设置紧急碱破坏系统，对氯气泄漏进行独

立吸收处理。

（2）光气及光气化装置控制室需隔离设置，控制室内应保持良好的正压通风状态，取风口应远离污染源处。

（3）光气生产车间设置喷氨或蒸汽管线，便于现场破坏有毒气体。在可能泄漏光气部位设置可移动式弹性软管负压抽气系统，将有毒气体送至破坏处理系统。

（4）光气装置处于密闭厂房时应有机械排风系统，重要设备如光气反应器等，宜设局部排风罩、排气应急破坏处理系统。

（5）光气及光气化生产车间必须配备洗眼器和淋洗设备。

（6）输送含光气物料应采用无缝钢管，并宜采用套管。

（7）输送含光气物料应采用对焊焊接，管道系统应做气密试验，焊缝要求100％射线探伤检验并做消除应力处理。

（8）对含光气物料的管道系统应划分区域，设置事故紧急切断阀，室外的气态光气输送管道宜有伴热保温设施，输送管道不宜设放净阀。输送液态光气及含光气物料管道不宜设置玻璃视镜。

（9）剧毒品储槽出料管不宜侧接或底接，剧毒品储槽装设安全阀，在安全阀前装设爆破片，安全阀后接至应急破坏系统，在爆破片与安全阀之间装超压报警器。

（10）剧毒品储槽设事故槽。

（11）液氨与反应器间设置止回阀和缓冲罐。

（12）光气总管给多个工序供光气时，应从分配罐上分别送至用户。

（13）设置有毒、易爆气体泄漏检测系统，当有氨气、CO和光气泄漏时，可进行报警或启动预设的紧急处置程序。

（14）液态光气和异氰酸甲酯等装置要严格控制水混入。

（15）计划停车时，必须在停车前将设备内的物料全部处理完毕。

第四节　光气及光气化作业安全操作规程

一、光气及光气化产品生产装置安全操作

1.设备、管道、设施安全操作规程

（1）设备及管道系统必须保持干燥，必须设有防止水混入的安全措施。

（2）光气及光气化装置应建隔离操作室，并保证隔离操作室内通风良好。

（3）光气及光气化装置处于密闭厂房时，应有良好的通风设施并保持微

负压。

(4) 氯气生产、使用、储存等厂房结构，应充分利用自然通风条件换气，在环境、气候条件允许下，可采用半敞开结构；不能采用自然通风的场所，应采用机械通风，但不宜使用循环风。

(5) 设备不宜使用视镜，如必须使用时，应加保护罩，并有局部排风设施。

(6) 含光气物料的转动设备应使用可靠的密封装置，宜设局部排风设施。

(7) 异氰酸甲酯储槽类设备及单台储存量应降至最低（不应大于 $5m^3$），装料系数不应小于 75%，且储槽应配备相应容器的事故槽。

(8) 异氰酸甲酯储槽应设安全阀，在安全阀前必须装爆破片，并接到应急破坏系统，爆破片与安全阀之间，宜装超压报警器。

(9) 异氰酸甲酯储槽出料管不能侧接或底接。

(10) 异氰酸甲酯储槽严禁使用普通碳钢或含有铜、锌、锡的合金材料制造的设备、仪表和零配件，宜使用双壁槽。

(11) 异氰酸甲酯储槽及输送泵宜布置在封闭式单独房间里，槽四周设围堰，其高度不应低于 20cm，并有防渗漏层，室内应设强制通风系统，排出气体必须引入事故应急破坏系统。

(12) 异氰酸甲酯装置系统要严格控制水的混入，用水或水溶性溶液作储槽冷却剂时，禁止槽内设盘管冷却器、冷凝器，储槽的冷却宜采用非水溶性溶液作冷却剂，如使用水或水溶性溶液作冷却剂时，必须有可靠的防护措施。

(13) 对含有光气物料的管道需划分区域，设置事故紧急切断阀。

(14) 输送光气物料应采用无缝钢管，并宜采用套管。输送异氰酸酯宜采用不锈钢管和阀门，其密封材料应使用聚氯乙烯橡胶等其他材料。

(15) 含光气物料管线的连接应采用对焊焊接，管道系统应做气密性试验，严禁用螺纹连接，焊缝要求 100% 射线探伤检验并做消除应力处理。

(16) 输送光气及含光气物料管线的支撑和固定，应充分考虑热应力及振动和摩擦的影响，应有防撞击的措施，穿墙时应设套管，严禁穿越生活间、办公室，也不应敷设在管沟内，室外气态光气应有伴热保温设施。输送管道不宜设放净阀，不宜设玻璃视镜，如必须设置，应将排出口接至尾气破坏系统和加设防护罩，防护罩前应设切断阀。

(17) 生产厂房每层面积小于 $100m^2$ 时，至少应有两个出入口；每层面积大于 $100m^2$ 时，至少应有三个出入口；两层以上厂房每层至少有一个楼梯直通室外。

(18) 光气及光气化产品生产车间必须配备洗眼器和淋洗设备。

(19) 光气及光气化产品生产装置的供电应设有双电源。紧急停车系统、尾气破坏处理系统应配备柴油发电机，要求在 30s 内能自启动供电。

(20) 光气及光气化产品生产装置区域必须设置光气、氯气、一氧化碳检测及超限报警仪表，还应设置事故状态下能自动启动紧急停车和应急破坏处理的自控仪表系统。

（21）异氰酸酯储槽严禁采用玻璃液位计。

（22）必须装设一氧化碳流量计、氯气流量计、氯气和一氧化碳比值调节器。

（23）装置必须装设光气反应温度、压力检测仪表，光气合成器压力及冷却介质出口温度检测仪表。

（24）液氯汽化器应装压力检测报警装置。

（25）装置突然停水时，关键部位应有备用水源。

（26）煤气系统要安装避雷器（针）和导除静电设施，防静电的接地电阻不大于100Ω。

（27）液氯汽化器、预热器及热交换器等设备必须装有排污装置和排污处理设施，并定期检查。

2. 尾气系统及应急系统的安全要求

（1）光气及光气化生产过程中排出的光气及其他有毒气体必须经过回收及破坏处理，经过破坏处理后的尾气，必须通过高空排放方式排入大气，排放尾气要满足 GB 16297 标准的规定要求。

（2）生产中经过回收处理的含有少量光气的尾气，连同其他装置排出的有毒气体（包括安全泄压装置排气，联阀、排污阀和导淋阀的排气，弹性轻管排毒系统排气），可采用催化分解或碱液破坏处理。

（3）光气合成及光气化反应装置必须设有事故状态下的紧急停车系统和应急破坏处理系统，应急破坏处理系统在正常生产情况下应保持运行。

（4）光气及光气化生产中一旦出现异常现象或发生光气及其剧毒产品泄漏事故时，应通过自控联锁装置启动紧急停车，自动连接应急破坏系统，同时切断所有进出生产装置的物料，将反应装置迅速冷却降温，且系统卸压，使生产装置处于能量最低状态，立即将发生事故设备内的剧毒物导入事故槽，通风排毒系统的处理能力应在 30min 内消除事故部位绝大部分的有毒气体。或者事故现场喷氨或蒸汽，以加速有毒气体的破坏，在高空排放筒内宜采用喷入氨气或蒸汽方式，以中和残余的光气。

二、光气及光气化工艺岗位安全操作

1. 煤气合成工序

（1）开车前准备工作：a. 按要求备好装炉焦炭；b. 配好碱洗塔所用碱液；c. 装好分析仪器所用试剂；d. 检查系统、管道是否畅通，安全附件是否完好可用，保持阀门处于正确开关状态；e. 向备用水箱注水，向气柜水池注水；f. 各水封保持有水溢流，排掉气液分离器和进气柜管内的积水；g. 打开发生炉炉门、炉盖，清除炉内灰渣；h. 试通氧，要求氧气喷嘴无堵塞现象；i. 用灰渣填满氧气喷嘴周围空隙，加入 5kg 左右引火物，然后将已备好的焦炭加满炉膛。

（2）开车：a.打开煤气发生炉氧气喷嘴，冷却水进入阀门；b.打开洗气箱上放空阀（此阀在煤气不进气柜时处于常开状态），并关闭其通向水洗塔的阀门；c.点火、鼓风；d.根据煤气发生炉夹套温度情况，开启夹套冷却水阀门；e.鼓风约 2h 时，关掉鼓风机，将氧气喷嘴周围的结块物除掉；f.炉膛内焦炭用钢钎打紧，如不够时可适当补加焦炭；g.试通少量氧气，观察喷嘴是否畅通，如发现有堵塞现象应立即排除后方可封炉；h.先封好炉门，再盖紧炉盖，才可开始通氧；i.通氧 15min 左右进行取样分析；j.当炉口气合格时，则打开水洗塔喷淋水，启动碱液循环泵，并调节喷淋水及喷淋碱液的量，使之符合工艺要求；k.打开通向水洗塔的阀门，打开安全液封的放空阀，关掉洗气箱上方的放空阀；l.数分钟后，取净化样分析，合格后方可关掉安全液封的放空阀，向气柜送气；m.每半小时取净化样一次，以求达到控制指标，不合格的气不得进入气柜。

（3）正常停车：a.柜满即可停车，停车时应先停止通氧，再打开洗气箱上放空阀，关闭进气柜的阀门，打开安全液封放空阀；b.停碱液循环泵，关碱洗塔喷淋液阀门，关洗气箱、水洗塔及安全水封进水阀门；c.向炉内通氮气 5min 后，打开炉顶盖和炉门，排出洗气箱及水洗塔的水，继续保温，添加焦炭，加焦炭前应先扒掉底部的灰渣；d.停车时煤气发生炉嘴及夹套冷却水切不可关闭；e.如需换炉则不必打开炉顶盖门和水分排放阀，待切换进炉氧气管道阀门及进水洗塔阀门，运行正常后再处理停用的煤气发生炉；f.停炉后每班应用水清洗洗气箱至气柜进口水封之间的送气管道，除去灰分。

（4）紧急停车：如果突遇停水停电，必须立即停止通氧，打开洗气箱上放空阀，打开炉门、炉盖，并将煤气发生炉喷嘴和夹套的冷却水切换至备用水箱供水，随后完成停车措施。

2.光气合成岗位

（1）开车前准备工作：a.检查所有设备及管路是否完好，安全附件是否完好，各仪表是否灵活好用，并检查所有阀门是否处于正确的开关状态；b.检查并判断系统内是否有空气进入，若有空气则需要用氮气置换后才可开车；c.向液氯汽化器通水，至水溢流，开蒸汽进口阀门，使其水温保持在 75℃ 左右，温度达到后停通蒸汽，必要时通水；d.在冬天气温很低时，打开氯气缓冲罐夹套蒸汽和水进口阀门，使其夹套内热水水温保持在 40℃ 左右；e.将液氯钢瓶放在地中衡上，并连接好管道。

（2）开车：a.启动热水循环泵，向各级光气反应器通水；b.打开光气缓冲罐的放空阀；c.通知光化车间及尾气处理工序待命；d.待 CO 经压缩机和干燥塔净化，CO 缓冲罐压力达到 0.2MPa 时，向光气反应器通 CO；e.打开液氯钢瓶通向液氯汽化器的阀门；f.待氯气缓冲器压力达到 0.2MPa 时，与 CO 流量保持一定的比例向混合器通氯［控制 $CO：Cl_2 = 1.5：1$（摩尔比）为宜］；g.切记混合器温度不能超过 60℃；h.通氯 30min 后，光气取样分析，若不合格继续放空，合格后通知光化车间，并打开去光气化产品车间的阀门，关闭放空阀；i.向热水循环槽通水，使其温度保持在 75℃左右；j.运转中每 30min 记录一次，1h 分析光气含量 1 次，并随时检测游离氯，经常校验氯气及 CO 用量，及时调整配比；k.经常检查设备、管线及附件的密封情况，发现泄漏应及时处理。

（3）正常停车：a.关氯气进混合器阀门，关氯气钢瓶进氯气汽化器阀门；b.若短时停车，氯气缓冲罐压力无须用尽，若长期停车，需将氯气缓冲罐中氯气用尽后再停 CO；c.停 CO 压缩机；d.关 CO 进混合器阀门；e.停止向液氯汽化器通蒸汽；f.待光气反应器夹套出水温度降下后，停止向热水循环槽通水，并可停泵；g.若长时间停车，应将光气缓冲罐放空阀打开，以便使合成系统的余压排尽，待合成系统的压力降至 0 后再关闭光气缓冲罐的放空阀，短时间停车则不必如此操作；h.长时间停车应关闭好气柜出口阀门；i.长时间停车应关闭冷冻脱水器冰盐水的进出口阀门。

（4）紧急停车：若遇到突然停水停电而紧急停车，操作步骤同正常停车，热水循环泵采用的是双电源，应保持泵持续运转。

三、光气及光气化工艺紧急停车操作

1. 紧急停车系统启动的条件

（1）紧急停车概述　光气及光气化工艺装置由于处于易燃、易爆、有毒介质操作环境中，装置设计有多套安全联锁系统，紧急停车的特点是装置在事故状态时导致紧急泄压系统自动或手动触发。紧急停车是由公用工程故障、设备故障和生产操作故障引起的。光气及光气化反应装置必须设有事故状态下的紧急停车系统和应急破坏处理系统，应急破坏处理系统在正常生产状况下应保持运行。

（2）紧急停车的原则：a.装置发生重大事故后，经多方处理仍不能消除事故，也不能维持循环时，应进行紧急停车；b.外围装置发生事故，严重威胁到装置的安全生产，也应进行紧急停车；c.装置发生了火灾，应进行紧急停车；d.设备发生故障，且备用设备无法修复或启动，威胁到装置安全运行时，应进行紧急停车；e.公用工程发生故障，短时间内无法修复，可紧急停车；f.生产操作发生故障引发事故时，应进行紧急停车；g.生产指挥系统下达的紧急停车命令。

2. 紧急停车系统启动步骤

光气及光气化生产系统一旦出现异常现象或发生光气及其剧毒产品泄漏事故时，应通过自控联锁装置启动紧急停车，并自动连接应急破坏处理系统，并按下列步骤处理：

（1）切断所有进出生产装置的物料，将反应装置迅速冷却保温，系统卸压，使生产装置处于能量最低状态。

（2）立即将发生事故设备内的剧毒物料导入事故槽内。

（3）如有溢漏的少量液体物料，可以使用氨水、稀碱液喷淋，也可以先用吸有煤油的锯末（硅藻土、活性炭均可）覆盖，然后再用消石灰覆盖。

（4）启动通风排毒系统，将事故部位的有毒气体排至处理系统。该系统的装置处理能力应在 30min 内消除事故部位绝大部分的有毒气体。

（5）可在事故现场进行喷氨或喷蒸汽，以加速有毒气体的破坏。在高空排放筒内宜采用喷入氨气或蒸汽方式，以中和残余的光气。

四、光气及光气化作业安全操作的原则与要求

1. 安全生产的原则

（1）装置使用的原料多为易燃、易爆、有毒、强腐蚀性介质，因此，应特别注意员工的安全与卫生防护，采取必要的安全与消防措施，确保生产顺利进行。

（2）装置的操作人员在上岗前必须经过培训和安全教育，熟练掌握多种消防、气防器材的使用，并经考试合格后方可上岗操作；严格遵守操作规程，杜绝跑、冒、滴、漏现象发生；生产过程中采取严格的防火、防爆、防中毒、防灼伤等安全保护措施，将各类事故消灭在萌芽状态。

（3）严格执行岗位责任制、巡回检查制和交接班制。生产过程中发现隐患或发生事故时，应当认真处理、及时报告、如实记录，交班时要交代清楚。

（4）车间必须配备足够适用的消防设施，消防设施的维护保养要落实到人。生产区内严禁明火，严格火种和动火作业的管理。消防安全工作除由厂消防统一协调管理外，车间应建立义务消防队，协助抓好本车间的消防安全工作。

（5）设备的管理和维护必须落实到人。设备检修及进行施工作业，必须办理"设备检修许可证"，采取可靠的安全技术措施，每次作业前，应与现场值班人员联系，由值班人员在检修许可证上签字后，方能进行检修作业。

（6）必须及时做好防暑、防冻、防风、防汛、防雷等季节性的安全防范工作，防止自然灾害，确保安全生产。

（7）禁止无关人员进入车间，员工进入操作岗位时，必须按要求穿戴好劳动防护用品。

（8）企业必须建立事故应急救援指挥系统，制定事故应急救援预案。

2. 安全操作要点

装置使用的原料多为易燃、易爆、高毒、强腐蚀性介质，在生产中应严格按照操作规程和安全技术规程操作，并切记注意以下事项：

（1）装置在煤气发生炉的出口设置防爆膜，若防爆膜起跳应马上停炉检查。

（2）洗气箱安全水封有煤气泄漏时，应立即停炉查找原因。

（3）氧气进煤气发生炉的底部装设一球阀，用于氧气喷嘴堵塞时的疏通。此

阀只有在停炉且温度降下来后方可开启。

（4）停炉后，要向煤气发生炉通氮 5min 后方可开启顶盖门，以防发生爆炸。

（5）气柜的进气管应定期排水，且排水时必须有 2 人在场，以防发生煤气中毒。

（6）液氯钢瓶的搬运应采用电动葫芦，严禁滚动钢瓶，空瓶和实瓶应分开存放。

（7）液氯钢瓶发生泄漏时，应立即将其推入中和池中。

（8）混合器出口温度超过 60℃ 时应立即关闭氯气、CO 进气阀，并查找原因。

（9）抽风机要求每天 24h 运行，保持光气房内微负压。若光气房发生光气泄漏，可立即开启蒸汽喷淋，并关闭氯气、CO 进气阀。

（10）操作人员要认真作好记录，每 30min 记录一次，记录要及时、真实。

（11）车间管理人员和操作人员班中巡查，班前班后检查，及时发现不正常情况并做出处理，如实做好记录，交接班时交代清楚。

（12）工作室内不准饮食和存放食物。

第三章

氯碱电解工艺

第一节　氯碱电解工艺简介

工业上用电解饱和 NaCl 溶液的方法来制取 NaOH、Cl_2 和 H_2，并以它们为原料生产一系列化工产品，称为氯碱工业。氯碱工业是最基本的化学工业之一，它的产品除应用于化学工业本身外，还广泛应用于轻工业、纺织工业、冶金工业、石油化学工业及公用事业。

一、电解饱和食盐水

电解饱和食盐水的简要工艺流程：首先熔化食盐，除去杂质，精制盐水送电解工段。电解槽开前，注入盐水的液面超过阴极室高度，使整个阴极室浸在盐水中。通直流电后，电解槽带有负电荷的氯离子向阳极运动，在阳极上放电后成为不带电荷的氯离子，并结合成为氯分子从盐水液面逸出而聚集于盐水上方的槽内，氯气由排水管送往氯气干燥、压缩工段。带有正电荷的氢离子向阴极运动，在阴极上放电后成为不带电荷的氢离子，并结合成为氢分子而聚集于阴极槽内，氢气由排出管送往氢气干燥、压缩工段。

现在做一个实验：在 U 形管里装入饱和食盐水，用一根碳棒作阳极，用一

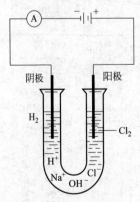

图 3-1　电解饱和食盐水
实验装置

根铁棒作阳极。同时在两边管中滴入几滴酚酞试液，并把湿润的碘化钾淀粉试纸放在阳极附近，接通直流电源后，注意观察管内发生的现象及试纸颜色的变化。电解饱和食盐水实验装置见图 3-1。

从实验中可以看到，在 U 形管的两个电极上都有气体放出。阳极放出的气体有刺激性气味，并且能使湿润的碘化钾淀粉试纸变蓝，说明放出的是 Cl_2；阴极放出的气体是 H_2，同时发现阴极附近溶液变红，这说明溶液里有碱性物质生成。

为什么会出现这些实验现象呢？

这是因为溶液中有 Na^+、H^+、Cl^-、OH^- 离子，当接通直流电源后，带负电的 OH^- 和 Cl^- 向阳极移

动，带正电的 Na^+ 和 H^+ 向阴极移动。在这样的电解条件下，Cl^- 比 OH^- 更易失去电子，在阳极被氧化成氯原子，氯原子结合成氯分子逸出，使湿润的碘化钾淀粉试纸变蓝。

阳极反应：$2Cl^- - 2e \xlongequal{\quad} Cl_2\uparrow$ （氧化反应）

H^+ 比 Na^+ 容易得到电子，因而 H^+ 不断地从阴极获得电子被还原为氢原子，并结合成氢分子从阴极逸出。

阴极反应：$2H^+ + 2e \xlongequal{\quad} H_2\uparrow$ （还原反应）

在上述反应中，H^+ 是由水的电离生成的，由于 H^+ 在阴极上不断得到电子而生成 H_2 放出，破坏了附近的水的电离平衡，水分子继续电离出 H^+ 和 OH^-，H^+ 不断得到电子变成 H_2，结果在阴极区溶液里 OH^- 的浓度相对增大，使酚酞试液变红。因此，电解饱和食盐水的总反应可以表示为：

$$2NaCl + 2H_2O \xlongequal{\quad} 2NaOH + H_2\uparrow + Cl_2\uparrow$$

工业上利用这一反应原理，制备烧碱、氯气和氢气。

在电解饱和食盐水的实验中，电解产物之间能够发生化学反应，如 NaOH 溶液和 Cl_2 能反应生成 NaClO，H_2 和 Cl_2 混合遇明火能发生爆炸。在工业生产中，要避免这几种产物混合，常使反应在特殊的电解槽中进行。立式隔膜电解槽生产的碱液约含碱 11%，而且含有氯化钠和大量的水，为此要经过蒸发浓缩工段将水分和食盐除掉，生成的浓碱液再经过熬制即得到固碱或加工成片碱。水银法生产的碱液浓度为 45% 左右，离子膜法生产的碱液浓度为 30% 左右，含盐量极少。

电解产生的氢气和氯气，由于含有大量的饱和水蒸气和氯化氢气体，对设备的腐蚀性很强，所以氯气要送往干燥工段经硫酸洗涤，除掉水分，然后送入氯气液化工段，以提高氯气的纯度。氯气经固碱干燥，压缩后送往使用单位。

二、隔膜法制碱

隔膜法电解是目前电解法生产烧碱的方法之一。隔膜法是指在阳极和阴极之间设置隔膜，把阳、阴极产物隔开。目前，工业上用得较多的是立式隔膜电解槽，阳极用石墨或金属，阴极用铁丝网或冲孔铁板。当输入直流电进行电解后，食盐水溶液中的部分氯离子在阳极上失去电子生成氯气，自电解槽阳极室逸出。阴极室内由水电离生成的氢离子在阴极得到电子生成氢气，自电解槽阴极室逸出，同时溶液中所制得的氢氧根离子与阳极室渗透过来的钠离子形成碱溶液。生产工艺流程如图 3-2 所示。

由精盐水精制工段送来的精制盐水进入盐水高位槽 1，使液面维持恒定，从盐水高位槽底部送出的盐水经盐水预热器 2 预热至 70℃ 左右，送入电解槽 3。电解中阳极生成的氯气从电解槽顶逸出，导入氯气总管，然后送入氯气处理工序。阴极生成的氢气导入氢气总管，送到氢气处理工序。生成的碱液导入总管，汇集

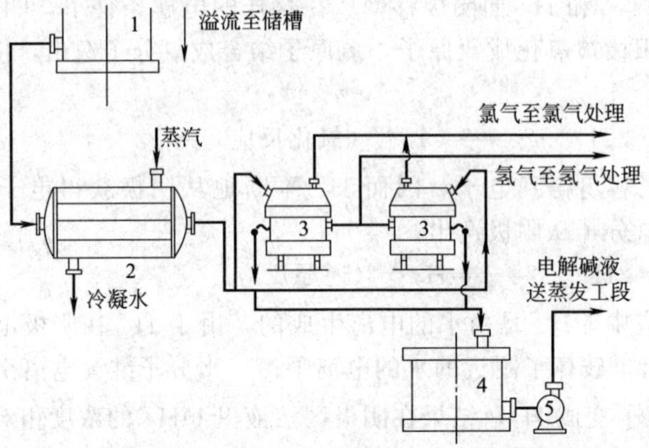

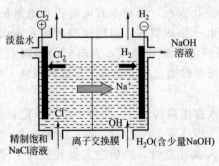

图 3-2　隔膜法制碱生产工艺流程

1—盐水高位槽；2—盐水预热器；3—电解槽；4—碱液储槽；5—碱液泵

到碱液储槽 4，经碱液泵 5 送到碱液蒸发工段。

氯气管道大多由陶瓷或塑料制成，氢气导管安装应略微倾斜，以便水汽的冷凝液可以流出，为抽送氯气方便，在氯气导管系统中安装鼓风机，使阳极室内维持约 29.421～40.04Pa 的真空。

氢气导出管（一般用铁管）安装要倾斜，用鼓风机或蒸汽喷射器吸出，使阳极室成为真空室，以避免在盐水液面较低时，有氢气混到氯气中。

三、离子膜法制烧碱

目前世界上比较先进的电解制碱技术是离子交换膜法。这一技术在 20 世纪 50 年代开始研究，80 年代开始工业化生产。

离子交换膜电解槽主要由阳极、阴极、离子交换膜、电解槽柜和导电铜棒等组成，每台电解槽由若干个单元槽串联或并联组成。电解槽的阳极用金属钛网制成，为了延长电极使用寿命和提高电解效率，钛阳极网上涂有钛、钌等氧化物涂层；阴极由碳钢网制成，上面涂有镍涂层；阳离子交换膜把电解槽隔成阴极室和阳极室。阳离子交换膜有一种特殊的性质，即它只允许阳离子通过，而阻止阴离子和气体通过，也就是说只允许 Na^+ 通过，而 Cl^-、OH^- 和气体则不能通过。这样既能防止阴极产生的 H_2 和阳极产生的 Cl_2 相混合而引起爆炸，又能避免 Cl_2 和 NaOH 溶液作用生成 NaClO 而影响烧碱的质量。图 3-3 是离子交换膜法电解原理示意图。

图 3-3　离子交换膜法电解原理示意图

精制的饱和食盐水进入阳极室，纯水（加入一定量的 NaOH）加入阴极室。通电时，H_2O 在阴极表面放电生成 H_2，Na^+ 穿过离子膜由阳极室进入阴极室，导出的阴极液中含有 NaOH，Cl^- 则在阳极表面放电生成 Cl_2。电解后的淡盐水从阳极导出，可重新用于配制食盐水。离子交换膜法电解制碱的主要生产流程如图 3-4 所示。

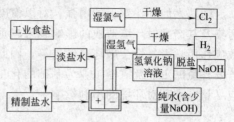

图 3-4 离子交换膜法电解制碱主要生产流程

电解法制碱的主要原料是饱和食盐水，由于粗盐中含有泥沙，以及 Cu^{2+}、Mg^{2+}、Fe^{3+}、SO_4^{2-} 杂质，不符合电解要求，必须经过精制。

精制食盐水时经常加入 Na_2CO_3、NaOH、$BaCl_2$ 等，使杂质成为沉淀过滤除去，然后加入盐酸调节盐水的 pH。

四、以氯碱工业为基础的化工生产

NaOH、Cl_2 和 H_2 都是重要的化工生产原料，可以进一步加工成多种化工产品，广泛用于工业生产的各个领域。所以，氯碱工业及相关产品几乎涉及国民经济及人民生活的各个方面。

由电解槽流出的阴极液中含有 30% 的 NaOH，称为液碱，液碱经蒸发、结晶可以得到固碱，阴极区的另一产物湿氢气经冷却、洗涤、压缩后送往氢气储罐。阳极区产物湿氯气经冷却、干燥、净化、压缩后可得到液氯。

以氯碱工业为基础的化工生产及产品的主要用途见图 3-5。

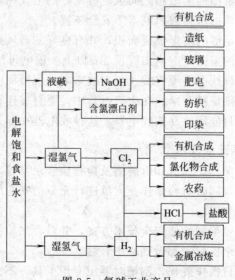

图 3-5 氯碱工业产品

　　随着人们环保意识的增强，对以氯碱工业为基础的化工生产过程中所造成的污染及其产品对环境造成的影响越来越重视。例如，现已查明某些有机氯溶液有致癌作用，氟氯烃会破坏臭氧层等，因此已停止生产某些有机氯产品。我们在充分发挥氯碱工业及氯碱工业为基础的化工生产在国民经济发展中的作用的同时，应尽量减小其对环境的不利影响。

第二节　氯碱电解工艺安全技术

一、食盐电解的安全技术

　　食盐溶液电解是化学工业中最典型的电解反应之一。食盐电解可以制烧碱、氯气、氢气产品。在食盐电解过程中，需注意以下安全技术重点：

1. 建筑厂房安全技术

　　由于氢气的存在，生产中有燃烧爆炸的危险。电解槽应安装在自然通风良好的单层建筑物内，在巡检电解槽时所经过的过道上，应铺设橡皮垫。输送盐水及碱液铸铁总管的安装应便于操作。盐水至各电解槽或每组电解槽中间连通的主管，应该用不导电材料制成或外部敷以不导电层。主管道上面的阀门的手轮也应该是不导电的。

　　电解槽食盐水入口处和碱液出口处应考虑采用电气绝缘措施，以免漏电产生火花。氢气系统与电解槽的阴极箱之间也应有良好的电气绝缘。整个氢气系统应良好接地，并设置必要的水封或阻电器等安全装置。

　　电解食盐厂应有足够的防爆泄压面积，并有良好的通风条件。应安装防雷设施，保护氢气排空管的避雷针应高出管顶3m以上。输电母线涂以油漆，为了使接触良好，电解槽的母线、电缆终端及分布线末端的接触面应该非常平整，在接线之前，将其平面仔细擦拭干净。在生产过程中，要直接连接自由导线以切断一个或几个电解槽时，只能用移动式收电器，这种收电器在断开时不会产生火花。

2. 设备维护保养安全技术

　　所有设备的维护保养，如拆卸电解槽及检查检修汞泵等，都应按照检修作业安全规程的要求进行，同时对检修作业人员进行充分的安全教育培训，使其懂得汞的危害及安全防护知识。

　　检修工作开始前要编制检修安全技术方案，并对参加检修的所有人员进行安全技术交底，使每一个检修者都做到心中有数。

　　洗槽时要严格执行操作规程，刮槽时要用专用工具，不允许用盐酸洗槽，以防腐蚀槽底。

3.盐水应保证质量

盐水中如含有铁杂质，能够产生第二阴极而放出氢气；盐水中带入铵盐，在一定的条件下（pH<4.5 时）铵盐与氯作用可生成氯化铵，氯作用于浓氯化铵溶液还可生成黄色油状的三氯化氮，三氯化氮是一种爆炸性的物质，与许多有机物接触或加热至 90℃以上以及被撞击时，即发生剧烈的分解爆炸。

因此，盐水配制必须严格控制质量，尤其是铁、钙、镁和无机铵盐的含量。一般要求 $Mg^2<2mg/L$、$Ca^{2+}<6mg/L$、$SO_4^{2-}<5mg/L$。应尽可能采用盐水纯度自动分析装置，这样可以观察盐水成分的变化，随时调节碳酸铵、苛性钠、氯化钡或丙烯酰胺的用量。

4.盐水的添加高度应安全

在生产操作中向电解槽的阳极室内添加盐水，如果盐水液面过低，氢气有可能通过阴极网渗入到阳极室内与氯气混合；如果电解槽盐水装得过多过满，可造成压力上升。因此，电解槽内盐水的添加不能过多也不能过少，应保持一定的安全高度，电解槽内盐水的液位是一个重要的安全控制指标。采用盐水供料器应间断供给盐水，以避免电流的损耗，防止盐水导管被电流腐蚀，目前多采用胶管。

5.防止氢、氯混合安全技术

氢气是极易燃烧的气体，氯气是氧化性很强的有毒气体，一旦两种气体混合极易发生爆炸，当氯气中含氢量达到 5%以上，则随时可能在光照和受热情况下发生爆炸。造成氢气和氯气两种气体混合的主要原因是：阳极室内盐水液面过低；电解槽氢气出口堵塞，引起阴极室压力升高；电解槽的隔膜吸附质量差；石棉绒质量不好，在安装电解槽时碰坏隔膜，造成隔膜局部脱落或者送电前注入的盐水量过大将隔膜冲坏，以及阴极室中的压力等于或超过阳极室的压力时，就可能使氢气进入阳极室，这些都可能引起氯气中含氢量增大，此时应对电解槽进行全面检查，将单槽氯含氢浓度控制在 2%以下，总管氯含氢控制在 0.4%以下。

6.掌握正确的应急处理方法

在生产中遇到突然停电或其他原因突然停车时，高压阀不能立即关闭，以免电解槽中氯气倒流而发生爆炸。应在电解槽后安装放空管，以及时减压，并在高压阀上安装单向阀，以有效地防止跑氯，避免污染环境和带来火灾危险。

二、隔膜法电解工艺安全技术

1.岗位任务及工作范围

（1）岗位任务　确保电解槽安全运行，生产出合格的氯气、氢气和电解液。

（2）工作范围　所属的金属阳极电解槽及附属的盐水分配台，氯气、氢气、电解液、盐水、生产水的管道、阀门、仪表等均由本岗位操作工负责开停、维护、检查、处理事故及保持清洁，并按时、正确、整洁地认真填写所测得的槽温、电压等工艺数据。

2. 开、停车的操作

（1）开车前的准备：a.送电前与厂总调度室联系，确认盐水供应及其他公用单位没有问题，方可进行下一步操作；b.仔细检查电解槽槽尾、氯气压力计、氯气取样管是否齐全好用，检查氯、氢水封处是否处于正确、良好状态，检查单槽氯、氢压力计是否齐全好用；c.检查槽间铜导板是否连接好，检查电解槽周围是否有金属棒或其他物料搭接；d.检查盐水总阀门、支管阀门、充氮阀门及盐水卡子是否齐全好用；e.检查、检测仪表是否齐全好用；f.检查管道、设备有无泄漏或其他故障；g.检查断槽开关是否准备就绪；h.送电前2h，通知盐水工段送饱和盐水，注满高位槽保持溢流；i.送电前1.5h，打开盐水总阀门、支管阀门、单槽盐水卡子，往电解槽注盐水，当液面升至阴极箱上法兰以上工艺设定值以后，关闭盐水支管阀门；j.送电前半小时，通知氢气泵岗位开启氢气泵，同时开始充氮；k.通知氯气泵岗位开启氯气泵，维持槽尾氯气管压力在工艺控制指标内；l.一切检查完毕，向当班班长汇报具备开车条件。

（2）开车及开车后的检查工作：a.接到送电指令后立即打开盐水支管阀门，继续往电解槽注盐水，关闭充氮阀门，迅速拔掉封槽胶塞，在全部电解槽列充满液体且碱液管都有阴极液流出后，立即报告厂总调度可以送电。b.根据阴极液流量调节入槽盐水量，维持电解槽液面正常。c.送电后，迅速检查电解槽液面、碱液流量、盐水注入情况，总槽电压及对地电压等是否正常，铜导板温升是否正常。d.送电后，通知分析工分析各支管、总管氯气纯度，氯气中含氢量及氢气纯度，并随时掌握变化情况。e.控制室内必须专人负责仪表监控，与氯氢处理岗位密切联系，调节氯氢压力。f.刚通电时必须关闭氢气总管至氢气冷却塔的入口阀门，氢气管道的压力通过氢气水封槽维持，亦即氢气水封槽上放空管放空的同时必须保证槽尾氢气管压力符合工艺控制指标。g.分析槽列氢气纯度大于96%时，氢气水封槽加水封，打开氢气总管至冷却塔的入口阀门，通知氢气泵抽送氢气至用户。h.当总口氯气内含氢量小于0.5%时，可继续升电流；当总口氯气内氢含量大于0.5%时，应立即分析槽列含氢量并进行处理。处理后含氢量继续高于1.5%或第一次分析高达4%的槽应立即除槽；i.如第一次送电不成功，必须待有条件具备送电要求时，方可进行第二次送电。

（3）正常运行操作：a.严格控制电解槽液面，电解液位应严格按红线控制，随时保持液面距标线误差不大于10mm。b.随时掌握单槽运行情况，注意槽电压、氯气纯度、氢气纯度、氯气中含氢量及总槽碱液浓度等是否控制在工艺指标范围内。c.巡回检查时，注意槽体零部件是否结盐结碱，特别注意上下压口处不可有结盐结碱；同时注意铜导板是否变暗发热，是否有虚连短路打火现象；还应注意检查氯氢水封是否有水，各仪器、仪表运转是否良好，若出现问题应及时联系解决。d.巡回检查时，注意断盐水、断碱液、断氢气、断氯气的"四断"情况及槽体对地绝缘良好，发现故障及时处理，断电器不得结盐结碱，组装平稳且不与桶漏斗壁靠接。e.与有关岗位勤联系，要求做到供电稳、氯和氢压力稳、液面稳、盐水温度稳，从而使电解槽处于良好的运行状态。f.随时了解主原料（精盐水）的质量供应情况，发现问题与厂总调度室联系处理。g.做好电解槽、设备、阀门及管道的保养工作，做好周围环境卫生，杜绝跑、冒、滴、漏，创造无泄漏区并加以保持。h.掌握电解槽运行情况，要求每日进行一次电压的测量。i.认真参加新电解槽的验收工作。j.每班将各个电解槽的氢气胶管挤压一次，以防止管内形成盐桥产生电弧，从而导致胶管氢气着火。k.对新电解槽中氯气含量进行分析检测。

（4）停车操作 短时间停电，停电时间在 2h 以内可以继续注盐水，严格控制液面不得低于控制指标；防止氢气窜入氯气中，使氯气内含氢量升高，从而引起系统爆炸；维持液面，等待送电。

a.氢气由氢气室放出，氯气送往废弃厂处理系统，此时严格控制氯、氢压力，以防氢气纯度低而发生爆炸；b.槽列的电解槽按正常运行，如流量大则进行严格封存。

三、隔膜法制烧碱生产过程常见故障及处理方法

隔膜法制烧碱生产过程常见故障及处理方法见表 3-1。

表 3-1 隔膜法制烧碱生产过程常见故障及处理方法

故 障	原 因	处理方法
氯气纯度偏低	总管有渗漏	微正压用氨水引漏修补
	单槽支管或槽盖有漏洞	引漏修补，严重时更换支管或槽盖
含氧量过高	隔膜吸附不均匀或过厚	调整配方，使吸附均匀
	隔膜的干燥时间过长或温度控制过高	调整干燥的时间与温度
	盐水过碱量过高	降低盐水过碱量
	浓度过高或液位过低	调整合适的浓度或液位
总管氯中含氢量过高	单槽氯气中含氢量过高	检查各排支管氯气内含氢量；普查电解槽，必要时要求降低电流；提高液位，单槽氢气放空；压低电解液导出管；必要时加石棉绒。上述措施无效，氯气中含氢量大于 2.5%时必须除槽，检查吸附工艺
	氯气负压过大或氢气正压过大	检查氯、氢气自控装置
	电流波动过于频繁	稳定电流

四、离子膜电解工艺安全技术

1. 一次盐水操作安全技术

（1）生产原理　对于离子膜电解，过多的钙、镁杂质会对离子膜电解槽的运行造成不可恢复的损坏，对离子膜的使用寿命、电流效率、电耗以及安全生产等都会产生不良影响。进行二次盐水精制采用螯合树脂处理时，钙、镁杂质过量会加大螯合树脂塔的生产负荷，缩短再生周期，严重时会使螯合树脂出现穿透现象。因此，必须对盐水进行精制。

① 除镁　镁离子以氯化物的形式存在于原料中，精制盐水时在盐水中加入 NaOH 溶液使其与盐水中的 Mg^{2+} 反应，生成不溶性的氢氧化镁沉淀。其离子反应式为：

$$Mg^{2+} + 2OH^- \longrightarrow Mg(OH)_2 \downarrow$$

为使反应完全，需要控制 NaOH 过量。该反应速率快，几乎瞬间完成，是离子膜电解工艺的前反应。

② 除钙　钙离子一般以氧化钙和硫酸钙的形式存在于原盐中，精制时在盐水中加入碳酸钠溶液使其和盐水中的 Ca^{2+} 反应，生成不溶性的碳酸钙沉淀。其离子反应式为：

$$Ca^{2+} + CO_3^{2-} \longrightarrow CaCO_3 \downarrow$$

为使反应完全，需要控制碳酸钠过量。此反应速率较慢，在过量情况下半小时方能反应完全，是离子膜电解工艺的后反应。

③ 除 SO_4^{2-}　盐水中的 SO_4^{2-} 含量超过 5g/L，将影响电解槽的电流效率。为避免盐水中 SO_4^{2-} 富集，采用膜法或氯化钡法去掉 SO_4^{2-}。

④ 除菌藻类及其他有机物　利用次氯酸钠的强氧化性，可使盐水中的菌藻类被次氯酸钠杀死，腐殖酸类等有机物被次氯酸钠氧化分解成小分子。

⑤ 除游离氯　一次盐水中若存在游离氯，将会对螯合树脂造成严重的破坏，因此必须除去。盐水中游离氯一般以 ClO^- 形式存在，生产中用加入亚硫酸钠的方法除去 ClO^-。其离子反应式为：

$$ClO^- + SO_3^{2-} \longrightarrow SO_4^{2-} + Cl^-$$

⑥ 氯化铁的作用　氯化铁作为一种凝聚剂，在碱性溶液中生成具有胶体性质的 $Fe(OH)_3$，它有吸附和共沉淀作用，因而在预处理器前加入 $FeCl_3$ 是为了加快 $Mg(OH)_2$ 的絮凝。但 $FeCl_3$ 加入量不可过多，如果由于 $FeCl_3$ 加入量过多导致盐水中铁离子超过 0.1mg/L，不仅会使螯合树脂中毒，而且还会降低离子膜电流效率。

⑦ 预处理器的工作原理　化盐后的粗盐水中含有大量的氢氧化镁，呈胶状絮片，极难沉降，同时也不利于过滤器正常操作，故采用浮上法经预处理器将氢氧化镁先行除去。首先，将粗盐水通过加压溶气罐，罐内保持 0.1～3MPa 压力，

在压力作用下使粗盐水溶解一定量空气（一般 5L 空气/m³ 粗盐水），当粗盐水进入预处理器后压力突然下降，粗盐水中的空气析出，产生大量的气泡，细微的气泡附着在絮凝剂与 $Mg(OH)_2$ 凝聚的颗粒上，使盐水中的机械杂质密度低于盐水而上浮，在预处理器上表面形成浮泥，通过上排泥口排出，部分较重颗粒下沉形成沉淀，通过下排泥口排放，清液自出口流出。

⑧ 膜过滤　经浮上桶（预处理器）处理的粗盐水中仍含有少量的机械杂质，以及大量的 Ca^{2+} 及微量的氢氧化镁，因此需加入一定量的碳酸钠充分反应后生成碳酸钙沉淀，在一定的压力下通过平均孔径为 0.5μm 的过滤膜，使杂质被过滤掉，从而得到纯净的一次盐水。

⑨ 中和　经膜过滤后，盐水中的 Ca^{2+}、Mg^{2+} 含量降低了，但还存在没有过滤掉的碳酸钙和氢氧化镁，氢氧化镁溶液的 pH 值为 10.5，碳酸钙溶液的 pH 值为 9.4，当盐水的 pH 值为 10.5 以上时，这些微粒无法溶解。二次盐水精制螯合树脂只能吸附 Ca^{2+}、Mg^{2+}，而不能吸附微粒中的 Ca 和 Mg 成分，造成二次盐水中的 Ca^{2+}、Mg^{2+} 含量超标。为中和掉精制过程中投入的过量碱，以降低盐水 pH 值，在生产中添加高纯盐酸，使氢氧化镁和碳酸钙微粒能完全溶解，使 Ca^{2+}、Mg^{2+} 可被螯合树脂吸收。

（2）二次盐水、电解、脱氯安全技术

① 二次盐水精制原理　一次盐水中钙、镁离子和其他多价金属离子对离子膜性能的损害很大，在一次盐水精制过程中，这些多价金属离子通过化学沉淀并经预处理器和膜过滤器处理能降低到一定程度（10^{-6} 数量级）。为进一步除去溶液中离子杂质，需要通过离子交换树脂进行二次盐水精制。

a. 吸附 Ca^{2+}、Mg^{2+}　螯合树脂能与二价金属离子结合为稳定结构，对二价金属离子的吸附能力远大于一价金属离子。螯合树脂对不同二价金属离子的吸附能力也相互不同，对一些常见离子的吸附能力如下：

$Cu^{2+} > Pb^{2+} > Zn^{2+} > Ca^{2+} > Cd^{2+} > Mg^{2+} > Ni^{2+} > Sr^{2+} > Ba^{2+} > Na^+$

当一次盐水经过树脂床层时，盐水中的 Ca^{2+}、Mg^{2+} 就扩散到树脂内部被吸附，从而达到进一步降低 Ca^{2+}、Mg^{2+} 浓度的效果。正常运行时，二次盐水中 Ca^{2+}、Mg^{2+} 总量要求小于 20×10^{-6}。

吸附速率的大小主要取决于 Ca^{2+}、Mg^{2+} 从溶液中扩散到树脂表面的扩散过程。升温有利于扩散进行，但温度过高会使螯合树脂发生变性和结构破坏，失去离子螯合交换能力。所以，在实际生产中，树脂塔工作温度严禁高于 80℃，正常温度维持在 60℃ 左右。

螯合树脂对二价金属离子的吸附能力不随溶液 pH 值而变，其吸附 Ca^{2+}、Mg^{2+} 等二价金属离子的最适宜 pH 值为 9~9.5。pH=2~3 时螯合树脂由钠型变为氢型，无法使用；pH=3~5 时，盐水中的 ClO_3^- 有较强氧化性，会氧化破坏树脂；pH=6 左右时，离子交换几乎不发生；pH=8 左右时，螯合树脂吸附能力较低；pH 值＞11，Mg^{2+} 形成沉淀堵塞树脂床层，使树脂床层压力降增加，而且树脂吸附能力也提高不多；pH＝8～11 时，为螯合树脂工作的最佳环境。

b. 再生　螯合树脂工作一段时间以后，钠型树脂逐步转化为钙型树脂，同时树脂螯合能力丧失，这时需对螯合树脂进行再生。

在酸性条件下，钙型树脂溶解并被酸化，转化为氢型树脂。当向体系中加入 NaOH 后，氢型树脂转化为钠型树脂。

c. 其他　在相同当量下，钠型树脂体积约是氢型树脂的 1.2～1.4 倍。碱再生时，树脂体积会膨胀。多次再生后，螯合树脂不可避免地要发生破碎。碎粒夹在树脂床层中，加大了床层阻力。经常检查树脂塔间压差，一旦床层压力降超过 0.1MPa，就说明碎树脂较多，需进行大流量反洗。如果大流量反洗后树脂床层高度低于 1.05m，需补充螯合树脂。

② 电解原理　在离子膜制烧碱生产工艺中，拥有离子选择性渗透功能的离子膜安装在电解槽阳极电极和阴极电极之间。进行电解反应时，精盐水和稀释碱液稳定流过离子膜两侧，而电流则穿过离子膜。根据下面的反应方程式可知，氯气在阳极室产生，氢气和烧碱在阴极室产生：

阳极：$\qquad\qquad\qquad Cl^- \longrightarrow 1/2Cl_2 + e$

阴极：$\qquad\qquad\qquad H_2O + e \longrightarrow 1/2H_2 + OH^-$

总反应：$\qquad\qquad NaCl + H_2O \longrightarrow NaOH + 1/2Cl_2 + 1/2H_2$

氯化钠在溶液中自动电离形成钠离子和氯离子分散系统。在电解槽阳极室，氯离子在阳极电极上放电生成氯原子并最终结合生成氯气。钠离子则在电场作用下发生电迁移并通过离子膜内部离子通道到达阴极室。在电解槽阴极室，水在电极上放电生成氢气和氢氧根。迁移的钠离子与生成的氢氧根结合生成氢氧化钠。

③ 脱氧原理　氯气可溶于水，且有一部分电解反应生成的 OH^- 在电场作用下迁移到阳极室。所以，会发生下列反应：

$$Cl_2 + H_2O \longrightarrow HClO + HCl$$

$$Cl_2 + 2NaOH \longrightarrow NaCl + NaClO + H_2O$$

所以，淡盐水中同时有 Cl_2、HClO、ClO^-，形成一个有效氯平衡体系。在这三种氯存在形式中，只有 Cl_2 是以分子形式溶解于淡盐水中，可以通过物理方法分离。物理脱氯实际就是破坏有效氯体系的平衡，使有效氯尽可能转化为氯气，并从体系中分离。因此，提高淡盐水的酸度及降低淡盐水表面氯气蒸气压有利于氯气的脱除。加入盐酸后，进脱氯塔的淡盐水的 pH 值应小于 1.8（实际控制在 1.3±0.5）。为了高效去除物理脱氯残留的微量有效氯，需用 NaOH 来改变 pH 值，以使有效氯从 Cl_2 形式全部转化成 NaClO 形式，再用亚硫酸钠进行还原。反应如下：

$$Cl_2 + 2NaOH + Na_2SO_3 \longrightarrow Na_2SO_4 + 2NaCl + H_2O$$

或　　　　$$NaClO + Na_2SO_3 \longrightarrow NaCl + Na_2SO_4$$

2. 氯氢处理安全技术

（1）氯气处理生产原理　从电解来的湿氯气温度较高，约为 80～90℃，被水蒸气所饱和，含水分约为 20%。湿氯气有很强的腐蚀性，绝大多数金属管道和设备不能抵抗湿氯气腐蚀，而且直接湿氯气输送不仅会加重设备运行负担，也会降低产品的质量和纯度，对后续系统造成很大危害。鉴于湿氯气所带的饱和水蒸气量与自身温度有关（温度越高，所带的水蒸气量越大），可采取喷淋冷却措施降低湿氯气温度，减小水蒸气的分压，降低湿氯气的含水量。冷却后的氯气温度越低，则含水量越少，但也不能把温度降得太低，因为若低于 9.6℃，将形成氯的水合物结晶 $Cl_2 \cdot 8H_2O$，它能堵塞管道和设备，从而影响正常生产。

生产需要氯气含水不超过 0.01%，单用冷却措施还达不到这个要求，为此采用浓硫酸干燥方法进一步吸收氯气冷却后剩下的少量水分。硫酸的吸水性与浓度、温度有关。1atm（1atm＝101325Pa，下同）下，25℃时，留在 95.1% 硫酸表面 1L 空气中的水蒸气为 0.3mg，留在 100% 硫酸表面 1L 空气中的水蒸气为 0.003mg。因此，要保证干燥塔的硫酸浓度及温度，才能保证氯气的干燥效果。氯气干燥采用填料塔和泡罩塔组合，填料塔用硫酸浓度为 76%～80%，泡罩塔用硫酸浓度为 98%。

（2）氢气处理生产原理　从电解来的氢气温度高，含有大量的水分，湿氢气所带的饱和水蒸气与温度有关，温度越高，所带的水蒸气量也越高。因此，可采用氢气水洗塔利用水直接给氢气降温。输送氢气采用的是液环式压缩机，液环介质是纯水，通过叶轮旋转，泵腔内介质旋转形成液环，在叶片之间形成大小不等的气室，达到抽吸和压缩氢气的目的。液环用纯水通过气水分离器分离冷却循环使用。压缩后的氢气用 5℃冷冻水进一步降温，减少带水量。

3. 氯氢合成安全技术

（1）氯气与氢气的反应　氯气与氢气燃烧，生成氯化氢并产生大量的热，反应方程式：

$$H_2 + Cl_2 \longrightarrow 2HCl + 18.421.2kJ/mol$$

影响反应的主要因素包括：原料的纯度，氯气、氢气的压力，氯气、氢气的配比，反应温度。

氯气、氢气的配比通常为 1:（1.05～1.1）。若比例过小，生产 HCl 气体时含游离氯，影响氯乙烯转化的安全；生产盐酸时会造成尾气冒氯，污染环境。若比例过大，生产 HCl 气体时会影响其纯度，使氯乙烯回收率降低，同时会影响安全运行，有可能造成爆炸危险；生产盐酸时尾气中含有氢气，摩擦产生静电极易引起爆炸事故的发生。

（2）氯化氢的吸收　氯化氢溶于纯水或者说用纯水吸收氯化氢就成了高纯度盐酸，这个吸收过程本质上是氯化氢分子越过气液两相界面向水中扩散的过程。

影响吸收过程的因素主要有以下几个方面：

① 温度的影响　氯化氢是一种极易溶于水的气体，但其溶解度与温度密切相关，温度越高，溶解度越小。另外，氯化氢在水中溶解时会放出大量的溶解热，使溶解温度升高，从而降低氯化氢的溶解度，其后果是吸收能力降低，不能制备浓盐酸。因此，为了确保盐酸的浓度和提高水吸收氯化氢的能力，除了加强对从合成炉出来的氯化氢冷却外，还应设法导走溶解热，使吸收过程在较低的温度下进行。

② 纯度的影响　在同样的温度下，氯化氢纯度越高，制备的盐酸浓度也越高。

③ 流速的影响　根据双膜吸收理论，气液两相接触的自由界面附近分别存在着可看作滞流流动的气膜和液膜，即在气相一侧存在气膜，在液相一侧存在液膜。氯化氢分子必须以扩散的方式克服两膜阻力，穿过两膜进入液相主体。对于像氯化氢一类易溶于水的气体来说，分子扩散的阻力主要来自气膜，而气膜的厚度又取决于气体的流速，流速越大，气膜越薄，其阻力越小，因而氯化氢分子扩散的速度越大，吸收效率也就越高。

④ 接触面积的影响　气液相接触的相界面越大，溶质分子向水中扩散的机会越高。因此，在吸收操作中尽可能提高气液相接触是十分重要的。如石墨吸收器的气液分配和成膜状况，尾气吸收塔中填料的比表面积、润湿状况等，都将直接影响吸收效果。

4. 氯气液化安全技术

（1）生产原理　根据气体的性质，如果有足够高的压力和足够低的温度，任何气体都可以液化，气体变成液体时，压力与温度之间有着密切的关系，即压力一定，气体的液化温度也就一定，压力增大，其温度也相应升高。液氯的生产就是利用这一原理使氯气液化。

在液氯的生产过程中，原料氯气中含有很少量的氢气，达不到氯与氢混合的爆炸极限，但在液化时，随着氯气液化量的增加，未凝气体中的氢气含量相对增大，有可能达到爆炸极限范围之中，威胁到生产的安全。所以，在生产过程中，必须根据未凝气体（尾气）中的氢气含量控制原料氯气的液化程度，从而使氯气液化过程受到一定的限制。

（2）氯气液化的程度（液化效率）　它表示被液化的氯气量与原料氯气中纯氯气的量之比。液化效率（η）的计算公式为：

$$\eta = [100(c_1 - c_2)]/[c_1(100 - c_2)] \times 100\%$$

式中　η——液化效率；

　　　c_1——原料氯气中氯的浓度，％；

　　　c_2——尾气中氯气的浓度，％。

5. 烧碱蒸发安全技术

（1）生产原理 将离子膜电解送来的 32% 液碱送入Ⅰ、Ⅱ效降膜蒸发器，通过和加热蒸汽换热后蒸发掉部分水分，根据在一定压力下溶液沸点对应相应的浓度的原理，通过控制出料温度生产出 50% 的液碱。

（2）工艺流程 32% 碱液输送进入Ⅰ效降膜蒸发器，在真空下用Ⅱ效降膜蒸发器碱侧产生的二次蒸汽加热，浓缩为 38.8%。Ⅰ效碱侧生成的二次蒸汽由表面冷却器冷凝生成冷凝液，与Ⅰ效壳侧冷凝液一同被收集进入蒸汽冷凝液罐，通过蒸汽冷凝液泵送往盐水工段。为了使Ⅰ效成品侧碱液浓度达到 38.8%，利用表面冷却器冷凝蒸汽产生真空（压力为 0.0133MPa 或 133mbar），表面冷却器中不凝气体用水环真空泵抽出。Ⅰ效产生的 38.8% 碱液用泵抽出，经换热器预热后进入Ⅱ效，在常压换热的过程中用中压蒸汽加热浓缩为 50% 碱液，50% 碱液冷却至大约 45℃ 输送至成品区。烧碱蒸发工艺流程见图 3-6。

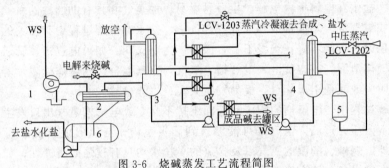

图 3-6 烧碱蒸发工艺流程简图
1—水环真空泵；2—表面冷却器；3—Ⅰ效蒸发器；4—Ⅱ效蒸发器；5—蒸汽分液罐；6—液封罐

第三节 氯碱电解工艺危险性分析与控制

一、氢气和氯气的火灾危险性

1. 氢气的火灾危险性

氢气是最轻的气体，不易溶于水，无色无味，能燃烧，燃烧时放出大量的热。如果与空气形成爆炸性混合物，在爆炸极限范围内遇火源，则会发生爆炸。其火灾危险性主要表现在：

（1）点火能小 点火能是指可燃物质处在最敏感条件下，点燃所需的最小能量。最小点火能越低，点燃所需的能量越小，火灾危险性也就越大。氢气的最小点火能仅为 0.01mJ，只需很小的能量（如静电火花），就足以引起燃烧爆炸。

（2）爆炸极限范围宽 氢气的爆炸极限范围为 4%～75%，爆炸范围为 18%～59%，并且随着压力、温度的升高，其爆炸极限范围还会变宽。当与氯气混合后，经加热或日光照射即能爆炸，若与氟混合则立即爆炸。

2. 氯气的火灾危险性

氯气是黄绿色的气体，有刺激性气味，能溶于水，易溶于有机溶剂。氯气本身不会燃烧，但它能助燃。氯气能够与绝大多数化学元素和化合物反应。与氢气混合时，氯气中含氢量如果超过 4%，经加热或日光照射即能爆炸。氯气有剧毒性，空气中最高允许浓度只有 0.002mg/L，超过 2.5mg/L 时，人吸入会立即死亡。

3. 电解厂房的火灾危险性

精制后的食盐水进入电解槽内，在直流电作用下，先生成氢气、氯气及烧碱溶液。氢气的爆炸下限小于 10%，依据国家标准《建筑设计防火规范》（GB 50016—2014）的规定，电解厂房的火灾危险性类别为甲类。

盐、盐水在电解槽内电解，生成易燃易爆的氢气和具有助燃性的氯气。氢气与空气或氯气混合均能形成爆炸性混合气体。盐水在电解过程中有强大的电流通过，如果设备接触不好，绝缘不良，极易产生电火花。如果电解槽、管道密封不良产生气体泄漏，或空气进入电解槽，氢气与空气混合达到爆炸极限，若遇到电火花、明火或其他引爆能量，极易发生火灾、爆炸事故。

电解过程中若电解槽的阳极室液面维持不当，或电解槽氢气出口发生堵塞导致阳极室内压力过高，氢气均可能渗入到阳极室内，与氯气混合发生爆炸或火灾。另外，烧碱、潮湿的氯气以及含氯的淡盐水均具有较强的腐蚀性，如果防腐不当会发生设备、管道腐蚀，并引发火灾、爆炸事故。

二、氯碱电解工艺的爆炸危险性

1. 管道输送的爆炸危险性

氯气总管含氢量大于 0.5%，氯气液化后尾气含氢量大于 4%，都有发生爆炸事故的可能性。氢气管道出现负压，空气漏入，形成爆炸性混合气体，达到爆炸极限时，遇明火或其他能源，就可能发生爆炸。此外，在液氯工段由于三氯化氮的富集，也存在发生爆炸的危险性和可能性。

2. 氯气储存的爆炸危险性

氯气储存设备在氯气干燥的条件下不会发生腐蚀，但是在含水量超过 50×10^{-6} 后氯气就能够与水作用生成酸，对钢瓶或容器进行腐蚀，使储存设备穿孔，导致泄漏爆炸事故的发生。同时，产生的氢气和氯气混合进入爆炸极限范围而发生爆炸。另外，在酸性条件下，产生的三氯化氮极为活泼，极易发生爆炸。

3. 氯气液化和灌装的爆炸危险性

氯气在液化时，由于氢气在氯气液化时的压力和温度下仍为气态，随着氯气液化量的增加，氢气在剩余气体中的含量随氯气液化量的增加而相对增加，极易形成爆炸性混合物。

4. 三氯化氮的爆炸危险性

NCl_3 是一种比氯有更强氧化性的氧化剂，在空气中易挥发，不稳定。纯的三氯化氮和橡胶、油类等有机物相遇，可发生强烈反应。如果在日光照射或碰撞"能"的影响下，更易发生爆炸。

5. 工艺中存在的引爆危险性

电解工艺过程使用大电流，如果电器线路接触不良，绝缘达不到要求，极易产生电火花成为引火源。例如，电解槽槽体接地处产生的电火花；排放碱液管道的对地绝缘不良产生的放电火花；断电器因结盐、结碱漏电产生的电火花及氢气管道系统漏电产生电位差而产生的电火花；电解槽内部构件间由于较大电位差或两极之间的距离缩小而产生放电火花。此外，存在雷击放空管引起氢气燃烧等其他引火源。这些引火源均可引起燃烧，进而发展为爆炸。

三、氯碱电解工艺的中毒危险性

1. 氯（氯气）的中毒危险性

氯气是具有窒息性的气体，有强烈的刺激性和腐蚀性，虽不自燃，但可以助燃，在日光下与其他易燃气体混合时会发生燃烧和爆炸，可以和大多数元素或化合物发生反应。剧毒。氯气在 $0℃$、$599986Pa$ 下凝结为黄色液体，在 $20℃$ 时 $100mL$ 水中能溶解氯气 $0.7291g$，液氯相对密度 $1.557(-34℃)$、2.13（$-195℃$）。化学性质活泼，几乎与所有元素都能产生作用。氯气毒性强，对眼、黏膜、呼吸道均有刺激作用，大量吸入可致死，制备氯气应在通风条件下操作。

2. 三氯化氮的中毒危险性

三氯化氮分子量为 120.5，常温下为黄色黏稠的油状液体，相对密度为 1.653，$-27℃$ 以下固化，沸点 $71℃$，自燃爆炸点 $95℃$。纯的三氯化氮和橡胶、油类等有机物相遇，可发生强烈反应。

三氯化氮液体在空气中易挥发，在热水中易分解，在冷水中不溶，溶于二硫化碳、三氯化磷、氯、苯、乙醚、氯仿等。NCl_3 在 $(NH_4)_2SO_4$ 溶液中可以存放数天，在酸、碱介质中易分解。NCl_3 在湿气中易水解成一种常见的漂白剂，显示酸性，NCl_3 与水反应的产物为 $HClO$ 和 NH_3。

三氯化氮对呼吸道、眼和皮肤有强烈刺激性。人接触较高浓度的三氯化氮，可发生黏膜充血、声哑、呼吸道刺激，甚至窒息，恢复过程较慢，经口食入有高度毒性。

四、安全控制措施

1. 防毒安全措施

把氯碱工艺中防毒安全措施的重点集中在生产现场控制跑、冒、滴、漏，以及完善事故处理系统。

a. 培训员工学会氯中毒的自我保护及互救知识；b. 对不符合设计规范要求和有缺陷的设备、管件、阀门严禁用于生产；c. 在电解、氯气干燥、液化、充装岗位合理布点安装氯气检测报警仪，生产现场要通风良好，备有氯吸收池（10％碱液池），设置眼和皮肤喷淋设施（洗眼器），重要岗位配置送风式或自给式呼吸器以及急救箱，给岗位上的每位员工配置过滤式防毒面具或空气呼吸器；d. 大型氯碱厂最好设置事故氯处理系统，将氯总管、液氯储罐及其安全阀通过缓冲罐与可以吸收氯的液碱喷淋塔相连，在紧急情况下可自动启动，平时可以起到平衡氯总管压力等安全生产控制作用，该系统可以实现远程计算机管理和控制，如DCS系统。

2. 防火防爆安全措施

（1）设置安全设施和安全装置　在设计和建设时，应该严格按照国家有关规范和标准，设置防火防爆安全措施。对处理易燃、易爆危险性物料的设备应设置压力释放设施，包括安全阀、防爆板、释放阀、压力控制阀等。一旦超压，可把危险物料泄放到安全的地方，如事故槽罐等；对盛装氯气、氢气、氨气、氯化氢的设备和输送管道系统设计在线自动检测仪表；对可能逸出氯气、氢气、氮氧化物、氨气及氯化氢的作业现场设置气体监测、报警和联锁系统；设计集中在正压通风控制室，必须保证通风空气不受污染，空气吸气口设计以活性炭或其他吸附剂为过滤介质的过滤器等防护措施。

a. 设置报警联锁装置，通过报警联锁装置，将系统各处氯气压力、氢气压力、槽电压、入槽盐水总管压力、氯气透平压缩机的氯气流量、突然停止交流或直流供电以及重要机械的停机信息输入自动报警联锁装置，一旦上述指标（或状态）失控，联锁动作，使装置各部机器、设备、控制阀门均处于安全状态。

b. 电解系统的氯气总管设置压力密封槽（正压安全水封），以便在非常状态下，氯气直接排入事故氯气处理装置。

c. 在采用氯气透平压缩机现场，电解系统氯气总管应设置氯气压密封槽（负压安全水封），在非正常状态下，可自动吸入空气，防止产生大的负压。

d. 电解系统设置的事故氯气处理系统，必须配置两路独立的动力电源互相切换使用。

e. 在氯气干燥塔出口安装水分在线分析仪，控制水分超标时的氯气不得进入压缩机房。

f. 氯气透平压缩机组工艺配管必须设置防喘振回路，防喘振工况指标（压力、流量）必须输入联锁信号。

（2）建筑防爆要求　电解工段建筑应符合防爆要求。厂房应为一、二级耐火等级建筑，油压面积应超过 $0.2m^2$，厂房必须有良好的通风；不得采取折板式屋盖和槽形屋盖，以免积聚氢气。氢气处理间、压缩间、氯气处理间与电解间宜用防火墙分隔，墙上开洞应采用封堵措施。有些工艺设备，如氢气冷却、盐水精制、氢气液化、液氯储槽等，可采用半露天布置，以减小火灾爆炸的危险性。

a.防止泄漏引起爆炸　设备和管道应保持严密，由于氯气有腐蚀性，管道、设备要经常维修、维护、保养，发现故障及时修理或调换，出现泄漏情况时，要有堵漏和切断气源的措施。

b.防止电解槽爆炸　盐水中的铁、钙、镁和硫酸阴离子等有害杂质要进行脱除。生产中应尽可能采用盐水纯度自动分析装置，观察盐水成分变化。阴极网上的隔膜应定期检修。隔膜应无脱落和附着不均匀的现象，电解槽中盐水液位应高出隔膜顶端。液位的观察和控制可用转子流量计或液位计。电解槽和解汞室的温度需加以控制。电解槽的温度宜控制在 $85\sim95℃$，减少氯气在阳极液中的溶解度，减少副反应。解汞室的水温应保持接近 $95℃$，解汞后汞的含量、含钠量应低于 0.01%，一般每班应对含钠量做一次分析。如果发现单槽中氯内含氧量升高到 1% 以上，可采取加高盐水液面或拆开氢气断电器，使氢气从断电器处排空等措施。

为防止氯、氢气在电解槽中混合，应安装氯、氢总管的压力自动调节装置，当压力升高时，可自动关闭氢气回流阀门，增加氯气和氢气抽力；设置氯、氢压缩机的电动机与整流室的联锁装置，以便在电解槽直流电突然断电时，能自动切断压缩机的电动机，并在电动机停转时能自动切断电解槽的直流电源，同时向电解厂房、压缩机房、中央控制台以及整流室发出信号；安装与氯、氢总管相连的水分系统，将氢气由水封排入事故处理装置，而将氢气放空；在氢气冷却和压送工段安装水封，以便当氢气压缩机的电动机停止运转，而电解槽仍继续工作时将氢气放空；氢气放空管道应装有阻火器，并通入蒸汽或氮气。

c.管道输送系统防爆　电解初期，氢气系统的氢气应排空，当氢气系统的氢气浓度达 98% 以上时，才能输入后续系统。氢气输送管道要防止出现负压，防止进入空气形成爆炸性混合物。定期分析氯气中含氢量和氢气中含氧量。要求氯气总管中含氢量在 0.5% 以下，若含量过高，应及时采取措施，如用惰性气体冲淡，停车检修等。

（3）氯气液化和罐装的防爆：

a.氯气液化应按氯气中含氢量来决定，防止残存的氯气中的含氢量增加而发生危险。液氯废气在正常情况下应控制在 3.5% 以下，若含氢量过高，应用氮气或其他惰性气体冲淡，或用干燥的压缩空气稀释，降低到安全允许范围。

b.液氯钢瓶在充装环节要严格按照《气瓶安装监察规程》规定充装；严格

控制液氯钢瓶的充装系数≤1.25kg/L，罐装液氯前，应对气瓶进行认真的检查，瓶内不得混有有机物，不得有铁锈等金属粉末。瓶内必须留有 0.05MPa 的余压，以避免有水或液态化学物品吸入瓶内，造成腐蚀或反应爆炸。液氯钢瓶充装时，瓶内要留出一定的气相空间，不得超重充装。为了防止充装过量，充装后应认真填写充装记录。充装后严格执行复验制度，发现超量充装要立即处理。

（4）氯气储存的防爆　储存液氯钢瓶的仓库应符合《建筑设计防火规范》（GB 50016—2014）中有关规定，库房结构能使逸出气体不滞留在室内，通风效果良好，室温不超过 40℃，严禁露天堆放；液氯钢瓶入库前要检查是否漏气，安全附件是否齐全，确认无泄漏和附件齐全后才可入库。液氯钢瓶不得接触高温、明火，防止阳光直射。液氯应与可燃物、有机物或其他易氧化物质隔离，与乙炔、氨、氢气、烃类、乙醚、松节油、金属粉末等隔离。搬运时要戴好钢瓶的安全帽及防震橡胶圈，避免滚动和撞击，防止容器受损。严禁用火、热水或蒸汽加热汽化使用。储存容器中液氯的含水量应控制在 500×10^{-6} 以下，防止生成酸造成危害。

（5）预防三氯化氮爆炸　三氯化氮是一种危险且不稳定的物质，在 60℃ 以下逐渐分解产生氮和氯，在一定条件下与发成反应达成可逆平衡。纯的三氯化氮和臭氧、磷化物、氧化氮、橡胶、油类等有机物相遇，可发生强烈反应。流体加热到 60～95℃ 时会发生爆炸，空气中爆炸温度约为 1700℃，密闭容器中爆炸最高温度为 2128℃，最大压力为 543.2MPa。气体在气相中体积分数为 5.0%～6.0% 时存在潜在爆炸危险。在密闭容器中 60℃ 时受震动或在超声波条件下可分解爆炸，在非密闭容器中 93～95℃ 时能自燃爆炸。在日光、镁光照射或碰撞"能"的影响下更易爆炸。有实验表明，三氯化氮体积分数大于 1% 时电火花即可引爆。

三氯化氮爆炸前没有任何迹象，都是突然间发生。爆炸产生的能量与 NCl_3 积聚的浓度和数量有关，少量 NCl_3 瞬间分解引起无损害爆鸣。大量 NCl_3 瞬间分解可引起剧烈爆炸，并发出巨响，有时伴有闪光，破坏性很大。爆炸方程式为：

$$2NCl_3 = N_2 + 3Cl_2 + 459.8kJ/mol$$

为防止 NCl_3 大量形成或积聚，必须严格控制精盐水总铵量低于 4mg/L，氯气干燥工序所用冷却水不含铵，液氯中 NCl_3 含量低于 50×10^{-6}，与液氯有关的设备应定时排污，且排污液内 NCl_3 含量必须低于 60g/L，否则应采取紧急处理措施，有条件的企业最好增设 NCl_3 破坏装置。

（6）控制或消除引外援　生产中应尽量消除电气火花引燃源，避免进行可能产生火花的作业。电解槽食盐水入口处和碱液出槽处、氢气系统与电解槽的阴极箱之间也应有可靠的电气绝缘，整个氢气系统应有良好接地。氯、氢输送设备和管线保持良好接地，接地电阻应小于 100Ω，防止静电积聚引爆。厂房应有防震设施，氢气放空管的避雷针保护应高出罐顶 3m 以上。

3. 工艺过程安全措施

（1）盐水应保证质量　盐水中若含有铁杂质，能够产生第二阴极而放出氢气；盐水中带入铵盐，在适宜的条件下（pH＜4.5），铵盐和氯作用可生成氯化铵，氯作用于浓氯化铵溶液还可生成黄色油状的三氯化氮。因此，盐水配制必须严格控制质量，尤其是铁、钙、镁和无机铵盐的含量。一般要求 Mg^{2+}＜2mg/L，Ca^{2+}＜6mg/L，SO_4^{2-}＜5mg/L。应尽可能采取盐水纯度自动分析装置，这样可以观察盐水成分的变化，随时调节碳酸钠、苛性钠、氯化钠或丙烯酸胺的用量。

（2）盐水添加高度应适当　在操作中向电解槽的阳极室内添加盐水，如盐水液面过低，氢气有可能通过阴极网渗入到阳极室与氯气混合；若电解槽盐水装得过满，在压力下盐水会上涨，因此，盐水添加不可过多或过少，应保持一定的安全高度。采用盐水供料器应间断供给盐水，以避免电流的损失，防止盐水导管被电流腐蚀。盐水导管目前多采用胶管。

（3）防止氢气与氯气混合　氢气是极易燃烧的气体，氯气是氧化性很强的有毒气体，一旦两种气体混合极易发生爆炸，当氯气中含氢量达到 5％ 以上时，则随时可能在光照或受热情况下发生爆炸。造成氢气和氯气混合的主要原因是：阳极室内盐水液面过低；电解槽氢气出口堵塞，引起阴极室压力升高；电解槽的隔膜吸附质量差；石棉绒质量差，在安装电解槽时碰坏隔膜，造成隔膜局部脱落或者送电前注入的盐水量过大将隔膜冲坏，以及阴极室中的压力等于或超过阳极室的压力时，就可能使氢气进入阳极室等，这些都可能引起氯气中含氢量增高。此时应对电解槽进行全面检查，将单槽氯含氢浓度控制在 2％ 以下，总管氯含氢浓度控制在 0.4％ 以下。

（4）严格电解设备的安装质量　由于在电解过程中有氢气存在，故有着火爆炸的危险，所以，电解槽应安装在自然通风良好的单层建筑物内，厂房应有足够的防爆泄压面积。

（5）掌握正确的应急处置方法　在生产中当遇到突然停电或其他原因突然停车时，高压阀不能立即关闭，以免电解槽中氯气倒流而发生爆炸。应在电解槽后安装放空管，以及时减压，并在高压阀上安装单向阀，以有效防止跑氯，避免污染环境和带来火灾危险。

4. 安全控制要求及控制方式

电解槽温度、压力、液位、流量报警和联锁；电解供电整流装置与电解槽供电的报警和联锁；紧急联锁切断装置；事故状态下氯气吸收中和系统；可燃和有毒气体检测报警装置等。

将电解槽内压力、槽电压等形成联锁关系，系统设立联锁停车系统。

第四节　氯碱电解工艺安全操作规程

一、一次盐水操作安全规程

1. 开车前的准备

(1) 将淡盐水、碱性冷凝液、中和后再生废水、生产水、压滤液送入化盐水储罐中，保证足够多的化盐水，检查各高位槽精制剂充足。

(2) 向盐酸储罐加入 31% 盐酸及生产水，配制成 15% 的盐酸，备用。

(3) 检查各泵润滑油位在 1/2~2/3 之间，如不足加以补充。

(4) 检查各管道、阀门、机械转动设备是否正常。

(5) 检查仪表及自控调节系统是否正常。

2. 开车操作

(1) 打开化盐水储罐出口阀门、化盐桶进口阀门，开启化盐水泵，通过化盐水流量调节阀调节化盐水量，根据换热器后盐水温度显示来调节热水调节阀，实现对化盐水温度的控制，维持在 55~65℃左右。

(2) 化盐水通过化盐桶化盐流经折流槽进入粗盐水池，在流经折流槽时打开 NaClO 和 NaOH 阀门，根据原盐质量、盐水流量及两种精制剂浓度来分别调节次氯酸钠和烧碱到合适流量，控制 pH 值在 9~11，过量 NaOH 浓度在 $0.2 \sim 0.5 g/L$，粗盐水中残余游离氯为 $2 \times 10^{-6} \sim 20 \times 10^{-6}$，NaCl 浓度为 $300 \sim 315 g/L$，NaCl 浓度高低可以通过生产水加化盐水进行稀释调节。

(3) 当粗盐水池液位约 70% 时，开启输送泵向加压溶气罐送粗盐水，注意泵电流及粗盐水流量变化，打开空气缓冲罐的出口阀门，打开加压溶气罐上气水混合气进口阀门，打开空气缓冲罐进水混合气阀门，通过自控调节及变频调节，控制加压溶气罐液位在 $60\% \pm 10\%$ 之间，通过调节压力调节阀来保持加压容器罐内压力在 0.2~0.3MPa。

(4) 当加压溶气罐液位计压力正常后，打开加压容器罐出口阀及粗盐水流量调节阀，打开预处理器进口阀门，使盐水达到合适流量。同时打开氯化铁加入阀门，依据盐水流量及原盐中钙镁含量、氯化铁浓度调节氯化铁流量，一般要求粗盐水中氯化铁含量在 15×10^{-6}，预处理器上浮泥颜色为土黄色表示加入量合适。

(5) 待预处理器清液出口流出清液后，进入反应槽，打开 Na_2CO_3 加热阀门，根据原盐含钙量、粗盐水流量、Na_2CO_3 浓度来调节流量调节阀，使 Na_2CO_3 流量至合适值，控制粗盐水过量 Na_2CO_3 在 0.2~0.5g/L 之间。

(6) 粗盐水通过反应槽自流至缓冲槽，打开 Na_2CO_3 高位槽出口阀门，根据粗盐水流量及 Na_2CO_3 浓度调节亚硫酸钠调节阀，使 Na_2CO_3 流量至合适值，保持粗盐水 ORP 值在 $-50\sim+50\text{mV}$。

（7）当粗盐水流入缓冲槽内液位达到 50％左右时，打开 HVM 膜过滤器进液手动阀，同时启动过滤器，过滤器用 PLC 自动化控制。调节精制剂的加入量，并取样分析，使之控制在规定指标内。过滤器的过滤周期及排泥周期根据粗盐水中的杂质含量进行修改。

（8）当出液缓冲槽内液位达到 50％时，打开一次盐水储槽的进液阀门，同时根据 pH 值调节盐酸及纯水加入量，将一次盐水的 pH 值控制在 9～11。

（9）当一次盐水储罐内液位达到 70％时，打开一次盐水储罐出口阀门，开启一次盐水泵向二次盐水及电解输送合格盐水。

3. 正常操作

（1）严格控制化盐水为储罐内 Na_2CO_3 含量小于 0.5g/L，过量的 Na_2CO_3 将使原盐中的钙离子提前发生沉淀反应，提前在处理器中除掉，不但加大了预处理器的负荷，降低其稳定性，同时，还降低了过滤器进口盐水中的钙含量，降低了钙镁比例，使过滤压力升高，过滤能力下降。若 Na_2CO_3 含量高，可加生产水稀释。

（2）注意化盐水储罐液位，防止抽空或冒罐，注意化盐水泵是否正常运转。

（3）严格控制化盐水温度在 55～65℃，由 DCS 调节热水阀门来控制。温度过高将影响设备、管道及膜过滤器元件的使用寿命，同时还影响 pH 计、ORP 计等仪表元件的使用寿命；温度过低将影响化盐速度和化盐浓度，以及预处理效果及除钙反应。

4. 安全操作要点

（1）严格控制入槽盐水含铵量　必须将入槽盐水中的铵含量纳入正常分析项目：无机铵 1mg/L，总铵 4mg/L。如超标，应立即查找含铵量高的原因，查询污染源及采取应急措施给予排放，或加次氯酸钠、氯水或通氯进行除铵操作，并加强液氯工段 NCl_3 的分析。

（2）防止热盐水烫伤　盐水需加热到 60℃左右，身体直接接触会发生烫伤事故，在日常操作中需穿戴好劳保用品，在操作中严格按规程要求进行，确保身体免受烫伤。

二、二次盐水、电解、脱氢操作规程

1. 电解槽安全操作要求

电解槽正常运行时，根据运行电流负荷控制好电解槽运行的各项工艺参数。

电解槽联锁停车后，首先确认氢气系统加氢气阀门已经打开（否则手动打开），确保阴阳极气相压差在 4kPa 左右，严禁出现负压差；其次确认进电解槽盐酸阀门已经关闭；再次对电解槽螺母进行锁定；最后确认烧碱液和稀释盐水已经开始循环，正在置换出槽内滞留的氢气、氯气。

电解槽停车后，预计 4h 之内不能开车时，必须对电解槽实施排液和洗槽操作。

电解槽排液之前，阳极室内的氯气和阴极室内的氢气必须用新鲜的盐水和新鲜的碱液置换。

电解槽清洗干净后，在阳极室和阴极室中的纯水必须排净，避免离子膜产生水泡。

在电解槽开车前，电解槽阴、阳极室内和入口总管、出口总管，必须充满精盐和碱液，通电前电解槽的阴、阳极液必须先循环起来。在洗槽或充排液时，必须观察阳极室和阴极室的液位（两极安装透明软管），液位及液位差必须保持稳定，以免毁坏电极或离子膜。

2. 电解槽停车后的安全处理

停车后按要求对电解槽进行排液和洗槽。

（1）当电解槽停车后，需用塑料力矩扳手对电解槽的所有软管螺母进行紧固操作，主要是为了避免氯气或电解液泄漏而造成软管螺母的腐蚀（注意：此时电解槽还有电压，防止被电击）。

（2）如果电解槽停车时间超过 4h，阴、阳极液应立即排放，以免对离子膜造成损坏。

（3）如果电解槽需要拆开或维修，则电解槽需要进行两遍洗槽。

（4）为防止离子膜变干收缩后拉坏，要求一周对离子膜润湿一次。

3. 电解槽的正常安全操作

（1）每 4h 检查以下项目：

a. 电位差：0 左右。

b. 直流电流表：小于 16.2kA，正常 12.15kA。

c. 电压表：稳定。

（2）每周测量每只单元槽的槽电压：

a. 将可携带式万用表的两端压在槽框的螺栓末端上；

b. 显示正常槽压。

（3）电流负荷改变时，操作步骤如下：

a. 解除接地电位差联锁；

b. 改变电解槽运行电流到计划值；

c. 控制好不同电流负荷下的电解槽工艺参数；

d. 调整接地电位差联锁到 0 左右，再将接地电位差联锁投入联锁。

（4）阴、阳极液流量调节：

a. 每 4h 检查进槽的盐水和阴极液进电解槽流量一次；

b. 将精盐水进电解槽流量调节至规定水平；

c. 调节阴极液流量；

d. 每 4h 检查单元槽每根出口软管的液体流动情况。

（5）氯气、氢气系统压差调节：

a. 每 4h 检查氯气、氢气系统压力和系统压差；

b. 将上述指标调节到规定水平；

c. 氢气压力是根据氯气压力，通过电极调节进行控制的。

（6）温度调节　电解槽阳极液温度是通过阴极液循环管线上换热器的冷却水流量而进行调节的。温度调节：

a. 每 4h 检查电解槽阴极液的出口温度显示值；

b. 改变温度控制器的设置点，将温度调节到规定水平。

三、氯氢处理安全操作规程

1. 氯气系统安全操作规程

（1）氯气处理系统开车准备：a. 检查本岗位所属设备、管道和阀门，确认完好、畅通、灵活；b. 检查所有润滑部位有足够的润滑油；c. 检查各仪表控制点及自动联锁装置完善准确；d. 通知循环水、生产水、冷冻水、纯水、氮气等岗位送合格的产品；e. 检查各水雾捕集器、酸雾捕集器液位正常；f. 检查氯气正压水封、氯气负压水封充满水，溢流正常；g. 压缩机单机试车正常，联锁调试正常；h. 检查动力电及照明电是否正常，通信系统是否完好；i. 与调度、主控室、电解、合成、液氯岗位联系，做好充分的准备工作；j. 确认废气吸收塔运行正常，去废气系统阀门及阀位正常。

（2）开车操作

① 氯水洗涤塔开车：a. 打开氯水洗涤塔加水阀门，加到液位 40% 时关闭；b. 打开氯水泵机械密封冲洗阀门；c. 关闭氯水泵出口阀门，打开泵进口阀门；d. 启动氯水泵慢慢打开出口阀门，氯水开始循环，确认氯水冷却器进出口开启，旁路关闭；e. 确认氯水洗涤塔液位调节阀前后阀门开启，旁路关闭；f. 通知氯氢处理中控将液位调节阀投入自动，设定值为 50%。

② 硫酸干燥塔开车：a. 确认去泡罩干燥塔加酸阀门关闭，打开浓硫酸高位槽加酸阀门，通知合成岗位给浓硫酸高位槽加酸，待液位达到 80%～90% 时停止送酸，关闭高位槽加酸阀门；b. 打开泡罩塔塔盘加酸阀门，往泡罩塔加酸，通过视镜观察，加酸至每一层下液管被酸封住，关闭高位槽处加酸阀；c. 打开高位槽放净阀，向泡罩塔塔底加酸，当硫酸由泡罩塔溢流到填料干燥塔，使填料塔液位达到 50% 后，关闭高位槽放净阀；d. 打开稀硫酸泵进口阀门，排气结束后启动循环泵；e. 确认稀硫酸换热器进出口阀开启，旁路关闭，打开泵出口阀门，硫酸开启循环；f. 确认硫酸填料塔液位控制阀及前后手动阀门开启，旁路关闭；

g. 通知氯氢处理中控将填料塔液位控制阀投入自动,设定值为 H 60%、Cl 40%;h. 确认氯气分配台至合成和液氯工序的阀门关闭,打开氯气分配台去废氯气吸收系统阀门,准备接收废氯气。

③ 氯气压缩机开车安全操作:a. 检查压缩机的监测和控制仪表,并检查报警和停车条件;b. 确认系统运转中的氯气含水量小于 $200mg/m^3$,否则应进行干燥;c. 检查确认电器情况,联系调度室,启动氯压机;d. 启动电加热和辅助油泵,等待油箱内的油温升至 30℃;e. 对油泵、油冷却器以及油过滤器进行排气,启动主电机;f. 调整向密封箱供应的氮气流量,设定氮气管线和排气管线差压在需要范围内;g. 调节冷却器和油冷却器的循环水量,使压缩机入口气体温度达到约 50℃,以便于除去系统内残余的水分;h. 打开所有冷却器(包括油冷却器)的冷却水阀门;i. 慢慢打开废气排放阀门少许,打开气体入口阀,逐渐关闭旁通阀,使气体出口压力达到操作值;j. 打开出口阀,关闭废气排放阀门;k. 根据负荷调节防喘振阀,保证入口和出口压力稳定在规定范围内。

2. 氢气系统安全操作方法

(1)检查本岗位所属设备、管道和阀门是否灵活好用且畅通。

(2)检查所有润滑部位是否有足够的润滑油。

(3)检查确认 DCS、仪表、调节阀调试正常,检查各仪表控制点及自动联锁装置是否完善准确。

(4)通知循环水、生产水、纯水、仪表气、氯气等岗位送合格的产品。

(5)检查氢气洗涤塔液位是否在 1/2,检查氢气压缩机分离器液位是否在 1/2。

(6)检查水雾捕集器液位是否正常。

(7)将氢气正水封加满水,并保持加生产水阀门一定的开度,保证溢流正常。

(8)将氢气冷却器、氢气水雾捕集器冷凝液排放管(U 管)加满水,打开氢气压缩机进出口及回流阀门,打开去分配台去氯化氢手动阀门,并通知氯化氢在总管上放空。

四、氯氢合成安全操作规程

氯氢合成工艺流程见图 3-7。

1. 合成炉开车

(1)全面检查设备、仪表、管道、阀门、压力表是否处于正确状态,主要包括合成炉、石墨吸收器、尾气吸收塔、阻火器、氢气阀门、氯气阀门、H_2 放空总阀、尾氯去废氢气吸收塔阀门、炉前氢气阻火器处氢气排空支管阀门、进氢气缓冲罐氢气阀门、合成一级石墨吸收器下酸阀、合成炉送气阀门、去吸收塔手动阀、手操阀等阀门。

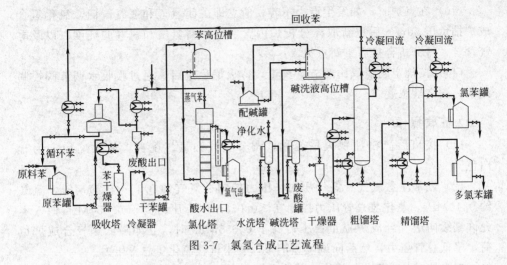

图 3-7　氯氢合成工艺流程

（2）检查氮气、纯水、循环水等，检查氢气阻火器处盲板是否拆除并换上垫片重心压好，准备好点火用具以及合成炉炉门、垫片、螺栓、扳手等。

（3）设备、管线通氮气试压，当压力达到 65kPa 时停止，10～15min 后压力不变，或设备、管线经试漏无外漏迹象，即试压完毕；否则进行消漏整改，直至合格。

（4）联系质量部门取样，取炉内含氢分析时应停水力喷射器，开启相应合成炉进炉氢气、氯气的手动阀、切断阀。注意进炉氢气阀门密封性和氯气阀门密封性，经确认不漏。

（5）联系氯氢中控废氯气吸收塔是否处于正常运行状态，并对合成炉进炉支管原料气提纯。分析炉内混合气体及原料气是否合格，即炉内含氢＜0.067％，氢气纯度98％，氯气纯度＞75％，氢气压力＞0.04MPa，氯气压力＞0.07MPa。

（6）接到开车通知后要与氯氢处理工序联系，关小氢气提纯阀，随时调整保证氢气压力。通过现场转子流量计检查总管提纯情况，具体流量依据氯氢置换压力控制流量。

（7）待点火样合格后，与氯氢中控取得联系，关闭进炉原料氢气、氯气提纯阀门，由氢气倒淋充氮置换约 5s，准备点炉。

（8）合成主控手动控制吸收水量，调整水力喷射器开度，使吸收系统负压值为 −1～−2kPa 或炉门处微感抽力（即有吸风感），调整点火棒火焰不要太大或太小，以免烧伤人或熄灭。点火操作由两人进行，一人应在室内从视镜孔观察火焰，另一人需戴好面罩，避开点火孔正面，将火把慢慢置于炉内灯头正中位置。

（9）慢慢打开氢气手动阀，待炉内氢气点燃后，调节氢气流量，大致判定氢气燃烧正常。慢慢开启氯气阀门，阀门开度不能太大以避免过氯将火焰扑灭，待炉内火焰呈青白色稳定后，通知室外操作人员，迅速封闭炉门。

（10）在点炉时，如发生点火不着，应立即关闭氢气和氯气阀门，氯化氢合成炉抽负压 20min 后重新取样分析炉内含氢或原料氢气和氯气的纯度，以及尾气含氢，待分析合格后重新点火。

（11）按规定的氯氢比调节氯氢量，待火焰稳定后，通过吸收水调节阀控制纯水，测定酸浓度。

2. 正常操作

（1）接班后严密注视火焰变化，调节氢气和氯气配比，使火焰稳定为青白色。

（2）经常注意氯气、氢气压力，压力控制在氯气约 0.11～0.13MPa，氢气约 0.10MPa，氯化氢总管压力控制在≤0.055MPa，压力高于 0.054MPa 时，不允许继续向送气合成炉提量；压力高于 0.055MPa 时，立即降低送气合成炉负荷，降低总管压力，然后向调度室汇报，要求调整氯化氢总管压力。

（3）按时分析氯化氢气体，其纯度应为 92.0%～95.0%，游离氯≤0.005%。

（4）注意检查出酸温度及分析酸浓度，及时检查流程画面，调节水抽循环流量及吸收水流量。

（5）定时检查各泵运行情况是否正常，机械密封是否正常，冷却水量是否合适，电机电流是否正常，泵进出口压力是否符合要求。

3. 正常停车

（1）加强同氯氢岗位的联系，接到停车通知后，开启吸收系统冷却水、吸收水和水力喷射器，根据炉压内外配合，逐渐打开氯化氢吸收系统阀门，同时逐渐关闭送往后工序转化岗位的送气。

（2）按比例降低进合成炉氯气、氢气的气量，先降氯气，后降氢气，保持火焰青白色。达到最小流量后，当班班长指挥现场操作人员控制好操作间进炉氢气、氯气阀门，现场立即关闭氢气及氯气手动阀灭炉，开支管提纯氢气由排空阻火器排空，氯气送至废氯气吸收塔。

（3）从置换口处加入氮气进行吹除，对合成炉置换不少于 15min，开启进炉前支管导淋。

（4）停炉 15s 后关闭吸收水自控阀，同时关闭吸收水阀。

（5）冬季停车时，注意将炉内循环水放净，以防冻结。

（6）短时间内（24h）不开车的合成炉，停炉后置换 30min，在进炉氢气管线上加盲板。

4. 紧急停车或停炉

遇到特殊情况，当班操作工有权决定停车，停车后立即报告生产调度部门。在停车的同时，与氯化氢用户联系停车。

五、氯气净化安全操作规程

1. 液氯系统开车前的准备工作

（1）穿戴好工作服、劳动防护用品，准备好防毒面具及需用的工具。

（2）检查管路、设备、阀门是否严密、畅通、灵活好用，检查各仪器仪表是否灵活灵敏、准确、可靠、好用。

（3）检查事故率、吸收塔系统碱液浓度及液位。

（4）通知合成工段做好接收尾气的准备工作。

（5）与空压站、循环水站联系，送氮气、仪表空气、循环水。

（6）检查排污处理罐内稀碱液是否提前配制至规定浓度并加至规定液位。

（7）检查通风系统是否好用，照明设备是否齐全，室内消防器材是否齐全、可用。

（8）仔细复查所有仪表、设备、阀门的开启、关闭位置是否准确、可靠，确认无误后，报告生产调度部门，等待开车。

2. 液氯系统开车

（1）打开硫酸冷却器、液化尾气加热器、液氯冷却器循环水进出口阀门，液化气冷却水自调阀门打开，旁路阀关闭，自调阀打手动控制。

（2）打开下列阀门：液化气进氯气阀门、液化气液氯出口阀门、液化尾气阀门、液氯储槽进液阀门、液氯储槽压力平衡阀。

（3）液化器尾氯去合成管线氯气自动阀前后阀门打开，旁路阀关闭，自调阀打手动控制。

（4）打开机组仪表空气阀门。

（5）通知合成岗位给液氯岗位送浓硫酸。

（6）打开高压机组加酸阀，向机组内注入 98% 浓硫酸，直至分离器内液位达到规定液位，充液完成 10min 后，重新检查液位。

（7）打开压缩机回流阀和氯气系统入口阀、出口阀，使整个系统（包括液氯储槽）的压力与进口压力达到平衡后，关闭压缩机组出口阀。

（8）打开压缩机进口氮气阀门充氮气，一个人负责启动压缩机组，同时另外两个人负责调整回流阀，时刻注意观察压缩机进出口压力变化。启动压缩机，进行压缩机气体自循环，建立稳定循环 8～10s 后，缓慢将进气阀打开，当压缩机出口压力达到 0.6MPa 时，缓慢打开压缩机出口阀，关闭手动回流阀使压缩机的系统压力平稳上升，DCS 操作人员同时调整液化尾气自调阀，使尾气压力控制在要求范围内。

（9）当压缩机出口压力、液化器进口压力、液氯储罐压力均达到 0.6MPa 以上并稳定后，将压缩机出口阀全部打开，并通知将尾气回流阀、尾气调节阀、液化器冷却水阀投入自动，将回流阀设定为 0.15MPa，尾气调节阀设定为

0.15MPa，液化气冷却水阀设定为 0.9MPa。

3. 液氯系统正常操作

（1）每半小时循环检查一次，认真做好生产记录，如不正常要及时分析原因或进行调查。

（2）定期检测硫酸冷却器及液化器出水 pH 值并记录，以便及时发现冷却器或液化气泄漏。

（3）注意检查压缩机机组轴承温度及机器振动情况，以及各种仪表、仪器的准确性。

（4）定期检查分离器液位及分离器液体温度变化情况并及时处理。

（5）检查液氯储槽液位并及时倒槽。

（6）定期检测压缩机组硫酸浓度，确保≥96％，否则及时更换。

（7）经常用氨水检验整个系统管线、设备是否有泄漏，发现有裂缝或损坏，先切断气源，然后处理泄漏点。如果生产不允许停产，而且带压作业时，检修人员必须穿戴好防护用品，方可进行紧急处理。

（8）经常用指示剂检测液化气冷却水出口游离氯，并观测在线 OPR 指示值，出现异常时停车处理。

4. 液氯系统停车

（1）与氯氢工序合成工序联系，液化尾气通过尾气缓冲罐进入废氯气吸收塔。

（2）将压缩机组手动回流阀打开，打开充氮阀，关闭氯气分配台去液氯阀门及回流自动阀，打开废氯气阀、氮气阀，停主机，关闭液氯储槽入口阀、压力平衡阀，关闭液化器液氯出口阀、液化器循环水进出口阀及尾氯气调节阀，最后关闭去合成工段尾气阀。

（3）长时间停车应先将液氯储槽内的液氯包装完。

（4）对液化气进行排污操作。

（5）如果要长时间停车（1 个月以上），必须放空压缩机内硫酸和氯气，并用氮气置换干净。

（6）压缩机停车后至少每周手工盘车一次。

5. 安全操作重点

（1）控制原氯纯度及含氢量　由于氯气和氢气沸点不同，氯气的液化过程也就是尾气中氢气的富集过程。为防止因氢气含量过高而引起爆炸，必须严格控制原氯纯度及其氢气含量。

（2）合理控制液化效率　液化生产中，液化效率是一个重要的控制指标。液化效率低，单位时间液氯产量低，冷量浪费大；液化效率高，单位时间氯气液化量大，但由于氯气中的氢未被液化，不凝性气体中氢气含量随之升高，至一定程度时会达到爆炸水平。所以液化效率一般控制在75%～90%之间，而尾气含氢量不大于3.5%。

（3）加强安全防护　由于液氯生产是在一定氯气压力及高浓度硫酸下进行，为了预防物料突发喷出事故，开车前有关人员必须对蒸发器进行严格检查，管道、法兰要有足够的密封性。

六、液氯充装安全规程

1. 钢瓶充装前检查

（1）外观检查内容：a.检查钢瓶的漆色、字体、标记及钢印；b.检查钢瓶的外部有无凸凹，若有明显凸凹现象，应确定试压和做残余变形率计算，判定是否可继续使用；c.检查钢瓶安全附件是否齐全、完好无损；d.用木槌轻轻敲击钢瓶表面，听声音是否正常。

（2）空瓶称重：a.空瓶称重时，其空瓶重应符合钢瓶检验时打上的钢瓶重量。b.钢瓶内余氯量：500kg和1000kg充装量的钢瓶，应保持5kg以上余氯。但是，若500kg充装量的钢瓶内余氯量≥50kg或1000kg充装量的钢瓶内余氯量≥80kg时，应返回原使用单位，用后再送来充装。c.称重时的最大刻度值应为常称重量的1.5～3.0倍，磅秤检验期不得超过3个月，误差小于±1kg。

（3）瓶内余氯分析：a.钢瓶内余氯压力必须保持在0.1～0.15MPa，瓶内没有余氯的，要认真检查是否有倒吸入的其他介质，若有则不予检验、充装；b.用氨水检验钢瓶内是否为氯气，并且余氯纯度≥95%为合格，否则要查明原因，向安全、销售等部门反映，采取相应措施。

2. 充装操作

（1）接检查站钢瓶后，由专人对液氯钢瓶进行复查，复查合格后方可充装。

（2）连接好钢瓶阀及包装铜管，去皮重后衡器归零，开充装液氯阀，开始充装。当充装速度低于20kg/min时，开启串气阀，使钢瓶内充装压力降低，当低于充装压力0.3MPa时，关闭串气阀，开充装阀，可重新操作直到充装到规定重量。

（3）充装到规定重量后，关闭钢瓶瓶阀和液氯充装阀，开真空阀，将铜管内残液抽空。

（4）拆掉铜管，记录钢瓶所属单位、净重、毛重，用吊车吊上复称，然后进行下一轮钢瓶充装。

3. 安全操作重点

（1）充装操作前，对计量衡器做一次检查和校正。

（2）液氯纯度、含水量、NCl_3含量等要满足指标要求，超标液氯不允许进行充装。

(3) 充装用的衡器检验期限最长不得超过 3 个月。

(4) 充装前必须对钢瓶进行皮重校核，误差超过 1% 时应进行检查，严禁超装。

(5) 充装后的钢瓶要复称，两次称重误差不得超过充装量的 1%，复称时应换称、换人。

(6) 充装前后的重量均建立台账登记。

七、烧碱蒸发安全操作规程

1. 开车操作

(1) 长期停车后　为保证系统真空，将冷凝液罐与闪蒸罐用纯水进行填充，开启表面冷却器的冷却水。

打开 32% 进液泵向蒸发器进碱，液位正常后，开启Ⅰ效出液泵，向Ⅱ效进液，开启Ⅱ效出液泵，并开启回流阀，然后开启生蒸汽阀门，确保有少量蒸汽进入Ⅱ效。稍微打开Ⅱ效壳侧放空手动阀和蒸汽冷凝液罐的放空阀，蒸汽向放空管喷出后关闭阀门，蒸汽开始冷凝。手动逐步增加蒸汽阀门开度，直到达到 50% 碱液沸点温度设定值后将控制阀投入自动。

启动真空系统，打开水环真空泵进入针形阀，启动水环真空泵，并慢慢关闭针形阀，Ⅰ效检测压力降低，随着碱侧真空度的增加，碱溶液的沸点降低。Ⅱ效的温度达到设定值到预期值。

(2) 短期停车后　停车后，蒸发器内的液位正常，真空冷凝系统正常，启动水环真空泵，慢慢关闭针形阀，调节Ⅰ效的碱侧压力到预期值。启动碱泵，手动逐步增加蒸汽阀开度，直到符合 50% 碱液温度设定值后，逐渐增加流量至正常要求的生产负荷。

2. 正常操作

根据正常分析碱液浓度值，调节碱液的设定温度；根据生产需要调整生产负荷；根据需要调整去回流阀，保证蒸发器进液流量。

3. 停车操作

(1) 短期停车　假设停车最多不超过 7d，室温不会降到 25℃ 以下，那么就可以看成是短期停车。关闭去蒸汽，关闭 32% 碱进液，视停车时间决定碱液泵的运转和停泵，停真空泵，打开针形阀卸真空，停蒸汽冷凝液泵。

(2) 长期停车　关闭蒸汽，停 32% 的碱进液，打空蒸发器液位后停碱液输送泵，停真空泵，打开针形阀卸真空，停蒸汽冷凝液泵。打开通大气的放空阀，排空整个蒸发单元，也就是碱管线和公用工程管线。排空后，所有的碱管线（包括两个降膜蒸发器）必须冷却后用软水冲洗，最后排空。

4. 安全操作重点

（1）严格控制好蒸发器液位　在蒸发生产实际操作中，要严格控制各效蒸发器的液位在适宜位置。如果蒸发器液位控制超高，会造成二次蒸汽带碱，严重时出现飞碱跑料；但如果蒸发器液位控制过低，易造成蒸发器加热室压力升高，严重影响操作。

（2）注意各仪表是否灵敏可靠　必须随时注意蒸发器各效压力表、温度计及液位计情况，以此判断蒸发器操作情况是否正常。如果真空度不正常，要及时查找原因并解决。

第四章

氯化工艺

第一节　氯化工艺基础知识

一、氯化工艺概念

氯化是化合物的分子中引入氯原子的反应，包含氯化反应的工艺过程称为氯化工艺，主要包括取代氯化、加成氯化、氧氯化等。化工生产中的这种取代过程是直接用氯化剂处理被氯化的原料。在被氯化的原料中，比较重要的有甲烷、乙烷、戊烷、天然气、苯、苯甲基等。常用的氯化剂有液态或气态的氯、气态氯化氢和各种浓度的盐酸、磷酰氯（三氯氧化磷）、三氯化磷、硫酰氯（二氯硫酰）、次氯酸钙（漂白粉）等。

在氯化过程中不仅原料与氯化剂发生反应，其所生成的氯化衍生物也与氯化剂发生反应。因此，在反应产物中除一氯取代物外，总是含有二氯及三氯取代物。所以，氯化反应的产物是各种不同浓度的氯化产物的混合物。氯化过程往往伴有氯化氢气体的形成。

二、氯化反应的分类

按照被氯化物的结构性质和要求，氯化反应可分为取代氯化、加成氯化和置换氯化（氧氯化）。

1. 取代氯化

取代氯化指的是在烷烃、芳香烃及其侧链上引入氯元素，生成氯代芳烃、烷烃及其衍生物的反应。典型的工艺有：

(1) 氯取代烷烃的氢原子制备氯代烷烃；

(2) 氯取代苯的氢原子生产六氯化苯；

(3) 氯取代萘的氢原子生产多氯化萘；

(4) 甲醇与氯反应生产氯甲烷；

(5) 乙醇与氯反应生产氯乙烷；

(6) 乙酸与氯反应生产氯乙酸；

(7) 氯取代甲苯的氢原子生产苄苯氯等。

2. 加成氯化

加成氯化指的是不饱和烃类及其衍生物的氯化。典型工艺有：

（1）乙烯与氯加成氯化生产 1,2-二氯乙烷；

（2）乙炔与氯加成氯化生产 1,2-二氯乙烯；

（3）乙炔和氯化氢加成生产氯乙烯等。

3. 氧氯化

氧氯化是介于取代氯化和加成氯化之间的一种氯化方法。典型工艺有：

（1）乙烯氧氯化生产一氯乙烯；

（2）丙烯氧氯化生产 1,2-二氯丙烷；

（3）甲烷氧氯化生产甲烷氯化物；

（4）丙烷氧氯化生产丙烷氯化物等。

除了这些常见的氯化工艺外，还有其他可被归为氯化工艺的反应，如硫与氯反应生成一氯化硫，四氯化钛的制备，黄磷与氯气反应生产三氯化磷、五氯化磷等。

三、氯化反应原理

1. 氯化剂

氯化剂常用氯单质或其化合物，主要有：

（1）氯　氯是一种非金属元素，属于卤族元素之一。氯气常温常压下为黄绿色气体，化学性质十分活泼，具有毒性。氯以化合态的形式广泛存在于自然界中，对人体的生理活动也有重要意义。

氯气密度比空气大（3.214g/L），熔点 −101.0℃，沸点 −34.4℃，有强烈的刺激性气味，具有窒息性，剧毒，空气中含量不得超过 0.001mg/L，常温、常压下为气体，日常中加压、冷凝液化盛于液氯钢瓶中，以利于储存和运输。

（2）氯化氢　氯化氢无色，熔点 −114.2℃，沸点 −85℃，空气中不燃烧，对热稳定，到约 1500℃才分解。有窒息性的气味，对上呼吸道有强刺激性，对眼、皮肤、黏膜有腐蚀性。密度大于空气，其水溶液为盐酸，浓盐酸具有挥发性。氯化氢的物理性质见表 4-1。

表 4-1　氯化氢的物理性质

摩尔质量/（g/mol）	36.4606
外观	无色吸湿性气体
密度（25℃）（g/L）	1.477（气）
相对密度（水=1）	1.19
相对蒸气密度（空气=1）	1.27

续表

熔点	158.8K（−114.2℃）
沸点	187.9K（−85℃）
溶解性（水，20℃）	72g/100mL（标准压力）
饱和蒸气压（20℃）/Pa	4225.6

（3）次氯酸钠　次氯酸钠是最普通的家庭洗涤中的"氯"漂白剂。其他类似的漂白剂有次氯酸钾、次氯酸锂或次氯酸钙、次溴酸钠或次碘酸钠、含氯的氧化物溶液、氯化的磷酸三钠、三氯异氰尿酸钠或钾等，但在家庭洗涤中通常不使用。漂白剂是能破坏发色体系或产生助色基团的变体。

（4）硫酰氯　硫酰氯水解时两个氯原子被羟基取代，生成硫酸和盐酸。与氨反应发生氨解，氯原子被氨基取代。硫酰氯在高温时分解成 SO_2 和 Cl_2。硫酰氯为腐蚀物品，遇水放出有毒氯化氢及硫化物气体，受热产生有毒硫化物和氯化物烟雾。其存放库房应通风低温干燥，与碱类、食品添加剂分开存放。

（5）亚硫酰氯　亚硫酰氯又名氯化亚砜，是一种无色或淡黄色发烟液体，有强刺激性气味，遇水或醇分解成二氧化硫和氯化氢，对羟基有选择性取代作用。亚硫酰氯可溶于苯、氯仿和四氯化碳，加热至 150℃ 开始分解，500℃ 分解完全。$SOCl_2$ 分子是金字塔形的（偶极矩 1.4D），表明一个孤对电子在 S（Ⅳ）中心。相反，没有孤对电子的 $COCl_2$ 是平面的。

（6）氯化物　氯化物一般具有较低的熔点和沸点（如氯化铵会"升华"）。部分常见氯化物的熔沸点及相关性质见表 4-2。部分金属（如金）溶解在王水中时会产生氯某酸（如氯金酸）、一氧化氮和水。最常见的氯化物为氯化钠，氯化钠是食盐的主要成分，化学式为 NaCl。氯化钠的用途广泛，其电解产生氯气、氢气和氢氧化钠，氯气和氢气可用来制备盐酸。氯化钠和氯化钙熔融后电解，用来制取金属钠。氯化钠也是氨碱法制纯碱的原料。

表 4-2　部分常见氯化物的熔沸点及相关性质

氯化物	熔点/℃	沸点/℃	相关性质
氯化钠	801	1413	易溶于水，极微溶于乙醇，几乎不溶于浓盐酸
氯化钾	770	1500（部分会升华）	易溶于水、醚、甘油及碱类，微溶于乙醇，但不溶于无水乙醇
氯化锂	605	1350	易溶于水，以及乙醇、丙酮、吡啶等有机溶剂
氯化铁	282	315	棕黑色结晶，易溶于水并且有强烈的吸水性，不溶于甘油

续表

氯化物	熔点/℃	沸点/℃	相关性质
氯化亚铁	670～674		无水氯化亚铁为黄绿色吸湿性晶体,可溶于水、乙醇和甲醇
氯化钙	772	＞1600	室温下为白色、硬质碎块或颗粒,易溶于水,溶解时放热
氯化铜	620	993	绿色至蓝色粉末或斜方双锥体结晶,在湿空气中潮解

2. 被氯化物与氯化物

被氯化物是芳香烃及其衍生物,如苯、甲苯、氯苯、硝基苯、蒽、萘等;不饱和烃及其衍生物,如乙烯、乙炔、丙烯等;脂肪烃及其衍生物,如乙烷、丙烷、石蜡烃、醇、醛或酮、羧酸等。

被氯化的芳环上有吸电子基因,如硝基、磺酸基团时,氯化反应比较困难,需要催化剂和较高温度;芳环上有给电子基团,如氨基、烷基、羟基等基团时,氯取代反应容易,甚至不需催化剂(如酚类、芳胺及烷基苯氯化)。

被氯化物及氯化产物为碳氧化合物及其含氧、硫、氮和氯元素的衍生物,其气体或蒸气与空气混合形成爆炸性混合物,具有燃烧性、爆炸性和伤害性。

3. 氯化反应的特点

(1) 取代氯化反应机理不同,反应条件和催化剂不同

① 芳烃取代氯化是亲电取代氯化,氯在三氯化铝、三氯化铁、硫酸、碘或硫酰氯作用下,转化为氯离子或极化氯分子,进攻芳环生成 δ-配合物,进而脱去质子生成氯代芳烃。

② 甲苯侧链和烷烃取代氯化是自由基反应,反应由光(紫外线)、热或过氧化苯甲酰等引发剂引发。

链引发 $\qquad Cl_2 \xrightarrow{\text{光、热或引发剂}} 2Cl\cdot$

链增长 $\qquad C_6H_5CH_3 + Cl\cdot \longrightarrow C_6H_5CH_2\cdot + HCl$

$\qquad\qquad C_6H_5CH_2\cdot + Cl_2 \longrightarrow C_6H_5CH_2Cl + Cl\cdot$

或 $\qquad C_6H_5CH_3 + Cl\cdot \longrightarrow C_6H_5CH_2Cl + H\cdot$

$\qquad\qquad H\cdot + Cl_2 \longrightarrow HCl + Cl\cdot$

氯激发为氯自由基,累积到一定量时反应迅速进行,如丙烷氯以燃烧甚至爆炸速率进行,1min内几乎全部转化。

(2) 取代氯化是连串反应 氯化产物是不同取代程度的混合物。苯的氯化产

物是氯苯、二氯苯和三氯苯混合物。烷烃氯化生成一氯代烷的同时，生成二氯代烷，进而生成三氯、四氯乃至多氯代烷。甲苯侧链氯化，其产物是一氯化、二氯化及三氯化的混合物，产物组成取决于氯气、甲苯的摩尔比，其摩尔比越大，多氯化物含量越高。

（3）氯化是强放热反应　苯氯化反应放热 131.5kJ/mol，冷却降温有利于氯化反应，但温度过低，影响氯化速度。

4. 氯化方法及工艺构成

（1）氯化方法　有液相、气液相、气固相催化、电解等氯化方法。

（2）氯化工艺组成　由原料准备单元、氯化反应单元、分离精制单元组成。

① 原料准备单元　包括原料净化、预热或压缩、汽化、混合等过程。例如，乙炔以次氯酸钠洗涤除去硫化氢、磷化氢、砷化氢等；氯化氢预热、乙烯催化脱炔、空气干燥压缩等。

② 氯化反应单元　包括反应器，如苯沸腾氯化器、乙炔转化器、乙烯氧氯化器等；冷却装置，如苯蒸发—冷凝—回流装置，乙烯氧氯化器的汽包和冷却软水系统、乙炔转化器的冷却软水系统等；催化剂分离回收装置等。

③ 分离精制单元　包括水洗、碱洗、吸收-解吸、气体分离、精馏等。例如，水洗除去乙醛、氯化氢，碱洗除去氯化氢、二氧化碳等。

第二节　氯化反应的典型工艺

一、苯取代氯生产氯苯

1. 苯的取代氯化

以三氯化铁为催化剂，氯气为氯化剂，催化氯化生成氯苯。反应式为：

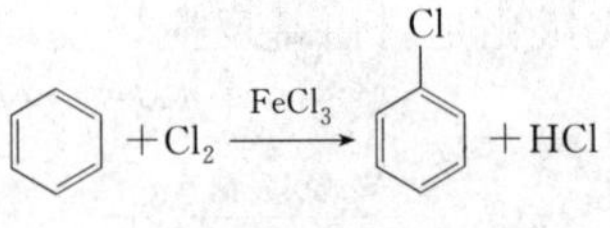

2. 反应器及氯化方式

苯催化氯化反应器包括釜式反应器、多釜串联反应器、塔式反应器，操作方式分为间歇法和连续法。

（1）间歇法　将干燥的苯投入氯化反应器，加入苯量 1% 的铁屑，以通氯速度控制温度（40~60℃），以氯化液相对密度（15℃）控制氯化终点。

（2）连续法　在填充铁屑或无水三氧化铁的反应器中连续通入苯和氯气，氯化在苯沸腾温度下进行，以过量苯蒸发—冷凝移出反应热，连续采出氯化液。不同反应器及操作方法对氯化产物是有影响的，如表 4-3 所列。

表 4-3 不同氯化方式对产物组成的影响

氯化方式	未反应率 (质量分数)/%	氯苯 (质量分数)/%	二氯苯 (质量分数)/%	三氯苯 (质量分数)/%
反应釜间歇操作	63.2	32.5~35.4	1.4~1.6	22~25
多釜串联连续操作	63.2	34.4	2.4	14.3
沸腾氯化器连续操作	63~66	32.9~35.6	1.1~1.4	25~30

（3）沸腾氯化器　如图 4-1 所示，氯化在苯沸腾条件下进行，过量苯汽化移出反应器。

氯化器为高径较大的塔器，内衬防腐蚀耐酸砖，内装铁环催化剂兼作填料，可增大气液相传质面积，改善流动状态。塔底炉条支撑填料，扩大部分内置两层挡板，促使气液分离。

若取代氯化物以一氯化产物为主，氯化深度是控制反应质量的主要因素。氯化液组成不同，相对密度不同。氯化液相对密度越小，苯含量越高，氯化深度越低；氯化液相对密度越大，二氯化物的含量越高，氯化深度越高。氯化深度即参加反应原料的质量分数。降低氯化深度，可提高一氯化物产率，降低多氯化物产率，苯循环量增大，操作费用和物料热耗增多，设备生产能力下降。

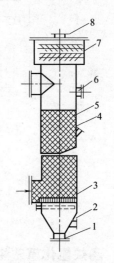

图 4-1　沸腾氯化器
1—酸水口；2—苯及氯气入口；3—炉条；
4—填料铁圈；5—钢壳衬耐酸砖；
6—氯化液出口；7—挡板；8—气体出口

以测定反应器出口氯化液相对密度控制氯化深度。表 4-4 是苯沸腾氯化的氯化液相对密度与产物组成的关系。

表 4-4　氯化液相对密度与产物组成的关系

氯化液相对 密度(15℃)	氯化液组成(质量分数)/%			氯苯/二氯苯 (质量比)
	苯	氯苯	二氯苯	
0.9417	69.36	30.51	0.13	235
0.9519	63.16	36.49	0.35	104

（4）氯化工艺流程　如图 4-2 所示，干燥后的苯和氯气，按比例计量后由塔底进料，其中部分氯气与铁环反应生成三氯化铁溶于苯；温度控制在 75~80℃，反应在沸腾状态下进行，反应热由过量苯蒸发带出，蒸出的苯循环使用；塔顶

溢出的氯化液经过液封、石墨冷却器去水洗、中和、精馏，分离氯苯，回收二氯苯；塔顶尾气含有苯及氯化氢气体，经冷凝器冷凝分离出的苯返回氯化塔，未凝氯化氢经水吸收处理。氯化液相对密度（15℃）控制在 0.935～0.950。氯化液组成为：氯苯 25%～30%（质量分数，下同），苯 66%～74%，多氯苯<1%。

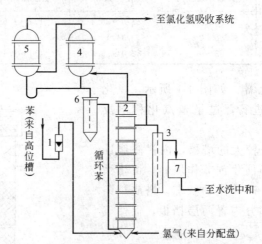

图 4-2　苯的沸腾氯化工艺流程

1—转子流量计；2—氯化塔；3—液封槽；

4,5—管式石墨冷却器；6—酸苯分离器；7—氯化液冷却器

二、乙炔氯化氢法生产氯乙烯

1. 乙炔氯化氢加成反应

在 $HgCl_2/C$ 作用下，乙炔与氯化氢催化加成生成氯乙烯。

主要副反应有：　　　　$C_2H_2 + HCl \longrightarrow CH_2 = CH - Cl$

生成二氯乙烷：　　　　$C_2H_2 + 2HCl \longrightarrow CH_3CHCl_2$

生成二氯乙烯　　　　$C_2H_2 + 2HgCl \longrightarrow ClCH = CHCl + 2Hg$

催化剂为氯化汞-活性炭，活性组分氯化汞含量为 10%～20%，活性炭为载体。140℃以下催化剂活性稳定，但反应速率低，乙炔转化率低；催化温度高于 200℃时，氯化汞大量升华，催化活性迅速下降。催化剂活性随温度升高而下降，故反应温度应控制在 160～180℃。

2. 转化器

转化器为列管式固定床反应器，由壳体、上下封头、列管、固定管板、折流板、固定拉杆等构成，转化器如图 4-3 所示。列管为 $\phi57mm \times 3mm$ 的无缝钢管，管内填充催化剂，乙炔与氯化氢的混合物由顶部进口进入转化器，经气体分配板、固定管板均匀分布至列管，在管内催化剂作用下进行氯化反应；管间的冷却水移出反应产生的大量热能，使冷却水变为 97℃左右热水；达到一定转化率

的混合物，汇集于填充瓷环的下封头，由底部出口引出。

管内催化反应区与管间热水冷却区域隔离密封，间距换热。一旦发生泄漏，冷却水与氯化氢生成浓盐酸，腐蚀加剧导致泄漏更为严重，直至生成大量盐酸由底部排酸口放出，造成停车事故。故列管与固定管板胀接技术要求严格，安装前用 0.1～0.3MPa 压缩空气对胀管进行气密试验，确定为密封系统，严防渗漏造成腐蚀。

3. 工艺影响因素及控制条件

（1）催化剂活性　催化剂活性取决于氯化汞含量。氯化汞含量越高，催化剂活性越好，乙炔转化率越高；氯化汞含量过高，氯化反应剧烈，放热速率过快而反应热难以移出，导致催化剂局部过热，出现热点温度，造成氯化汞升华流失。因此，氯化汞适宜含量为 10%～20%。

（2）反应温度关系到反应速率温度越高，反应速率越快，乙炔转化率越高，但副反应速率也随之

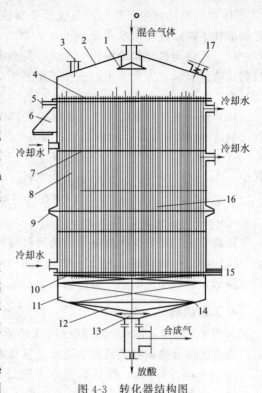

图 4-3　转化器结构图

1—气体分配板；2—上盖；3—热电偶；4—管板；
5—排气；6—支耳；7—折流板；8—列管；9—膨胀节；
10—活性炭；11—小瓷环；12—大瓷环；13—多孔板；
14—下盖；15—排水；16—拉杆；17—手孔

增加，单位时间反应释放热能也越多。如果反应热不能及时移出，将导致局部过热，氯化反应恶化。因此，必须严格控制反应温度，移热措施有效，避免局部过热。温度与催化剂活性密切相关，生产时根据催化剂活性大小，调节控制反应温度。新投用的催化剂活性高，温度控制在 130℃左右，使用后期的催化剂活性降低，温度控制在 180℃左右。

（3）原料组成及其纯度

① 硫、磷、砷化物是催化剂的毒物。乙炔中不得含硫、磷、砷化物，原料转化器前必须除去有害杂质。

② 氧可与乙炔反应形成爆炸性气体混合物，乙炔爆炸极限（体积分数）为 2.5%～82.0%。氧与催化剂载体活性炭作用，生成二氧化碳，故此原料不得含氧。

③ 游离氯与乙炔剧烈作用生成氯乙炔，易导致爆炸事故发生，应严格控制氯化氢中的游离氯，要求游离氯含量小于 0.002%。

④ 水与氯化氢生成盐酸，造成设备腐蚀，水溶解活性组分氯化汞，导致催化剂活性下降，故要求水含量小于 0.03%。

（4）乙炔与氯化氢的配比　乙炔过量会导致催化剂分解及中毒，为避免乙炔过剩，确保其转化安全，生产选择氯化氢稍过量，控制乙炔与氯化氢配比（摩尔比）为 1:(1.05~1.10)。

（5）空间速度　简称空速，即在 0.101MPa、273.15K 条件下，单位时间通过催化剂的原料体积流量，单位是 s^{-1} 或 m^3 原料/(m^3 催化剂·s)。其定义式为：

$$S_V = V_0/V_R$$

式中　S_V——空间速度，s^{-1} 或 m^3 原料/(m^3 催化剂·s)；

　　　V_0——0.101MPa、273.15K 条件下原料体积流量，m^3/s；

　　　V_R——催化剂体积，m^3。

提高空速，则反应物与催化剂的接触时间缩短，乙炔转化率随之下降，若降低空速，则反应物与催化剂接触时间增加，乙炔转化率随之增加，氯乙烯选择性相应降低，即高沸点的副产物（如二氯乙烯、二氯乙烷等）增多。

4. 工艺流程

如图 4-4 所示，净化后的湿乙炔气经阻火器、液封，由水环式压缩机增压后，进入旋风分离器除去夹带水滴，与氯化氢气体混合，控制乙炔与氯化氢摩尔比为 1:(1.05~1.10)，然后以切线方向进入混合器脱水，脱水后依次进入第一、第二石墨冷凝器，石墨冷凝器以冷冻盐水为冷却剂，将混合气体冷却至 -17~-13℃，然后通过酸雾过滤器除去酸雾。

经过脱水、除雾，混合物原料气进入石墨预热器，预热至 80℃ 左右，然后依次进入第一、第二转化器，进行气相催化加成氯化反应，由第二转化器采出合成产物气，合成产物气主要成分是氯乙烯、二氯乙烯、二氯乙烷，以及未反应的乙炔、氯化氢等，合成产物气进入分离精制单元。

在分离精制单元中进行净化、精制，合成产物气从水洗塔底部进入，水洗塔

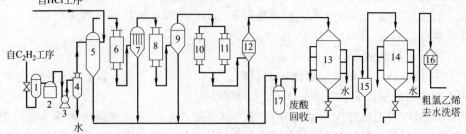

图 4-4　乙炔与氯化氢混合脱水及催化转化工艺流程

1—阻火器；2—液封；3—水环式压缩机；4—旋风分离器；5—混合器；6,8—第一、第二石墨冷凝器；7,9,12—酸雾过滤器；10,11—石墨预热器；13,14—第一、第二转化器；15—分离器；16—脱汞器；17—废酸回收槽

以喷淋水除去未反应氯化氢后进入碱洗塔，碱洗塔以 5％～15％氢氧化钠碱液除去残余氯化氢和二氧化碳，合成气体净化后冷却降温，再由压缩机增压至 500kPa，增压后经冷却器冷却，经油分离器后进入全凝器冷凝液化，冷凝液化后经分离器脱水成为氯乙烯粗品。

氯乙烯粗品进入低沸点塔，低沸点塔以热水为加热剂，操作压力 0.5MPa，釜温控制在 40℃，顶温控制在 20℃，塔顶乙炔、乙醛等进入尾气冷凝器，尾气冷凝器用－30℃盐水冷却，不凝气经阻火器排空，凝液返回分离器。低沸点塔釜采出液进入高沸点塔（氯乙烯精馏塔）脱除二氯乙烷等高沸点物。高沸点塔以热水为加热剂，温度控制在 15～40℃，操作压力为 0.2～0.3MPa，塔顶蒸气经冷凝器部分回流，部分采出送成品氯乙烯储罐，塔釜为二氯乙烷高沸点物，采出后送副产物处理。氯乙烯的净化与精制工艺流程见图 4-5。

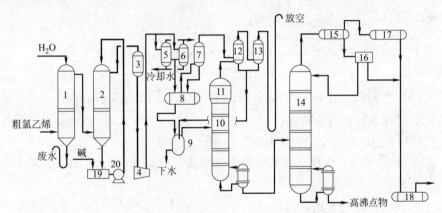

图 4-5　氯乙烯的净化与精制工艺流程

1—水洗塔；2—碱洗塔；3—冷却器；4—压缩机；5～7—全凝器；8—缓冲器；9—水封；
10—低沸点塔；11—塔顶回液冷凝器；12,13—尾气冷凝器；14—高沸点塔；
15,17—第一、第二成品冷凝器；16—回流冷凝器；18—成品储槽；19—碱槽；20—碱泵

三、乙烯氧氯化法生产氯乙烯

乙烯氧氯化法生产氯乙烯，包括乙烯直接氯化、二氯乙烷裂解、乙烯氧氯化三步反应，即

$$CH_2=CH_2+Cl_2 \longrightarrow CH_2ClCH_2Cl$$

$$CH_2ClCH_2Cl \longrightarrow CH_2=CHCl+HCl$$

总反应式：$\quad 2CH_2=CH_2+Cl_2+0.5O_2 \longrightarrow 2CH_2=CH-Cl+H_2O$

乙烯直接氧化产物 EDC 裂解的副产物氯化氢，恰好是氧氯化反应的原料，以氯化氢为限量物保持其系统中的物料平衡，氯元素全部利用而无排放，成为目前氯乙烯生产技术先进、经济合理的方法，其工艺流程如图 4-6 所示。

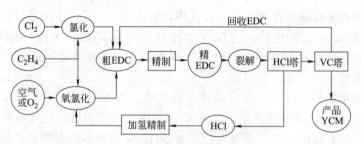

图 4-6　乙烯平衡氧氯化法生产氯乙烯工艺流程示意图

1. 乙烯氧氯化法

（1）主反应：

$$CH_2=CH_2+2HCl+0.5O_2 \longrightarrow Cl-CH_2-CH_2-Cl+H_2O \qquad \Delta H=-251kJ/mol$$

（2）副反应：

$$CH_2=CH_2+2O_2 \longrightarrow 2CO+2H_2O$$

$$CH_2=CH_2+3O_2 \longrightarrow 2CO_2+2H_2O$$

$$CH_2=CHCl+HCl \longrightarrow CH_3CHCl_2$$

$$CH_2ClCH_2Cl \xrightarrow{-HCl} CH_2=CH-Cl \xrightarrow{HCl+H_2} CH_2ClCHCl_2$$

（3）乙烯氧氯化反应特点：

① 平行-连串反应交织的复杂反应体系；

② 强放热反应，生成二氯乙烷的热效应为 $-25kJ/mol$，乙烯深度氧化（燃烧）反应热效应更多；

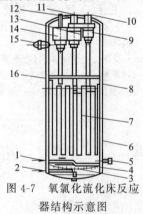

图 4-7　氧氯化流化床反应
器结构示意图

1—C_2H_4-HCl 入口；2—空气入口；3—板式分布器；4—管式分布器；5—催化剂入口；6—反应器外壳；7—冷却管组；8—加压热水入口；9—第三级旋风分离器；10—反应气入口；11，12—净化空气入口；13—第二级旋风分离器；14—第一级旋风分离器；15—人孔；16—高压水蒸气出口

③ 气固非均相催化反应，催化剂是 $CuCl_2/\gamma\text{-}Al_2O_3$，活性组分为氯化铜，$\gamma\text{-}Al_2O_3$ 为载体。

2. 氧氯化反应器

氧氯化反应器是乙烯氧氯化的关键设备，有固定床和流化床反应器两种。流化床反应器是高径比为 10 左右的柱状筒体，如图 4-7 所示。

流化床反应器自下而上，可分为进料分布区、反应区和分离区。进料分布区分别设有乙烯-氯化氢、空气入口，乙烯-氯化氢混合气体分布器。反应区为气相物料与固体催化剂构成的流化床层，床层内置冷却管组。分离区设三级旋风分离器，分离气流中夹带的催化剂颗粒，旋风分离器下料腿伸至反应区回收催化剂，分离后的气体由出口引出。

反应器装有催化剂 $CuCl_2/\gamma\text{-}Al_2O_3$ 颗粒，为催化剂补充损耗，用压缩空气向气体分布器上方导向器内压送新鲜催化剂；按配料比乙烯-氯化氢、空气经气体分布器进入床层，在流化床中进行氧氯化反应，反应后混合气体经三级旋风分离回收夹带的催化剂，经旋风分离器的气体去萃冷塔；乙烯氧氯化反应是强烈放热反应，反应热由冷却管内热水移出，副产水蒸气。

3. 工艺影响因素及控制条件

（1）温度 乙烯氧氯化是一复杂反应体系，温度影响反应速率，影响反应选择性；乙烯氧氯化是一催化反应过程，反应速率取决于催化剂活性温度；乙烯氧氯化反应是一强放热反应，必须及时有效移出反应热，严格控制反应温度。使用 $CuCl_2/\gamma\text{-}Al_2O_3$ 催化剂，在 $250℃$ 以下时，温度升高，反应加速，选择性随之增加；$250℃$ 以上时，反应速率随温度变化平缓，而选择性却随之下降，乙烯深度氧化（燃烧）反应速率显著。故使用高活性氯化铜催化剂，最适宜温度为 $220\sim230℃$。

（2）压力 乙烯氧氯化是一分子数减少或体积缩小的反应过程，加压有利于加快反应速率，有利于反应向生成二氯乙烷的方向进行，但加压反应选择性下降，故操作压力不宜过高，一般控制在 $1MPa$ 以下。

（3）原料纯度 氧氯化过程中，乙烯原料所含乙炔会生成四氯乙烯、三氯乙烯等，这些在后续加热汽化中易结焦；丙烯生成的 1,2-二氯丙烷，对二氯乙烷裂解具有较强的抑制作用。乙炔、丙烯、丁烯等杂质降低二氯乙烷纯度，影响二氯乙烷裂解。因此，原料中不允许含有乙炔、丙烯、丁烯等杂质，要求乙炔含量小于 $20mL/m^3$。

（4）原料配比 氯化氢容易吸附于催化剂表面，若其过量则造成颗粒膨胀，易导致不正常流化状态，进而影响反应效果，故氯化氢为限量物，使之转化完全。乙烯若过量较多，深度氯化产物一氧化碳、二氧化碳含量增加，为确保氯化氢反应完全，要求乙烯稍过量。氧若过量较多，乙烯深度氧化加剧，稍过量有利于氧氯化反应，配比（摩尔比）控制在 C_2H_4：HCl=1.05：$(0.75\sim0.85)$ 范围内。

（5）空速制约氧氯化的转化率 空速高，物料停留时间短，氯化氢转化率低；降低空速，物料停留时间增加，氯化氢转化率提高，但物料停留时间超过 10s，由于二氯乙烷裂解为氯乙烯和氯化氢，氯化氢转化率不升反降。因此，流化床中氧氯化空速控制在 $250\sim350h^{-1}$，停留时间在 15s 左右。

4. 氧氯化的工艺流程

乙烯氧氯化反应单元工艺流程如图 4-8 所示。

自二氯乙烷裂解装置来的氯化氢，预热至 $170℃$ 左右与氢气进入加氯反应器，在钯/氧化铝作用下加氯脱炔。之后，与预热的乙烯混合，乙烯-氯化氢混合

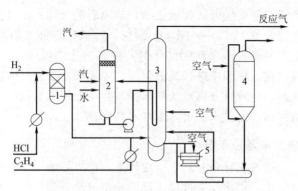

图 4-8 乙烯氧氯化反应单元工艺流程

1—加氯反应器；2—汽水分离器；3—流化床；4—催化剂储槽；5—空气压缩机

气进入反应器，空气经压缩机进入反应器，乙烯-氯化氢、空气经分布器进入流化床反应，反应放热由冷却管热水汽化移出，以调节汽水分离器压力，控制温度，补充催化剂以弥补其损耗。

二氯乙烷分离精制单元的工艺流程如图 4-9 所示。

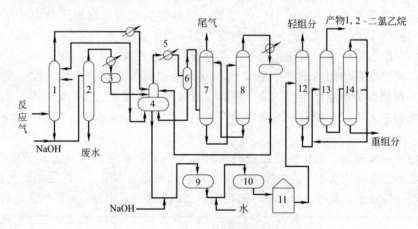

图 4-9 二氯乙烷分离精制单元工艺流程

1—萃冷塔；2—废水汽提塔；3—受槽；4—分层塔；5—低温冷凝器；
6—气液分离器；7—吸收塔；8—解吸塔；9—碱洗罐；10—水洗罐；
11—粗二氯乙烷储槽；12—脱轻组分塔；13—二氯乙烷塔；14—脱重组分塔

反应器出口气体含二氯乙烷等氯化物、CO_2、CO、水、乙烯、氯化氢、氧气、氢气等，进入萃冷塔水喷淋骤冷 90℃，吸收气体中的氯化氢，洗去夹带的催化剂粉末，萃冷塔顶气相经冷凝器进分层器分层，油层为粗二氯化烷，水层返回萃冷塔。

分层器未凝气体再经低温冷凝器，回收二氯乙烷等氯化物，不凝气体进吸收塔，溶剂吸收尚存二氯乙烷后，尾气含1%左右的乙烯排出系统。含二氯乙烷等组分的吸收液在解吸塔解吸，低温冷凝器、解吸塔二氯乙烷送分层器。

分层器分出的油层经碱洗罐碱洗，经水洗罐后进储罐待精馏。粗二氯乙烷经脱轻组分塔带出轻组分，釜液进入二氯乙烷塔，塔顶二氯乙烷成品送去裂解，釜液去脱重组分塔减压蒸馏，回收二氯乙烷。

萃冷塔底吸收液含盐酸和少量二氯乙烷等，经碱中和后进入汽提塔，汽提塔用水蒸气汽提，回收其中的二氯乙烷等氯代衍生物，冷凝后进入分层器。

空气氯化法排放的尾气会污染空气，需要处理。

第三节　氯化工艺的危险性分析

一、氯化物料的危险性

1. 苯

苯（benzene，C_6H_6）是一种烃类化合物，也是最简单的芳烃，在常温下是甜味、可燃、有致癌毒性的无色透明液体，并带有强烈的芳香气味。它难溶于水，易溶于有机溶剂，本身也可作为有机溶剂。苯具有的环系叫苯环，苯环去掉一个氢原子以后的结构叫苯基，用 Ph 表示，因此苯的化学式也可写作 PhH。苯是一种石油化工基本原料，其产量和生产的技术水平是一个国家石油化工发展水平的标志之一。

2. 乙炔

乙炔分子式 C_2H_2，俗称风煤和电石气，是炔烃化合物系列中体积最小的一员，主要作工业用途，特别是烧焊金属方面。乙炔在室温下是一种无色、极易燃的气体。纯乙炔是无臭的，但工业用乙炔由于含有硫化氢、磷化氢等杂质，而有一股大蒜的气味。

化学性质：乙炔（acetylene）是最简单的炔烃，结构式 H—C≡C—H，结构简式 CH≡CH，最简式（又称实验式）CH，分子式 C_2H_2。乙炔中心 C 原子采用 sp 杂化。电子式 H∶C∷∷C∶H，分子量 26.4，气体密度 0.91kg/m³，火焰温度 3150℃，热值 12800kcal/m³，在氧气中燃烧速度 7.5m/s，纯乙炔在空气中燃烧温度 2100℃左右，在氧气中燃烧温度可达 3600℃。乙炔化学性质很活泼，能发生加成、氧化、聚合及金属取代等反应。

物理性质：纯乙炔为无色芳香气味的易燃气体，而电石制得的乙炔因混有硫化氢（H_2S）、磷化氢（PH_3）、砷化氢而有毒，并且带有特殊的臭味。乙炔熔点（118.656kPa）－80.8℃，沸点－84℃，相对密度 0.6208（－82℃/4℃），折射率

1.00051，闪点（开杯）－17.78℃，自燃点305℃，在空气中爆炸极限2.3％～72.3％（体积分数）。乙炔在液态和固态下或在气态和一定压力下有猛烈爆炸的危险，受热、震动、电火花等因素都可以引发爆炸，因此不能在加压液化后储存或运输。乙炔微溶于水，溶于乙醇、苯、丙酮。在15℃、1.5MPa时，乙炔在丙酮中的溶解度为237g/L，其溶液是稳定的。

3. 氯

氯是一种非金属元素，属于卤族元素之一。氯气常温常压下为黄绿色气体，化学性质十分活泼，具有毒性。氯以化合态的形式广泛存在于自然界当中，对人体的生理活动也有重要意义。氯气密度比空气大（3.214g/L），熔点－101.0℃，沸点－34.4℃，有强烈的刺激性气味。

氯气的火灾危险性为乙类，本身在空气中不燃，但可助燃，一般可燃物大都能在氯气中燃烧。一般易燃液体或蒸气都能与氯气形成爆炸性混合物，能与乙炔、氨、燃料气、氢气、金属粉末等猛烈反应发生爆炸或生成爆炸性物质。氯气对金属或非金属都有腐蚀作用，在高热条件下与一氧化碳作用，生成毒性更大的光气。

氯气与氢气的混合物在常温下缓慢化合，但在强光照射时反应加快，甚至发生爆炸反应，氯气与氢气混合的爆炸极限为5％～87.5％（体积分数）。

氯气主要经呼吸道和皮肤黏膜侵入（造成眼睛和皮肤损害）。空气中氯浓度较高时侵入呼吸道深部，损害上呼吸道。眼损害指氯可引起急性结膜炎，高浓度氯气或液氯可引起眼灼伤。皮肤损害指液氯或高浓度氯气可引起皮肤暴露部位急性皮炎或灼伤（化学性冻伤）。氯气的主要危害见表4-5。

表4-5　氯气的危害

空气中的浓度	吸入伤害程度
极高浓度	"电击样"死亡
0.09％（1200mg/m³）	5～10min致死
0.0425％（55mg/m³）	30～60min致死
0.00175％（22mg/m³）	30～60min致死
低浓度	长期吸入可引起慢性支气管炎、支气管哮喘、职业性痤疮及牙齿酸蚀

4. 乙酸

乙酸，也叫醋酸（36％～38％）、冰醋酸（98％），化学式CH_3COOH，是一种有机一元酸，为食醋主要成分。纯的无水乙酸（冰醋酸）是无色的吸湿性固体，凝固点为16.6℃（62℉），凝固后为无色晶体，其水溶液呈弱酸性且腐蚀性强。

乙酸有强烈的腐蚀性、刺激性，可致人体灼伤。其蒸气对鼻、喉和呼吸道有刺激性，对眼有强烈刺激作用。皮肤接触，轻者出现红斑，重者引起化学灼伤。误服浓乙酸，口腔和消化道会发生糜烂，重者因休克而致死。慢性影响：眼睑水肿、结膜充血、慢性咽炎和支气管炎。长期反复接触，可致皮肤干、脱脂和皮炎。

车间空气中，最高允许浓度为 $20mg/m^3$。

5. 氯乙酸

氯乙酸又名一氯乙酸，包装采用聚丙烯编织袋内衬双层塑料袋。在运输过程中，应防止阳光直射、受潮（雨淋等）、包装破损。应储存在阴凉、通风干燥处，远离火种、热源，应与氧化物、碱类、易燃物等物品分开存放。常温下保质期为一年，夏季气温较高时不宜长期存放。

氯乙酸有较强的毒性，对人体（皮肤）有致命的腐蚀伤害。吸入高浓度蒸气或皮肤接触其溶液后，会迅速大量吸收，造成急性中毒。吸入初期为上呼吸道刺激症状。中毒后数小时即可出现心、肺、肾及中枢神经损害，重者呈现严重酸中毒。患者可有抽搐、昏迷、休克、血尿和肾衰竭症状。其酸雾可致眼部刺激症状和角膜灼伤。皮肤灼伤可出现水疱，1～2 周水疱吸收。慢性影响：经常接触低浓度其酸雾，可有头痛、头晕现象。LD_{50}：$76mg/kg$（大鼠经口），$255mg/kg$（小鼠经口）。LC_{50}：$180mg/m^3$（大鼠吸收）。另有资料介绍，用 10% 溶液灌胃，大鼠 LD_{50} 为 $55mg/kg$。

一氯乙酸、二氯乙酸作用在皮肤上，能引起严重的灼伤，同时使外皮脱落，工作时应戴皮手套，穿好劳动防护服。

氯乙酸的毒作用机理可能与重要的脂类（如磷酸脱氢酶）的—SH 基反应有关。皮肤侵入是否引起中毒，取决于皮肤受损面积及清理程度，且无明显的潜伏期。国外曾报道在一次意外事故中，一工人约 10% 的皮肤浸渍氯乙酸，虽经彻底清洗，但 10h 后仍中毒死亡。在豚鼠 $5\%\sim10\%$ 的体表上涂抹氯乙酸，动物在 $5\sim10h$ 后相继死亡。对呼吸道侵入者，着重于预防和控制肺水肿，而对经皮肤吸收的氯乙酸中毒者，在治疗上除给予对症处理外，未见有特效措施。这意味着一旦形成较大面积的皮肤污染，将造成严重后果。

6. 盐酸

盐酸的危险性类别属第 8.1 类——酸性腐蚀品。盐酸（hydrochloric acid）是氯化氢（HCl）的水溶液，属于一元无机强酸，工业用途广泛。盐酸的性状为无色透明的液体，有强烈的刺鼻气味，具有较高的腐蚀性。浓盐酸（质量分数约为 37%）具有极强的挥发性，因此盛有浓盐酸的容器打开后氯化氢气体会挥发，与空气中的水蒸气结合产生盐酸小液滴，使容器口上方出现酸雾。盐酸是胃酸的主要成分，它能够促进食物消化，抵御微生物感染。

盐酸是无色液体（工业用盐酸会因有杂质三价铁盐而略显黄色），具有刺激性气味，一般实验室使用的盐酸浓度为 0.1mol/L，pH＝1。盐酸与水、乙醇任意混溶，浓盐酸稀释有热量放出，氯化氢能溶于苯。20℃时不同浓度浓盐酸的物理性质数据见表 4-6。

表 4-6　20℃时不同浓度浓盐酸的物理性质数据

质量分数 /%	浓度 /(g/L)	密度 /(kg/L)	物质的量浓度 /(mol/L)	哈米特酸度函数	黏度 /mPa·s	比热容 /[kJ/(kg·℃)]	蒸气压 /Pa	沸点 /℃	熔点 /℃
10	104.80	1.048	2.87	−0.5	1.16	3.47	0.527	103	−18
20	219.60	1.098	6.02	−0.8	1.37	2.99	27.3	108	−59
30	344.70	1.149	9.45	−1.0	1.70	2.60	1410	90	−52
32	370.88	1.159	10.17	−1.0	1.80	2.55	3130	84	−43
34	397.46	1.169	10.90	−1.0	1.90	2.50	6733	71	−36
36	424.44	1.179	11.64	−1.1	1.99	2.46	14100	61	−30
38	451.82	1.189	12.39	−1.1	2.10	2.43	28000	48	−26

7. 烧碱

氢氧化钠化学式为 NaOH，俗称烧碱、火碱、苛性钠，为一种具有强腐蚀性的强碱，一般为片状或块状形态，易溶于水（溶于水时放热）并形成碱性溶液，另有潮解性，易吸取空气中的水蒸气（潮解）和二氧化碳（变质），可加入盐酸检验其是否变质。

NaOH 是化学实验室中一种必备的化学品，亦为常见的化工品之一。NaOH 纯品是无色透明的晶体，密度 2.130g/cm³，熔点 318.4℃，沸点 1390℃。NaOH 工业品含有少量的氯化钠和碳酸钠，是白色不透明的晶体，有块状、片状、粒状和棒状等形态。

氢氧化钠在水处理应用中可作为碱性清洗剂；溶于乙醇和甘油，不溶于丙醇、乙醚；与氯、溴、碘等卤素发生歧化反应；与酸类发生中和反应而生成盐和水。

8. 次氯酸钠溶液

次氯酸钠溶液是微黄色溶液，有类似氯气的气味，气味非常刺鼻，极不稳定，是用于工业中经常使用的化学用品。次氯酸钠溶液适用于消毒、杀菌及水处理，也有仅适用于一般工业用的产品。

次氯酸钠适用于根管冲洗。药品分类：口腔科用药-其他常用药。危险性类别：腐蚀品。侵入途径：吸入、食入、经皮吸收。健康危害：经常用手接触次氯酸钠的工人，手掌大量出汗，指甲变薄，毛发脱落。次氯酸钠有致敏作用。

9. 硫黄

硫黄的危险性类别属第 4.1 类——易燃固体（有毒），外观为淡黄色固体，危险货物编号 41505，CAS 号 7704-34-9，UN 编号 1350。有块状和粉状两种，块状叫硫黄，粉状叫硫黄粉。溶于苯、甲苯、四氯化碳及二硫化碳，微溶于醇和醚，不溶于水。相对密度（水＝1）：粉状 1.950，块状 2.06。熔点：112.8～119℃。沸点：446.6℃。闪点：207.20℃（闭杯）。自燃点：232.2℃。爆炸下限：$2.3g/m^3$。最大爆炸压力：$2.736 \times 10^7 Pa$；最小点火能量：15mJ。

硫的化学性质比较活泼，当与强氧化剂混合或作用时，能形成爆炸混合物。当与强还原剂混合反应时，又作为氧化剂。遇火容易燃烧，燃烧时呈现蓝色火焰，生成有毒和刺激性的二氧化硫气体，硫粉在空气中飞扬，能形成带电的云状粉尘，达到爆炸下限浓度时，遇火种立即引起粉尘爆炸，当硫体受到撞击和摩擦时，即可引起爆炸。硫对撞击、摩擦比较敏感，进行装卸、搬运、堆码、加工等作业时产生的静电，足以达到燃点所需的能量，因此，工作人员必须穿工作服，戴防尘眼镜，在各种操作中要轻搬、轻放，防止撞击，使用机械作业时要有防爆措施，禁止使用易产生火花的钢制工具，应使用铜制或钢制合金的工具。工作完毕，应彻底清扫现场，工作人员洗手、漱口后方可进食。发生硫火灾时可用砂土、水灭火。硫为易燃固体，所以库房应通风良好。严禁与氧化剂、强还原剂、酸碱类性质不同或相抵触的物品同库或同货场储存。

10. 乙酸酐

乙酸酐为无色透明液体，有强烈的乙酸气味，味酸，有吸湿性，溶于氯仿和乙醚，缓慢地溶于水形成乙酸，与乙醇作用形成乙酸乙酯。密度 $1.080g/cm^3$，熔点－73℃，沸点 139℃，折射率 1.3904，闪点 49℃，燃点 400℃。低毒，半数致死量（大鼠，经口）1780mg/kg。易燃，有腐蚀性，勿接触皮肤或眼睛，以防引起损伤，有催泪性。

乙酸酐 UN 编号 1715，分子式 $(CH_3CO)_2O$，易燃，其蒸气与空气可形成爆炸性混合物，遇明火、高热能引起燃烧爆炸，与强氧化剂接触可发生化学反应。应与氧化剂、还原剂、酸类、碱类、活性金属粉末、醇类等分开存放，忌混储。

乙酸酐具有腐蚀性、刺激性，可致人体灼伤。吸入后，对呼吸道有刺激作用，引起咳嗽、胸痛、呼吸困难。其蒸气对眼有刺激性，眼和皮肤直接接触其液体可致灼伤。口服灼伤口腔和消化道，出现腹痛、恶心、呕吐和休克等症状。慢性影响，受其蒸气慢性作用的工人，会有结膜炎、畏光、上呼吸道刺激等症状。

11. 三氯化氮

三氯化氮（nitrogen trichloride）化学式 NCl_3，为黄色、油状、具有刺激性气味的挥发性有毒液体。三氯化氮的性质很活泼，很容易水解生成氨和次氯酸，为强氧化剂。三氯化氮是一种危险且不稳定的物质，分子量为 120.5，常温下为黄色黏稠的油状液体，相对密度为 1.653，－27℃以下固化，沸点 71℃，自燃点为 95℃。纯的三氯化氮和橡胶、油类等有机物相遇，可发生强烈反应。如果在日光照射或碰撞"能"的影响下，更易爆炸。当体积分数为 5%～4% 时能自燃爆炸，60℃时受震动或在超声波条件下，可分解爆炸。在容积不变的情况下，爆炸时温度可达 2128℃，压力高达 531.6MPa。空气中的爆炸温度可达 1698℃。

三氯化氮毒性较大，刺激皮肤、眼睛和呼吸道黏膜。

12. 酰氯

酰氯是指含有羰基氯官能团的化合物，属于酰卤的一类，是羧酸中的羟基被氯替换后形成的羧酸衍生物。最简单的酰氯是甲酰氯，但甲酰氯非常不稳定，不能像其他酰氯一样通过甲酸与氯化试剂反应得到。常见的酰氯有：乙酰氯、苯甲酰氯、草酰氯、氯乙酰氯、三氯乙酰氯等。

13. 二氯乙酸

二氯乙酸的危险性类别属第 8.1 类——酸性腐蚀品。二氯乙酸为无色有刺鼻气味的液体，能与水、乙醇、乙醚混溶，可燃，其蒸气对皮肤及眼睛有强烈刺激性。

二、氯化工艺过程及危险性

1. 液氯储存及其危险性

液氯储存有固定储存和移动储存两种，固定储存设备有不同容积的液氯储罐，移动储存设备有液氯钢瓶。无论何种储存设备，均属压力容器，其使用及维修应符合"特种设备安全监察条例"的规定。

液氯易挥发，为高毒化学品，严重危害健康，污染环境。液氯一旦泄漏，迅速挥发蔓延扩散，人体吸入会受到刺激，造成呼吸系统损伤，甚至猝死，极易导致中毒事故、环境污染事故的发生，影响巨大，危害严重。

液氯储存量大，危险性高，储存作业安全要求不可掉以轻心。液氯储罐存量不得超过容积的 60%，采用低液位运行，设备备用罐以备紧急情况倒罐，罐区安装固定远传式有毒气体报警仪，作业人员配备便携式可燃气体和有毒气体报警仪。

罐区液氯泄漏处置的方法和措施是设置碱液喷淋装置，在储罐周边形成稀碱液水幕，中和吸收泄漏的高浓度氯气，防止其扩散弥漫，此为第一级防范；未被中和吸收的氯气，以雾化捕消剂捕消，此为第二级防范；采用雾状消防水吸收处理未捕消而扩散的氯气，此为第三级防范。

液氯储罐必须定期检验探伤，防止设备老化引起氯气泄漏。氯气管道采用钛管，防止钢衬胶脱落导致氯气泄漏。严格液氯钢瓶管理，执行验瓶、洗瓶及复核规程。液氯钢瓶的主要技术指标见表 4-7。

表 4-7 液氯钢瓶的主要技术指标

型号	气压试验压力/MPa	容积/L	材质	自重/kg	使用温度/℃	合金堵个数（熔点65℃）	−30℃充装氯/%	充装系数/(kg/L)	尺寸(外径×总长)/mm
0.5t	2	832	16MR	440	−40～60	6	77.5	1.202	810×2000
1t	2	415	16MR	231	−40～60	3	77.6	1.205	608×1800

2. 液氯汽化的危险性

液氯作为氯化剂，使用前需要汽化，例如苯氯化生成氯苯，乙酸氯化生成氯乙酸，氯气通入氢氧化钠水溶液中制取次氯酸钠、环氧氯丙烷、氯化石蜡等，均需要先将液氯汽化。液氯汽化，即将液氯钢瓶与液氯汽化器连接，汽化器用热水加热，控制液氯流量、压力，控制液氯汽化的汽化压力与温度，使液氯定量转化为气态。氯气的饱和蒸气压与温度的关系见表 4-8。

表 4-8 氯气饱和蒸气压与温度的关系

温度/℃	−20	−15	−10	−5	0	5	10
绝对压力/kPa	189.65	226.66	271.55	322.82	381.18	447.5	521.01

液氯汽化的危险性，主要是汽化速率过快、加热温度过高，超压或超温导致氯气泄漏；液氯汽化残液三氯化氮富集，因排放不及时造成浓度超标，因剧烈汽化蒸发、震动、高温等因素，导致汽化器三氯化氮爆炸，引发氯气泄漏。因此，严格控制液氯汽化压力，严禁采用蒸汽加热，设置热水温度报警仪和氯气压力报警仪，加强汽化压力和加热水温的监控，是确保安全运行的重要手段。

3. 氯化反应及其危险性

氯化反应物及其产物，如乙炔、乙烯、氯乙烯、二氯乙烷、苯、氯苯等，均为易燃、易爆、有毒物质，反应设备一旦发生泄漏，或失去限制，极易导致火灾爆炸和中毒事故。特别是氯化反应放热，乙烯氧氯化合成二氯乙烷反应放热，乙烯深度氯化反应放热，乙炔氯化氢加成氯化合成氯乙烯反应放热，苯氯化生成氯苯反应放热。实现氯化安全生产，必须维持反应温度稳定，反应放热速率必须小于移热速率。

一旦氯化反应放热速率 Q_r 大于移热速率 Q_c，反应热出现"热点"，导致氯化反应恶化，甚至失控，极有可能酿成火灾、爆炸事故。

必须及时有效移出反应热，保持 $Q_r < Q_c$，措施是保证有足够的传热面积，保证冷却剂温度及其流量、氯化物料配比及其流量、催化剂用量，保证反应温度与压力等必须符合工艺要求，严禁超温、超压、超量。

4. 氯化尾气处理及危险性

氯化过程产生的尾气，主要有氯化产生的氯化氢、未转化氯及被氯化物等，它们具有燃爆危险，以及危害健康和污染环境的能力。

氯化尾气处理措施，如尾气采用负压引出，冷却冷凝回收凝液，然后用碱液中和洗涤或喷淋吸收，未凝气火炬燃烧或排放。严格控制尾气中易燃易爆物质的含量，避免形成爆炸性混合物。例如，乙烯氧氯化氢转化完全，碱洗负荷小，设备腐蚀和环境污染轻，循环气氯含量 3.9%～8%，接近爆炸极限（危险），贫氧循环 0.5%～2.0%，超过 2.5% 报警，3.0% 时联锁停车，避免形成爆炸性混合物，从而保障安全。

5. 火灾爆炸危险性

（1）乙酸氯化生产氯乙酸的反应　其火灾爆炸危险性主要决定于被氯化物质的性质及反应过程的条件。1t 氯乙酸需要 98% 冰醋酸 720～760kg、氯气 900～980kg，其被氯化物质的易燃易爆性决定了生产过程中存在着爆炸危险。

（2）工艺过程的氯化为放热反应　生产条件包括高温、冷凝等过程，采用微负压操作等。生产装置、乙酸储罐区发生泄漏，遇明火、高热或与氧化剂接触，有引发燃烧、爆炸的危险，反应放热易造成火灾、爆炸。氯气、乙炔、乙烯、苯、二氯乙烷、氯苯、氯乙烯、氯乙酸等均是易燃、易爆物品，一旦泄漏势必导致火灾、爆炸。氯化过程涉及物料的化学结构、组成变化、聚集状态变化、热力学状态变化，既有能量的输入加热和压缩，又有热能的输出。不同乙烯氧氯化温度控制在 220～230℃，氯化温度不得超过 250℃。乙烯直接氯化低温工艺，反应温度控制在 50℃ 左右。氯化过程一旦失效或不能满足移热需要，氯化温度迅速升高，极易引发事故。

（3）生产装置、储罐内介质为液氯、氯气、氯化氢等，具有氧化性和腐蚀性对材质要求严格，如果设计不当，设备选材不妥，设备安装有差错，设备、容器和管道未设置安全设施，或者安全设施不全、不到位，冷却盘管或夹套等容器易被腐蚀破坏，无论是氯气或氯化物漏入冷却水系统，还是泄漏于环境，极易酿成事故。氯化产品，如氯乙烯、二氯乙烷、氯苯等具有火灾、爆炸、毒害等危险性，受热、摩擦、撞击，或接触明火、酸、碱等，极易发生燃烧和爆炸事故。

（4）氯化反应需要严格控制的工艺指标较多　其反应温度、配料比和进料速度等控制指标均有非常严格的要求，如反应必须有良好的冷却系统等，当电源突然中断时，冷却水供应量不足或冷却水中断，进料速度过快等，均可能使大量的反应热量积聚，以及发生温度失控，造成温度过高、物料冲出等，进而引发着火、爆炸。

（5）生产过程中的物料处于气-液交换状态　装置中设置有各种罐、冷凝器、泵等，如果冷却水中断或不足，物料不能及时冷却，造成易燃物料进入氯化氢吸收工序，引起火灾、爆炸事故。采用负压操作如果密封不严，外遇空气易渗漏在设备或管道内，极可能造成设备或管道的爆炸。

（6）乙酸低于 16.7℃时可能结晶，结晶后会胀破容器，导致介质泄漏 乙酸储罐因长期使用，基础下沉有可能造成罐体变形或罐体因腐蚀而发生穿孔、破裂，储罐装得过满发生溢流等而发生泄漏，装卸及清洗储罐过程中的气体蒸发、挥发，在装卸过程中由于液流的机械搅动作用，会大量挥发出气体，很有可能引起燃烧、爆炸。

（7）氯化装置设备、管道的运行或检修 检修工人在检修前要求化工操作人员置换有毒、有害、可燃、易燃的气体、液体，如果置换不合格，导致乙酸、乙酸酐、乙酰氯及氯乙酸等蒸气在受限空间聚集，很有可能与空气形成爆炸性混合物，此时若遇明火（能源），便有发生爆炸的可能。

（8）氯化生产装置使用的主要设备为搪玻璃、钢衬瓷板及塑料、玻璃设备等，易脆易碎。在生产操作或检修作业时若受到敲打和撞击，或在生产过程中氯化反应剧烈，物料冲击过大等，均可能导致设备破碎，这时易燃易爆物料冲出，立即引起燃烧、爆炸。

6. 中毒、窒息及化学灼伤危险性

氯乙酸生产中存在的有毒及腐蚀性物质主要有氯、氯乙酸、乙酸、乙酐、盐酸等，其中氯、氯乙酸属剧毒品，而且在生产过程中有毒物质大多以气态形式存在，这样就加大了中毒的危险性。因此，中毒和化学灼伤是氯乙酸工艺过程的主要危险因素之一。导致中毒、窒息及化学灼伤的原因主要有以下几点：

（1）有毒物质大量泄漏

① 液态物料 液态物料主要是氯乙酸、乙酸等，泄漏立即扩散到地面，一直流到低洼处或人工边界，形成液池，因生产过程是在一定的温度下进行的，泄漏的高温物料不断汽化，形成有毒气体环境，危及在场人员的健康甚至生命。

② 气态物料 氯气、氯化氢泄漏后，物料迅速扩散，形成毒气团，可能扩散到界区外的场所，造成人员中毒。

（2）有毒物质的少量泄漏 有毒物质的少量泄漏，可形成局部有毒物质高浓度环境，致使在此环境下工作的人员发生中毒，如果接触的毒物浓度较高，时间较长，有可能发生人员的死亡。

（3）腐蚀性物质泄漏 腐蚀性物质泄漏接触到人体，能造成化学灼伤，接触到建（构）筑物或设备、设施、管道等造成腐蚀，腐蚀严重时可造成事故。

（4）毒物接触的途径

① 中毒和化学灼伤的一种可能性途径与生产过程中火灾、爆炸泄漏原因相同，但物质中毒的浓度低于爆炸下限，而且现场对点火源进行有效的控制。因此，泄漏可能不会引起火灾、爆炸，但能造成人员中毒。有些物料，如氯、氯化

氢等不燃烧，一般泄漏不会造成火灾、爆炸，但很有可能造成人员中毒或灼伤。

② 进入容器内检修或拆装管道时，容器或管道内的残液有可能造成人员中毒或灼伤。

③ 液氯汽化器、机泵设备等的填料或法兰连接件泄漏，逸出的有毒物质发生人员中毒，如果是腐蚀性物质接触到人体则发生灼伤。

④ 检修人员对机泵进行检修，在拆开时喷出残液，会造成人员中毒或灼伤，液氯汽化器排放时排出氯气，能造成人员中毒。

⑤ 机泵在运行过程中机械件损坏造成泵体损坏，这时即发生泄漏，可引起人员中毒及灼伤。

⑥ 操作人员到储罐上巡检时，呼吸到储罐排出的气体，也有可能发生中毒。

⑦ 乙酸、盐酸、乙酐等物料装、卸车时发生泄漏，接触人员造成灼伤。

⑧ 进入设备内作业时由于设备内未清洗置换干净，有可能造成人员中毒，或者虽然进行了清洗、置换，但可能因通风不良，清洗、置换不彻底等原因造成设备内氧含量降低，有发生窒息的危险。

⑨ 生产装置发生火灾、爆炸事故，产生有毒、有害气体，或火灾、爆炸事故造成设备损坏，致使有毒、有害物料泄漏、汽化扩散，使人员发生中毒、窒息或化学灼伤事故。

7. 主要设备的危险性

氯乙酸生产的工艺设备比较复杂而且繁多，大部分为搪玻璃、玻璃设备，非金属设备易脆、易坏、易掉瓷损坏，而且工艺流程长，管道布置走向复杂，有钢管、塑料管、玻璃管、搪玻璃管等金属或非金属管道，它们在交变应力的作用下，易脆、易坏、易碎。

对氯乙酸生产中的氯化釜、液氯钢瓶及汽化装置的危险性分析如下：

（1）氯化釜　氯化釜是氯乙酸硫黄法生产的重要设备之一，也是危险性较大，容易发生泄漏、火灾、爆炸事故的设备。氯化釜是带有搅拌装置的间歇式反应器，是进行氯化反应的主要设备。有毒、有害的原料、反应产物均在釜内存在，若发生事故，其后果较一般爆炸事故更为严重。

① 固有危险性　物料：氯化釜内乙酸物料属于自燃点和闪点较低的物质，一旦发生泄漏，会与空气形成爆炸性混合物，遇到点火源（如明火、电火花、静电等），有可能引起火灾。原料氯气、反应产物氯乙酸属于毒害品，可能造成人员中毒窒息。这些原料的固有危险性，决定了其安全生产的重要性，防火、防爆、防毒为氯化釜安全生产的重中之重。

设备装置：如果氯化釜设计不合理，设备结构形状不连续，焊缝布置不科学等，就有可能引起应力集中；如果材质选择不当，制造容器设备时焊缝质量达不到要求，以及热处理工艺和方法不当等，就有可能使材料的韧性降低；如果容器壳体受到腐蚀性介质的侵蚀，强度降低或安全附件缺失等，就有可能使容器在使用过程中发生爆炸。因此，氯化釜的设计要合理，焊接要可靠，选材要适当，热处理要正确，安全附件要齐全。

② 操作过程危险性

a. 反应失控引起火灾爆炸　氯化反应为强放热反应，若反应失控或在生产中停电、停水，造成反应热蓄积，这时反应釜内温度急剧上升，压力增大，超过其耐压能力，就会导致容器破裂，物料在压力的作用下从破裂处喷出，极有可能引起火灾爆炸事故。反应釜炸裂会导致物料蒸气压的平衡状态破坏，不稳定的过热液体会引起二次爆炸（蒸气爆炸），喷出的物料再次迅速扩散，反应釜周围的空间被可燃液体的雾滴或蒸气笼罩，遇到点火源还会发生第三次爆炸，即混合气体爆炸。

b. 水蒸气或水漏入反应器发生事故　加热用的水蒸气、导热油，或冷却用的水漏入氯化釜，可能与釜内的物料发生反应，分散放热，造成温度、压力急剧上升，致使釜内物料冲出，发生火灾事故。

c. 冷凝系统缺少冷却水发生爆炸　物料在蒸发冷凝过程中，若冷凝器冷却水中断，而釜内的物料仍在继续蒸馏循环，会造成系统由原来的常压或负压状态变成正压状态，超过设备的承受能力而发生爆炸事故。

d. 容器受热引起爆炸事故　反应容器由于外部可燃物起火，或受到感温热源热辐射，引起容器内温度急剧上升，压力增大而发生冲料或爆炸事故。

(2) 液氯钢瓶及液氯汽化器的危险性　液氯钢瓶和液氯汽化器是氯化工艺的重要设备，也是危险性较大的设备，生产及搬运、存放过程中易于发生泄漏，容易发生事故。

① 液氯钢瓶的基本结构　液氯钢瓶是灌装、储放、运输液氯的专用压力容器，工业上普遍使用的液氯钢瓶按灌装量划分有 0.5t 和 1t 两种。它的基本结构包括瓶体、导管、安全塞、针形阀、保护罩、防震圈等部分。钢瓶瓶体由圆柱形筒体和椭圆形封头组成。筒体由整块钢板卷制而成，整个瓶体只允许由 3 部分组成（筒体、两个封头），即只允许有一条纵焊缝和两条环焊缝。两封头上设有易熔合金安全装置，易熔合金由 50%铋、25%铅和 12.5%铬配制成，合金熔化温度为 650～700℃。液氯钢瓶上的安全塞数量：0.5t 容量的设有 3 个，1t 容量的设有 4～6 个。

② 危险性分析

a. 电动吊车吊装液氯钢瓶时，如果操作不当液氯钢瓶坠落，出现瓶阀附件损坏或安全附件损坏，导致氯气泄漏。

b. 开启和关闭出口瓶阀时用力过猛或强力关闭，出口瓶阀部件损坏导致氯气泄漏。

c. 汇流排组和输送氯气的管道选材不当，造成氯腐蚀或承压能力不足，导致氯气泄漏。

d.管道上的联排部位，如阀门、法兰等部位密封不好，导致氯气泄漏。

e.使用了不符合安全规定的液氯钢瓶，搬运、吊装、使用过程中导致氯气泄漏。

f.没有对氯气钢瓶残液进行分析、检验，或使用氯气时未保留定量液氯，汽化器没有及时排污，液氯钢瓶及汽化器中三氯化氮积聚。

g.液氯汽化系统未设置止逆阀，乙酸等活性物料倒灌入氯瓶内引发爆炸。

h.液氯钢瓶在阳光下暴晒，钢瓶超压，或靠近明火、蒸汽等高温热源，使液氯膨胀导致超压，发生爆炸。

三、氯化工艺重大危险源

氯化作业的苯、乙炔、乙烯、氯气、氯化氢、氯苯、氯乙烯、二氯乙烷等物料，均属危险化学品，且生产规模大、产量高，固有危险性大。氯化生产涉及化学能、热能、电能、机械能等多种危险能量，生产条件复杂。危险化学品数量及其存在的危险能量等于或者超过临界量的设施和场所，即为危险化学品重大危险源。我国《安全生产法》规定：重大危险源是指长期地或临时地生产、搬运、使用或储存危险物品，且危险物品的数量等于或超过临界量的单元。单元是指一个（套）生产装置、设施或场所，或同属一个生产经营单位，且边缘距离小于500m的几个（套）生产装置、设施或场所。

氯化工艺过程中，氯化反应、氯化物分离精制等装置或加工过程，不仅涉及可燃、有毒、易腐蚀的物料，而且关系氯化原料、产品、中间体的输送、供应和存储及尾气处理等环节，对于氯化工艺整体安全至关重要，成为氯化工艺的关键装置和重点部位。

1. 氯化单元及危险性

（1）氯化反应单元构成　氯化反应单元主要由液氯汽化与计量、原料计量与预热、原料混合与气体分布、氯化反应、冷却换热、气固相分离、氯化物冷凝分离、尾气净化处理、未反应物料的循环、催化剂补充与循环等构成。此外，还包括事故应急设施、公用工程（如水、电、蒸汽）及氮气等设施。

（2）氯化单元危险性　氯气、乙炔、乙烯、苯、二氯乙烷、氯苯、氯乙烯、氯乙酸等物料易燃、易爆、有毒、有害，一旦泄漏势必导致火灾、爆炸和中毒事故。氯化过程涉及物料的化学结构及组成变化、聚集状态变化、热力学状态变化，既有能量的输入、加热和平衡，又有热能的输出。氯化反应是放热反应，氯化温度控制严格。不同的氯化过程，氯化温度不同。苯取代氯化温度控制在80℃左右；乙炔氯化氢加成氯化温度控制在160～180℃，乙烯氧氯化温度控制在220～230℃，氯化温度不得超过250℃；乙烯直接氯化低温工艺，反应温度控制在53℃左右，氯化过程一旦冷却失效或不能满足移热需要时，氯化温度迅速升高，极易引发事故。

液氯、氯气、氯化氢等具有氧化性和腐蚀性，冷却盘管或夹套等容器易腐蚀破坏，一旦腐蚀破坏，无论是氯气或氯化物漏入冷却水系统，还是泄漏于环境，极易酿成燃烧、爆炸、中毒事故。氯化产品如氯乙烯、二氯乙烷、氯苯等具有毒害性，火灾、爆炸危险性，在受到热源、摩擦、撞击作用或接触明火、酸、碱等，极易发生燃烧或爆炸事故。

氯化是气液或气固均相反应过程，气体分布搅拌装置对氯化过程十分重要，气体压缩机出现故障，或气体分布板堵塞、搅拌器桨叶脱落等故障，极易造成因物料不均匀而剧烈反应过热，这时极有可能酿成事故。

2. 液氯储存与汽化危险性

液氯易挥发、高毒性、强腐蚀，是可形成爆炸性混合物的危险化学品。液氯储存具有量大、危险度高等特点，液氯储罐一旦泄漏，将严重危害人员健康和严重污染环境。中毒事故和环境污染事件在企业安全生产和环境保护工作中影响巨大，后果十分严重。

液氯汽化是将液态氯转化为气态氯的加工过程。液氯加热温度过高，汽化速率过快，超压或超温，易导致氯气泄漏；液氯蒸发汽化残液中三氯化氮浓度＞5％时有爆炸的危险，液氯汽化残液排放不及时，三氯化氮浓度超标，剧烈蒸发、震动、高温等因素易引发汽化器爆炸。

3. 氯化物分离精制及危险性

氯化物分离精制装置包括：低沸精制塔、高沸精制塔、吸收塔、洗涤塔等塔器；预热器、再沸器、冷凝器等换热器；原料罐、成品罐等容器；原料泵、回流泵、产品输出泵等运转机械；油-水分离系统、真空系统、冷却水和加热蒸汽系统。氯化产物易燃易爆，对光、热、空气、震动和摩擦不稳定；精馏过程的气相、液相混合物，均具有燃烧爆炸危险性，精馏系统一旦有空气渗入或物料泄漏，极易发生火灾爆炸事故。

4. 氯化工艺重大危险源的监控

储存易燃、易爆、有毒危险化学品的储罐区或者单个储罐，储存易燃、易爆、有毒危险化学品的库区或者单个库房；生产、使用易燃、易爆、有毒化学品的生产场所；输送可燃、易燃、有毒气体的长输管道，中压以上的燃气管道，输送可燃、有毒等危险液体介质的工业管道；蒸气锅炉、热水锅炉；可燃介质和介质毒性程度为中度以上的压力容器等，根据辨识情况确认为重大危险源，按其危险程度由高到低，依次划分为一级、二级、三级和四级危险化学品重大危险源。

（1）重大危险源安全监控措施　危险化学品重大危险源现场应设置明显的安全警示标识，定期对重大危险源的工艺参数、危险化学品、危险能量和安全设备进行监测并做好记录，制定重大危险源应急预案并定期进行演练，及时改进和完善应急预案；配备足够的应急救援器材和设备工具，并做好维护和保养工作，确保其处于良好状态，并配备专职或兼职的应急救援人员和队伍。

(2) 重大危险源的安全控制和管理　危险化学品重大危险源的安全控制和管理是一项系统工程，主要任务是对重大危险源的普查辨识登记，进行监测评估，实施监控防范，对有缺陷和存在事故隐患的危险源实施治理。通过对重大危险源的监控管理，落实措施，自主保安，具体做好以下几项工作：

① 普查辨识，做好重大危险源登记建档工作；

② 建立健全本单位重大危险源安全管理规章制度，落实重大危险源安全管理与监控职责，制定重大危险源安全管理与监察实施方案；

③ 保证重大危险源安全管理与监察所需的资金投入；

④ 对从业人员进行安全教育和技术培训，使其掌握本岗位的安全操作技能和紧急情况下应采取的应急措施；

⑤ 对重大危险源安全状况进行定期检查，并建立重大危险源安全管理档案，对存在事故隐患和缺陷的重大危险源认真进行整改，不能立即整改的，必须采取切实可行的安全措施，防止事故发生；

⑥ 生产经营单位应将重大危险源可能发生事故的应急措施告知相关单位和个人；

⑦ 制定重大危险源应急救援预案，落实应急救援的各项措施，每年至少进行一次应急救援演练；

⑧ 当重大危险源的生产过程、材料、工艺、设备、防护措施和环境等因素发生重大变化，或者国家有关法规、标准发生变化时，企业对重大危险源重新进行安全评估；

⑨ 贯彻执行国家、地区、行业的技术标准，拖动技术进步，不断改善管理手段，提高监控管理水平，提高重大危险源的安全稳定性。

(3) 氯化工艺作业重点监控内容

① 重点监控工艺参数：a.氯化反应釜温度和压力；b.氯化反应釜搅拌速率；c.反应物料的配比；d.氯化剂进料流量；e.冷却系统中冷却介质的温度、压力、流量等；f.氯气杂质含量（水、氢气、氧气、三氯化氮等）；g.氯化反应尾气组成等。

② 安全控制的基本要求：a.反应釜温度和压力的报警和联锁；b.反应物料的比例控制和联锁；c.搅拌的稳定性控制；d.送料缓冲器控制；e.紧急进料系统联锁控制；f.紧急冷却系统联锁；g.安全泄放系统联锁控制；h.事故状态下吸收中和系统安全控制；i.可燃和有毒气体检测报警装置。

③ 宜采用的控制方式　将氯化反应釜内温度、压力与釜内搅拌、氯化剂流量、理化反应釜冷却水进水阀形成联锁关系，设立紧急行车系统。

第四节 氯化工艺主要安全设施及要求

一、生产中应设立的主要安全设施

2007 年，国家安监总局以安监总危化〔2007〕225 号文下发了《危险化学品建设项目安全设施目录》，对照总局文件规定的安全设施目录，本书以氯化工艺中氯乙酸的生产工艺为例，对设置的安全设施，按照"预防事故设施、控制事故设施、减少和消除事故设施"分类，列于表 4-9 中。

表 4-9 氯乙烯生产中应设置的主要安全设施

序号	安全设施类别	安全设施设置要求
1	预防事故设施	
(1)	检测、报警设施	
①	压力、温度、液位、流量、组分等报警设施	依据工艺要求，应对冷冻系统、液氯汽化系统、反应釜系统、尾气处理系统、乙酸储存、盐酸储存等设置完善的压力、温度、液位、流量、组分等报警设施，设置时应符合《氯气安全规程》(GB 11984)的规定
②	可燃气体、有毒有害气体等检测换热报警设施	作业场所应设置氯气有毒有害气体检测器、储酸罐区，乙酸输送泵等场所应设置可燃气体检测器，以及独立的报警控制器进行显示、报警
(2)	设备安全防护设施	
①	防护罩	机械设备转动部位应设防护罩
②	设备负荷限制器、行程限制器、制动器	起重机械应设超载限制器，上升、下降和运行极限位置限制器；起升、运行机构制动器
③	设备防腐、防渗漏设施	反应釜、结晶釜、离心机、尾气处理设施、物料管线等应采用防腐蚀措施或材料，酸储罐采用耐腐蚀材料，酸碱储罐区设围堰，并进行防腐
④	防雷设施	变配电装置应安装避雷器，作业场所建(构)筑物应设防雷设施
⑤	电气过载保护设施、防静电接地	进线电源、各变压器、用电设备应设过载保护，易燃易爆设备、管道应设防静电接地
(3)	电气、仪表的防爆设施	储酸罐区、乙酸泵房及其他爆炸危险环境内电气应选用相应防爆等级的本安型或隔爆防爆型；仪表应选用相应防爆等级的本安型或隔爆防爆型，本安型仪表应选用本安电缆配备安全栅，仪表电缆敷设应采用镀锌管加防爆挠性管
(4)	作业场所防护设施	

续表

序号	安全设施类别	安全设施设置要求
①	作业场所防噪声、通风（除尘、排毒）设施	冷冻机应单独设置，并设隔噪操作间；动设备应选择低噪声设备。液氯汽化、氯化釜、结晶釜、离心等工序的生产厂房应设机械排风
②	作业场所防静电设施	生产厂房、设备设施应设防雷防静电接地装置，控制室应采用防静电地板
③	防护栏	各操作平台、楼梯、爬梯应设有防护栏
④	防灼烫设施	高温及低温设备、管道应设保温层进行隔热处理
⑤	安全警示标志	作业场所应根据《安全标志及其使用导则》《消防安全标志设置要求》《工作场所职业病危害警示标识》等标准、规范设安全警示标志，厂区应设风向标
2	控制事故设施	
(1)	泄压和止逆设施	
①	安全阀、爆破片、放空管等设施	冷冻压缩机组、液氯汽化器等应设安全阀
②	止逆阀	乙酸、盐酸等物料泵出口，液氯汽化器出口等应设止逆阀
(2)	紧急处理设施	
①	紧急备用电源	应设应急发电机或其他备用电源
②	紧急切断、吸收等设施	氯化釜应设物料、压力、冷却水超高限紧急切断设施；液氯汽化应设碱液吸收池
③	通入或者加入惰性气体、反应抑制剂等设施	乙酸储罐应设充氮保护
④	紧急停车、仪表联锁设施	将氯化反应釜内温度、压力与釜内搅拌、氯化剂流量、氯化反应釜夹套冷却水进水阀形成联锁关系，设立紧急停车系统
3	减少与消除事故影响设施	
(1)	防止火灾蔓延设施	
①	阻火器、安全水封	乙酸储罐应设阻火器、呼吸阀
②	防火堤	乙酸储罐应设防火堤
③	防火墙	操作室与设备之间应设防火墙，防火分区之间应采用防火墙分隔
④	水幕	液氯钢瓶储存库房、液氯汽化厂房周边应设水幕
⑤	防火材料涂层	单个容积等于或大于 $5m^3$ 的乙酸类液体设备的承重钢构架、支架、裙座；在爆炸危险区范围内，液氯物料设备的承重钢构架、支架、裙座；在爆炸危险区范围内的主管廊的钢管架；在爆炸危险区范围内的高径比等于或大于8，且总重量等于或大于25t的非可燃介质设备的承重钢结构、支架和裙座应采用耐火保护措施

续表

序号	安全设施类别	安全设施设置要求
（2）	灭火设施	厂区应设消防水管网及消防栓,按作业场所要求配置灭火器,液氯钢瓶储存、汽化、氯化等生产场所还应配置氯气扑消器
（3）	紧急个体处置设施	
①	洗眼器	生产装置区以及乙酸罐区、酸碱罐区均应按不小于 15m 的保护半径要求设置洗眼器
②	应急照明	生产场所、配电室、控制室等应设应急照明装置
（4）	应急救援设施	液氯存储、汽化设备有液氯泄漏应急救援器材,作业场所应根据介质特点配备防毒面具、空气呼吸器、防化服、防护手套等救援器材
（5）	逃生避难设施——安全通道	厂房、装置平台均应按照规范设有疏散楼梯及通道
（6）	劳动防护用品和装备	生产岗位按照劳动防护用品配备标准的要求配备工作服、防毒口罩、安全帽、耐酸手套、耐酸鞋、围腰、防化衣等劳动防护用品和装备

二、氯化工艺主要安全设施基本要求

1. 液氯泄漏的预防和处理

加强对液氯钢瓶的使用管理,液氯的使用应符合《氯气安全规程》(GB 11984)、《液氯使用安全技术要求》(AQ 3014)中有关规定。液氯钢瓶不得直接与反应器（反应池、反应罐、反应釜、反应槽）连接,中间必须装有缓冲器,氯气进入氯化反应器的管道必须设置单向阀。

必须加强液氯使用的计量工作,液氯钢瓶内的液氯不能完全用光,在使用工艺上必须设置地衡和压力表流量计,同时,地衡和压力表应符合《气瓶安全监察规程》的规定。在生产操作现场内,应设有石灰水吸收池或烧碱吸收池,一旦钢瓶发生瓶体破裂、安全塞脱落、针形阀松脱而引起大量喷氯事故时,把钢瓶放入池中以石灰水或烧碱吸收氯气。操作人员必须配备专用的个人防毒面具,企业应配备预防氯气中毒的解毒药物。

2. 控制反应温度

氯化反应是放热反应,反应过程中的核心是控温。通氯量是决定反应温度的关键因素,必须设置反应釜、器温度监测、调节、报警和联锁装置。反应釜、器温度的变化往往伴随压力的变化,还要重视对压力的控制。控温的措施除了控制氯气流量,还应控制冷却水流量,因为必须有良好的冷却系统,才能有效控制氯化的反应温度,要有严密监控冷却系统不正常运行的安全设施及报警联锁装置。

3. 控制反应的物料配比

在氯化生产过程中，严格控制反应釜、器通氯量，维持氯化反应在平稳的状态下运行，这是安全生产的首要任务。反应物料的配比决定反应的平稳与否。因此，要控制氯化反应物料的配比，在生产装置上必须设置自动化控制仪表，包括流量组分分析和安全联锁报警等安全设施及装置。

4. 反应系统的应急处置

氯化反应釜内压力与蒸汽的进气阀、紧急放空阀、搅拌联锁；反应釜内压力与夹套的排污阀联锁；氯化反应釜还必须备有事故排放罐，或供排出反应物料的备用容器和放空管，在设备发生失控或操作失误的紧急状态下，可将器内液体物料及时排入事故排放罐；气态物料通过放空管从容器中排出进入尾气吸收系统，这样能有效地防止事故扩大。同时，作业场所应配置灭火器和氮气扑消器，以及氮气和水蒸气半固定灭火装置。

5. 安全控制基本要求及控制方式

反应釜温度和压力的报警和联锁；反应物料的比例控制和联锁；搅拌的稳定控制；紧急进料切断系统；紧急冷却系统；安全泄放系统；事故状态下氯气吸收中和系统；可燃和有毒气体检测报警系统等。

将氯化反应釜内温度、压力与釜内搅拌、氯化剂流量、氯化反应釜夹套冷却水进出阀形成联锁关系，设立紧急停车系统。

第五节　氯化工艺安全技术及操作规程

一、氯化工艺安全技术

1. 氯化工艺作业安全控制要点

（1）点火源控制　明火、化学热、热辐射、高温表面、日光照射、摩擦和撞击、静电放电、雷击、电气火花和线路老化过热等均为点火源，在氯化工艺过程中，严格控制点火源是氯化安全生产及防火防爆的重要措施之一。

① 严格控制明火　加热物料应尽可能避免使用明火直接加热，应选用水蒸气、导生油、熔盐等间接加热；在检修中焊接切割产生的熔融金属温度高（大于2000℃），高处作业火星飞散距离可达20m，产生火灾的危险性很大，必须严格动火作业的安全管理，坚持"没有动火作业证不动火，防范措施不落实不动火，防火监护人不在场不动火"的"三不动火"原则。严格规定在生产区及其附近禁止进行熬炼沥青、石蜡等明火作业；禁止在厂内吸烟，厂区内严禁汽车、拖拉机

和排气管无阻火器车辆通行，如若必须通行，排气管必须安装阻火器（火星熄灭器）。

② 避免摩擦与撞击　轴承之间的摩擦，钢铁器具间的撞击或敲击，钢铁器具与混凝土浇筑体、地面或墙体间的撞击或敲击，均有可能产生火星。在具有燃烧、爆炸的危险性生产区域，运转机械轴承应保持润滑，因为机械缺油形成干磨即可冒烟起火。在燃烧爆炸危险性生产区域，进入人员不得穿带钉子的鞋。

③ 避免光照和热辐射　光（如日光、激光等）是一种能量，光能激发化学反应，可转化为热能。在氯化工艺作业中，易燃易爆厂房及反应器尽量避免强光照射或热辐射，这样也能减少光能激发的化学反应，减少热的聚集。

④ 隔绝高温物体表面　高温物体，指表面温度较高的各类设备和管道。高温物体应隔热保温，减少其热能损失，避免形成点火源。在氯化生产中避免可燃物品接触高温表面；禁止操作人员或其他人员在高温表面烧烤衣服，要及时清理高温表面的油污（设备和管道上面）；作业中的物料排出应避开高温物体表面。

⑤ 防止电气火花　电气火花指高压放电，瞬间弧光放电，接点微弱火花。电机、照明、电缆、线路等电气设备及配件的检修维修，应由专业电工负责，工艺操作人员不得自行拆卸、检修。防止电气火花是控制氯化作业点火源的重要安全措施之一，在以往的生产中，因电气火花引发的事故也是较多的，这一点务必充分认识。

⑥ 防止静电放电　在氯化工艺生产中，流体流动、物料搅动、挤压、切割等作业，均会产生静电荷。实验证明，液化石油气喷射产生静电电压可达 9kV，其静电火花足以引燃可燃性气体。灌注燃油作业，以 2.6m/s 的流速，7min 灌满，静电压为 500V。人坐在具有 PVC 薄膜的软椅上，突然起立的静电压可达 18kV。可见，防静电在氯化工艺中是非常重要的，静电的预防和消除，一是在工艺上控制静电的产生；二是设法泄漏消散、中和产生的静电荷，避免静电荷的积聚。静电防护技术有工艺控制法、泄漏导走法和静电中和法等。

a. 工艺控制法，如限制物料流速；选用或镶配导电性能良好的材料；改变浇注方式，避免液体流动时喷溅、注油的冲击；在静电荷逸散区设置接地电钢栅，加速静电荷消散。b. 泄漏导走法和静电中和法，如空气增湿、静电接地、增加物料静置时间、使用抗静电剂等多种方法和手段。c. 工作地面导电化，如进行强制通风，降低作业场所可燃气体浓度，降低密闭容器中氧含量，以此来减小燃烧和爆炸的危险性。d. 个体防静电措施，如使用静电消除触摸球杆，操作人员穿防静电服、鞋靴等。制定严格的进入静电危险场所的安全要求，如不携带手机、手表、钥匙、硬币、戒指等，不穿化纤服装和带铁钉的鞋，不使用化纤材料的拖布或抹布，不接近或接触带电体，不做剧烈的运动等。

（2）火灾爆炸危险物质控制

① 以较小或无火灾、爆炸危险性的物料，替代危险性比较大的物料　例如，

以难燃或不燃溶剂替代可燃性溶剂，在混酸或硫酸介质中氯化，比在有机溶剂中氯化安全性好。沸点在110℃以上的溶剂，蒸气压较低、安全性较好是考虑作为替代物料的首选。

② 根据物质燃烧、爆炸的特性进行储存：a.遇空气或遇水燃烧的物质，应隔绝空气或防水、防潮。b.性质相抵触引起爆炸的物质不能混存、混用；遇酸碱分解的物质，应防止接触酸碱；对机械作用敏感的物质，应轻拿轻放，避免震动、摩擦和碰撞。c.根据燃烧性气体或液体的相对密度，采取排污、防火、防爆措施。性质相抵触的废水排入同一下水道，易发生化学反应，导致事故。如硫化碱性废液与酸性废水排入同一下水道，化学反应产生硫化氢气体，造成中毒或爆炸事故。输送易燃液体的管道内，若发生泄漏、外溢，则造成积存易引起火灾、爆炸。d.加工或储存自燃点较低的物质，应采取通风、散热、降温措施，消除任何形式的明火，自燃点较低的物质，降低温度是避免自燃、防火的有效措施。e.某些液体对光不稳定，应该避光保存，如乙醚盛于金属或深色玻璃容器中就能稳定。f.添加某些物质可以改变液体自燃点，如添加四乙基铅可提高汽油的自燃点；而铈、钒、铁、钴、镍的氧化物可降低易燃液体的自燃点。根据生产工艺和安全生产的要求，可适当地添加某些物质来改变液体的自燃点。g.对于易产生静电的物质，如烃类化合物，应有防静电的措施。

③ 密闭及通风　可燃性气体、蒸气或粉尘与空气混合，可形成爆炸性混合物、薄雾。可燃性物质生产、加工、储存设备和输送管道必须密闭，正压操作防止泄漏，负压操作防止空气渗入。

④ 惰性气体保护　惰性气体需用氮气、二氧化碳、水蒸气及烟道气等，惰性气体的用途如下：a.可燃性粉体物料的粉碎、筛分、研磨、混合、输送等加工过程，需惰性气体覆盖保护；b.惰性气体充压输送易燃液体；c.加工生产易燃气体，可用惰性气体作稀释剂，可燃气体排气氮封；d.具有火灾爆炸危险的工艺装置、储罐、管道等配备惰性气体管线，以备发生危险时启用；e.氮气正压保护易燃、易爆场所的电器、仪表等；f.易燃、易爆系统动火作业，用惰性气体吹扫和置换；g.易燃、易爆物料性质不同，惰性气体及其供气装置不同，防止物料窜入惰性气体系统，反之亦然，但要防止惰性气体窒息。

2. 氯化工艺开停车安全要点（通用）

（1）开车安全要点　氯化工艺开车分为检修后的开车和停车后的开车，但是，不管是哪种开车，都要编制开车方案，都要严格执行开车方案。

① 检修后的开车　包括开车前的检查、单机试车及联动试车，与相关岗位（工序）联系好物料的准备，开车及过渡到正常运行等环节和步骤。

a.开车前检查的安全条件很重要，检查确认的内容有：查看有无拆除的盲板，清除设备、屋顶、地面的垃圾和杂物；检查设备、管线是否已经吹扫、置换和密闭；检查作业现场是否做到"工完、料净、场地清"，查清设备有无遗忘的工具或零件；检查抽插盲板是否符合工艺安全要求；检查容器和管线是否经过耐压试验、气密试验和无损探伤检查；检查安全阀、阻火器、爆破片等安全设施是否完好有效；检查调节控制阀、放空阀、过滤器、疏水器等工艺管线设施完好与否；检查温度、压力、流量、液位等仪器、仪表是否完好有效；检查作业现场职业卫生安全设施完备可靠与否，是否备好防毒面具；检查个体防护用具用品是否配齐、完好、有效。

b. 单机试车与联动试车　单机试车包括反应釜搅拌器试运转、泵盘车等，以检查确认是否完好、正常。单机试车后进行联动试车，以检查水、电、气供应是否符合工艺要求，全流程是否贯通，是否符合整体工艺流程。

c. 相关岗位工序联系及物料的准备　联系水、电、气供应单位，按工艺要求提供水、电、气等公用工程；联系通知前后工序做好生产的物料准备，本岗做好投料准备、计量、分析、化验。

d. 开车并过渡到正常运行　严格执行开车方案和工艺规程，进料前先进行升温（预冷）操作，对螺栓紧固件进行热或冷紧固，防止物料泄漏。进料前关闭放空、排污、倒淋阀，经班组长检查确认后，启动进料泵。进料过程中，沿工艺管线巡视，检查物料流程及有无"跑、冒、滴、漏"现象。

投料按工艺要求的比例和次序、速度进行；升温或升压按工艺要求的幅度缓慢升高，并根据温度、压力等仪表指示，开启冷却水调节流量，调节投料速度和投料量，调节控制系统温度、压力到工艺规定的限值，逐步提高处理量，以达到正常生产状态，进入装置正常运行，检查阀门开启程度，维持并记录工艺参数。开车过程中，严禁随便排放物料，严禁对深冷系统、油系统进行脱水和干燥操作。

② 正常停车后的开车：a. 联系水、电、气供应，联系物料供应，通知下游工序准备接料、计量、分析、化验，确认水、电、气、物料供应，下游工序准备情况，确认装置情况。b. 按工艺规程，进料前先升温（预冷），进料前关闭放空、排污、倒淋阀，检查确认后，启动进料泵。进料过程沿工艺管线巡视，检查有无"跑、冒、滴、漏"现象。c. 按工艺要求的比例和次序、速度投料，按工艺要求幅度升温和升压，并根据温度、压力等仪表指示，开启冷却水调节流量，调节投料和投料量，调节控制系统温度、压力达到工艺规定限值，逐步提量，正常运行，检查阀门开启程度，维持并记录工艺参数。

（2）停车安全要点　氯化工艺停车，包括正常停车和紧急停车。正常停车是按正常停车方案和计划停止装置或设备正常运行。紧急停车是在生产运行中遇到紧急情况，采取一定的措施无效时，按紧急停车方案或计划停止装置或设备的运行。

① 正常停车　包括通知上、下游岗位（工序），关闭进料阀门，停止进料；

关闭加热阀门,停止加热;开启冷却水阀门或保持冷却水流量,按程序逐渐降温、降压,泄压后采用真空卸料。正常停车的具体要求如下:a.严格执行停车方案。按停车方案的规定周期、程序步骤、工艺参数变化幅度等进行操作,按停车方案规定的残余物料处理、置换、清洗方法作业,严禁违反停车方案的操作,严禁无停车方案的盲目停车作业。b.停车操作严格控制降温、降压幅度或速度,按照先高压、后低压,先高温、后低温的次序进行,保温、保压设备或容器,停车后按时记录其温度、压力的变化。热压釜温度与其压力密切相关,降温才能降压,禁止骤然冷却降温和大幅度泄压。c.泄压放料前,应检查作业场所,确认准备就绪,且周围无易燃、易爆物品,无闲散人员等情况。特别注意苯、硝基苯等挥发性物料,硫酸、硝酸及其混合酸的排放和扩散,防止发生事故。d.清除剩余物料或残渣残液,必须采取相应措施,接收排放物放至安全区域,避免跑冒溢泛,造成环境污染或构成新的危险;作业者必须佩戴个人劳动防护用品,防止发生中毒和化学灼伤事故。e.大型转动设备停车,必须先停主机,后停辅机,以免损害主机。f.停车后的维修,冬季注意防冻,在低位、死角的蒸汽管线、阀门、疏水器和保温管线,应放净内部的冷凝液等物料,避免冻裂损坏设备设施。

② 紧急停车 遇到下列情况时,按照紧急停车方案操作,以停止生产装置运行。紧急停车的条件如下:a.系统温度、压力快速上升,采取措施后仍得不到有效控制;b.容器工作压力、介质温度或器壁温度超过安全值后,采取措施后仍得不到有效控制;c.压力容器主要承压部件出现裂纹、鼓包、变形和泄漏等危及安全的现象;d.安全装置失效,连接管件断裂,紧固件损坏等,难以保证安全运行;e.投料充装过量,无液位、液位失控,采取措施后仍不能得到有效控制;f.压力容器与连接管道发生严重振动,危及安全运行;g.搅拌中断,采取措施后仍得不到有效控制;h.运行中突然发生停电、停水、停气(汽)等情况;i.发生大量物料泄漏,采取措施后仍得不到有效控制;j.发生火灾、爆炸、地震、洪水等危及安全的情况。

紧急停车,必须严格执行紧急停车方案,及时切断进料、切断加热热源,开启放空泄压系统;及时报告车间领导,及时联系通知前、后岗位,做好个体劳动防护。执行紧急停车操作的操作人员须保持镇定,判断要准确,处理要迅速,做到“稳、准、快”,以防止发生事故和限制事故扩大。

以乙炔氯化氢合成乙烯生产为例,在单台设备检修前,必须关闭气、液进口阀门,并用氮气置换其中的氯乙烯,将液体放净,使压力持平,然后排气、置换,分析检测氯乙烯含量是否小于0.2%。检修后的设备开车,用氮气置换排气,取样分析氧含量应小于3%。

3.氯化工艺过程紧急情况处置

(1)氯化工艺过程常见紧急情况 所谓紧急情况,指严重影响氯化装置正常运行，正常氯化作业受到威胁等情况，如不及时启动应急处置方案，采取紧急措施，将会导致重大事故的发生，造成人员伤亡、设备损坏、物料损失、环境破坏等严重后果。例如，氯化过程中温度或压力失控；搅拌装置故障或失控；气体分布板堵塞；大量物料泄漏；冷却换热装置故障或失效；水、电、气、风等公用工程中断；附近或相关岗位发生火灾、爆炸、中毒等事故；正常作业受到突发事件的威胁等紧急情况。

（2）紧急情况的处置措施

① 温度、压力快速上升，采取措施仍无法控制时：a.关闭物料进口阀门，切断进料；b.切断一切热源，开启并加大冷却水流量；c.开启放空阀泄压；d.若无放空阀，迅速开启放料阀，将物料放至事故槽；e.上述措施若无效果，立即通知岗位人员撤离。

② 搅拌桨叶脱落、搅拌轴断裂、减速机或电动机故障，致使搅拌中断时：a.立即停止通氯气（或被氯化物），开启并加大冷却水流量；b.启动人工搅拌；c.紧急停车处理。

③ 大量毒害性物料泄漏时：a.紧急停车处理；b.迅速佩戴正压式呼吸器，关闭泄漏阀门或泄漏点上游阀门；c.阀门无法关闭时，立即通知附近人员及单位向上风向迅速撤离现场，同时做好防范措施；d.根据物料危险特性，进行稀释、吸收或收容等处理。

④ 大量易燃易爆气体物料泄漏时：a.迅速佩戴正压式呼吸器，并关闭泄漏阀门或泄漏点上游阀门；b.无法关闭阀门时，立即通知周围其他人员停止作业，特别是下风向可能产生明火的作业；c.在可能的情况下，将易燃易爆泄漏物移至安全区域；d.在气体泄漏物已经燃烧时，要保持其稳定燃烧，不急于关闭阀门，防止回火、扩散使其浓度达到爆炸极限；e.立即报警，按消防要求，采取措施灭火。

⑤ 出现人员中毒或灼伤时：a.判断中毒原因，以便对症及时有效处理；b.吸入中毒，迅速将中毒人员转移至上风向的新鲜空气处，严重者立即送医院就医；c.误食中毒，饮足量温水、催吐，或饮牛奶及蛋清解毒，或服催吐药物导泄，重者立即送医院就医；d.中毒者停止呼吸，迅速进行人工呼吸，若心脏停止跳动，迅速进行人工按压心脏起跳，立即送医院抢救；e.体表皮肤灼伤，立即用大量清水洗净被烧伤面，冲洗 15min 左右，防止受凉冻伤，更换无污染的衣物后迅速就医。

（3）公用工程中断的处理 氯化工艺生产中公用工程水、电、气、风等供应中断，应采取紧急停车措施，切断进料和加热热源，开启冷却水，开启放空泄放系统，停止氯化装置运行；及时报告车间领导，联系前后工序岗位；做好个体劳动防护。

二、安全泄放和氮气保护系统

1. 安全设施

安全设施是为预防、控制、减少和消除氯化生产过程中意外产生的危害而预先配置的各种设施或设备,并采取预防性、控制性,减少与消除事故影响等局限化的措施,以限制事故范围,将事故损失降至最低。局限化的措施如下:

(1)预防事故设施

① 分区隔离、露天布置、远距离操作

a. 分区隔离 对于氯化等危险性大的车间分区隔离,保持安全距离;危险设备采取防护屏(墙)隔离操作,使操作人员与危险设备隔离;同一车间不同岗位,根据其生产性质和危险程度进行隔离;根据原料、成品、半成品的危险性质和储存量,进行隔离存放。

b. 露天布置 生产装置露天或半露天布置,可避免易燃、有害气体积聚,降低设备泄漏造成的危险性。露天布置应有夜间照明,防雨、防晒、防冻等安全措施。

c. 远距离操作 远距离操作即操作人员根据工艺要求,利用电动、机械传动、气压传动或液压传动等自动化技术,对危险性大、热辐射强的连续化装置,通过远距离操控阀门调节工艺参数,实现装置的安全运行。如,DCS 集散控制系统、安全联锁 ESD 紧急停车系统、SIS 安全仪表系统、IPS 仪表保护系统。

② 检测报警设施 检测报警设施包括测量、检测报警系统,包括:压力、温度、液位、流量、成分等测量、检测报警仪;可燃性气体、有毒性气体、氧气等检测和报警仪;安全数据检测分析仪等。

检测报警以声、光或颜色示警,与检测仪表连接,当系统参数接近或超限值时报警,提示操作者采取措施,使仪表恢复正常,但检测报警设施不能自动排除故障,消除不正常情况。

③ 设备安全防护设施 包括防护罩(屏)、负荷(形成)限制器、传动设备制动器、限速器和安全锁闭。防雷、防潮、防晒、防冻、防腐、防渗漏设施,电气过载、漏电保护、雷电及静电接地等均属于设备安全防护设施范畴。

④ 防火、防爆设施 包括各种电器、仪表防爆设施,抑制助燃物品混入(氮封)及易燃、易爆气体和粉尘形成设施,隔爆器材、防爆工具、阻火装置、安全液封、水封井、单向阀和火星熄灭器等,是防止外部火焰在设备和管道间蔓延和扩散的装置。

a. 阻火器 安装在有易燃、易爆危险的设备与输送管道间、放空管、排气管上,防止外部火焰窜入及阻止火焰在设备、管道间蔓延,有金属网、砾石、波纹金属片等类型。

b. 安全液封 有敞开式和封闭式,安装在气体管道与设备与气柜之间。进、出口之间有阻火介质（水），即液封，如果液封一侧发生火灾，液封即可阻止火焰蔓延。

c.水封井　设在可产生可燃气体、蒸气的污水管网，是防止火灾、爆炸沿污水管网蔓延的措施，且水封液柱高度不小于250mm。

d.单向阀（止逆阀、止回阀）　只允许液体单向流动而不允许逆流，是设置在辅助管线（水、蒸汽、空气、氮气等）与工艺管线连接系统上的装置，对防止窜料有很好的作用，有升降式、腰板式、球式等类型。

e.阻火闸门　阻火闸门是阻止火焰沿通风管道蔓延的装置，正常情况下，阻火闸门处于开启状态，火警时闸门关闭，阻断火的蔓延。自动阻火闸门由易熔元件（铋、铅、铬汞等低熔点材料）控制，处于开启状态，一旦着火温度升高则易熔元件熔化，在自身重力作用下，闸门自动关闭，手动阻火闸门由人工控制。

f.火星熄灭器（防火帽）　防止火星飞溅的设施，安装在易产生火花（星）的排空系统上。

⑤ 作业场所防护设施　包括防辐射、防静电、防噪声、通风（防尘、排毒）、防护栏（网）、防滑、防灼烫等设施。

⑥ 安全警示标志　包括各种指示、警示、作业安全、逃生、避难、风向等。

（2）控制事故措施包括安全阀、爆破片、放空管（阀）、止逆阀、真空密封等。

紧急处理设施　包括备用电源、紧急切断、分流、排放（火炬）、吸收、中和、冷却、惰性气体（如氮气）稀释、抑制剂添加、紧急停车、安全联锁等。安全联锁是利用机械或电子控制技术，使设备按一定程序动作，以保证装置安全运行，常应用在以下情况：a.同时或依次投放两种液体或气体的物料。b.终止反应时惰性气体（氮气）保护。c.设备开启前，需先解除其压力或降低温度。d.顺序开启两个或多个部件、设备、机器，避免人为性误操作。e.工艺参数达到苯安全限值时，设备或装置自动启闭，以避免事故。f.危险区域或要害部位禁止人员进入。

（3）减少与消除事故设施

① 防止火焰蔓延设施　包括阻火器、安全水封、回火阻止器、防油（火）堤、防爆墙、防爆门等隔爆设施，以及防火墙、防火门、蒸汽幕、水幕、防火材料涂层等。

② 消防灭火设施　包括水喷淋设施，惰性气体、水蒸气、泡沫释放设施，消火栓、消防水管网、高压水枪（炮）、消防车、消防站等消防设施。

③ 个体紧急处置设施　如洗眼器、喷淋器、逃生器、逃生索、应急照明等。

④ 应急救援设施　包括堵漏、工程抢险、现场医疗抢救器材和设备。

⑤ 逃生避难设施　包括安全通道（梯）、避难所（空气呼吸系统）、避难信号等。

⑥ 个体防护用品及装备　包括头部、面部、视觉、呼吸、听觉、四肢、躯干防护用品，防火、防毒、防腐蚀、防噪声、防光射、防高处坠落、防砸伤、防刺伤等劳动防护用品和装备。

（4）氯化工艺安全设施　反应釜温度报警和联锁、自动进料控制和联锁、紧急冷却系统、搅拌的稳定控制和联锁系统、分离系统温度控制与联锁、塔釜杂质监控系统、安全泄放系统。

将氯化釜内温度与釜内搅拌、氯化剂流量、反应釜夹套冷却水进水阀形成联锁关系，氯化反应釜设立紧急停车系统，当釜内温度超标或搅拌发生故障时，系统自动报警并自动停止加料。分离系统温度与加热、冷却形成联锁，温度超标时，停止加热并紧急冷却。氯化反应系统设泄爆管和紧急排放系统。

2. 安全泄放系统

（1）安全泄放设施

① 超压泄放装置　包括安全阀、爆破片、安全阀与爆破片组合装置、防爆门和放空管等。

a. 安全阀的作用是泄压报警，受压设备压力达到设定值时，安全阀自动开启泄压排放，压力降至设定值以下时自行关闭，安全阀泄压排放产生的气体动力声响具有报警作用。

b. 爆破片（防爆膜）具有结构简单、泄压快、可防物料堵塞等特点，适合聚合釜、反应罐等容器迅速泄压，排放非均相、黏稠物料要求。爆破片也可与安全阀组合安装。

c. 防爆门是防止炉膛和烟道风压超高，引起爆炸性和再次燃烧，炉墙和烟道开裂、倒塌、尾部烧坏，避免爆炸性破坏的设施。防爆门高度不低于 2m，设置在炉膛燃烧室，朝向无人活动区。防爆门受力小于或等于自身重力时，处于关闭状态；当炉膛压力变化，防爆门所受压力超过其自身重力时，防爆门冲开（破坏）而泄出烟气，避免爆炸性破坏。

d. 紧急放空管作用是紧急放空泄压，避免超温、超压、超负荷导致的爆炸事故。紧急放空管采用自动或手动控制，紧急放空管及安全阀放空出口应高出建筑物顶部，有良好的防静电、防雷击接地，处于防雷保护范围内。

② 泄放承受处理设施　位于特定的泄放区域、围堤、池堰、事故槽罐、积流坑等限制空间，泄放承受预制空间，处于全年主导风向频率最低的上风向偏僻处。

对于可燃气体，如乙炔、乙烯、氯乙烯等泄放区域，要求配备防火、防静电、防雷击设施和消防设施；有毒气体泄放区域，除应具备防火、防爆、防雷击、防静电设施和消防设施外，还应具备喷淋吸收、中和、水幕墙、收集处理等设施。

可燃性、毒害性、腐蚀性液体泄放设施，如事故槽、围堤、积流坑，可以防止可燃性、毒害性、腐蚀性液体的流淌、泛溢、渗透、挥发和扩散，限制火灾、中毒事故范围的扩大。

(2) 泄放装置的一般规定

① 容器（设备）超压限度的起始压力，一般为容器设计压力或最大允许工作压力，采用最大允许工作压力的容器的水压试验、气压试验和气密性试验，相应取 1.25 倍、1.15 倍和 1.00 倍的最大允许工作压力值，并在图样铭牌中注明。

② 泄放装置安装一个时，其动作压力不大于设计压力，且该容器（设备）超压限度不大于设计压力的 10% 或 20kPa 中的较大值。

③ 安装多个泄放装置时，其中一个的动作压力不大于设计压力，其他的动作压力不得超过设计压力的 4%。该容器（设备）超压限度不大于设计压力的 12% 或 30kPa 中的较大值。

④ 遇火灾或不可预料外来热源可威胁的容器（设备），应安装辅助泄放装置，容器内超压限度不超过设计压力的 16%。

⑤ 以下情况之一者，视为一个容器，只需在容器或管道（危险空间）设置一个泄压装置，泄压量包括容器间的连接管道：a. 与压力源连接，自身不产生压力的容器，该容器（设备）设计压力达压力源的设计压力时；b. 几台压力容器（设备）设计压力相同或稍有差异，容器间连接管径足够大，无法隔断时。

⑥ 同一台容器（设备），因几种工况有两个以上设计压力时，泄放装置的动作压力应适用于各种工况的设计压力。

⑦ 容器（设备）内压力小于大气压，该容器不能承受负压条件时，应装设防负压的泄放装置。

⑧ 对于换热器等压力容器，高温介质有可能泄漏到低温介质一方产生蒸气时，在低温空间设置泄放装置。

⑨ 当容器（设备）符合下列条件之一者，必须采用外爆破装置：a. 压力快速增长；b. 容器内物料会导致安全阀失效；c. 安全阀不能适用的其他情况。

(3) 泄放装置的设置　超压泄放装置安装在容器（设备）整体或其附属管线易检修部位，安全阀阀体处于垂直方向。全启式安全阀和反拱形爆破片装置，必须装在设备的气相空间。排放液体的安全阀，出口管直径不小于 15mm。容器（设备）与泄放装置间，不得设有截止阀。连续操作的容器（设备），可在其与泄放装置间设置检修专用截止阀并具有锁住机构，正常工作期间，该截止阀处于全开位置并被锁住。

安全阀工作压力（工程系列标准），按压力容器最大允许工作压力选用，排放量必须大于设备安全泄放量。安全泄放量是容器（设备）超压状态下单位时间内必须泄放的量，以避免其压力继续升高，安全阀排放量是其全开、排放压力单位时间排放量，压力容器安全阀的排放量必须大于或等于压力容器的安全泄放量。

一般情况下，压力容器多选用弹簧式安全阀，有毒、易燃、易爆介质宜选用封闭式安全阀；安全泄放量较大、壁厚不太富裕的中低压容器，宜选用全启式安全阀。

泄放装置应有足够强度，可承受泄放产生的反力。

（4）安全设施的使用与监控　安全设施的配置，必须符合国家有关规定和标准。安全设施的管理须建有台账，严格执行安全设施管理制度。监视和测量设备要定期校准和维护，保存校准维护活动的记录。

安全设施要设专人负责管理，定期进行检查、监视与测量、记录，并维护保养。把安全设施的检修列入设备维护计划，定期维修、维护后立即恢复。

安全设施不得随意拆除、挪用或弃置不用。

3. 氮气保护系统

在氯化工艺中，氮气保护系统作为预防性、保护性的安全设施，配置于工艺系统，起到保护作用。

（1）氮气保护系统使用于有燃烧、爆炸危险的设备、容器和管道的稀释、覆盖、置换等。

氮气保护系统由空分（供应）、加压、储存、输送、缓冲、使用（保护）等容器（罐）设备、管道等构成，并配置氮气压力、流量、温度检测、计量仪表，配备与配置有害（主要是窒息）气体报警仪、自供隔离式呼吸器等个人防护用品。氮气保护系统用于以下情况：

① 用于装置开车准备、停车检修　化工容器（罐）设备、管道检修前吹扫置换，装置开车前的吹扫置换，降低或置换其中空气或易燃易爆气体。

② 维持生产系统的安全运行　如储罐、反应釜罐、精馏塔等的安全运行，用氮气充灌危险空间（容器），使之形成氮气氛围，以降低火灾爆炸危险。例如苯、氯苯、二甲苯等易燃液体储罐、反应罐在氮气保护下运行，或搅拌器中断、冷却失效等故障和紧急情况发生时，可辅以氮气保护，避免火灾爆炸事故。

③ 易燃液体加压输送系统可利用氮气压送　例如：易燃气体投料前，先用氮气驱净容器内空气；压送易燃液体物料，必须用氮气等惰性气体压送，以避免形成爆炸性混合物。

④ 氮气用作仪表检测系统气体。

（2）氮气保护系统安全监控　氮气保护系统安全监控，包括氮气流量监测、充灌系统及设备的氮气压力测量、充灌系统氮气浓度的检测与控制等装置，氮气使用场合氮气泄漏检测与报警等装置，氮气充灌系统及设备保护的接触，即氮气放空与恢复的控制等装置。

　　氮气保护系统安全监控的设施配置，必须符合国家有关规定、标准和规范，严格执行安全设施管理制度，定期检查、校准和维护，保存校准和维护记录，由专人负责维护保养、监视与测量记录，并列入检修计划，定期维修，维修后立即复原，不得随意拆除、挪用或弃置。

第五章

硝化工艺

第一节　硝化工艺基础知识

硝化过程是指在有机化合物中引入硝基，取代其氢原子而生成硝基化合物的反应过程，在有机化学工业生产中，特别是在染料、炸药、农药及某些药物生产中应用十分普遍。硝化方法可分为直接硝化法、间接硝化法和亚硝化法，分别用于生产硝基化合物、硝胺、硝酸酯和亚硝基化合物等。涉及硝化反应的工艺过程为硝化工艺。硝化过程中，所用硝化剂是强氧化剂，被硝化的产物大多数易燃。硝化反应是放热反应，如果操作不当，容易发生安全事故。一些重要的硝化产品见表 5-1。

表 5-1　一些重要的硝化产品

硝化产品	硝化原料	生产方法	主要用途
硝基苯	苯		
硝基甲苯	甲苯		
2-硝基萘	萘	混酸硝化法	苯胺和聚氨酯、染料、农药、医药、香料、溶剂等
1-硝基蒽醌	蒽醌		
硝基酚	苯酚		
硝基氯苯	氯苯		

一、硝化反应基本原理

硝化反应原理是硝化工艺作业的技术基础，掌握硝化反应的类别、特点、物料性质是硝化工艺安全作业、安全生产的关键。

1. 硝化反应及其分类

硝化反应是在被硝化物分子中引入硝基（—NO_2）制造硝基化合物的化学过程。根据被硝化物中引入的是硝基（—NO_2）还是亚硝基（—NO）分为硝化和亚硝化反应；根据硝基（—NO_2）取代原子的不同，分为取代硝基和置换硝基反应。硝基取代酚或醇羟基氧原子上的氢生成硝酸酯的反应，称为硝酸酯化。

2. 被硝化物与硝化产物

苯、甲苯、氯苯、甘油、甲烷、乙烷、纤维素等被硝化，生产的硝基苯、硝基酚、硝基氯苯、硝化甘油、硝基甲烷、硝基乙烷、硝酸纤维素等硝化产物，均属有机化合物。有机化合物具有易燃、低熔点、易挥发、水溶性差、油溶性好、反应速率慢、副反应多等特性。

3. 硝化剂

硝化剂是不同浓度的硝酸、混酸（硝酸与硫酸的混合物）、硝酸盐与硫酸、硝酸的乙酐溶液等，这些物质能产生硝化活泼质点——硝酸正离子（NO_2^+）。

硝酸亲水性强，能促使硝酸离解为 NO_2^+：

$$HNO_3 + 2H_2SO_4 = NO_2^+ + H_2O + 2HSO_4^-$$

故浓硫酸与浓硝酸或发烟硝酸的混合酸，避免了生成水稀释硝酸，而且硝酸被硫酸稀释，降低了其腐蚀性和氧化性。

硝酸与乙酐可以任意比例混溶，常用的是 10％～30％的硝酸-乙酐溶液。硝酸-乙酐溶液用前配制，若放置过久，易产生有爆炸危险的四硝基甲烷：

$$4(CH_3CO)_2 + 4HNO_3 = C(NO_2) + 7CH_3COOH + CO_2\uparrow$$

以乙酸、四氯化碳、二氯甲烷、硝基甲烷等为溶剂时，硝酸产生 NO_2^+ 缓慢，反应比较温和。

（1）硝酸 纯硝酸、发烟硝酸及浓硝酸很少分解，主要以分子状态存在，如质量分数为75％～95％的硝酸有99.9％呈分子状态。100％的纯硝酸中有96％以上呈 HNO_3 分子状态，仅约3.5％的硝酸呈分子间质子转移，离解成硝酸正离子（NO_2^+）和硝酸根。

硝酸具有氧化性，在硝化反应的同时，常有氧化副产物伴生。当硝酸中的水分增加时，硝酸的硝化和氧化能力均会下降，但前者降低更多，氧化产物则相对增加。浓硝酸在高温下氧化性特别强。在实际工作中，应结合被硝化物的结构特点，选择适当浓度的硝酸和其他反应条件进行硝化。

用稀硝酸进行硝化，进攻离子不是 NO_2^+，而是硝酸中痕量亚硝酸离解成的 NO^+。NO^+ 首先进芳环生成亚硝基化合物，进而被硝酸氧化成硝基化合物，同时又产生亚硝酸，实际上亚硝酸起催化作用。

NO^+ 为弱亲电离子，只有高活性的芳环才能在稀硝酸中进行硝化。如酚类和取代芳胺类可在5mol/L稀硝酸中进行硝化反应，主要得到对位产品。

（2）混酸 混酸是浓硝酸或发烟硝酸与浓硫酸按一定比例组成的硝化剂。因硫酸供给质子的能力比硝酸强，从而增加了硝酸的利用率。

如10％的硝酸-硫酸溶液有100％的硝酸分子离解成 NO_2，20％的硝酸-硫酸溶液也有62.5％的硝酸分子离解成 NO_2^+。

与硝酸比较，混酸硝化具有以下优点：

① 硝化能力强　混酸中的硝酸几乎全部离解成 NO_2^+ 用于硝化，增加了 NO_2^+ 的浓度，反应速率快，收率高。

② 硝酸利用率高　反应中生成的水被硫酸吸收，硝酸浓度变化小，不会使硝酸浓度明显降低。

③ 氧化性低　硝酸被硫酸稀释后氧化能力减小，不易产生氧化的副反应。

④ 对作用物溶解性强。

⑤ 反应温度易控制　硫酸有相当大的比热容，能避免硝化时的局部过热现象，使反应温度易于控制。

⑥ 反应过程易控制　通过改变硝化剂中各组分的相对含量，可调节其硝化能力，以控制硝化反应进行的程度和产品的纯度。

⑦ 价格低廉，来源方便。

混酸最主要的缺点是酸性太强，极性太大。极性小的有机化合物在混酸中的溶解度较小；一些不耐酸或能与混酸成盐而影响正常硝化的有机化合物，不能用混酸进行硝化。另外，用混酸硝化时，邻、对位选择性不强，产物主要是邻位异构体的混合物，还需进行分离。

用混酸硝化时，硝酸用量近于理论量。单硝化的用量有时比理论量要多，一般过量 $1\%\sim5\%$；多硝化时，硝酸过量 $10\%\sim20\%$。混酸中硫酸的浓度大约在 $86\%\sim90\%$，腐蚀性不强，可采用铸铁设备操作。因此，混酸是工业生产上的首选硝化剂。

(3) 硝酸的乙酐溶液　用硝酸-乙酐作硝化剂时，一般还需同时加入少量的浓硫酸作催化剂，以使乙硝酐质子化，转变成更强的硝化剂。

用硝酸-乙酐作硝化剂时，具有以下优点：①硝酸-乙酐构成的硝化剂对被硝化物溶解度大，反应混合物呈均相。②可在无水条件下硝化，防止易水解物水解。③没有氧化作用，可用于易被氧化作用物的硝化。④与胺类和醚类作用，还可提高邻位/对位产品的比例（与烃类作用无明显影响）。⑤对强酸不稳定的物质，用该试剂可成功地进行硝化。⑥吡啶类化合物用该试剂硝化，收率通常较高（若用混酸会因质子化而难于硝化）。

硝酸在乙酐中可以任意比例混溶，常用的是硝酸（$10\%\sim30\%$）的乙酐溶液。其配制应在使用前进行，以避免因放置过久产生四硝基甲烷而有爆炸的危险。

此外，硝酸与乙酸、四氯化碳、二氯甲烷或硝基甲烷等有机溶剂形成溶液也可以作硝化剂。硝酸在这些有机溶剂中能缓慢地产生 NO_2^+，反应比较温和。

(4) 硝酸盐与硫酸　硝酸盐与硫酸作用生成硝酸和硫酸盐，实质上是无水硝酸与硫酸的混酸。

常用的硝酸盐有硝酸钠、硝酸钾。硝酸盐与硫酸的配比一般是 $(0.1\sim0.4):1$（质量比）左右。按这种比例，硝酸盐几乎全部生成 NO_2^+，所以最适合与苯甲酸、对氯苯甲酸等难以硝化的芳烃硝化。

4. 硝化反应特点

（1）硝化原料，如苯、甲苯、二甲苯、脱脂棉等，化学性质活泼，易燃、易爆、有毒，若使用不当，极易引起火灾、爆炸、中毒事故的发生。

（2）硝酸和硫酸对设备腐蚀强烈，与有机物（尤其不饱和烃类）接触，可引起燃烧。硝酸与硫酸混合产生溶解热，若配制温度过高或有少量水，将促使硝酸分解，引起突沸冲料或爆炸。

（3）硝化产物具有火灾、爆炸危险性，尤其是多硝基物、硝酸酯等，受高热、摩擦或撞击等，极易发生火灾和爆炸事故。

（4）硝化反应是一种强烈的放热反应，引入一个硝基可产生 $152\sim153kJ/mol$ 的热量。在生产过程中，如果投料速度过快，冷却水供应减少或中断，或搅拌停止，都会造成反应温度过高而导致爆炸事故的发生。

（5）被硝化物是有机物，而硝酸、硫酸为无机物，一般两类反应物互不相溶，呈有机相（油相）-无机相（酸相）。油相-酸相的非均相硝化需要可靠有效的搅拌，以及足够冷却面积的换热装置。一旦搅拌中断和冷却系统失效，硝化反应过程极易失控，引发事故。

二、硝化方法与工艺

1. 硝化的方法

（1）稀硝酸硝化 该方法一般用于含有强的第一类定位基的芳香族化合物的硝化，如对苯二酚。因稀硝酸对铁的腐蚀很严重，反应一般在不锈钢或搪瓷设备中进行，硝酸约过量 $10\%\sim65\%$。

（2）浓硝酸硝化 这种硝化往往要用过量很多的硝酸，过量的硝酸必须设法利用或回收，因而使它的实际应用受到限制。

（3）浓硫酸介质中的均相硝化 当被硝化物或硝化产物在反应温度下为固体时，常常将被硝化物溶解于大量浓硫酸中，然后利用硫酸和硝酸的混合物进行硝化。这种方法只需要使用过量很少的硝酸，一般产率较高，缺点是硫酸用量大。

（4）非均相混酸硝化 当被硝化物或硝化产物在反应温度下都是液体时，常常采用非均相混酸硝化的方法，通过剧烈的搅拌，使有机相被分散到无机相中而完成硝化反应。

（5）有机溶剂中硝化 这种方法的优点是采用不同的溶剂，常常可以改变所得到的硝基异构产物的比例，避免使用大量硫酸作溶剂，以及使用接近理论量的硝酸。常用的有机溶剂有乙酸、乙酸酐、二氯乙酸等。

2. 硝化工艺的基本构成

硝化工艺，包括硝化剂配制与计量、被硝化物准备与计量、硝化反应、酸料分离、精制提纯、废酸回收循环、废水处理等工序。这里列出硝化的一般工艺，见图 5-1 和图 5-2。

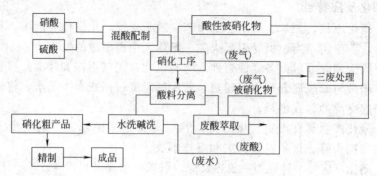

图 5-1　混酸硝化工艺图

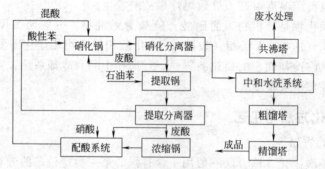

图 5-2　低温连续硝化工艺示意图

3. 硝化的主要影响因素

（1）被硝化物　被硝化物的性质对硝化方法的选择、反应速率以及产物的组成影响显著。芳环上有—NO、—CHO、—SO₃H、—COOH、—CN 等基团时，硝化速率较快，产物以邻、对位产物为主；芳环上有 —OH、—NH₂、—OR、—CH₃ 等基团时，硝化速率较慢，产物以间位异构体为主。

（2）硝化剂　被硝化物不同，所用硝化剂不同。同一被硝化物，硝化剂不同，产物组成也不同。例如，乙酰苯胺硝化时使用不同的硝化剂，产物组成相差很大，如表 5-2 所列。

表 5-2　乙酰苯胺在不同介质中硝化的异构体组成

硝化剂	温度/℃	邻位/%	间位/%	对位/%	邻位/对位
$HNO_3 + H_2SO_4$	20	19.4	2.1	78.5	0.25
HNO_3(90%)	−20	23.5	—	76.5	0.31
HNO_3(80%)	−20	40.0	—	59.3	0.67
HNO_3(在乙酐中)	20	67.8	2.5	29.7	2.28

浓硫酸、发烟硫酸或有机溶剂是常用的硝化介质。硝化介质不同，产物异构体比例不同。苯甲醚在不同介质中硝化的异构体组成，见表5-3。

表 5-3　苯甲醚在不同介质中硝化的异构体组成

硝化条件	邻位/%	对位/%	邻位/对位	硝化条件	邻位/%	对位/%	邻位/对位
$HNO_3 + H_2SO_4$	31	67	0.64	$NO_2 + BOF_4$ (在环丁中)	69	31	2.23
HNO_3	40	58	0.69	HNO_3 (在乙酐中)	71	28	2.54
HNO_3 (在乙酸中)	44	55	0.80	$C_6H_5COONO_2$ (在乙醇中)	75	25	3.00

（3）硝化温度　硝化温度影响反应速率、乳化液黏度、界面张力和酸相中芳烃的溶解度。甲苯硝化温度每升高 10℃，反应速率较常温增加 1.5～2.2 倍。硫酸稀释热相当于 7.5%～10% 的反应热。苯总硝化热效应为 152.7kJ/mol，如不能及时移除反应热，硝化温度迅速上升，将引起多硝化、氧化、硝酸分解等剧烈反应，甚至导致事故。因此，反应温度必须严格控制，硝化产生的热要及时移除。

（4）搅拌　良好的搅拌和适宜的转速是提高传质、传热效率，提高反应速率和转化率的必要措施。硝化过程中，特别是间歇硝化初始阶段，搅拌中断或桨叶脱落等故障，将导致油相与酸相分层，NO_2^+ 在酸相中积累，再次启动搅拌，反应迅速发生，瞬间释放大量反应热，使硝化过程失控，甚至引发事故。

（5）酸油比与硝酸比　酸油比指混酸与被硝化物的质量比，硝酸比指硝酸和被硝化物的摩尔比。提高酸油比，可增加被硝化物在酸相中的溶解量，加快反应速率。但油酸比过大，生产能力下降，废酸量增多。若酸油比过小，则硝化初期酸浓度过高，反应剧烈，温度不易控制。

（6）硝化副反应　被硝化物性质、硝化条件或操作等，可导致氧化、脱烷基、置换、脱羧、开环和聚合等副反应发生。

许多副反应与氮氧化物有关，因此，必须严格控制硝化条件，防止硝酸分解，应设法除去或减少硝化剂中氮的氧化物。

三、典型硝化工艺过程

1. 苯硝化生产硝基苯

苯硝化生产硝基苯常用混酸硝化法，有间歇和连续两种工艺，大宗生产多采用连续硝化。反应式如下：

$$\text{苯} + HNO_3 \xrightarrow{H_2SO_4} \text{硝基苯}-NO_2 + H_2O$$

（1）苯混酸连续硝化工艺　连续硝化工艺流程见图 5-3。工艺说明如下所述。

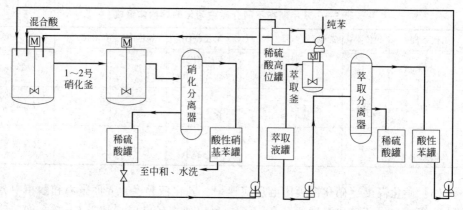

图 5-3　连续硝化工艺流程

硝化用多个釜串联或环形硝化器操作，苯与混酸配比 1：1.2（摩尔比），循环废酸连续加入 1 号硝化釜，釜温控制在 60～68℃；1 号釜硝化液溢流入 2 号硝化釜，2 号硝化釜温度控制在 65～70℃；反应后物料通过硝化分离器分离成酸性硝基苯和废酸，废酸进入萃取釜用新鲜苯连续萃取，萃取后混合液经萃取分离器分离，分离器上部萃取液为酸性苯（2%～4%硝基苯），由泵送往 1 号硝化釜；萃取分离器下部采出的萃取液为浓度 71%的废酸，大部分由泵送去浓缩，回收后配制混酸；酸性硝基苯由分离器出来经水洗器、分离器除去大部分酸性杂质，经碱洗器、分离器除去酚类杂质，得到中性硝基苯，收率约为 98.5%。

多釜串联连续硝化工艺技术成熟，但硝化过程产生大量废酸和含硝基物废水，能量消耗较多，其安全性较差。

（2）苯绝热连续硝化　其工艺流程如图 5-4 所示。

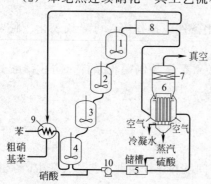

图 5-4　绝热连续硝化工艺流程
1～4—硝化釜；5—酸槽；6—闪蒸器；
7—除沫器；8—分离器；9—热交换器；10—泵

其工艺说明：四台硝化釜串联操作，C_6H_6 过量 5%～10%，HNO_3 5%左右，H_2SO_4 58%～68%，$H_2O \geqslant 25\%$。苯和预热至 60～90℃的混酸，连续加入四台硝化釜，釜内无冷却装置，在 0.44MPa 下绝热硝化，物料出口温度 132～136℃，分离废酸温度约 120℃，直接进入闪蒸器，利用自身热量将废酸浓度提高至 70%，温度降至 85℃与 65%硝酸混合循环使用；有机相经水洗、碱洗除去夹带硫酸和微量酚，蒸出过量的苯，即得到产物粗硝基苯。

硝基苯是最典型的硝化产品，其主要用途是制取苯胺和聚氨酯泡沫塑料。此外，它还是一种重要的有机中间体及工业溶剂。

世界上苯硝化技术实现工业化的方法有三种：等温硝化工艺；泵式硝化工艺；绝热硝化工艺。下面分别加以简单介绍。

① 等温硝化工艺　等温冷却装置和反应器为一个整体，用冷却水将反应热及时移出，以维持正常的恒温反应，确保生产安全，反应中硫酸被生成的水稀释，需另设硫酸浓缩装置，回收硫酸循环使用。国内多采用等温硝化工艺。国内工业化生产硝化装置在硝化器的选型上与国外有所不同。大多数厂家采用多釜串联硝化；一些厂家采用环式或环式和釜式相结合的串联硝化，如一环三釜、二环二釜等。这三种硝化器虽在温度控制、副产品多少、设备制造和操作难易程度上有所差异，但优缺点基本相同。

② 泵式硝化工艺　泵式硝化是由瑞典国际化工有限公司在 20 世纪 80 年代开发并实现工业化的。世界上已建成多套泵式硝化工艺的装置。泵式硝化工艺的特点是反应泵和换热器组成一个回路反应器，大量的硫酸和反应物在泵内强烈混合，硝化反应在几秒内完成，反应热在列管换热器中由冷却水带出。泵式硝化的优点是反应速率快、温度低、副产品少、产率高、硝基苯无须精制、设备小、产量大、生产安全可靠，但需设废酸浓缩装置。

③ 绝热硝化工艺　绝热硝化工艺是 20 世纪 70 年代初，由英国的 ICI 公司和美国的氰胺公司共同开发的硝化技术，并逐步实现工业化。目前世界上有多套绝热硝化工艺装置，生产能力最大的为年产 25 万吨。绝热硝化工艺体现了硝化反应必须在低温下恒温操作的观念，取消了冷却装置，充分利用混合热和反应热来使物料升温，通过控制混酸组成以确保反应的安全顺利进行。绝热硝化工艺的硝化温度高于等温硝化工艺，有利于提高反应速率，缩短反应时间。混酸中的水含量高，硝酸浓度低，反应温和，硝化釜内可以不设冷却器。但绝热硝化工艺以稀酸为原料，腐蚀性较强，对设备、管道的要求比较高。

2. 甘油硝化生产硝化甘油

（1）硝化甘油的危险性　硝化甘油又名甘油三硝酸酯，淡黄色黏稠液体，溶于乙醇、乙醚、丙酮、冰醋酸、苯、硝基苯等，微溶于水。遇浓硫酸、氢氧化钠、硫化钠溶液分解，$50 \sim 60℃$ 开始分解，$60℃$ 以上分解显著，$200℃$ 分解加剧，爆炸温度 $260℃$。对机械冲击、摩擦震动极为敏感，$2J/cm^2$ 的机械冲击能量即可引起爆炸，酸性硝化甘油热分解的危险性更大。由于具有高度敏感性，硝化甘油一般不单独使用，主要用于胶质炸药、双机发射药、固体火箭推进剂，可作威力很大的液体炸药，医药血管扩张药也由硝化甘油合成。

（2）硝化甘油生产工艺　硝化甘油的基本生产工艺流程主要由硝化、分离、洗涤、过滤、输送、储存等工序构成，见图 5-5。

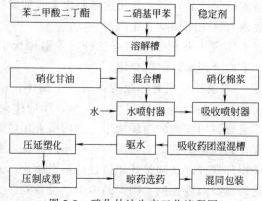

图 5-5　硝化甘油生产工艺流程图

硝化以甘油为原料，采用硝化器混合硝化合成硝化甘油，混酸由 49％硝酸、51％硫酸组成，酸油比为 5：1（质量比）。

甘油硝化是强烈放热非均相反应，反应速率快，放热多。硝化反应过程中，还常伴有磺化、氧化、水解等副反应，这些副反应能加速酸性硝化甘油的分解，甚至酿成爆炸事故。

硝化完成后产物硝化甘油与废酸为乳化液，分离作业是将硝化甘油与废酸乳化液抽至分离器静置，使硝化甘油与废酸分层，放出下层硫酸废液，上层为酸性硝化甘油，送至洗涤工序进行安定处理。

酸性硝化甘油安定处理即洗涤作业，从废酸中分离得到的硝化甘油含有 1％左右的酸性杂质，通过冷水洗涤、温水洗涤和碱洗净化，除去其中的酸性物质，使其呈微碱性，达到安定的目的。一般先用水洗，再用 8％磷酸钠和 2％硼砂溶液调节 pH 值至 7～8，再水洗两次，静置分层，油层硝化甘油送至储槽。

接受洗涤后的硝化甘油存储在接料槽的操作为接料作业，存储在接料槽的硝化甘油检验合格后，根据要求送至下一工序。

硝化甘油的输送可利用位差输送，也可采用水喷射器乳化输送。位差输送管路坡度应大于 3％，在输送前、后用温水冲洗管道，为避免传爆，应安装爆轰隔断器或采用橡胶软管、塑料软管输送。采用水喷射器将硝化甘油与水形成乳化液再输送，不易起爆和传爆，但应防止空气进入喷射器，空气进入产生气泡被绝热压缩是危险的。总之，硝化甘油的输送作业是比较危险的，应当引起操作者和管理者的高度重视。

废酸后处理作业即分离除去废酸表面漂浮的甘油硝酸酯。废酸中主要含有硫酸，少量硝化甘油、一硝化及二硝化甘油硝酸酯等，不仅影响产品收率，而且还具有安全隐患，需要将其分离回收。

3. 甲苯硝化生产梯恩梯

梯恩梯是三硝基甲苯的简称，为目前军事上和工业上用量最大的猛炸药之一。生产梯恩梯的主要原料为甲苯、硝酸、硫酸和亚硫酸钠。其反应分为三段，反应式为：

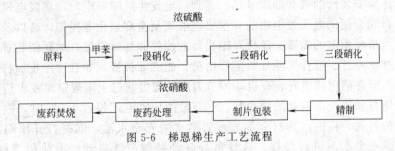

梯恩梯生产一般利用连续硝化，使用多台（10～12台）硝化器，含硝化物与混酸逆向流动，硝化强度逐渐提高。硫酸浓度：一段硝化为70%～76%，二段硝化为80%～89%，三段硝化为89%～95%。硝酸用量：一段为105%、二段为115%、三段为185%的理论用量。硝化温度：一段不大于55℃，二段不大于85℃，三段不大于115℃。

甲苯经硝化后所得产品为粗制梯恩梯，其中含有杂质（如不对称三硝基甲苯、二硝基甲苯及梯恩梯氧化产物），凝固点较低，需通过精制除去杂质，目前广泛采用亚硫酸钠精制方法。亚硫酸钠能与大部分杂质反应生成可溶于水的磺酸钠盐，因而可通过水洗除去。精制梯恩梯经过干燥、制片得成品。其生产工艺流程如图5-6所示。

```
              浓硫酸
    ┌───────────────────────────────────────┐
┌──────┐  甲苯  ┌──────┐   ┌──────┐   ┌──────┐
│ 原料 │──────▶│一段硝化│──▶│二段硝化│──▶│三段硝化│
└──────┘        └──────┘   └──────┘   └──────┘
              浓硝酸                          │
                                             ▼
┌──────┐   ┌──────┐   ┌──────┐        ┌──────┐
│废药焚烧│◀─│废药处理│◀─│制片包装│◀──────│ 精制 │
└──────┘   └──────┘   └──────┘        └──────┘
```

图 5-6 梯恩梯生产工艺流程

甲苯硝化是强放热反应，并伴有氧化、水解等副反应，应严格控制硝化温度，必须及时移除反应热，有效的搅拌和可靠的冷却水供应是十分重要的。因此，要求生产企业的操作人员把搅拌作业和冷却水供应作为主要控制指标。

（1）硝化 梯恩梯生产中的硝化过程是放热反应，同时又伴有氧化和水合作用，总的热效应很大。为了保证硝化反应的正常进行，必须控制一定的温度，把多余的热量通过强烈的机械搅拌和冷却蛇管中的冷却剂导走。一段硝化用的原料甲苯是一级易燃液体，其蒸气能与空气混合形成爆炸性气体，爆炸极限为1.27%～7%。硝化过程中生成的半成品一硝基甲苯具有可燃性，二硝基甲苯和粗制梯恩梯具有可燃性和爆炸性。如果硝化过程中产生高温，容易引起硝化器内着火、喷料和爆炸。

① 造成硝化高温的原因：a.生产过程不正常，工艺条件控制和加料比例不合适，导致反应异常。b.冷却蛇管渗漏进水。c.冷却水供应不足或突然停水。d.搅拌器脱落或突然停电造成搅拌停止。

② 硝化过程中可能着火的原因：a.硝化器（包括分离器，下同）内反应剧烈，搅拌不良，硝化物局部过热分解而引起着火。b.硝化器内掉进棉纱、破布、纸张、橡胶手套及机器润滑油等有机物，与混酸中的硝酸发生强烈的氧化反应而着火。c.硝化器内的物料冒出机外时，硝酸与可燃的有机物相遇而引起着火。d.硝化过程中停水、停电时处理不当也会造成器内温度升高着火。e.硝化器搅拌轴安装时与水封套之间的空隙太小或偏心，运转时摩擦、撞击产生火花或高温。这种情况，如在一段硝化则会引起器内甲苯着火，在二、三段硝化则会使水封套内积聚的硝化物分解着火，甚至可能波及器内。

③ 防止硝化产生高温和着火的措施：a.严格按工艺条件控制物料加入量和比例，做到均衡生产。b.要防止蛇管渗漏，定期试压，检查蛇管质量，保证处于良好状态。c.保证冷却水的供应。硝化工房用的冷却水除应设有环状供水网和两个入口水源外，还应设置专用的高位水槽，其容量至少可供 30min 冷却用水量。d.保证搅拌的可靠性。搅拌的目的是使物料混合均匀，促进硝化反应的顺利进行，以防止局部过热，发生分解爆炸。因此，硝化工房的供电应设置备用电源。备用电源要来自不同的供电单位，并能自动合闸。为确保在任何情况下正常供电，还应安装汽油或柴油发电机，遇到供电发生故障停电时，该发电机能自动启动并自动合闸供电。发电机的容量要能够满足全部硝化器搅拌运转以及工房照明和其他机械用电的需要。还应对硝化器的搅拌和加料设置自动联锁装置，一旦发生搅拌机停转、搅拌桨叶片脱落等情况，能立即报警，并自动停止加料和加强冷却。e.所有硝化器应安装有自动调节温度及温度超过上限规定时发出信号的仪器，并能自动停止进料和加强冷却。f.三段硝化器温度超过 135℃ 时，能立即打开事故放料阀，将机内物料全部放入盛满水的安全水池，同时打开压缩空气阀门，送入安全水池进行搅拌。这套事故联动装置应能自动、手动和遥控操作。g.严防棉纱、润滑油等有机物掉入硝化器内，周围不得有这类有机物存在。h.正确安装硝化器搅拌轴，加强检查，防止摩擦产生火花或发热。

此外，梯恩梯与强碱物质接触时反应很快，其反应产物极易爆炸，梯恩梯受到机械冲击时也可能爆炸。因此，必须严禁梯恩梯与碱性物质，特别是强碱性物质接触，严禁使梯恩梯受到冲击和挤压。

（2）精制　梯恩梯与碱作用能生成敏感的红色或棕色梯恩梯金属衍生物，这种物质在 80～160℃ 的温度范围内就会发火，受冲击极易爆炸，受热或日光照射容易发生分解。因此，应避免梯恩梯与碱接触，成品也不许带有碱性。而亚硫酸钠则带有弱碱性，故精制工艺采用亚硫酸钠处理粗制梯恩梯时，必须充分重视这一点。亚硫酸钠与粗制梯恩梯中的杂质反应生成能溶于水的磺酸钠盐随母液一起除去。精制母液（即红水）中一般含有 4%～7% 的二硝基甲苯磺酸钠盐及少量的其他硝基化合物，经浓缩干燥后是一种极不安定的易于燃烧、爆炸的混合物。试验表明：精制母液加热至 85℃ 时，30min 开始分解，116℃ 着火，标准落锤试验的冲击感度为 12%～20%。因此，精制过程中应采取下列措施。

① 严格控制精制温度，在保证梯恩梯处于熔融状态与亚硫酸钠顺利进行反应的前提下，尽可能降低精制温度，一般以 79～82℃ 为宜。洗涤和酸化时的温度可控制在 80～90℃，以保证洗涤效果。洗涤后的梯恩梯不准带碱性，要加入硫酸酸化至呈微酸性。

② 精制的主要设备及管线的夹套保温应采用 85～95℃ 的热水，以保证加热均匀，并且温度不致过高。

③ 精制机等搅拌轴上的水封套应经常保持有水，起到密封作用，并经常检查轴上和水封套内有无凝结的梯恩梯及母液等，防止搅拌运转时摩擦、撞击引起着火或爆炸。

④ 临时停工时，应特别注意保温用的蒸汽压力不得超过规定，并经常检查设备内母液的温度，防止出现蒸干及分解现象。

⑤ 严禁在工房内存放碳酸钠、氢氧化钠等碱性物质，更不准这些物质与梯恩梯接触。固体亚硫酸钠和浓度高的亚硫酸钠溶液也不宜与梯恩梯接触。

⑥ 输送液态梯恩梯和精制母液的管道安装时要保证有较大的坡度，使物料能流净而不积存。管道的旋塞、阀门等要设计合理，没有"死角"，防止少量的梯恩梯或精制母液长期积存，而产生着火、爆炸的危险。

（3）干燥、导除静电等

① 液态梯恩梯的干燥　干燥主要是通过蒸汽列管或夹套间接加热，将其中含有的少量水分蒸发。根据工艺和安全要求，干燥温度应尽量控制在较低范围，其危险温度为 135℃。同时，为保证干燥器内温度均匀，不致产生局部过热和分解，应进行强烈搅拌。但不允许采用机械搅拌，必须采用空气搅拌，并可将空气预热至 80～90℃，以提高干燥效果。预热空气要经过过滤，防止带入砂石和机油等杂质，以免影响梯恩梯的冲击感度。干燥器内要严格控制梯恩梯液面高度，正常生产时梯恩梯液面应高出蒸汽列管上部 50～100mm。否则，空气鼓泡搅拌时会把液态梯恩梯溅在高温蒸汽列管上，时间一长会引起着火、爆炸事故。

② 导除制片过程中产生的静电　制片机的刮刀在刮下辊子表面上冷却凝固

的梯恩梯薄层时，刮刀与药片、药片与药片的摩擦都会产生静电，导致火灾或爆炸。因此，工房内全部设备和管线，特别是制片机刮刀上、下方接受药片处都要有良好的导除静电的接地装置，接地电阻应小于 4Ω。同时，工房内空气湿度要保持在 75% 以上。

③ 除了防止局部高温及导除静电外，还应采取以下安全措施：a. 在工房内严禁存放和使用碱类物质，更不准碱与梯恩梯接触。b. 应使用有色金属工具，操作中要防止摩擦撞击梯恩梯。调整或更换制片机刮刀时，应特别注意要先用 85℃ 的热水清洗调节螺栓螺纹上的梯恩梯。洗净后再拆卸，以防引起爆炸。c. 防止梯恩梯包装时混入金属等杂质，如螺栓等。d. 工房内的电气设备和照明灯具以及排风机应采用防爆型，并应定期清理积垢。e. 干燥器盖下应装自动水喷淋灭火装置。f. 在工房内除安装消火栓等一般消防器材外，还应安装自动水喷淋灭火装置，该装置要能手动控制。

4. 亚硝化

（1）亚硝化反应的概念　在有机化合物分子中引入亚硝基形成 C—NO 键的反应称为亚硝化反应。与硝基化合物比，亚硝基化合物具有不饱和键的性质，可进行缩合、加成、氧化和还原等反应，常用以制备各类中间体。

由于亚硝酸很不稳定，受热或在空气中易分解，故亚硝化一般以亚硝酸盐为反应试剂，在强酸性水溶液中、0℃ 左右进行反应。

亚硝化剂是亚硝酸，它极不稳定，受热或在空气中易分解。工业上都是用亚硝酸钠（或钾）与无机酸（盐酸或硫酸）作用，生成的亚硝酸立即与作用物发生硝化反应。亚硝化反应的加料顺序和加料方法也必须注意，一般是先加有机物，再加过量的无机酸，于溶液中加水或以油外部冷却，在搅拌下分数次慢慢加入亚硝酸钠或其溶液，也可以把亚硝酸钠与作用物先混合，或溶于碱性水溶液中，然后滴入强酸使其反应。

亚硝酸盐-强酸亚硝化剂只能在水溶液中进行反应，并且为非均相状态。亚硝化剂的浓度对反应本身无多大影响，而温度对亚硝化反应影响很大，一般在低温（0℃ 左右）下进行，主要是为了避免亚硝酸分解。亚硝基化合物对热也不稳定，高温干燥时很容易爆炸。因此，工业上制备的亚硝基化合物，往往立即使用或保存于冰库中，绝不能保持干燥状态。

亚硝化反应的副反应主要是亚硝酸在水溶液中分解，生成有毒及强烈刺激性的 NO 和 NO_2 气体，遇空气中的水分生成硝酸，硝酸又可以氧化有机物。

（2）典型的亚硝化反应及过程

① 酚类的亚硝化　在低温下，酚类化合物与亚硝酸可进行亚硝化反应。比较重要的亚硝化产品有对亚硝基苯酚、1-亚硝基-2-萘酚等。

对亚硝基苯酚是制取硫化盐的重要中间体，也可用于橡胶交联剂、解热镇痛药扑热息痛等。对亚硝基苯酚是由苯酚与亚硝酸钠在硫酸存在下进行亚硝化反应所得。其操作是将苯酚溶于 $0\sim6$℃ 的冷水中，然后加入亚硝酸钠、硫酸，约在 0℃ 搅拌反应 1h 左右，即可得到对亚硝基苯酚沉淀，经离心过滤后即得到产品。

1-亚硝基-2-萘酚是制备 1-氨基-2-萘酚-4-磺酸的中间产物，后者是制取含金属偶氮染料的重要中间体。其操作是将 2-萘酚、水、氢氧化钠搅拌，使其溶解，冷却后加亚硝酸钠，过滤，滤液冷却到 0℃ 以下，在搅拌下，温度不超过 0℃ 时，连续滴加 10% 的盐酸至刚果红试纸变蓝为止。再搅拌半小时后过滤，滤饼用水洗至氯离子不多于自来水中的氯离子为止，再用蒸馏水及乙醇洗一次，滤出结晶，经精制即得产品。

② 芳仲胺与芳叔胺的亚硝化　芳仲胺进行亚硝化时，一般先生成 N-亚硝基衍生物，然后在酸性介质中发生异构化、分子内重排（费歇尔-赫普重排）而制得 C-亚硝基衍生物。例如，对亚硝基二苯胺是通过二苯胺的 N-亚硝基化合物重排而制取的。反应是将 $NaNO_2$ 和硫酸水溶液与溶于三氯甲烷中的二苯胺作用，而后向三氯甲烷中加入甲酸、盐酸进行重排，即可得到对亚硝基二苯胺。对亚硝基二苯胺也是一种精细化学品，在橡胶硫化过程中具有防焦和阻聚作用。

在芳叔胺的环上引入亚硝基时，主要得到相应的对位取代产品。例如，N,N-二甲基苯胺盐酸水溶液在 0℃ 与微过量的 $NaNO_2$ 水溶液搅拌数小时，即可得到对亚硝基-N,N-二甲苯胺盐酸盐，它是染料、香料、医药和印染助剂的重要中间体。

第二节　硝化工艺的危险性分析

在硝化工艺过程中，既有物质状态、组成的变化，又有化学变化。硝化工艺的危险主要来自作业的原辅材料，产品和半产品，带温、带压或负压等作业条件。另外，还有人员的不安全行为及管理上的失误。

一、硝化物料的危险性分析

硝化物料主要是指被硝化物、硝化剂、硝化产物等。

1. 被硝化物的危险性

(1) 苯　苯（benzene，C_6H_6）为有机化合物，是组成结构最简单的芳香烃。其密度小于水，具有强烈的特殊气味。可燃，有毒，为 IARC 第一类致癌物。苯不溶于水，易溶于有机溶剂，本身也可作为有机溶剂。如用水冷却苯，可凝成无色晶体。其碳与碳之间的化学键介于单键与双键之间，称大 π

键，因此同时具有饱和烃取代反应的性质和不饱和烃加成反应的性质。苯的性质是易取代、难氧化、难加成。苯是一种石油化工基本原料。苯的产量和生产的技术水平是一个国家石油化工发展水平的标志之一。苯具有的环系叫苯环，是最简单的芳环。苯分子去掉一个氢以后的结构叫苯基，用 Ph 表示，因此苯也可表示为 PhH。

① 基本用途　脂肪、树脂和碘等的溶剂，测定矿物折射率，有机合成，光学纯溶剂，高压液相色谱溶剂。用作合成染料、医药、农药、照相胶片以及石油化工制品的原料，清漆、硝基纤维素漆的稀释剂，脱漆剂、润滑油、油脂、蜡、赛璐珞、树脂、人造革等的溶剂。用作合成橡胶、合成树脂、合成纤维、合成塑料的重要原料。苯具有良好的溶解性能，因而被广泛地用作胶黏剂及工业溶剂。

② 基本性质

a.物理性质　苯的沸点为 80.1℃，熔点为 5.5℃，在常温下是一种无色、味甜、有芳香气味的透明液体，易挥发。苯比水的密度低，为 0.88g/mL，但其分子量比水大。苯难溶于水，1L 水中最多溶解 1.7g 苯。苯是一种良好的有机溶剂，溶解有机分子和一些非极性的无机分子的能力很强，除甘油、乙二醇等多元醇外能与大多数有机溶剂混溶。除碘和硫稍溶解外，一般无机物在苯中不溶解。苯对金属无腐蚀性。

苯能与水生成恒沸物，沸点为 69.25℃，含苯 91.2%。因此，在有水生成的反应中常加苯蒸馏，以将水带出。

b.化学性质　苯参加的化学反应大致有 3 种：其他基团和苯环上的氢原子之间发生的取代反应；发生在苯环上的加成反应（苯环无碳碳双键，而是一种介于单键与双键之间的独特的键，且苯环上六个碳原子形成了一种特殊的 π 键，令其稳定性进一步增加）；普遍的燃烧（氧化反应，不能使酸性高锰酸钾褪色）。

(2) 甲苯　甲苯是有机化合物，属芳香烃，结构简式为 $C_6H_5CH_3$。在常温下呈液体状，无色、易燃。它的沸点为 110.8℃，凝固点为 −95℃，密度为 0.866g/cm^3。甲苯温度计正是利用了它的凝固点比水低，可以在高寒地区使用；而它的沸点又比水的沸点高，可以测 110.8℃ 以下的温度。因此从测温范围来看，它优于水银温度计和酒精温度计。另外，甲苯比较便宜，故甲苯温度计比水银温度计也便宜。

甲苯不溶于水，但溶于乙醇和苯中。甲苯容易发生氯化，生成苯一氯甲烷或苯三氯甲烷，它们都是工业上很好的溶剂；它可以萃取溴水中的溴，但不能和溴水反应；它还容易硝化，生成对硝基甲苯或邻硝基甲苯，它们都是染料的原料；一份甲苯和三份硝酸硝化，可得到三硝基甲苯（俗名梯恩梯）；它还容易磺化，生成邻甲苯磺酸或对甲苯磺酸，它们作为染料或制糖精的原料；

甲苯与硝酸取代的产物三硝基甲苯是爆炸性物质，因此它可以制造梯恩梯（TNT）炸药。

甲苯与苯的性质很相似，是工业上应用很广的原料。但其蒸气有毒，可以通过呼吸道对人体造成危害，使用和生产时要防止它进入呼吸器官。

2. 硝化剂的危险性

硝化工艺作业，常用硝酸和硫酸的混合酸作硝化剂。硝化剂的危险性，主要是腐蚀性和氧化性，主要伤害是化学灼伤。

（1）硫酸 硫酸（化学式：H_2SO_4）是硫的最重要的含氧酸。无水硫酸为无色油状液体，10.36℃时结晶，通常使用的是它的各种不同浓度的水溶液，用塔式法和接触法制取。前者所得为粗制稀硫酸，质量分数一般在75%左右；后者可得质量分数98.3%的浓硫酸，沸点338℃，相对密度1.84。

硫酸是一种最活泼的二元无机强酸，能和许多金属发生反应。高浓度的硫酸有强烈吸水性，可用作脱水剂处理木材、纸张、棉麻织物及生物皮肉等含碳水化合物的物质。与水混合时，亦会放出大量热能。其具有强烈的腐蚀性和氧化性，故需谨慎使用。硫酸是一种重要的工业原料，可用于制造肥料、药物、炸药、颜料、洗涤剂、蓄电池等，也广泛应用于净化石油、金属冶炼以及染料等工业中。常用作化学试剂，在有机合成中可用作脱水剂和磺化剂。无色黏稠状液体，有强腐蚀性，有刺激性气味，易溶于水，生成稀硫酸。

（2）硝酸 硝酸是一种具有强氧化性、腐蚀性的强酸。化学式：HNO_3。熔点：-42℃。沸点：78℃。易溶于水，常温下稀硝酸溶液无色透明。

硝酸不稳定，遇光或热会分解而放出二氧化氮，分解产生的二氧化氮溶于硝酸，从而使外观带有浅黄色，应在棕色瓶中于阴暗处避光保存，也可保存在磨砂外层塑料瓶中（不太建议），严禁与还原剂接触。

浓硝酸是强氧化剂，遇有机物、木屑等能引起燃烧。含有痕量氧化物的浓硝酸几乎能与除铝和含铬特殊钢之外的所有金属发生反应，而铝和含铬特殊钢与浓硝酸钝化。浓硝酸与乙醇、松节油、焦炭、有机碎渣的反应非常剧烈。硝酸在工业上主要以氨氧化法生产，用以制造化肥、炸药、硝酸盐等。在有机化学中，浓硝酸与浓硫酸的混合液是重要的硝化试剂。浓盐酸和浓硝酸按体积比3:1混合可以制成具有强腐蚀性的王水。硝酸的酸酐是五氧化二氮（N_2O_5）。

（3）硝化产物的危险性 硝化产物包括主产物和副产物，如硝基苯、二硝基苯及其异构体、三硝基苯及其异构体、硝基酚及其异构体。

① 硝基苯 硝基苯为淡黄色透明油状液体，具有苦杏仁味，不溶于水，其主要物理性质如表5-4所列。

表 5-4　硝基苯主要物理性质

沸点:210.8℃	熔点:5.7℃
相对蒸气密度(空气＝1):4.25	相对密度(水＝1):1.20
闪点:87.7℃	饱和蒸气压:0.02kPa(20℃)
爆炸下限(体积分数):1.8%(93℃)	辛醇/水分配系数:1.85~1.88
爆炸上限(体积分数):40%	引燃温度:482℃

硝基苯的蒸气与空气混合形成爆炸性混合物,其分解产物为氮氧化物,禁止硝基苯与强氧化剂、氨、胺类等接触或混合。

硝基苯属毒害品,吸入、食入或经皮肤吸收,主要引起高铁血红蛋白血症、溶血及肝损害。

② 2,4-二硝基甲苯　2,4-二硝基甲苯为淡黄色针状结晶,具有苦杏仁味,遇明火、高热易燃;与氧化剂混合能形成爆炸性混合物;摩擦、震动、撞击可引起燃烧或爆炸;燃烧时产生大量烟雾。

禁止 2,4-二硝基甲苯与强氧化剂、强还原剂、强碱等接触或混合,避免受热。

2,4-二硝基甲苯属毒害品,易被皮肤吸收而引起中毒。

③ 2,4-二硝基氯苯　其主要物理性质如表5-5所列。

表 5-5　2,4-二硝基氯苯主要物理性质

相对密度(水＝1):1.69	熔点:52~54℃
相对蒸气密度(空气＝1):6.98	沸点:315℃
辛醇/水分配系数:2.0	闪点:194℃
爆炸下限(体积分数):2.0%	爆炸上限(体积分数):22.0%

受热或强烈震动,可引起 2,4-二硝基氯苯爆炸。应避免其震动、受热,禁止接触强氧化剂、强碱、强还原剂,其分解产物为氮氧化物、氯化氢。2,4-二硝基氯苯为毒害品。

④ 2,4,6-三硝基甲苯　2,4,6-三硝基甲苯属爆炸品,易燃、有毒。应避免受热,禁止接触强氧化剂、强还原剂、酸类、碱类。人体长期接触可出现面色苍白,口唇、耳郭紫绀"TNT"面容。

⑤ 硝基苯酚　硝基苯酚为淡黄色结晶,有芳香气味,可溶于热水、乙醇、乙醚,遇高热、明火可燃,有爆炸危险,分解产物为氮氧化物。避免遇到明火、高热、氧化剂,禁止接触强氧化剂、强还原剂、强碱、强酸。硝基苯酚属于有毒物质,能经皮肤和呼吸道吸收,对皮肤有强烈的刺激作用。

⑥ 氮氧化物　氮氧化物纯品为黄褐色液体或气体,有刺激性气味;可溶于

水，其水溶液有腐蚀性，腐蚀性随水含量增加而加剧；氧化性强，遇衣物、锯末、棉花等可燃物燃烧，与燃料及氯代烷等猛烈反应引起爆炸，燃烧产物为有害的氮氧化物。氮氧化物主要损害呼吸道。

二、硝化单元过程及危害性

硝化工艺主要单元过程有：混酸配制、硝化反应、精馏分离、废酸提浓等。

1. 混酸配制危险性分析

用配制罐和计量罐配制混酸，是将密度不同的腐蚀性液体混合。混合过程产生大量溶解热，温度可升至90℃，甚至更高，若不能及时移除热量，将导致硝酸分解生成大量二氧化氮和水，如系统存在部分硝基物，可能引起爆炸。因此，混酸配制必须在搅拌和冷却条件下，严格控制温度在30~50℃，严格控制加料次序和配比，一般先将硫酸加至水和稀酸，然后加入浓硝酸。否则，容易发生冲料。

混酸配制涉及的物料是硫酸、硝酸、浓缩废酸等腐蚀性液体，操作不慎及防护不当，容易造成化学灼伤、设备腐蚀和环境污染等事故。混酸、硫酸、硝酸等具有氧化性，与有机物等接触易发生氧化反应，产生二氧化氮气体，释放大量热能，导致硝化物料喷出，酿成火灾爆炸事故，故不宜用压缩空气搅拌（因压缩空气含水或油类）。

2. 硝化反应危险性分析

硝化反应有三类：第一类是硝基（—NO$_2$）取代有机化合物分子中氢原子的化学反应，生成物为硝基化合物，也称 C-硝基化合物，如梯恩梯、硝基萘等；第二类是硝酸根取代有机化合物中羟基的化学反应，生成物为硝酸酯，也称 O-硝基化合物，如硝化甘油、硝化棉等；第三类是硝基（—NO$_2$）通过 N 相连生成化合物硝胺的化学反应，生成物也称 N-硝基化合物，如乌洛托品（六亚甲基四胺）经硝化生产的黑索金（环三亚甲基三硝胺）。

（1）硝化生产中反应热量大，温度不易控制 硝化反应一般在较低温度下便会发生，易于放热，反应不易控制。硝化过程中，引入一个硝基，可释放出152.4~153.2kJ/mol 的热量。在生产操作过程中，若投料速度过快、搅拌中途停止、冷却水供应不良，都会造成反应温度过高，导致爆炸事故发生。例如某化工厂在硝化罐里硝化蒽醌时，由于温度计失灵，加上操作失误导致冷却水中断，引起硝化罐爆炸。事后模拟试验表明：当罐内温度上升到170℃时，便发生爆炸。此外，混酸中的硫酸被反应生成水稀释时，还将产生相当于反应热7.5%~10%的稀释热。

混酸制备时，混酸锅会产生大量混合热，使温度可达90℃或更高，甚至造成硝酸分解生成大量的二氧化氮和水。如果存在部分硝基物，还可能引起硝基物爆炸。

(2) 反应组分分布与接触不均匀，可能产生局部过热　大多数硝化反应是在非均相中进行的，反应组分的分布与接触不易均匀，而引起局部过热导致危险出现。尤其在间歇硝化的反应开始阶段，停止搅拌或由于搅拌叶片脱落搅拌失效是非常危险的，因为这时两相很快分层，大量活泼的硝化剂在酸相中积累，引起局部过热。一旦搅拌再次开动，就会突然引发激烈的反应，瞬间可释放过多的热量，引起爆炸事故。例如天津某化工厂硝化釜搅拌机停转 10min 后，拟用机械搅拌，刚一合闸，便发生爆炸，造成主体厂房倒塌，周围建筑遭到不同程度损坏，发生 2 人砸死、8 人受伤的惨痛事故。

(3) 硝化易产生副反应和过反应　许多硝化反应具有深度氧化占优势的链反应和平行反应的特点，同时还伴有磺化、水解等副反应，直接影响到生产的安全。氧化反应出现时放出大量氧化氮气体的褐色蒸气，以及混合物的温度迅速升高而引起硝化混合物从设备中喷出，发生爆炸事故。芳香族的硝化反应常发生生成硝基酚的氧化副反应，硝基酚及其盐类性质不稳定，极易燃烧、爆炸。在蒸馏硝基化合物（如硝基甲苯）时，所得到的热残渣能发生爆炸，这是热残渣与空气中氧相互作用的结果。

(4) 水和硝化物混合产生热量　混酸中进入水会促使硝酸大量分解和蒸发，不仅强烈腐蚀设备，而且还会造成爆炸。水通过设备蛇管和壳体的不严密处渗入硝化物料中时，会引起液态物料温度和气压急剧上升，反应进行很快，可分解产生气体物质而发生爆炸。

(5) 硝化剂具有强烈的氧化性和腐蚀性　常用的硝化剂，如浓硝酸、发烟硫酸、混酸具有强氧化性和腐蚀性，硝酸盐是氧化剂，它们与油脂、有机化合物，尤其是不饱和有机化合物接触，能引起燃烧或爆炸。有案例表明：在 1,5-二苯氧基蒽醌的硝化装置开车时，因设备和管道预先用有机溶剂洗净，当混酸加入计量槽时，与残留的有机溶剂剧烈反应发生了爆炸。在其他硝化装置中也有硝酸与乙酐、甘油、丙酮、甲醇等有机溶剂偶然混合发生了类似的爆炸事故。

硝酸蒸气对呼吸道有强烈的刺激作用，硝酸分解出的二氧化氮除对呼吸道有刺激作用外，还能使人血压下降、血管扩张。

(6) 硝化产品具有爆炸危险　脂肪族硝基化合物闪点较低，属易燃液体；芳香族硝基化合物中苯及其同系列的硝基化合物属可燃液体或可燃固体；二硝基和多硝基化合物性质极不稳定，受热、摩擦或强烈撞击时可能发生分解爆炸，具有很强的破坏力。它们爆炸的难易程度为：O-硝基化合物最敏感，N-硝基化合物次之，C-硝基化合物再次之。在常温下，只要 $2J/cm^2$ 的机械冲击能量作用于硝化甘油即可引起爆炸。干燥的硝化棉能自燃，受到火焰作用能立即着火，大量燃烧有可能发生爆轰。硝基化合物的蒸气和粉尘毒性都很大，不仅在吸入时能渗入人的机体，而且还能透过皮肤进入人体。硝基化合物严重中毒时，会使人失去知觉。因此，硝化必须在有效搅拌和冷却条件下进行，按照工艺规定的物料配比、加料次序，控制加料速度和加料量。水、有机物等杂质进入系统，将增大硝化的危险性；投料速度过快、冷却水供应减少或中断、搅拌失效或中断，均可能导致系统温度过高，甚至酿成事故。降低硝化反应危险的一般措施如下：

① 严格控制硝化反应温度：a.控制好加料速度和配料比，硝化剂的加料应采取双重阀门加料，向硝化器中加入固体物质，必须采用漏斗或翻斗车，严禁将大块物料加入。b.反应中应连续搅拌，以保持物料混合良好，温度均匀。搅拌机应配备自动连续的备用电源，防止由于突然断电造成机械搅拌停止。c.硝化釜应有足够的冷却面积，并保持连续供给冷却水，以确保及时导出反应热、稀释热等。为此，要配置环状供水管网和两个水入口，并设置高位水槽，其容量要维持0.5h冷却水供应。d.当硝化过程中发现红棕色二氧化氮气体时，应立即停止加料，以控制可能发生的危险。

② 防止油与硝化物料接触：a.搅拌器采用硫酸作润滑剂，温度计套管用硫酸作导热剂，禁止使用普通机油或甘油。b.硝化器盖上不得放置油浸填料。c.硝化釜搅拌器的轴上应备有小槽，防止齿轮上的油掉入硝化器中。

③ 防止冷却水漏入硝化釜：硝化釜夹套中的冷却水压力是微负压，在水的入口管上安装压力表，在进水管、排水管上分别安装温度计，通过监测进、排水口水温的变化，判断夹套焊缝是否因腐蚀而泄漏，以避免硝化物遇水温度急剧上升。为了便于检查，在排水管上可安装电导率自动报警器，当管中漏入极少量酸时，水的电导率会立即发生变化，此时报警器发出报警信号。

④ 设立安全报警：a.硝化釜应安装自动温度调节器，设置反应温度、加料量及其他自动控制联锁装置，当出现反应温度升高到规定值及搅拌停止等情况时，自动联锁装置启动，避免事故发生。b.应安装可移动的排气罩，以便硝化釜的加料口关闭时，排出设备中的气体。c.硝化釜应附设相当容积的紧急放料槽，以防发生事故时，采取紧急放料措施，放料阀可采用自动控制的气动阀或手动阀。

⑤ 防止硝化过程中的氧化反应：有机物质遇硝化剂会发生剧烈氧化反应，因此，硝化原料在使用前应进行检验，并仔细地配制反应混合物并彻底除去其中的易氧化组分。

⑥ 消除生产过程及后处理过程的不安全因素：a.硝化设备应确保严密不漏，防止硝化物料溅落到蒸汽管道等高温设施的表面上而引起燃烧或爆炸。b.如果发生管道堵塞，可利用蒸汽加温疏通，严禁用金属物件敲打或明火加热。c.进行硝化过程时，卸出物料应采取真空卸料法。d.硝基化合物具有很强烈的爆炸性，在蒸馏硝基化合物时，必须特别小心。由于蒸馏是在真空状态下进行，而硝基化合物蒸馏余下的热残渣与空气中氧作用能发生爆炸，所以，必须

采取有效的防爆措施来处理这些残渣。e.因压缩空气中含有水分或油类，所以制备混酸搅拌时，不宜采用压缩空气搅拌。f.分析取样应对下层硝化混合物进行，以免未完全硝化的产物突然起火。g.硝基化合物应在规定的温度和安全条件下单独存放，不得超量储存。h.在生产厂房中，不准存放起火物品以及与生产无关的用具。

3. 精馏分离危险性分析

精馏（分馏）操作是在一定压力下，逐级加热液体混合物使之部分汽化，逐级冷却气体混合物至部分冷凝，液相经过多次部分汽化，气相经过多次部分冷凝，实现液体混合物分离的一种方法。精馏过程在精馏塔内进行，温度较低的液体在重力作用下，由塔顶自上而下流动，温度较高的蒸汽在压力作用下，自下往上流动，两者在塔盘（或填料）上进行质、热传递。精馏装置由塔体和塔盘（填料）、再沸器、冷凝器、回流器等组成，连续精馏塔工艺如图 5-7 所示。

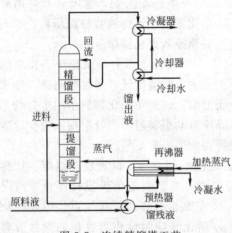

图 5-7　连续精馏塔工艺

原料液一般从塔中间某块塔板进入塔内，该塔板称加料板，加料板之上称精馏段，加料板之下称提馏段（含加料板）。原料在加料板上与塔内气源相汇合，气相上升，液相下降。为维持塔内下降液体和上升蒸汽连续，塔顶蒸汽经冷凝器冷却凝结的液体部分回流，部分采出作产品，下降液体至塔底部分经再沸器汽化返回塔内，部分采出作产品。

精馏操作的工艺参数，主要是塔顶温度（组成）、回流比、塔釜温度（组成）、釜液位、进料温度和流量、压力等。工艺参数稳定可控是精馏安全进行的保证。

分离硝化产物和精馏硝化产品是精馏操作的主要目的，其操作的危险性如下。

（1）硝化产物有爆炸危险性　脂肪族硝化物属易燃液体，苯及同系硝化物属可燃液体或可燃固体，二硝基和多硝基化合物的性质极不稳定，受热、摩擦和强烈撞击，均可能发生分解爆炸，其敏感程度：O-硝基物＞N-硝基物＞C-硝基物。硝化棉易自燃，遇火立即燃烧，大量的燃烧可发生爆轰。

硝基化合物的蒸气、粉尘通过呼吸、皮肤使人中毒，严重者甚至失去知觉。

（2）精馏过程具有危险性　精馏是气-液相际间的质、热传递过程，而气相、液相物质具有燃烧爆炸危险性；精馏需要连续提供及撤出热能，物料连续汽化与冷凝、气-液相逆向流动过程出现异常，塔内构件、回流泵、再沸器和冷凝器等出现故障，均易酿成事故。

（3）硝基化合物精馏渗入空气易爆炸　在硝基化合物精馏过程中，一般是在真空（减压）的条件下操作，这时，应严防空气渗漏至精馏系统。一旦空气渗入，极易发生爆炸事故。因此，必须采取有效的防爆措施，谨慎操作，确保安全。

例如，精馏停车应先停进料和停加热，继续抽真空，塔顶保持冷凝，当塔釜温度降至110℃以下时，方可排液或解除真空。

（4）硝基酚盐累积的危险性　硝化过程中产生少量NO，NO在混酸中溶解度较大，如有氧气存在则NO被氧化为NO_2，NO_2在混酸中溶解度较小，氧化性强，可将硝基芳烃氧化成硝基酚。对硝基酚（黄色晶体，熔点114.9～115.6℃，沸点279℃，并会升华）热稳定性好，但其钠盐受热性质改变，带结晶水的黄色晶体对热和撞击稳定，五结晶水红色晶体对热和撞击相当敏感。

酸性硝基物经水洗，其中的硝基酚与漏碱、钙或镁离子生成硝基酚盐，酚盐溶于水并使硝基物乳化，水分蒸发后酚盐沉淀在蛇管、夹套、再沸器加热表面，或悬浮于硝化物中。骤然升温或停车，或漏入空气，酚盐被加热分解导致爆炸。已有多起爆炸案例缘于硝基酚盐累积、过热。

为防止硝基酚盐累积、过热，精馏采用立式再沸器，大口径回流管蒸汽切线进塔，防止气-液混合物"噎塞"；釜液采出管上弯高于再沸器上管板，避免"干板"；釜液中间罐设隔板，沉降分离悬浮硝基酚盐。

（5）含硝基物残渣的危险性　蒸馏残渣焦油含多硝基物、硝基酚及其盐等对热和撞击、空气比较敏感的危险物质，清除、排掉时应特别小心，一旦有闪失，可能酿成重大事故。

4. 废酸提浓危险性分析

废酸的主要成分是硫酸和水，废酸浓缩脱水后用于配制混酸。硫酸水溶液浓缩是一真空闪蒸过程，热废酸依靠自身压力进入闪蒸塔，其压力、温度的突变形成低温真空条件，硫酸中的水分蒸发，硫酸得到浓缩。闪蒸塔内设有加热器，根据浓缩需要可通过加热器补充一定水蒸气。

废酸腐蚀性强，处置废酸必须穿戴橡胶手套、围裙、防护镜、深筒胶鞋，防止废酸的喷溅、溢冒、滴漏造成化学灼伤；如果要搬运盛有废酸的容器，作业前应检查确认装运器具的强度，检查容器是否稳固，一人不得搬运，更不得肩扛容器；废酸液移注使用虹吸管，不得用漏斗，禁止以口吸取，如果皮肤接触了废酸，应擦去后用大量水冲洗并就医。

废酸具有氧化性，应避免有机物，如油类、手套、棉丝等杂物落入其中，引发火灾事故。若废酸萃取分离效果达不到要求，一些硝化物将混在其中，若操作失误，硝化物进入废酸浓缩系统，会增加废酸提浓作业的危险性，甚至导致火灾爆炸事故发生。

第三节　硝化工艺安全技术

一、硝化操作方式安全技术

硝化过程有间歇和连续两种方式。连续硝化设备好，效率高，易于实现自动化，适合于大吨位产品的生产；间歇硝化具有较高的灵活性和适应性，适合于小批量多品种的生产。

1.间歇操作

此种操作的加料方式有两种：一种是向液体原料中逐渐注入混酸，其优点是反应比较缓和，可避免多硝化，但反应速率较慢，这种方法称为正加法，常用于被硝化物容易硝化的过程；另一种是向盛有混酸的反应器内逐渐加入原料，其优点是反应过程中始终保持过量的混酸与不足量的被硝化物，反应速率快，这种加料方法适用于制备多硝基化合物和难硝化的过程，这种方法称为反加法。

间歇操作要合理控制硝化反应温度。反应初期加入一定量的原料后，需要适当升温以诱发反应；反应中期，因大量放热，必须有良好的冷却装置冷却，并控制加料速率；反应后期，又常常需要升温，从而促使反应完全，经保温后再进行处理。反应前后酸的温度均要求在规定的工艺范围内，以保证产品质量和生产过程的安全可靠。间歇硝化反应装置简图如图 5-8 所示。

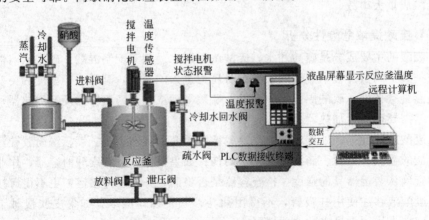

图 5-8　间歇硝化反应装置简图

2. 连续操作

许多液态芳香化合物的硝化都是采用连续硝化方式，它是被硝化物与混酸按一定比例同时加入硝化反应器中，也称为并加法。所用设备可以是分层的反应塔，较轻芳香化合物由下向上流，而混酸由上向下流，反应进行平稳。但因不适于安装搅拌器，生产能力受到限制。还有一种方法采用多釜串联方式，两种原料在被冷却到必要温度时，分别从各自储槽中流入反应器的底部，反应器装有搅拌，反应完的物料从反应器顶部溢流出来，再进行分离操作。用此种方法硝化可以提高反应速率，物料在设备中的停留时间短，减少物料短路，氧化等副反应减少，并且在不同硝化釜中控制不同的温度，有利于提高生产能力、产品质量和收率。硝化反应终点的控制，一般是判定产品的物理常数，如密度和熔点等，也可观察颜色变化。

例如，氯苯采用多釜串联方式进行连续硝化，氯苯和混酸一并加入第一台硝化釜（也称主锅），并在其中完成大部分反应，然后再依次到后面的硝化釜（也称副锅或成熟锅），这就是连续硝化的典型工艺，见图5-9。

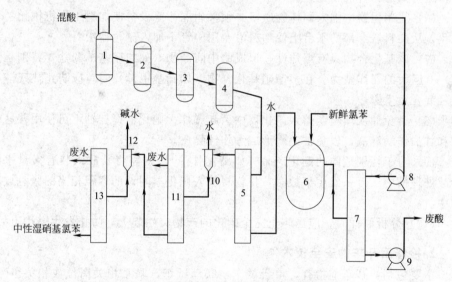

图 5-9 氯苯多釜串联连续硝化工艺流程

1~4—硝化釜，5,7,11,13—粗分离器；
6—萃取锅；8,9—泵；10,12—文丘里管混合器

二、硝化岗位安全技术要点

1. 一般安全技术要求

（1）硝化设备应确保严密不漏，以防止硝化物料溅到蒸汽管道等高温表面上而引起爆炸或燃烧。同时，严防硝化器夹套焊缝因腐蚀而使冷却水漏入硝化物

中。若管道堵塞时，可用蒸汽加温疏通，千万不能用金属棒敲打或用明火加热。

（2）车间厂房设计应符合国家爆炸危险场所安全规范。车间内电气设备要防爆，通风要良好，严禁车间内带入火种。检修时尤其要注意防火安全，对报废的管道不能随便挪用，避免意外事故发生。必要时，硝化反应器应采取隔离措施。

（3）采用多段式硝化器可使硝化过程达到连续化，使每次投料少，以减少爆炸中毒的危险性。

（4）配制混酸时，应先用水将浓硫酸稀释。稀释时应在搅拌和冷却情况下将硫酸缓慢加入水中，以免发生暴溅。浓硫酸稀释后，在不断搅拌和冷却条件下加浓硝酸。应严格控制温度以及酸的配比，直至充分搅拌均匀为止。配制混酸时，要严防因温度猛升而冲料或发生爆炸。

（5）硝化过程中一定要避免有机物质的氧化，仔细配制反应混合物并除去其中易氧化的组分；硝化剂加料应采用双重阀门控制好加料速度，反应中应连续搅拌，搅拌机应当有启动的备用电源，并备有保护性气体搅拌和人工搅拌的辅助设施，随时保持物料混合良好。

（6）往硝化器中加入固体物质，必须采用漏斗等设备使加料工作机械化、自动化，从加料器上部的平台上使物料沿专用的管子加入硝化器中。

（7）硝基化合物具有爆炸性，形成的中间产物（如二硝基苯酚盐，特别是铅盐）有巨大的爆炸威力。在蒸馏硝基化合物（如硝基甲苯）时，应防止热残渣与空气混合发生爆炸。

（8）避免油从填料函落入硝化器中引起爆炸。硝化器搅拌轴不可使用普通机油和甘油作润滑剂，以免被硝化形成爆炸性物质。

（9）对于特别危险的硝化产品（如硝化甘油），则需将其放入装有大量水的事故处理槽中。万一发生事故时，将物料放入硝化器附设的容积相当的紧急放料槽中。

（10）分析取样时，应当防止完全硝化的产物突然起火，防止发生燃烧事故。

2. 检修后开车的安全技术

主要包括：开车前检查，单机试车，联动试车，联系相关岗位或相关工序，做好物料准备，开车及过渡到正常运行等环节和工序。

（1）开车前检查安全开车的条件，这项检查工作十分重要，其检查确认的主要内容如下：

① 检查确认作业现场是否达到"三清"：一是清查设备内有无遗忘的工具和零件；二是清扫管线通道，查看有无应拆除的盲板；三是清除设备、屋顶、地面的杂物、垃圾。

② 检查确认抽堵盲板是否符合工艺安全要求。

③ 检查确认设备、管线是否已经吹扫、置换和密闭。

④ 检查确认容器和管线是否已经耐压试验、气密试验或无损探伤检验合格。

⑤ 检查确认安全阀、阻火器、爆破片等安全设施完好与否。

⑥ 检查确认调节控制阀、放空阀、过滤器、疏水器等工艺管线设施完好与否。

⑦ 检查确认温度、压力、流量、液位等仪器、仪表完好有效与否。

⑧ 检查确认作业场所职业卫生安全设施完备可靠与否，防毒面具备好与否。

⑨ 检查确认个人防护用具是否配齐、完好有效与否。

（2）单机试车与联动试车　单机试车，包括反应釜搅拌器试运转、泵盘车等，以检查确认设备是否完好、正常。单机试车后进行联动试车，以检查水、电、汽供应是否符合工艺要求，全流程是否贯通及符合工艺要求。

（3）检查相关工序的联系及物料准备　联系水、电、汽供应部门，按工艺要求提供水、电、汽等；联系通知前后工序做好物料供应、接受准备；本岗做好投料准备、计量分析化验。

（4）开车及过渡到正常运行　严格执行开车方案和工艺规程，进料前先进行升温（预冷）操作，对螺栓紧固件进行热或冷紧固，防止物料泄漏。进料前关闭放空、排污、倒淋阀，经班长检查确认后，启动泵进料。在进料过程中，沿工艺管线巡检，检查物料流程及有无"跑、冒、滴、漏"现象。

投料按工艺要求的比例和次序、速度进行，升温按工艺要求的幅度缓慢升温或升压，并根据温度、压力等仪表指示，开启冷却水调节流量，或调节投料速度和投料量，调节控制系统温度、压力达到工艺规定的限值，逐步提高处理量，以达到正常生产，进入装置正常运行状态，检查阀门开启程度是否合适，维持并记录工艺参数。开车过程中严禁随便排放物料。深冷系统、油系统进行脱水和干燥操作。

（5）正常停车后的开车　操作步骤包括开车前进一步确认装置情况，联系水、电、汽等公用工程供应，联系相关岗位或工序做好物料准备，开车及过渡到正常运行等环节。

3. 硝化岗位停车操作安全技术

硝化岗位停车，包括正常停车和紧急停车。正常停车是按正常停车方案或计划停止装置或设备的正常运行。紧急停车是遇紧急情况，采取措施无效时，按紧急停车方案或计划停止装置或设备的运行。

（1）正常停车　通知上、下游岗位（工序），关闭进料阀门，停止进料；关闭加热阀门，停止加热；开启冷却水阀门或保持冷却水流量，按程序逐渐降温、降压、泄压后采用真空卸料。正常停车的安全技术如下：

① 严格执行停车方案　按停车方案规定的周期、程序步骤、工艺参数变化幅度等进行操作，按停车方案规定的残余物料处理、置换、清洗方法作业，严禁

违反停车方案进行操作，严禁无停车方案的盲目作业。

②停车操作严格控制降温、降压幅度或速度　按先高压、后低压，先高温、后低温的次序进行，保温、保压设备或容器，停车后按时记录其温度、压力的变化。热压釜温度与其压力密切相关，降温才能降压，禁止骤然冷却降温和大幅度泄压。

③泄压放料前，应检查作业场所　确认准备就绪，且周围无易燃、易爆物品，无闲散人员等情况，注意苯、硝基苯等挥发性物料，硝酸、硫酸及其混合物的排放和扩散，防止发生事故。

④清除剩余物料或残渣残液，必须采取相应措施　接收排放物或放至安全区域，避免跑、冒、泛液，造成污染和危险；作业者必须佩戴个人防护用品，防止中毒和化学灼伤。

⑤大型转动设备的停车　必须先停主机，后停辅机，以免损坏主机。

⑥停车后的维护　冬季应防冻，要注意低位、死角、蒸汽管线、阀门、疏水器和保温管线，放净积液，避免冻裂损坏设备设施。

（2）紧急停车　遇到下列情况，按照紧急停车方案操作，停止生产装置的运行：

①系统温度、压力快速上升，采取措施后，仍得不到有效控制。

②容器工作压力、介质温度或器壁温度超过安全限值，采取措施后仍得不到有效控制。

③压力容器主要承压部件出现裂纹、鼓包、变形和泄漏等危及安全的现象。

④硝化安全装置失效，连接管件断裂，紧固件损坏等，难以保证安全运行。

⑤投料充装过量，无液位、液位失控，采取措施后仍得不到有效控制。

⑥压力容器和连接管道发生严重振动，危及安全运行。

⑦搅拌中断，采取措施后仍无法恢复。

⑧突然发生停电、停水、停气（汽）等情况。

⑨大量物料泄漏，采取措施后仍得不到有效控制。

⑩发生火灾、爆炸、地震、洪水等危及安全。

紧急停车要严格执行紧急停车方案，及时切断进料、加热热源，开启冷却水，开启放空泄压系统；及时报告车间领导，联系通知前、后岗位，做好个人防护；执行紧急停车操作，应保持镇定，判断准确，操作无误，处理迅速，做到"稳、准、快"，防止事故发生和限制事故扩大。

4. 硝化岗位安全操作技术和紧急情况处置

（1）硝化岗位安全操作技术

①硝化岗位基本过程：a.清洗与检查。清洗罐内，重点检查罐体及釜底阀、加料阀、放空阀等工艺阀门是否有效，封头及其热圈是否严密；真空或压力系

统、事故槽及气管线、配料和高位计量系统、卸料及后处理回收系统等，加热及冷却系统是否完备。b.氮气置换及氮气保护。c.升温，按工艺规程缓慢升高系统温度，避免骤然升高温度。d.保温反应，系统维持一定压力，按工艺规程要求保持一定时间。e.系统降温、降压，按工艺规程应缓慢降温、降压，避免骤冷。f.卸料及后处理。

② 硝化安全操作基本要求：a.按工艺规定浓度、配比、批量和方式投料，保持物料进、出平衡。b.根据反应进程和状态（如温度、压力、时间及现象），控制加料速度和加料量，按工艺规程维持加料速度的稳定。c.保持冷却系统有效，控制反应温度、压力等参数在规定的安全范围内，保持放热（速率）量与移热（速率）量平衡。d.防止搅拌桨叶脱落、停转，保持搅拌速度稳定。e.保持冷凝液回流，维持压力稳定和气、液相平衡。f.卸料前应先降至一定压力，注意捕集回收气态物料，防止喷冒事故，需要氮气保护的，先打开氮气保护系统，事先进行置换。

（2）硝化过程紧急情况处置　所谓紧急情况，指严重影响装置正常运行、正常作业，受到威胁等情况，如不及时启动应急处置方案，采取紧急措施，将会导致事故发生，造成人员伤亡、设备和物质损坏、环境破坏等严重后果。例如：硝化温度或压力失控；搅拌装置故障或失效；气体分布板堵塞；大量物料泄漏；冷却换热装置故障或失效；水、电、汽、风等公用工程中断；附近或相关岗位发生火灾、爆炸、中毒等事故，正常操作作业受到威胁等紧急情况。

① 温度、压力快速上升，采取措施仍无法控制：a.关闭物料进口阀门，切断进料。b.切断一切热源，开启并加大冷却水流量。c.开启放空阀泄压。d.若无放空阀，迅速开启放料阀，将物料排至事故槽。e.上述措施若无效果，立即通知岗位人员撤离。

② 搅拌桨叶脱落、搅拌轴断裂、减速机或电机故障，致使搅拌中断：a.立即停止加硝酸（或混酸、被硝化物），开启并加大冷却水流量。b.启动人工搅拌。c.紧急停车处理。

③ 大量毒害性物料泄漏：a.紧急停车处理。b.迅速佩戴正压式呼吸器，关闭泄漏阀门或泄漏点上游阀门。c.阀门无法关闭时，立即通知附近人员及单位向上风向迅速撤离现场，并做好防范工作。d.根据物料危险特性，进行稀释、吸收和收容等处理。

④ 大量易燃易爆气体物料泄漏：a.紧急停车处理。b.迅速佩戴正压式呼吸器，关闭泄漏阀门或泄漏点上游阀门。c.无法关闭泄漏阀门时，立即通知周围其他人员停止作业，特别是下风向可能产生明火的作业。d.在可能的情况下，将易燃易爆泄漏物移至安全区域。e.气体泄漏物已经燃烧时，保持稳定燃烧，不急于关闭阀门，防止回火、扩散使其浓度达到爆炸极限。f.立即报警，按消防要求，采取措施灭火。

⑤ 出现人员中毒或灼伤：a.判断中毒原因，以便及时有效处理。b.吸入中毒，迅速将中毒人员转移至上风向的新鲜空气处，严重者立即送医院就医。c.误食中毒，饮足量温水，催吐，或饮牛奶和蛋清解毒，或服催吐药物导泄，重者立即送医院就医。d.皮肤引起中毒，立即清除污染衣着，用大量流动清水冲洗皮肤，严重者立即送医院就医。e.体表皮肤灼伤，立即用大量清水洗净灼烧面，冲洗 15min 左右，防止受凉冻伤，更换无污染衣服迅速就医。

5.重点监控参数和控制基本要求

重点监控的工艺参数有：硝化反应釜内温度、搅拌速度、硝化剂流量；冷却水流量；pH 值；硝化产物中杂质含量；精馏分离系统温度；塔釜杂质含量等。

安全控制的基本要求：反应釜温度的报警和联锁；自动进料控制和联锁；紧急冷却系统；搅拌的稳定控制和联锁系统；分离系统温度控制与联锁；塔釜杂质监控系统；安全泄放系统等。

宜采用的控制方式：将硝化反应釜内温度与釜内搅拌、硝化剂流量、硝化反应釜夹套冷却水进水阀形成联锁关系，在硝化反应釜处设立紧急停车系统，当硝化反应釜内温度超标或搅拌系统发生故障时，能自动报警并自动停止加料。分离系统温度与加热、冷却形成联锁，当温度超标时，能停止加热并紧急冷却。

三、硝化物分离与提纯安全操作技术

硝化物因其种类、性质以及生产工艺各异，其分离工艺方法和安全操作技术要求也不尽相同，而后处理过程比较危险。例如，硝化甘油乳化后输送不易起爆和传爆，用水喷射器将硝化甘油制成水乳化液输送则比较安全。硝基苯分离精制是硝化物分离精制的典型代表。硝化产物的分离包括硝化液中硝化产物与废酸的分离、硝化主产物与副产物之间的分离和硝化异构产物的分离。

1.硝化产物与废酸的分离

硝化反应完成后，首先需要将硝化产物与废酸分离，若产物在常温下呈液态或低熔点的固态，则可利用它与废酸具有较大密度差实现分离，硝化产品在反应温度下为液体，冷却到常温为固体时，最好在较高温度下呈液相时分层。一般废酸（硫酸）浓度越低，硝化产物与废酸的互溶性越小，分离越易。因此，有时在分离前可以加入少量的水稀释，但加水量应考虑到设备的耐腐蚀程度，硝化产物与废酸分离的难易程度，以及废酸循环或浓缩所需要的经济浓度。连续操作时，让硝化混合物以切线进料方式进入带有蒸汽夹套的连续分层分离器。同时，为加速硝化物与废酸的分层，可在硝化混合液中加入叔辛胺，其用量为硝化物质量的0.0015%～0.0025%。间歇操作时，在反应结束后应将物料转移到分离器中静置分层，分出粗品与废酸。若产品在废酸中溶解度大，可于冷却下用水稀释，以使产品析出，或用盐析法降低产品在水中的溶解度，使其安全析出。

此外，废酸中的硝基物有时也可用有机溶剂（如二氯乙烷、二氯丙烷等）萃取回收，从而实现产物与废酸的分离。

2. 硝化产物中副产物及无机酸的分离

分出废酸后的硝化物中，除含少量无机酸外，还有氧化剂产物，主要是酚类。采用洗涤法，即采用水洗、碱洗，以除去这些杂质。但需防止乳化，否则，硝基酚类难以分离，造成潜在的爆炸危险。其处理时搅拌不能太快，应加破乳剂。近年来出现了解离萃取法（绿色分离技术），此法是利用混合磷酸盐（$Na_2HPO_4 \cdot 2H_2O$ 64.2g/L，$Na_3PO_4 \cdot 12H_2O$ 21.9g/L）的水溶液处理中性粗硝基物，酚类解离成盐，被萃取到水相中，达到分离的目的。含酚水相可以用苯或甲苯、异丁酮等有机溶剂进行反萃取，重新得到混合磷酸盐循环使用。与洗涤法相比，此法减少了三废和化学试剂的消耗，但投资费用较高。图 5-10 为中和水洗工艺流程。

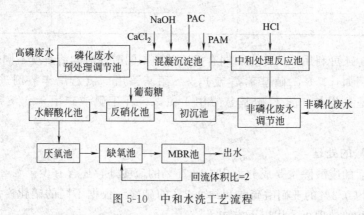

图 5-10　中和水洗工艺流程

粗硝基苯（MNB）用水和碱进行四步水洗提纯，用带有搅拌器的水洗槽进行水洗，多余的酸和硝基酚被 NaOH 中和。水洗槽水平布置，四级串联，有机相从一端进，水相从另一端进，在每个水洗槽内有一个搅拌器，该搅拌器起泵的作用，使安装在混合室内的导管产生一个压差，使液体从一容器流向另一容器，从一个室流向另一个室的过程中，控制 pH 值为 9，粗硝基苯中的所有酚、酸等都被除去。中和水洗过程使用浓度为 25% 的 NaOH 水溶液，因其冰点低，可以减少保温投资，体积用量少，产生废水量少，动力消耗低。此工艺通过搅拌、洗涤、澄清完成了分离有机相和水相，实现了产物和副产物的分离。

3. 硝化异构产物的分离

硝化产物往往是异构混合物，需进行分离提纯。方法通常有两种，即化学法和物理法。

（1）化学法　该法是利用各种异构体在某一反应中的不同化学性质而实现分

离的。如在制备间二硝基苯时，会同时生成少量的邻、对位异构体，可利用间二硝基苯与亚硫酸钠不反应，而副产邻、对位异构体则发生亲核置换生成可溶于水的硝基苯磺酸钠的原理来实现分离。

(2) 物理法　该法是利用各种异构体的沸点和凝固点不同，用精馏和结晶相配合的方法将其分离。例如，氯苯-硝化产物可用此法分离精制。产物的组成和物理性质见表5-6。随着精馏技术和设备的发展与更新，有些产品已可采用精馏法直接分离。

表 5-6　氯苯-硝化产物的组成和物理性质

异构体	组成/%	凝固点/℃	沸点/℃	
			0.1MPa	1kPa
邻位	33～34	32～33	245.7	119
对位	65～66	83～84	242.0	113
间位	1	44	235.6	—

此外，还可利用异构体在不同有机溶剂和不同酸性时的溶解度不同的原理实现分离。例如：1,5-二硝基苯萘与1,8-二硝基萘用二氯乙烷作溶剂进行分离；1,5-二硝基蒽醌与1,8-二硝基蒽醌用1-氯萘、环丁砜或二甲苯作溶剂进行分离等。

4. 废酸的处理

硝化后的废酸除主要成分为73%～75%的硫酸外，还含有少于0.2%的硝基化合物，约0.3%的亚硝酰硫酸和约0.2%的硝酸。根据不同的硝化产品和硝化方法，废酸的处理可采用以下方法：

(1) 将多硝化后的废酸再用于下一批的单硝化中。

(2) 硝化后部分废酸直接循环利用，其余废酸可用芳烃萃取后浓缩成92.5%～95%硫酸再回用于配制混酸。

(3) 含微量硝基物的浓缩废酸（30%～50%），可通过浸没燃烧法提浓至60%～70%或直接闪蒸浓缩，除去少量水和有机物后用于配酸。

(4) 利用萃取、吸附或过热蒸汽吹出等手段来除去废酸中所含氮氧化物、剩余硝酸和有机杂质，然后加氨水制成化肥。

5. 硝基苯分离安全操作技术

硝基苯混合物分离精制采用真空精馏，蒸汽喷射泵抽真空形成负压条件。蒸汽喷射泵正常运行及真空系统密闭，是安全操作的前提条件。硝基苯混合物易燃、易爆、有毒，精馏装置应承压密闭。精馏以水蒸气为热源，禁止使用明火热源。冷凝器以冷却水为载热体，应确保冷却水供应不断。硝基苯精馏装置附设温度、压力、液位、流量调节控制装置，安全阀和放空装置，静电消散接地和避雷装置。应严格执行精馏安全操作规程，防止误操作。经常检查和维护精馏设备，做好停车后、开车前的清洗、置换工作，防止管道及塔内构件堵塞。保持作业环境符合防火、防爆要求，避免事故发生。

6. 硝基苯分离关键作业安全要点

（1）初馏塔进料预热器安全操作　用泵将粗硝基苯槽内的粗硝基苯送澄清器后进预热器，预热后进入初馏塔，塔顶蒸出苯-水混合物，釜液送至精馏塔。预热器以水蒸气为热源，将物料加热至工艺要求。其操作按初馏塔进料要求，先开启进料阀，待物料充满预热器，缓慢开启蒸汽阀，调节进料流量和蒸汽流量，使进料量和进料温度符合工艺要求。停止送料，在关闭进料阀的同时及时关闭蒸汽阀，切断热源，避免"干烧"，造成暴沸或超压，酿成事故。

（2）精馏塔焦油采出作业安全操作　焦油为精馏塔残液，含多硝基物、硝基酚及其盐类，对明火、空气、高热、撞击、震动等因素敏感，极易引发爆炸事故，清排作业必须有安全防范措施。采出作业时，首先停止加热，保持真空、降温，当温度低于110℃后，方可排液或解除真空，采用真空抽吸清排，杜绝高温下空气渗入系统。采出作业中，防止焦油跑冒、喷溅，防止溅落到蒸汽管道、高温管道表面。如发生管路堵塞，作业人员应用水蒸气加热冲洗，使用木或铜制工具疏通。工具、物料等应轻拿轻放，严禁使用金属物件敲打、錾除和明火加热，作业人员禁止穿钉鞋，禁止携带和拨打、接听手机。

（3）初、精馏塔清理作业安全操作　在初馏塔和精馏塔停车后，应定期对塔器及其附属设备进行清洗、疏通，特别是清除沉积的多硝基物、硝基酚盐类。沉积物质容易残留在再沸器与塔器连接管、再沸器上管板、残液排放弯管、釜液中间槽隔板、罐底等处，用水蒸气或热水反复冲洗，消除硝基酚盐类等危险物质，消除隐患，以保持精馏塔系统安全运行，洗涤水排至水洗分离器，再进行后处理。

第六章

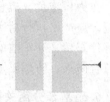

合成氨工艺

第一节　合成氨工艺基本知识

合成氨是最基本的无机化工工业之一，氨是化肥工业和基本有机化工的主要原料。合成氨主要原料有天然气、石脑油、重质油和煤等。

一、合成氨工艺反应原理

氨是一种重要的含氮化合物，在自然界中很少单独存在，工业生产氨的方法是在高温、高压和有催化剂存在的条件下，利用氮气和氢气直接合成氨。反应式如下：

$$N_2 + 3H_2 \Longrightarrow 2NH_3 + Q$$

不同的合成氨厂，生产工艺流程不完全相同，但是无论是哪种类型的合成氨厂，生产过程基本包含以下几个主要生产工序：a. 原料气制备工序；b. 脱硫工序；c. 变换工序；d. 脱碳工序；e. 少量一氧化碳和二氧化碳的脱出工序（也称净化工序）；f. 压缩工序；g. 氨合成工序。

二、合成氨工艺介绍

1. 原料气的制取

（1）固体原料气化的基本原理　固体燃料气化剂对固体燃料进行热加工，生产固燃气体的过程，简称造气。

（2）固定床加压连续气化法　煤由加压气化炉顶部加入炉内，首先经过干燥层、干馏层，然后进入气化层及灰渣层，灰渣由转动的炉箅不断排入灰锁，再定期排出。氧和蒸汽的混合物由炉底连续通入燃料层，进行逆流气化，生成的粗煤气由上部连续排出，在燃料层中发生的反应变化大致如下：

① 灰渣层　氧和过热蒸汽混合后进入气化炉，通过炉箅均匀分布到灰渣层中，被离开燃烧层的高温灰渣预热到 1000℃ 以上，而灰渣被冷却到 400～500℃，灰锁中含碳量一般为 3%～5%。

② 燃烧层　气化剂中的氧与气化的碳燃烧，为气化反应提供热量，其反应式为：

$$C+O_2 \rule[0.5ex]{2em}{0.4pt} CO_2+393.7kJ \tag{6-1}$$

$$2C+O_2 \rule[0.5ex]{2em}{0.4pt} 2CO+200.9kJ \tag{6-2}$$

在以上两个反应式中，式（6-1）是主要的。燃烧反应放出的热量，将气化剂加热到 $1200\sim1500℃$，以供气化反应之需。燃烧层是燃料层中温度最高的区域，为了防止燃烧层发生结渣现象，必须通入过量的蒸汽，因而气化过程蒸汽分解率较低，一般为 $35\%\sim40\%$。

③ 气化层 从燃烧层上升的高温气体，主要成分是水蒸气和二氧化碳，在气化层进行如下反应：

$$C+2H_2O(汽) \rule[0.5ex]{2em}{0.4pt} CO_2+2H_2-90kJ \tag{6-3}$$

$$C+H_2O（汽） \rule[0.5ex]{2em}{0.4pt} CO+H_2-131.4kJ \tag{6-4}$$

$$CO_2+C \rule[0.5ex]{2em}{0.4pt} 2CO-172.4kJ \tag{6-5}$$

$$CO+2H_2O（汽） \rule[0.5ex]{2em}{0.4pt} CO_2+2H_2+41kJ \tag{6-6}$$

$$C+2H_2 \rule[0.5ex]{2em}{0.4pt} CH_4+74.9kJ \tag{6-7}$$

$$CO+3H_2 \rule[0.5ex]{2em}{0.4pt} CH_4+H_2O+394.6kJ \tag{6-8}$$

在气化层中，二氧化碳还原和水蒸气分解反应是吸热的，使气化层的温度自下而上迅速下降，反应速率也相应减小。加压气化有利于加快气化反应速率，提高气化炉内气化强度。但加压气化更有利于反应式（6-7）及反应式（6-8）向右进行，使粗煤气中甲烷含量高达 $8\%\sim10\%$。在生产中，一般采用蒸汽转化法将甲烷加工成合成氨原料气。

④ 干馏层 在干馏层，煤被上升的高温煤气由 $300℃$ 左右加热至 $700\sim800℃$。当温度升到 $500\sim600℃$ 时，煤开始软化，焦油从中分解出来。温度升到 $500\sim800℃$，甲烷及其他烃类从煤中逸出来。对于含挥发分较高的煤，如年轻的烟煤及褐煤，从粗煤气中可分离出焦油和酚等副产品。

⑤ 干燥层 加入气化炉的煤被上升的煤气逐渐加热到 $200\sim300℃$，煤中水分逐步蒸发出来。

⑥ 加压对气化指标的影响

a.压力对煤气成分的影响 与常压气化相比，加压气化时，煤气中的甲烷和二氧化碳含量增加，一氧化碳和氢气含量下降，其变化情况见表6-1。

表 6-1 常压气化与加压气化煤气成分比较

煤气组成		CO	H_2	CH_4	CO_2	低热值/(kJ/m^3)
混合发生炉煤气		$24\sim31$	$11\sim18$	—	—	$5024\sim6280$
水煤气		$37\sim38$	$48\sim50$			$10048\sim11723$
加压气化	粗煤气	$16\sim22$	$38\sim39$	$10\sim11$	$28\sim32$	$10048\sim11304$
鲁奇炉气化	净煤气	$24\sim31$	$53\sim59$	$13\sim18$	$2.0\sim3.5$	$14654\sim16747$

b.压力对氧气消耗量的影响　加压气化有利于生成甲烷反应的进行，而该反应是放热反应，可以作为气化炉中的第二热源，减少碳与氧燃烧反应中原料和蒸汽的消耗。

c.压力对蒸汽消耗量的影响　加压气化时，压力升高，水蒸气消耗量也增大。但是，加压却不利于水蒸气的分解，即水蒸气分解率下降。而且，在实际生产中，还需要用蒸汽来控制炉温，以保证固态排渣顺利进行。因此，总的蒸汽消耗量加压时比常压高 2.5～3 倍。

d.压力对生产能力的影响　由于气化压力的提高，既加快了反应的速率，又增加了气-固反应接触的时间，气化强度明显提高。在实际气化过程中，加压气化炉的料层比常压气化炉厚，因此，实际的接触时间还要长些，使气化反应更加充分，几乎接近平衡状态，碳的转化率较高。

e.压力对煤气产量的影响　提高气化压力，增加了甲烷的生成量，减小了气体的总体积，降低了煤气产率。

⑦ 鲁奇加压气化工艺——固态排渣　移动床固态排渣加压气化工艺是德国鲁奇（Lurgi）公司于 1930 年开发成功的块煤气化技术。该工艺原料适应性好，单炉生产能力大。应用该技术最成功的是南非萨索尔堡的煤气液化联合工厂。经过几十年的发展，鲁奇加压气化炉由第一代发展到了第四代。目前，鲁奇加压气化工艺已属于世界上应用最多的气化工艺之一，见表 6-2 和图 6-1。

表 6-2　鲁奇炉发展历程

发展阶段	第一代	第二代			第三代	第四代
年代	1936～1945	1952～1965			1969	1978～
炉型	Dg2.6m 侧面除灰炉型	Dg2.6m 中间除灰炉型			Dg3.8m (MARK-Ⅳ型)	Dg5.0m (SASOL-Ⅲ型)
煤种	褐煤	弱黏煤	不黏煤	所有煤种	所有煤种
生产能力 /(m^3/h)	8000	14000～17000	32000～45000	36000～55000	75000～100000
气化强度 /[m^3/($m^2 \cdot h$)]	1500	2600～3200	3500～4500	3500～4500	3800～5000

a.固态排渣加压气化的煤质要求　煤种不同，加压气化后煤气的质量不同。在相同的操作条件下，煤化程度低的煤挥发分高，气化温度低，产生甲烷含量高，煤气的热值高。鲁奇加压气化对煤质的具体要求如下：

水分：水分可以较高，控制在 20% 以内。

灰分：控制煤的灰分小于 20% 时较为经济。

粒度：粒度可小于常压气化，并且与煤的机械强度、热稳定性和活性有关。通常，褐煤 6～40mm，烟煤 5～15mm，焦炭和无烟煤 5～20mm，原料颗粒均

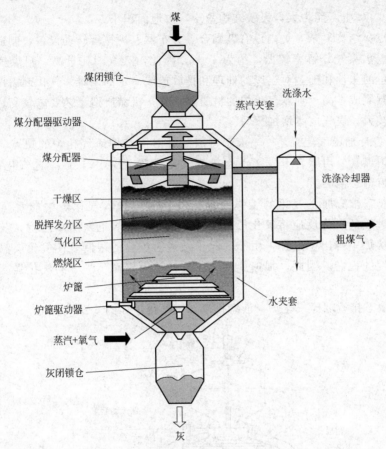

煤

煤闭锁仓

蒸汽夹套

洗涤水

煤分配器驱动器

煤分配器

洗涤冷却器

干燥区

脱挥发分区

气化区

燃烧区

炉箅

炉箅驱动器

水夹套

粗煤气

蒸汽+氧气

灰闭锁仓

灰

图 6-1　鲁奇加压气化炉——固态排渣

匀，粒径比为 5~8，最小粒径宜在 6mm 以上，小于 2mm 的粉煤量控制在
1.5% 以内，小于 6mm 的细粒煤量控制在 5% 以内。

黏结性：自由膨胀系数（FSI）7 以下的强黏结性煤，以不黏和弱黏煤为好。

灰熔点（ST）：通常要求 ST>1200℃，最好高于 1400℃。

反应活性：原料煤活性好，有利于改善煤气质量，提高气化强度，降低消耗
指标。

b.固态排渣加压气化的主要优缺点

优点：ⅰ.操作稳定可靠。原料煤和气化剂逆流接触，有利于热量交换和反
应的充分进行。正常运行时，煤能充分气化，操作指标稳定。炉内设置的煤分布
器，能储存一定的煤量以适应输煤系统的波动，也可在加料装置发生故障时，提
供一定的检修时间，而不必停炉，从而保证了生产的连续稳定。ⅱ.能耗低。加
压气化减少了压缩煤气的动力消耗，充分利用了甲烷反应放出的热量，减少了氧
的消耗。ⅲ.煤气甲烷含量高，用途广，采用不同组分的气化剂可生产各种用途

的煤气。ⅳ.生产能力大，设备结构紧凑，占地面积小。

　　缺点：结构复杂，炉内设有破黏合煤分布器、炉箅等转动设备，制造和维修费用高。水蒸气分解率较低，约为40%，因此，蒸汽消耗量高。粗煤气中含有一定数量的焦油和酚，对三废的处理和排放造成一定的困难。气化剂需用工业纯氧气，制氧成本高。加压气化炉的材质要求高，机械制造工艺要求较高，造成建设投资较大，煤气成本增加。

　　⑧ 鲁奇加压气化工艺——液态排渣　针对固态排渣气化炉的缺点，鲁奇公司与英国煤气公司联合开发了液态排渣气化工艺（BGL），该工艺气化温度高，灰渣呈熔融态排出。

　　a.液态排渣加压气化的工作原理　气化时，送入气化炉中的水蒸气量最小，通过碳的燃烧反应将氧化层的温度提高到原料煤的灰熔点之上，灰渣呈熔融状态从炉中排出。这样，由于消除了结渣对炉温的限制，使气化层温度有了较大幅度的提高，因此，加速了气化反应，从而提高了炉子的气化强度和生产能力。

　　b.液态排渣加压气化炉　液态排渣加压气化炉如图6-2所示。

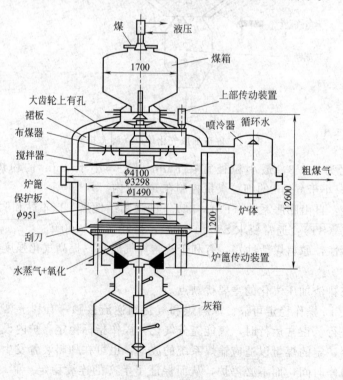

图 6-2　鲁奇液态排渣加压气化炉

在炉子下部，由于炉渣呈熔融状态，经排渣口后进入熔渣急冷室。在熔渣上方，沿径向均匀安装了稍微向下倾斜的 8 个喷嘴，气化剂及部分煤粉、焦油从风嘴喷入料层底部，恰好汇集在熔渣池中心管的排渣口上，并控制较小的气氧比，使该区域的温度达 1500℃ 左右，保证熔渣呈流动状。

c.液态排渣加压气化的特点

优点：生产能力大：直径 3.7m 的固态排渣加压气化炉的生产能力为（30～36）万米³/d，而直径 3.5m 的液态排渣加压气化炉的生产能力高达 200 万米³/d，是固态排渣的 5.6～6.7 倍。这主要是因为生产能力的提高受到带出数量的限制。而在液态排渣情况下，绝大部分小于 6mm 的煤粉可以随气化剂一起由喷嘴喷入，直接进入 1500℃ 的高温区气化，这样炉顶的带出物大大减少，在实际生产中就可以较大幅度地提高鼓风速度，强化生产。同时，氧化层温度已不再受灰结渣的限制可以相应提高，加速气化反应，从而强化了生产过程。当然，氧化层温度也不能太高，否则会引起设备材料和其他技术方面的问题。

水蒸气消耗量明显降低，水蒸气分解率提高，降低操作费用：排渣方式不同，选择的气氧比差别很大，固态排渣一般采用（6～8）：1，而液态排渣仅为（1～1.5）：1。固态排渣大量的水蒸气是用于控制炉温以防结渣的，而液态排渣的蒸汽几乎都用于煤的气化，水蒸气分解率约为 95%。

煤气的有效成分增加，煤耗下降：液态排渣气化炉中的炉温较高，有利于水蒸气的分解和二氧化碳的还原，抑制了甲烷生成放热反应和一氧化碳的变换反应。因此，煤气组成中甲烷和二氧化碳的含量减少，一氧化碳和氢气的总量增加，CO/H_2 上升。煤气组成的变化带来的效果 $CO+H_2$ 组成增加了约 25%，煤气热值提高，CO_2 含量较低（约 2%～5%），有利于煤气的净化处理，碳转化率提高，降低了煤耗。在所有气化方法中，液态排渣移动床加压气化的煤耗最低。

氧气消耗：氧耗的多少与煤的活性密切相关，不同的排渣方式，氧耗亦不同。当采用活性较高的煤作为气化原料时，由于固态排渣炉可允许较低的炉温，有利于甲烷的生成反应，放出较多的热量，补偿氧化反应放热，使氧耗降低。液态排渣炉的炉温较高，而较高的炉温不利于甲烷生成反应，因而使氧耗增加。液态炉的氧耗比固态炉高约 10%～12%。当采用活性较低的煤作气化原料时，固态炉就需要较高的气化温度，以保证气化反应的速度，从而使氧耗增加，但液态炉本身有较高的气化温度，因此，炉温对煤的活性并不敏感，此时，液态炉的氧耗略低于固态炉。

所以，液态炉适宜于灰熔点低、活性也低的原料煤，固态炉则适宜于灰熔点高、活性也高的原料煤。

气化效率和热效率提高：由于液态排渣气化炉的粒度小于 6mm 的粉煤随气化剂由喷嘴吹入，进入高温区后能立即气化，降低了带出损失。气化产生的灰、焦油也可经风口再循环回到气化炉内，直至燃尽。气化温度较高，有利于碳的气化反应，灰渣中含碳量低于 2%，中试中碳的转化率接近 100%。由于水蒸气分解率高，使所含的水汽量很少，当煤气与上部原料接触交换热量时，主要利用的是煤气的显热，降低了煤气的炉出温度，甚至低于某些固态排渣气化炉的煤气炉出温度。因而使煤气带出的显热损失和水蒸气的热损失大大降低。综合以上情况，最终提高了气化效率和热效率。

煤种水功能性强：液态炉对煤种的适应性强于固态炉，尤其是对活性较低的煤，液态炉对各种煤的气化结果相当一致。

环境污染小：由于蒸汽消耗量小，且水蒸气分解率高，使煤气中的水汽含量大大减少，水处理量仅为固渣气化的 1/3～1/4。生成的灰、焦油经风口返回炉内气化。液渣淬冷后成为洁净、黑色玻璃状的熔渣结物颗粒，可与水彻底分离，化学活性极低，对环境无污染。

缺点：对炉体材料在高温、高压下的耐磨、耐腐蚀性能要求高；熔渣池的结构和材质是液态炉的技术关键，有待于进一步的研究。

(3) 水煤浆加压气化法　水煤浆的气化过程是在气化炉内进行的。浓度 60%～70% 的水煤浆和纯氧气由喷嘴并流向下喷入气化炉，水煤浆被氧气雾化，同时水煤浆中的水分遇热急速气化成水蒸气。粉煤、氧气和水蒸气充分混合，在 1300～1500℃ 的高温下，煤粉颗粒进行部分氧化反应，生成以氢和一氧化碳为主的水煤气。气化过程的基本反应可用下式表示：

$$C_mH_nS_r+m/2O_2 \longrightarrow mCO+(n-2r)/2H_2+rH_2S+Q$$

由于反应温度高于灰的熔点，因此，煤灰以熔融态的小颗粒分散在煤气中。煤气与熔渣的混合物由气化炉底部排出。

上述反应式仅表示了反应的总过程，实际上气化炉内大致可分为以下三个区域。

① 裂解及挥发分燃烧区　当水煤浆与氧气喷入气化炉内后，迅速地被加热到高温，水煤浆中的水急速变为水蒸气，煤粉发生干馏及热裂解，释放出焦油、甲醇、树脂、甲烷等挥发分，煤粉变为煤焦。由于这一区域内氧气浓度高，在高温下挥发分迅速完全燃烧，同时放出大量热量，由于挥发分燃烧完全，因此煤气中只含有少量的甲烷（一般为 0.1% 以下），不含焦油、酚、高级烃等可凝聚产物。

② 燃烧及气化区　在这一区域，氧气浓度较低。煤焦一方面与残余的氧气发生燃烧反应，生成二氧化碳和一氧化碳气体，放出热量；煤焦另一方面在高温下又与水蒸气和二氧化碳发生气化反应，生成氢气和一氧化碳。在气相中，氢气和一氧化碳又与残余的氧发生燃烧反应，放出更多的热量。

③ 气化区　在此区域，反应物中不含氧气，主要是煤焦、甲烷与水蒸气、二氧化碳进行气化反应，生成氢气和一氧化碳。

在水煤浆气化过程中，煤中硫以硫化氢及有机硫的形式进入气体中，其中

90％以上的硫转化为硫化氢。

气化反应生成的煤气中，主要含有氢气、一氧化碳、二氧化碳及水蒸气四种成分。另外，还含有少量甲烷及硫化氢。

2. 原料气脱硫

由于生产合成氨的各种燃料中含有一定量的硫，因此，所制备的合成氨原料气中都含有硫化物。原料气中的硫化物对合成氨生产危害很大，不仅能腐蚀设备和管道，而且能使合成氨生产过程中所用的催化剂中毒。此外，硫也是一种重要的化工原料，应当予以回收。脱除原料气中的硫化物的过程称为脱硫。

按脱硫剂物理形态可分为干法和湿法两大类脱硫方法。前者所用脱硫剂为固体，后者为溶液。当含硫气体通过这些脱硫剂时，硫化物被固体脱硫剂吸附，或被脱硫溶液所吸收而除去。

3. 一氧化碳的变换

一氧化碳变换是半水煤气借助催化剂的作用，在一定温度下，与水蒸气反应生成二氧化碳和氢的工艺过程，通过变换除去了一氧化碳，又得到了制备合成氨的原料气氢气。反应式如下：

$$CO + H_2O \xrightleftharpoons{催化剂} CO_2 + H_2 + 41 kJ/mol$$

这是一个可逆放热反应，如果单纯在气相中进行，即使温度在 1000℃，水蒸气用量很大，反应速率仍然极其缓慢。当有催化剂存在时，反应则按下述两步进行：

$$[K] + H_2O(汽) \longrightarrow [K]O + H_2$$
$$[K]O + CO \longrightarrow [K] + CO_2$$

式中，[K] 为催化剂；[K]O 为中间化合物。

反应按这种方式进行时，所需的能量少，所以变换反应在有催化剂存在时，速率就可以大大加快。

(1) 中温变换催化剂　中小型氮肥厂常用的中温催化剂有 B107、B109、B1212、B113、B114、B115、B116、B117、WB-2、WB-3、DBG、B118、B121 等，催化剂中 Fe_2O_3 不具有催化活性，必须将其还原成尖晶石结构的 Fe_3O_4，才能有很好的催化活性。还原时必须同时加入蒸汽，是为了防止已还原的催化剂被还原过渡，生成金属镁，金属镁能促进 CO 和 H_2 反应生成甲烷，并能使 CO 发生分解反应，积炭于催化剂上。同时，加入蒸汽还可以利用已产生的变换反应热来提高下层温度，缩小上下床层温差。

(2) 耐硫宽温型变换催化剂（耐硫低变催化剂）　目前中小型氮肥厂使用的低变催化剂主要为钴钼系耐硫催化剂，品种主要有：B301Q、B302Q、B303Q、NCBC、NB、JB301、LHB301 等。钴钼系耐硫低变催化剂的主要活性成分为氧化钼，以氧化钴为促进剂，以氧化铝为载体。钴钼氧化物活性远远小于其硫化物，因此，在使用前需将 MoO_3 和 CoO 转化为 MoS_2 和 CoS，这一过程叫硫化，硫化时一般以 CS_2 为硫化剂。

4. 二氧化碳的脱除

在合成氨生产过程中，经变换后气体中含有 $18\% \sim 35\%$ 的二氧化碳，它不仅会使氨合成催化剂中毒，而且给清除少量一氧化碳过程带来困难。此外，二氧化碳又是制造尿素、纯碱、干冰的原料。因此，合成氨原料气中的二氧化碳必须除去（利用溶液吸收法）。溶液吸收法根据吸收剂性质的不同，可分为物理吸收法、化学吸收法和物理化学吸收法。

（1）物理吸收法是利用二氧化碳比氢、氮在吸附剂中溶解度大的特性，除去原料气中的二氧化碳。常用的方法有加压水洗法、低温甲醇洗法、碳酸丙烯酯法和聚乙二醇二甲醚法。

（2）化学吸收法是利用二氧化碳与碱性溶液进行化学反应而被除去，常用的有氨水法（碳化）、热钾碱法和乙醇胺法。

（3）物理化学吸收法脱碳时，既有物理吸收又有化学吸收，常用的方法有MDEA、环丁砜法，而环丁砜法应用较少。

（4）低温甲醇洗法　甲醇对二氧化碳、硫化氢、硫氧化碳等酸性气体有较大的溶解作用，而氢、氧、一氧化碳等气体在其中的溶解度甚微，因而甲醇能从原料气中选择吸收二氧化碳、硫化氢等酸性气体，而氢和氮的损失很小。

第二节　合成氨工艺危险性分析

在合成氨生产过程中，所用的原料、中间产品及最终产品对人体都会产生较严重的危害性，生产过程危险。对于合成氨生产，必须强化对职工的安全教育，必须严格执行安全操作规程，必须强化规范管理，提高预防事故、应急处理的防范技能，防范事故的发生，确保生产过程的安全。

一、合成氨物料危险性及分析

1. 原料气及辅助材料的危险性

合成氨原料气及辅助材料有：煤气（含 CO、H_2、CO_2、CH_4、N_2 等的混合气）、氮（压缩的）、二硫化碳、五氧化二钒、氨基甲酸铵等。

（1）煤气的危险性　煤气的危险类别属第 2.3 类有毒气体，危险货物编号23029，UN 编号 2600，无色无味气体，有硫化氢存在时有微臭味，其危险性见表 6-3。

表 6-3 煤气主要危险、有害特性

物质名称	化学品中文名称:煤气
理化性质	无色有臭味的气体,主要成分有一氧化碳、氢等 燃烧时火焰温度约 900~2000℃ 燃烧热:12560~25120kJ/mol;最大爆炸压力:0.779MPa;爆炸上限:40%;爆炸下限:4.5%;引燃温度:648.9℃
稳定性	最易传爆浓度:18%
危险特性	有毒,与空气混合易形成爆炸性混合物,遇火星、高温有燃烧爆炸危险
健康危害	煤气有剧毒,长时间处于煤气中或短时间处于高浓度煤气中均有生命危险
应急处理	迅速撤离污染区人员至上风向,并隔离直至气味散尽,切断附近一切火源,大量泄漏时要立即设置警戒线,禁止一切车辆、行人进入,派专人负责控制所有火源。应急处理人员戴呼吸器,穿防护服。设法切断气源,用雾状水中和、稀释、溶解,然后抽排(室内)或强力通风(室外)。漏气容器不能再用,且要经过技术处理以清除可能剩下的气体
急救措施	迅速脱离现场至空气新鲜处,保持呼吸道畅通;如呼吸困难,给输氧;如果呼吸停止,立即进行人工呼吸,并立即就医
灭火方法	按照规定储运;灭火剂为雾状水、泡沫、二氧化碳
储存注意事项	严禁将易产生火星的工具带入气柜区并严禁火种;管道走向要远离热源及电源,阀门密封;严格人员、车辆出入制度,严格安全操作规程;气瓶应储存于阴凉、通风的仓间内,最高仓温不宜超过 30℃;远离火种、热源,防止阳光直射;验收时核对品名,检查钢瓶质量和验瓶日期;先进仓的先发运,搬运时轻装轻放,防止钢瓶及附件损坏,搬运时配齐必要的堵漏和个人防护设施

(2) 一氧化碳的危险性 一氧化碳的危险性见表 6-4。

表 6-4 一氧化碳主要危险、有毒特性

物质名称	化学品中文名称:一氧化碳;英文名称:carbon monoxide;CAS 号:630-08-0
理化性质	无色有臭味气体。危险性类别:第 2.1 类 易燃气体 熔点:−199.1℃　　　　　　　沸点:−191.4℃ 相对密度(水=1):0.79　　　相对密度(空气=1):0.87 临界温度:−140.2℃　　　　　临界压力:3.50MPa 溶解性:微溶于水,溶于乙醇、苯等多数有机溶剂 禁忌物:强氧化剂、碱类 燃烧(分解)产物:二氧化碳
危险特性	易燃易爆气体,与空气混合物形成爆炸性混合物,遇明火、高热能引起燃烧爆炸 爆炸下限:12.5%　　　　　　　引燃温度:610℃ 爆炸上限:74.2%　　　　　　　最大爆炸压力:0.720MPa
健康危害	侵入途径:吸入 健康危害:一氧化碳在血液中与血红蛋白结合而造成组织缺氧 急性中毒:轻度中毒者出现头痛、头晕、耳鸣、恶心、呕吐、无力,血液碳氧血红蛋白浓度高于 10%;中度中毒者除上述症状外,还有皮肤黏膜呈樱红色、脉快、烦躁、步态不稳甚至中毒昏迷,血液碳氧血红蛋白可高于 30%;重度患者深度昏迷、瞳孔缩小、肌张力增强、频繁抽搐、大小便失禁、休克、肺水肿、严重心肌损害等,血液碳氧血红蛋白可高于 50%。部分患者昏迷苏醒后,约 2~60d 的症状缓解期后,又可能出现迟发性脑病,以意识精神障碍、椎体系或椎体外系统损害为主 慢性影响:能否造成慢性中毒及对心血管影响无定论

续表

应急处置	迅速撤离泄漏污染区人员至上风向,并立即隔离150m,严格限制出入,切断火源。建议应急处理人员戴自给式呼吸器,穿消防防护服。尽可能切断泄漏源。合理通风,加速扩散。喷雾状水稀释、溶解。构筑围堤或挖坑收容产生的大量废水。如有可能,将漏出气用排风机送至空旷地方或装设适当喷头烧掉。也可以用管路导至炉中、凹地焚之。漏气容器要妥善处理,恢复、检验后再用
急救措施	吸入:迅速脱离现场至空气新鲜处,保持呼吸道通畅。如呼吸困难,给输氧。呼吸心跳停止时,立即进行人工呼吸和胸外心脏按压术。就医
灭火方法	切断气源。如不能立即切断气源,则不允许熄灭正在燃烧的气体。喷水冷却容器,可能的话将容器从火场移至空旷处 灭火剂:雾状水、泡沫、二氧化碳、干粉
控制措施/个体防护	呼吸系统防护:空气中浓度超标时,佩戴自吸过滤式防毒面具(半面罩)。紧急事态抢救或撤离时,建议佩戴空气呼吸器、一氧化碳过滤式自救器 眼睛防护:一般不需要特殊防护,高浓度接触时可戴安全防护眼镜 身体防护:穿防静电防护服 手防护:戴一般作业的防护手套 其他:工作场所严禁吸烟。实行就业前和定期的体检。避免高浓度吸入。进入罐、限制性空间或其他高浓度区作业,须有人监护

（3）氢的危险性　氢的危险性见表6-5。

表6-5　氢的主要危险、有害特性

物质名称	中文名称:氢(压缩的);英文名称:hydrogen;CAS号:133-74-0;别名:氢气
理化性质	氢为无色无臭气体。危险性类别:第2.1类 易燃气体 熔点:−259.2℃　　　　　　　　沸点:−252.8℃ 相对密度(空气=1):0.07　　　燃烧热:241.0kJ/mol 临界温度:−241℃　　　　　　　临界压力:1.30MPa 饱和蒸气压:13.33kPa(−257.9℃) 溶解性:不溶于水、乙醇、乙醚　　避免接触的条件:光照 禁忌物:强氧化剂、卤族　　　　　燃烧产物:水 燃烧性:易燃　　　　　　　　　　爆炸下限:4.1% 引燃温度:40℃　　　　　　　　　爆炸上限:74.1% 最小点火能:0.019mJ　　　　　　最大爆炸压力:0.720MPa
危险特性	与空气混合能形成爆炸性混合物,遇热或明火即会发生爆炸。气体比空气密度小,在室内使用和储存时,漏上升滞留屋顶不易排出,遇火星会引起爆炸。氢气与氟、氯、溴等卤族元素会剧烈反应
健康危害	侵入途径:吸入 健康危害:氢气在生理学上是惰性气体,仅在高浓度时,由于空气中氧分压降低才引起窒息。在很高的分压下,氢气可呈现出麻醉作用
应急处理	迅速撤离污染区人员至上风处,并进行隔离,严格限制出入。切断火源。建议应急处理人员戴自给正压式呼吸器,穿消防防护服。尽可能切断泄漏源。合理通风,加速扩散。如有可能,将漏出气用排风机送至空旷地方或装设适当喷头烧掉。漏气容器要妥善处理,修复、检验后再使用

急救措施	吸入:迅速脱离现场至空气新鲜处。保持呼吸道畅通。如呼吸困难,给输氧。如呼吸停止,立即进行人工呼吸。就医
灭火方法	切断气源。若不能立即切断气源,则不允许熄灭正在燃烧的气体。喷水冷却容器,可能的话将容器从火场移至空旷处 灭火剂:雾状水、泡沫、二氧化碳、干粉
控制措施/个体防护	工程控制:密闭系统,通风,采用防爆电气与照明 身体防护:穿防静电工作服 手防护:戴一般作业防护手套 其他:工作现场严禁吸烟。避免高浓度吸入。进入罐、限制性空间或其他高浓度区作业,须有人监护

（4）硫化氢的危险性　硫化氢的危险性见表 6-6。

表 6-6　硫化氢主要危险、有害特性

物质名称	中文名称:硫化氢;英文名称:hydrogen sulfide;CAS:7783-06-4;别名:氢硫酸
理化性质	无色有恶臭的气体。危险性类别:第 2.1 类 易燃气体 熔点:－85.5℃　沸点:－60.4℃　　相对密度(空气＝1):1.19 绝对蒸气压:2026.5kPa(255℃)　　临界压力:9.01MPa 临界温度:100.4℃　　　　　　　燃烧性:易燃　引燃温度:260℃ 爆炸下限:4.0%　　　　　　　　　爆炸上限:46.0% 最小点火能:0.077mJ　　　　　　　最大爆炸压力:0.490MPa 溶解性:溶于水、乙醇　　　　　　　燃烧(分解)产物:氧化硫 禁忌物:强氧化剂、碱类
危险特性	易燃,与空气混合能形成爆炸性混合物,遇明火、高热能引起燃烧爆炸。与浓硫酸、发烟硫酸或其他氧化剂剧烈反应,发生爆炸。气体比空气密度大,能在较低处扩散到相当远的地方,遇明火会引着回燃
健康危害	硫化氢为最强烈的神经毒物,对黏膜有强烈的刺激作用 急性中毒:短期内吸入高浓度硫化氢后出现流泪、眼痛、眼内异物感、畏光、视物模糊、流涕、咽喉部灼热感、咳嗽、胸闷、头痛、头晕、乏力、意识模糊等。部分患者可有心肌损害。重者可出现脑水肿、肺水肿。极高浓度(1000mg/m³ 以上)时可在数秒钟内突然昏迷,呼吸和心跳骤停,发生闪电性死亡。高浓度接触眼结膜发生水肿和角膜溃疡。长期低浓度接触,引起神经衰弱综合征和植物神经功能紊乱
应急处理	迅速撤离泄漏污染区人员至上风处,并立即进行隔离,小泄漏时隔离 150m,大泄漏时隔离 300m,严格限制出入。切断火源。建议应急处理人员戴自给式正压呼吸器,穿防毒服。从上风处进入现场。尽可能切断泄漏源。合理通风,加速扩散。喷雾状水稀释、溶解。构筑围堤或挖坑收容产生的大量废水。如有可能,将参与气或漏出气用排风机送至水洗塔或与塔相连的通风橱内。或使其通过三氯化铁水溶液,管路装止回装置以防溶液吸回。漏气容器要妥善处理,修复、检修后再用
急救措施	眼睛接触:立即提起眼睑,用大量流动水或生理盐水彻底冲洗至少 15min。就医。吸入:迅速脱离现场至空气新鲜处。保持呼吸道畅通。如呼吸困难,给输氧。如呼吸停止,立即进行人工呼吸,就医

续表

灭火方法	消防人员必须穿戴全身防火防毒服。切断气源,若不能立即切断气源,则不允许熄灭正在燃烧的气体。喷水冷却容器,可能的话将容器从火场移至空旷处 灭火剂:雾状水、抗溶性泡沫、干粉
控制措施/个体防护	工程控制:严加密闭,提供充分的局部排风和全面通风。提供安全淋浴和洗眼设备 呼吸系统防护:空气中浓度超标时,佩戴过滤式防毒面具(半面罩)。紧急事态抢救或撤离时,建议佩戴氧气呼吸器或空气呼吸器 眼睛防护:戴化学安全防护眼镜 身体防护:穿防静电工作服 手部防护:戴防化学品手套 其他防护:工作现场禁止吸烟、进食和饮水。工作毕,淋浴更衣。及时换洗工作服。作业人员应学会自救互救。进入罐、限制性空间或其他高浓度区作业,须有人监护

2. 产品的危险性

合成氨产品主要有氨、甲醇,副产品有硫黄、氧气、二氧化碳等,其主要危险性如下。

（1）氨的危险性　氨的危险性见表 6-7。

表 6-7　氨的主要危险、有害特性

物质名称	化学品中文名称:氨;化学品俗名:氨气;化学品英文名称:ammonia;技术说明书编号:28;CAS 号:7664-41-7	
理化性质	外观与性状:无色、有刺激性恶臭的气体	
	熔点:−77.7℃	相对密度(水=1):0.82(−79℃)
	沸点:−33.5℃	相对蒸气密度(空气=1):0.6
	分子式:NH_3	分子量:17.03
	主要成分:纯品	
	饱和蒸气压:506.62kPa(4.7℃)	临界温度:132.5℃
	临界压力:11.4MPa	引燃温度:651℃
	爆炸上限:27.4%	爆炸下限:15.7%
	溶解性:易溶于水、乙醇、乙醚	
	主要用途:用作制冷剂及制取铵盐和氮肥	
危险特性	与空气混合能形成爆炸性混合物。遇明火、高热能引起燃烧爆炸。与氟、氯等接触会发生剧烈的化学反应。若遇高热,容器内压增大,有开裂和爆炸的危险	
健康危害	低浓度氨对黏膜有刺激作用,高浓度可造成组织溶解坏死。急性中毒:轻度者出现流泪、咽痛、声音嘶哑、咳嗽、咳痰等;眼结膜、鼻黏膜、咽部充血、水肿;胸部 X 线征象符合支气管炎或支气管周围炎。中度中毒上述症状加剧,出现呼吸困难、紫绀;胸部 X 线征象符合肺炎或间质性肺炎。严重者可发生中毒性肺水肿,或有呼吸道窘迫综合征,患者剧烈咳嗽、咯大量粉红色泡沫痰、呼吸窘迫、谵妄、昏迷、休克、喉头水肿或支气管黏膜坏死脱落窒息。高浓度氨可引起反射性呼吸停止。液氨或高浓度氨可致眼灼伤,液氨可致皮肤灼伤	

续表

应急处理	迅速撤离泄漏污染区人员至上风处,并立即隔离150m,严格限制出入。切断火源。建议应急处理人员戴自给正压式呼吸器,穿防静电工作服。尽可能切断泄漏源。合理通风,加速扩散。高浓度泄漏区,喷含盐酸的雾状水中和、稀释、溶解。构筑围堤或挖坑收容产生的大量废水。如有可能,将残余气或漏出气用排风机送至水洗塔或与塔相连的通风橱内。储罐区最好设稀酸喷洒设施。漏气容器要妥善处理,修复、检验后再用
急救措施	皮肤接触:若有冻伤,就医治疗 眼睛接触:若有冻伤,就医治疗 吸入:迅速脱离现场至空气新鲜处。保持呼吸道畅通。如呼吸困难,给输氧。如停止呼吸,立即进行人工呼吸。就医
灭火方法	消防人员必须全身穿防火防毒服,在上风向灭火。切断气源。若不能切断气源,则不允许熄灭泄漏处的火焰。喷水冷却容器,可能的话将容器从火场移至空旷处 灭火剂:雾状水、抗溶性泡沫、二氧化碳、砂土
操作注意事项	严加密闭,提供充分的局部排风和全面通风。操作人员必须经过专门培训,严格遵守操作规程。建议操作人员佩戴过滤式防毒面具(半面罩),戴化学安全防护眼镜,穿防静电工作服,戴橡皮手套。远离火种、热源,工作场所严禁吸烟。使用防爆型的通风系统和设备。防止气体泄漏到工作场所空气中。避免与氧化剂、酸类、卤素接触。搬运时轻装轻卸,防止钢瓶及附件破损。配备相应品种和数量的消防器材及泄漏应急处理设备
储存注意事项	储存于阴凉、通风的库房。远离火种、热源。库温不得超过30℃。应与氧化剂、酸类、卤素、食用化学品分开存放,切忌混储。采用防爆型照明、通风设施。禁止使用易产生火花的机械设备和工具。储区应备有泄漏应急处理设备
运输注意事项	铁路运输时限使用耐压液化气企业自备罐车装运,装运前需报有关部门批准。采用钢瓶运输时必须戴好钢瓶上的安全帽。钢瓶一般平放,并应将瓶口超同一方向,不可交叉;高度不得超过车辆的防护栏杆,并用三角木垫卡牢,防止滚动。运输时运输车辆应配有相应品种和数量的消防器材。装运该物品的车辆排气管必须配有阻火装置,禁止使用易产生火花的机械设备和工具装卸。严禁与氧化剂、酸类、卤素、食用化学品等混装混运。夏季应早晚运输,防止日光暴晒。中途停留时应远离火种、热源。公路运输时要按规定路线行驶,禁止在居民区和人口稠密区停留。铁路运输时要禁止溜放
控制措施/个体防护	工程控制:严加密闭。提供充分的局部排风和全面通风。提供安全淋浴和洗眼设备 呼吸系统防护:空气中浓度超标时,建议佩戴过滤式防毒面具(半面罩)。紧急事态抢救或撤离时,必须佩戴空气呼吸器 眼睛防护:戴化学安全防护眼镜 身体防护:穿防静电工作服 手防护:戴橡胶手套 其他防护:工作现场禁止吸烟、进食和饮水。工作完毕,淋浴更衣。保持良好的卫生习惯

(2) 甲醇的危险性 甲醇的危险性见表6-8。

表 6-8　甲醇主要危险、有害特性

物质名称	化学品中文名称:甲醇;化学品俗名:木酒精;化学品英文名称:methyl alcohol;技术说明书编号:307;CAS号:67-56-1
理化性质	外观与性状:无色澄清液体,有刺激性气味　　　分子量:32.04 饱和蒸气压:13.33kPa(21.2℃)　　闪点:11℃　　熔点:-97.8℃ 沸点:64.8℃　　　相对密度(水=1):0.79 相对密度(空气=1):1.11　　　稳定性:稳定　　危险标记:7(易燃液体) 溶解性:溶于水,可混溶于醇、醚等多数有机溶剂 主要用途:用于制甲醛、香精、染料、医药、火药、防冻剂
危险特性	易燃,其蒸气与空气可形成爆炸性混合物,遇明火、高热能引起燃烧爆炸。与氧化剂接触发生化学反应或引起燃烧。在火场中,受热的容器有爆炸危险。其蒸气比空气密度大,能在较低处扩散到相当远的地方,遇火源会着火回燃
健康危害	对中枢神经有麻醉作用,对视神经和视网膜有特殊选择作用,引起病变,可致代谢性酸中毒。 急性中毒:短时大量吸入出现轻度眼、上呼吸道刺激症状(口服有胃肠道刺激症状);经一段时间潜伏期后出现头痛、头晕、乏力、眩晕、酒醉感、意识蒙眬、谵妄,甚至昏迷。视神经及视网膜病变,可有视物模糊、复视等,重者失明。代谢性酸中毒时出现二氧化碳结合力下降、呼吸加速等 慢性影响:神经衰弱综合征,植物神经功能失调,黏膜刺激,视力减弱等。皮肤出现脱脂、皮炎等
应急处理	迅速撤离泄漏污染区人员至上风处,并进行隔离,严格限制出入。建议应急处理人员戴自给正压式呼吸器,穿一般作业工作服。尽可能切断泄漏源。合理通风,加速扩散。漏气容器要妥善处理,修复、检验后再用
应急措施	皮肤接触:脱去污染的衣着,用肥皂水彻底冲洗皮肤 眼睛接触:提起眼睑,用流动清水或生理盐水冲洗。就医 吸入:迅速脱离现场至空气新鲜处。保持呼吸道畅通。如呼吸困难,给输氧。如呼吸停止,立即进行人工呼吸。就医 食入:饮足量温水,催吐。用清水或1%硫代硫酸钠溶液洗胃。就医
灭火方法	尽可能将容器从火场移至空旷处。喷水保持火场容器冷却,直至灭火结束。处在火场中的容器若已变色或从安全泄压装置中发出声音,必须马上撤离 灭火剂:抗溶性泡沫、干粉、二氧化碳、砂土
操作注意事项	密闭操作,提供充分的局部排风和全面通风。操作人员必须经过专门培训,严格遵守操作规程。建议操作人员佩戴过滤式防毒面具(半面罩),戴化学安全防护眼镜,穿防静电工作服,戴橡皮手套。远离火种、热源,工作场所严禁吸烟。使用防爆型的通风系统和设备。防止蒸气泄漏到工作场所空气中。避免与氧化剂、酸类、碱金属接触。灌装时应控制流速,且有接地装置,防止静电积聚。配备相应品种和数量的消防器材及泄漏应急处理设备。倒空的容器可能残留有害物
储存注意事项	储存于阴凉、通风的库房。远离火种、热源。库温不得超过30℃,保持容器密封。应与氧化剂、酸类、碱金属等分开存放,切忌混储。采用防爆型照明、通风设施。禁止使用易产生火花的机械设备和工具。储区应备有泄漏应急处理设备和合适的收容材料

续表

运输注意事项	铁路运输时限使用耐压液化气企业自备罐车装运,装运前需报有关部门批准。运输时运输车辆因配有相应品种和数量的消防器材及泄漏应急处理设备。夏季最好早晚运输。运输时所用的槽(罐)车应有接地链,槽内可设孔隔板以减少震荡产生静电。严禁与氧化剂、酸类、碱金属、食用化学品等混装混运。运输途中应防暴晒、雨淋、高温。中途停留时应远离火种、热源、高温区。公路运输要按规定路线行驶,禁止在居民区和人口稠密区停留。铁路运输时要禁止溜放。严禁用木船、水泥船散装运输
控制措施/个体防护	工程控制:生产过程密闭。加强通风。提供安全淋浴和洗眼设备 呼吸系统防护:可能接触其蒸气时,应该佩戴过滤式防毒面具(半面罩)。紧急事态抢救或撤离时,必须佩戴空气呼吸器 眼睛防护:戴化学安全防护眼镜 身体防护:穿防静电工作服 手防护:戴橡胶手套 其他防护:工作现场禁止吸烟、进食和饮水。工作完毕,淋浴更衣。实行就业前和定期的体检

(3) 二氧化碳危险性 二氧化碳危险性见表 6-9。

表 6-9 二氧化碳主要危险、有害特性

物质名称	化学品中文名称:二氧化碳;化学品俗名:碳酸酐;化学品英文名称:carbon dioxide;技术说明书编码:42;CAS 号:124-38-9
理化性质	外观与性状:无色无臭气体 熔点:−56.6℃(527kPa) 相对密度(水=1):1.56(−79℃) 沸点:−78.5℃(升华) 相对蒸气密度(空气=1):1.53 分子式:CO_2 分子量:44.01 主要成分:纯品 饱和蒸气压:1013.25kPa(−39℃) 临界温度:31℃ 临界压力:7.39MPa 溶解性:溶于水及烃类等多数有机溶剂 主要用途:用于制糖工业、制碱工业、制铅白等,也用于冷饮、灭火及有机合成
危险特性	若遇高热,容器内压增大,有开裂和爆炸的危险
健康危害	在低浓度时,对呼吸中枢呈兴奋作用,高浓度时则产生抑制甚至麻醉作用。中毒机制中还兼有缺氧的因素 急性中毒:人进入高浓度二氧化碳环境,在几秒钟内迅速昏迷倒下,反射消失、瞳孔扩大或缩小、大小便失禁、呕吐等,更严重者出现呼吸停止及休克,甚至死亡。固态(干冰)和液态二氧化碳在常压下迅速汽化,能形成−80~−43℃低温,引起皮肤和眼睛严重的冻伤 慢性影响:经常接触较高浓度二氧化碳的人,可有头晕、头痛、失眠、易兴奋、无力、神经功能紊乱等。但在生产中是否存在慢性中毒,国内外均未见病例报道
应急处理	迅速撤离泄漏污染区人员至上风处,并进行隔离,严格限制出入。建议应急处理人员戴自给正压式呼吸器,穿一般作业工作服,尽可能切断泄漏源。合理通风,加速扩散。漏气容器要妥善处理,修复、检验后再用
急救措施	皮肤接触:若有冻伤,就医治疗 眼睛接触:若有冻伤,就医治疗 吸入:迅速脱离现场至空气新鲜处。保持呼吸畅通。如呼吸困难,给输氧。如呼吸停止,立即进行人工呼吸。就医
灭火方法	二氧化碳不燃。尽可能将容器从火场移至空旷处。喷水保持火场容器冷却,直至灭火结束

续表

操作注意事项	密闭操作。提供良好的自然通风条件。操作人员必须经过专门培训,严格遵守操作规程。防止气体泄漏到工作场所空气中。远离易燃、可燃物。搬运时轻装轻卸,防止钢瓶及附件破损。配备泄漏应急处理设备
储存注意事项	储存于阴凉、通风的库房。远离火种、热源。库温不宜超过30℃。应与易(可)燃物分开存放,切忌混储。储区应备有泄漏应急处理设备
运输注意事项	采用钢瓶运输时必须戴好钢瓶上的安全帽。钢瓶一般平放,并应将瓶口朝统一方向,不可交叉;高度不得超过车辆的防护栏杆,并用三角木垫卡牢,防止滚动。严禁与易燃物或可燃物混装混运。夏季应早晚运输,防止日光暴晒。铁路运输时要禁止溜放
控制措施/个体防护	工程控制:密闭操作。提供良好的自然通风条件 呼吸系统防护:一般不需要特殊防护,高浓度接触时可佩戴空气呼吸器 眼睛防护:一般不需要特殊防护 身体防护:穿一般作业工作服 手防护:戴一般作业防护手套 其他防护:避免高浓度吸入。进入罐、限制性空间或其他高浓度区作业,须有人监护

(4) 氧(压缩)的危险性　氧气主要危险性见表 6-10。

表 6-10　氧气主要危险、有害特性

物质名称	化学品中文名称:氧;化学品俗名:氧气;化学品英文名称:oxygen;技术说明书编码:83;CAS 号:7782-44-7
理化性质	外观与性状:无色无臭气体 熔点－218.8℃　　　相对密度(水＝1):1.14(－183℃) 沸点－183.1℃　　　相对蒸气密度(空气＝1):1.43 分子式:O_2　分子量:32.00　　主要成分:高纯氧≥99.99%(体积分数) 饱和蒸气压:506.62kPa(－164℃)　临界温度:－118.4℃ 临界压力:5.08MPa　　　　溶解性:溶于水、乙醇 主要用途:用于切割、焊接金属,制造医药、燃料、炸药
危险特性	氧气是易燃物、可燃物燃烧爆炸的基本要素之一,能氧化大多数活性物质。与易燃物(如乙炔、甲烷等)形成有爆炸性的混合物
健康危害	常压下,当氧的浓度超过 40% 时,有可能发生氧中毒。吸入 40%～60% 的氧时,出现胸骨后不适感、轻咳,进而胸闷、胸骨后烧灼感、呼吸困难、咳嗽加剧;严重时出现呼吸窘迫综合征。吸入氧浓度在 80% 以上时,出现局部肌肉抽动、面色苍白、眩晕、心动过速、虚脱,继而全身强直性抽搐、昏迷、呼吸衰竭而死亡。长期处于氧分压为 60～100kPa(相当于吸入氧浓度 40% 左右)的条件下可发生眼损害,严重者可失明
应急处理	迅速撤离泄漏污染区人员至上风处,并进行隔离,严格限制出入。切断火源。建议应急处理人员戴自给正压式呼吸器,穿一般作业工作服,避免与可燃物或易燃物接触。尽可能切断泄漏源。合理通风,加速扩散。漏气容器要妥善处理,修复、检验后再用

续表

急救措施	吸入:迅速脱离现场至空气新鲜处。保持呼吸道畅通。如呼吸停止,立即进行人工呼吸。就医
灭火方法	用水保持容器冷却,以防受热爆炸,急剧助长火势。迅速切断气源,用水喷淋保护切断气源的人员,然后根据着火原因选择灭火剂灭火
操作注意事项	提供良好的自然通风条件。操作人员必须经过专门的培训,严格遵守操作规程。远离火种、热源,工作场所严禁吸烟。远离易燃、可燃物。防止气体泄漏到工作场所空气中。避免与活性金属粉末接触。搬运时轻装轻卸,防止钢瓶及附件损坏。配备相应品种和数量的消防器材及泄漏应急处理设备
储存注意事项	储存于阴凉、通风的库房。远离火种、热源。库温不宜超过 30℃。应与易(可)燃物、活性金属粉末分开存放,切忌混储。储区应备有泄漏应急处理设备
运输注意事项	氧气钢瓶不得沾污油脂。采用钢瓶运输时必须戴好钢瓶上的安全帽。钢瓶一般平放,并应将瓶口朝同一方向,不可交叉;高度不得超过车辆的防护栏杆,并用三角木垫卡牢,防止滚动。严禁与易燃物、可燃物、活性金属粉末等混装混运。夏季应早晚运输,防止日光暴晒。铁路运输时要禁止溜放
控制措施/个体防护	工程控制:密闭操作。提供良好的自然通风条件 呼吸系统防护:一般不需要特殊防护 眼睛防护:一般不需要特殊防护 身体防护:穿一般作业工作服 手防护:戴一般作业防护手套 其他防护:避免高浓度吸入

二、生产过程存在的危险性分析

1. 火灾、爆炸

(1) 造气工段　采用的主要原料为煤,属可燃固体。在煤堆场,大量的煤堆积在一起,热量如无法及时散出,煤可能产生自燃,而引发火灾。

造气工段主要制造半水煤气,其主要成分如下:H_2、CO、CO_2、N_2,以及少量的 CH_4、O_2 和微量的 H_2S。其中,H_2、CO、CH_4 极易爆炸。在生产过程中,一旦空气进入煤气柜、洗气塔、煤气总管,H_2、CO 和 CH_4 等与空气混合形成爆炸性混合气体,遇到明火或获得发生爆炸的最小能量,即可发生爆炸。氧含量是煤气生产过程中一个重要的指标,要求控制在 0.5%（体积分数）以下。

另外,在进行停车作业检修过程中,对于设备、管道、阀门等,如果没有进行置换或置换不干净,在动火作业前没有进行动火分析,确定的取样分析部位不对而导致分析结果失真,或者进行作业时,没有采取可靠的隔绝措施,导致易燃易爆气体进入动火作业区域,均可导致火灾、爆炸事故。

造气炉是合成氨生产系统的生产合成氨原料气的关键设备。由于半水煤气不仅极易燃烧、爆炸,有些成分还具有腐蚀性、毒性,而且造气炉在高温条件下运行,其操作条件恶劣,造气周期短,稍有不慎或违反操作规程等都有可能导致造气炉发生爆炸事故。

(2) 脱硫工段　半水煤气中的 H_2、CO、CH_4 和 H_2S 等是易燃易爆的气体。在脱硫工段，常因设备或管道泄漏造成火灾、爆炸；也会因操作不慎、设备缺陷等原因，导致罗茨风机抽负压，使得空气进入系统，与半水煤气混合，形成可爆炸性气体，引起爆炸事故。在生产系统的设备和管道表面，由于 H_2S 气体的作用，常会生成一层疏松的铁的硫化物（FeS 与 Fe_2S_3），该硫化物遇到空气中的氧，极易引起氧化反应，放出大量的热，很快使自身温度升高并达到其燃点而引起自燃。同时，在检修时，设备管道敞开后，也常会因其内部表面铁的硫化物和煤焦油与进入的空气迅速发生氧化反应而引起自燃的现象。

(3) 变换工段　变换工段是在一定的温度和压力下进行的，既存在物理爆炸的危险性，又存在化学爆炸的危险性。在生产过程中，由于设备和管道在制造、检维修中本身存在缺陷或者气体的长期冲刷，设备、管道会因腐蚀等造成壁厚减薄、疲劳，进而产生裂纹等缺陷，如果不能及时发现，及时消除，极易因设备、管道因为承受不了正常工作压力而发生物理爆炸，其发生后又可能引发次生火灾及化学爆炸。

半水煤气转换为变换气后，气体中的 H_2 含量显著增加，高温气体一旦泄漏出来，遇空气易形成爆炸性混合物，遇火或热很容易引起火灾、爆炸事故；如果设备或生产系统形成负压，空气被吸入与煤气混合，形成爆炸性混合物，在高温、摩擦、静电等作用下，也会引起化学爆炸；如果生产系统半水煤气中氧含量超过工艺指标，会引起过氧爆炸，违章动火，违章检修，也会引起化学爆炸。

(4) 压缩工段　易燃、易爆气体经压缩机加压后，其压力和温度都得到提高，可燃气体的爆炸范围随温度高、压力大而扩大。若高压气体泄漏到空间，即使少量也容易形成爆炸性混合物，同时高温、高压气体泄漏时，气流冲击产生静电火花，极易引起火灾、爆炸事故。

氮氢压缩机是合成氨生产的关键设备，压缩介质是易燃易爆气体，而且在高压条件下极易泄漏，容易引起燃烧爆炸事故。燃烧爆炸事故主要有：

① 可燃性气体通过缸体连接处、吸排气阀门、设备和管道的法兰、焊口和密封等缺陷部位泄漏。压缩机零件部位疲劳断裂，高压气体冲出至厂房空间，空气进入压缩机系统，形成爆炸性混合物，此时，如果操作、维护不当或检修不合理，达到爆炸极限浓度的可燃性气体与空气的混合物一遇火源就会发生异常激烈燃烧，甚至引起爆炸事故。

② 气缸润滑采用的矿物润滑油是一种可燃物，当气缸的温度剧升，超过润滑油的闪点后就会产生强烈的氧化，将有燃烧爆炸的危险。另外，呈悬浮状存在的润滑油分子，在高温高压条件下，很容易与空气中的氧发生反应，特别是附着在排气阀、排气管到灼热金属壁面油膜上，其氧化就更为剧烈，生成酸、沥青及其他化合物，它们与气体中的粉尘、机械摩擦产生的金属微粒结合在一起，在气

缸盖、活塞环槽、气阀、排气管道、缓冲罐、油水分离器和储气罐中沉积下来形成积炭。积炭是一种易燃物，在高温过热、意外机械撞击、气流冲击、电气短路、外部火灾及静电火花等条件下都有可能引起积炭自燃，甚至爆炸。

③ 在压缩机启动过程中，没有用惰性气体置换或置换不彻底就启动。因缺乏操作知识，没有打开压缩机出口阀、旁路阀引起超压；在操作过程中因压缩气体调节系统仪表失灵，引起气体压力过高等，都会引起燃烧爆炸事故。

④ 压缩机的机械事故，如活塞杆断裂、气缸开裂、气缸和气缸盖破裂、曲轴断裂、连杆断裂和变形、连杆螺栓断裂、活塞卡住与开裂、机身断裂、压缩机组振动等，可能酿成破坏性事故，有时会因机械事故而引发可燃性气体的二次爆炸。

(5) 醇烃化工段 甲醇和液态烃均属于介电常数较高的危险品，当它们在流动时会与环境介质摩擦生电，积累静电荷到一定程度时放电，产生静电火花，引燃引爆自身或附近其他易燃易爆物质，发生事故。甲醇在常温下是液体，极易燃烧，用水稀释的甲醇在一定温度下仍能够燃烧。甲醇发生泄漏时极易闪燃失火，遇明火、高热、静电火花等激发，不但易发生火灾，而且其蒸气与空气可形成爆炸性混合物，有引起爆炸的危险。

(6) 合成工段 合成工段属于高温、高压工段，且高压、低压并存，这决定了对生产合成氨的设备、管道必须有更高的要求。如果因为材质本身的缺陷，当制造质量不过关，维修质量不合格，外界压力超过设备、管道的承受压力时，便会发生物理爆炸，同时也会引发化学爆炸。在高温高压下，H_2 对碳钢有较强的渗透能力，形成氢腐蚀，使钢材脱碳而变脆（即氢脆）。N_2 也会对设备产生渗氮作用，从而减弱其力学性能。材料自身在高温高压下会发生持续的塑性变形，改变其金相组织，从而引起材料强度、延伸等力学性能下降，使材料产生拉伸、起泡、变形和裂纹而破坏。氢脆、氮蚀、塑性变形的发生，也可引起爆炸事故的发生。

合成工段主要以 H_2 为原料，反应生产氨。H_2 和 NH_3 是易燃易爆气体，而且其爆炸极限在高温高压下将扩大，一旦发生泄漏而与空气混合，极易发生爆炸。

合成氨生产系统存在大量的塔、槽、罐等静设备，由于其大部分承受高温高压，且压力和温度是经常变化的，同时参与工艺过程的介质绝大多数易燃易爆，有腐蚀性和毒性，因此，如有操作失误、违章动火，或因密封装置失效、设备管道腐蚀，或因受设备、管道、阀门制造缺陷的影响等，将会引起泄漏，形成爆炸性化合物，造成爆炸事故。

合成氨生产系统存在大量的换热器，有的换热工作要求在高温、高压条件下进行，有的换热工作流体具有易燃易爆、有毒、腐蚀性的特点。如果换热器的设计不合理、存在制造缺陷、材料选择不当、腐蚀严重，或违章作业、操作失误和维护管理不善，可能导致换热器发生燃烧爆炸、严重泄漏和管束失控等事故。

（7）制氧工段　空气压缩机的火灾爆炸事故多发生在轴瓦、电极及排气管路（管道、冷凝器、油分离器）中，主要原因有：空气压缩机冷却水中断或供应量不足，电动机内产生火花、燃烧或温度高于100℃，注油泵或系统出现故障导致润滑油中断或供应量不足，排气管路的积炭氧化自燃。

空气中的危险杂质是烃类化合物，特别是乙炔。在精馏过程中，如果乙炔在液空和液氧浓缩到一定程度时有发生爆炸的可能。精馏塔爆炸的时间往往在设备启动阶段，停车排放液氧时，或运转不正常，液氧液面迅速下降，有较大幅度波动时。

液氧从设备或管道的不密闭处泄漏出来，渗透到精馏塔下的木垫或其他可燃物质上，会迅速点燃有机可燃物，遇上火花也会发生猛烈爆炸。

液氧泵泵体内落入铁屑、铝末及珠光砂等异物会发生爆炸事故；泵体内泄漏出的氧与润滑油等接触发生爆炸事故。

液氧在常温、常压下能迅速汽化，易于短时间内在周围形成一定压力的富氧区域，而且由于液氧的大量蒸发，储槽内的乙炔浓度也可能提高，因此，造成起火和爆炸的危险性比气氧大得多，泄漏的液氧与周围的有机物接触会发生火灾或爆炸事故。

2. 中毒和窒息

生产中存在的大量有毒物质，如一氧化碳、硫化氢、五氧化二钒、甲醇等，因设备、管道、阀门的泄漏或设备故障后的毒物泄漏，工作人员吸入或不慎接触，会引发中毒、窒息的伤害事故。其主要危险如下：

① 在合成氨生产过程中，系统中存在的半水煤气、氨均为有毒物质，这些物质如果大量泄漏，会造成大面积中毒事故。

② 甲醇生产过程中，甲醇也是有毒物质，当甲醇发生泄漏时，其蒸气或液体被人吸入或食入，会发生人员中毒事故。

③ 二氧化碳属窒息性气体，二氧化碳生产过程中如果发生二氧化碳泄漏会造成人员窒息。

3. 灼烫

在合成氨生产过程中，由于存在着高温蒸汽、高温反应物料、酸碱介质，许多设备、管道属于高温物体，酸碱液体如果处于暴露状态均可能被人体触及，对人造成高温烫伤或化学灼伤危害。变换、醇烃化与氨合成系统中的高温反应设备、换热器及管道的外壁温度很高，因保温脱落或隔热措施不当，会造成高温物体对人体的烫伤。脱盐水的酸碱溶液可能对人产生化学灼伤。

4. 腐蚀

氮肥生产过程中存在的煤气中的硫化氢、二氧化碳和脱硫液等，特别是硫化氢可以使生产装置、设施长期遭受腐蚀，轻者造成跑、冒、滴、漏，易燃易爆及有毒物质缓慢泄漏，重者使设备、管道、操作平台等的强度降低，进而发生破裂和损坏，造成易燃易爆及有毒物质的大量泄漏，导致火灾爆炸或急性中毒事故的发生。

第三节　合成氨工艺安全生产技术

一、防火防爆技术

合成氨生产采用的主要原料为石油、天然气、煤等，在目前我国的合成氨生产所用原料主要是煤，因为我国的资源现状是"富煤、缺油、少气"，基于这样的资源分布，绝大多数合成氨厂使用煤来作原料。在这里，我们主要以煤作原料来介绍合成氨工艺的安全生产技术。煤属于可燃固体，这些物质在常温下不易引起燃烧，但如遇高温，可能引起燃烧，在煤的堆场，大量的煤堆积在一起，热量如无法及时散出，煤可能产生自燃而引发火灾。防火防爆技术是合成氨工业安全技术的重要内容，为了保障安全生产，必须做好预防工作，消除可能引起燃烧爆炸的危险因素，这是防火防爆最根本的解决办法。

1.火灾爆炸危险的控制

（1）工艺过程中的控制因素　在工艺过程中不用或少用易燃易爆物，当然，这只是在工艺上可行的条件下进行，如通过工艺或生产设备的技术改造，使用不燃溶剂或火灾爆炸危险性较小的难燃溶剂代替易燃溶剂。

（2）采用和加强密闭系统　为了防止易燃气体、蒸气和可燃性粉尘与空气混合形成爆炸性混合物，须设法使生产设备和容器尽可能密闭。对于具有压力的设备，应更注意它的密闭性，以防止气体或粉尘逸出与空气混合达到爆炸浓度；对于真空设备，应防止空气流入设备内部达到爆炸极限而引发爆炸事故。

对危险设备及系统应尽量少用法兰连接，但要保证安装检修方便；输送危险气体、液体的管道应采用无缝钢管，盛装腐蚀性介质的容器，底部尽可能不装开关和阀门，腐蚀性液体应从顶部抽吸排出；如果设备本身不能密封，可采用液封、负压操作，以防系统中有毒或可燃性气体溢入厂房内。

所有压缩机、液泵、导管、阀门、法兰接头等容易泄漏部位应经常检查，填料如有损坏应立即调换，设备在运行中也应经常检查气密情况，操作压力必须严格控制，不允许超压运行。

（3）搞好通风除尘　要使设备完全密封是有困难的，尽管已经考虑得很周到，但总会有部分蒸气、气体或粉尘泄漏到器外。对此，必须采取另外一些安全措施，使可燃物的含量达到最低。也就是说，要保证易燃、易爆、有毒物质在厂房（含库房）里不超过最高允许浓度，这就要设置良好的通风除尘装置。

（4）惰性化　在可燃气体、蒸气或粉尘与空气的混合物中充入惰性气体，降低氧气、可燃物的百分比，从而消除爆炸危险和阻止火焰的传播，这就是惰性化。

对大多数可燃气体而言，最小氧气浓度约为 10％（体积分数）；对大多数粉尘而言，最小氧气浓度为 8％（体积分数）。

（5）检测空气中易燃易爆物质的含量　在可燃有毒物质（气体、蒸气、粉尘）可能泄漏的区域设报警仪，控制厂房空气中、生产设备系统内易燃气体、蒸气和粉尘的浓度，是保证安全生产的重要手段之一。

（6）工艺参数的安全控制　在化工（危险化学品）生产过程中，工艺参数主要是指：温度、压力、流量、料比等。按工艺要求严格控制工艺参数在安全限度以内，是实现化工（危险化学品）安全生产的基本条件，而对工艺参数的自动调节和控制则是保证生产安全的重要措施。

2. 工艺参数的安全控制

（1）准确控制反应温度　温度是化工生产的主要控制参数之一，不同的化学反应过程都有其最适宜的反应温度。在进行化学反应装置设计时，按照一定的目标并考虑到多种因素设计最佳反应温度，这个工艺温度一定是一个稳定的定态温度。只有严格按照这个温度操作，才能获得最大的生产效益，并且安全可靠。因此，正确控制反应温度不仅是工艺的要求，也是化工生产安全所必需的。

温度控制不当时：温度过高，可能引起剧烈反应，使反应失控发生冲料或爆炸；反应物有可能分解着火，造成压力升高，导致爆炸；可能导致副反应，生成新的危险物或过反应物；可能导致液化气体和低沸点液体介质急剧蒸发，引发超压爆炸。温度过低，可能引起反应速率减慢或停滞，一旦反应温度恢复正常，因未反应物料积累过多导致反应剧烈引起爆炸；可能使某些物料冻结，造成管路堵塞或撑破，致使易燃物泄漏引起燃烧、爆炸。

准确控制反应温度的基本措施就是及时地从反应装置中移去反应热，做到正确选择和维护换热设备，正确选择和使用传热介质，防止搅拌中断。

（2）严格控制操作压力　压力是化工生产的基本参数之一。化工生产中为达到加速化学反应，提高平衡转化率等目的，普遍采用加压或负压操作，使用的反应设备大部分是压力容器。准确控制压力是化工安全生产的迫切要求。加压或负压操作的主要危险有：加压能够强化可燃物料的化学活性，扩大爆炸极限的范围；久受高压作用的设备容易脱碳、变形、渗漏，以致破裂和爆炸；高压可燃气体若从设备、系统的连接薄弱处泄漏，极易导致火灾爆炸。压力过低，可能使设备变形；负压操作系统，空气容易渗入设备内与可燃物料形成爆炸性混合物。严格控制压力的基本措施在于必须保证受压系统中所有设备和管道等的设计耐压强度和气密性；必须有安全阀等泄压设施，必须按照有关规定正确选择、安装和使用压力计，并保证其运行期间的灵敏性、准确性和可靠性。

（3）精心控制投料的速度、配比和顺序　化工生产中，投料的速度、配比和顺序将影响反应进行的速率、反应的放热速率和反应产物的生成等。按照工艺规程，正确控制投料的速度、配比和顺序是安全生产的必然要求。

投料控制不当的主要危险性：投料速度过快，使设备的移热速率随时间的变化率小于反应的放热速率随时间的变化率，出现完全偏离定态的操作，温度失去控制，可能引起物料的分解、突沸而发生事故；投料速度过快还可能造成尾气吸收不完全，引起毒气和易燃气体的外移，导致事故。投料速度过慢，往往造成物料积累，温度一旦适宜，反应便会加剧进行，使反应放热不能及时导出，温度及压力超过正常指标，造成事故。

投入物料配比十分重要，要精心控制。能形成爆炸混合物的物料，其配比必须严格控制在爆炸极限范围以外，否则将发生燃烧爆炸事故；催化剂对化学反应的速率影响很大，如果催化剂过量，可能发生危险。某些反应投料发生遗漏，可能产生热敏性物质，发生分解爆炸。投料过少，使温度计接触不到料面，造成判断错误，也可能引发事故。随意采用补加反应物的方法来提高反应温度也是十分危险的。

（4）有效控制物料纯度和副反应　许多化学反应，由于反应物料中危险杂质的增加导致副反应、过反应的发生而造成燃烧和爆炸。化工生产原料和成品的质量及包装的标准化是保证生产安全的重要条件。

物料纯度和副反应的有效控制是十分重要的。原料中某些杂质含量过高，生产过程中极易发生燃烧爆炸；循环使用的反应原料气中，如果其中有害杂质气体不清除干净，在循环过程中就会越积越多，最终可能导致爆炸；若反应进行得不完全，使成品中含有大量未反应的半成品，或发生过反应，生成不稳定的或化学活性范围较高的过反应物，均有可能导致严重事故。

3. 控制火灾爆炸的蔓延

限制火灾爆炸事故蔓延的基本内容大致有如下几个方面：

（1）考虑总体布局，厂址选址和厂区总平面的配置对限制灾害的要求。

（2）按建筑防火防爆的要求设计。

（3）按规范设置消防扑救设施。

常用的防爆泄压装置有安全阀、防爆膜、放空阀、排污阀，主要是防止物理性超压爆炸。安全阀应定期校验，选用安全阀时要注意使用压力和泄压速度。

防止火灾蔓延是防止火灾爆炸事故发生的一项重要措施，常用的阻火措施有：切断阀、止逆阀、安全水封、水封井、阻火器、防火墙等。这些设施的作用是防止火灾发生时的火焰的蔓延。

对这些设施，应当利用计划小修对其进行清理、检查、维护、保养，以保证安全生产。另外，在建筑上应采用防火墙、防火门、防火堤、防火带及合理的间距，采取防火等级厂房等措施。

二、气化工艺安全技术

1. 工艺操作要求

（1）工艺条件

① 温度　燃料层温度是沿着炉的轴向而变化，一氧化层温度最高。操作温度一般指氧化层温度，简称炉温。高炉温对制气阶段有利，总的表现为蒸汽分解率高，煤气产量高、质量好。但炉温是由吹风阶段确定的，高炉温将导致吹风气温度高，而且一氧化碳含量高，造成热损失大。为解决这一矛盾，在流程设计中，应对吹风气的显热及燃烧热做充分的回收，并根据碳-氧之间的反应特点，加大风速，以降低吹风气中一氧化碳的含量。在这一前提下，以略低于燃料的灰熔点，维持炉内不致结焦为条件，尽量在较高温度下操作。

生产中测定燃料灰熔点时多将灰渣堆成锥状，置于还原性气氛中加热，可观测到与灰熔点有关的三个温度：a.变形温度 T_1——此时角锥尖峰变圆；b.软化温度 T_2——角锥上部变形，进而倒在试台上；c.熔融温度 T_3——灰渣呈熔融状，可沿试台流动。

对于固定床气化过程，灰分在 T_2 温度时开始粘连结疤，气化条件恶化。因此，要求燃料的 T_2 应高于1250℃，炉温在实际操作中较 T_2 降低50℃。

② 吹风速度　提高炉温的主要手段是增大吹风速度和延长吹风时间。提高吹风速度，可使氧化层反应速率提高，且使二氧化碳在还原层中停留时间减少，最终表现为吹风气中一氧化碳含量的降低，从而减少了热损失。但风量过大，将导致飞灰增加，燃料损失加大，甚至燃料层出现风洞以致被吹翻，造成气化条件严重恶化。

③ 蒸汽用量　改变蒸汽用量是改善煤气产量的重要手段之一，此量随蒸汽流速和加入的延续时间而改变。蒸汽一次上吹制气时，炉温较高，煤气产量与质量较好，但随着制气的进行，气化区温度迅速下降并上移，造成出口煤气温度升高，热损失加大，所以上吹时间不宜过长。蒸汽下吹时，使气化区恢复到正常位置，特别是对下吹蒸汽进行余热回收的流程，由于蒸汽温度较高，制气情况良好，所以下吹时间比上吹长，蒸汽用量过大将导致蒸汽分解率降低。

一般而言，风量每增加 $1500 \text{m}^3/\text{h}$，可增加蒸汽流量 0.25t/h。蒸汽用量改变 0.2t/h 时相当于改变 1% 的制气百分比，在调节两者之间的分配时，以改变百分比的效果更好。通常调节上下吹百分比和蒸汽用量，主要依据是单炉上下吹气体成分中二氧化碳含量的多少和蒸汽分解率的高低。

④ 燃料层高度 对制气阶段，较高的燃料层将使水蒸气停留时间较长，而且燃料层温度较为稳定，有利于提高蒸汽分解率。但对吹风阶段，由于吹风空气与燃料接触时间加长，吹风气中一氧化碳含量增加。根据实践经验，对粒度较大、热稳定性能好的燃料，采用较高的燃料层是可取的。但对粒度小或热稳定性差的燃料，则燃料层不宜过高。

⑤ 循环时间及其分配 每一工作循环所需的时间，称为循环时间。一般来说，循环时间长，气化层温度和煤气的产量、质量波动大。循环时间短，气化层的温度波动小，煤气的产量、质量也较稳定，但阀门开关占有的时间相对加长，影响煤气发生炉气化温度，且因阀门开关过于频繁，易于损坏，根据自控水平及维护炉内较为稳定的原则，一般循环时间等于或略高于3min。循环时间一般不做随意调整，在操作中可由改变工作循环各阶段时间的分配来改善气化炉的工况。循环中各阶段的时间分配，随燃料的性质和工艺操作的具体要求而异。吹风阶段的时间，以能提供制气所必需的热量为限，其长短主要取决于燃料灰熔点及空气流速等。空气流速较大，可缩短吹风时间。上下吹制气阶段的时间，以维持气化区稳定、煤气质量及热能的合理利用为原则。二次上吹和空气吹净阶段的时间短，以能够达到排净气化炉下部空间和上部空间残留煤气为原则。

⑥ 气体成分 气体成分调节主要调节半水煤气中一氧化碳和氢气与氮气的比值。方法是改变加氮空气量，或改变空气吹净时间。在生产中还应经常注意保持半水煤气中低的氧含量（≤0.5%），否则将引起后继工序的困难，氧含量过高有爆炸的危险。

⑦ 工艺条件的调整 气化操作中，优质的固体燃料（焦炭或无烟煤）对固定层煤气发生炉气化时允许的燃料层较高，吹风速度大，炉温高，因而蒸汽分解率高，煤气产量大；而对劣质的固体燃料，则应根据具体情况调整工艺操作指标。如灰熔点低，则吹风时间不宜过长，适当提高上吹蒸汽加入量，以防结疤。对含固定碳低的燃料，应勤加料、勤排渣，以提高气化强度。对机械强度及热稳定性差的固体燃料，则宜采用低燃料层气化，以减小床层阻力。

(2) 工艺流程 整个造气过程由吹风、上吹制气、下吹制气、二次上吹、空气吹净五个阶段组成。粒度合格的原料煤块，经皮带运至各造气炉料仓，由自动加煤装置将煤连续均匀地送入造气炉内，由鼓风机鼓入空气进行燃烧，调高炉温，积蓄热量，生产的吹风气经炉上部进入旋风除尘器除尘后去吹风气回收工段。在造气炉内吹风后便转入制气阶段，将混有少量空气的过热蒸汽分别从炉底和炉上部通入炉内，与灼热的碳层发生反应。反应式如下：

$$2C+O_2 \longrightarrow 2CO$$
$$C+O_2 \longrightarrow CO_2$$
$$C+H_2O \longrightarrow CO+H_2$$

产生的煤气分别称为上行煤气和下行煤气，上、下行煤气进入热管锅炉回收热量后，进入洗涤塔冷却至常温送入气柜。

采用自动加煤后，制气循环时间仍然为 2～3min，加煤为每个循环加一次，且在每次循环的下吹制气时加煤，每次加煤约 75kg，以便稳定炉温，增加有效制气时间。

循环时间（120～160s）分配：吹风 19％～25％；上吹制气 20％～24％；下吹制气 30％～49％；二次上吹 7％～8％；空气吹净 4％～5％。

2. 安全操作技术特点

尘毒危害及防治：原料气中存在一氧化碳、硫化氢等有毒物质，煤气洗涤水中有氰化物，供煤系统存在煤尘，这些物质对人体都有不同程度的危害。生产岗位应配备相应的过滤式防毒面具和空气呼吸器，生产现场应加强通风换气和有毒有害物质的检测，在浓度容易达到危害含量的场所应设置有毒有害气体浓度自动报警仪。

煤气中 CO 含量偏高，能造成系统燃烧爆炸。预防措施：严格控制工艺指标，精心操作，严防炉况恶化造成炉内吹翻、吹风洞；保证阀门（下行阀、空气阀、上加氮阀）变向正常，起落到位。

油泵突然断电，无油压，造成下灰圆门张开，喷火爆炸。预防措施：油泵设置双回路电源，下灰圆门加装重锤和自锁装置；烟囱阀门改为失压后打开（上提关、下落开）的阀门，如遇突然断油后可及时泄压。

夹套锅炉严重缺水时，突然加水或锅炉超压，引起爆炸。预防措施：加强对员工的责任心教育，精心操作，准确判断液位真假，避免缺水事故的发生；当缺水或严重缺水时，紧急停车，锅炉降温，缓慢加水。

因操作不当，气柜抽瘪变形，发生泄漏，引发着火爆炸或中毒。预防措施：加强岗位间的联系和协作，加强日常巡回检查，异常问题早发现、早处理；罗茨风机进口压力与气柜高度底限报警或跳车，防止气柜抽瘪，大量缺水时要查明原因，及时补水，防止泄漏。

三、合成氨工艺安全控制

1. 重点监控的工艺参数

合成氨、压缩机、氨储存系统的运行基本控制参数，包括温度、压力、液位、物料流量及比例等。

2. 安全控制基本要求

合成氨装置温度、压力报警和联锁；物料比例控制和联锁；压缩机的温度、入口分离器液位、压力报警联锁、紧急冷却系统；紧急切断系统；安全泄放系统；可燃、有毒气体检测报警装置。

3. 宜采用的控制方式

将合成氨装置内温度、压力与物料流量、冷却系统形成联锁关系；将压缩机温度、压力、入口分离器液位与供电系统形成联锁关系；紧急停车系统。

合成单元自动控制还需要设置以下几个控制回路：①氨分、冷交液位；②废热锅炉液位；③循环量控制；④废热锅炉蒸汽流量；⑤废热锅炉蒸汽压力。

安全设施包括安全阀、爆破片、紧急放空阀、液位计、单向阀及紧急切断装置等。

第七章

裂解（裂化）工艺

第一节 裂解（裂化）工艺基本知识

一、裂解（裂化）工艺基础

1. 裂解（裂化）概念

烃类裂解是在催化剂存在条件下，对石油烃类进行高温裂解来生产乙烯、丙烯、丁烯等低碳烯烃，并同时兼产轻质芳烃的过程。由于催化剂的存在，催化裂解可以降低反应温度，增加低碳烯烃产率和轻质芳香烃产率，提高裂解产品分布的灵活性。

裂解是在热作用或催化剂作用下，使烃类分子发生碳链断裂，生成较小分子烃类，使重质燃料油加工成辛烷值较高的汽油等轻质燃料油的化学过程。裂化过程可以分为热裂化、催化裂化等。

2. 反应机理

一般来说，催化裂解过程既发生催化裂化反应，也发生热裂化反应，是碳正离子和自由基两种反应机理共同作用的结果，但是具体的裂解反应机理随催化剂的不同和裂解工艺的不同而有所差别。

在 Ca-Al 系列催化剂上的高温裂解过程中，自由基反应机理占主导地位；在酸性沸石分子筛裂解催化剂上的低温裂解过程中，碳正离子反应机理占主导地位；而在具有双酸性中心的沸石催化剂上的中温裂解过程中，碳正离子和自由基反应机理均发挥着重要的作用。

3. 影响因素

同催化剂法类似，影响催化裂解的因素主要包括以下几个方面，即原料组成、催化剂性质、操作条件、反应装置等。

（1）原料组成 一般来说，原料油的 H/C 和特性因素 K 越大，BMCL 值越小，则裂化得到的低碳烯烃（乙烯、丙烯、丁烯等）产率越高。原料的残炭值越大，硫、氮基重金属含量越高，则低碳烯烃产率越低。各族烃类作裂解原料时，低碳烯烃产率的大小次序一般是烷烃＞环烷烃＞异构烷烃＞芳香烃。

（2）催化剂性质 催化裂解催化剂分为金属氧化物型裂解催化剂和沸石分子筛型裂解催化剂两种。催化剂是影响催化裂解工艺中产品分布的重要因素。裂解催化剂应具有高的活性和选择性，既要保证裂解过程中生成较多的低碳烯烃，又要使氢气和甲烷以及液体产物的收率尽可能低，同时还应具有高的稳定性和机械强度。对于沸石分子筛型裂解催化剂，分子筛的孔结构、酸性及晶粒大小是影响催化剂作用的三个最重要的因素。而对于金属氧化物型裂解催化剂，催化剂的活性成分、载体和助剂是影响催化作用的最重要的因素。

（3）操作条件 操作条件对催化裂解的影响与其对催化裂化的影响类似，以轻柴油裂解原料的裂解气高压法顺序分离原料的雾化效果和气化效果越好，原料油的转化率越高，低碳烯烃产率也越高。反应温度越高，剂油比越大，则原料油转化率和低碳烯烃产率越高，但是，焦炭的产率也越高。由于催化裂解的反应温度较高，为防止过度的二次反应，油气停留时间不宜过长，而反应压力的影响相对较小。从理论上分析，催化裂解应尽量采用高温、短停留时间、大蒸汽量和大剂油比的操作方式，才能达到最大的低碳烯烃产率。

（4）反应装置 反应装置形式主要有固定床、移动床、流化床、提升管和下行输送床反应器等。针对 CPP 工艺，采用纯提升管反应器有利于多产乙烯，采用提升管加流化床反应装置有利于多产丙烯。反应装置是催化裂解的重要影响因素。

（5）催化裂解原料 石蜡基原料的裂解效果优于环烷基原料，因此，绝大多数催化裂解工艺采用石蜡基的馏分油或者重油作为裂解原料。对于环烷基的原料，特别是针对加拿大油砂沥青得到的馏分油和加氢馏分油，其重质油国家重点实验室开发了专门的裂解催化剂。初步评价结果表明，乙烯和丙烯总产率接近30%（质量分数）。

4. 裂解（裂化）主要原料和产品

烃类热裂解制乙烯原料来源很广，按组态分为气态和液态。气态原料有天然气、油田伴生气、炼厂气、液化石油气，以及裂解循环的乙烷、丙烷等。液态原料有原油及其一次加工液体产品（如石脑油、煤油、轻柴油、减压柴油、脱沥青油和渣）和二次加工液体产品（催化裂化加氢汽油、柴油、催化裂化渣油）。目前，我国热裂解主要原料为轻柴油。

裂解产品主要生成物有：氢气、甲烷、乙烷、乙烯、丙烯、碳四烃、碳五烃、裂解汽油和燃料油，还有少量一氧化碳、二氧化碳和硫化氢等。

裂解加工原料范围很广，大体上可分为馏分油和渣油两大类。馏分油主要有直馏分油和二次加工产物。直馏分油包括常压馏分和减压馏分，二次加工产物包括焦化蜡油、脱沥青油、润滑油脂蜡的蜡膏、蜡下油。

裂化产物包括气体产品、液体产品和焦炭，气体产物由氢气、硫化氢和 C_1、C_2 烃类等组成。液体产品主要成分为汽油和柴油。

5. 裂解（裂化）过程的特点

（1）裂解（裂化）反应均为吸热反应　反应原料进入反应器之前要经过加热炉加热，以提供所需要的热量，因此，该类装置均使用明火。

（2）裂解（裂化）反应温度很高　热裂解温度高达 750℃以上，催化裂化的反应温度为 460～510℃，催化裂化的催化剂再生温度为 690～710℃。反应温度已高于原料和产品的自燃点，一旦装置出现泄漏，原料、产品与空气接触会发生燃烧。在如此高温下，产物会进一步发生二次反应，生成固态焦。

（3）裂解（裂化）原料和产品多为易燃易爆物质。

二、烃类裂解（裂化）工艺过程

1. 烃类热裂解工艺过程

热裂解反应要点是高温、短停留时间、低烃分压，反应温度高达 1073～1173K，停留时间一般为 0.01～0.7s。因此，设备要满足短时间内将原料加热到反应的高温并供反应必需的热量。而反应后迅速降温，以便终止进一步反应。裂解工艺核心设备是裂解炉，它作用是使裂解反应迅速降温，并使反应在确定的高温下进行。裂解炉有不同的类型，其中以管式裂解炉最为成熟，在国内应用也最为普遍，见图 7-1。

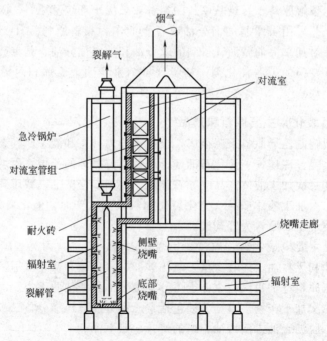

图 7-1　SRT 管式裂解炉结构

裂解工艺过程包括原料油供给和预热系统、裂解和高压水蒸气系统、急冷和燃料油系统、急冷水和稀释水蒸气系统。以轻柴油裂解工艺为例，其工艺流程如图 7-2 所示。

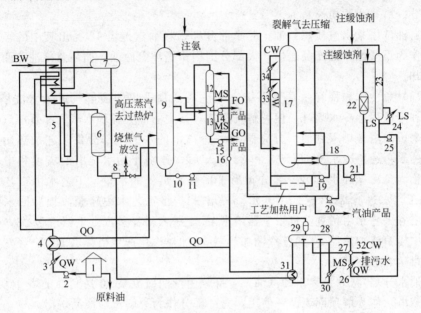

图 7-2　轻柴油裂解工艺流程

1—原料油储罐；2—原料油泵；3,4—原料油预热器；5—裂解炉；6—急冷换热器；7—汽包；8—急冷塔；9—油洗塔（汽油初分馏塔）；10—急冷油过滤器；11—急冷油循环泵；12—燃料油汽提塔；13—裂解轻柴油汽提塔；14—燃料油输送泵；15—裂解轻柴油输送泵；16—燃料油过滤器；17—水洗塔；18—油水分离器；19—急冷水循环泵；20—汽油回流泵；21—工艺水泵；22—工艺水过滤器；23—工艺水汽提塔；24—再沸塔；25—稀释蒸汽发生器给水泵；26,27—预热器；28—稀释蒸汽发生器汽包；29—分离器；30—中压蒸汽加热器；31—急冷油加热器；32—排污水冷却器；33,34—急冷水冷却器；QW—急冷水；CW—冷却水；MS—中压水蒸气；LS—低压水蒸气；QO—急冷油；FO—燃料油；GO—裂解轻柴油；BW—锅炉给水

（1）原料油供给和预热系统　原料油从原料油储罐经原料油预热器 3 和 4 与过热的急冷水急冷油热交换后进入裂解炉 5 的预热段。

（2）裂解和高压水蒸气系统　预热过的原料油进入对流段，经初步预热后与稀释水蒸气混合，再进入裂解炉的第二预热段预热到一定程度，然后进入裂解炉的辐射室进行裂解。炉管出口的高温裂解气迅速进入急冷换热器 6，快速终止裂解反应后再依次进入急冷塔 8 和油洗塔 9（汽油初分馏塔）。

急冷换热器的给水先在对流段预热并汽化后送入汽包 7，靠自然对流流入急冷换热器 6 中，产生 11MPa 的高压蒸汽去过热锅炉。

（3）急冷和燃料油系统　裂解气在急冷塔 8 中用急冷油直接喷淋冷却，然后与急冷油一起进入油洗塔 9（汽油初分馏塔），塔顶采出物为氢、气态烃、裂解汽油、烯烃蒸气和酸性气体。

裂解轻柴油从油洗塔侧线采出，经裂解轻柴油汽提塔 13 汽提其中的轻组分后，作为裂解轻柴油产品。裂解轻柴油含有大量烷基萘，是制萘的原料，称为制萘馏分。塔釜为重质燃料油。

自油洗塔采出重质燃料油，一小部分经燃料油汽提塔 12 提出其中的轻组分后，作为重质燃料油产品送出，大部分则用作循环急冷油。循环急冷油分两端进行冷却。

（4）急冷水和稀释水蒸气系统　油洗塔 9 顶采出的裂解气进入水洗塔 17，塔顶和中段用急冷水喷淋，使裂解气冷却，其中一部分稀释水蒸气和裂解汽油冷凝下来，由塔釜排入到油水分离器 18，分离出的水的一部分供工艺加热用，冷却后的水再经急冷水冷却器 33 和 34 冷却后，分别作为水洗塔的塔顶和中段回流，称为急冷循环水。另一部分相当于稀释水蒸气的水量，工艺水由工艺水泵 21 经工艺水过滤器 22 送入工艺水汽提塔 23，将工艺水中轻烃汽提后回水洗塔 17，塔釜工艺水由稀释蒸汽发生器给水泵 25 送入稀释蒸汽发生器汽包 28，再分别由中压蒸汽加热器 30 和急冷油加热器 31 加热汽化产生稀释水蒸气，经气液分离后再送入裂解炉。

油水分离器 18 分离出的汽油，一部分由汽油回流泵 20 送到油洗塔 9（汽油初分馏塔）作为塔顶回流循环使用，另一部分作为裂解汽油产品送出。

水洗塔 17 顶为脱除大部分汽油的裂解气，温度约 313K，作为产品送至压缩系统分离出烯烃等产品。

2. 催化裂化工艺过程

催化裂化是在催化剂存在的情况下，对石油烃类进行高温裂解来生产乙烯、丙烯、丁烯等低碳烯烃，并同时兼产轻质芳烃的过程。由于催化剂的存在，可以降低催化裂解反应温度，增加低碳烯烃产率，提高裂解产品分布的灵活性。

催化裂化过程的工艺主要包括四个部分：a. 反应-再生系统；b. 分馏系统；c. 吸收稳定系统；d. 再生烟气预热回收系统。原料喷入提升管反应器下部，在此处与高温催化剂混合、汽化并发生反应，反应温度 480～530℃，压力 0.14MPa（表压）。反应油气与催化剂在沉降器和旋风分离器（简称旋分器）中分离后，进入分馏塔分出汽油、柴油和重质回炼油。裂化气经压缩后去气体分离系统。结焦的催化剂在再生器中用空气烧去焦炭后循环使用，再生温度为 690～710℃。

（1）反应-再生系统　反应-再生系统是催化裂化装置的核心部分，下面以高低并列式提升管催化装置的反应-再生系统为例来阐述工艺过程，其工艺流程见图 7-3。

新鲜原料经换热后与回炼油混合，进入加热炉预热到 300～380℃，由原料油喷嘴以雾化状填入提升管反应器下部，回炼油不经加热直接进入提升管反应

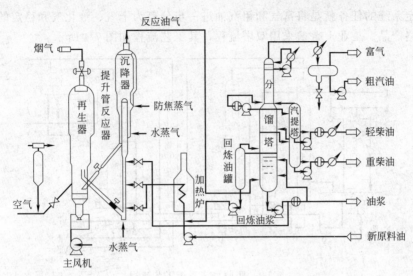

图 7-3 催化裂化反应-再生和分馏系统工艺流程

器，与来自再生器的高温催化剂（650～700℃）接触并立即汽化，油气与预提升水蒸气混合，以 7～8m/s 的速度携带催化剂沿提升管向上流动。经快速分离器，大部分催化剂被分出落入沉降器下部。气体携带少量催化剂，经两级旋风器分离出夹带的催化剂后送入集气室，由沉降器顶部出口送出进入分馏系统。

积有焦炭的催化剂（待生剂）自沉降器下落入汽提段，用过热水汽提吸附在催化剂表面及内部微孔中的油气。经汽提后的待生剂通过斜管、待生单动滑阀进入再生器，由来自再生器底部的空气流化，同时进行再生（燃烧）反应，放出热量，过量的燃烧热通过取热器移出。再生后的催化剂（再生剂）经淹流管、再生剂斜管和再生单动阀进入提升管反应器。以上为催化剂的循环过程。

烧焦产生的再生烟气，经旋风器分离出夹带的大部分催化剂后，通过集气室和双动滑阀排入再生烟气能量回收系统。回收的催化剂经旋风器料腿送回再生床层。

（2）分馏系统 分馏系统的主要任务是在稳定的操作状态下，把反应器送来的混合油气按沸程分割成富气、粗汽油、轻柴油、重柴油、回炼油和油浆等馏分。催化裂化分馏系统典型工艺流程如图 7-3 所示。

从反应器来的 460～510℃的高温油气，夹带少量的催化剂粉末，进入分馏塔下部的脱过热段。脱过热段装有约 10 块人字形（或环形）挡板。反应油气与冷却到 280℃左右的循环油浆经过挡板逆流接触，一方面洗掉反应油气中夹带的催化剂，另一方面回收反应油气中的过剩热量，使油气由过热状态变为饱和状态，然后在分馏塔精馏段分离成富气、粗柴油、重柴油和回炼油。

（3）吸收稳定系统 分馏塔顶油气分离器出来的富气中带有粗汽油组分，吸收稳定系统的任务就是将富气和粗汽油进一步分离为干气、液化气和稳定的汽油等合格产品。工业上普遍采用双塔流程，其工艺流程如图 7-4 所示。

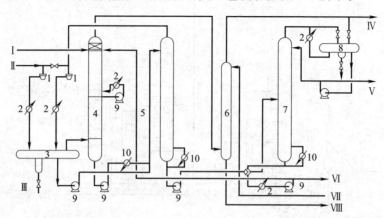

图 7-4　吸收稳定系统工艺流程

1—压缩机；2—冷凝（冷却）器；3—平衡罐；4—吸收塔；5—解吸塔；6—再吸收塔；7—稳定塔；
8—液化气罐；9—离心泵；10—再沸器（加热器）；Ⅰ—粗汽油；Ⅱ—气体压缩机来高压气；
Ⅲ—含硫污水；Ⅳ—干气；Ⅴ—液化气；Ⅵ—稳定汽油；Ⅶ—分馏塔来轻柴油；Ⅷ—饱和柴油

来自分馏系统油气分离器的富气经压缩升压后，冷却并分出凝缩油，压缩富气进入吸收塔底，粗汽油和稳定汽油作为吸收剂由塔顶加入，吸收了 C_3、C_4 及部分 C_2 的富吸收液由塔釜抽出送至解吸塔顶。吸收塔设两个中段回流，由第 9板和第 16 板抽出，经冷却后返回至第 8 板和第 15 板，移出吸收过程放出的热量，维持吸收温度。吸收塔顶排出携带少量吸收剂的贫气，经再吸收塔用轻柴油回收其中汽油后成为干气送燃料气管网，经再吸收塔釜返回分馏塔。解吸塔将富吸收液中的 C_2 组分解吸出来，由塔顶引出进入中间平衡罐，塔底为脱乙烷汽油送至稳定塔。稳定塔实质上是个精馏塔，塔顶为 C_4 以下轻组分（即液化气），塔釜即为蒸气压合格的稳定汽油。

（4）再生烟气能量回收系统　再生烟气能量回收工艺流程如图 7-5 所示。

来自再生器的高温烟气经三级旋风器，除去夹带的绝大部分催化剂微粒，通过调节蝶阀进入烟气轮机（烟气透平）膨胀做功，驱动主风机转动，提供再生所需空气。从烟气轮机出来的烟气进入废热锅炉回收余热。

3. 加氢裂化工艺过程

加氢裂化是石油炼制过程之一，是在加热、高氢压和催化剂存在的条件下，使重质油发生裂化反应，转化为气体、汽油、喷气燃料、柴油等的过程。加氢裂化原料为原油蒸馏所得到的重质馏分油，包括减压渣油经溶剂脱沥青后的轻脱沥青油。其主要特点是生产灵活性大，产品产率可以用不同操作条件控制，或以生产汽油为主，或以生产低冰点喷气燃料、低凝点柴油为主，或用于生产润滑油原

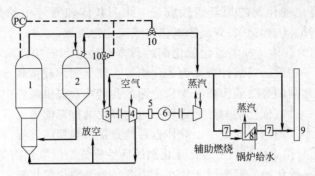

图 7-5 再生烟气能量回收工艺流程

1—再生器；2—三级旋风分离器；3—燃气轮机；4—主风机；5—增速箱；6—电动机/发电机；

7—水封箱；8—余热锅炉；9—烟囱；10—调节蝶阀

料，产品质量稳定性好（含硫、氢、氮等杂质少）。汽油通常需再经催化重整才能成为高辛烷值汽油。但设备投资和加工费用高，应用不如催化裂化广泛，后者常用于处理含硫等杂质和含芳烃较多的原料，如催化裂化重质馏分油或页岩油等。

（1）化学反应　烃类在加氢裂化条件下的反应方向和深度，取决于烃的组成、催化剂性能以及操作条件，主要发生的反应类型包括裂化、加氢、异构化、环化、脱硫、脱氮、脱氧以及脱金属等。

① 烷烃的加氢裂化反应　在加氢裂化条件下，烷烃主要发生 C—C 键的断裂反应，以及生成不饱和分子碎片的加氢反应，此外还可以发生异构化反应。

② 环烷烃的加氢裂化反应　加氢裂化过程中，环烷烃发生的反应受环数的多少、侧链的长度以及催化剂性质等因素的影响。单环环烷烃一般发生异构化、断链和脱烷基侧链等反应；双环环烷烃和多环环烷烃首先异构化成五元环衍生物，然后再断链。

③ 烯烃的加氢裂化反应　加氢裂化条件下，烯烃很容易加氢变成饱和烃，此外还会进行聚合水环化等反应。

④ 芳香烃的加氢裂化反应　对于侧链有三个以上碳原子的芳香烃，先会发生断侧链生成相应的芳香烃和烷烃，少部分芳香烃也可能加氢饱和成环烷烃。双环、多环芳香烃加氢裂化是分步进行的，首先是一个芳香环加氢成为环烷芳香烃，接着环烷环断裂生成烷基芳香烃，然后再继续反应。

⑤ 非烃化合物的加氢裂化反应　在加氢裂化条件下，含硫、氮、氧杂原子的非烃化合物进行加氢反应生成相应的烃类，以及硫化氢、氨和水。

（2）催化剂　加氢裂化催化剂是由金属加氢组分和酸性载体组成的双功能催化剂。该类催化剂不但要求具有加氢活性，而且要求具有裂解活性和异构化活性。

① 加氢裂化催化剂的加氢活性成分　由ⅥB族和Ⅷ族中的几种金属元素（如 Fe、Co、Ni、Cr、Mo、W）的氢化物或硫化物组成。

② 催化剂的载体　加氢裂化催化剂的载体有酸性和弱酸性两种。酸性载体为硅酸铝、分子筛等，弱酸性载体为氧化铝等。催化剂的载体具有如下几方面的作用：增加催化剂的有效表面积；提供合适的孔结构；提供酸性中心；提高催化剂的机械强度；提高催化剂的热稳定性；增加催化剂抗毒能力；节省金属组分的用量；降低成本。新的研究表明，载体也可能直接参与反应过程。

③ 催化剂的预硫化　加氢裂化催化剂的活性成分是以氧化物的形态存在的，而其活性只有呈硫化物的形态时才较高，因此，加氢裂化催化剂使用之前需要将其预硫化。预硫化就是使其活性组分在一定温度下与 H_2S 反应，由氧化物转变为硫化物。预硫化的效果取决于预硫化的条件，加氢裂化催化剂反应预硫化常用气相硫化物，预硫化温度一般为 370℃。

(3) 石油馏分加氢的影响因素　影响石油馏分加氢过程（加氢精制和加氢裂化）的主要因素包括：反应压力、反应温度、空速、氢油比等。

① 反应压力　反应压力的影响是通过氢分压来体现的，而系统中氢分压取决于操作压力、氢油比、循环氢纯度以及原料的汽化率。含硫化合物加氢脱硫和烯烃加氢饱和的反应速率较高，在压力不高时就有较高的转化率；而含氮化合物的加氢脱氮反应速率较低，需要提高反应压力或降低空速来保证一定的脱氮率。对于芳香烃加氢反应，提高反应压力不仅能够提高转化率，而且能够提高反应速率。

② 反应温度　提高反应温度，会使加氢精制和加氢裂化的反应速率加快。在通常的反应压力范围内，加氢精制的反应温度一般最高不超过 420℃，加氢裂化的反应温度一般为 360～450℃。当然，具体的加氢反应温度需要根据原料性质、产品需求以及催化剂性能进行合理确定。

③ 空速　空速反映了装置的处理能力。工业上希望采用较高的空速，但是，空速会受到反应温度的制约。根据催化剂活性、原料油性质和反应程度的不同，空速在较大的范围内（$0.5\sim10h^{-1}$）波动。重质油料和二次加工得到的油料一般采用较低的空速，降低空速可使脱硫率、脱氮率以及烯烃饱和率上升。

④ 氢油比　提高氢油比可以增大氢分压，这不仅有利于加氢反应，而且能够抑制生成积炭的缩合反应，但是增加了动力消耗和操作费用。此外，加氢过程是放热反应，大量的循环氢可以提高反应系统的热容，减小反应温度变化的幅度。在加氢精制过程中，反应的热效应不大，可采用较低的氢油比；在加氢裂化过程中，热效应较大，氢耗量较大，可采用较高的氢油比。

(4) 加氢裂化工艺流程　目前的加氢裂化工艺绝大多数采用固定床反应器，根据原料性质、产品要求和处理量的大小，加氢裂化装置一般按照两种流程操作：一段加氢裂化和两段加氢裂化。除固定床加氢裂化工艺外，还有沸腾床加氢裂化和悬浮床加氢裂化工艺，见图 7-6 和图 7-7。

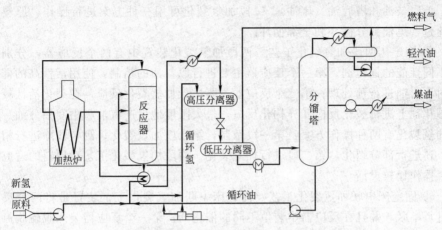

图 7-6 沸腾床加氢裂化工艺流程

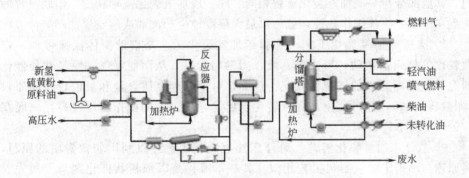

图 7-7 悬浮床加氢裂化工艺流程

① 固定床一段加氢裂化工艺 一段加氢裂化主要用于由粗汽油生产液化气，由减压蜡油和脱沥青生产航空煤油和柴油等。一段加氢裂化只有一个反应器，原料油的加氢精制和加氢裂化在同一个反应器内进行，反应器上部为精制段，下部为裂化段。

以大庆直馏柴油馏分（330～490℃）一段加氢裂化为例，原料油经泵升压至16.0MPa，与新氢和循环氢混合换热后进入加热炉加热，然后进入反应器进行反应。反应器的进料温度为370～450℃，原料在反应温度380～440℃，空速1.0h^{-1}，氢油比（体积比）约为2500的条件下进行反应。反应产物与原料换热至200℃左右，注入软水溶解 NH_3、H_2S 等，以防止水合物析出堵塞管道，然后再经冷却至30～40℃后进入高压分离器。顶部分出循环氢，经压缩机升压后返回系统使用；底部分出生成油，减压至0.5MPa后进入低压分离器脱除水，并释放出部分溶解气体（燃料气）。生成油加热后进入稳定塔，在1.0～1.2MPa压力下蒸出液化气，塔底液体加热至320℃后进入分馏塔，得到轻汽油、航空煤油、低凝柴油和塔底油（尾油）。一段加氢裂化可用三种方案进行操作，原料一次通过，尾油部分循环和全部循环。

② 固定床两段加氢裂化工艺　两段加氢裂化装置中有两个反应器，分别装有不同性能的催化剂。第一个反应器主要进行原料油的精制，使用活性高的催化剂对原料油进行预处理；第二个反应器主要进行加氢裂化反应，在裂化活性较高的催化剂上进行裂化反应和异构化反应，最大限度地生产汽油和中间馏分油。两段加氢裂化有两种操作方案：第一段精制，第二段加氢裂化；第一段除进行精制外，还进行部分裂化，第二段进行加氢裂化。两段加氢裂化工艺对原料的适应性强，操作比较灵活。

③ 固定床串联加氢裂化工艺　固定床串联加氢裂化工艺装置是将两个反应器进行串联，并且在反应器中装填不同的催化剂：第一个反应器装入脱硫脱氮活性好的加氢催化剂；第二个反应器装入抗氨、抗硫化氢的分子筛加氢裂化催化剂。其他部分与一段加氢裂化流程相同。同一段加氢裂化流程相比，串联流程的优点在于只要改善操作条件，就可以最大限度地生产汽油或航空煤油和柴油。

④ 沸腾床加氢裂化工艺　沸腾床加氢裂化工艺是借助流体流速带动一定颗粒度的催化剂运动，形成气、液、固三相床层，从而使氢气、原料油和催化剂充分接触而完成加氢裂化反应。该工艺可以处理金属含量和炭值较高的原料（如减压渣油），并可使重油深度转化。但是，该工艺的操作温度较高，一般在400～450℃。

⑤ 悬浮床加氢裂化工艺　悬浮床加氢裂化工艺可以利用非常劣质的原料，其原理与沸腾床加氢裂化工艺相似。其基本流程是以细粉状催化剂与原料先混合，再与氢气一同进入反应器自上而下流动，并进行加氢裂化反应，催化剂悬浮于液相中，且随着反应物一起从反应器顶部流出。

第二节　裂解（裂化）工艺危险因素分析

一、裂解（裂化）工艺的危险特点

裂解（裂化）所用原料、产品、副产品均为易燃、易爆、有毒物质。裂解炉采用明火加热，温度高达1100℃，在生产过程中还有超高压蒸汽、高温热油、800℃高温裂解气、−167℃的液态乙烯及−40℃的液态丙烯等，裂解（裂化）原料处理量大、设备密集度高。因此，裂解（裂化）工艺的危险因素多，事故概率高。一般来说，裂解（裂化）可分为热裂解、催化裂解、加氢裂化三种类型，其过程的危险性分别叙述如下。

1. 热裂解的危险特点

热裂解在高温高压下进行，装置内的油品温度一般超过其自燃点，若涌出油品就会立即起火。热裂解过程中产生大量的裂化气，且有大量气体分馏设备，若漏出气体，会形成爆炸性混合物，遇加热炉等明火，有发生爆炸的危险。在炼油厂各装置中，热裂解装置发生的火灾次数是较多的。

2. 催化裂化的危险特点

催化裂化一般在较高温度（460～520℃）和 0.1～0.2MPa 压力下进行，火灾危险性较大。若操作不当，再生器内的空气和火焰进入反应器中会引起恶性爆炸。U 形管上的小设备和小阀门较多，易漏油着火。在催化裂化过程中还会产生易燃的裂化气，以及在烧焦活化催化剂不正常时，还可能出现可燃物一氧化碳气体。

3. 加氢裂化的危险特点

由于加氢裂化使用大量氢气，而且反应温度和压力都较高，在高压下钢材内的碳分子易被氢气所夺取，使碳钢硬度增大而降低强度，产生氢脆，如设备、管道检查或更换不及时，就会在高压（10～15MPa）下发生设备爆炸。另外，加氢是强烈的放热反应，反应器必须通冷氢以控制温度。因此，要加强对设备的检查，定期更换管道、设备，防止氢脆造成事故。加热炉要平稳操作，防止设备局部过热，防止加热炉的炉管烧穿或者高温管线、反应器漏气而引起着火。

二、裂解（裂化）工艺的危险因素

1. 火灾、爆炸危险性

裂解（裂化）过程产生大量氢气、甲烷、乙烷、乙烯、丙烷和丙烯等低闪点物质，以及 C_4、C_5、裂解汽油和燃料油等易燃易爆物质，工艺流程长，设备数量多，在裂解、催化剂再生、分离、精制、物料输送和储存过程中，由于设备管道（件）泄漏，极易导致火灾爆炸事故发生。

2. 高温、高压危险性

裂解生产工艺炉膛温度达 1100℃以上，裂解气温度达 800～900℃，废热锅炉副产品为超过 11MPa 高压水蒸气以及裂解炉产生高温尾气。催化裂化和再生温度达 700℃，辅助燃烧系统温度高达 900℃，副产品压力为 3.5MPa、温度为 450℃。

3. 低温深冷危险性

裂解产品分离普遍采用深冷分离技术，裂解气在加压条件下，经降温至 -100℃以下液化，液化产品通过精馏加以分离。低温操作对设备提出了更高的要求，增加操作人员冻伤的危险性。

4. 失控反应危险性

裂解过程中，由于二次反应，在裂解炉管内壁上和急冷换热器内壁上将发生结焦，在通入干气和水蒸气加入量减少时，焦的积累量会增加，影响管壁导热性能，造成炉管局部过热，严重时可能造成炉管堵塞、烧断，引起火灾爆炸事故。

5. 中毒窒息危险性

裂解（裂化）产物中，基本都是有毒有害物质，如甲烷、乙烷、丙烷、乙烯、丙烯等有机物质和 CO、H_2S、SO_x、NO_x 等无机物质都有不同程度的毒性，在生产和检修过程中，环境空气浓度超过卫生标准时会对人体造成中毒、窒息等，有可能损害人体健康，甚至危及生命安全。

6. 腐蚀危险性

在裂解（裂化）生产中，腐蚀破坏到处可见，腐蚀事故频繁发生，这除了腐蚀本身所具有的自发性质外，很大程度上是因为人们对腐蚀的危害性估计不足，化工机械设备会比一般行业设备腐蚀严重。腐蚀物质通过化学或者化学作用而被损耗及破坏，从而造成了化工设备的损坏以及能源、资源的浪费。

7. 裂解炉和废热锅炉爆炸的危险性

裂解过程和裂化过程都采用管式加热炉，不论采用燃油还是采用燃气，均为明火加热，管内为烃类或柴油等易燃物，炉管在高温腐蚀环境下极易受到破坏，加之因维护、管理不当等因素而发生事故，导致裂解炉不论燃气还是燃油都存在由于压力低而回火，进而发生燃烧、爆炸的危险性。

另外，废热锅炉和辅助锅炉存在锅炉满水、超压、水击、干烧等导致锅炉爆炸的危险性。

三、裂解（裂化）工艺主要原料和产品安全技术说明书

1. 汽油

汽油外观为透明液体，可燃，馏程为 30～220℃，主要成分为 C_5～C_{12} 脂肪烃和环烷烃类，以及一定量芳香烃。汽油具有较高的辛烷值（抗爆震燃烧性能），并按辛烷值的高低分为 90 号、93 号、95 号、97 号等牌号。汽油由石油炼制得到的直馏汽油组分、催化裂化汽油组分、催化重整汽油组分等不同汽油组分经精制后与高辛烷值组分经调和制得，主要用作汽车点燃式内燃机的燃料。

（1）重要特性　汽油重要的特性为蒸发性、抗爆性、安定性、安全性和腐蚀性。

① 蒸发性指汽油在汽化器中蒸发的难易程度。对发动机的启动、暖机、加速、气阻、燃料耗量等有重要影响。汽油的蒸发性由馏程、蒸气压、气液比 3 个指标综合评定。

a.馏程指汽油馏分从初馏点到终馏点的温度范围。航空汽油的馏程范围要比车用汽油的馏程范围窄。

b.蒸气压指在标准仪器中测定的 38℃时的蒸气压，是反映汽油在燃料系统中产生气阻的倾向和发动机启动难易的指标。车用汽油要求有较高的蒸气压，航空汽油要求的蒸气压比车用汽油低。

c.气液比指在标准仪器中，液体燃料在规定温度和大气压下，蒸气体积与液体体积之比。气液比是温度的函数，用它评定、预测汽油气阻倾向，比用馏程、蒸气压更为可靠。

② 抗爆性指汽油在各种使用条件下抗爆震燃烧的能力。车用汽油的抗爆性用辛烷值表示。辛烷值越高，抗爆性越好。汽油抗爆能力的大小与化学组成有关。带支链的烷烃以及烯烃、芳烃通常具有优良的抗爆性。规定异辛烷的辛烷值为 100，抗爆性好；正庚烷的辛烷值为 0，抗爆性差。汽油辛烷值由辛烷值机测定。高辛烷值汽油可以满足高压缩比汽油机的需要。汽油机压缩比高，则热效率高，可以节省燃料。提高汽油辛烷值主要靠增加高辛烷值汽油组分，但也通过添加 MTBE 等抗爆剂来实现。

③ 安定性指汽油在自然条件下，长时间放置的稳定性。用胶质和诱导期及碘价表征。胶质越低越好，诱导期越长越好，国家标准规定，每 100mL 汽油实际胶质不得多于 5mg。碘价表示烯烃的含量。

④ 腐蚀性指汽油在存储、运输、使用过程中对储罐、管线、阀门、汽化器、气缸等设备产生腐蚀的特性，用总硫、硫醇、铜片实验和酸值表征。

⑤ 安全性指标主要是闪点，国家标准严格规定的闪点值为≥55℃。闪点过低，说明汽油中混有轻组分，会对汽油储存、运输、使用带来安全隐患，还会导致汽车发动机无法正常工作。

（2）汽油按牌号来生产和销售，牌号规格由国家汽油产品标准加以规定，并与不同标准有关。目前我国国Ⅳ的汽油牌号有 3 个，分别为 90 号、93 号、97 号。国Ⅴ的汽油牌号分别为 89 号、92 号、95 号（附录中有 98 号）。汽油的牌号是按辛烷值划分的。例如，97 号汽油指与含 97%的异辛烷、3%的正庚烷抗爆性能相当的汽油燃料。牌号越大，抗爆性能越好。应根据发动机压缩比的不同来选择不同牌号的汽油，这在每辆车的使用手册上都会标明。压缩比在 8.5～9.5 之间的中档轿车一般应使用 90 号（国Ⅳ）汽油，压缩比大于 9.5 的轿车应使用 93 号（国Ⅳ）汽油。

2. 柴油

柴油是轻质石油产品，是复杂烃类（碳原子数约 10～22）混合物，作为柴油机燃料。柴油主要由原油蒸馏、催化裂化、热裂化、加氢裂化、石油焦化等过程生产的柴油馏分调配而成，也可由页岩油加工和煤液化制取。柴油分为轻柴油

（沸点范围约 180～370℃）和重柴油（沸点范围约 350～410℃）两大类，广泛用于大型车辆、铁路机车、船舰。

由于柴油机较汽油机热效率高，功率大，燃料单耗低，比较经济，故应用日趋广泛。它主要作为拖拉机、大型汽车、内燃机车、挖掘机、装载机、渔船、柴油发电机组和农用机械等的燃料。

柴油使用性能中最重要的是着火性和流动性，其技术指标分别为十六烷值和凝点，我国柴油现行规格中要求含硫量控制在 0.5%～1.5%。

柴油按凝点分级，轻柴油有 10、5、0、−10、−20、−35、−50 七个牌号，重柴油有 10、20、30 三个牌号。

第三节　裂解（裂化）工艺安全生产技术

一、裂解（裂化）工艺防火防爆技术

1. 燃烧基本原理

① 燃烧定义和条件　燃烧是可燃物与氧化剂作用发生的放热反应，通常伴有火焰、发光和（或）发烟现象。放热、发光和生成新物质是燃烧现象的三个特征。燃烧是一种氧化反应，必须同时具备可燃物、助燃物和点火源三个条件，称为燃烧三要素。

a. 可燃物　通常把所有物质分为可燃物、难燃物和不燃物三类。可燃物是指在火源作用下能被点燃，并且当点火源移去后能继续燃烧直至燃尽的物质。凡能与空气、氧气或其他氧化剂发生剧烈氧化反应的物质，都可称为可燃物。可燃物种类繁多，按物理状态可分为气态、液态和固态三类。化工生产中使用的原料、生产中的中间体和产品很多都是可燃物。气态可燃物、一氧化碳、液化石油气等；液态可燃物如汽油、甲醇、乙醇等；固态可燃物如煤、木炭等。

b. 助燃物　凡是具有较强的氧化能力，能与可燃物质发生化学反应并引起燃烧的物质均称为助燃物。例如，空气、氧气、氢气、氟和溴等物质。

c. 点火源　凡能引起可燃物燃烧的能源均称为点火源。常见的点火源有明火、电火花、炽热物体等。

可燃物、助燃物和点火源是燃烧的三要素，缺一不可，是必要条件。燃烧能否实现，还要看是否满足了数值上的要求。例如，空气中的氧浓度降低至 14%～18% 时，一般可燃物就不能被点燃。点火源如果不具备一定的温度和足够的热量，燃烧就不会发生。例如，飞溅的火星可以点燃海绵丝或刨花，但火星如果溅落在大块木柴上，它会很快熄灭，不能引起木柴的燃烧。

② 燃烧的类型　根据燃烧的起因不同，可分为闪燃、着火和自燃三类。

a.闪燃和闪点　可燃液体的蒸气（包括可升华固体的蒸气）与空气混合后，遇到明火而引起瞬间（延续时间少于5s）的燃烧，称为闪燃。液体能发生闪燃的最低温度，称为该液体的闪点。闪燃往往是着火的先兆。可燃液体的闪点越低，越易着火，火灾危险性越大。

b.着火与燃点　可燃物在有足够助燃物（如充足的空气、氧气）的情况下，由点火源作用引起的持续燃烧现象，称为着火。使可燃物发生持续燃烧的最低温度，称为燃点或着火点。燃点越低，越容易着火。

可燃液体的闪点与燃点的区别：在燃点燃烧时不仅有蒸气，还有液体（即液体已达到燃烧温度，可提供保持稳定燃烧的蒸气）。另外，在闪点时移去火源后闪燃即熄灭，而在燃点时移去火源后则能继续燃烧。控制可燃物质的温度在燃点以下是预防发生火灾的措施之一。

c.自燃和自燃点　可燃物受热升温而不需明火作用就能自行着火燃烧的现象，称为自燃。可燃物发生自燃的最低温度，称为自燃点。自燃点越低，则火灾危险性越大。

化工（危险化学品）生产中，由于可燃物靠近蒸汽管道、加热和烘烤过度、化学反应的局部过热，在密闭容器中加热温度高于自燃点的可燃物一旦泄漏，均可发生可燃物自燃。

③ 燃烧过程　可燃物聚集状态不同，受热后发生的燃烧过程也不同。除结构简单的可燃气体外，大多数可燃物的燃烧并非物质本身在燃烧，而是液体蒸气或物质受热分解出的气体在气相中燃烧。

气体燃烧比较简单，所需热量仅仅用于氧化或分解气体以及液体加热到燃点，容易燃烧，并且燃烧速度快。可燃液体在环境温度下首先蒸发为蒸气，其蒸气进行氧化分解，开始燃烧。当环境温度低时，液体蒸发速度比燃烧速度慢，其蒸发过程就不能进行下去。在固体物质燃烧时，简单物质（如硫、磷等）受热后首先熔化，蒸发成蒸气进行燃烧，没有分解过程。如果是复杂物质，在受热时首先分解为气态或液态产物，其气态和液态产物的蒸气进行氧化分解着火燃烧。

2. 爆炸基本原理

（1）爆炸的概念　爆炸是指一种极为迅速的物理或化学的能量释放过程。在此过程中，系统的内在势能转变为机械功及光和热的辐射等。爆炸时由于压力急剧上升而对周围物体产生破坏作用。爆炸的特点是具有破坏力，产生爆炸声和冲击波。

（2）爆炸的类型　爆炸按起因可分为物理爆炸和化学爆炸两大类。

① 物理爆炸是由物理变化（温度、体积和压力等因素）引起的。在物理爆

炸前后，爆炸物质的性质及化学成分均不改变。

如锅炉爆炸是典型的物理爆炸，当锅炉中过热蒸汽压力超过锅炉能承受的极限强度时，锅炉破裂，高压蒸汽骤然释放出来形成爆炸。又如氧气瓶受热升温，引起气体压力增高，当压力超过钢瓶的极限强度时即发生爆炸。物理爆炸是蒸气或气体膨胀力作用的瞬时表现，它们的破坏性取决于蒸气或气体的压力。

② 化学爆炸是指物质在短时间内发生剧烈的化学变化，形成新的物质，同时产生大量气体和能量的现象。就化学反应而言，化学爆炸与前面所讲的燃烧是一致的。只是爆炸反应持续的时间非常短，因此，爆炸也可以称为瞬时燃烧现象。炸药爆炸、可燃气体（甲烷、乙炔等）爆炸等都属于化学爆炸。

根据爆炸时的化学反应不同，化学爆炸物质可分为以下几种：

a.简单分解爆炸　不稳定单质爆炸物质受到震动或受压而发生分解，并在分解过程中产生热量。属于这一类的物质有乙炔铜、乙炔银、碘化氮等。这类容易分解的不稳定物质，其爆炸危险性是很大的，受摩擦、撞击，甚至轻微震动即可发生爆炸。

b.复杂分解爆炸　这类物质包括各种含氧炸药。其危险性较简单分解爆炸物稍低。含氧炸药在发生爆炸时伴有燃烧反应，燃烧所需的氧由物质本身分解供给，如梯恩梯、裂解（裂化）棉等都属于此类。

c.可燃性混合物爆炸　这类物质是指由可燃物质与助燃物质组成的爆炸物质。所有可燃气体、蒸气和可燃粉尘与空气（或氧气）组成的混合物均属此类。这类爆炸实际上是在火源作用下的一种瞬间燃烧反应。

（3）爆炸极限

① 爆炸极限的概念　可燃气体、粉尘或可燃液体的蒸气与空气（氧气）形成混合物，遇火源发生爆炸的极限浓度称为爆炸极限。可燃性混合物在遇到点火源后可能蔓延爆炸的最低和最高浓度，分别称为该气体或蒸气、粉尘的爆炸下限和爆炸上限。在下限和上限之间的浓度范围称为爆炸范围。在外界条件不变的情况下，混合物的浓度低于下限或高于上限时，既不能发生爆炸也不能发生燃烧。气体、蒸气的爆炸极限，通常用体积分数（%）来表示；粉尘通常用单位体积中的质量（g/cm^3）来表示。

可燃性气体或液体蒸气的爆炸极限范围越宽，爆炸下限越低，出现爆炸的机会就越多，其爆炸危险性越大。

可燃液体的爆炸极限与液体所处的环境温度有关，因为液体的蒸发量会随着温度的变化而改变。当可燃液体受热蒸发出的蒸气浓度达到爆炸浓度极限时，所对应的温度范围，叫作该可燃液体的爆炸温度极限。爆炸温度极限也同样具有上限和下限之分。可燃液体的爆炸温度下限也就是液体的闪点。爆炸温度上限，即液体在该温度下蒸发出等于爆炸浓度上限的蒸发浓度。同样，可燃液体爆炸温度上、下限之间的范围越大，爆炸危险性就越大。

② 影响爆炸极限的因素

a.温度　温度对爆炸极限的影响，一般是温度上升时下限变低，上限变高，从而使爆炸范围变宽，危险性增大。这是因为系统温度升高，分子的内能增加，使原来不燃不爆的那部分混合物成为可燃可爆的混合物。

b.压力　压力升高，爆炸极限范围扩大，这是因为分子间距更为接近，碰撞概率增大。压力降低，爆炸极限范围缩小，这是因为分子间距加大，碰撞概率减小的缘故。压力对爆炸上限的影响十分显著，而对爆炸下限的影响较小。

c.氧含量　混合物中的氧含量增加，爆炸极限范围扩大，爆炸危险性增大。掺入氮气、二氧化碳等惰性气体，混合物中氧含量减少。因此，爆炸极限范围缩小。混合物中惰性气体的多少对爆炸上限的影响很大，惰性气体略为增加，即能使爆炸上限急剧下降。

d.容器　容器或管道的直径愈小，火焰在其中的蔓延速度愈小，爆炸极限范围也就愈窄。当容器或管道的直径小到一定数值时，火焰即不能通过而自熄，这一直径称为火焰蔓延临界直径。干式阻火器就是依据这个原理制成的。阻火器的孔沟大小视气体或蒸气的着火危险程度而定，如甲烷为 $0.4\sim0.5mm$，氢气为 $0.1\sim0.2mm$，汽油和天然气为 $0.1\sim0.2mm$。

容器材料也有很大影响，如氢和氟在玻璃器皿中混合，即使在液态空气温度下置于黑暗中也会产生爆炸。

e.点火源性质　点火源的性质对爆炸极限有很大的影响。如果点火源的强度高，热表面积大，与混合物的接触时间长，就会使爆炸的界限扩大，其爆炸危险性就会增加。如甲烷与电压为100V、电流为1A的电火花接触，无论在什么浓度下都不会爆炸；若电流在2A时，则爆炸极限为 $5.0\%\sim13.6\%$；若电流为3A时，爆炸极限为 $5.85\%\sim14.8\%$。对每一种爆炸性混合物，都有一个最低引爆能量。

除上述因素外，还有一些其他因素也会影响爆炸的进行，如光的影响。在黑暗中，氢与氯的反应十分缓慢，但在强光照射下，就会发生连锁反应而导致爆炸。

3. 防火防爆安全技术

(1) 火灾爆炸危险物的控制　裂化防火防爆的根本途径是防止反应的有机原料、产品与空气（氧气）形成的爆炸性混合物与点火源同时存在。应加强可燃物的管理和控制，防止可燃物泄漏与空气混合，或防止空气进入设备内，在系统内形成爆炸性混合物。

① 加强设备密闭　密闭设备系统是防止可燃物与空气形成爆炸性混合物的最有力措施之一。为保证设备的密闭性，须注意以下安全要求：

a.有燃烧爆炸危险的设备管道，少用法兰连接，尽量使用焊接。必须使用法兰的，应根据压力的要求，选用不同的法兰。密封圈的选用要符合温度、压力和介质的要求。

b.输送可燃物的管道应采用无缝钢管，盛装腐蚀性介质的容器底部尽量不装设阀门，腐蚀性液体应从顶部抽吸排出。

c.对正负压设备系统，要严格控制压力，防止超压。

预防泄漏的关键是加强设备的维护保养，防止误操作，严禁超量、超温、超压。

② 惰性气体保护　在裂解（裂化）反应体系中加入氮气、水蒸气等惰性气体，就会使爆炸极限变窄。当惰性气体的浓度达到一定程度时，甚至可使混合物不发生爆炸。

③ 通风换气　在有火灾爆炸危险性的场所内，尽管采取很多措施使设备密闭，但总会有部分可燃气体（蒸气）泄漏出来。采用通风排气可以降低场所内可燃物的浓度，这是防止形成爆炸性混合物的一个重要措施。

（2）点火源的控制　消除控制点火源是消除燃烧三要素同时存在，预防火灾和爆炸的最重要措施之一。裂解（裂化）场所点火源主要有明火和高温表面、摩擦和撞击、化学反应热、电气和静电火花等。对这些点火源要引起高度的重视，并采取严格的控制措施。

①明火和高温表面　裂解（裂化）反应区域为火灾爆炸危险场所，为禁火区。在此场所进行明火作业，应严格执行动火管理制度，采取预防措施，加强监督检查，以确保安全作业。汽车、拖拉机等在未采取防火措施时不得进入裂解（裂化）反应场所。

高温物料输送管线不应与可燃物、可燃建筑构件等接触；应防止可燃物散落在高温物体表面上；可燃物的排放口应远离高温物体表面，高温物体表面必要时可做隔热处理。

当采用矿物油、联苯醚等热载体时，油温必须低于热载体的安全使用温度，在使用时要保持良好的循环并留有热载体膨胀的余地，防止传热管路产生局部高温，出现结焦现象；定期检查热载体成分，及时处理或更换变质的热载体。

当采用高温熔盐热载体时，应严格控制熔盐的配比，不得混入有机杂质，以防热载体在高温下起火爆炸。

② 摩擦和撞击　轴承缺油、润滑不均匀时，会因摩擦而发热，引起附着可燃物着火。因此，对轴承等转动部位要按规定进行检查，及时加油，保持良好润滑，并及时清除附着的可燃污垢。

铁器相互撞击或撞击混凝土地面会产生火花，在裂解（裂化）反应场所应避免使用铁器工具，禁止穿带铁钉子的鞋，装运及盛装易燃易爆危险品的金属容器，应禁止拖拉、抛掷、震动，以防相互撞击或与混凝土地面撞击产生火花。

③ 电气和静电火花 在具有爆炸火灾危险性的场所，如果电气设备不符合防爆规程的要求，则电气设备所产生的火花、电弧和高温可能导致火灾爆炸事故的发生。因此，在火灾爆炸危险环境，应根据电气设备使用环境的等级、电气设备的种类和使用条件选择电气设备和电气线路。应尽量少使用携带式电气设备，少装插销和局部照明灯，更换灯泡应停电后操作，在爆炸危险场所一般应进行测量操作。

（3）工艺参数的安全控制

① 裂解（裂化）工艺中需要对裂解（裂化）炉的温度进行严格控制 裂解（裂化）炉内温度与裂解（裂化）反应进行程度有直接关系。同时，裂解（裂化）温度过高也会导致裂解（裂化）炉内压力升高，甚至导致设备破裂、爆炸。裂解（裂化）温度过高也有可能导致物料炭化结焦堵塞裂解（裂化）反应器管道，使裂解（裂化）炉内局部温度、压力过高，导致设备被烧穿或设备强度下降引起泄漏，进而发生火灾、爆炸事故。热裂解（裂化）和催化裂解（裂化）一般为吸热反应，其反应温度主要依靠反应器加热系统温度调节，如通过改变加热炉燃料油或燃料气流量调节加热炉温度，进而调节反应器温度。对于加氢裂化工艺，由于加氢反应是强放热反应，在反应过程中，需要通过大量的冷氢转移反应热，所以加氢裂解（裂化）过程中，温度控制除通过反应器加热系统或冷却系统调节之外，主要通过反应器进料量对反应器内温度进行调节。

② 裂解（裂化）压力 裂解（裂化）炉内压力与裂解（裂化）炉内温度和反应器进料速度有一定关系，裂解（裂化）炉内温度升高有可能使压力升高，同时裂解（裂化）炉内管道发生堵塞也会导致压力升高。为避免发生火灾爆炸事故，保证产品质量，需对裂解（裂化）炉内压力进行监控。

对于热裂解（裂化）和催化裂解（裂化），反应器内压力与反应送料温度、进料压力以及反应器内温度密切相关，一般反应器内压力主要通过出口压力调节，控制反应器进料量和加热炉温度等手段进行调节。

对于加氢裂解（裂化）反应器内含有大量氢气，反应器内压力主要由氢气进气口压力、反应物料进料温度控制，当反应器温度出现异常时，通过加大冷氢的进气量、减小物料流量进行控制。

③ 裂解（裂化）炉进料流量 裂解（裂化）工艺中，裂解（裂化）炉进料流量与裂解（裂化）炉内温度、压力有直接关系，同时与产品质量相关。进料量升高容易导致炉内压力升高，若炉内压力过高容易导致设备出现泄漏，甚至出现爆炸危险。进料量降低，炉内流量减小，炉内热量不能及时移出使炉内温度升高，当炉内温度过高时，物料容易出现炭化结焦，堵塞裂解（裂化）炉内管道发生事故，也可能因炉温过高导致设备强度下降，发生变形、泄漏出现火灾爆炸事故。

④ 加热系统的运行状况 对于热裂解（裂化）和催化裂解（裂化），其反应

为吸热反应，为保证裂解（裂化）炉内温度、压力维持在一定水平，需要对加热系统的运行情况进行监控，具体监控方式根据加热炉加热方式采取不同手段。例如，对燃料油炉或燃气炉可以控制燃料流量、燃料压力、主风流量等。对电加热可以控制加热器电流、电压。对于熔盐、导热油加热可以控制热媒的温度和流量等。

对于使用燃料油加热炉的裂解工艺，加热炉一般为负压操作，若引风机由于故障突然停转，炉膛内变成正压，则窥视孔或烧嘴等处即向外喷火，严重时会引起炉膛爆炸。当燃料系统大幅度波动，燃料气压力过低，则可能造成裂解炉烧嘴回火，使烧嘴烧坏，甚至引起爆炸等事故。因此，需要对加热炉相关的引风机、燃料进料等工艺参数进行控制。

（4）限制火灾爆炸蔓延扩散的措施　限制火灾爆炸蔓延扩散，防止已发生火灾爆炸扩展到其他部位是防火防爆的一条重要措施，主要措施如下：

① 阻火装置　阻火装置是为了防止外部火焰或火星进入有燃烧爆炸危险的设备、管道、容器内，或阻止火焰在设备和管道之间扩展，防止火灾爆炸发生。常用阻火装置有阻火器、防回火装置、安全液封和火星熄灭器。

a.阻火器　其阻火原理是根据火焰在管道中传播速度随着管径的减小而降低，当管径小到某数值时，火焰不能传播，导致火焰熄灭。阻火器常用于容易引起燃烧爆炸的高热设备、燃烧室、高温氧化炉、高温反应器、输送可燃气体、易燃液体蒸气的管道之间，以及易燃液体、可燃气体的容器、设备、管道的排气管末端。阻火器有金属网型、波纹金属片型和砾石型。

b.防回火装置　其作用原理与阻火器相同，主要用于气焊或气割时防止火焰进入容器，并阻止火焰在管道中蔓延。

c.单向阀　单向阀又称止逆阀、止回阀，仅允许液体向一个规定的方向流动，遇有回流时即自行关闭，可防止高压窜入低压引起容器、设备和管道的爆炸或爆裂，也可以作为可燃气体管线上的防止回火的安全装置。生产上常用的单向阀有升降式、摇板式及球式。

② 阻火设施　阻火设施是把火灾限定在一定范围内，阻断火势蔓延的安全构件或设施。常用的阻火设施有防火门、防火墙、防火堤、防火集流坑等。

③ 防爆泄压装置　防爆泄压装置是指在工艺设备上或受压筒口上，能够防止压力突然升高或爆炸冲击波对设备、容器的破坏的安全防护装置，主要有安全阀、爆破片、泄爆门等。

对火灾爆炸危险大的装置，采取分区隔离和远距离操作等措施，一旦发生火灾爆炸可将灾害损失减少。各生产工序之间，可以根据危险程度采取适当的隔离措施。对个别危险大的设备可以采取隔离操作和设置防爆墙等措施，将操作人员和生产设备隔离，以保护人身和设备安全。

二、工艺系统安全控制方式

1. 基本控制要求

（1）裂解（裂化）反应过程应实现反应温度和压力的自控，并设置报警和联锁系统。其温度和压力自控方式可根据工艺过程原理采取简单控制或复杂控制系统。如：裂解（裂化）炉出口温度调节器与滑阀调节器组成超驰控制系统，且与进料温度构成串级调节系统等。裂解（裂化）反应温度不均匀时，应增加温度测量点数，取其数个关键点的温度平均值作为裂解（裂化）炉的被控温度。当裂解（裂化）炉的温度和压力达到报警设定值时，发出声光报警；当裂解（裂化）炉的温度和压力达到或超过联锁设定值时，联锁动作，切断加料和热源，终止反应，并同时发出声光报警。

（2）裂解（裂化）炉的进料压力和流量应实现自控，并设置报警联锁系统。

（3）加热炉燃料压力和流量应实现自控，并设置报警和联锁系统。

（4）应检测裂解（裂化）炉、加热炉引风机的电流和运行状况，并设置相应的报警和联锁系统。

（5）应设置加热炉燃料（或热源）紧急切断系统，使工艺操作人员自动、手动皆可在控制室内切断加热炉燃料的投入。

（6）应设置原料输送的紧急切断系统，使工艺操作人员可在控制室内自动、手动联锁切断原料的投入。

（7）应设置裂解（裂化）炉的紧急冷却系统等，且这些系统可由操作人员在控制室内自动、手动、联锁投运。

（8）应适当设置分析仪表，实时监控裂解（裂化）炉出口组分的分析，如烟气氧含量分析、水质分析等。

（9）设计时，工艺和自控人员应结合具体的工艺机理，合理地设置控制回路，避免出现因回路间密切相关，互相影响导致工艺参数无法控制的情况。

2. 控制系统的选用原则

鉴于 PLC、DSC 系统已经国产化，其控制、操作功能较强，可靠性好及平均无故障时间较长，已能满足危险化学品工艺的需求，且价格适中，因此建议除了工艺过程简单、监控参数较少（50 点以下）时选用智能仪表与工控机通信的系统外，其控制应首选 DCS 或 PLC 系统。

3. 安全控制方式

（1）对于系统控制回路较多、危险较高的装置，应设置独立于工艺控制系统之外的紧急停车系统（ESD）。

（2）一般装置可在控制室内加装紧急停车按钮，确保现场出现紧急情况时，操作人员可在控制室内切断原料进料和燃料，启动紧急冷却系统、紧急泄放系统和吸收中毒系统等。

以上（1）和（2）的设计应满足《信号报警、安全联锁系统设计规定》（HG/T 20511）的要求。

（3）裂解（裂化）工艺的原料、中间产品及产品大多为有毒、易燃、易爆的物质，装置应按《石油化工可燃气体和有毒气体检测报警设计规范》（GB 50493）设置检测报警系统，并保证装置停车或工艺监控系统失效后，仍能有效地监控、报警。

4. 其他安全设施

对于具体的装置，考虑安全设施时不应孤立看待具体的设备或工序，还应考虑相关的原料准备、产品储存、公用工程等相关设施和工序，任何一个工序出现故障都可能影响到整套装置的安全，在设置监控或联锁报警时应一并考虑进去。

对于压力容器、压力管道等，除了设置自控设备外，还应设置安全阀、单向阀、紧急排空阀及紧急切断装置等其他安全设施。

5. 重点监控工艺参数及安全控制基本要求

（1）重点监控参数：裂解炉进料流量；裂解炉温度；引风机电流；燃料油进料流量；稀释蒸汽比及压力；燃料油压力；滑阀差压超驰控制、主风流量控制、外取热器控制、机组控制、锅炉控制等。

（2）安全控制基本要求：裂解炉进料压力、流量控制报警与联锁；紧急裂解炉温度报警与联锁；紧急冷却系统；紧急切断系统；反应压力与压缩机转速及入口放火炬控制；再生压力的分程控制；滑阀差压与料位；温度的超驰控制；再生温度与外取热器负荷控制；外取热器汽包和锅炉汽包液位的三冲量控制；锅炉的熄火保护；机组相关控制；可燃与有毒气体检测报警装置等。

三、裂解（裂化）工艺主要设备

1. 管式裂解炉

裂解工艺过程主要采用管式裂解炉。管式裂解炉主要由炉体和裂解管两大部分组成，炉体用钢构件和耐火材料砌成，分为对流室和辐射室，原料预热管和蒸汽加热管安装在对流室内，裂解管布置在辐射室内，在辐射室的侧壁、炉顶或炉底安装一定数量的烧嘴。燃料（油或气）在烧嘴燃烧生成高温燃料气，先后经辐射室、对流段从烟囱排出。原料油配入水蒸气后进入对流段，在对流段被加热升高温度，然后进入辐射室，高温下发生裂解反应，生成裂解气离开裂解炉进入急冷室进行急冷。

根据裂解管布置，烧嘴安装位置和燃烧方式的不同，管式裂解炉主要有鲁姆斯短停留时间裂解炉（SRT 炉）、凯洛格毫秒裂解炉（MSF 炉）、斯通-韦伯斯特超选择性裂解炉（USC 炉）三种形式。

（1）鲁姆斯 SRT-Ⅲ型炉 SRT 型炉经过 SRT-Ⅰ型、SRT-Ⅱ型发展到 SRT-Ⅲ型和 SRT-Ⅳ型。SRT 各炉型外形大体相同，而裂解管径及排布各异，Ⅰ型为均管型，Ⅱ、Ⅲ、Ⅳ型为变径管型。SRT-Ⅲ型炉见图 7-8。

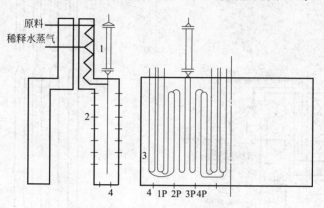

图 7-8 SRT-Ⅲ型炉示意图

1—对流室；2—辐射室；3—炉管组；4—烧嘴

SRT-Ⅲ型是对 SRT-Ⅱ型的改进，炉管由 6 程减少为 4 程，炉管数为 4、2、1、1，停留时间进一步缩短，炉管温度更高，裂解温度进一步提高，提高了乙烯收率。SRT 炉的发展及参数见表 7-1。

表 7-1 SRT 炉的发展及参数

项　目	SRT-Ⅰ	SRT-Ⅱ（HS）	SRT-Ⅱ（HC）	SRT-Ⅲ
开发应用年代	1965	1971	1972	1975
炉管热强度/[M]/(m² · h)	250	290～375	290～375	290～375
适用原料	主要为乙烷	石脑油至轻柴油	石脑油至轻柴油	石脑油至轻柴油
炉管直径/in	4～5	2～5（变径）	2～6（变径）	3～7（变径）
每程长度/m	约 10	约 10	约 10	约 14
炉管组数	4	4	4	6
炉管材质	HK-40	HK-40	HK-40	HP-40
单台炉乙烯年生产能力/kt	20～40	20～25	30～45	45～50
最大管壁温度/℃	1040	1040	1040	1100
平均停留时间/s	0.6～0.7	0.30～0.35	0.45～0.60	0.27～0.45
热效率/%	<87.5	87.5	87.5	92～93

注：1in=2.54cm。

（2）凯洛格毫秒裂解炉 凯洛格毫秒裂解炉（MSF 炉）如图 7-9、图 7-10 所示。裂解管由单排垂直管组成，仅一程，管径 25～30mm，管长 10m，可使原料烃在极短时间内加热至高温，停留时间缩短到 0.05～0.1s，是一般裂解炉停留时间的 1/6～1/4。

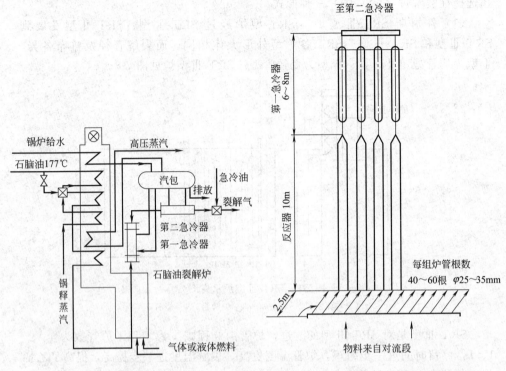

图 7-9 凯洛格毫秒裂解炉

图 7-10 凯洛格毫秒裂解炉炉管组织

（3）斯通-韦伯斯特超选择性裂解炉（USC 炉） 超选择性裂解炉结构如图 7-11 所示，连同两段急冷（USX＋TLX）构成三位一体的裂解系统。每台 USC 裂解炉有 16 组、24 组或 32 组管，每组四根炉管，共四程三次变径。每两组共用一个一级急冷器，然后将裂解气汇总送入一台二级急冷器，一、二级共用一个汽包。

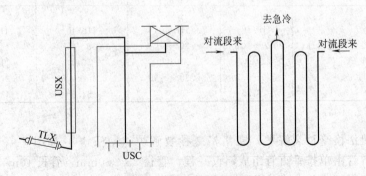

图 7-11 超选择性裂解炉系统

2. 催化裂化装置

催化裂化是最复杂的化工装置之一，一般包括：反应-再生系统、主风机系统、分馏系统；气压机系统；吸收稳定系统；预热锅炉和低温热回收系统。

反应-再生系统是该装置的核心，原料油的裂化和催化剂的再生均在该系统内完成。反应-再生系统分为反应器和再生器两部分。反应器主要包括：沉降器、预提升段、提升管、快速分离器和水汽段等。再生器包括：再生器、内外取热器、催化剂罐等。相关装置如图 7-12～图 7-16 所示。

（1）提升管反应器 提升管反应器是原料油和催化剂接触发生催化裂化反应的场所，是

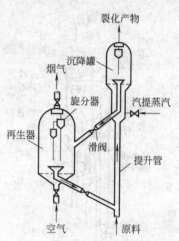

图 7-12 高低并列式流化床
催化裂化装置

装置的核心设备。按反应再生器的构型不同，有直管提升、折叠管提升和两段提升管等形式。直提升管和折叠提升管是两种基本形式，分别用于并列式和同轴式装置，长约 30～40m，介质为汽油和催化剂。两段提升管是两根较短的提升管，一根为原料提升管，一根为回炼油提升管，两根提升管都注入再生催化剂。

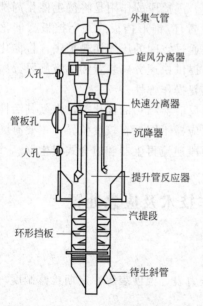

图 7-13 提升管反应器及沉降器示意图

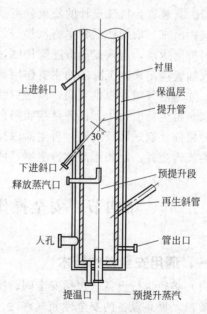

图 7-14 提升管预提升段

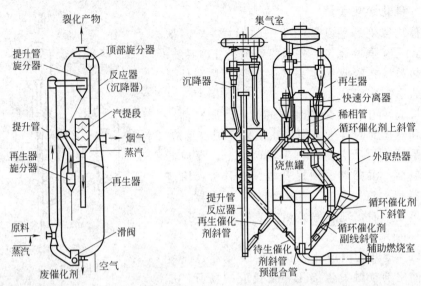

图 7-15　同轴式流化床催化裂化装置　　图 7-16　高低并列同轴二段再生反应装置

　　预提升段位于提升管底部,为反应提供流化良好的再生催化剂。预提升段底部设有催化剂流化和提升设施,其总高度一般为 3~8m。提升管出口快速分离装置主要任务是实现油气和催化剂快速分离、催化剂快速预汽提和油气快速离开沉降器。其装置为特殊设计的旋风分离器。汽提段的作用是将待生催化剂携带的汽油汽提出来,增加产品收率。汽提段设置环/锥形挡板或人字挡板,催化剂在挡板间折流运动,与汽提蒸汽逆流接触,通过空间的压缩换热扩张,将催化剂携带的汽油置换出来。沉降器的主要作用是提供快速分离装置和单级旋风分离装置空间,并为油气缓冲提供空间,以增加装置操作弹性。

　　(2) 再生器　再生器任务是接收来自反应器结焦的催化剂,恢复其活性而再生,并将催化剂送回反应器。再生器因反应器不同而有较大差异,主要有同轴式单段逆流再生器、烧焦罐高效再生器、两段逆流再生器和组合式再生器。

第四节　安全操作技术及应急处置

一、通用安全操作技术

　　(1) 必须执行设备(包括安全阀、压力表、温度表等)定期检修制度,严格验收质量,提高设备的安全性和气密性。

　　(2) 检修设备和管道等必须按规定办理安全检修操作证。

　　(3) 装置停车大检修时,火炬必须熄灭并与装置完全断开,以保证检修安全。检修前，所有的物料管线、设备应用氮气或水蒸气等气体置换合格。动火时，动火点及周围环境气体测爆应合格，固体及油类可燃物应清除干净。

（4）进入设备内部检修用火的条件：氧含量大于 $19.5\% \sim 23\%$；有机物含量低于卫生允许浓度和在爆炸下限以下。进设备必须办理受限空间作业证，并有人在现场监护，同时准备必要的救护器具，严禁无证和无监护人而单人进入设备作业。

（5）运转中的设备及带压设备不得修理。

（6）检修用火应办理用火作业许可证，并应严格遵守用火安全管理制度。

（7）进行检修的设备、管线必须用盲板或拆除一部分管线与设备物料系统断开，盲板应登记挂牌。

（8）设备内部检修及清理应使用防爆工具。

（9）检修转动设备应首先通知电工停电，并确认停电后方可进行检修工作。

（10）凡离地面 2m 以上及框架边缘工作时，要有牢固的脚手架，并要系好安全带。

（11）起重设备要由专人操作，下边有专人监护。

（12）设备检修所用的临时电源（如照明、手持电动工具电源）应设漏电保护器。临时照明用灯安全电压为 12V（潮湿或铁制容器内）或 36V（一般场合）。

（13）设备管线经过吹扫、试压、置换合格，转动设备进行单机试车并验收合格，方可投入生产。

二、主要设备安全技术

1. 裂解炉安全操作技术

（1）点火前，要检查风门是否打开，炉膛内有机物料是否置换合格，自保联锁是否挂上。若初次点火，还应检查分析燃料气含氧量是否低于 3%。

（2）正常生产时，检查燃料油的雾化蒸气压力是否正常，看反应温度是否严格按工艺进行控制。在开停工时，要按工艺规程确定烘炉的曲线升温、恒温和降温。停车期间，燃料管线要立即加上盲板，以防阀门内漏，燃料在炉膛内积聚而发生事故。

（3）生产中要经常通过视镜观察炉内火焰分布是否均匀，有无偏烧及炉管变形情况，及时处理异常变化。定期对炉管的变形、腐蚀情况和管壁测厚情况进行分析、判断，防止炉管烧穿、焊口开裂发生事故。

（4）炉子烧焦时要注意检查原料和裂解气去急冷系统的阀门是否关死并加盲板，用蒸汽置换合格后方可通入空气烧焦。

（5）经常检查裂解炉的急冷锅炉，不能烧干锅。停锅炉给水时必须停裂解炉。

（6）经常检查裂解炉及过热炉区，禁止堆放和排放易燃物料。

（7）当装置发生烃类气体大量泄漏时，应立即开启裂解炉的水幕和蒸汽幕进行保护，切断燃料使炉子熄火，同时切断原料、停炉。

（8）在裂解炉运行时，如发生进料、蒸汽或燃料波动，应不间断地密切监控各工艺参数，直到正常为止。同时，现场应立即检查炉膛、炉管情况。

（9）在废热锅炉水力冲洗中，应注意避免水进入裂解炉耐火材料上，同时也要防止裂解炉仪表和配件等受到水力冲击而损坏。为防止高压水枪和飞溅的焦粒对人体造成的危险，必须穿戴适当的劳动保护服，并设置警戒线，防止人员进入危险区。

（10）在裂解炉区，操作人员应防止被任何热的设备或管路许多元器件烫伤，为此，应设有人身防护隔离。

2. 裂解气压缩机安全操作技术

（1）查看负荷是否稳定，保证在稳定区域内运行，防止压缩机发生喘振。

（2）监视压缩机各段吸入罐的液位，以防止压缩机因高液位联锁停车或因液面仪表联锁失灵，气体带液进入压缩机而造成事故。

（3）检查压缩机油泵压力、冷却水量、轴位移、温度等联锁系统是否处于正常使用和完好状态。

（4）注意检查裂解气压缩机碱洗塔的操作是否正常，以防止碱液带入压缩机而引起事故。

（5）严格控制乙烯、丙烯压缩机，不得在负压下操作，特别要注意监视介质的泄漏，防止发生爆炸事故。

3. 深冷分离部位安全操作技术

（1）裂解气经干燥脱水后，方可进入深冷分离系统。

（2）冷箱的设备、管道、仪表管线必须干燥，并检查裂解气露点的控制是否低于−65℃。若水含量高，会使冷管线及塔盘冷冻引起事故。

（3）冷区的设备在停车泄放物料（即将倒空）时，要防止发生"冷脆"现象。操作时应在保压条件下，先将液相物料排净，然后再放压、系统置换（若临时停车则保压），不得先泄压后排液相物料。

（4）发生"冻堵"时，应用水蒸气暖解或用甲醇解冻疏通。冻堵严重时，应停车检查处理。

4. 乙炔加氢反应器的安全操作技术

乙炔反应器可能会发生飞温。床层温度迅速升高，失去控制，危及容器安全，可以导致温度过度升高的两种反应都是放热反应，一种是存在过量氢气时的乙炔加氢反应，另一种是乙炔的聚合分解反应。第二种反应是自身增殖反应，因而更具有危险性，可使温度极快上升。

在发生过量乙烯加氢时，由于反应受制于存在的氢气量，因而可以通过将氢切除而恢复正常，如果发生第二种反应，单靠切除氢气就不够了。此时，必须切除全部进料，对反应器进行置换，并在重新开车前将催化剂冷却下来，以确保没有床层热偶探测不到的局部热点。

（1）确认开车反应器中没有氢气，若未经检查且含有未被检测到的氢气，并含有不饱和物料，则不要向容器中送料。

（2）若探测到高温，则不允许用含乙烯的物料冷却反应器。为安全起见，只要发现过度高温，乙炔反应器就应停车，切断进出料，泄压放火炬，在反应器再生完毕或至少是用氮气冷却至环境温度之前，不应将反应器重新投用。

5. 打开管线和设备时的安全操作技术

（1）在打开管线和设备之前，先外接蒸汽，通常用一根蒸汽软管对内部残留的少量挥发性冷液体进行外加热或直接内加热，予以蒸发，蒸汽流速应尽量低，以防蒸汽经软管高速进入宽敞空间产生静电，打开管线和设备进行检修检查时注意以下几点：

① 要避免将大量的烃类气体放入大气，以避免火灾，必须排放至大气时，特别是地面排放时应在蒸汽覆盖层的保护下慢慢进行；

② 维修工作开始前，设备或管线一定要用蒸汽吹扫或冲洗，并鼓风；

③ 除需要直接进行试压和干燥外，管线和设备要进行空气置换；

④ 必须使用防静电工具；

⑤ 所有蒸汽软管应接地并验收合格，以减少蒸汽射入产生静电火花的可能。

（2）大型容器的打开 打开塔、罐类大型容器时，建议采用以下防护措施：

① 排净全部液体，对系统进行蒸汽吹扫和（或）灌水，直接将烃类气体和其他有毒及可燃气体物料完全清除。

② 所有进出设备管线均应加盲板，把烃类、燃料气、氢气隔在外面，在进入设备前使用气体探测仪确认没有烃类和有毒气体，且氧含量不低于19%。必须编制盲板清单，以确保工作结束时盲板全部拆除。检修完毕，容器投入使用之前，必须用蒸汽或氮气置换出其中的空气。

③ 在倒空液体或试压用水时，倒空速度不要快于容器充入空气或气相物料所能达到的速度，以防抽成真空。

6. 进入污染受限空间安全操作技术

氮气无毒，正常情况下，所呼吸到的空气中79%是氮气，然而在充满高浓度氮气的容器或区域，会出现呼吸缺氧现象，以置身其间的时间长短不同，呼吸缺氧的空气会瞬时导致失去知觉或死亡。因此，不要进入或把头伸进充满高浓度氮气的容器中，不要靠近氮气正以高速向设备当中泄出的排放口，否则可能出现瞬间缺氧。

当容器中充满惰性气体或容器受污染的时候，进容器的任何人都必须遵守适用的标准、安全注意事项及细则中的全部规定，还要注意以下几点：

(1) 容器采用类似加盲板这样的可靠措施，将烃、燃料气、氢气隔离在外；

(2) 在容器外靠近打开的人孔处安置鼓风机，把容器中挥发的气体吹扫出去；

(3) 进罐人员作业时，必须佩戴长管呼吸器或空气呼吸器，保证空气的适量供应；

(4) 应设置一个单独的不靠电力驱动的备用空气供给装置，并做好迅速投用，向罐内人员供气的准备；

(5) 进罐人员应佩戴安全带，并系好安全绳；

(6) 人孔处至少有两名后援人员，对罐内人员进行不断的监护，与其保持联系；

(7) 应准备一个带有自己独立的空气供给装置的备用新鲜空气面罩，一旦出现紧急情况，第二个人可迅速进入容器；

(8) 在充满氮气的容器内作业的任何人员都不得下到类似塔盘或分配器这些内件的背面；

(9) 反应器中的人员需配置有一台独立的紧急空气供给设备，以及匹配的连带装置，空气供给设备最好能与其佩戴的新鲜空气面罩连接。

7. 汽油分馏塔、脱丙烷塔、脱丁烷塔及脱戊烷塔检修安全技术

汽油分馏塔、脱丙烷塔、脱丁烷塔及脱戊烷塔生产中容易产生丁二烯、戊二烯等物质的低分子量聚合物。这种聚合物结构疏松，可以吸附大量烃类可燃物，这种物质在有氧的条件下极易自燃。因此，防止自燃自爆是这些系统安全检修的关键。

(1) 水洗　在按规定进行停车、倒空、氮气置换、分析合格，并打开人孔后，立即用敷塔水管线从人孔向塔内喷水，以降低塔内温度，软化自聚物，水封以避免自燃现象发生，喷水时间不少于 2h，水量为单塔 $40m^3/h$（2in 管全开）。随后停水进行 12h 以上的鼓风，经分析合格，再进行短时间（0.5h）喷水洗塔之后，进入检修。如果塔内聚合物太多，可采用湿法作业，即在喷水状态下检修，以保证安全。

(2) 检修工具　塔内检修禁止使用可能产生火花的工具。

(3) 照明　所用的临时照明电压不得高于 12V，灯具的绝缘性应符合要求。

(4) 塔内检修用火　塔内原则上不准用火，如确实必须用火，则应待塔内自聚物确实清理干净，水冲洗合格后再用火。

(5) 低聚物及废渣的处理　塔内及其所属系统内的罐、管线、换热器、过滤器等设备内清理出的低聚物及废渣均属于易自燃物质，在日光下（气温 30℃以上）照射或潮湿状态下堆积，都能受热或蓄热自燃，应妥善处理。必须送往指定的场地焚烧或掩埋，禁止自行处理，尤其禁止送往普通垃圾站或就地掩埋。

（6）自燃现象　裂解气压缩机工艺系统各段间罐内壁、过滤网有聚合物，停车打开人孔后与空气接触也能自燃。所以，打开人孔后必须立即喷水，以避免自燃现象发生。

（7）脱除烃类　每台设备都可以通过蒸汽吹扫、抽真空或氮气置换，将其中的烃类脱除，建议对装置中进行蒸汽吹扫的部位采取以下措施：

① 充分利用蒸汽吹扫接管引入过热蒸汽；

② 用蒸汽软管与排气阀倒淋连接，作为上述蒸汽源的补充；

③ 每台容器均应形成自上而下的蒸汽流；

④ 每条管线均应通入蒸汽进行吹扫；

⑤ 每个打开的排气阀和倒淋均应看见过热蒸汽一缕缕喷出；

⑥ 需要时可在停蒸汽时通氮气，维持微正压。

8. 压力容器管理与操作安全技术

（1）压力容器的安全附件、校验数据及期限规定

① 安全阀　至少每年校验一次，安全阀起跳压力应为压力容器工作压力的1.05～1.1倍，不能超过容器的设计压力，调整合格后，铅封。

② 防爆片　定期更换，每年至少一次，安全阀和防爆片出口应引至火炬系统或室外安全地点，易燃物料应装阻火器，放空管应保持畅通，严防堵塞和结冰。

③ 压力表　每年至少校验一次并加铅封。

④ 液位计　必须有表示液位高低的标志，严格控制玻璃管、板的质量，并经1.5倍工作压力试验合格，易燃易爆介质的液位计必须有安全防爆罩，并采用防爆照明灯。

⑤ 测温仪表　精度符合要求，灵敏度按设计要求配置，不得任意取消，对温度指示有怀疑时应及时校验。

⑥ 进出口切断阀　必须灵敏，切断时保证严密。

⑦ 压力容器　一般应有以下安全附件：安全阀、防爆片（防爆膜）、压力表、放空阀、泄压阀、进出口切断阀。

（2）压力容器必须定期校验　校验分为外部校验、内部校验和全面校验。

（3）操作安全管理　必须对各台压力容器进行编号，登记建立设备档案，并制定专职或兼职的安全技术人员负责容器的安全技术工作，制定容器的安全操作规程。

（4）容器操作人员　压力容器操作人员应经培训考试合格后，持压力容器操作证才能上岗，应严格遵守安全操作规程和岗位责任制，定时定点定线路进行巡

回检查，并保持安全附件齐全、灵敏、可靠，有不正常情况及时汇报并处理。

(5) 紧急停车　压力容器有下列情况之一时，操作人员有权立即采取紧急停车措施，并及时报告有关部门：

① 压力容器工作压力、介质、温度或壁温超过许用值，采取各种措施均不能使其下降；

② 压力容器的主要受压元件发生裂纹、鼓包、变形、泄漏等缺陷危及安全；

③ 安全附件失效，接管端断裂，紧固件损坏难以保证安全运行；

④ 发生火灾且直接威胁压力容器的安全运行。

9. 其他安全操作技术

(1) 催化剂的装填　装填催化剂比较危险，必须注意以下几点：

① 来自反应釜内部和在反应釜外处理催化剂时产生的粉尘含有重金属，不能吸入人体内，工作场所要有良好的通风条件，必须采取适当呼吸保护措施，操作结束后，马上使用真空呼吸器或用水冲洗，消除粉尘；

② 氧化性金属催化剂可以有效引燃烃类蒸气或液体，接收容器和其他与催化剂接触的设备，必须小心清洗，同时容器填充催化剂后应马上封闭，减少粉尘向附近泄漏和扩散的暴露面积；

③ 还原性镍催化剂是可自燃的，如果未经蒸汽和氧化处理，卸料时就必须特别小心，并用水喷淋，其他催化剂也可能是可燃的，必须小心。

(2) 泄漏　如果管线（设备）出现漏点，有可燃或易挥发的液体泄漏出来，就应向漏点处充蒸汽，进行覆盖，直至检修到压力降下来为止。

(3) 极端温度　乙烯装置特点之一是操作温度范围宽，从裂解炉中的 800℃ 直到氢气-甲烷分离罐中的 -160℃。操作人员必须清楚低温对人的皮肤有着几乎与高温相同的影响，所以均应按操作温度进行设计，并包含安全系数。操作人员必须注意，不要让设备在超过极端温度下运行。

深冷区的设备用耐低温材料制造，如果这些设备超过了低温极限，很可能发生材料的低温脆裂而失效。

三、装置停车的安全技术

(1) 停车方案的制定　乙烯装置停车是一个变换操作参数的过程。在此较短的时间里，各操作单元的温度、压力、液位、流量等不断发生变化，要进行切断物料、推出物料、设备吹扫、置换等大量工作，操作人员频繁地开关阀门、塔口、塔下系统检查作业，劳动强度大，气氛及精神等都很紧张，如果没有一个统一的停车方案、停车操作顺序，很容易发生误操作，损坏设备、管线、仪器仪表，严重的还会造成事故，危及生命安全。

装置停车方案的制定工作，一般地说应根据停工检修的目的、时间长短、动火范围等由主管生产工艺的技术部门、生产部门会同生产车间及主管设备部门经过周密协商后定出，报主管领导审批。生产车间根据停车方案绘制停车操作顺序图表，并组织全体职工学习，逐条逐项进行演练、讨论。重要设备及管线停工，除制定操作顺序图表外，还需要制定确保安全的具体措施。

（2）停车操作安全技术　停车方案一经确定，就应严格按照停车方案确定的时间、停车步骤、工艺变化幅度以及确认停车操作顺序有秩序地进行，一般不得更改。装置停车阶段进行是否顺利，一是影响安全生产，二是将影响装置检修能否如期进行，以及影响检修工程质量。停车过程应注意的问题如下：

① 降温、降压的速度不宜过快，应严格遵照工艺指标执行；

② 停车阶段执行的各种操作应准确无误，必要的情况下应重复指示内容，执行每一种操作时要注意观察是否符合操作意图；

③ 加强协调统一指挥，坚决反对我行我素；

④ 炉子（裂解炉、开工锅炉）停车后按停车方案规定的降温曲线进行；

⑤ 高温真空设备停车时，在必要时按规定撤真空，停真空泵，逐步恢复常压，避免在高温负压下空气吸入引起爆炸；

⑥ 装置停车时设备、管道中的物料要送出装置外，可燃有毒气体应放至火炬烧掉，对残留的物料排放时，应采取相应的措施，禁止新的排放而引起事故；

⑦ 清除设备表面、梯子平台、地面的油污、易燃物等，为设备交工检修创造条件。

四、裂解炉故障处置技术

处置的基本原则（自动或手动）是首先保护人员和炉子的安全；其次是在最短时间内能恢复到正常操作。后者要求避免快速冷却辐射炉管，因为快速冷却可能产生过量焦炭脱落。在裂解炉控制中，主要靠几个自动化控制和稀释程序使裂解炉回到"安全"状态（例如燃烧速度、挡板位置、燃烧空气供给、烃进料稀释蒸汽流量）。这并不是说长期保持这种状态是安全的。但是这样可以消除人和干扰的短时间副作用，并为操作人员提供时间，以便反应过来进行必要的最后调节，将裂解炉带回安全状态长期运行或进行控制停车。

从裂解炉安全散去储存的热量是很重要的，因为大量的耐火材料在高温下作用需要采取特殊的措施。由于对流段通常通过冷空气回到辐射段送过来大部分热量，因此，保持足够的流量通过所有炉管是正确的。

1. 烃进料中断

所有裂解炉的烃进料中断是进料泵故障或相应的自启动备用进料泵故障引起的。任何裂解炉的烃进料泵中断引起跳车联锁（通过一个低-低压开关），引起烃进料阀关闭并使稀释蒸汽阀开到最小预设定位置，相当于正常流量的90%。在某些情况下，可能需要将稀释蒸汽流量增大阀门开度，以吸收大量的热量。

（1）按照紧急措施，应调节炉底燃烧和稀释蒸汽流量，以保证横跨温度最大值（670℃）。

（2）如果裂解原料不能迅速恢复供给，则准备裂解炉停车。

（3）根据预期的停车时间长短，可将若干裂解炉降低为蒸汽备用状态并准备清焦，这可能要求灭掉更多的烧嘴和再调节稀释蒸汽流量。如果裂解炉停止运行，停车前要对裂解炉清焦。如果裂解炉在停车前几天已先清焦，则不需要对该裂解炉进一步清焦。

（4）对于裂解炉抽风，通过调节引风机挡板用环境空气完成冷却，特别小心保持抽风挡板在安全范围内。

在所有情况下，通过在预先设定的最小流量下保持锅炉给水流过对流段盘管和稀释蒸汽流过辐射段来完成冷却。

在所有跳车动作已经发生后，一旦裂解炉回到安全状态，应以不超过100℃/h的速度完成裂解炉的冷却，直到炉出口温度达到400℃为止。此时可以停稀释蒸汽，允许裂解炉冷却到室温。

（5）由于所有（或即使一部分）物料流向汽油分馏塔的裂解炉处于蒸汽备用状态，因而增加了蒸汽在塔内冷凝的机会，为了防止这一点，应提高汽油分馏塔顶温度。这要求调节温度控制阀（TV）通向急冷器的急冷油量来减少被急冷油移走的热量，同时应保持回流量不少于正常回流量的50%，以保持有足够的烃分压。在较高的汽油分馏塔操作温度下，急冷油也进行汽提，此时应仔细检测其黏度变化，以避免其流动性迅速降低。

（6）由于烃进料中断，超高压蒸汽产量大大降低，因而裂解气压缩机必须停车，并置于低速运行。应密切注视蒸汽总管的压力，稀释蒸汽用量增加，而急冷油的冷却能力降低，且火炬负荷加大，因此，需要大大增加蒸汽的减压量。

（7）在准备裂解炉清焦时，切断进入急冷器的急冷油，确保所有急冷油循环管线返回汽油分馏塔，在关闭裂解气大阀，打开清焦阀门之前，应确保所有蒸汽吹扫管线畅通。

（8）通过高液位超驰控制系统自动增加汽包排污量，经常检测每一个汽包液位（控制阀的最小开度是可以通过正常水量的20%）。

（9）在任何情况下，当位于前部（输送线、汽油分馏塔和急冷塔）设备中的蒸汽浓度明显高于正常值时，就检查汽油分馏塔顶部到急冷塔管线上的注氮/燃料气压力指示控制（PIC）的操作情况。

（10）在汽油分馏塔中的蒸汽浓度高于正常值时，也要检测循环急冷油的黏度。如果黏度增加，向系统中加入调质油以控制黏度。

2. 稀释蒸汽中断

此故障通常是由某些其他故障引起的，例如总蒸汽故障，不太可能由自身引起故障。可由中压蒸汽来紧急补充稀释蒸汽系统，然而稀释蒸汽控制系统的某些失灵导致通向裂解炉的稀释蒸汽完全切断是可能的。在这种情况下：

（1）手动启动跳车开关，裂解炉全部停车。

（2）当执行停车时，通向裂解炉工艺炉管的烃进料将自动切断。

（3）锅炉给水继续流过预热盘管，这将由液位控制阀的最小开度来保证，过量的水由高液位控制阀来排放。

（4）调节挡板以达到要求的冷却。

（5）停裂解气压缩机。

（6）保持丙烯和乙烯制冷压缩机系统在最小流量下操作，直到装置计划长时间停车为止。

（7）如果必要的话，停工艺水汽提塔进料泵和塔底泵。

3. 燃料气中断

装置燃料气中断及维持压力的备用燃料系统故障，或者由于炉子的燃料分配系统的某些错误切断或失灵，都能使去裂解炉的燃料气低压发生故障。在这种情况下，燃料气总管或燃料油总管的低压电磁阀自动关闭，也导致到裂解炉底部烧嘴的燃料气电磁阀自动关闭。停车后，即使燃料压力在瞬间内得以恢复，再次打开进入热的炉膛的燃料并期望借助炉衬耐火材料的热量重新点燃烧嘴都是不安全的。

如果无燃料气，长明线熄灭，在继续投用之前必须重新点燃长明线，置换之前不要试图重新点燃长明线或烧嘴，因为积累的气体可能发生爆炸。安全措施是完全关掉所有烧嘴的长明线。点燃长明线之前，检查炉膛应无可燃性气体。点燃长明线，然后分别点燃裂解炉的每一个底部烧嘴。

到炉底烧嘴的燃料（油和/或气 PSLL）中断，温度控制器将增加侧壁烧嘴的燃烧速率。

要求操作人员采取措施，在发生波动的过程中降低负荷，因为设计的侧壁烧嘴不能承担裂解炉的总热负荷。如果燃料持续中断，也许能切换用另一种燃料。如果另一种燃料也不足，裂解炉应该停车。在降低负荷过程中，引风机保持在正常控制下。

（1）如果所有裂解炉停车，采用"烃进料中断"中所述的停车规定。

（2）采取紧急停车的其他处理措施。

（3）只要稀释蒸汽送入汽油分馏塔，在塔内冷凝成水的机会就会增大，塔顶温度将会升高，且回流量（相对进入急冷油的返回量）也相应提高。

（4）当裂解炉冷却到危险限度以下时，降低稀释蒸汽流量。

（5）在错误操作改正后，重新开始点火程序。在进行裂解操作前，接近或超过运转周期中期的那些裂解炉必须清焦。

4. 辐射炉管故障

炉管破裂，通常可以看到烟囱处大量冒烟，甚至可以看到火焰，这种情况可能导致严重损坏裂解炉，必须立即停车。由于流量不平衡或炉管出口温度波动所检测到的微量泄漏，不属于紧急事故，不需要立即停车，但必须仔细观察。

如果炉管确实破裂，对所影响的特定裂解炉必须采取下列措施：用裂解炉停车跳车开关熄火，并切断该裂解炉的烃进料。

该跳车将迫使稀释蒸汽阀开到预设定位置，并关闭所有燃料。

由于炉管严重破裂，导致烃从输送线返回，从而增加了燃料的供应，这将造成危险正压，可导致火焰喷出炉膛。

为了避免烃从输送线通过破裂的炉管返回炉膛（仅在大的炉管破裂时才可能，小的泄漏不存在），关输送线截止阀，然后切断所有的物流，停车进行检修。如仅有轻微的泄漏，可以考虑在冷却下来之前，对裂解炉进行清焦。因为与焦炭一起快速冷却，就可能产生附加的应力，从而进一步损坏已泄漏的管子，并且由快速冷却引起的脱落焦炭也能堵塞辐射炉管和废热锅炉管板。

5. 对流段烃炉管故障

对流段炉管破裂可能导致烃类混合物在对流段或在炉拱内燃烧，这可由烟囱冒出的黑烟显示出来。如果燃烧发生在炉拱区域内，混合预热器出口能显示出高温，裂解炉应该离线切出，应采取"辐射炉管故障"部分同样的程序来解决。

6. 锅炉给水预热盘管故障

汽包液位的消失和烟囱排出蒸汽表明裂解炉锅炉给水（BFW）预热盘管破裂，这是由于锅炉给水进入热的对流段，并与热烟道和裂解炉表面接触。这种情况可能导致炉膛正压，并出现潜在的危险。

当汽包液位下降时，汽包液位控制器将使锅炉给水液位控制阀开大，使大量的水进入炉膛。如果破裂大，汽包本身将泄压，应立即采取以下措施：由控制室关闭液位控制阀；尽快在室内操作站关闭截止阀，因为液位控制阀处于最小关闭位置时仍有大量的水通过。

如果裂解炉还没有自动跳车，应用总的停车跳车开关熄火，并完全切断裂解炉的烃进料。在裂解炉冷却时，调节稀释蒸汽流量，通过关闭裂解气大阀隔离该裂解炉。

7. 废热锅炉炉管故障

工艺管线破裂将导致大量高压锅炉给水流进工艺物流，流向裂解炉的锅炉给水。流量突然上升以及汽油分馏塔爆炸操作情况紊乱都能表明该管线破裂。汽包经过蒸汽过热盘管向大气泄压，并关闭排污阀以防止返回中压蒸汽，减少流向工艺系统的锅炉给水。

手动跳车使裂解炉处于停车状态，汽包的液位在泄压后必须由关闭控制阀（最小关闭位置）和手动操作该控制阀上游的截止阀来控制，通过预热盘管的锅炉给水（BFW）必须维持恒定。需要两名操作员：一名监视汽包的液面，另一名调整液位控制阀上游的截止阀。关闭裂解气大阀，并将稀释蒸汽切到裂解炉清焦系统。按这种办法把裂解炉冷却到安全温度，然后停止供给稀释蒸汽。

8. 汽包液位低

不管废热锅炉还是裂解炉炉管的破裂，或预热盘管的破裂及错误切断锅炉给水，都会造成汽包液位下降，从而引起裂解炉自动停车，这种情况按"锅炉给水预热盘管故障"叙述的方法处理。

9. 引风机停

引风机能使裂解炉自动跳车到全部停车状态。

引风机跳车时，对所有裂解炉采取以下措施：

（1）关烃进料阀，强制使稀释蒸汽流量达到正常流量 90％的预设定最小流量，关炉膛底部和侧壁烧嘴燃料阀，底部烧嘴长明线阀保持在跳车前同样的位置。

（2）引风挡板全开。

（3）在所有情况下，按"烃进料中断"的规定稀释蒸汽并冷却裂解炉。

（4）如果这一故障发生在一台裂解炉上而没有进一步影响到其他裂解炉时，只需采取标准停车程序。但是，如果故障发生在几台或所有裂解炉上，那就需要全装置停车。

10. 锅炉给水中断

单台裂解炉给水中断将通过低流量开关促使裂解炉跳车。

对于所有裂解炉，低-低锅炉给水（BFW）流量跳车引起下列动作：

（1）关闭烃进料阀，强制使稀释蒸汽阀到预设定的最小流量位置，关闭所有的燃料阀（炉底烧嘴长明线阀除外）。

（2）引风机挡板保持在正常压力控制下。

（3）操作人员应维持稀释蒸汽流量在裂解炉跳车预设定值，直到汽包处于低-低液位为止（低-低液位跳车后 3～4min）。此时应将稀释蒸汽流量降到零，以防损坏废热锅炉。

（4）可以预料烟道气温都将在约 10min 内上升到最大值（480℃），然后又下降，在这种情况下不应使锅炉给水盘管降压，然而在裂解炉停车之后，应严密监视烟道气温度。

（5）确信引风机挡板及烧嘴风门全部打开，以加速冷却。

烟道气温度不能保持在 480℃以下时，锅炉给水（BFW）盘管必须进行人工减压，通过汽包上面的消音器将过热盘管蒸汽放空排放到大气中。当汽包内件以及系统内大量钢件处于约332℃的初始温度开关的两上信号时，裂解炉自动跳车到全停车状态。

11. 蒸汽过热温度失控

注入水的中断或温度控制器的故障都可能引起这一紧急事故发生。在这种情况下，如果裂解炉保持正常操作，过热器出口蒸汽温度将上升到650℃。这时过热器的管子和外部管线都是严重的超应力状态，必须避免。因此，在蒸汽过热控制故障时通过两个高-高超高压（SHP）蒸汽温度开关的两上信号使裂解炉自动跳车到全停车状态。操作人员应保持稀释蒸汽和流量不低于正常值的50%，以保护对流段。

12. 急冷油中断

急冷油完全中断将引起汽油分馏塔，以及急冷塔和汽油分馏塔之间的所有管线温度过高，急冷器的温度报警动作。

用开关手动切断，使裂解炉到全停车状态。保持稀释蒸汽最小到正常值50%流量，以保护对流段。

13. 炉膛着火

不提供自动停车，尽快确定着火原因，炉膛内部能承受中度着火。如果着火原因是炉管大量泄漏，需要切断进料，大的破裂能引起危险的炉膛正压。打开烟道挡板，增大炉膛通风，如果炉膛内没有燃烧的燃料，这步操作缓慢进行。通常，辐射段炉管有小的泄漏时，可以继续裂解炉操作。

当切断烃进料时，通过监视裂解炉出口温度增加稀释流量，以控制裂解炉的冷却，停下裂解炉进行检修。

14. 清焦过程中跳车

在清焦工程中，除烃进料压力低跳车外，裂解炉仍然采用紧急制动跳车。所有工艺报警仍在使用。通过使跳车开关扳到"停车"位置可以执行所有裂解炉停车。在清焦过程中，通过废热锅炉中继续生产正常超高压蒸汽，可以很好地防止对流段超温。

第八章

氟化工艺

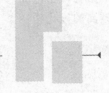

第一节　氟化工艺基础知识

一、概念

氟化是化合物的原子中引入氟原子的反应，涉及氟化反应的工艺过程称为氟化工艺。氟与有机化合物的作用是强放热反应，放出大量的热可使反应物分子结构遭到破坏，甚至着火爆炸。氟化剂通常为氟气、卤族氟化物、惰性元素氟化物、高价金属氟化物、氟化氢、氟化钾等。

在卤化物中，氟化物容易与某些高氟化态的阳离子形成稳定的配离子。与其他卤化物不同，金属锂、碱土金属和镧系元素的氟化物难溶于水，而氟化银可溶于水，其他金属的氟化物易溶于水。氟化氢的水溶液称为氢氟酸，是一种弱酸。金属氟化物还易形成酸式盐，如氟氢酸钾（KHF_2）。

二、氟化反应原理

氟化是利用加成、置换或转化原有基团、取代等化学方式，在有机分子中引入氟元素，制造氟化物的过程。由于取代氟化极易使有机物发生裂化、聚合等破坏性反应，故氟化多采用氟置换、加成氟化等反应。此外，还常用电解氟化。

1. 氟化反应及其分类

（1）加成氟化　不饱和烃炔烃、烯烃与氟化氢加成氟化：

$$C_2H_2 + 2HF \longrightarrow CH_3-CHF_2$$

$$CH_2=CCl_2 + HF \longrightarrow CH_3-CCl_2F$$

（2）置换氟化　以氟化氢、氟化钾等为氟化剂，置换有机物分子中的氯基或重氮基的反应。

① 氯代烷烃氟置换　氟里昂系产品几乎都是通过交换氟化制得，例如：

$$CCl_4 + HF \xrightarrow[3MPa]{SbCl_5,110℃} \begin{array}{c} CCl_2F_2 \\ \text{氟里昂-12}(F_{12}) \end{array}$$

$$CHCl_3 + HF \xrightarrow[20\sim30℃]{SbCl_5} \begin{array}{c} CHF_2Cl \\ \text{氟里昂-22}(F_{22}) \end{array}$$

氟置换不饱和烃与氟化物加成产物（氟氯代烷）分子中的氯基，生成氟化程度较高的氟化物：

$$2CH_3—CCl_2F+HF \longrightarrow CH_3—CClF_2+HCl$$
$$CH_3—CCl_2F+2HF \longrightarrow CH_3—CF_3+2HCl$$
$$CHCl=CCl_2+3HF \longrightarrow CH_2Cl—CF_3+2HCl$$

调聚合成的氯代烷烃，再催化置换氟化，如在催化剂作用下，氯乙烯与四氯化碳调聚合成 HCC-240，然后在卤化锑作用下置换氟化，制备含氟发泡剂 HFC-245。

$$CHCl=CH_2+CCl_4 \longrightarrow CHCl_2—CH_2—CCl_3$$
$$CHCl—CH_2—CCl_3+5HF \longrightarrow CHF_2—CH_2—CF_3+5HCl$$

② 氯代芳烃氟交换

氟置换反应需要溶剂，常用 DMF、丙酮、四氯化碳等。例如，四氯嘧啶与氟化钠在 $180\sim220℃$、环丁砜中回流，反应制得 2,4,6-三氟-5-氯嘧啶，收率 87.5%。

（3）醇、醚、氯代物电解氟化，如辛酰氯与氢氟酸电解合成辛酰氟：

$$C_7H_{15}COCl+HF \longrightarrow C_7H_{15}COF+HCl$$

（4）在锑、砷等催化作用下，五氟化碘、碘与四氟乙烯生成五氟碘乙烷：

$$5CF_2=CF_2+IF_5+2I_2 \longrightarrow 5CF_3—CF_2I$$

（5）重氮盐与氟硼酸盐反应　氟置换重氮基，或芳伯胺直接用亚硝酸钠、氟硼酸重氮化生成重氮氟硼酸盐，过滤、干燥、加热（有时氟化钠或铜盐存在）分解得氟代芳烃。重氮氟硼酸盐分解需要无水、无醇条件，否则易分解成酚类和树脂状物。

例如，由对溴苯胺制备对溴氟苯：

重氮氟硼酸盐热分解为快速强放热反应，一旦超过分解温度，将发生爆炸事故。

2. 被氟化物与氟化剂

（1）被氟化物 主要是不饱和烃，如乙炔、乙烯等；烷烃，如甲烷、乙烷等；氯代烷烃，如三氯甲烷（氯仿）、氯乙烯、偏氯乙烯、三氯乙烯、四氯乙烯等；芳烃衍生物，如氯代芳烃、芳伯胺及其重氮盐等。这些化学品均属易燃、易爆、有毒和腐蚀性物质，是危险化学品。

（2）氟化剂 主要是无机氟化物，如氟化氢、氟化钾、氟化钠、氟化银、三氟化锑、五氟化锑等。

3. 氟化反应特点

（1）燃爆危险性大 氟化反应涉及燃爆性的氟化物料，常见物料爆炸极限见表 8-1。

表 8-1 一些常见物料的爆炸极限

物料名称	爆炸极限(体积分数)/%		物料名称	爆炸极限(体积分数)/%	
	下限	上限		下限	上限
乙炔	1.5	82.0	四氟乙烯	11.0	60.0
乙烯	2.7	34.0	1,1-二氟乙烯	2.3	25.0
乙烷	3.0	16.0	二氟甲烷	14.0	31.0
甲醇	5.5	36.0	氟乙烷	5.0	10.0
乙醇	3.5	19.0	二氟氯乙烷	8.5	14.0
氯乙烯	4.0	29.0	氟乙烯	2.6	21.7
偏二氯乙烯	6.6	15.0	全氟甲氧基乙烯基醚	6.7	76.0
甲烷	5.3	15.0	硫化氢	4.3	45.0

一些被氟化物的最小点火能量很低，例如，乙炔最小点火能量为 0.02mJ，乙烯最小点火能量为 0.096mJ，甲醇最小点火能量为 0.215mJ，甲烷最小点火能量为 0.28mJ，乙烷最小点火能量为 0.31mJ。

氟化是高度放热反应，氟取代烷烃分子一个氢反应热为 460.5kJ/mol。反应热如不能及时移出，会导致氟化反应系统超温、超压，极易引发喷冒泄漏，在空气中形成爆炸性混合物，极易酿成燃烧爆炸事故。对于放热反应，低温利于反应的进行。例如，氟化氢与烯烃的加成反应是可逆、放热反应，在 50℃以下，反应几乎不可逆。因此，维持氟化温度在安全限度内进行，既是安全生产的需要，也是工艺规程的要求。

（2）氟化反应类型多，反应条件各异。

（3）氟化涉及多种危险物料　氟化涉及被氟化物、氟化剂、催化剂和溶剂等，如氟化氢、氯化氢、氯气、氯乙烯、乙炔、乙烷、甲烷、甲醇，以及各种氟化产物，多属于腐蚀性、高毒性、燃爆性强的危险化学品，其燃烧产物也多是有毒、有害气体，严重危害人体健康和生态环境。

三、氟化工艺与方法

1. 工业氟化方法

工业氟化方法主要有气相氟化、液相氟化、电解氟化等。

（1）气相氟化　在一定温度和压力下，被氟化物和氟化氢以气相通过催化剂进行氟化的方法为气相氟化。例如，乙炔、偏氯乙烯、三氯乙烯等与氟化氢气相加成氟化反应。加成后的气体混合物，还需要进行脱氯化氢、水洗、中和、干燥、精馏等工序。

一般气相氟化可采用管式、固定床或流化床反应器。

（2）液相氟化　常用氟化釜或塔式反应器，夹套或冷却盘管换热器，反应釜或塔顶设石墨冷凝器，备液相加料管、气相鼓泡加料管，设有温度、压力测量仪表和雷达液位计，石墨冷凝器设置压力报警器，套管采用聚四氟乙烯防腐材料，被氟化物和催化剂经液相进料管加入，鼓泡管鼓泡加入无水氟化氢，其流量由流量计调节控制，调节冷却剂或加热剂流量，控制符合温度和压力。

（3）调聚、低聚氟化　以四氟乙烯、六氟丙烯等含氟单体为原料，制取含氟精细化学品的方法为调聚、低聚氟化。

① 调聚氟化　以卤化物、醇、醚、环氧化合物，以及含硫、磷或硅化合物为调聚剂，在光、热和引发剂存在下，含氟单体与调聚剂反应生成较高碳数的有机氟化物。例如，四氟乙烯与甲醇调聚反应：

$$n\mathrm{C_2F_4} + \mathrm{CH_3OH} \longrightarrow \mathrm{H}\text{-}\!\!\left[\mathrm{CF_2}\text{—}\mathrm{CF_2}\right]\!\!\text{-}\mathrm{CH_2OH}$$

四氟乙烯与五氟碘乙烷的调聚反应：

$$n\mathrm{CF_2}\!=\!\mathrm{CF_2} + \mathrm{CF_3}\text{—}\mathrm{CF_2I} \longrightarrow \mathrm{CF_3CF}\!\!\left[\mathrm{CF_2}\text{—}\mathrm{CF_2}\right]_{\!n}\!\!\mathrm{I}$$

② 低聚氟化　在阴离子催化剂作用下，含氟烯烃通过低聚反应得到支链的氟化物。

六氟丙烯低聚是以无水氟化钾或氟氢化钾（$\mathrm{KHF_2}$）为催化剂，在适宜溶剂和温度条件下进行：

$$n\mathrm{CF_3}\text{—}\mathrm{CF}\!=\!\mathrm{CF_2} \longrightarrow \left[(\mathrm{CF_3})\mathrm{CF}\text{—}\mathrm{CF_2}\right]_{\!n}$$

式中，$n=2$ 或 3。

四氟乙烯的低聚反应：

$$nCF_2 = CF_2 \longrightarrow \begin{array}{c} \vert \\ CF_2-CF_2 \\ \vert \end{array}_n$$

式中，$n = 2,3,4,5,6$。

调聚、低聚氟化装置包括调聚剂、含氟单体的储存、输送与计量，调聚或低聚反应，调聚剂或低聚物的回收，产品精馏等加工单元。

（4）电解氟化 利用电化学原理，以镍电极反应为活化中心，在有机物分子中引入氟制取氟化物的方法为电解氟化。电解氟化可分为在无水氟化氢中、在氟化氢的支持电解质溶液中、在熔融盐中的氟化反应。

先将被氟化物溶于无水氟化氢，制成氟化电解溶液。一般含氧、氮、硫等杂原子的被氟化物，易溶于无水氟化氢。电解以镍电极为阳极，对被氟化物-无水氟化氢溶液进行电解，阳极发生氟化反应，生成全氟化合物，阴极产生氢气。

阴极产生的氢气具有燃爆性，应加强通风，防止积聚。电解氟化过程是放热反应，部分氟化氢受热汽化并夹带氢气，需要冷凝回收、吸收处理。以氟化氢为原料的电解过程中，会产生有毒物质二氟化氧（OF_2）。二氟化氧为具有火辣感、刺激性强烈的气体，吸入危害很大，吸入后重者无法行走。

2. 氟化工艺基本构成

氟化工艺基本构成如图 8-1 所示。

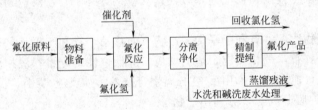

图 8-1 氟化工艺基本构成示意图

（1）物料准备 包括催化剂制备，原料计量、预热、加压，液氯汽化等工序。

（2）氟化反应 氟化反应过程与物料准备、分离精制等上下游工序联系密切。

（3）分离净化 包括冷凝、脱氯化氢、水洗吸收、碱洗中和等工序。

（4）精制提纯 包括精馏、干燥等工序。

例如，二氟一氯甲烷生产过程由五氯化锑制备、氟化反应、产物混合器冷凝、脱氯化氢、粗品水洗、碱洗中和、精品干燥等工序构成。

四氟乙烯生产过程，包括水蒸气、二氟一氯甲烷分别加热、混合及裂解，急冷回收热能，中和与干燥，压缩与冷凝，精馏与回收等工序。

3. 氟化工艺主要影响因素

（1）反应温度 反应温度关系到反应速率。温度越高，反应速率越快，转化率越高，但副反应也随之增加，单位时间反应释放热能也越多。如果反应热不能及时移出，会导致局部过热，氟化反应恶化。应严格控制反应温度，确保换热及时有效，避免局部过热。温度为工艺参数的重要监控指标之一。

（2）反应压力　对于气相反应，压力影响化学平衡。反应前后分子数不变时，压力对平衡产率无影响。若反应后分子数增多，降低压力，有利于平衡向产物方向移动，平衡产率提高；若反应后分子数减少，升高压力，有利于平衡向产物方向移动，平衡产率提高。

在一定压力范围内，惰性气体（如氮气）分压降低，则反应物分压（浓度）增加，反应速率加快。增加惰性气体分压，反应物分压降低，可降低反应速率。

在一定压力范围内，增加压力，气相体积减小，有利于加快反应速率；而增加压力，动力消耗增加，压力过大时，不仅能量消耗增大，还提高了设备运行的要求。

对于热压反应，反应温度升高，系统压力增大；温度降低，压力则随之下降。

（3）反应物浓度或分压　反应物浓度，即被氟化物或氟化剂的浓度（或分压）。根据质量作用定律，反应物浓度越高，反应速率越快。对于间歇操作的氟化反应，随着反应的进行，反应物不断转化，其浓度和反应速率随之下降。反应初始，反应物浓度较高，反应速率较快；反应接近终了时，反应物浓度较低，反应速率较慢。

提高反应物浓度，有利于平衡向产物方向移动，有利于提高平衡产率。提高反应浓度的措施有：气相反应，适当增压，降低惰性组分量；液相反应，选择高溶解度溶剂；可逆反应，采用反应-分离耦合技术，如反应-蒸馏、反应-吸收、反应-吸附、反应-膜分离等，分离出产物。

增加反应物浓度，有助于加快反应速率，提高设备生产能力，减少溶剂用量。增加反应物浓度的措施有：使反应物过量，改变加料方式，分离产物或蒸出溶剂等。

（4）反应物配比及其流量　反应物配比即被氟化物与氟化氢配比，适宜的反应物配比，可抑制副反应，提高产品收率。为使被氟化物反应完全，避免其过剩增加分离负荷，一般令易于回收的氟化氢过量。

物料配比的控制与调节，采用分批、分阶段加料，以连续滴加、分批加料方式和次序，控制氟化物、氟化剂、助剂的流量和流速。例如，重氮化反应过程，若亚硝酸钠加料速度过快，酸化产生亚硝酸的速率超过其氮化的消耗速率，过量亚硝酸分解产生氧化氮气体，甚至导致火灾或爆炸事故。氟化反应过程，氟化剂、催化剂的加料次序颠倒，或加料速度过快，将加剧反应，甚至引起喷冒跑料，导致火灾或爆炸事故。

（5）搅拌速率　搅拌是改善物料流动状态，强化质量传递、热量传递，维持反应温度均匀、氟化物浓度均匀，使氟化剂、催化剂与被氟化物均匀混合，避免局部过热的重要措施。有效的搅拌、适宜的搅拌速率、氟化搅拌系统的稳定控制，对于氟化安全生产十分重要。将搅拌与温度、压力、进料或冷却水设置形成联锁控制，设置氟化紧急停车系统，一旦氟化温度或压力超标、搅拌系统故障，氟化装置自动停止加料并紧急停车。

四、氟化工艺过程

1. 四氯乙烯的生产

以甲烷为起始原料，经氯化得三氯甲烷（氯仿），三氯甲烷置换氟化：

$$CHCl_3 + 2HF \longrightarrow CHClF_2 + 2HCl$$

三氯甲烷经置换氟化为液相吸热反应，采用鼓泡式反应器，用夹套蒸汽加热，催化剂五氯化锑溶于氯仿，氯仿经插入管液相进料，氟化氢经鼓泡管鼓泡进入液相反应，控制温度在 $70 \sim 90℃$，压力 $0.8 \sim 1.2MPa$。气相混合物经反应釜顶冷凝器冷凝后进分离塔，脱氯化氢后，经水洗、碱洗、干燥得得二氟一氯甲烷。

二氟一氯甲烷主要用于生产聚四氟乙烯。二氟一氯甲烷裂解、脱氯化氢生成四氟乙烯：

$$2CHClF_2 \longrightarrow CF_2 = CF_2 + 2HCl$$

裂解多采用蒸汽稀释法，将二氟一氯甲烷预热至 $400℃$，与 $950 \sim 1000℃$ 过热蒸汽按 $1.5 \sim 10mol$ 混合，进入绝热管式（镀铂镍管）反应器，裂解温度 $700 \sim 900℃$，压力 $0.01 \sim 0.2MPa$，停留时间 $0.05 \sim 1s$，转化率 $75\% \sim 80\%$，四氟乙烯选择性 $90\% \sim 95\%$，副产六氟丙烯等全氟化物。裂解混合气经急冷器（余热锅炉）回收热能，中和与干燥，压缩与冷凝，精馏获得产品四氟乙烯，回收未裂解的二氟一氯甲烷及高沸物。

2. 2,4-二氯氟苯的生产

2,4-二氯氟苯的生产有多种工艺路线。以 2,4-二硝基氯苯为原料，经置换氟化、氯化取代硝基制备 2,4-二氯氟苯：

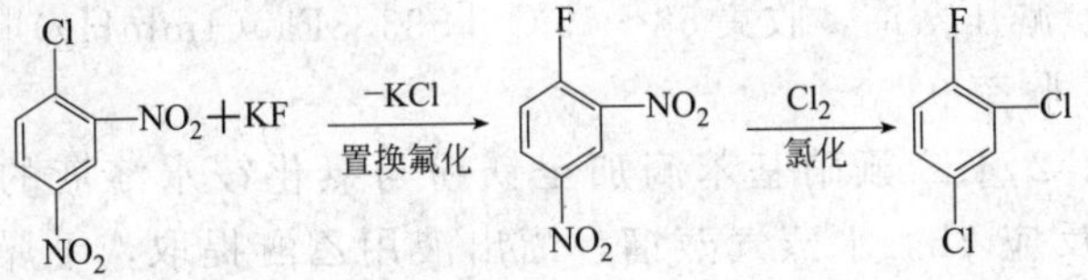

该路线危险性大，置换氟化温度为 $188 \sim 190℃$，操作稍有不慎，温度急剧上升，易发生爆炸事故。

以氟苯为原料经混酸硝化，然后氯化制得 2,4-二氯氟苯：

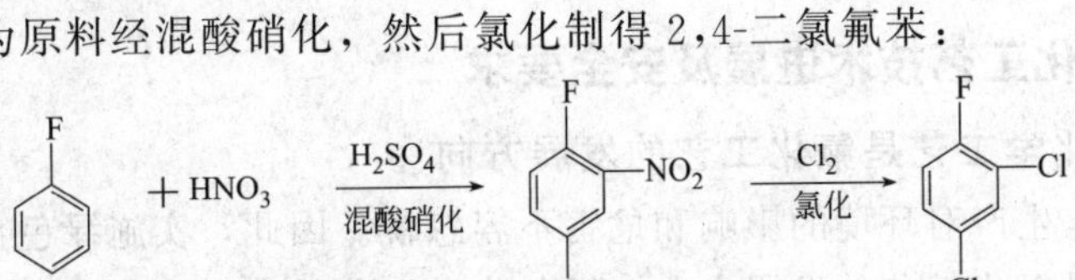

此路线也比较危险，易发生爆炸事故。

应用希曼反应，以 2,4-二氯苯胺为原料制备 2,4-二氯氟苯：

$$\text{NH}_2 \xrightarrow[\text{重氮化}]{\text{NaNO}_2/\text{HCl}} \text{N}_2^+\text{Cl}^- \xrightarrow{\text{BF}_4^-} \text{N}_2^+\text{BF}_4^- \xrightarrow{\text{热分解}} \text{F}$$

目前 2,4-二氯氟苯的生产，多采用氟苯路线或 2,4-二氯苯胺路线。

3. 2,4-二氯苯胺的合成

2,4-二氯苯胺主要用于合成氟苯水杨酸。2,4-二氯苯胺有两条合成路线，一条是以 1,2,4-三氯苯为原料，经硝化、置换氟化、氢解脱氯而得：

$$\xrightarrow[\text{H}_2\text{SO}_4]{\text{HNO}_3} \xrightarrow{\text{KF}} \xrightarrow[\text{Pd/C}]{\text{H}_2}$$

另一条是以间苯二胺为原料，经重氮化、置换氟化、硝化、还原而得：

$$\xrightarrow[\text{HBF}_4 \cdot \text{HCl}]{\text{NaNO}_2} \longrightarrow \xrightarrow[\text{NH}_4\text{Cl}]{\text{HNO}_3 \quad \text{Fe}}$$

（1）重氮化与置换氟化　在搅拌、冷却条件下，分别将亚硝酸钠水溶液、间苯二胺盐酸盐水溶液缓慢滴加至 56% 氟硼酸溶液中，反应结束，过滤得二氟硼重氮盐的黄色固体，干燥、加热分解、蒸馏得间二氟苯，收率 60.3%。

（2）硝化　在搅拌、冷却条件下，将间二氟苯缓慢滴加至发烟硝酸，加毕，继续搅拌 1h，然后将硝化液倾入冰水，用乙醚提取，提出液用碳酸氢钠溶液、水洗涤、干燥、减压蒸馏，收集 58～59℃ [533.3Pa（4mmHg）] 的馏分，即 2,4-二氟硝基苯，收率 93.3%。

（3）还原　2,4-二氟硝基苯滴加至铁粉与氯化铵水溶液的混合液中，加毕，继续回流反应 2h。水蒸气蒸馏，馏出液用乙醚提取，干燥，回收乙醚后减压蒸馏，收集 46～47℃ [1200Pa（9mmHg）] 馏分，得 2,4-二氟苯胺，收率 84.6%。

五、氟化工艺技术进展及安全要求

1. 绿色化学工艺是氟化工艺的发展方向

氟化安全生产对环境的影响和危害不容忽视。因此，实施绿色化学工业（危险化学品）是氟化工艺的发展方向。绿色化学工艺是从源头上阻止环境污染，制取环境友好的产品，实现安全、清洁生产，即以无毒、低毒原料或可再生资源，替代或减少有害的原辅料，生产无毒、无害产品，零排放的化工（危险化学品）生产技术。

2. 氟化工艺技术的发展

（1）积极推进化工（危险化学品）清洁生产技术规模化、集约化生产，紧密联系氯碱工业，与氯碱产品构成氟化工产品链，如图 8-2 所示。选择合理的原料路线，减少化学反应步骤，进而降低原材料消耗和有害物质的排放。

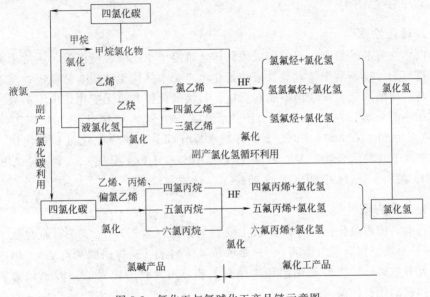

图 8-2　氟化工与氯碱化工产品链示意图

（2）气相氟化连续生产，实现全程自动化控制，提高过程安全性，以避免液相氟化工艺不易控制，"三废"污染严重等弊端。开发新的催化剂，控制氟化反应途径和反应物浓度，提高氟化反应选择性，消除或减少副反应。

（3）提高氟化过程信息化程度，实现连续化、自动化控制，远距离操作，采用密闭设备，实现连续生产，减少氟化废气排放与逸散。氟化工艺参数温度、压力、流量等的测量与检测按防火防爆要求设计，实现自动调节，如硝化温度、加料量自动控制及联锁装置，当温度达到高限或搅拌中断时，联锁装置自动启动，避免事故的发生。

（4）建立完备的氟化安全设施，如：氟化搅拌器自动联锁备用电源；氟化剂进料双重控制阀；氟化反应器冷却水设置进、出口温度计压力仪；冷却水、废水电导自动报警仪；具有冷却功能的事故槽；自动（或手动）紧急放料阀；有毒、可燃性气体报警仪等。

第二节　典型工艺和关键设备

一、氟化铝典型工艺

1. 质量指标

氟化铝：别名三氟化铝；英文名：aluminum fluoride；分子式 AlF_3；分子量：83.98；CAS号 7784-18-1。

2. 理化性质

白色立方晶或粉末，通常形成棱面体。难溶于水、酸及碱溶液，不溶于大部分有机溶剂，也不溶于氢氟酸及液化氟化氢。无水氟化铝性质非常稳定，与液氨甚至与浓硫酸加热至发烟仍不能起反应，与氢氧化钾共溶无变化，也不被氢气还原。加热不分解，在大气压下 AlF_3 无液态，由固体直接升华，升华温度为 $1278℃$。另外，在 $300\sim400℃$ 下，可被水蒸气部分水解为氟化氢和氧化铝。氟化铝有以下几种水合物：$AlF_3 \cdot 1/2H_2O$、$AlF_3 \cdot H_2O$、$AlF_3 \cdot 5/2H_2O$、$AlF_3 \cdot 3H_2O$、$AlF_3 \cdot 7/2H_2O$ 和 $AlF_3 \cdot 9H_2O$。

3. 生产方法

目前，国内氟化铝的生产方法主要有氢氟酸（萤石）——湿法、氟化氢（萤石）——干法、氟化氢（萤石）——无水和氟硅酸法（又称磷肥副产法）。国内正在研究开发碱石法生产氟化铝和冰晶石工艺，用含有一定量的高岭土代替氧化铝，用芒硝代替纯碱。

（1）氢氟酸（萤石）——湿法　在吸收塔内用水直接吸收成30%左右的氢氟酸，用蒸汽对氢氟酸进行加热，至 $50\sim60℃$ 时，在不断搅拌下与氢氧化铝混合反应，生成氟化铝过饱和溶液，控制溶液最终酸度保持在 $3\sim7g/L$，随后对氟化铝过饱和溶液进行自然冷却、结晶、过滤（含22%游离水的三氟化铝滤饼）和高温（$550\sim600℃$）脱水干燥四道工序，最后得氟化铝成品。

该生产方法目前仍是中国多数中小氟化盐厂普遍采用的传统工艺，其特点是技术水平落后，工艺流程长，设备腐蚀严重，生产成本高，环境污染大，产品质量差［产品中高含水量（≥3%）、低容量堆密度（$0.8\sim0.9kg/L$）、流动性差、高含硫量（SO_4^{2-}）］，经济上不再可行，已属于淘汰之列。

（2）氟化氢（萤石）——干法　该工艺过程可分为两部分，即氟化氢的发生部分和氢氧化铝的氟化部分。首先将制酸级萤石粉与20%发烟硫酸和98%浓硫酸于 $100\sim120℃$ 在混捏机的预中和反应器中进行预反应30%，然后在 $160\sim200℃$ 回转窑内反应完全。所得氟化氢进入流程中的净化系统除尘和硫酸。将干燥的氢氧化铝（含水 12％）经料仓送入床层流化床反应器上部，同时从床层流化床反应器底部引入净化的氟化氢气体，氢氧化铝在此反应器的上床层于 350～400℃下被焙烧脱去结合水，并部分氟化。三氟化铝的含量从双层流化床反应器上部到底部逐渐增加，最后于 500～600℃在双层流化床反应器底部全部生成三氟化铝，经过滚筒冷却器冷却即得产品，送包装。反应中，将燃烧器燃烧出来的高温烟气从双层流化床反应器底部通入，帮助料层沸腾，并提供维持反应温度的热源。

干法氟化铝生产工艺是 20 世纪 80 年代湖南湘铝从瑞士布斯引进的第二代技术，使用萤石生产的未处理的 HF 气体（90％）为原料和氢氧化铝在流化床反应器中高温反应，氟化铝主含量达到 90％，水分低，容量大，产品颗粒大，流动性好，但由于使用的是未完全净化的 HF 气体（90％），导致其产品杂质含量高。

（3）氟化氢（萤石）——无水法 此工艺过程分为两部分，即无水氟化氢的制备部分和氢氧化铝的氟化部分。首先将制酸级萤石粉与 20％发烟硫酸和 98％浓硫酸在 160～200℃回转窑内反应，所得氟化氢进入流程中的冷凝精馏系统，制成纯净的液态无水氟化氢，除去水分、硫酸、二氧化硫、三氧化硫、四氟化硅等杂质制成稀硫酸和氟硅酸，稀硫酸配合烟酸后回用，氟硅酸作为副产品。将干燥的氢氧化铝（含水 12％）经料仓送入高膨胀高速循环流化床反应器上部，同时从流化床反应器底部加入汽化加热的无水氟化氢，氢氧化铝在此反应器内于 500～600℃进行氟化反应，在流化床反应器底部全部生成三氟化铝，经过滚筒冷却器冷却即得产品，送包装。反应中，将燃烧器燃烧出来的高温烟气和汽化的无水氟化氢混合，从流化床反应器底部通入，使物料高速流化，并提供维持反应温度的热源。无水氟化铝生产工艺是 21 世纪初多氟多化工股份公司自主开发的第三代技术。其特点是经精制除杂的液态氢氟酸直接喷入高膨胀流化床，迅速汽化，在 540～560℃的高温下，气态氟化氢和氢氧化铝在高膨胀流化床反应器内反应生成无水氟化铝（利用反应热除掉氢氧化铝的水分）。反应尾气经三级旋风除尘，分离的固体返回流化床和进入产品，除尘后的尾气经文丘里洗涤系统用碱液洗涤，达标排放。无水氟化铝是以浓硫酸、萤石、氢氧化铝为主要原料，在间接加热的反应炉内生产粗 HF，经冷凝得液态 HF；液态 HF 经过精馏塔分别除去 SiF_4、H_2SO_4 和水等多种杂质，得到浓度高于 99.9％的无水氟化氢；使用无水氟化氢与氢氧化铝在高膨胀流化床内反应即得到高性能无水氟化铝。

其工艺流程见图 8-3，主要化学反应方程式为：

$$CaF_2 + H_2SO_4 \longrightarrow 2HF + CaSO_4$$
$$2Al(OH)_3 \longrightarrow Al_2O_3 + 3H_2O$$
$$Al_2O_3 + 6HF \longrightarrow 2AlF_3 + 3H_2O$$

反应生产的废气经过热交换分离器进入氟化铝循环收尘器中。循环收尘器为特殊设计的旋风分离器，可实现气固分离，氟化铝成品在重力作用下回流到流化床中，气体进入文丘里洗涤系统。通过低温循环水的洗涤、冷却，气体中少量的

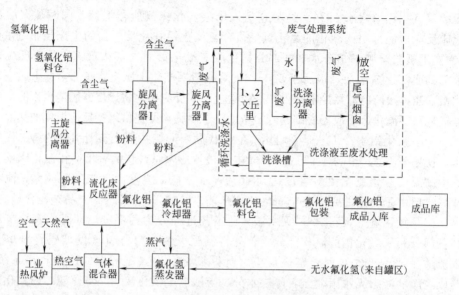

图 8-3　无水氟化铝生产工艺流程图

氟化氢被吸收，生成含氟废水，可作为有水酸吸收水。经过碱液洗涤的废气温度降至 70℃，达标后经由引风机排空。

经过冷却炉冷却（水冷）的高温三氟化铝颗粒（500℃），在引风机的作用下经过旋风分离器的分离和袋滤器的除尘进入成品料仓。成品料仓内的 AlF_3 成品通过料仓底部的横螺旋进入自动化包装机或者吨袋包装机，经过全自动接料、封口、装盘，由叉车运至成品仓库。

采用高膨胀高速循环流化床反应器，气固分布均匀，混合效果好，反应转化率高，装置占地较小，整套装置低能耗，产出率高。利用该项技术生产的无水氟化铝主含量高，容量大，水分及杂质含量极低，在电解铝生产过程中，能够有效地调整分子比，降低挥发物的损失，最大限度地减少环境污染，是氟化铝生产的发展方向。

该流化床气体流速高，流速是一般流化床的 5～10 倍，物料处于高膨胀流化状态下高速旋转，气固混合迅速，有利于气固传热和气固接触，有利于反应均匀稳定地进行。流化床内承载负荷容易控制，反应器的空间利用率大大提高。

高膨胀流化床由于气速高，固体物料易被气流带走，包括反应后的氟化铝和未反应的氢氧化铝，必然会增加粉尘污染和降低原料利用率，造成物料损失。采用三级旋风收尘装置，前两级旋风料返回流化床内，提高原料利用率；最后一级旋风料进入氟化铝产品，提高氟化铝收率，净化环境。

（4）氟硅酸法　将磷肥生产企业中产生的含氟废气四氟化硅和氟化氢气体通过二级循环吸收后，制得氟硅酸溶液（含 H_2SiF_6 15%，P_2O_5＜0.25g/L），而后对符合要求的氟硅酸溶液在计量槽中进行预加热，当温度至 78～80℃ 时，在搅拌槽内与氢氧化铝料浆（Al_2O_3 干基≥64%）混合反应，反应温度在 100℃ 以下，生成氟化铝溶液和硅胶沉淀。反应完成后，在水平带式过滤机上除去硅胶，滤液进入结晶器，在 90℃ 保温 3～4h，即得 $AlF_3 \cdot 3H_2O$ 滤饼（水分为 5%，其他杂质为 0.1%，$SiO_2 < 0.01\%$），经计量后由螺旋输送机送入先后两个沸腾炉处理脱水，第一个沸腾炉温度控制在 205℃ 左右，先除去大部分水，使 $AlF_3 \cdot 3H_2O$ 的总水量（包括结晶水）从 45% 左右降低到 6%。余下的水分则由第二个沸腾炉完全除去，该炉温度为 590～650℃。经过脱水的无水氟化铝，冷却至 80℃ 即得成品，最后送包装。

二、关键设备安全监控管理

氟化工艺关键设备主要有氟化反应器、精馏塔、冷凝器和再沸器等。对于氟化工艺的关键设备必须进行三级安全检查与监控，即岗位自查与监控、车间巡查、企业检查。检查内容包括生产装置运行、工艺技术规程、交接班制度和巡检制度、作业场所职业安全健康、个人防护用品等的执行情况。

1. 反应釜

釜式反应器见图 8-4。

反应釜的安全性主要取决于温度的控制，当进料量及配比、催化剂一定时，主要与冷却器效果（如冷却水流量、冷却面积等）有关，冷却水流量的控制至关重要。反应釜的安全检查与监控内容见表 8-2。

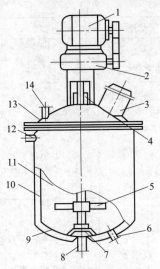

图 8-4 釜式反应器示意图
1—电动机；2—传动装置；3—人孔；4—密封装置；5—搅拌器；6,12—夹套套管；7—搅拌器轴承；8—储料管；9—釜底；10—夹套；11—釜体；13—顶盖；14—加热管

表 8-2 反应釜系统危险及可操作性分析

偏差与问题	原 因	后 果	措 施
没有冷却水	① 控制阀失灵,阀门关闭 ② 冷却管堵塞 ③ 冷却水源无水 ④ 控制器失效,阀门关闭 ⑤ 气压使阀门关闭	① 反应器内温度升高 ② 热量失控,反应器爆炸	① 装备用控制阀或手动旁路阀 ② 装过滤器,防废料吸入管线 ③ 设置备用冷却水源 ④ 安装备用控制器 ⑤ 安装高温报警器 ⑥ 安装冷却水流量计和低流量报警器 ⑦ 安装高温紧急关闭系统
冷却水流量偏低	① 控制阀失效而关小 ② 冷却管部分堵塞 ③ 水源供水不足 ④ 控制器失效,阀门关小		

续表

偏差与问题	原　因	后　果	措　施
冷却水流量偏高	① 控制阀失效,开度过大 ② 控制器失效,阀门开度过大	反应器冷却,反应物增加,保温失控	① 安装备用控制阀 ② 安装备用控制器
冷却水进入反应器	釜器壁破损,冷却水高于釜内压力	① 釜内物质被稀释 ② 产品报废 ③ 反应器过满	① 安装高位或压力报警器 ② 安装溢流装置 ③ 定期检查维修设备
产品进入夹套	反应器器壁破损,反应器内压高于冷却水压力	① 产品进入夹套而损坏 ② 生产能力降低 ③ 冷却能力下降 ④ 水源可能被污染	① 定期检查维修设备 ② 在冷却水管上安装止逆阀,防止逆流
仅有部分冷却水	① 控制阀失效而关小 ② 冷却管部分堵塞 ③ 水源供水不足 ④ 控制器失效,阀门关小	① 反应器内温度升高 ② 热量失控,反应器爆炸	① 装备用控制阀或手动旁路阀 ② 装过滤器,防废料吸入管线 ③ 设置备用冷却水源 ④ 安装备用控制器 ⑤ 安装高温报警器 ⑥ 安装冷却水流量计和低流量报警器 ⑦ 安装高温紧急关闭系统
冷却水反向流动	① 水源失效反向流动 ② 由于背压而倒流	冷却不正常,可能引起反应失控	① 在冷却水管上安装止逆阀 ② 安装高温报警器,警告操作
除冷却水外的其他物质	① 水源被污染 ② 污水倒流	冷却能力下降,反应可能失控	① 隔离冷却水源 ② 安装止逆阀,防止污水倒流 ③ 安装高温报警器

必备安全措施:高温报警装置,温度一旦达到高限值,立即报警以便及时采取措施;安全联锁装置,温度过高时自动关闭进料;冷却水管线安装止逆阀,以防物料漏入污染冷却水;设置冷却水备用水源,确保冷却水供应;安装冷却水流量计、酸度和温度报警器,一旦流量、酸度或温度出现偏差,及时报警。

2. 精馏塔

运行前,检查孔盖、阀位、仪表、管线、冷却水和蒸汽供应正常与否;塔开、停温差较大时,不可骤然升温;注意观察压力和温度变化,及时调节;定期清理塔内结疤,排除残余焦油;检查塔体孔盖、法兰连接有无渗漏,定期测量检查塔体壁厚和基础,有无下沉、振动破损等变化,发现及时处理。

3. 换热器

开车前,排净其中气体或凝液,开启排气阀,通入低温流体,充满后关闭排气阀,再缓慢通入高温流体。温度升至规定值期间,紧固法兰螺栓。正常运行后,观察进出压降、温度差,检查法兰螺栓是否松动,填料垫片密封是否损坏,整体有无振动,定时分析介质成分。

定时取样化验被加热或冷却的物料,根据其颜色、黏度、酸度、相对密度、成分等，监控换热器传热效果、管壁结垢、腐蚀泄漏等情况；调控换热器流体流量、压力和温度，维持工艺要求的进出口温差及压降。

压力超过安全限值、物料或传热介质泄漏时，换热器需停车检修。此时，缓慢关闭低温液体入口阀，注意低压侧压力不可过低；缓慢关闭高温介质入口阀，减小压差。低温流体出口阀关闭后，再关闭高温介质出口阀。长期停车放净，防止冻坏。拆卸螺栓时，应使其降温至室温，对称交叉卸法兰螺栓。

三、设备检修安全

1. 停车

根据停车方案确定的时间、步骤、工艺变化幅度和操作程序，进行降温、降压、降量、切断进料及倒空停车等操作，要求做到：

① 按工艺要求的幅度降温、降压、降量，防止骤然降温导致设备热胀冷缩严重，而造成物料泄漏酿成事故。

② 转动设备停机，应先停主机，后停辅机；阀门启动，应缓慢开启，前两扣稍停，以物料少量预热设备管道，然后逐渐开至要求，蒸汽阀开启，应先开启凝液排放阀，排净关闭后，再开启进汽阀；如无凝液排放阀，先低开度排除凝水，再增大阀的开度，避免水击损坏设备。

③ 停加热炉，按降温曲线逐渐熄灭火嘴，对于热负荷大、多路进料、火嘴较多的加热炉，交叉熄灭火嘴，均匀降温。未全部熄火或炉膛温度较高时，不得排空和低点排凝，以防可燃气体爆炸着火。

④ 高温真空设备必须先恢复至常压，当设备内物料温度降至自燃点以下时，方可连通大气，避免空气吸入，引发设备内物料爆炸。

⑤ 倒空、放净的物料应妥善处置并予以回收，不得就地排放或放至下水道，可燃、有毒气体排至火炬燃烧，排放物料必须杜绝一切火源。

2. 吹扫与置换

检修前需要对设备和管道进行吹扫、置换、清洗、中和等处理，消除检修作业危险因素。吹扫与置换时用水蒸气或氮气等惰性气体，处理具有燃爆、毒害危险的设备及管道。

① 吹扫 吹扫又称扫线。一般用水蒸气或惰性气体吹扫。扫线根据停车方案规定的扫线流程，按管段号、设备位号逐一吹扫，并填写登记表，注明管段号、吹扫压力、进气点、排放点、负责人等。吹扫操作结束，先关物料阀，再停吹扫气体，防止系统介质倒回。吹扫分析合格后，及时添加盲板隔离。

② 置换 多以水蒸气、氮气等惰性气体为置换介质，也可注水推气将易燃、有毒气体排出。置换后容器设备需要进入其中作业时，还必须用空气置换惰性气体。置换应根据介质的相对密度，选择置换与被置换介质的进、出口及取样位置。注水排气置换应将容器设备充满水，确保其中气体全部置换。置换后应分析

检测其中燃爆、有毒气体浓度和氧含量，要求氧含量≥18％、可燃气体浓度≤0.2％，直至置换操作达到规定标准。置换排出的燃爆、毒害性气体，应引至火炬或进行无害化处理。

③ 特殊工艺过程的置换　酸碱介质的设备管线，应先进行中和、水洗；低沸点（液态烃）物料倒空置换，必须先排液后泄压，避免排放闪蒸汽化，导致管线设备冷脆断裂；非低温材质的设备低沸点物料倒空置换，应维持一定温度，减压后方可切断加热剂；制冷区水冷换热器倒空置换，待系统泄压后停止循环，及时倒空以防回窜。

3. 清洗和铲除

吹扫、置换难以清除设备内的油垢或沉积物，需要用水蒸气、热水、洗涤剂或酸、碱清洗，甚至人工清洗和铲除。否则即使分析合格，油垢残渣受热产生易燃、有害气体，也可能导致着火爆炸。清洗常用的方法：水溶性污垢物质用清水清洗；冷水难溶的污垢物可加满水，用热水煮洗，并能清除垫圈中的残留物；不溶于水、常温下不易汽化的污垢物用水蒸气冲洗，冲洗后再用热水煮洗；不溶于水的污垢、水垢、铁锈及盐类沉积物，常用碱或酸清洗，或用乙醇、甲醇等溶剂清洗。搪玻璃设备不能用碱液清洗，金属设备须防酸液腐蚀。

4. 抽堵盲板及确认

抽堵盲板应严格执行国家标准《化学品生产单位特殊作业安全规范》（GB 30871—2014）。抽堵盲板作业的安全要求：

① 专门作业及监护人员具有安全作业证、抽堵盲板流程图，防止漏堵、漏抽。

② 盲板材质、规格符合要求，统一编号，注明盲板数量及其位置。

③ 在高处抽堵应搭脚手架，系安全带；涉及毒性、腐蚀性介质的必须佩戴防毒面具；涉及燃爆介质的应具备安全电压电源、通风等防火防爆措施；管廊抽堵架设临时支架或吊架，防止螺栓坠下。

④ 盲板应插在阀门后的法兰处，盲板两侧加垫片，均匀旋紧，拆卸法兰螺栓时均匀旋开，防止物料喷出。

⑤ 按流程图检查、登记抽堵盲板，防止漏堵、漏抽，收集拆除的盲板。

5. 检修清场及确认

完成停车、倒空物料、吹扫、置换、中和、清洗和盲板抽堵隔离后，转入检修现场清理。检修现场清理及确认工作安全要求如下：

① 切断检修设备电气电源，电源开关加锁并悬挂"禁止启动"安全标志牌；

② 作业现场配置气体防护和消防器材，检查通信及照明器具完好与否；

③ 现场作业爬梯、栏杆、平台、铁箅子、盖板等安全可靠与否；

④ 逐一检查各种规格盲板，高压盲板需进行无损探伤检验；

⑤ 必须仔细检查移动式电动工具的漏电保护装置；

⑥ 酸碱等腐蚀性物料作业场所的急救冲洗设施及其水源认真确认；

⑦ 确认作业现场下水井盖和地漏是否封闭，坑洼、沟井、陡坡等是否填平或铺设盖板，围栏、警示标志设置与否；

⑧ 检查确认作业现场可燃物、障碍物、油污、冰雪、积水、废弃物等是否清除干净；

⑨ 确认作业现场的通道，以及行车通道是否畅通；

⑩ 检查作业现场是否具有夜间照明及警示标志等。

6. 停车后交出

生产装置完成停车、倒空物料、吹扫、置换、中和、清洗、盲板抽堵隔离、检修作业清场后，进入交出程序，即与检修方有关人员进行交接，确认装置停车状况及需要说明的问题，并应配合检修工作做好安全监护。

第三节　氟化工艺危险性分析

一、氟化物料及其危险性

氟化工艺作业，使用或接触的被氟化物、氟化剂、氟化产品、中间产品，如氟化氢、氟化钾、氯气、三氯化锑、五氯化锑、有机氟化物、氯化氢、盐酸、硫酸、氟硅酸、三乙胺、氢氧化钠、过硫酸盐或有机过氧化物等，大多属于有毒品、易燃易爆品或腐蚀物品，生产设备泄漏、操作不当或接触等，带来的危险很大。因此，必须进行危险性分析，而后进行有针对性的安全防护。

1. 氟化剂的危险性

（1）氟化氢　无水氢氟酸为无色发烟液体，有刺激性，有毒，腐蚀性极强，对含水分的设备管道腐蚀损害严重。

（2）氯气　黄绿色、刺激性气体，易溶于水、碱液。氯气助燃，与易燃气体或蒸气形成爆炸性混合物；空气中含5％～87％氯气，遇光、静电等能量可发生爆炸。可燃物在氯气中燃烧产生氯化氢；与乙炔、松节油、乙醚、氨、燃料气、烃类、氢气、金属粉末等发生剧烈反应，对金属和非金属有腐蚀作用。对环境危害严重，可造成大气、水体污染。

（3）氟化钾　有毒品，无色立方结晶，易潮解，与酸反应生成氢氟酸，应避免与酸类接触。倒空容器可能残留有害物，应用石灰浆清洗。

2. 被氟化物的危险性

（1）乙炔　乙炔，俗称风煤、电石气，是炔烃化合物系列中体积最小的一员，主要作工业用途，特别是烧焊金属方面。乙炔在室温下是一种无色、极易燃的气体。纯乙炔为无色无味的易燃、有毒气体。而电石制得的乙炔因混有硫化氢（H_2S）、磷化氢（PH_3）、砷化氢，而带乙炔钢瓶特殊的臭味。熔点（118.656kPa）$-84℃$，沸点$-80.8℃$，相对密度 0.6208（$-82℃/4℃$），折射率 1.00051，闪点（开杯）$-17.78℃$，自燃点 305℃。在空气中爆炸极限 2.3%～72.3%（体积分数）。在液态和固态下或在气态和一定压力下有猛烈爆炸的危险，受热、震动、电火花等因素都可以引发爆炸，因此不能在加压液化后储存或运输。微溶于水，易溶于乙醇、苯、丙酮等有机溶剂。在 15℃和 1.5MPa 时，乙炔在丙酮中的溶解度为 237g/L，溶液是稳定的。因此，工业上是在装满石棉等多孔物质的钢瓶中，使多孔物质吸收丙酮后将乙炔压入，以便储存和运输。为了与其他气体区别，乙炔钢瓶的颜色一般为白色，橡胶气管一般为黑色。乙炔具有麻醉性，混有磷化氢、硫化氢而毒性更大。

（2）氯乙烯　氯乙烯被 IARC 确认为人类致癌物，极易燃气体，火场温度下易发生危险的聚合反应。理化特性：无色、有醚样气味的气体。难溶于水，溶于乙醇、乙醚、丙酮和二氯乙烷。分子量 62.50，熔点$-153.7℃$，沸点$-13.3℃$，气体密度 2.15g/L，相对密度（水=1）0.91，相对蒸气密度（空气=1）2.2，临界压力 5.57MPa，临界温度 151.5℃，饱和蒸气压 346.53kPa（25℃），闪点$-78℃$，爆炸极限 3.6%～31.0%（体积分数），自燃温度 472℃，最大爆炸压力 0.666MPa。职业接触限值：PC-TWA（时间加权平均容许浓度）为 $10mg/m^3$。

（3）三氯甲烷　无色透明液体。有特殊气味。味甜。高折光，不燃，质重，易挥发。纯品对光敏感，遇光照会与空气中的氧作用，逐渐分解而生成剧毒的光气（碳酰氯）和氯化氢。可加 0.6%～1%的乙醇作稳定剂。能与乙醇、苯、乙醚、石油醚、四氯化碳、二硫化碳和油类等混溶，25℃时 1mL 溶于 200mL 水。相对密度 1.4840。凝固点$-63.5℃$。沸点 61～62℃。折射率 1.4476。低毒，半数致死量（大鼠，经口）1194mg/kg。有麻醉性。有致癌可能性。

（4）芳胺重氮盐　干燥的重氮盐极不稳定，受热或摩擦、振动、撞击等诱发剧烈分解，释放氮气，甚至爆炸。在一定条件下，铜、铁、铅等及其盐，某些氧化剂、还原剂可加速其分解。

重氮化原料芳胺有毒，活泼芳胺毒性更强。重氮化过程逸出有毒气体 NO、Cl_2 等，要求设备密闭，通风良好。重氮化所用盐酸、氟硼酸腐蚀性强，应避免化学灼伤。

3. 有机氟化物危险性

（1）四氟乙烯（C_2F_4）　无色、易燃、易爆、有毒气体，200℃以上开始热解，分解产生氟化氢。爆炸极限随其压力升高而变宽，1.0～1.5MPa 压力下爆炸极限为 11%～46%，大于 0.25MPa 时为爆炸性气体。氧、过氧化物或变价金属氧化物为爆炸引发剂，水分可加速引发。

在空气中，遇热、静电、火花、冲击、摩擦等发生爆炸性反应：

$$C_2F_4 + O_2 \longrightarrow 2COF_2 + 761.6kJ/mol$$

$$C_2F_4 + O_2 \longrightarrow CO_2 + CF_4 + 651.5kJ/mol$$

局部严重过热，发生歧化反应：

$$C_2F_4 \longrightarrow C + CF_4 + 275.9kJ/mol$$

在光或热引发下，四氟乙烯与氧形成爆炸性过氧化物，臭氧可加速反应。蒸馏会产生过氧化物，呈白色，类似橡胶状，对热、振动特别敏感。过氧化物分解产生的自由基，可引发四氟乙烯发生爆炸性链反应。四氟乙烯遇下列情况易发生爆炸：空气存在系统压力大于0.21MPa；氧气存在系统压力大于2.1MPa；液态四氟乙烯温度大于35℃；加热液相四氟乙烯；存在摩擦、静电或强辐射的场合；四氟乙烯自聚并伴随放热；聚合物包裹；四氟乙烯被吸收等。

（2）金属丙烯（C_3F_6）　无色、无臭气体，不燃，微溶于乙醇、乙醚。受热容器内压增大，有开裂和爆炸危险。燃烧产生一氧化碳、二氧化碳、氟化氢等有害气体产物。采用钢质气瓶包装，严禁与易燃物或可燃物、氧化剂等混装混运，防止暴晒，禁止溜放。

（3）氯化氢（HCl）无色刺激性、有毒气体，不燃，易溶于水，与碱类、活性金属粉末、氧化剂、硫酸、乙烯等发生反应。无水氯化氢无腐蚀性，遇水生成腐蚀性很强的盐酸；与活性金属粉末反应，放出易燃氢气；氯化氢与氰化物反应，产生剧毒氰化氢气体，危害健康与环境，污染水体、土壤和大气。

二、氟化工艺过程危险性分析

1. 氟化物料接触危险性

（1）氟化氢　高毒，刺激呼吸道黏膜、眼睛，可穿透皮肤向深层渗透，形成坏死和溃疡，损害骨骼引起氟骨症。吸入高浓度氟化氢，引起眼及呼吸道黏膜刺激症状，严重者发生支气管炎、肺炎或肺水肿，甚至产生反射性窒息。

（2）氟化钾与氟化钠　毒害品，氟化钾强烈刺激眼睛、呼吸道黏膜和皮肤，长期接触可导致氟骨症。氟化钠也是毒害品，急性中毒多为误服所致。误食立即出现剧烈恶心、呕吐、腹痛、腹泻。短期内吸入大量氟化钠可引起氟骨症，可致皮炎，重者溃疡或大疱。

（3）氯化氢　氯化氢为氟化的副产物，强烈刺激眼和呼吸道黏膜，最高允许浓度$7mg/m^3$。为防止气体泄漏，避免产生烟雾，涉及氯化氢的作业，应佩戴过滤式防毒面具（半面罩）、化学安全防护眼镜、化学防护服、橡胶手套，应急抢救或撤离时应佩戴空气呼吸器。

（4）氯乙烯　长期接触引起氯乙烯病。氯乙烯为致癌物，致职业性肝血管肉瘤。

（5）氯气　氯气具有刺激性，对眼、呼吸道黏膜有刺激作用。长期接触低浓度氯气，引起慢性支气管炎、支气管哮喘等，引起职业性痤疮及牙齿酸蚀症。

（6）四氯乙烯　无色、无臭气体，有毒，损害骨骼。

（7）三氯甲烷　有毒，可疑致癌物，具有刺激性，主要作用于中枢神经系统，具有麻醉作用，损害心、肝、肾。吸入或经皮肤吸收可引起急性中毒。

2. 氟化反应过程危险性

氟化反应过程即氟化反应单元，包括催化剂制备、液氯汽化、氟化反应、氟化氢冷凝回收岗位。

（1）五氯化锑制备过程　先在釜内投放金属锑块，后通氯气，反应逐渐生成三氯化锑，继而生成五氯化锑。如果氯气通入速度快，氯化反应强烈，反应放热使温度升高，可能引起着火；系统压力升高，物料夹带氯气冲出反应器，造成事故。着火初期现象为反应器外表发烫，继而发红，最终火焰由法兰、管接口、垫片等薄弱处喷出，酿成火灾事故。

（2）液氯钢瓶超压或腐蚀导致泄漏　液氯性质类似无水氟化氢，毒性和腐蚀性强，密度比空气大，泄漏后贴近地面扩散，遇水或潮湿空气生成盐酸，在空气中为白色酸雾，对动植物、环境危害很大。

（3）氟化反应　氟化釜运行中，由于加料管、阀门及仪表等故障或损坏；超温、超压、加料速度过快或加料错误等；供电、供热、冷却水系统等故障，均可导致反应失控，造成釜内物料逸出。逸出物料主要成分为氟化氢、氯气、氯仿、氯化氢、五氯化锑及三氯化锑等，逸出物料有燃爆、中毒危险。

氟化反应后期，三氯化锑、五氯化锑催化活性降低，更换失效催化剂时反应釜放料阀易堵塞，强行捅开易导致物料冲出，其中包括氟化氢、氯化氢及氯气、三氯甲烷及少量氯甲烷等，遇湿空气生成大量白色酸雾，造成人员中毒、设备腐蚀和环境污染。

芳烃衍生物交换氟化，芳烃衍生物有燃爆性和毒害性，氟化氢有毒害性和腐蚀性，危险性极大，极易酿成事故，应严格控制氟化剂滴加速度，避免剧烈反应产生大量氯化氢等伴生气体，防止釜压升高，防止发生超压、超温喷冒。

芳烃重氮硼酸盐热分解为芳香氟的反应速率快，放热剧烈，危险性高，添加稀释剂 KF 可使分解减缓，减少结焦。

三氯甲烷等卤代烷类氟化原料多数有毒，卸料、输送、投料作业时应注意防护，避免吸入。氯仿不燃，有火焰时燃烧，燃烧产生的氟光气危害更大。故不得将氯仿与易燃物品存放在一起。

氟化釜产品氯化氢遇水形成盐酸，对设备管道有腐蚀危害，对作业人员有化学灼伤危险。无水氟化氢、氟化产品储槽、钢瓶等压力容器充装过量或温度过高，容易导致爆炸。

氢氧化钠是强碱腐蚀品，碱洗工序的碱液泵密封、出口阀、装卸管接口等处易发生喷溅或滴漏，注意防护眼睛等部位，避免接触而灼伤。

3. 氟化氢气体处理及危险性

（1）氟化氢的危险性　氟化氢（氢氟酸）是一种无色、发烟液体，沸点19.4℃，腐蚀性极强，破坏玻璃、混凝土、木材以及某些金属材料，腐蚀性随温度升高而增强；氟化氢遇水反应剧烈，产生大量反应热，对管道和设备腐蚀严重，与铁、铝等金属反应，产生易燃、易爆的氢气；危害健康，可导致中毒性脑炎、帕金森综合征，损害人体组织、骨骼。国家规定，作业场所氟化氢的最高允许含量为$2mg/m^3$。

（2）氟化氢气体处理作业　气体处理作业包括包装、卸料、储存、输送和使用等。包装、卸料和储存系统，必须配置空气喷射泵或全塑水喷射泵真空系统。图8-5为氟化氢槽车卸车系统。

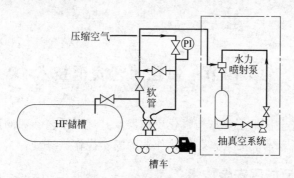

图 8-5　氟化氢槽车卸车系统

一般地，无水氟化氢以钢瓶包装储存，应防止超量充装、高温环境存放，避免钢瓶受热、超压导致膨胀爆裂而泄漏。氟化氢钢瓶使用过程中应防止水分进入。

氟化氢的容器，如储槽、输送管道、阀门、零部件应经常维护检查，防止因腐蚀、意外撞击损坏，造成氟化氢逸出。氟化设备及管路检修，必须彻底吹扫置换，防止残存氟化氢逸出。

氟化反应系统，用雷达液位计监视反应釜液位，石墨冷凝器设计有压力报警器，防止超量、超压，导致氟化氢等有毒物质泄漏；应严格控制管道、设备内水分，避免设备管道腐蚀。氟化过程的尾气，主要含氯化氢、氟化氢、被氟化物等，具有毒害性和燃爆危险，危害健康，污染环境。一般采用负压引出氟化尾气，冷凝回收凝液，碱液中和洗涤或喷淋吸收，未凝气经火炬燃烧或高空排放。严格控制尾气中易燃、易爆物质的含量，避免形成爆炸性混合物。

三、氟化工艺危险性控制

1. 重点监控工艺参数

氟化反应釜内温度、压力；氟化反应釜内搅拌速率；氟化物流量；助剂流量；反应物的配料比；氟化物浓度。

2. 安全控制的基本要求

反应釜内温度和压力与反应进料、紧急冷却系统的报警和联锁；搅拌的稳定控制系统；安全泄放系统；可燃和有毒气体检测报警装置等。

3. 宜采用的控制方式

氟化反应操作中，要严格控制氟化物浓度、投料配比、进料速度和反应温度等。必要时应设置自动比例调节装置和自动联锁控制装置。

将氟化反应釜内温度、压力与釜内搅拌、氟化物流量、氟化反应釜夹套冷却水进水阀形成联锁控制，在氟化反应釜处设立紧急停车系统，当氟化反应釜内温度或压力超标，或搅拌系统发生故障时自动停止加料并紧急停车，安全泄放系统。

第四节 氟化工艺安全技术

氟化工艺安全技术主要是指氟化反应器及其运行工艺参数的监视，开、停车的安全操作及紧急情况的处置，氟化作业的安全操作管理等。

一、氟化反应器安全技术

1. 反应器类型

氟化反应器主要有釜式反应器、管式反应器和塔式反应器三种。釜式反应器，一般在压力下进行，要求承压、密封和防腐蚀。因氟化物料腐蚀性强，一般选用哈氏合金钢材质，反应过程不断加料，加料口、加料阀内及反应器附件做到密封严密。管式反应器用于气相或液相连续反应，容积效率高，物料返混程度低，可承受较高压力，实现分段温度控制，适合转化率要求较高的连串反应。塔式反应器，气体以鼓泡形式通过液相区进行反应，气体扩散成气泡上升穿过液柱，连续顺流或逆流，交替逆流，或反复逆流或顺流运行，可连续或半连续操作，适合气-液接触时间长的反应。

2. 氟化反应器重点监控参数

(1) 重点监控的工艺参数 主要是反应釜内温度；压力；氟化釜内搅拌速率；氟化物流量；助剂流量；反应物的配料比；氟化物浓度。

(2) 安全控制基本要求 反应釜内温度和压力与反应进料，符合工艺规程要求；紧急冷却系统的报警联锁可靠有效；搅拌稳定；控制系统，包括减速机、搅拌器、电机和电源供给等可靠有效，搅拌速率稳定可靠；安全泄放系统完好待用；可燃和有毒气体检测报警装置等完好可靠，运行正常平稳。

（3）反应器的控制方式 氟化反应操作中，严格控制氟化物浓度、投料配比、进料速度和反应温度等。设置自动比例调节和自动联锁控制，将反应温度、压力与釜内搅拌、氟化物流量、氟化反应器夹套冷却水进水阀形成联锁控制，当氟化反应釜内温度、压力或搅拌系统发生故障时，氟化反应釜紧急停车，系统自动停止加料，启动安全泄放系统。

二、氟化开、停车安全技术

氟化开、停车投入正常运行，是氟化安全生产的基础。

1. 氟化岗位开车安全技术

（1）检修后开车，包括开车前检查、单机及联动试车、联系相关岗位（工序）与物料准备、开车及过渡到正常运行等环节。

① 开车前检查安全开车条件十分重要，检查确认的主要内容：

a. 检查确认抽堵盲板是否符合工艺安全要求。

b. 检查确认设备、管线是否已经吹扫、置换和密闭。

c. 检查确认设备、管线是否已经耐压试验、气密试验或无损探伤。

d. 检查确认安全阀、阻火器、爆破片等安全设施完好与否。

e. 检查确认作业现场是否达到"三清"，检查设备内有无遗留的工具和零件；清扫管线通道，查看有无应拆卸的盲板，清除设备、屋顶、地面杂物垃圾。

f. 检查确认调节控制器、放空阀、过滤器、疏水器等工艺管线设施完好与否。

g. 检查确认温度、压力、流量、液位等仪器、仪表完好、有效与否。

h. 检查确认作业现场防护用具是否配齐、完好有效。

② 单机试车与联动试车 单机试车，包括反应釜搅拌器试运转、泵盘车等，以检查确认是否完好、正常。单机试车后进行联动试车，以检查水、电、汽供应是否符合工艺要求，全流程是否贯通及符合工艺要求。

③ 相关岗位工序的联系与物料准备 联系水、电、汽供应部门，按工艺要求提供水、电、汽等公用工程；联系通知前后工序做好物料供应准备；本岗位做好投料准备以及计量分析化验。

④ 开车并过渡至正常运行 严格执行开车方案和工艺规程，进料前先进行升温（预冷）操作，对螺栓紧固件进行热或冷紧固，防止物料泄漏。进料前关闭放空、排污、倒淋阀，经班组长检查确认后，启动泵进料。进料过程中，沿工艺管线巡视，检查物料流程及有无"跑、冒、滴、漏"现象。

投料按工艺要求的比例和次序、速度进行；升温按工艺要求的幅度，缓慢升温或升压，并根据温度、压力等仪表指示，开启冷却水调节流量，或调节投料和投料量，调节控制系统温度、压力达到工艺规定的限值，逐步提高处理量，以达到正常生产，进入装置正常运行，检查阀门开启程度是否合适，维持并记录工艺参数。开车过程中，严禁随便排放物料。

（2）正常停车后的开车，即临时停车后的开车恢复运行，参考上述③和④的要求及程序进行即可。

2. 氟化岗位停车安全技术

氟化岗位停车，包括正常停车和紧急停车。正常停车是按正常停车方案或计划停止装置或设备的正常运转。紧急停车是遇紧急情况，采取措施无效时，按紧急停车方案或计划停止装置或设备的运行。

（1）正常停车　正常停车包括通知上、下游岗位（工序），关闭进料阀门，停止进料；关闭加热阀门，停止加热；开启冷却水阀门或保持冷却水流量，按程序逐渐降温、降压、泄压后采取真空卸料。正常停车安全技术如下：

① 严格执行停车方案，按停车方案规定的周期、程序、步骤、工艺参数变化幅度等进行操作，按停车方案规定的残余物料处理、置换、清洗方法作业，严禁违反停车方案的操作，严禁无停车方案的盲目作业。

② 停车操作严格控制降温、降压幅度或速度，按先高压、后低压，先高温、后低温的次序进行，保温、保压设备或容器，停车后按时记录其温度、压力变化。热压釜温度与其压力密切相关，降温才能降压，禁止骤然冷却和大幅度泄压。

③ 泄压放料前，应检查作业场所，确认准备就绪，且周围无易燃易爆物品，无闲散人员等情况，防止氟化氢、氯仿、氯化氢、氢氟氯化物等混合物排放和扩散，造成中毒、火灾、爆炸事故。

④ 清除剩余物料或残渣残液，必须采取相应措施，接收排放物或放至安全区域，避免跑冒、溢泛，造成污染和危险。必须佩戴个人防护用品，防止中毒和化学灼伤。

⑤ 大型转动设备停车，必须先停主机，后停辅机，以免损坏主机。

⑥ 停车后的维护，冬季应防冻，低位、死角、蒸汽管线、阀门、疏水器和保温管线应放净保温，避免冻裂损坏设备。

（2）紧急停车　遇有下列情况，按紧急停车方案操作，停止生产装置运行：

① 系统温度、压力快速上升，采取措施，仍得不到有效控制；

② 压力容器主要承压部件出现裂纹、鼓包、变形和泄漏等危及安全的现象；

③ 安全装置失效、连接管件断裂、紧固件损坏等，难以保证安全运行；

④ 投料或充装过量，导致无液位或液位失控，采取措施仍不能有效控制；

⑤ 容器工作压力、介质温度或其壁温度超过安全限值，采取措施无效；

⑥ 压力容器与连接管道发生严重振动，危及安全运行；

⑦ 搅拌中断，采取措施无法恢复；

⑧ 突然发生停电、停水、停汽（蒸汽）等情况；

⑨ 大量物料泄漏，采取措施，仍得不到有效控制；

⑩ 发生火灾、爆炸、地震、洪水等危及安全。

紧急停车应严格执行紧急停车方案，及时切断进料、加热热源，开启冷却水，开启放空泄压系统；及时报告车间主管，联系通知前、后岗位；做好个人防护。执行紧急停车操作，应保持镇定，判断准确、操作正确、处理迅速，做到"稳、准、快"，防止事故发生和限制事故扩大。

三、氟化工艺正常运行及紧急情况处置

1. 氟化正常运行

（1）氟化反应基本操作过程

① 清洗和检查 清洗罐内，重点检查罐体及釜底阀、加料阀、放空阀等工艺阀门是否有效，封头及其垫圈是否严密；真空或压力系统、事故槽及气管线、配料和高位计量系统、卸料及后处理回收系统、加热及冷却系统是否完好。

② 氮气置换及氮气氛围保护。

③ 备料与投料。

④ 升温 按工艺规程，缓慢升高系统温度，避免骤然升高温度。

⑤ 保温反应 系统维持一定压力，按工艺规程保持一定时间。

⑥ 系统降温、降压 按工艺规程，应缓慢降温、降压、避免骤冷。

⑦ 卸料及后处理 按照规程要求的步骤进行。

（2）氟化操作的基本安全技术

① 按工艺规定浓度、配比、批量和方式投料，保持物料经、出平衡。

② 根据反应进程和状态（如温度、压力、时间及现象），控制加料速率和加料量，按工艺规程维持加料速率稳定。

③ 保持冷却系统有效，控制氟化反应温度、压力等参数在规定的安全范围内，保持放热（速率）量与移热（速率）量平衡。

④ 防止搅拌桨叶脱落、停转，保持搅拌速度稳定。

⑤ 保持冷凝液回流，维持压力稳定和气、液相平衡。

⑥ 卸料前应先降至一定压力，注意回收气态物料，防止喷冒事故，需要氮气保护的，应先打开氮气保护系统，事先置换。

2. 紧急情况处置

（1）常见紧急情况 紧急情况指严重影响氟化装置正常运行、正常作业受到威胁等情况，如不及时启动应急处置方案，采取紧急措施，将会导致事故，造成人员伤亡、设备和物料损害、环境破坏等严重后果。例如，氟化温度或压力失控；搅拌装置故障或失效；气体器堵塞；大量物料泄漏；冷却换热装置故障或失效；水、电、汽、风等公用工程中断；附近或相关岗位发生火灾、爆炸、中毒等

事故，正常作业受到威胁等紧急情况。

（2）紧急情况处置技术　温度、压力快速上升，采取措施仍无法控制时：

① 关闭物料进口阀门，切断进料；

② 切断一切热源，开启并加大冷却水流量；

③ 开启放空阀泄压；

④ 若无放空阀，迅速开启放料阀，将物料放至事故槽；

⑤ 上述措施若无效果，立即通知岗位人员撤离。

搅拌桨叶脱落、搅拌轴断裂、减速机或电动机故障，致使搅拌中断：

① 立即停止通氟化剂（如氟化氢）或被氟化物，开启并加大冷却水流量；

② 紧急停车处理。

当出现大量毒害性物料泄漏时：

① 紧急停车处理；

② 迅速佩戴正压式呼吸器，关闭泄漏阀门或泄漏点上游阀门；

③ 阀门无法关闭时，立即通知附近人员及单位向上风向迅速撤离现场，并做好防范措施；

④ 根据物料危险特性，进行稀释、吸收或收容等处理。

大量易燃、易爆气体物料泄漏：

① 紧急停车处理；

② 迅速佩戴正压式呼吸器，关闭泄漏阀门或泄漏点上游阀门；

③ 无法关闭泄漏阀门时，立即通知周围其他人员停止作业，特别是下风向可能产生明火的作业；

④ 在可能的情况下，将易燃易爆泄漏物移至安全区域；

⑤ 气体泄漏物已经燃烧时，保持稳定燃烧，不急于关闭阀门，防止回火、扩散使其浓度达到爆炸极限；

⑥ 立即报警，按消防要求，采取措施灭火。

出现人员中毒或灼伤：

① 判明中毒原因，以便及时有效处理；

② 吸入中毒，迅速将中毒人员移至上风向的新鲜空气处，严重者立即送医院就医；

③ 误食中毒，饮足量温水，催吐，或饮牛奶和蛋清解毒，或催吐、药物导泄，重者立即送医院就医；

④ 皮肤引起中毒，立即清除污染衣着，用大量流动清水冲洗，严重者立即送医院就医；

⑤ 中毒者停止呼吸，迅速人工呼吸，若心脏停止跳动，迅速人工按压心脏起跳，并立即送医院抢救；

⑥ 体表皮肤灼伤，立即用大量清水洗净被烧伤面，冲洗 15min 左右，防止

受凉冻伤，更换无污染衣物，迅速就医。

（3）公用工程水、电、汽、风等供应中断　采取紧急停车措施，切断进料和加热热源，开启冷却水，开启放空泄压系统，停止装置运行；及时报告车间主管，联系通知前、后岗位，做好个人防护。

四、氟化作业安全管理

正常氟化过程在受控反应器内进行，反应物、中间体、产物及反应过程，均处于工艺规定温度、压力等安全范围。如果某些原因使工艺条件发生变化，将导致氟化反应失控，温度升高、压力增大而无法控制，进而发生喷料、设备损坏，甚至中毒、火灾、爆炸事故。

氟化反应失控原因，既有危险物料、工艺设备和设施、作业环境、工艺条件等原因，也有人的行为和管理原因等，这些都不容忽视。因此，氟化作业安全管理十分重要。

1. 工艺基础管理

氟化工艺基础管理，主要通过作业人员安全生产责任制、岗位安全管理规章制度、工艺规程和安全操作规程等制度的执行，实现工艺作业人员、机械设备、物料、工艺过程、作业环境、应急救援和紧急避险等的安全管理。要求作业人员掌握氟化工艺技术，能够识别氟化物料及过程的危险，熟知异常情况处置方法，遵守工艺纪律，认真执行氟化工艺规程，严格按安全操作规程作业。

（1）实行岗位作业人员资格制度，作业人员必须经过培训，考核合格，取得资格证，方可上岗作业。

（2）实现安全生产责任制，"一岗一责"，人人有责。

（3）实行"操作票""工艺卡片"制度，严格工艺要求，禁止超温、超压、超负荷运行，禁止违章作业，如实及时记录工艺参数和作业情况。

（4）实行班组交接班制度和班组巡检制度。

（5）实行班组安全检查制度，坚持日常安全检查，定期进行工艺过程危险性分析及隐患排查治理等活动。

（6）实行岗位培训制度，对新上岗或转岗员工进行安全技术教育和培训，贯彻安全生产法律法规和企业的各项规章制度，落实岗位安全责任制。

（7）实行岗位工艺设备和机械的维护保养制度。

（8）实行检修作业（动火、受限空间等八大作业）监护制度。

（9）实行安全信息告知制度。

（10）实行岗位应急管理制度，制定氟化岗位现场处置方案，定期开展预案演练，不断修订和完善现场处置方案。

（11）实行事故报告和紧急避险制度。

2. 工艺条件变更管理

(1) 变更 一个项目，从开始就处于不停的变化中。用户需求变了，需要调整计划或者设计；测试发现了问题，需要对错误代码进行变更；甚至人员流失了，也需要对项目进行一定的调整以适应新情况。bug 管理、需求管理、风险控制等本质上都是项目变更的一种。它们都是为了保证项目在变化过程中始终处于可控状态，并随时可跟踪回溯到某个历史状态。

孤立地看单个变更（CR）的生命周期，那么它是比较简单的，大致就是提出—审核—修改这么一个过程。但变更管理并不是单纯的一个数据库记录，做个备忘而已。在这么一个简单的流程中，变更管理要能体现出它的两个重要用途：一个是控制变更，保证项目可控；另一个是变更度量分析，帮助组织提供自己的开发能力。

实施变更管理的一个更重要且更有意义的作用就是对变更进行度量分析。在项目进行过程中，对变更进行分析，可以很好地了解项目当前质量状态（如果承认统计学有它的科学性，那么就会承认项目各阶段的合理变更发展情况是有确定的分布形态的）。定时进行项目复盘，分析组织中变更的产生原因和解决方法，及时了解组织中常见错误并有针对性地改正，才能促使组织的开发能力不断得到提高。

(2) 变更的流程

① 提出 记录变更的详细信息，相当于一个备忘。需要记录的信息可能根据不同组织和不同项目的规定而不同。要点在于变更提出者能简明扼要地记录下有价值的信息，比如缺陷发生时的环境，要变更的功能。变更管理工具不仅要能方便地记录信息，而且要给记录者一些记录的提示信息，帮助记录者准确地记录变更。

② 审核 审核者首先要确认变更意义，确认是否要修改；其次审核者要确认变更可能产生的影响，根据影响分析决定是否要修改变更的内容以及对项目其他方面做同步改变；最后就是指派项目成员实施该变更。

首先要保证修改实施是完全而彻底的，比如提了一个需求变更，不能只改了需求文档而不改代码或者用户文档。在组织分工情况下，如何协调多个小组的同步变更，保证工作产品一致性成为一个很严峻的问题。

实现变更的一个初始目的就是为了项目的跟踪回溯，那么，针对变更而做的修改也应该被记录下来并和变更关联起来，实现 why、what 的双向跟踪。

③ 确认 查询和度量分析：项目管理者需要了解项目中各个变更的当前状态，根据变更状态做出各种管理决定；度量分析变更数据，了解项目质量状况；定期进行复盘，寻找变更根源，进行有针对性，甚至是制度化的改进。

(3) 化工工艺具体变更程序

① 变更申请 按照要求填写变更申请表，变更申请表由专人管理。

② 变更审批　变更申请逐级上报，按照变更管理权限审批后方可实施。

③ 变更实施　根据批准的变更申请，明确变更的项目或任务、内容、工艺指标、注意事项和应急要点，充分认识和分析变更可能产生的风险，做好应急处置的准备，联系变更所涉及的相关岗位，在技术人员的指导和监护下，严格执行变更工艺方案，认真谨慎操控，发现异常及时报告。

④ 变更的验收　实施结束后应及时总结，上报变更主管部门。变更主管部门对变更实施进行验收，并通知相关部门。

第五节　氟化工艺安全操作规程

一、保机岗位

（1）保机人员在检修前必须明确检修内容、检修要求、质量等情况。

（2）凡是有二人以上参加检修的项目，须有一人负责安全。

（3）检修易燃、易爆、有毒、有腐蚀性物质的设备时，必须先进行分析检查、清洗置换，确保安全后方能进行检修。

（4）检修易燃、易爆、有毒、有腐蚀性物质和蒸汽设备时，必须加设盲板切断物料出入口阀门。

（5）检修时必须穿戴好劳保防护用品（如橡胶雨鞋、橡胶手套、防护雨衣、防毒面具及面罩等）。

（6）修机电传动设备时，必须先切断电源，并要悬挂"禁止合闸"警告牌。

（7）检修槽罐、管道设备时，要在已切断的物料管道闸门上挂设"禁止启动"警告牌。

（8）检修临时行灯必须采用低压36V，槽罐装置、沟道、潮湿场所为12V，绝缘要良好，使用的电动工具应采取可靠的接地措施。

（9）在禁火区内检修，未经安全部门同意严禁动火；禁止使用汽油等易挥发的有机溶剂等易燃液体擦洗机器、工具及衣物。

（10）进入罐内检修时，要全面进行一次检查，并严格执行设备清洗、置换、分析，做到不合格不进，电源、物料不断不进，没有监护人不进，安全设施工具行灯不合规定不进。

（11）检修人员登高作业必须做到以下几点要求：

① 凡患有高血压、心脏病及其他不适于高处作业的人员不准登高作业。

② 高处作业人员必须按要求穿戴好个人防护用品，作业时按规定系好安全带，严禁使用不合格或未经定期检验的安全带。

③ 高处作业使用的脚手架，材料要坚固，能承受足够的负荷、强度。脚手

架堆放物料和作业人员总重不得超过 $270kg/m^2$。

④ 上石棉瓦、彩钢瓦、塑料屋顶作业时必须铺设坚固、防滑的脚手架，并设专人监护。

⑤ 高处作业所用的工具、零件、材料必须装入工具袋，上下时手中不得拿物件，并必须指定路线上下。不准上下抛丢物件，需要时应使用绳索捆扎牢固吊运。上下大型零件，必须采用可靠的起吊工具。不得将易滚易滑的工具、材料堆放在脚手架上，工作完毕应及时将工具及零星材料等一切易附落的物件清理干净。

⑥ 各种梯子要坚固，使用时要有人扶梯或上端扎牢，下端采取防滑措施。禁止二人在同一梯上工作。人字梯拉绳须牢固。金属梯不得在电气设备附近使用。在通道处、大风中使用梯子必须系安全带，并有专人监护。

⑦ 登高作业严禁接近电线，作业范围应距低压线 1m 以上，距高压线 2.5m 以上。

⑧ 严禁酒后登高作业，严禁攀登脚手架、井字架、龙门架和乘吊笼上下。需在吊笼内作业时，应事先对吊笼拉绳进行检查，吊笼所承受的负荷应有一定的安全系数，作业人员必须系好安全带，并要有人监护。

⑨ 高处作业者及监护人员对有关防护措施确认，并经安全部门检查批准后方可作业。一级（2～5m）高处作业由分厂级安全员批准。二级（5～15m）、三级（15～30m）高处作业由安全部门审批，分管领导备案。

二、灌装、高纯岗位

（1）必须穿戴好劳保防护用品（安全帽、橡胶手套、工作服、工作鞋、面罩、围裙等）方能上岗操作。

（2）灌装前必须对钢瓶、塑料桶进行检查，符合要求方能充装。对电动葫芦、钢丝索要进行检查，启动、停止是否灵敏，是否牢固。

（3）操作人员应在上风向，开启阀门应缓慢，以防冲击造成泄漏，脸部不能正对操作点。

（4）如被氢氟酸溅到人体，必须马上用石灰水或清水进行冲洗，然后到医务室治疗。

（5）在灌装时操作人员必须坚守岗位，不能离人。

（6）灌装完毕后，应收好灌装用的塑料管，防止他人误用，同时清理好现场。

三、吊粉岗位

（1）上料工上岗时必须穿戴好劳保防护用品。

（2）吊装前须对起重设备及吊物周围进行全面检查，经检查安全可靠方能起吊。

（3）起吊时，吊物下面、钢丝绳两侧不能站人，钢丝绳上不得有重物扎压。

（4）不准起吊未经许可的其他物品。

（5）起吊人员应持有合格的安全作业证。

四、投粉岗位

（1）按规定穿戴好劳保防护用品。

（2）严格巡回检查制度，每半小时检查一次计量螺旋，进粉螺旋是否通畅，有无异声，炉头运转及密封是否正常。

（3）严格交接班制度，交接投粉运行情况、设备运行情况及投粉量。

（4）处理导气箱、挡板分离器故障时，要按要求戴好防护用具，皮肤上溅上HF时立即用石灰水或清水冲洗，然后到医务室治疗。

（5）处理进粉螺旋进粉不畅时，注意勿用铁棍搅动，搅动时必须关停电机。修理完毕开启电机时必须确认现场无人才能开启螺旋进粉电机。

（6）在核子秤周围操作时，应避免身体各部位置于核射线区域内。不准擅自移动核子秤，要移动或发现异常时，向公用分厂仪表班报告，由仪表工进行移动或处理。

（7）发现有异常情况及时处理并汇报当班班长。

五、投酸岗位

（1）上岗必须按规定穿戴劳保防护用品。

（2）严格交接班制度及巡回检查制度。对本岗位的设备、管道、阀门、仪表进行经常性巡回检查。

（3）开关阀门及拆卸法兰、机泵时，应注意避免脸部正对操作点，并按要求穿好防护用具。

（4）当HF溅到皮肤上时，及时用石灰水或清水进行冲洗，然后到医务室治疗。

（5）发现有异常情况及时处理并汇报当班班长。

六、司炉出渣岗位

（1）上岗必须按规定穿戴好劳保防护用品。

（2）严格巡回检查制度，正常情况下，每半小时巡回检查一次，检查油泵运行情况，油路、阀门有无泄漏，火焰状态是否良好，风机是否有异常，液力耦合器冷却水和出渣螺旋机的出渣状态，斗式提升机进出是否通畅。

（3）点火时不能脸部正对烧火点，以防火焰喷射。

（4）到渣仓顶部工作，必须有二人以上，要有一人负责监护，并有安全防护措施后方可进行。

(5) 螺旋运转时不得用手、脚或其他异物去碰触螺旋，以免绞入。

(6) 发现有异常情况及时处理并汇报当班班长。

七、水洗岗位

(1) 上岗必须按规定穿戴好劳保防护用品。

(2) 严格交接班制度，接班前必须对本岗位的设备运行情况进行检查，情况明了方可接班。

(3) 每半小时检查一次水洗泵，尾气风机运行情况，检查水洗流量，负压是否符合要求（包括系统中各负压测量点）。

(4) 当 HF 溅到皮肤上时，及时用清水或石灰水进行冲洗，然后到医务室治疗。

(5) 发现有异常情况及时处理并汇报当班班长。

八、精馏岗位

(1) 上岗必须按规定穿戴好劳保防护用品。

(2) 严格巡回检查制度，每小时检查 1～2 次。对本岗位的设备、管道、阀门、仪表进行经常性巡回检查。

(3) 严格交接班制度，交接设备运行情况及工艺控制情况。

(4) 发现泄漏，检修操作时应注意避免脸部正对操作点，按要求穿戴好防护用具。

(5) 当 HF 溅到皮肤上时，及时用石灰水或清水进行冲洗，然后到医务室治疗。

(6) 发现有异常情况及时处理并汇报当班班长。

九、煤气岗位

(1) 上岗必须按规定穿戴好劳保防护用品。

(2) 严格交接班制度，接班前必须对本岗位的设备运行情况进行检查，情况明了方可接班。

(3) 严格巡回检查制度，每半小时巡回检查 1 次，检查混合温度、集水器水位、除尘器灰盘水位、水力逆止阀、转动装置、混合压力、出口压力等。

(4) 煤气是易燃易爆、易着火的气体，如有险情不能慌乱，要保持清醒的头脑，处理突发事件。

(5) 鼓风机跳闸时应立即启动备用风机，打开出口蝶阀，关闭已跳闸风机的出口蝶阀，调节至正常风压。

(6) 突然停电时应立即开大蒸汽，关闭空气闸阀，封闭探火口，保证炉内正压，如压力高可提起放散阀钟罩；停电时间超过 5min，应封闭切断水封、除尘器水封，保持高位溢流，适时提起放散阀钟罩保持自然通风。

（7）发生炉严重冷运行、氧含量＞0.8％时，应停炉处理。

（8）总管连接处严重跑煤气或清扫孔煤气外跑严重暂无法处理时，20m 内严禁动火，做全部停炉处理。

十、烘粉岗位

（1）上岗必须按规定穿戴好劳保防护用品。

（2）严格交接班制度，接班前必须对本岗位的设备运行情况进行检查，情况明了方可接班。

（3）严格巡回检查制度，每半小时巡回检查 1 次，检查循环风机、炉温、干粉温度、各送粉螺旋、提升机、气送系统等是否正常。

（4）点火时不能脸部正对烧火点，以防火焰喷射。

（5）吊湿粉前须对起重设备及吊物周围进行全面检查，经检查安全可靠方能起吊。

（6）起吊时，吊物下面、钢丝绳两侧不能站人，钢丝绳上不得有重物扎压。

（7）吊湿粉人员应持有合格的安全作业证。

（8）加料人员要保证进粉均匀，保持转炉电流稳定。

（9）螺旋运转时不得用手、脚或其他异物去碰触螺旋，以免绞入。

第九章

加氢工艺

第一节　加氢工艺基础知识

一、加氢工艺技术概述

加氢工艺技术是指原料在氢压和催化剂条件下，通过加氢反应和加氢裂化反应达到产品要求的一类工艺技术的总称。它的特点：一是必须有催化剂，因此，以氢作为稀释剂用于生产乙烯、丙烯的加氢裂解不属于此类技术；二是必须以加氢反应为主，故以脱氢反应为主的催化重整亦不归属于加氢技术。

一般来说，反应温度在 600℃ 以上所进行的过程称为裂解，反应温度在 600℃ 以下所进行的过程称为裂化。由于石油炼制工业中加氢过程的最高温度约 500℃，故以加氢裂化相称，而石油化学工业反应温度一般在 800～900℃，称为加氢裂解。

加氢工艺技术的主要任务是改变原料化学组成、脱除杂质、改善产品质量、油（馏分油、渣油及页岩油）及煤的轻质化。

二、加氢工艺技术分类

在现代炼油工业中，加氢工艺技术包括加氢处理和加氢裂化两大类技术。

加氢处理是指在加氢反应过程中有≤10%的原料油分子变小的那些加氢技术。加氢处理能有效地使原料油中的硫、氮、氧等的非烃化合物氢解，使烯烃、芳烃选择加氢饱和，并能脱除金属和沥青等杂质，具有处理原料范围广、液体收率高、产品质量好等优点。它包括传统意义上的加氢精制和加氢处理技术。就所加工的原料油而言，它包括催化重整原料油加氢预处理、石脑油加氢脱硫、石脑油芳烃加氢、煤油加氢脱硫、柴油加氢脱硫、其他馏分油加氢处理、渣油加氢处理等。

加氢裂化是指在加氢反应过程中，原料油的分子有 10% 以上变小的那些加氢技术。它包括传统意义上的高压加氢裂化（反应压力＞14.5MPa）与中压加氢裂化（反应压力≤14.5MPa）技术。加氢裂化反应实质上就是催化裂化反应和加氢反应的综合，在催化剂作用下，非烃化物进行加氢转化，烷烃、烯烃进行裂化、异构化和少量环化反应，多环化物最终转化为单环化物。就其所加工的原料油而言，它包括馏分油加氢裂化、渣油加氢裂化和馏分油加氢脱蜡等。

　　加氢裂化的工业装置有多种类型，按反应器的作用又分为一段法和两段法。两段法包括两级反应器：第一级作为加氢精制段，除掉原料油中的氮、硫化物；第二级是加氢裂化反应段。一段法的反应器只有一个或数个并联使用。

　　一段法固定床加氢裂化装置的工艺流程是原料油、循环油及氢气混合后经加热导入反应器。反应器内装有粒状催化剂，反应产物经高压和低压分离器，把液体产品与气体分开，然后液体产品在分馏塔蒸馏获得产品馏分油。一段裂化深度较低，一般以减压蜡油为原料，产品以中间馏分油为主。

　　二段加氢裂化流程是指有两个加氢反应器，第一个加氢反应器装有氢精制催化剂，第二个加氢反应器装有加氢裂化催化剂，两段加氢形成两个独立的加氢体系。该流程的特点：对原料的适应性强，操作灵活性较大，产品分布可调性很大。但是，该工艺的流程复杂，投资及操作费用较高。

三、典型加氢工艺

　　(1) 不饱和炔烃、烯烃的三键、双键加氢　环戊二烯加氢生产环戊烯等。

　　(2) 芳烃加氢　苯加氢生产环己烷、苯酚加氢生产环己醇等。

　　(3) 含氧化合物加氢　一氧化碳加氢生产甲醇、丁醛加氢生产丁醇、辛烯醛加氢生产辛醇等。

　　(4) 含氮化合物加氢　己二腈加氢生产己二胺、硝基苯催化加氢生产苯胺等。

　　(5) 油品加氢　馏分油加氢裂化生产石脑油、柴油和尾油，渣油加氢改质，减压馏分油加氢改质，催化（异构）脱蜡生产低凝柴油、润滑油基础油等。

第二节　危险、有害因素分析与安全设计

一、过程的危险性分析

　　加氢反应大多为放热反应，而且大多在较高温度下进行，氢气以及大部分所使用的物料具有燃爆危险性，一部分物料、产品或中间产物具有毒性、腐蚀性。一旦出现泄漏、反应器堵塞等故障，发生火灾、爆炸的危险性很大。

1. 火灾爆炸危险性

　　(1) 火灾危险性

　　① 氢气　氢气与空气混合能成为爆炸性混合物，遇火星、高热能引起燃烧。室内使用或储存氢气，当有漏气时，氢气上升滞留屋顶，不易自然排出，遇到火

星时会引起爆炸。

② 原料及产品　加氢反应的原料及产品多为易燃、可燃物质。例如：苯、萘等芳香烃类；环戊二烯、环戊烯等不饱和烃；硝基苯、乙二腈等硝基化合物或含氮烃类；一氧化碳、丁醛、甲醇等含氧化合物；以及石油化工中的馏分油、减压馏分油等油品。

③ 催化剂　部分氢化反应使用的催化剂（如雷尼镍）属于易燃固体，可以自燃。

④ 副产物　在氢化反应过程中产生的副产物，如硫化氢、氨气多为可燃物质。

（2）爆炸危险性

① 物理爆炸　加氢工艺多为气液相或气相反应，在整个加氢过程中，装置内基本处于高压条件下。在操作条件下，氢腐蚀设备产生氢脆现象，降低设备强度。如操作不当或发生事故，会发生物理爆炸。

② 化学爆炸　氢气爆炸极限为 4.1%～74.2%，当加氢工艺中出现泄漏，或装置内混入空气或氧气时易发生爆炸危险。

在某些加氢工艺中，如一氧化碳加氢制甲醇工艺中，其原料一氧化碳为易燃易爆气体，产品甲醇为甲 B 类可燃液体，在操作温度下甲醇为气态，当出现泄漏时也可能导致设备爆炸。又如苯加氢制环己烷、苯酚加氢制环己醇、丁醛气相加氢生产丁醇等工艺中，原料、产品在常温下为液态，但在操作条件下为气态，出现泄漏会导致爆炸。再如硝基苯液相加氢生产苯胺等工艺，反应温度、压力相对较低，反应为气液两相反应，其爆炸危险性主要来自氢。

（3）爆炸性危害程度的估算　爆炸主要的破坏力是冲击波，以爆炸点为中心，呈圆形向四面扩张，随着范围扩大冲击波的压力逐步减小。国外某风险评价公司综合工业界最新认知和近几年保险业的损失模型，对爆炸性危害给装置、设备及建筑造成的损失程度做出了估算，部分内容见表 9-1。

表 9-1　爆炸造成损失的分布情况

环形区超压等级 /kPa	着火和爆炸损坏分布/%			
	工艺装置	重型机器	建筑物、冷却塔	储罐
>70	100	80	100	100
70～35	80	40	100	100
35～20	20	0	100	100
20～10	5	0	100	50
10～5	0	0	50	0

风速达到或超过 32.7m/s 的 12 级风压为 0.668kPa，风速达到 100m/s 的龙卷风风压为 6.25kPa，与此相比可知，爆炸产生的超压值比龙卷风大 10 倍以上，

可见其破坏力极大。

2. 毒害危险性

氢化反应中不同原料和产品毒性差别较大，具体如下：

（1）不饱和烃及馏分油　如环戊二烯，乙炔，常、减压馏分油等无毒。

（2）芳香烃　如苯酚、甲苯等为中低毒性物质，部分有腐蚀性。

（3）含氮化合物　如硝基苯、苯胺等有较强的毒性。

催化剂加氢过程伴生 H_2S、SO_2 和 NH_3，在催化剂预硫化过程中有时使用毒性很大的 CS_2。按照我国标准《职业性接触毒物危害程度》（GBZ 2030）中毒物分级划分，H_2S、CS_2 属Ⅱ级高度危害毒物，NH_3、溶剂油属Ⅳ级轻度危害毒物。由于有这些有毒物质的存在，又有着在压力下操作发生泄漏的可能，因此，存在着人员中毒伤害乃至死亡的危险。

加氢装置的有毒有害物质中，以 H_2S 的中毒事故较为常见，且因其毒性大，造成的伤害事故比较严重。H_2S 主要经呼吸道吸收而引起全身中毒，是一种化学窒息性气体，接触浓度超过 $700mg/m^3$ 时产生急性中毒。其症状为先出现气急，继而引起呼吸麻痹，如不及时进行人工呼吸，就会死亡。吸入极高浓度时，往往造成电击样窒息死亡。

在对某加工含硫原油企业做的一次全面的硫化氢专题调查报告中给出了催化加氢处理过程某些介质中硫化氢含量的数据，见表9-2。

表 9-2　加氢处理过程介质硫化氢含量

介质	硫化氢含量/（g/m³）	介质	硫化氢含量/（g/m³）
加氢裂化放空瓦斯	79.8	北双塔酸性气	956
加氢裂化酸性气	1520	脱硫酸性气	956
加氢精制瓦斯	109	脱硫酸性气（合并）进料	1050
南双塔酸性气	1460		

加氢裂化装置循环氢气中的 H_2S 浓度，通常为每立方米数万至数千万毫克。催化加氢处理过程作业环境硫化氢含量的数据见表9-3。

表 9-3　加氢处理过程作业环境硫化氢含量

检测部位	硫化氢含量/（g/m³）	检测部位	硫化氢含量/（g/m³）
脱硫酸性气去制硫采样口	＞152	北双塔	425.84
脱硫容7（凝缩油）	41	加氢裂化进 T152 干气（地面）	25.84
火炬-加氢裂化容1	57.76	加氢裂化进 T152 干气（平台）	186.96
火炬-加氢裂化容3脱水口	65.36	加氢精制 D206	180.96
南双塔 D104 出口	196.08	酸性气脱水口	＞152

调查报告表明，催化加氢过程有多种含高浓度 H_2S 的介质，浓度超过致命浓度（$1g/m^3$）的几百至上千倍。这些介质一旦泄漏，会给作业人员的人身安全带来严重的威胁。根据国家工业卫生标准规定，车间空气中 H_2S 最高允许浓度为 $10mg/m^3$，调查中检测出催化加氢过程作业环境 10 个点数据全部超出这个标准，最高为南双塔 D104 出口 $196.08mg/m^3$。

上述结果表明，催化加氢过程和作业过程中存在着 H_2S 中毒的风险，在生产实践中，近几年来炼油企业加氢装置发生多起 H_2S 泄漏引起人员中毒的事故，给人们敲响了防止硫化氢中毒事故发生的警钟。

二、加氢装置安全设计

根据工厂厂址的环境条件，即自然条件、地形、周围环境、道路、铁路、港湾、设备及这些条件的将来计划因素，考虑下述各项进行整体布置：①最适合于生产设备的特点及系统；②便于发挥主要生产设备及附属设备的性能；③便于设备整体检修；④不妨碍设备安装及运转安全；⑤留有今后增加装置和设备的余地；⑥不妨碍原有设备的生产及安全；⑦与左邻右舍协调一致。

加氢工艺安全设计时考虑的因素：

（1）紧急泄压系统泄压速率应最大，不超过 2.1MPa/min。

（2）反应器内构件、高压换热器、循环氢脱硫塔内件应考虑紧急泄压时的压差。

（3）高压向低压排放应设两位式液位控制的快速切断阀。两位阀泄压过快时引起低压容器超压，可以设两道泄压阀，一道截止阀，一道快开阀。

（4）冷高压分离器（或循环氢压缩机入口缓冲罐）、新氢压缩机入口缓冲罐液位测量应采取 3 取 2 表决式。

（5）燃料压力过低，反应器入口温度过高，反应（循环氢）加料炉流速过低时，反应（循环氢）加热炉应停运。

（6）紧急停车逻辑设备（ESD）应独立于 DCS 之外设置。加氢装置要求 ESD 快速动作，用 DCS 实现起来不甚理想；DCS 供全装置使用，处理信息多，通信系统复杂，出现故障的概率较专用的 ESD 要高；DCS 侧重于过程连续控制，需要频繁的人工干预，其误触发的概率较 ESD 要高。

（7）应设置 UPS 不间断电源，提供装置停电时的仪表用电。

（8）对可能泄漏可燃气体或 H_2S 等有毒气体的地方，应设置固定的可燃气体报警仪和 H_2S 气体报警仪。操作人员配备便携式 H_2S 气体报警仪，并对仪器进行定期校验。

（9）为保护设备和生产安全，高压到低压的液位调节阀、高压原料（循环）泵出口调节阀应选用风关，急冷氢阀、高压返料（循环）泵最小流量调节阀、新氢压缩机级间调节阀、循环氢压缩机副线阀应选用风开。

（10）为防止仪表管线的冻凝和阻塞，高压分离器液位可设置仪表蒸汽伴管系统和高压隔离液滴注系统。

（11）新氢压缩机、循环气压缩机、高压原料（循环）泵、高压贫胺液泵应选用低噪声产品，在高噪声岗位设隔声间。

（12）沿海企业加氢装置的高奥氏体不锈钢设备均应保温（或防烫保温），避免由于海水蒸发而产生奥氏体不锈钢设备的应力腐蚀。

（13）高压原料（循环）泵出口、循环氢压缩机出入口、循环氢脱硫塔副线应采用遥控阀，高压原料（循环）泵入口可采用遥控阀。

（14）高压与低压的隔断均应采用双切断阀。

（15）装置应配备洗眼器和喷淋设施。

（16）装置紧急泄压系统应排入密闭的火炬系统，紧急泄压的流速应在允许的马赫数范围内。

（17）由于反应器出入口法兰受热应力变化较大，容易出现高压氢气泄漏着火，在反应器进出口法兰处可增设中压蒸汽消防圈。

（18）油品、水、公用工程管线与高压液氢管线相连时，应设高压单向阀，以防高压含氢液体窜入其他管线。

（19）离心式循环氢压缩机应设防喘振线。

（20）往复式新氢压缩机应进行机组和管道的振动计算，使压力脉动和管线机械振动在允许范围内，管线设计避开气柱共振区和机械共振区，防止阀板振碎，单向阀阀板焊道和安全阀阀座振裂，机组吸、排气阀振坏，管线法兰泄漏，安全阀失灵。

第三节 典型加氢工艺介绍

一、苯加氢工艺

1. 基本原理

粗苯加氢根据其催化加氢反应温度不同可分为高温加氢和低温加氢。在低温加氢中，由于加氢油中非芳烃与芳烃分离方法的不同，又分为萃取蒸馏法和溶剂萃取法。

低温催化加氢的典型工艺是萃取蒸馏加氢和溶剂萃取加氢。在温度为 $300\sim370℃$，压力为 $2.5\sim3.0MPa$ 的条件下进行催化加氢反应，主要进行加氢脱除不饱和烃，使之转化为饱和烃的过程。另外，还要进行脱硫、脱氮、脱氧反应，与高温加氢类似，转化成 H_2S、NH_3、H_2O 的形式。但由于加氢温度低，故一般不发生加氢裂解和脱烷基的深度加氢反应。因此，低温加氢的产品有苯、甲苯、二甲苯。

2. 苯加氢工艺流程

粗苯经脱重组分后由高压泵提压加入预反应器，进行加氢反应，在此容易聚合的物质，如双烯烃、苯烯烃、二硫化碳在有活性的 Ni-Mo 催化剂作用下液相加氢变为单烯烃。由于加氢反应温度低，有效地抑制了双烯烃的聚合。加氢原料可以是粗苯也可以是轻苯，原料适应性强。预反应物经高温循环氢汽化后经加热炉加热到主反应温度后进入主反应器，在高选择性 Co-Mo 催化剂作用下进行气相加氢反应，单烯烃经加氢生成相应的饱和烃。硫化物主要是噻吩，氮化物及氧化物被加氢转化成烃类、硫化氢、水及氨，同时抑制芳烃的转化，芳烃损失率<0.5%。反应产物经一系列换热后分离，液相组分经稳定塔将 H_2S、NH_3 等气体除去，塔底得到含噻吩<0.5mg/kg 的加氢油。由于预反应温度低，且为液相加氢，预反应产物靠热氢汽化，需要高温循环氢量大，循环氢压缩机相对大，且要一台高温循环氢加热炉。工艺流程简图见图 9-1。

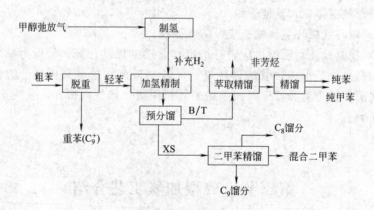

图 9-1　苯加氢工艺流程简图

加氢条件：液相加氢反应温度 800℃，压力 3.0～4.4MPa；主反应加氢为气相加氢，反应温度 300～3800℃，压力 3.0～4.0MPa。由于液相加氢温度较低，加氢可以是粗苯加氢也可以是轻苯加氢，对原料适应性强，经过预反应后的原料需由循环氢汽化，循环氢量大，经预反应器和主反应器加氢后得到的加氢油分离出循环气循环使用，分离出的加氢油在稳定塔排出尾气后进入预分馏塔，塔底的 C_8 馏分去二甲苯塔生产混合二甲苯，塔顶分离出的苯、甲苯馏分进入萃取蒸馏塔分离出非芳烃后，经汽提塔和纯苯塔得到高纯苯和高纯甲苯产品。预反应器加氢采用的新氢是用 PSA 法制得的氢气。

3. 安全要求

(1) 物料的爆炸危险性分析

① 粗苯 焦化粗苯是苯、甲苯、二甲苯及一些烯烃、烷烃等杂质组成的混合物。纯苯是无色透明液体，有强烈芳香味，沸点为 80.1℃，闪点为 −11℃，爆炸极限为 1.2%～8.0%，引燃温度为 560℃。

② 甲苯 无色透明液体，有类似苯的芳香气味，沸点为 110.6℃，闪点为 4℃，爆炸极限为 1.2%～7.0%，引燃温度为 535℃。

③ 二甲苯 无色透明液体，有类似甲苯的气味，沸点为 144.4℃，闪点为 30℃，爆炸极限为 1.0%～7.0%，引燃温度为 463℃。

以上 3 种物质均有毒、易燃，其蒸气与空气可形成爆炸性混合物，遇明火、高热极易燃烧爆炸，与氧化剂能发生强烈反应，易产生和聚集静电，有燃烧爆炸危险。其蒸气比空气密度大，能在较低处扩散到相当远的地方，遇火源会着火回燃。

④ 氢气 无色无味气体，相对密度 0.07，闪点＜−50℃，自燃点 570℃，爆炸极限 4%～75%，极易爆炸和燃烧，爆炸范围很宽，与空气形成爆炸性混合物，引燃能量低，遇热或明火即会发生爆炸。氢气比空气密度小，在室内使用和储存时，漏气上升滞留屋顶不易排出，遇火花会引起爆炸。

(2) 工艺过程爆炸危险性分析 从装置的生产工艺来看，该装置的主要危险源是在加氢部分，苯蒸气与氢气在催化剂的作用下进行加氢反应，在操作过程中随着反应温度、压力的升高，苯蒸气、氢气极易发生泄漏，有较大的爆炸隐患；氢气会与金属发生反应，造成材料强度降低，在高温、高压下造成氢气外漏，发生火灾甚至爆炸；加氢反应是放热反应，反应条件应严格控制，若调控不当会造成温度、压力的急剧上升，产生爆炸的危险。

二、柴油加氢精制工艺

定义：加氢精制是指在一定温度、压力、氢油比和空速条件下，原料油、氢气通过反应器内催化剂床层，在加氢精制催化剂的作用下，把油品中所含的硫、氮、氧等非烃类化合物转化成为相应的烃类及易于除去的硫化氢、氨和水，提高油品品质的过程。

石油馏分中各类含硫化合物的 C—S 键是比较容易断裂的，其键能比 C—C 键或 C—N 键的键能小许多。在加氢过程中，一般含硫化合物中的 C—S 键先行断开而生成相应的烃类和 H_2S。但由于苯并噻吩的空间位阻效应，C—S 键断键较困难，在反应苛刻度较低的情况下，加氢脱硫率在 85% 左右，能够满足目前产品柴油硫含量小于 2000×10^{-6} 的要求。

柴油馏分中有机氮化物脱除较困难，主要是 C—N 键能较大，正常水平下，在目前的加氢精制技术中脱氮率一般维持在 70% 左右，提高反应压力对脱氮有利。

烯烃饱和反应在柴油加氢过程中进行得较完全，此反应可以提高柴油的安定性和十六烷值。

当然，在加氢精制过程中还有脱氧、芳烃饱和反应。加氢脱硫、脱氮、脱氧，烯烃饱和，芳烃饱和反应都会进行，只是反应转化率存在差别，这些反应对加氢过程都是有利的反应。但同时还会发生烷烃加氢裂化反应，此种反应是不希望的反应类型，但在加氢精制的反应条件下，加氢裂化反应不可避免。目前解决这个问题的方法主要是调整反应温度和采用选择性更高的催化剂。

第四节 危险物质信息及安全控制

一、火灾爆炸事故

加氢装置所用原料、所得产品多为易燃、易爆物质，以加氢裂化为例，装置火灾危险性为甲类，见表 9-4。各物料在加工过程中处于高温、高压环境中，当泄漏温度超过其自燃点、泄漏遇静电或遇热源就可能引发火灾。

表 9-4 加氢生产过程中主要原料、中间产品、产品火灾危险性分类

介质名称	性质	爆炸极限 (体积分数)/%	闪点/℃	自燃点/℃	火灾危险类别
氢气	易燃易爆	4.1～74.2		570～590	甲
燃料气	易燃易爆	3～13		650～750	甲
液化石油气	易燃易爆	2～9	<28	426～537	甲 A
石脑油	易燃易爆	1.4～7.6	<28	510～530	甲 B
喷气燃料	易燃易爆	1.4～7.5	28～45	380～425	乙 A
柴油	易燃	1.5～4.5	45～120	350～380	丙 A
减压蜡油	易燃		>120	300～380	丙 B
DMDS	易燃	2.2～19.7	15	339	甲
MDEA	易燃		>139		丙 A
硫化氢	易燃易爆剧毒	4.3～45.5		292～370	甲

1. 氢气

氢（H_2）的火灾危险类别为甲类。

氢与空气可形成爆炸性混合物，遇热或明火即发生爆炸，在低凹处不易积存，氢还会与氯、溴等卤素剧烈反应。

氢与其他气体相比，特点之一是当气体膨胀后期温度上升即热起来，因此要特别小心，氢气释放压力、压缩后排入大气时，或任何泄漏均必须用蒸汽吹扫才能有效灭火。

2. 硫化氢

硫化氢（H_2S）自燃点 292～370℃，爆炸极限 4.3%～45.5%，火灾危险类别为甲类。

硫化氢与空气可形成爆炸性混合物，遇高热或明火即发生燃烧爆炸，遇高热时容器内压增大，有开裂和爆炸的危险。

3. 液化石油气

液化石油气的主要成分有丙烷、丁烷、丙烯和丁烯等，在常温常压下能迅速挥发。

丙烷、丁烷、丙烯和丁烯由于比空气密度大而更为危险，这些烃类从容器中漏出呈云雾状沉积在地面上。除非有 4.5m/s 以上的风速，这些物质是不易扩散到大气中去的。在装置地面上常设有明火加热炉，对有可能产生云雾状沉积烃类的操作有爆炸的危险。

液化石油气闪点＜28℃，自燃点 426～537℃，爆炸极限 2%～9%，火灾危险类别为甲 A。

液化石油气与空气可形成爆炸性混合物，遇高热或明火即可发生燃烧爆炸。与氨、溴等卤素剧烈反应，蒸气比空气密度大，能经较低处扩散到相当远的地方，遇明火会引起回燃。遇高热时，容器内压增大，有开裂和爆炸的危险。

4. 石脑油

石脑油的主要成分为戊烷和己烷等。石脑油闪点＜28℃，自燃点 510～530℃，爆炸极限 1.4%～7.6%，火灾危险类别为甲 B。石脑油蒸气与空气可形成爆炸性混合物，遇高热或明火发生爆炸。与氧化剂能发生强烈反应，蒸气比空气密度大，能经较低处扩散到相当远的地方，遇明火会引起回燃。

6. 柴油

柴油闪点 45～120℃，自燃点 350～380℃，爆炸极限 1.4%～4.5%，火灾危险类别为丙 A。柴油遇高热或明火，有引起燃烧爆炸的危险。遇高热时，容器内压增大，有开裂和爆炸的危险。

7. 催化剂的自燃

未再生的废催化剂黏结和吸附着各种烃类、金属化合物，如 FeS、$Ni(CO)_4$ 等，打开反应器，废催化剂暴露在空气中，硫化亚铁便迅速与氧发生氧化自燃。原料中微量铁和低合金钢管及设备脱落的铁可能有助于反应器硫化亚铁的积聚，硫化亚铁的自燃能点燃废催化剂，使反应器内着火。

预防措施：为了防止反应器内形成易爆的 H_2+O_2 混合物，在卸催化剂的整个过程中，用 N_2 连续吹扫催化剂。用 N_2 封住反应器，反应器必须冷却到 $50\sim60℃$ 或更低温度后才可打开，此时废催化剂方可暴露于空气中，以避免硫化亚铁自燃。

8. 硫化亚铁的自燃

加氢裂化装置为典型的载硫装置，反应部分、分馏系统、液化脱硫部分均处于硫化氢工作环境，硫化氢与设备材质发生化学反应，在设备和管道表面生成 FeS、FeS_2 等几种物质的混合物。当打开设备检修时，硫化亚铁便迅速与氧发生氧化自燃，自燃时不会产生火焰，只是发热到炽热状态，当达到一定温度时可引起其他物质燃烧，从而损坏设备材质。硫化亚铁自燃时会产生二氧化硫等有毒气体，严重危害设备检修人员的身体健康。

二、中毒事故

生产中使用、产生的部分物料为有毒物质，对人体能产生一定程度的危害作用。

1. H_2S

加氢装置大部分工艺介质中均不同程度含有 H_2S 高分污水，汽提塔顶、再生塔顶等部位容易富集 H_2S。

(1) 物理化学特性　常温常压下为无色气体，分子量 34.09，具有强烈的臭鸡蛋气味，易溶于水生成氢硫酸，也可溶于醇类、甘油、石油制品中，气体比空气密度略大，相对密度 1.189，绝对指数 1.30，沸点 $-60.2℃$，熔点 $-82.9℃$，标准状态黏度 0.01166cP（$1cP=10^{-3}Pa\cdot s$），临界压力 8.73MPa（A），临界温度 100.4℃，爆炸极限 4.3%～45.5%，自燃点 290℃。其化学性质不稳定，在空气中容易燃烧及爆炸。对金属具有很强的腐蚀性，也易吸附于各种织物上，对呼吸道和眼有明显刺激作用，低浓度时刺激作用明显，高浓度时表现为中枢神经系统症状，严重时可引起死亡，危害程度为Ⅱ级，车间最高允许浓度 $10mg/m^3$。

(2) 毒理　硫化氢是一种神经毒剂，亦为窒息性和刺激性气体。其毒性主要作用于中枢神经系统和呼吸系统，亦可伴有心脏等多器官损害，对毒性作用最敏感的是脑和黏膜接触部位。硫化氢在体内大部分经氧化代谢形成硫代硫酸盐和硫酸盐而解毒，在代谢过程中谷胱甘肽可能起激发作用；少部分可经甲基化代谢而形成毒性较低的甲硫醇和甲硫醚，但高浓度甲硫醇对中枢神经系统有麻醉作用。体内代谢产物可在 24h 内随尿排出，部分随粪便排出，少部分以原形经肺呼出，在体内无蓄积。

硫化氢的急性毒作用靶器官和中毒机制可因其浓度不同和接触时间长短而异。浓度越高则中枢神经抑制作用越明显,浓度相对较低时对黏膜刺激作用明显。人吸入 $70\sim150mg/m^3$ H_2S $1\sim2h$,出现呼吸道及眼刺激症状,吸入 $2\sim5min$ 后嗅觉疲劳,不再闻到臭气。吸入 $300mg/m^3$ H_2S $1h$,$6\sim8min$ 出现眼急性刺激症状,稍长时间吸入引起肺水肿。吸入 $760mg/m^3$ H_2S $15\sim60min$,出现肺水肿、支气管炎及肺炎,还出现头痛、头昏、步态不稳、恶心、呕吐症状。吸入 $1000mg/m^3$ H_2S 数秒钟,很快出现急性中毒,呼吸加快后呼吸麻痹而死亡。

(3) 临床表现 由于 H_2S 浓度 $>900mg/m^3$ 时,嗅神经麻痹而嗅不出硫化氢的存在,故不能依靠其气味强烈与否来判断硫化氢的危害程度。高浓度时,可直接抑制呼吸中枢,迅速窒息而死亡。不同浓度 H_2S 对人体的危害见表 9-5。

表 9-5 不同浓度 H_2S 对人体的危害

H_2S 浓度/(μg/g)	人的表现
$50\sim70$	眼睛发炎,刺激呼吸道黏膜
100	$3\sim15min$ 后引起咳嗽,刺激眼睛,失去嗅觉
200	迅速破坏嗅觉,灼烧眼睛和喉咙
500	数分钟内引起眩晕,失去知觉、判断能力和平衡,呼吸困难
700	很快造成昏迷,不省人事
1000	抑制呼吸中枢,迅速窒息而死亡

2. 羰基化合物

羰基化合物是催化剂卸出过程中,Ni、Fe、Co、Mo 与 CO 低温反应的产物。

典型的反应:

$$Ni+4CO \longrightarrow Ni(CO)_4$$
$$Fe+5CO \longrightarrow Fe(CO)_5$$
$$Fe+9CO \longrightarrow Fe(CO)_9$$
$$3Fe+12CO \longrightarrow Fe_3(CO)_{12}$$
$$2Co+8CO \longrightarrow Co_2(CO)_8$$
$$Mn+6CO \longrightarrow Mn(CO)_6$$

羰基化合物均具有毒性,而羰基镍 $[Ni(CO)_4]$ 的毒性最大。温度越低,越易生成 $Ni(CO)_4$;在相同温度及 CO 浓度下,压力越高越易生成 $Ni(CO)_4$。

Ni、Fe、Co、Mo 的来源:催化剂含有的 Ni、Fe、Co、Mo,原料油中的 Ni、Fe、Co、Mo 沉积在催化剂上。

CO 的来源:制氢装置产生的氢气中携带的 CO;当停工使用 N_2 保护,氮气中氧含量高、反应器床层温度高时，催化剂上的积炭也可形成 CO。

控制措施：严格控制制氢装置 CO<10μg/g。

在打开反应器检查或卸催化剂前必须确保 Ni(CO)$_4$<0.001μg/g（即 0.007μg/g^3），否则不允许打开反应器检查或卸催化剂。

（1）Ni(CO)$_4$ 物理化学特性　分子量 170.73。含量在 0.5～3μg/g 间可嗅到煤烟气味。不溶于水（水中溶解度 200μg/g^3）、稀酸及碱液，溶于有机溶剂和硝酸。火灾危险：液体与空气接触在 65℃自燃。爆炸下限：20℃时为 2%。致癌性：化学性质不稳定，可分解，加热到>95.6℃可爆炸。与空气强烈反应而爆炸，可与氯酸盐、硝酸盐、过氧化物等强氧化剂反应。

（2）Ni(CO)$_4$ 危害　Ni(CO)$_4$ 为高毒性化学品，60℃时分解成一氧化碳和镍的化合物损害肺毛细血管而使人患肺水肿、出血，中枢神经系统、肝脏、肾上腺和肝脏发生出血性和变形改变。

气体浓度大于 TLV（临界极限值）后，初始症状为头痛、眩晕、四肢无力、皮肤冷湿、出汗多、恶心、胸闷、咳嗽、呼吸困难，移送到新鲜空气处可缓解症状；12～36h 内，会出现剧烈胸痛，伴随呼吸急促、体温升高、眩晕、失眠和焦虑不安；严重时，出现中风痉挛、中枢神经紊乱、化学性肺炎、肺水肿，直至死亡。

眼睛接触：该物质引发严重的眼睛刺激征，可造成眼睛永久失明，症状为眼痛、流眼泪、肿胀、发红、视物模糊和眼睛发炎，伤害程度取决于进入眼睛的量和急救治疗的速度、彻底性。

皮肤接触：该物质引发严重的皮肤刺激征，症状为头痛、肿胀、发热、爆皮，伤害程度取决于接触皮肤的量和急救治疗的速度、彻底性。

呼吸接触：可造成体内器官的严重中毒，伤害程度取决于在空气中的浓度和暴露时间的长短。

（3）预防

①眼睛防护：戴防化学品眼镜和防护面罩，避免眼睛接触。②皮肤防护：穿不透气防护服，避免接触该物质。③呼吸防护：戴空气呼吸器。④通风，保持空气中浓度低于暴露标准。

（4）治疗

①眼睛接触：睁开眼睛，立即用新鲜水冲洗眼睛至少 15min。②皮肤接触：脱掉受污染的防护服，用肥皂水彻底清洗皮肤，并立即送去医院。③呼吸接触：立即移送到空气新鲜处，紧急去医院；如果呼吸停止应输氧，对口呼吸有害于施救者，在没有充分的呼吸和皮肤保护措施前，不要试图营救受害者。

3. 二硫化碳

二硫化碳为无色液体。实验室用的纯二硫化碳有类似三氯甲烷的芳香甜味，但是通常不纯的工业品因为混有其他硫化物（如羰基硫等）而变为微黄色，并且有令人不愉快的烂萝卜味。它可溶解硫单质。二硫化碳用于制造人造丝、杀虫剂、促进剂等，也用作溶剂。

(1) 理化性质　外观与性状：无色或淡黄色透明液体，纯品有乙醚味，易挥发。熔点：$-111.9℃$。密度：$1.26g/cm^3$。相对蒸气密度（空气＝1）：2.64。沸点：$46.2℃$。稳定性：稳定。分子式：CS_2。分子量：76.14。饱和蒸气压（28℃）：53.32kPa。燃烧热：1030.8kJ/mol。临界温度：279℃。临界压力：7.90MPa。辛醇/水分配系数的对数值：1.86、1.93、2.16。闪点：$-30℃$。爆炸上限（体积分数）：60.0%。爆炸下限（体积分数）：1.0%。引燃温度：90℃。

(2) 危害　健康危害：二硫化碳是损害神经和血管的毒物。急性中毒：轻度中毒有头晕、头痛、眼及鼻黏膜刺激症状；中度中毒有酒醉表现；重度中毒可呈短时间的兴奋状态，继而出现谵妄、昏迷、意识丧失，伴有强直性及阵挛性抽搐，可因呼吸中枢麻痹而死亡；严重中毒后可遗留神经衰弱综合征，中枢和周围神经永久性损害。慢性中毒：表现有神经衰弱综合征、自主神经功能紊乱、多发性周围神经病、中毒性脑病。眼底检查：视网膜微动脉瘤、动脉硬化、视神经萎缩。燃爆危险：极度易燃。

眼睛接触：眼睛与二硫化碳蒸气和液体接触会剧烈疼痛和产生刺激感。

皮肤接触：与二硫化碳蒸气接触会导致皮炎、灼伤、皮肤结疤和刺激黏膜感。

呼吸接触：刺激中枢神经，吸入低浓度 CS_2 气体会导致头痛、头晕和昏沉，咽喉和口唇干燥，胃部炎症及体内器官的严重中毒。吸入高浓度 CS_2 会产生麻痹、呕吐，伤害神经中枢，甚至死亡。其伤害程度取决于其在空气中的浓度和暴露时间的长短。

吞食接触：从食道吸收了该物质，会造成意识模糊、痉挛和死亡。少量吞食会导致呕吐、腹泻和头痛。

(3) 预防　我国现行标准规定，车间空气中 CS_2 最高容许浓度为 $10mg/m^3$。已有一些研究结果表明，这一卫生标准需要修订，以确保作业者的健康。对 CS_2 作业者应给予就业体检和上岗后的定期体检，包括内科、神经科和眼科检查，必要时进行神经肌电图、血脂、心电图等检查，具有器质性神经系统疾病、各种精神病、视网膜病变、冠心病或糖尿病者，不宜从事 CS_2 作业。

(4) 治疗　眼睛接触：睁开眼睛时，立即用新鲜水冲洗眼睛至少15min。皮肤接触：脱掉受污染的防护服，用肥皂水彻底清洗皮肤，并立即去医院。呼吸接触：立即移送到空气新鲜处，紧急去医院；如果呼吸停止应输氧，对口呼吸有害于施救者，在没有充分的呼吸和皮肤保护措施前，不要试图营救受害者。如果还有清醒的意识就喝大量的水，用手指抠动咽喉将胃里的东西呕吐出来，喝水，就医。

（5）泄漏后的处置　应急处理：迅速撤离泄漏污染区人员至安全区，并进行隔离，严格限制出入，切断火源。建议应急处理人员戴自给正压式呼吸器，穿防静电工作服。不要直接接触泄漏物，尽可能切断泄漏源。防止流入下水道、排洪沟等限制性空间。小量泄漏：用砂土、蛭石或其他惰性材料吸收。大量泄漏：构筑围堤或挖坑收容。喷雾状水或泡沫冷却和稀释蒸气，保护现场人员。用防爆泵转移至槽车或专用收集器内，回收或运至废物处理场所处置。

三、加氢装置过程安全控制

1. 预防事故的主要措施

石油炼制过程的危险主要来源于被加工石油及产品所具有的危险性，以及加工所需的工艺条件。国内外炼油厂预防事故的基本策略大致相同，即在可预见的各种情况下，始终保持对危险物料和设备的安全控制。预防事故的措施主要包括如下方面：

（1）在加工过程中，将危险物料或产品封闭在设备和管道中，使其与可助燃的空气及明火源隔绝。为此，要求设备、管道、控制系统、动力供应系统具有所需要的可靠性。

（2）设立紧急切断系统和紧急泄压火炬系统，保证非正常情况下危险物料能够安全排出并安全处置。

（3）设立危险物料泄漏检测系统和通风排放系统，对可能出现的泄漏进行实时监测。一旦泄漏被检出，立即采取切断、强制排风等措施，防止爆炸气体或可燃气体积聚。

（4）杜绝如雷击、静电等非受控火源；装置内的明火源，如加热炉、裸露的高温管线应受到严格的控制。

（5）设定必要的安全距离，将不同的危险设备或区域分隔，以便一旦某一设备或部位发生事故时可减少其影响，降低损失，避免事故扩大；配备必要的消防和防护设施。

2. 主要安全联锁控制

加氢装置是炼油厂中易燃易爆的危险装置之一，因此，加氢装置的安全生产显得特别重要。正常情况下，操作工通过DSC完成对装置工艺变量的操作和监视。异常情况下，加氢装置发生事故（例如：压缩机等关键设备故障等）以及突发事件（例如：火灾等）时，重要的工艺操作变量越线，将通过安全联锁系统自动启动相关设备的紧急情况处理程序，进入安全处理状态，打开或关闭相应的工艺阀门，使装置进入安全处理过程。必要时，操作工还可通过手动操作开关启动加氢装置安全联锁系统。加氢装置的主要联锁因果关系见表9-6。

表 9-6　加氢装置的主要联锁因果关系（以炉前混氢为例）

事故内容	反应进料泵	能量回收液涡轮机	反应加热器	循环氢压缩机	补充氢压缩机	紧急泄压	热高分液位调节阀	冷高分液位调节阀
火灾	停	停	停	保持	停	人工启动0.7MPa泄压	监视	监视
加氢处理反应器超温	停	停	停	最大	停	人工启动0.7MPa泄压	监视	监视
加氢裂化反应器超温						人工启动0.7MPa泄压		
紧急泄压			停			0.7MPa泄压	监视	监视
循环氢压缩机故障停运	保持（或大循环）	保持（或停）	停	停	保持	0.7MPa泄压	监视	监视
补充压缩机故障停运	保持		停	最大	停		监视	监视
反应进料泵故障停运	停	停	停	最大	保持		监视	监视
反应加热炉			停					
热高分液位低低							关闭	
冷高分液位低低								关闭
循环氢入口分液罐液位高高	保持（或大循环）	保持（或停）	停	停	保持	0.7MPa泄压	监视	监视
反应进料泵出口流量低低	停	停	停	最大	停		监视	监视
停电	停	停	停	最大	停		手动	手动
停仪表风	停	停	停	最大	停		手动	手动

（1）装置紧急停工及紧急泄压联锁　当加氢装置反应器出现严重超温、设备故障（DCS或循环氢压缩机等关键设备故障）、突发事件（如火灾）等情况时，操作工可通过手动操作开关启动装置内安全联锁系统，进行紧急泄压及联锁停运相关设备。

如果是非关键设备故障，而泄压操作后可在短时间内恢复生产时，操作人员可在控制室手动操作，或在循环氢压缩机现场手动操作，联锁打开位于循环氢压缩机入口线上的紧急泄压阀，同时联锁停反应送料加热炉。紧急泄压不联锁停反应料泵，以保证炉管内的流体流动，使反应进料加热炉快速降温。一旦操作恢复可控之后，即可在控制室操作停止紧急泄压。由于紧急泄压控制阀一般远离控制室，紧急泄压控制阀联锁用的电磁阀应不带现场复位手柄。

将紧急停工及紧急泄压分开，使操作更灵活。在装置发生一般故障泄压时，只需启动紧急泄压联锁，不必停补充氢压缩机及反应进料泵，便于迅速恢复生产。

对于加氢处理装置，反应器中化学反应相对比较缓和，紧急泄压控制阀只有1个，按第一分钟泄压 0.7MPa 考虑。对于加氢裂化装置，考虑到反应器中的化学反应比较激烈，则设有 2 个紧急泄压控制阀。在早期的设计中，2 个泄压阀分为第一分钟泄压 0.7MPa 和第一分钟泄压 2.1MPa 两种泄压形式。即当循环氢压缩机故障突然停运时，联锁打开 0.7MPa 泄压阀，同时触发反应加热炉停炉联锁，关闭反应加热炉用于加热的燃料气管线调节阀或切断阀。由于是采用炉前混氢流程，为确保炉管内的液体流动，循环氢压缩机故障突然停运时，反应进料泵短期内不参加联锁停泵，补充氢压缩机保持，视情况卸荷，最后人工停机。反应器严重超温时，人工启动 2.1MPa 紧急泄压系统。

(2) 循环氢压缩机的安全联锁 循环氢压缩机润滑油压力低低，密封油高危油槽液位低低，汽轮机轴位移过大，压缩机轴位移过大，汽轮机进油侧振动过高，汽轮机排油侧振动过高，压缩机进气侧振动过高，压缩机排气侧振动过高，压缩机超速，压缩机入口分液罐液位高高，压缩机入口切断阀（电动或启动）关闭，压缩机出口切断阀（电动或启动）关闭等均自动触发循环氢压缩机停机联锁。其中，润滑油压力低低，密封油高危油槽液位低低的信号一般采用三取二联锁逻辑确定方式。循环氢压缩机停机联锁自动触发反应加热炉联锁系统。

循环氢压缩机是加氢装置的核心设备，发生火灾或爆炸等严重事故时，应人工启动循环氢压缩机联锁系统。一般情况下，即使启动了紧急泄压联锁，也要保证压缩机的运转，以便逐步进行反应系统的降温降压操作。但对于加氢裂化装置，反应器严重超温应人工启动 2.1MPa 紧急泄压系统，自动触发循环氢压缩机停机联锁。

(3) 补充氢压缩机联锁 补充氢压缩机一级、二级及三级入口分液罐液位高高，机组润滑油压低低，紧急停工联锁及压缩机制造厂设置的联锁信号（例如，压缩机各级出口温度超高信号）均自动触发紧急补充氢压缩机联锁。每台补充氢压缩机一般应设置补充氢压缩机停机开关，以便巡检发现意外情况时现场人工停机。

(4) 反应进料泵停车联锁 反应进料泵油压低低，反应进料泵定子温度高高，反应进料泵入口切断阀（电动或启动）关闭，原料油缓冲罐液位低低，紧急停工联锁均自动触发进料泵停泵联锁。反应进料泵停泵联锁也自动触发反应加料炉停炉联锁系统，以及驱动高压进料泵的能量回收液压涡轮机停机联锁系统。

(5) 反应加热炉停炉联锁 反应加热炉入口原料油流量低低，反应加热炉出口原料油油温高高，燃料气压力低低，反应进料泵停泵联锁，紧急泄压联锁，循环氢压缩机停机联锁，仪表风事故，装置停电均自动触发反应加热炉停炉联锁系统。反应加热炉附近还应安装现场停炉开关，以便发现火灾等意外情况时可在现场人工停反应加热炉。另外，反应加热炉对流室出口温度高高、引风机出口温度高高或引风机入口压力真空度高高联锁停加热炉引风机（如有废热锅炉或热管空气预热器时），同时需打开烟囱挡板。反应加热炉鼓风机故障停机或鼓风机出口压力低低联锁打开炉底风道自动快开门，停加热炉引风机，同时打开烟囱挡板，反应加热炉炉管壁表面热电偶温度高高应手动停反应加热炉。

（6）热高压分离器、冷高压分离器液位低低联锁 热高压分离器、冷高压分离器液位低低联锁自动关闭热高压分离器、冷高压分离器高压生成油出口控制阀。若热高压分离器或冷高压分离器生成油用于驱动液压涡轮驱动机时，原料油泵能量回收液压涡轮机已无进料，需人工启动能量回收液压涡轮机停机联锁系统。

（7）循环氢脱硫塔低低联锁 循环氢脱硫塔液位低低联锁自动关闭循环氢脱硫塔底部溶剂出口液位调节器。如有二乙醇胺能量回收液压涡轮机，此时该液压涡轮机已无进料，需人工启动二乙醇胺能量回收液压涡轮机停机联锁系统。

3. 安全联锁系统的设置

安全联锁系统应根据具体情况和有关设计规定设置。就加氢装置的安全联锁系统来说，为便于现场差压开关、温度开关等联锁监测仪表的检修更换、试验，以及装置不正常或某些特殊情况下取消某些变量联锁，对于这些现场开关量及模拟量的输入应设输入旁路开关，但不应影响报警信号的产生。例如，压缩机润滑油主油泵开启，直到润滑油压力正常之前，应将检测润滑油压力低的压力开关旁路联锁，而不必启动辅助润滑油油泵。对于加氢裂化装置，如循环氢压缩机故障停机自动触发第一分钟泄压 0.7MPa 紧急泄压联锁，进而自动触发反应加热炉停炉联锁，应设有循环氢压缩机联锁信号旁路开关，在循环氢压缩机未进行时将循环氢压缩机联锁信号旁路，从而不影响反应加热炉烘炉等操作。

发生自动联锁以外的紧急情况时，对于每套联锁应能进行手动联锁。为防止误操作，手动联锁使用带罩按钮或拨动按钮。

联锁设计中应有自锁措施，当联锁变量达到联锁报警值时自动启动联锁，一旦启动了联锁系统，当联锁变量恢复正常时，仍然保持联锁状态，不能自动解除。联锁设计中应设置复位按钮，用于解除自动联锁，但复位按钮不应限制手动联锁开关的作用，手动拨动开关需单独手动复位。

加氢装置是炼油厂中易燃易爆的危险装置，安全联锁系统应独立于过程控制系统，以免控制功能和安全功能同时失效。另外，这样也使过程控制系统的操作不影响安全联锁系统的功能。安全联锁系统的检测元件及执行元件、控制器应根据具体情况设置。安全联锁系统及安全联锁系统的检测元件及最终执行元件应是故障安全型的。例如：用于安全联锁的开关在工艺正常时宜为闭合的，在工艺不正常时是断开的；用于安全联锁的电磁阀正常时宜为励磁的，断电联锁，输入旁路开关宜采用常开触点输入（手动联锁开关连线断开时，不会导致联锁意外发生）。用于安全联锁的气开式（FC）调节阀，联锁是需打开的应单独配备事故仪表分罐。要特别注意的是，工艺正常时常开触点或常闭触点与继电器的常开触点或常闭触点并非完全相同，有时正好相反。继电自然状态不断开的继电器触点为继电器的常开触点；继电器自然状态下闭合的继电器触点为继电器的常闭触点。国外项目设计一般采用常闭触点，利用中间继电器扩充联锁触点，由于中间继电器正常带电，故中间继电器断电时断开的接点相当于工艺正常时检测开关的常闭触点，中间继电器断电时的接点相当于工艺正常时检测开关常开触点。国内项目设计一般采用常开触点。中间继电器正常断电，经过中间继电器转换的接点与工艺正常时的接点形式完全相同。

加氢装置同类设备及同时开同时停的设备较多，应仔细考虑发生联锁时同类设备及同时开同时停的设备之间的关系。例如，加氢装置一般有两台反应进料泵，原料油缓冲罐液位低低联锁时应同时停两台反应进料泵。反应进料泵同时停止运行才能触发反应加热炉停炉联锁系统。为节省投资，循环氢压缩机与补充氢压缩机共用一台电机时，循环氢压缩机与补充氢压缩机同时开同时停，此时，无论联锁停循环氢压缩机还是补充氢压缩机，均同时停循环氢压缩机和补充氢压缩机，并相应触发相关的联锁。

四、加氢装置运行安全监控

1. 加氢装置安全监控的重要性

加氢装置在高温、高压和氢气环境下进行加氢反应，操作条件苛刻，是炼厂中爆炸和火灾危险性极大的装置之一，而且反应过程中所产生的硫化氢是一种剧毒的气体。因此，装置内不但要有安全可靠的过程控制和检测仪表，还需要有安全可靠的安全联锁系统及安全监测仪表。必须采取必要的安全防护措施，改善操作人员的安全生产条件，确保装置的安全生产。所以说，加氢装置的安全监控是非常重要的。

2. 调节阀的噪声控制

对于生产操作人员每天连续接触噪声 8h 的工作场所，噪声声级卫生限值为 85dB（A）。控制阀的噪声按其产生的原因可分为三种：机械振动、液体动力噪声、空气噪声。加氢装置许多高压调节阀操作压力高，压差较大，且流经阀门介质的流速很高，往往会产生空化和闪蒸，造成阀内件的气蚀，也产生很大的噪声。采用特殊设计处理噪声源或噪声产生途径，可以降低噪声。管道处理方法可采用消声器，增加下游管道壁厚，下游管道安装噪声静态节流器（套板和膨胀板）等措施。对于控制阀，也可采用低噪声控制阀。

3. 可燃气体及有毒气体监视

加氢装置可燃气体检测器一般按照《石油化工可燃气体和有毒气体检测报警设计规范》(GB 50493—2009) 的规定设置。检测半敞开的氢气压缩机厂房内氢气泄漏时，检测器宜安装于释放源周围及上方 1m 的范围内，如果太远由于氢气迅速向上扩散，起不到检测的作用。

硫化氢为无色有臭鸡蛋味的气体，在空气中易燃烧，和空气混合达一定比例时，遇明火或受热即发生爆炸。硫化氢为剧毒气体，最高允许浓度为 $10mg/m^3$。在易发生硫化氢泄漏的场所，应设置硫化氢有毒气体检测报警仪，生产操作人员巡检时应做好个人防护，如配置过滤式防毒面具。

4. 表面热电偶监视

为防止设备超温破裂及炉管内结焦，加氢装置反应炉炉管、热高压分离器底部、精制反应器、裂化反应器表面均安装有一定数量的热电偶，监视设备及炉管外表面温度。一旦热电偶超温报警，提醒操作人员及时调整相关操作或检查有关设备，防止损害设备的事故发生。

5. 操作维护的安全性

(1) 高压压力表　压力超过 10MPa 的压力表，应有泄压安全措施。因此，在法兰管线等级压力表取源阀后应通过三通及截止阀设置压力表的泄压管线，保证更换压力表前其测量引线已安全泄压，不会危及人身安全。

(2) 高压管线压力取源部件　对于法兰管线等级的低压管线，压力取源部件采用 1/2in 承插焊闸阀或截止阀即可，但对于高压管线，压力取源部件一般采用 3/4in 承插焊截止阀。若有人踩在仪表测量引线根部，也不易踩断，防止人身安全事故的发生。

(3) 高压仪表测量管线放空阀　为防止高压仪表测量管线放空阀使用一段时间后发生泄漏，高压仪表测量管线放空阀均加装管帽或堵头。

6. 重点监控参数及安全控制基本要求

(1) 重点监控工艺参数　加氢反应釜或催化剂床层温度、压力；加氢反应釜内搅拌速率；氢气流量；反应物质的配料比；系统氧含量；冷却水流量；氢气压缩机运行参数；加氢反应尾气组成等。

(2) 安全控制的基本要求　温度和压力的报警和联锁；反应物料的比例控制和联锁系统；紧急冷却系统；搅拌的稳定控制系统；氢气紧急切断系统；加装安全阀、爆破片等安全设施；循环氢压缩机停机报警和联锁；氢气检测报警装置等。

五、加氢装置事故防范

1. 气体、液体容器装存物料量与安全

根据《爆炸和火灾危险环境电力装置设计规定》(GB 50058)，其释放源按生产设备的压力和容积分级，确定其爆炸危险场所等级和范围后，选择相应的电力设备、电缆、仪表及仪表线缆等。生产设备的压力及容积分级如表 9-7 所列。

表 9-7　生产设备的压力及容积分级

分级	小容量(低压力)	中容量(中压力)	大容量(高压力)
压力范围/MPa	<0.7	$0.7 \sim 3.5$	>3.5
容积/ m^3	<19	$19 \sim 95$	>95

对于催化加氢装置而言，在考虑释放源爆炸火灾危险等级时，可参照表 9-7，但还要根据具体情况进行具体分析。例如：反应器为高压大容量设备（也有高压中容量的反应器、换热器等）；高压分离器为高压中容量设备；低压分离器为中压中容量设备；脱丁烷塔顶回流罐为中压小容量设备等。

可认为高低压分离器是催化加氢装置中典型的高低压系统分界线上的两个设备。高压分离器一般为循环氢、生成油和水的三相（或两相）分离器，其气、液相物料的存量对装置安全操作影响很大。容器的大小取决于气、液相流速，其总容积与物料的停留时间有关。应当在满足控制仪表准确度和工艺操作要求相平衡的范围内，尽可能减少物料的储存总量，这个范围就是正常操作控制范围。超过这个范围，意味着故障，应设置灯光报警，以便能及时采取措施进行处理。

2. 辅助系统安全

（1）瓦斯管网-火炬系统设置　催化加氢装置因工艺方法不同，其瓦斯管网-火炬系统设置不尽相同。以加氢裂化装置为例，瓦斯管网可以有燃料气管网及放空油气管网系统，前者用作各加热炉燃料气以及某系容器储罐的气封气体，也可能有液化气补充系统。放空油气系统则分两部分，不含硫化氢的可燃气体，可引入就近加热炉专用火嘴作燃料；安全阀泄压排放气体及放空系统（包括紧急安全泄压排放）的含烃气体，均排入密闭的瓦斯管网至装置内密闭放空罐，再排至工厂火炬。从设备、管道排放的含硫气体（酸性气）必须集中送往脱硫装置进行脱硫处理，未经处理的含硫气体不得随意排放或排入火炬系统，富含 H_2S 的塔顶气体、H_2 等也应先经脱硫，不宜直接排入瓦斯系统。部分设备安全阀泄压时排出的液体排放物，经液体排空也排至密闭放空罐，再排至工厂油罐回收利用。

装置内所有设备、管线、采样口排放的废油经由漏斗排至装置内的地下污油回收罐。污油罐中气体宜排至放空罐去火炬系统，回收的污油排至工厂污油罐。

对于非可燃气体或液体的排放，则视具体情况确定。如一些小型润滑油、封釉透平泵蒸汽排量小，可在装置附近排空；蒸汽排量大的，应进入低压蒸汽回收管网。而一些压缩空气、惰性气体罐安全阀放空可在设备顶部排入大气。非可燃气体，如空气、蒸汽、氮气不论设备安全阀泄压放空，或吹扫放空均不得排入放空管网，热值低于 $8374kJ/m^3$（标准）的可燃气体也不得排入放空油气系统。

（2）化学品物料及排水系统设置

① 化学反应物料正常或非正常情况下的排放 对催化加氢装置的催化剂进行器内预硫化或催化剂器内再生时，应设置硫化剂注入系统，以及注氨、注碱系统。附设的容器、机泵、管线、阀门、仪表等均应考虑密闭，以防止腐蚀、泄漏，并应制定专门的操作规程和作业人员劳动防护措施。二氧化碳和氨储罐周围设置挡墙，以防泄漏时二氧化碳和氨溢出。同时，为防止装置内有关化学物质（如单乙醇胺液、氨等）伤害人身，装置内应设有事故紧急淋洗设备，以备一旦事故发生时，能及时洗眼睛及淋洗。

② 冷却水、地面水排放 催化加氢装置的装置排水出口，建筑物、构筑物，罐组及电缆沟的下水道出口处均应设置水封设施。装置内加热炉、塔、泵、冷换设备等区的围堰下水道出口处设置水封井。全厂性的排水干管、支干管，应在装置区之间用水封井隔开，以便在发生可燃气体、液体或有毒气体着火、爆炸、中毒等安全事故时，能形成系统之间的隔离。

（3）供、配电系统的安全与防护 催化加氢装置用电属一级负荷。但对不同的工艺流程，一级负荷的设备也不尽相同，加氢裂化装置多些，加氢精制装置少些。循环氢压缩机、补充氢压缩机、原料油泵、高压空冷器、塔顶回流泵这类重要设备属一级负荷，而控制室某些仪表或检测报警器应属特别重要的负荷，须设置应急电源、UPS系统。

（4）气体监测点及报警装置的设置

① 检测点的确定 催化加氢装置生产和使用甲类气体、液化烃、甲B及乙A类液体，属防爆区域2区内，应设置可燃气体检测报警仪。常规检测报警，宜为一级报警。大中型催化加氢装置常采用联锁保护系统，此时应采用一级报警（高限）和二级报警（高高限）。在二级报警的同时，输出接点信号供联锁保护系统使用。检测器的有效覆盖水平半径，室内宜为7.5m，室外宜为15m。在有效覆盖面积内一般设置一台检测器，且宜采用固定式；不具备条件时，应配置便携式可燃气体检测报警仪。催化加氢工艺装置中，对下列可燃气体释放源检测宜按释放源位置设检测点：a.甲类气体压缩机、液化烃泵、甲B类或成组布置的乙A类液体的动密封。如对于氢气压缩机，应在其出口或入口两端动密封处设置检测点；对于脱丁烷塔回流泵和产品泵，如设在管廊下，可每15m距离设置1个检测点。b.在不正常进行时可能泄漏甲类气体、液化烃或甲B类液体的采样口和不正常操作时可能携带液化烃，甲B类液体的排液（水）口设置检测点。如裂化反应器出口气体采样口、分馏塔顶回流罐采样口、排水口以及脱丁烷塔回流罐采样口。c.在正常运行时可能泄漏甲类气体、液化烃的设备或管道法兰、阀门组。d.如果释放源处于露天布置的设备内，被检测点位于与释放源最小频率风向上、下侧不同，距离为不大于1m和不大于5m。如释放源处于封闭厂房内，则应隔15m设一台检测器，距释放源不大于7.5m。

② 对可燃气体的扩散与积聚的检测　明火加热炉与甲类气体、液化烃设备以及在不正常运行时，可能泄漏的释放源之间，距加热炉约 5m 宜设检测器。控制室、配电室与甲类气体、液化烃、甲 B 类液体的工艺设备组相距 30m 以内并具备下列条件之一的，宜各设一台检测器：门窗朝向工艺设备的；位于最小频率风向上风侧的，地上敷设的仪表电缆槽、盒或配管进入控制室或配电室的。设在 2 区范围内的非防爆在线分析一次仪表间，不论是否通风良好，应设一台检测器。装置中其他可能积聚可燃气体的地坑、排污沟最低处地面上及不在检测器有效覆盖面积内易于积聚甲类气体的死角，宜设检测器。

3. 设备安全

（1）反应部分的安全防护措施　无论是哪一种催化加氢工艺，反应部分都是其核心。反应部分主要设备集中了装置的高压设备和大型机组、机泵，包括反应器、高压冷换设备、高压分离器和加热炉；高压的转动设备，如循环氢压缩机、补充氢压缩机、原料泵和循环油泵；连接这些设备的管道、阀门等。它们都处在苛刻的反应条件下运行，是催化加氢过程重点防护的部位。

由于反应部分处在装置高温高压的操作条件下，处理的介质又是易燃易爆的氢气和烃类化合物，其中还含有对金属腐蚀作用的氢、硫化氢。氢能破坏金属的晶格，有很强的渗透能力，使金属产生裂纹、鼓包、氢脆等现象。硫化氢可使金属产生应力腐蚀，生成的金属硫化物在流体的冲刷下脱落，结果会造成金属开裂、减薄甚至穿孔。高压设备或管道如果出现裂口、穿孔这样的一些情况，很有可能引发喷射式泄漏性火灾、容器爆炸、蒸气云爆炸等严重后果。这些因素决定了反应部分是发生灾难性事故的潜在部位。因此，反应部分在设计、选材、制造、施工安装以及生产管理时，必须充分考虑以上因素，配备可靠的安全防护措施来控制反应部分的正常运行，并且能在事故状态下控制反应部分不超温、超压，避免引发灾难性事故。

（2）防止反应器超温的措施　催化加氢过程是一个放热过程，反应温度过高会导致产生更多的反应热，这些热量如果不能及时移走又会使温度进一步升高，形成恶性循环，最终会导致温度失控。其后果轻则损坏催化剂或反应器内部构件，重则导致器壁损坏，甚至有破裂爆炸的危险，因此是加氢过程重点防范的事故之一。为避免反应温度失控，不管反应器采用冷壁结构还是热壁结构，均应采取如下主要措施，防止反应器超温事故的发生：①保证反应器各催化剂床层间注入的急冷氢量。急冷氢的管道、阀门、法兰等应通畅完好。另外，循环氢压缩机系统（包括机组、密封、润滑油系统、动力供汽、供电系统、仪表检测等）应操作运行正常。②严格控制反应器入口原料的温度。要求原料泵、加热炉系统（包括燃料气、油系统）操作平稳。③反应器入口设置温度高报警和温度超高联锁，当温度报警后如果仍然控制不住，达到超高限时，联锁系统动作，停止加热炉加热。④催化剂床层的入口和出口要设置温度高报警，以便操作作出相应的调整。急冷氢的调节阀要选择适当，在正常运行状态下该阀的流量系数为其额定流通能力的 1/3 以下，以保证当床层温度骤然升高时，有足够的开度来保证急冷氢通过。⑤可靠的压力控制和紧急情况下的泄压措施。

（3）高压分离器的安全控制 催化加氢装置设置的反应加热炉、反应器（包括高压换热器）、高压空冷器和高压分离器组成了催化加氢装置的高压系统。高压分离器下游的低压分离器系统至分馏系统则组成催化加氢装置的低压系统。装置反应系统的压力是靠安装在高压分离器顶部出口管线上的压力控制调节器来保持稳定的，压力控制调节器的给定值不应随意改变，以确保反应系统压力控制稳定。

高压分离器与低压分离器之间设置有液位控制阀、减压截断阀阀组。在采用带有能量回收的加氢进料泵液力透平时，正常操作中，应保持高压分离器生成油去液力透平的流量稳定。高压分离器内的流体通过减压后进入低压分离器，气体则进入循环氢压缩机。如果液面过高，就可能使气体带液，从而危及压缩机的运行；如果液位过低，就有可能出现压空，高压气体就会窜入低压分离器，造成低压分离器超压甚至爆炸。因此，严格控制好高压分离器的液面是一项重要的安全防护措施。

① 设置高低液位报警系统及联锁系统 当高压分离器液面超高时称高压分离器窜油，指示灯亮，警报响，循环氢带油，流量波动，但没有影响到循环氢压缩机停运，还有可能采取措施处理故障，而如果液面超过高限达到高高报警范围，为避免循环氢压缩机因氢气严重带油而损坏，应设立联锁停止压缩机措施。同时，安全联锁 0.7MPa/min 紧急泄压系统自动启动，装置按紧急停工处理。

当高压分离器液面过低时称高压分离器窜压，指示灯亮，警报响，低压分离器液面下降。高压分离器窜入的高压气体可能使低压分离器超压破裂，应联锁关闭高低压分离器之间的阀组，迅速采取措施进行处理，直至装置停工。当发生火灾事故时，则要启动紧急泄压系统。

② 设置紧急泄压排放系统 反应器流出物经高温高压换热器直到冷高压分离器，整个过程均设置隔断阀。按《炼油装置工艺设计规范》(SH/T 3121)，如无隔断阀时，上游容器上已设置安全阀者，下游容器可以不设置。为此，在冷高压分离器处要设置安全阀，以安全控制整个反应系统；同时在冷高压分离器气体出口线上设置 0.7MPa/min 和 2.1MPa/min 紧急放空/安全泄压排放系统。但由于存在高压分离器及其透平排出的物料会窜入低压系统的可能性，如现场无切换操作方式的装备，将构成安全隐患。高压分离器上除设置液位控制外，其出口管线上应考虑设遥控隔离阀。

（4）空冷器的设置与防腐 目前国内使用的干式空冷器的形式主要有水平式和斜顶式两种，对于催化加氢装置，基本上都是使用水平式空冷器。为了防止在反应过程中生成的硫化氢和氨在空冷器中形成铵盐结晶，导致管束的结垢和堵塞，需注水溶解铵盐。但溶解了铵盐后的水溶液有相当强的腐蚀性，对冷却塔和流出管造成腐蚀，国内外已有多起反应器出口冷却器及流出管线因腐蚀穿孔而发生爆炸或泄漏着火的事故。因此，在生产、施工和设计中必须对此予以高度重视。在实际生产中主要采取如下措施：

① 洗涤水宜用除氧水　洗涤水不能中断，同时控制注水量，使高压分离器排水中的铵盐的浓度不超过 8%。

② 保持冷却器中介质流速在设计选取的最佳范围内。

③ 应根据不同的运行工况和腐蚀介质采用合适的耐腐蚀钢材，如采用碳钢、SUS430、蒙乃尔、ALLOY80 合金钢等。空冷器的管箱中所有管子入口端加长450mm、厚约 0.8mm 的不锈钢衬套。

④ 入口物流应采用对称平衡分配方式进行配管搭配。各入口管在安装时要保持在同一平面上，以便物流分配均匀。尽量避免使用 U 形弯头。

(5) 高压换热器　高压换热器是催化加氢系统压力最高的部位，其密封形式、垫片类型是安全设计的关键之一。据调查，我国各炼油厂加氢裂化装置进料换热器结垢问题都比较突出，曾经出现严重腐蚀导致泄漏的案例，影响装置长周期运行。

根据美国联合油公司（Unocal）的经验，为了减轻与防止原料换热器过早结焦，首先要经常仔细地检查进料系统，确保空气没有与进料油接触的机会；其次要防止原料换热器的出口温度过高，据称如出口温度达到 371℃ 时，结焦就会很明显；再次是对焦油层做定期清除。按国外经验及国内对加氢进料换热器失效的结论，换热器不宜轻易采用化学清洗的方法。酸洗浸泡会造成沉积层下以及换热器沟缝死区处杂质离子（尤其是氯离子）的积累和浓缩，从而造成危害。换热器宜用气体或蒸汽吹扫，用高压水枪冲洗或机械的方法（如有效的机械铲刮、刷除、喷砂等）去除。

(6) 临氢压力容器、压力管道的设计、施工及生产使用中的管理　压力管道等的设计、选材、制造、施工安装以及生产操作运行，要经历升温升压的开工过程和降温降压的停工过程，存在催化剂器内预硫化和催化剂器内再生等各种复杂的情况。这些过程都要考虑到氢引起的设备、管道法兰、阀门等的损伤。

由于反应系统条件苛刻，加氢反应系统的材质选择及保护要适应高温、高压、临氢及含有硫化氢等要求。材质选择除满足强度条件外，还需要考虑氢脆、氢腐蚀、硫化氢腐蚀、铬钼钢的回火脆化、硫化物应力腐蚀开裂和奥氏体不锈钢堆焊层剥离现象等因素。

① 氢和硫化物的腐蚀及防护　表 9-8 列出了多种金属在使用中由含氢流体所产生的常年劣化的损伤的示例。

表 9-8　氢引起的损伤的分类

形态	损伤发生温度	氢浸入的主要原因	损伤类型	主要的材质种类
可逆脆化	常温	焊接	延迟断裂	低合金钢、不锈钢
		高温高压氢腐蚀	氢脆	
		高温高压氢＋塑变	常温临氢脆化	低合金钢、不锈钢
	高温	高温高压氢＋蠕变	高温临氢脆化	
不可逆脆化	高温	高温高压氢	氢腐蚀	碳素钢、低合金钢
裂纹（不可逆脆化）	常温	制作过程	白点、偏析裂纹	碳素钢、低合金钢
		湿硫化氢	硫化物应力腐蚀裂纹	高强钢
			氢诱导裂纹	轧制碳素钢、低合金钢
		高温高压氢	堆焊层剥离	不锈钢堆焊层
		上述各种	氢助长裂纹	上述各种

　　设计上一般是根据 API-941 纳尔逊（Naiilson）曲线以及考伯（Couper）和科曼（Corman）曲线选取临氢及有硫化氢侵蚀的高压设备、管道的材质；制造施工过程中要经过各种严格的无损探伤方法（超声波、γ射线、磁粉、渗透着色和目视）以及气密、水压的检测、试验；操作中要严格执行操作规程，使临氢高压设备、管道能够适应苛刻的反应条件以及多变的运行环境，符合安全要求。

　　高压设备和管道在高温、高压临氢状态下操作，容易产生氢脆、氢腐蚀、蠕变、回火脆化及堆焊层剥落等。为此，需要定期按照压力容器检验、检测等有关标准、规程进行各种方式的探伤。要建立详细的技术档案，加强检查和监控，尤其是停工后的检查，密切跟踪腐蚀对它们的影响。对检查、检测中发现的问题，必要时运用断裂力学方法进行判断，以保证设备的安全使用。

　　高压设备在运行一段时间（2～5 年）后，均要对其内部试块、挂片、堆焊层、内构件及筒体进行详细的检测试验，用无损探伤法检查，以评估是否存在缺陷，是否需要修补，能否继续安全使用到下一个周期。国外资料介绍及国内经验证明，破坏事故发生前首先产生裂纹，对 10 万台容器有记载的探伤破坏事故统计，其中由于裂纹而发生的损坏所占的比例英国为 89.3%，美国为 70.5%，我国化肥、炼油工业为 55.4%。产生裂纹的原因有疲劳裂纹、腐蚀裂纹和应力腐蚀裂纹以及焊接处的延迟裂纹等。设备材质在高温高压条件下吸收的氢在停工冷却过程中会在界面上积存高浓度，所以在停工降温过程中应尽快将氢脱除，以减少氢腐蚀作用。要对开、停工和多种可能发生的事故拟订出明确的指导操作的方法及规程，要尽量避免紧急停工，在开、停工时要防止温度升、降速度过快，严格执行热态型的开、停工制度，即先升温后升压，先降压后降温，以减少裂纹的产生和扩展。奥氏体不锈钢处于高温和含有硫化氢的环境中，在设备运行期间，表面会生成硫化亚铁。当设备停止运行并冷却到室温时，一旦与空气中的水汽接触，就会发生虎穴反应生成连多硫酸：

$$8FeS + 11O_2 + 2H_2O === 4Fe_2O_3 + 2H_2S_4O_6$$

不锈钢在使用过程中或在制成设备的过程中发生敏化的部分，如焊接热影响区，其晶格上会形成贫铬区。在这种状态下，若遇到上述生成的酸，就会发生应力腐蚀而开裂，对装置的安全构成严重的威胁。针对上述情况，美国防腐工程师协会制定了加氢装置奥氏体设备在停工检修中暴露于空气之前要进行综合处理的准则。如果奥氏体不锈钢设备必须暴露在氧气和水中，例如大气条件下，为了避免连多硫酸的化学腐蚀，必须用苏打溶液中和，苏打溶液推荐使用的质量分数为 $2.0\% \sim 3.0\%$。奥氏体不锈钢对可导致应力腐蚀的氯化物很敏感，因此，对配制苏打溶液的苏打和水中的氯化物要有限制，规定苏打中氯化物的量必须低于 $500\mu g/g$，而水中的氯化物的量必须低于 $50\mu g/g$。建议将硝酸钠加到中和溶液中，加入的质量分数为 0.5%。硝酸钠可将氯化物几乎完全分解。甚至当氯化物含量很低时，加入硝酸钠配制的综合液仍是一个好的选择。

对于碳钢，应避免硝酸钠质量分数超过 0.5% 时导致的应力腐蚀。用于水压试验的水中氯化物的允许含量，如果系统可以完全放空并干燥，则可低于 $50\mu g/g$；否则，要低于 $5\mu g/g$。

设备在检修时如果能够充氮气进行保护，可从根本上消除发生连多硫酸腐蚀的环境和条件。

② 临氢压力管道的设计、施工、使用中的管理　施工及使用部门要检查法兰、垫片密封面完好，核对法兰螺栓材质；采用正确的扭力扳手和螺栓紧固器进行紧固；当高压高温系统降压降温后，应把高温部位法兰重新检查紧固一遍，确保下次开工不泄漏。对于高压临氢管线焊缝的泄漏也应十分注意，并采用测厚仪、挂片等方法监测管道的腐蚀情况。

③ 转动设备的设置与安全

a.氢压缩机及其附属系统的安全保护　催化加氢装置一般配备补充氢压缩机和循环氢压缩机，提供反应用氢，这些压缩机是系统所需高压的压力源。氢压缩机由于流量大、压力高，因此，既是高压设备，也是大型转动设备。整套机组（包括附属配套系统在内）设备多、控制复杂，易发生各种各样的机械、设备、仪表故障，与装置的安全运行关系重大。

b.氢压缩机振动的监控　离心式压缩机转子或叶轮制造存在缺陷，因仪表指示假象、失灵引起密封油系统故障、误操作导致压缩机转子损坏等事故，多数表现为压缩机轴异常振动。因此，对压缩机组进行振动监控十分重要。

现有的检测系统已实现对大型旋转机械的在线状态监测，并以离线方式诊断机组故障，对多个通道的振动信号进行连续 24h 的监测，还留有接入机的工艺信号和储备容量。机组的监测信号以数字和模拟两种方式在加氢裂化装置监测站的显示屏幕上实时显示，操作管理人员能够随时了解机组的同频振动值、振动的频率成分、机组转速、各参数报警状态等信息。

利用监测网络上的计算机终端，高级管理人员也可对各机组的状态信息做功能更强大的管理，得到更多机组当前的详细报警情况、历史和适时的振动频谱、时域波形、轴心轨迹、各种振动参数趋势的信息，并可利用故障诊断专家系统对机组进行故障自动诊断，及时掌握机组的各种动态。系统中大容量的光盘可储存机组数年的运行数据，可以很方便地调用、查看和比较这些数据。

对于往复式压缩机也采用了在线状态监测系统，其监测信号包括每个气缸内动态压力、进气和排气温度、气缸振动、基础振动、活塞杆下沉量及压缩机曲轴的旋转角度位置等，以便诊断气阀泄漏、活塞环泄漏、气阀损失过大、活塞杆磨损过大、活塞杆负载过大或不当、活塞松动或撞击、十字头撞击、十字头销配合磨损等故障情况，使补充氢压缩机能够更安全、平稳地操作运行。

c. 氢压缩机的监控保护和 ESD 系统配置及应急处理　除了对机组的轴振动进行重点监控外，还对一系列的运行参数进行监控以保证机组的安全运行。这些参数包括轴瓦温度、汽轮机转速、润滑油及密封油压力等。它们和紧急停车系统（ESD）共同组成机组的全面保护。导致停机的因素包括：机组超速；润滑油低油压；密封油高位槽低液位、机组轴振动位移超标；机组外的工艺参数联锁系统动作、手动紧急停机。有的机组可能还包括轴瓦温度过高、汽轮机背压过高。在正常运行中这个系统是处于备用状态，因此，必须时刻保持良好，同时要建立定期检测制度。ESD 不仅在机组出现问题时提供停机保护，以避免更严重的安全事故发生。同时，它还能和工艺过程的相关参数联锁，成为装置安全保护的重要措施。

d. 机泵的设置　泵是最容易泄漏可燃气、液体的设备，尤其是像原料油泵这样温度、压力高的设备。因此，高压原料泵、循环泵等主要是解决轴端密封问题。目前采用的机械密封自冲洗结构，改善了端面密封性能，不泄漏，为长周期安全运转创造了条件。

反应进料泵、循环油泵是高压泵，有一个最低流量限制以保护其不受损坏。当装置在低负荷下运行时，要将一部分流量从泵出口返回原料缓冲罐，来保证通过泵的流量大于其最低流量的要求。因此，有必要在泵出口设置低流量报警和低流量安全联锁，一旦达到低低流量值时自行停泵。另外，反应系统在紧急停车时要求切断进料，可将此信号和该自保系统组成联锁。

第五节　加氢工艺安全操作规程

一、开工安全操作规程

以加氢裂化装置开工为例：

（1）车间人员应经过事故诊断专家系统培训，事故诊断专家系统主要是利用计算机把已有的专家经验和合理的正逆向推理系统集成，适时地进行在线诊断，防止异常过程发生。加氢裂化装置稍有波动（如晃电及短时间的停电、停风、停汽、停水等），对安全影响很大，利用专家系统进行适时诊断，使操作人员对催化剂床层压降异常、催化剂床层超温、高压分离器压力异常、高压分离器液位异常、高低压分离器异常等情况及时发现，并为解决问题提供专家处理方案，同时为及时处理问题赢得时间。

（2）开工时应配备硫化氢报警器、防毒面具和空气呼吸器，以便在事故发生时进行自救、抢救。

（3）用盲板隔离操作管线、设备、阀门与非操作系统管线、设备、阀门，防止发生窜压。

（4）反应（循环氢）加热炉烘炉可与高压系统干燥结合，烘炉（干燥）介质应采用 N_2，质量应符合标准，并严格遵守烘炉升温曲线。

（5）高压系统应严格执行"先升温后升压"的原则，在达到最低升温温度（如 50℃）后才能升压；温度小于 150℃，升温速度应小于 25℃/h，以免产生脆性破坏。

（6）高压系统应做气密试验，试验的最高压力应不超过高压分离器的压力，试验介质可采用氮气、氢气分阶段、分步骤进行。

（7）开工时高压系统应进行慢速和快速两种紧急泄压试验，检查联锁系统的安全可靠性，进行事故演练，并根据试验结果调整泄压孔板孔径。

（8）高压系统不应进行水运，以免损坏催化剂、高压泵，防止水中的杂质损坏设备和管道。

（9）反应器内氧含量大于 20% 时，装填人员佩戴防尘面罩后方可进入，人进入后应连续通入干燥空气，保持反应器干燥和空气流通。

（10）由于催化剂初活性较高，应采用低氮油开工；起始进料量为 20%，待吸附温波通过催化剂床层，高压分离器建立液位并投入自控，逐渐加大进料量到正常进料量的 60%，然后按 25%、50%、75%、100% 的开工流程渐增原料油开工。

（11）对分子筛催化剂，低氮油开工后，还需进行催化剂的钝化处理。以无水液氨为钝化剂，氨穿透催化剂床层，精制反应器入口温度应小于 230℃，裂化反应器入口温度小于 205℃。

（12）开工时高压系统应遵守"先提量后提温"的原则。

（13）催化剂预硫化产生的酸性水应密闭排放，可采用高压分离器液位定期排放计量或其他密闭方式计量。

（14）进入装置人员建议配备防护眼镜、耳塞、手套、防护服及防护鞋。

（15）仪表投用

① 确认所有仪表投入使用和性能符合要求。

② 自动控制状态下运行时，改变给定值的过程应逐步进行，以防止剧烈波动。

③ 调节阀逐步引入所要求的安全信号前确认所有自动控制器均处于"手动"位置，以使在切往"自动"时，调节阀能处于正确位置。

④ 定期观察所有指示的温度计、压力表和调节阀上空气压力信号，并注意其有无变化，如显示有变化时，则表明设备内可能有异常情况。

⑤ 非紧急事故，不得按动手动停车按钮。

(16) 逐步不断进行操作效果的认定，如果需要时，可对不同的项目标定，然后在下一步操作。

(17) 原则上不可对主要工艺过程的操作条件进行改变。

(18) 管线或设备操作温度调整时，应对管线和设备缓慢预热，以避免过量的热冲击。对报警信号，应立即处理。

(19) 异常现象出现时，操作人员应及时向班长报告，并接受其指示。

(20) 当将操作设备切换到备用设备时，先将两设备并行操作一小段时间，然后关闭原先操作的设备并与系统切断。

(21) 原先操作的设备停运后与系统切断，应立即对该设备进行清理和检修，以使该设备迅速进入备用状态。

(22) 阀门：①最好不要用扳手关闭，如用手关阀关不严时，则需要修理或更换阀门；②管线使用前，应查对每根管线上安装的阀门是否符合操作要求；③应缓慢打开放空阀或排凝阀；④不要同时关闭换热器所有进出阀，以防止堵塞换热器或憋压。

(23) 车间管理人员，各班组岗位应根据气温的变化情况，按照防冻防凝实施细则的防护措施，及时投用伴热管，吹扫各停用或间断使用的水线、吹扫阀等，并制定相应的检查制度。

(24) 各服务点留下的排放防冻凝点，按要求检查，保证在不冻凝的开度上。

(25) 循环水、锅炉给水、除盐水、净化水、凝结水、压机缸套冷却水、高压空冷注水均应有防冻凝措施，不留盲头、死角。

(26) 蒸汽要在靠近主管线处进行隔离，阀若泄漏，要在放空处接皮带放空。

(27) 压缩机及机泵的冷却水、缸套冷却水要畅通；预热泵要开预热线；水泵要稍开出口阀，保持介质流动；新氢机要有暖缸措施控制水温，冬季应保持在35～40℃。

(28) 各防冻凝流程若有改动，一定要严格交班，做到人人皆知。

(29) 备用泵、压缩机（包括长期停用的机泵）不用的管线或间断投用的工艺管线，不用的设备，低点放空存液，必要时用 N_2 或风将存液吹净，隔离备用机泵，按规定定时盘车。

（30）各公共工程流程、阀门、地下井要有专人负责检查、处理，逐一进行落实确认。

（31）仪表有冻凝要及时联系处理，易冻凝部位要及时向仪表维修人员提出增加防冻凝措施。冬季生产班的第一个白班要联系仪表投用洗油，高压仪表冲洗要保持连续注入不间断，每班要对液面在控制指示的基础上浮动±5％两次。

（32）各压力表易冻部位（水线 VCO 油以上系统）要采取增加隔离小缸、注入防冻液的措施。

（33）由工艺、设备和安全人员分别建立防冻凝事故台账，进行登记造册。

二、正常生产安全操作规程

以加氢裂化装置正常生产为例：

（1）装置内严禁吸烟。

（2）在装置内工作时，所有人员应戴硬质安全帽，穿专用工作服。当搬运危险品、化学品、催化剂时，应戴防护眼镜、手套，穿合适的防护服。

（3）经常清扫装置区域和清除空桶、维修工具，以保持装置内干净和道路畅通。

（4）每次交接班时应检查所有机械和设备的保护措施，特别是酸碱等是否置于适当的地方。

（5）当机动设备运转时，无关人员不得进入围绕机动设备的警戒线内。

（6）当设备或机动设备运转时，不能坐在其上面。

（7）操作人员应经过训练，并熟练掌握下述操作：①灭火；②搬运有防护的设备；③进入危险区的规定和预防措施；④装置防爆须知；⑤防毒知识；⑥对所在区域造成的危害是由于区域或装置造成时，应设主标志牌说明怎样避免其危害。

（8）应确保所有控制系统、自保联锁系统投用，严禁切开自控系统人工操作。

（9）定期分析原料油、氢气、脱盐水、胺液（MDEA、DEA）中的杂质含量，杂质含量超标时，应及时采取措施以免损坏设备和管道引发事故。

（10）正常生产负荷应控制在 $60\%\sim100\%$ 之间，过高、过低时，均应有相应对策。

（11）严格反应温度的控制，未经授权，不能随意超出温度限制值。

（12）报警信号应及时处理。

（13）温度、压力、流量、液位的波动，应在操作规程确定的范围内。

（14）高温高压泵应处于热备状态。

（15）高温、高压、临氢、易燃、易爆、有毒介质均应密闭采样。

（16）应配备足够的高压氮气，便于处理"飞温"事故。

(17) 阀门操作

① 应经常小心开启阀门，对输送液体的阀，每一次开启 1/4 圈，对输送气体或蒸汽的阀门，每一次开启 1/10 圈，仔细观察阀门是否有异常现象，如果一切正常，将阀门全开后并回转一圈。

② 除非在事故状态下，在未取得负责人的许可下不得改变已设置好的阀门铅封开或铅封关的形式。

③ 为防止仪表、仪表与设备的接头处因破坏而发生大量泄漏，其截止阀的开度应恰好能正常工作。

④ 当从设有双阀排放管的设备排放液体时，先开启靠近设备处的阀门，然后有控制排放地开启外侧阀门，关闭时先关闭外侧阀门。这样操作的目的是避免损坏难以更换的内侧阀门的阀座。

⑤ 当在管线上的双阀双闭后，应确认双阀间的放阀是开启的。

⑥ 不能锁上或关闭设备上的安全阀，超速自动跳闸机构或其他安全设施。

(18) 高压氢在 250℃ 以上时，会对材质产生腐蚀，高温临氢管线必须进行防腐处理，并对高压容器和高压管线进行跟踪监测和探伤，建立压力容器的可靠性分析机制。

(19) 安全阀内应安装防撞击衬里，避免启动时产生火花。

(20) 生产过程中设备发生泄漏时，禁止进行带压堵漏，以防泄漏加剧，造成更大损失。

三、停工安全操作规程

以加氢裂化装置为例：

(1) 正常停工

① 停工时高压系统应严格执行"先降压后降温"的原则，且温度小于 150℃ 时，降温速度应小于 25℃/h，以免产生脆性破坏。

② 停工时高压系统还应遵守"先降温后降量"的原则。

③ 反应压力降到 3.5MPa 前，反应温度应大于 135℃。

④ 卸催化剂前，高压系统应采用轻油汽提，热氢气体、氮气的多次升压、泄压流程，直至可燃气体含量小于 1%，苯含量小于 $1\mu g/g$。

⑤ 卸催化剂过程中，操作人员应结伴作业，使用 H_2S 检测仪，佩戴防毒面具，用氮气连续吹扫掩护，防止卸催化剂时着火及羰基镍中毒（允许暴露浓度 $0.007mg/m^3$）。

⑥ 卸催化剂后，操作人员应佩戴氧呼吸器面罩，携带连续样分析警报器，在专业救护人员监控下进入反应器。

⑦ 停工后应对高压设备进行内外部检验、壁厚检验、磁粉检验、渗透检验、超声检验、硬度检验、堆焊层铁素体测定、金相检验等多种检验，确保设备在安

全条件下运转。

⑧ 停工后应对奥氏体不锈钢进行干燥和氮气保护，打开设备前可用符合标准的苏打水溶液进行中和清洗。

（2）紧急停工

① 当发生反应器"飞温"、装置着火等紧急情况时，应启动快速紧急泄压系统，停新氢压缩机、反应（循环氢）加热炉和高压注水泵。

② 当循环氢压缩机故障、冷高压分离器（或循环氢压缩机入口缓冲罐）液位过高时，应停循环氢压缩机和高压注水泵，并启动慢速紧急泄压系统。

③ 高压进料泵出口流量过低、高压进料泵故障时，应停该高压进料泵，并启动备用泵。

④ 反应（循环氢）加热炉流速过低、燃料压力过低、反应器入口温度过高、炉管爆炸或着火时，应停反应（循环氢）加热炉。

⑤ 冷高压分离器、热高压分离器、循环氢脱硫塔液位过低时，应关闭从高压到低压的阀门。

⑥ 新氢压缩机故障，新氢压缩机入口缓冲罐液位过高，供氢装置发生故障时，应停新氢压缩机和高压进料泵。

⑦ 仪表风故障时，应停新氢压缩机和高压进料泵，并维持循环氢压缩机的最大流量和急冷氢的最大流量。

第十章

重氮化工艺

第一节　重氮化工艺基础知识

一、定义

重氮化-偶合反应为芳香第一氨基的特征反应，药物结构中含芳香第一氨基，可发生重氮化偶合反应。芳香第一氨基遇亚硝酸钠-盐酸试液发生重氮化反应生成重氮盐，再加碱性 β-萘酚，则发生偶合反应，产生橙红色偶氮化合物沉淀。重氮化是使芳伯胺变为重氮盐的反应。通常是把含芳胺的有机化合物在酸性介质中与亚硝酸钠作用，使其中的氨基（—NH$_2$）转变为重氮基（—N＝N—）的化学反应，如二硝基重氮酚的制取等。

重氮化是指一级胺与亚硝酸在低温下作用生成重氮盐的反应。芳香族伯胺和亚硝酸作用生成重氮盐的反应称为重氮化，芳伯胺常称为重氮组分，亚硝酸称为重氮化剂，因为亚硝酸不稳定，通常使用亚硝酸钠和盐酸或硫酸使反应时生成的亚硝酸立即与芳伯胺反应，避免亚硝酸的分解，重氮化反应后生成重氮盐。脂肪族、芳香族和杂环的一级胺都可进行重氮化反应。

二、反应原理

脂肪族、芳香族和杂环的一级胺都可进行重氮化反应。通常，重氮化试剂是由亚硝酸钠与盐酸作用临时产生的。除盐酸外，也可使用硫酸、过氯酸和氟硼酸等无机酸。脂肪族重氮盐很不稳定，能迅速自发分解，芳香族重氮盐较为稳定。芳香族重氮基可以被其他基团取代，生成多种类型的产物。所以，芳香族重氮化反应在有机合成上很重要。

重氮化反应的机理是首先由一级胺与重氮化试剂结合，然后通过一系列质子转移，最后生成重氮盐。重氮化试剂的形式与所用的无机酸有关。当用较弱的酸时，亚硝酸在溶液中与三氧化二氮达成平衡，有效的重氮化试剂是三氧化二氮。当用较强的酸时，重氮化试剂是质子化的亚硝酸和亚硝酰正离子。因此重氮化反应中，控制适当的 pH 值是很重要的。芳香族一级胺碱性较弱，需要用较强的亚硝化试剂，所以通常在较强的酸性条件下进行反应。

重氮化反应可用反应式表示：

$$Ar-NH_2+2HX+NaNO_2 \longrightarrow Ar-N_2X+NaX+2H_2O$$

此外，重氮化试剂也可以使用亚硝酰硫酸或者亚硝酸酯（在有机溶剂中进行重氮化），但是都不是很常用。前者多用于极难溶的芳胺，后者则用于对水敏感或者后反应要求无水的反应，例如 2-氨基吡啶的重氮化，因为相应的重氮盐在水溶液中生成后极易分解，所以不能在水中进行重氮化，而通过邻氨基苯甲酸重氮化后热解原位生成苯炔参与反应时，由于分离出干燥的重氮盐非常危险，而且后反应要求无水，故也使用亚硝酸酯重氮化的方法。

三、考虑的因素

1. 酸的用量

在重氮化反应中，无机酸的作用：首先使芳胺溶解，其次和亚硝酸钠生成亚硝酸，最后与芳胺作用生成重氮盐。重氮盐一般是容易分解的，只有在过量的酸液中才比较稳定。尽管按反应式计算，1mol 氨基重氮化仅需 2mol 酸，但要使反应得以进行，酸必须适当过量。酸的过量取决于芳胺的碱性。芳胺碱性越弱，酸过量越多，一般是过量 25%～100%，有时过量更多，甚至需浓硫酸。

重氮化反应若酸用量不足，生成的重氮盐容易和未反应的芳胺偶合，生成重氮氨基化合物：

$$Ar-N_2Cl+ArNH_2 \longrightarrow Ar-N=N-NHAr+HCl$$

这是一种不可逆的自偶合反应，它使重氮盐的质量变差，影响偶合反应的正常进行并降低偶合收率。在酸不足的情况下，重氮盐容易分解，且温度越高分解越快。一般重氮化反应完成后，溶液仍呈强酸性，能使刚果红试纸变蓝。

(1) 亚硝酸　重氮化反应进行时自始至终必须保持亚硝酸稍过量，否则也会引起自我偶合反应，亚硝酸过量太多会促进重氮盐的分解，甚至影响下一步反应。重氮化反应速率是由加入亚硝酸钠溶液的速度来控制的，必须保持一定的加料速度，过慢则来不及反应的芳胺会和重氮盐作用发生自我偶合反应。亚硝酸钠溶液常配成 30% 的浓度使用，因为在这种浓度下即使 −15℃ 也不会结冰。

反应时检定亚硝酸过量是用 KI-淀粉试纸试验，如果未到终点，HNO_2 会将 I^- 氧化成 I_2 而使 KI-淀粉试纸显蓝色；反应到终点，微量的 HNO_2 会使 KI-淀粉试纸显蓝紫色。由于空气在酸性条件下也可使 KI-淀粉试纸氧化变色，所以试验以 0.5～2s 的时间内显色为准。亚硝酸过量对下一步偶合反应不利，所以常加入尿素或氨基磺酸以消耗过量的亚硝酸，亚硝酸与尿素反应产生二氧化碳、氮气和水。亚硝酸过量时，也可以加入少量原料芳伯胺，与过量的亚硝酸作用而除去。

(2) 酸的浓度　无机酸的浓度对重氮化的影响可以从不溶性的芳胺溶解生成铵盐，铵盐水解生成溶解的游离铵及亚硝酸的电离等几个方面加以讨论。

2. 反应温度

重氮化反应一般在 0～5℃进行，这是因为大部分重氮盐在低温下较稳定，在较高温度下重氮盐分解速度加快。另外，亚硝酸在较高温度下也容易分解。重氮化反应温度常取决于重氮盐的稳定性，对氨基苯磺酸重氮盐稳定性高，重氮化可在 10～15℃进行；1-氨基萘-4-磺酸重氮盐稳定性更高，重氮化温度可在 35℃进行。重氮化反应一般在较低温度下进行这一原则不是绝对的，在间歇反应锅中重氮化反应时间长，保持较低的反应温度是正确的，但在管道中进行重氮化时，反应中生成的重氮盐会很快转化，因此重氮化反应可在较高温度下进行。

3. 芳胺碱性

从反应机理看，芳胺的碱性越强，越有利于 N-亚硝化反应，从而提高了重氮化反应速率。但强碱性的胺类能与酸生成铵盐，降低了游离胺的浓度，因此也抑制了重氮化反应速率。当酸的浓度低时，芳胺的碱性对 N-亚硝化的影响是主要的，这时芳胺的碱性越强，反应速率越快。在酸的浓度很高时，铵盐的水解难易是主要影响因素，这时碱性较弱的芳伯胺的重氮化反应速率快。

四、用途

重氮盐的用途很广，其反应分为两大类：一是用适当试剂处理，重氮基被—H、—OH、—X、—CN、—NO_2 等基团取代，生成相应的芳香化合物，因此芳基重氮盐被称为芳香族的"Grignard"试剂；二是保留氮的反应，即与相应的芳胺或酚发生偶联反应，生成偶氮染料（或指示剂），如常用酸碱指示剂甲基橙、甲基红、刚果红，常用染料坚果红 A、锥虫蓝等。

五、生产方法

在重氮化反应中，由于副反应多，亚硝酸也具有氧化作用，而不同的芳胺所形成盐的溶解度也各不相同。因此，根据这些性质以及制备该重氮盐的目的不同，重氮化反应的操作方法基本上可分为以下几种。

1. 直接法

该方法适用于碱性较强的芳胺，即含有给电子基团的芳胺，包括苯胺、甲苯胺、甲氧基苯胺、二甲苯胺、甲基萘胺、联苯胺、联甲氧基苯胺等。这些胺类与无机酸生成易溶于水但难以水解的稳定铵盐。

其操作方法：将计算量（或稍过量）的亚硝酸钠水溶液在冷却、搅拌下，先快后慢地滴加到预先将芳胺溶解的稀无机酸水溶液中，并在冷却的稀酸水溶液中进行重氮化，直到亚硝酸钠稍微过量为止，该方法亦称正加法，应用最为普遍。

该方法反应温度一般为 0～10℃，盐酸用量一般为芳胺用量的 3～4 倍为宜。水的用量一般应控制在反应结束时，反应液的总体积为胺量的 10～20 倍。应控制亚硝酸钠的加料速度，以确保反应正常进行。

2. 连续操作法

该方法适用于碱性较强的芳伯胺的重氮化，工业上以重氮盐为合成中间体时多采用该方法。由于反应过程具有连续性，可较大幅度提高重氮化反应的温度以增加反应速率。

重氮化反应一般在低温下进行，目的是避免生成的重氮盐发生分解和破坏。采用连续操作法时，可使生成的重氮盐立即进入下步反应系统中，而转化为较稳定的化合物。这种转化反应的速率大于重氮盐的分解速率。连续操作可以利用反应产生的热量提高温度，加快反应速率，缩短反应时间，适合于大规模生产。工业生产上为实现连续操作，通常选择物料停留时间短、无返混的管式反应器。因重氮化温度较高，该方法又称为"高温管道重氮化反应"。例如，由苯胺制备苯肼就是采用连续操作法，重氮化温度可提高到 50～60℃。又如：对氨基偶氮苯的生产中，由于苯胺重氮化反应及产物与苯胺进行偶合反应相继进行，可使重氮化反应的温度提高到 90℃左右而不致引起重氮盐的分解，大大提高了生产效率。

相关反应式如下：

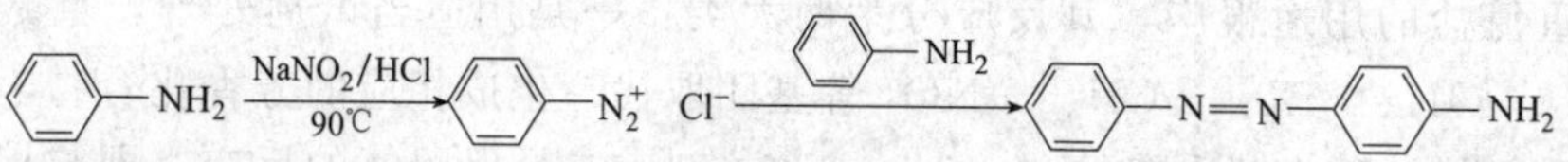

3. 倒加料法

该方法适用于一些两性化合物，即含—SO_3H、—$COOH$ 等吸电子基团的芳伯胺，如对氨基苯磺酸和对氨基苯甲酸、1-氨基萘-4-磺酸等。此类物质在酸液中生成两性离子的钠盐沉淀，故不溶于酸中，因而很难重氮化。如果先将其制成钠盐使之溶解度增加而易溶于水，则有利于重氮化反应进行。所以，在重氮化反应时先把它们溶于碳酸钠或氢氧化钠溶液中制成钠盐，然后加入无机酸析出很细的沉淀，再加入预先冷却的需要量的 $NaNO_2$ 溶液进行重氮化。对于溶解度更小的 1-氨基萘-4-磺酸，可把等物质的量的芳胺和亚硝酸钠混合物在良好的搅拌下，加到预先经冷却的稀盐酸中进行反加法重氮化。

该方法还适用于一些易于偶合的芳伯胺重氮化，使芳伯胺处于过量酸中形成铵盐而难与重氮盐发生偶合副反应。

4. 浓酸法

该方法适用于碱性很弱的芳伯胺，如 2,4-二硝基甲苯、2-氰基-4-蒽醌或某些杂环 α-位胺（如苯并噻唑衍生物）等。因这些芳伯胺碱性弱，在稀酸中几乎完全以游离胺存在，不溶于稀酸，反应难以进行，但其可溶于浓酸（硫酸、硝酸和磷酸）或者有机溶剂（乙酸和吡啶）。为此常在浓硫酸或乙酸介质中进行重氮化。该重氮化方法是借助于最强的重氮化活泼质点（NO⁺），才使电子云密度显著降低的芳伯胺氮原子能够进行反应。其操作方法：将该类芳伯胺溶解在浓硫酸中，加入亚硝酸钠液体或亚硝酸钠固体，在浓硫酸溶液中进行重氮化。

浓硫酸与亚硝酸钠反应：

$$NaNO_2 + H_2SO_4 \longrightarrow NaHSO_4 + HNO_2$$

由于放出硝酰正离子较慢，可加入冰醋酸或磷酸以加快亚硝酰正离子的释放而使反应加快：

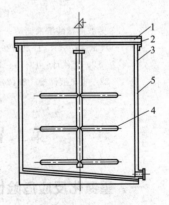

5. 亚硝酸酯法

该方法适用于将伯胺盐溶于醇、冰醋酸或其他有机溶剂（如 DMF、丙酮等）中，用亚硝酸酯进行重氮化，常用的亚硝酸酯有亚硝酸戊酯、亚硝酸丁酯等。利用该方法制成的重氮盐，可在反应结束后加入乙醚，使其从有机溶剂中析出，再用水溶解，可得到纯度很高的稳定的固体重氮盐。例如，固体 2-氨基-4-硝基苯甲酸的重氮盐就是用亚硝酸异戊酯来制备的，在 0℃搅拌 30min，在 30℃搅拌 20min，再在 0℃搅拌 10min，加乙醚来沉淀重氮盐，抽滤，真空干燥，产率 90％。亚硝酸异戊酯可由异戊醇和亚硝酸钠反应制得。

六、反应设备介绍

重氮化一般采用间歇操作，选择釜式反应器。因重氮化水溶液体积很大，反应器的容积可达 $12\sim20m^3$。某些金属（或金属盐），如 Fe、Cu、Zn、Ni 等能加速重氮盐分解，因此，重氮化反应器不宜直接使用金属材料制作。大型重氮化反应器通常为内衬耐酸砖的钢槽，或直接选用塑料制反应器。小型重氮化反应器通常为钢制加内衬。用稀硫酸重氮化时，可用搪铅设备，其原因是铅与硫酸可形成硫酸铅保护膜；若用浓硫酸，可用钢制反应器；若用盐酸，因为盐酸对金属腐蚀性较强，一般用搪玻璃设备。图 10-1 是重氮化锅示意图。这种设备的特点是除了可安装搅拌装置外，还可以直接向设备中投碎冰块降温。设备底部略有坡度，下方侧部有出料口，以利于物料放尽。

图 10-1 重氮化锅
1—搅拌器支架；2—罐法兰；
3—砖衬里；4—罐体；
5—玻璃钢包扎搅拌器

连续重氮化反应可采用多釜串联或管式反应器，其重氮化温度高，反应物停留时间短，生产效率高。对难溶芳伯胺，可在砂磨机中进行连续重氮化。

　　近几年各大公司相继开发成功自动分析等先进仪器装置，安装在连续重氮化和偶合的设备上并实现联动，自动调节重氮化反应时亚硝酸钠加入速度以及控制反应的 pH 及终点，从而提高了生产能力、产品收率和质量。

　　图 10-2 是汽巴-嘉基公司推荐的连续重氮化工艺装置。图 10-2 中，储槽 1 中为芳胺的盐酸溶液，储槽 2 中为水，按规定速度用泵打到反应器中。亚硝酸钠溶液则由储槽 3 进入反应器 4，图中的 9～12 是极性电压控制系统。重氮化反应器4 中的温度由一个循环装置控制。反应物料由重氮化反应器 4 经过滤器 16 溢流至重氮化反应器 5。重氮化反应在带有夹套的重氮化反应器 5 中完成。重氮化液用泵压料经过滤装置送往重氮液储槽 22。25 是重氮化反应器 5 的液面高度指示器及控制器。

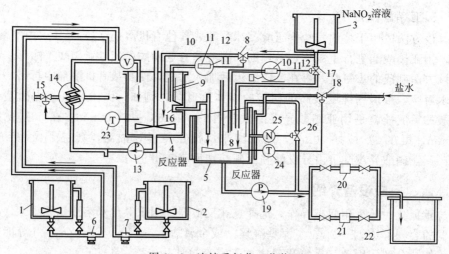

图 10-2　连续重氮化工艺装置

1—芳胺的盐酸溶液储槽；2—水储槽；3—亚硝酸钠溶液储槽；4,5—重氮化反应器；
6,7—计量泵；8,15,17,18,26—控制阀；9—铂电极检测器头；10—电源；11——组电阻；
12—毫伏计；13,19—泵；14—热交换器；16—粗过滤器；20,21—过滤器；
22—重氮液储槽；23,24—温度指示计/控制器；25—液面高度指示器及控制器

第二节　危险有害因素分析

一、重氮化反应危险性分析

　　（1）重氮化反应的主要火灾危险性在于所产生的重氮盐，如重氮盐酸盐、重氮硫酸盐，特别是含有硝基的重氮盐，如重氮二硝基苯酚等，它们在温度稍高或光的作用下易分解，有的甚至在室温时就能分解。一般每升高 10℃，分解速率加快两倍。在干燥状态下，有些重氮盐不稳定，活力大，受热或摩擦、撞击能分

解爆炸。含重氮盐的溶液若洒落在地上、蒸汽管道上，干燥后亦能引起着火或爆炸。在酸性介质中，有些金属（如铁、铜、锌等）能促使重氮化合物激烈地分解，甚至发生爆炸。

（2）作为重氮剂的芳胺化合物都是可燃有机物质，在一定条件下也有着火和爆炸的危险。

（3）重氮化生产过程所使用的亚硝酸钠是无机氧化剂，于175℃时分解，能与有机物反应发生着火或爆炸。亚硝酸钠遇到比其氧化性强的氧化剂时，又具有还原性，故遇到氯酸钾、高锰酸钾、硝酸铵等强氧化剂时，有发生着火或爆炸的可能。

（4）在重氮化的生产过程中，若反应温度过高、亚硝酸钠的投料过快或过量，均会增加亚硝酸的浓度，加速物料的分解，产生大量的一氧化氮气体，有引起着火爆炸的危险。

二、重氮化反应危险因素

重氮化反应过程是指芳香族伯胺在低温条件和无机酸存在下，与重氮化剂——亚硝酸钠作用，其中的氨基转变为重氮基，生成重氮化合物（通常以重氮盐的形式存在）。重氮盐的化学性质非常活泼，芳香族重氮基可以被其他基团取代，转化成许多类型的化合物，是十分重要的有机合成反应中间体。重氮化反应广泛应用于医药、农药、炸药、染料等工业生产过程，尤其在染料工业，有半数以上有机合成染料是通过重氮化工艺合成的。重氮化反应是危险性比较大的工艺，危险因素主要存在于以下几个方面。

1. 原料

原料芳香族胺类属于可燃有机物质，有着火和爆炸危险，且具有毒性。

2. 投料控制

重氮化反应时，必须严格控制亚硝酸钠的投料量。一般亚硝酸钠用量会比理论值略高，目的是使芳胺反应完全。但如果亚硝酸钠过量太多，重氮化反应速率就会加快，释放的热量增多，导致生成的重氮盐分解而发生事故。

重氮盐易分解，只有在过量酸液中才比较稳定，所以反应混合物的 pH 值应严格控制。若酸用量不足，生成的重氮盐容易和未反应的芳胺偶合，生成重氮氨基化合物。

对亚硝酸钠投料的速度也必须严格控制，如果投料过快，会造成局部亚硝酸钠过量，引起火灾爆炸事故；如果投料过慢，来不及反应的芳胺会和重氮盐作用发生自我偶合反应。

3. 温度控制

大部分重氮盐在低温下较稳定，在较高温度下分解速率加快。亚硝酸在较高温度下也加速分解，产生大量的一氧化氮气体，进而与空气发生氧化反应生成二氧化氮，同时释放出大量热量。所以，重氮化反应对温度控制的要求比较高。

4. 重氮盐

反应产物重氮盐需经过滤、干燥、研磨、混合等处理，摩擦、受热、撞击后粉尘黏着在热源上，或者流动输送中产生静电，都可能引起重氮盐的火灾爆炸事故。

三、中毒危险危害因素

重氮化工艺中的中毒危害性如下：

（1）亚硝酸盐　重氮化工艺中的亚硝酸盐主要是亚硝酸钠。以亚硝酸钠为例，亚硝酸钠毒性作用为麻痹血管运动中枢及周围血管，形成高铁血红蛋白。急性中毒表现为全身无力、头痛、头晕、恶心、呕吐、腹泻、呼吸困难，检查见皮肤黏膜明显紫绀。严重者血压下降、昏迷、死亡。工人手、足部皮肤接触亚硝酸盐可发生损害。

（2）重氮化原料　苯胺、苯二胺等大多为芳香类或杂环类的一级胺，重氮化原料大多具有毒性，对呼吸道、黏膜、眼睛等部位有刺激性。

四、腐蚀及其他危险性

在重氮化过程中为保持酸性条件，需加入无机酸，无机酸除所具有的酸性（腐蚀性）外，部分无机酸还具有强氧化性或容易分解释放出有氧化性的气体。同时，部分重氮化原料也具有一定腐蚀性。

五、工艺过程危险性

重氮化反应时必须严格控制亚硝酸钠的投料量。一般亚硝酸钠用量比理论值略高，但是如果亚硝酸钠过量太多，重氮化反应速率就会加快，导致生成的重氮盐分解而发生事故。若酸用量不足，生成的重氮盐容易和未反应的芳胺偶合，生成重氮氨基化合物。对亚硝酸钠投料的速度也必须严格控制，如果投料速度过快，会造成局部亚硝酸钠过量，产生火灾爆炸危险。重氮化反应过程绝大多数为放热反应，且多数为液相反应，反应温度通常较低，一般在15℃以下。反应产物、反应原料多为可燃液体或可燃固体，受热易分解，反应产物和部分反应原料在受热、光照、遇明火或是受到摩擦碰撞时会发生爆炸。在重氮化工艺中，反应温度对反应的影响十分重要，重氮化物容易分解，部分重氮化物在常温下即发生分解。在工艺过程中，反应温度稍有提高就可能出现产物大量分解，甚至出现反应失控发生火灾爆炸事故。

重氮化工艺中，使用的无机酸和部分反应原料、反应产物具有一定毒性和腐蚀性，特别是反应必须处于酸性条件下，如果反应设备或管道在设计、安装时不能达到防腐蚀要求，出现物料泄漏会引发火灾、爆炸或中毒事故。

在重氮化工艺过程中，设备、管道发生泄漏，反应器中温度过高，或在物料的处理、储运过程中处理不当，都有可能造成火灾、爆炸或中毒事故。

重氮化物受热、光照、摩擦或碰撞时可能发生分解，甚至发生爆炸，在重氮化工艺的后处理工序中，如在干燥、离心等设备中，若处理不当容易引发火灾、爆炸事故。

六、安全对策

1. 依据性质，加强对危险性生产物质的防火管理

原料和产品的运输储存应按照危险品管理的规定进行严格管理，基本要求：相互能起激烈反应的物质（如芳胺和亚硝酸钠）必须分车运输，隔离存放产品。重氮盐搬运时必须轻装轻卸，杜绝摩擦、撞击。在储存时，重氮盐、亚硝酸钠应远离火源、电源或热源，避开日光照射。例如 3-(2-羟基乙氧基)-4-吡咯基-1-苯重氮氯化一锌盐，储存温度应低于 30℃，若超过 35℃ 则必须采取相应降温措施，否则会引起分解放热，导致火灾爆炸事故。

2. 严格按工艺要求准确投料

当亚硝酸钠投料结束后，用淀粉碘化钾试纸检测反应液呈微蓝色则表示投料量合适，因为淀粉碘化钾试纸是无色的，当遇到亚硝酸时，碘化钾被氧化成碘，碘使淀粉变蓝。若发现亚硝酸钠过量较多，应及时采取补救措施。此时可用尿素分解掉过量的亚硝酸时，亚硝酸钠投料速度的控制应根据芳胺的碱性不同而有区别，原料为碱性较强的芳胺时，亚硝酸钠的投料速度一定要缓慢。

3. 配置自动控制调温系统，确保规定的生产操作温度

生产过程中，重氮化反应和重氮盐产物的干燥操作温度必须严格控制。重氮化反应温度一般控制在 0～5℃ 或更低。重氮盐干燥温度根据性质不同而有所不同。

为确保生产操作温度，重氮化反应釜和重氮盐干燥设备都应配置自动控制调温系统，例如：反应釜配置温度探测、调节、搅拌、冷却联锁装置；干燥设备配置温度测量、加热热源开关、惰性气体保护的联锁装置。

4. 注意各处理工艺的生产防火管理，减少火灾隐患

不能用铁、铜、锌等金属设备进行重氮化反应或储存重氮化合物，宜用陶瓷、玻璃或木质的设备。重氮化反应完毕后，宜将场地和设备用水冲洗干净，停用的重氮化反应釜要储满清水，其废水直接排入废水下水道。

用重氮盐生产染料或其他产品时，必须注意检查，确保反应过程中半成品中没有残留未转化的重氮盐。若有，则应延续反应直至重氮盐完全转化掉。不然，残留的未转化的重氮盐会在产品干燥等后加工工序中发生燃烧爆炸。

重氮盐的后处理工序中，要注意经常清除粉碎车间设备上的粉尘，注意防止物料洒落在干燥车间的热源上，以及防止物料凝结在输送设备的摩擦部位。

5. 设置防火防爆安全保护系统

重氮化反应釜应安装伸向室外高空释放氧化氮气体的不燃材料制成的排放管，并在此管上安装阻火器，要定期清洗管中的残积物重氮盐。用蒸汽干燥时，干燥室（设备）应安装温度计和防爆门。其加热蒸汽管道应安装压力计。重氮化合物的粉碎、研磨还需配有良好的通风设备。

6. 重点监控工艺参数及安全控制基本要求

（1）工艺参数　重氮化反应釜内温度、液位、pH 值；重氮化反应釜内搅拌速率；亚硝酸钠流量；反应物质的配料比；后处理单元的温度等。

（2）安全控制的基本要求　反应釜温度和压力的报警和联锁；反应物料的比例控制和联锁系统；紧急冷却系统；紧急停车系统；安全泄放系统；后处理单元配置温度检测、惰性气体保护的联锁装置等。

（3）宜采用的控制方式　将重氮化反应釜内温度、压力与釜内搅拌、亚硝酸钠流量、重氮化反应釜夹套冷却水进水阀形成联锁关系，在重氮化反应釜处设立紧急停车系统，当重氮化反应釜内温度超标或搅拌系统发生故障时自动停止加料并紧急停车，启动安全泄放系统。

重氮盐后处理设备应配置温度检测、搅拌、冷却联锁自动控制调节装置，干燥设备应配置温度检测、加热热源开关、惰性气体保护联锁装置。

第三节　典型重氮化工艺事故案例分析

2007 年 11 月 27 日 10 时 20 分，江苏联化科技有限公司（以下简称联化公司）重氮盐生产过程中发生爆炸，造成 8 人死亡、5 人受伤（其中 2 人重伤），直接经济损失约 400 万元。此外，吉林松原石油化工股份有限公司在建干气综合利用装置，利用导热油脱除管道系统内残留水分过程中导热油泄漏着火，造成 4 人死亡；浙江湖州菱化实业股份有限公司亚磷酸二甲酯生产过程中发生爆炸，造成 3 人死亡。

根据初步调查和分析，现将联化公司"11·27"爆炸事故情况及下一步工作要求简述如下：

一、联化公司"11·27"爆炸事故的基本情况

联化公司位于江苏省盐城市响水县陈家港化工集中区，成立于 2003 年 10

月，为民营股份制企业。其主要产品及生产能力分别为联苯菊酯 500 吨/年、广灭灵 1000 吨/年、2-氰基-4-硝基苯胺 1500 吨/年、分散蓝 79♯滤饼 1000 吨/年、分散橙 30♯滤饼 1500 吨/年等，共有 6 个生产车间。爆炸事故发生在 5 车间分散蓝 79♯滤饼重氮化工序 B7 厂房。

1. 事故发生简要经过

重氮化工艺过程是在重氮化釜中，先用硫酸和亚硝酸钠反应制得亚硝酰硫酸，再加入 6-溴-2,4-二硝基苯胺制得重氮液，供下一工序使用。2007 年 11 月 27 日 6 时 30 分，联化公司 5 车间当班 4 名操作人员接班，在上班制得亚硝酰硫酸的基础上，将重氮化釜温度降至 25℃。6 时 50 分，开始向 5000L 重氮化釜加入 6-溴-2,4-二硝基苯胺，先后分三批共加入反应物 1350kg。9 时 20 分加料结束后，开始打开夹套蒸汽对重氮化釜内物料加热至 37℃。9 时 30 分关闭蒸汽阀门保温。按照工艺要求，保温温度控制在（35±2）℃，保温时间 4～6h。10 时许，当班操作人员发现重氮化釜冒出黄烟（氮氧化物），重氮化釜数字式温度仪显示温度已达 70℃，在向车间报告的同时，将重氮化釜夹套切换为冷冻盐水。10 时 6 分，重氮化釜温度已达 100℃，车间负责人向联化公司报警并要求所有人员立即撤离。10 时 9 分，联化公司内部消防车赶到现场，用消防水向重氮化釜喷水降温。10 时 20 分，重氮化釜发生爆炸，造成抢险人员 8 人死亡（其中 3 人当场死亡）、5 人受伤（其中 2 人重伤）。建筑面积为 735m^2 的 5 车间 B7 厂房全部倒塌，主要生产设备被炸毁。

2. 事故原因初步调查分析

根据事故调查组的初步分析判断，操作人员没有将加热蒸汽阀门关到位，造成重氮化反应釜在保温过程中被继续加热，重氮化釜内重氮盐剧烈分解，发生化学爆炸是这起爆炸事故的直接原因。在重氮化反应保温时，操作人员未能及时发现重氮化釜内温度升高，及时调整控制；装置自动化水平低，重氮化反应系统没有装备自动化控制系统和自动紧急停车系统；重氮化釜岗位操作规程不完善，没有制定针对性应急措施，应急指挥和救援处置不当是这起爆炸事故的重要原因。

二、排查治理隐患，防范重大事故

为了深刻吸取事故教训，防止和减少类似事故的发生，扭转危险化学品安全生产工作面临的严峻局面，针对事故发生的原因，现提出以下要求：

（1）要继续深化隐患排查治理专项行动，认真开展"回头看"和化工建设项目安全"三同时"检查。从近期督查和危险化学品事故多发的情况来看，相当部分的企业隐患排查治理专项行动和化工建设项目安全"三同时"检查还不够认真、深入、细致，还存在不少事故隐患。各地安全监管部门要继续组织力量对化工企业开展"回头看"检查。认真对本地区危险性较大的化工企业进行全面排查，对规模以下的小化工、前段隐患排查为零的化工企业，近年来发生死亡事故的化工企业，对在建的化工项目特别是即将竣工试车的项目，认真进行"补课"，不留死角。对已查出的隐患，必须立即整改，一时难以整改的必须做到整改责任、方案、资金、期限和应急预案五落实。督促指导化工企业建立和完善持续的隐患排查治理制度和重大危险源分级监控制度，使隐患排查治理工作成为企业持续开展的自觉行动，建立企业安全生产的长效机制。

（2）切实加强新建化工装置试车过程的安全管理。由于设备、仪表运行尚不稳定，操作人员对装置熟悉程度不够，操作不够熟练，新建化工装置试车投料过程容易发生事故，各有关企业对此要高度重视。试车投料前，要制定科学、周密的试车投料方案、安全措施和应急预案；技术管理部门要组织有经验的工程技术人员严格审查有关方案和安全措施；操作人员要加强培训，考核合格后方可参加试车投料。试车投料过程中，要严格试车程序，严格执行有关试车过程的安全规定，设备系统升温、升压及引入化工物料等重要操作，要安排专人值守监控。在装置引入可燃物料后，要严格执行用火管理规定，禁止边施工边试车，防止发生事故。

（3）加大安全投入，加强仪表控制系统的维护管理，提高化工装置的控制水平。企业要加强化工装置仪表控制系统的维护、维修，压力、温度、进料等重要控制仪表一旦发生故障，要立即修复；不能立即修复的，要有可靠的替代控制手段，必要时先停止化工装置的运行，待仪表修复后再恢复装置运行。采用危险工艺手动控制的化工装置，要加快技术改造，尽快实现工艺过程的自动化（DCS）控制，实现重要工艺参数的自动控制和自动报警。高度危险的化工装置还要在实现 DCS 控制的基础上装备紧急停车系统（ESD），提高化工装置的本质安全水平，确保装置在出现异常时不引发人身伤亡事故。

（4）进一步加强从业人员的安全教育和技能培训，提高操作人员的安全意识、操作技能和应急处置能力。化工企业要持续加强对员工的教育培训，教育员工充分认识化工行业的特点，提高员工遵章守纪和学习钻研技术的自觉性，增强员工的安全意识和工作责任心。要不断加强对操作人员操作技能和应急处置能力的训练，在不断完善各种应急预案的基础上，加强演练，提高企业在事故状态下的应急指挥和应急处置能力，要特别注意加强对农民工的培训。

第四节 安全技术与安全规程

一、安全技术要点

造成重氮化反应失控的原因可能有：原料质量、投料次序、反应时间、数量不符合规定，操作失误等，引起剧烈反应使反应器内压力突然升高；搅拌、冷却系统停止运转而引起的聚热升温，搅拌、冷却系统虽然运行正常，但因物料的黏度大，不能得到充分冷却，一直局部聚热升温，使反应器内压力升高；设备长期运行，未进行检修、清洗，致使换热面积垢增多，热阻增大，热交换量下降，生产危险性增加。

（1）原料、产品的安全运输和储存　相互起激烈反应的芳胺和亚硝酸钠必须分车运输、隔离存放；产品重氮盐搬运时必须轻装轻卸，杜绝摩擦、撞击；储存时，重氮盐、亚硝酸钠应远离火源、电源和热源，避开日光照射。例如 3-(2-羟基乙氧基)-4-吡咯基-1-苯重氮氯化锌盐，储存温度应低于 30℃，若超过 35℃ 则必须采取相应的降温措施，否则会引起分解放热，导致火灾爆炸事故。

（2）严格控制投料量和速度　亚硝酸钠投料完毕，应用淀粉碘化钾试纸检验，呈微蓝色则表示投料量合适。若发现亚硝酸钠过量较多，应及时用尿素等碱性物质中和过量的亚硝酸钠。亚硝酸钠投料速度根据芳胺的碱性不同会有所差异，当芳胺的碱性较强时，亚硝酸钠的投料速度一定要缓慢。

（3）严格控制操作条件　生产过程中，重氮化反应和重氮盐产物的操作条件，特别是温度必须严格控制。重氮化反应温度一般控制在 0～5℃ 或更低，否则易发生燃烧、爆炸事故。根据重氮盐性质不同，其干燥温度亦有所不同。如快色素红 B 异重氮盐和快色素苯胺异重氮盐的干燥温度应分别控制在 55℃ 和 100℃ 以下，否则会发生燃烧爆炸。

（4）干燥出料安全要求　物料干燥时的出料宜采用悬浮或溶液出料法，且流速不宜过快，以免在机械或液力出料的摩擦作用下引起爆炸。干燥室应安装温度计和防爆门，加热蒸汽管道应安装压力计。重氮化合物的粉碎、研磨车间应配有良好的通风设备。

重氮化反应釜应安装有伸向室外高空的不燃材料制成的气体排放管，以释放氧化氮气体。此管上应安装阻火器，并定期检查，用水清洗管中的积留物。

（5）处理工艺安全管理　应采用陶瓷、玻璃或木质设备进行重氮化反应，或储存重氮化化合物，不用铁、铜、锌等金属设备。重氮化反应完毕后，应将场地和设备用水冲洗干净。停用的重氮化反应釜要储满清水，废水直接排入下水道。重氮盐的后处理工序中，要及时洗除粉碎车间设备上的粉尘，防止物料洒落在干燥车间的热源上，或凝结在输送设备的摩擦部位。特别要注意的是，通风管道中若残留干燥的胺，遇氮的氧化物也能重氮化并因发热而自燃，因此，要经常清理、冲刷通风管道。

（6）控制反应温度　重氮化生产过程中的操作应当在水溶液或潮湿状态下进行，反应温度一般控制在 0～5℃。应按照操作规程严格配比，适时投料，尤其应注意不使亚硝酸钠过量，可通过检查反应物料中的酸度加以检测。

（7）清理残留物　用重氮盐生产染料或其他产品时，在反应过程中要检查半成品中有无残留未转化的重氮盐存在，如有，则反应仍需继续进行，直至重氮盐完全转化为止。在反应完毕放料后，宜将场地和设备用水冲洗干净，使用的重氮化反应器应储满水，废水应直接排入下水道，以免残留的重氮盐干燥后被摩擦起火爆炸。

（8）经重氮化反应制备的产品众多，其反应条件、操作方法也不尽相同，但在进行重氮化时，以下几个方面却是共同具有的，应予以足够的重视：

① 重氮化反应所用原料应纯净且不含异构体　若原料颜色过深或含有树脂状物，说明原料中含有较多氧化物或已部分分解，在使用前应先进行精制（如蒸馏、重结晶）。原料中含有无机盐，如氯化钠，一般不会产生有害影响，但在计算时必须扣除。

② 重氮化反应的重点控制要准确　由于重氮化反应是定量进行的，亚硝酸钠用量不足或过量均严重影响产品质量。因此，事先必须进行纯度分析，并精确计算用量，以确保终点的准确。

③ 重氮化反应的设备要有良好的传热措施　由于重氮化是放热反应，无论间歇法还是连续法，强烈的搅拌都是必要的，以有利于传热。同时，反应设备应具有足够的传热面积和良好的移热措施，以确保重氮化反应安全进行。

④ 重氮化过程必须注意安全生产　重氮化合物对热和光都极不稳定，因此，必须防止其受热和强光照射，并保持生产环境的潮湿。

二、安全生产基本原则

（1）在车间内禁止吸烟，禁止带易燃物（如火柴、打火机等）进入车间。车间内的操作工人，必须穿好工作服，戴好工作帽，佩戴好其他劳动保护用品。

（2）工作环境必须保持清洁，不使用的物料应及时清理，地上有染料也应及时清理。

（3）在车间工作的人员，除上级分配制定的工作外，不得接受未制定的工作。

（4）开动机器前，认真检查设备和各零部件，发现有不安全的地方，如实报告班长，及时进行处理。

（5）在机器设备转动时，严禁拆卸零件，未指定的地方不得随意清扫，尤其在加压时，不准转动螺栓。

（6）未经车间许可，严禁转动或移动安全装置，即使安全装置失效。

（7）凡工人在车间工作时，不要通过危险的道路。

（8）禁止用湿布或湿手套开关电机、电闸和灯具开关。

（9）阴雨天开关三线电闸，要用安全木手扎。

（10）电机停止开动时，必须完全打开三线闸。

（11）开关蒸汽截止阀要戴布手套，不要头部正对着蒸汽阀门。

（12）使用皮带油时，必须将木梯放稳、放好。

(13) 足蹬木梯工作时，必须将木梯放稳、放好、固定。

(14) 搬运、拉运物料时，必须事先检查，确保安全后才能作业。

(15) 电流表、气压表、温度表失灵时，及时报告班长。

三、安全作业操作规程

（1）压力异常

① 立即停止亚硝酸钠的滴加。

② 冷却水全开。

③ 待压力回归正常时，继续滴加。

（2）温度异常

① 立即停止亚硝酸钠的滴加。

② 冷却水全开。

③ 待温度回归正常时，继续滴加。

④ 仍不能阻止温度上升时，将重氮化反应釜内的物料放入已预先降温的低温还原釜中。

（3）泄漏处理

① 关闭、维修、切断泄漏阀门或其他泄漏源。

② 清理周围易燃物料，设置警戒线。

③ 穿戴好劳保用品，彻底清理泄漏物料。

（4）应急措施

装置若发生火灾和爆炸：

① 立即报告部门主管，部门主管报告公司领导，公司领导报告市安监部门、消防部门等相关职能部门，启动应急救援预案，并通知周边社区；

② 经现场确认，现场人员无法处理，存在产生重大事故预兆时，根据公司应急预案的要求，无关人员撤离现场，应急人员听从应急指挥部的统一抢险调度；

③ 亚硝基类化合物和重氮盐化合物等自反应物质着火时，不可用窒息法灭火，最好用大量的水冷却灭火，因为此类物质燃烧时，不需要外部空气中的氧参与。

（5）酸性嫩黄 G 燃料制备安全操作

① 重氮化操作　重氮化桶中放水 560L，加 30% 盐酸 163kg，再加入 100% 苯胺 55.8kg，搅拌溶液，加冰降温至 0℃，自液面下加入相当于 100% 亚硝酸钠 41.4kg 的 30% 亚硝酸钠溶液，重氮化温度 0～2℃，时间 30min，此时刚果红试纸呈黄色，淀粉碘化钾试纸呈微黄色，最后调整体积至 1100L。

② 偶合操作　铁锅中放水 900L，加热至 40℃，加入纯碱 60kg，搅拌至全溶，然后加入 1-(4′-磺酸基苯基)-3-甲基-5-吡唑啉酮 154.2kg，溶解完全后再加

入 10%纯碱溶液（相当于 48kg 100%NaOH）。加冰及水调整体积至 2400L，温度 2～3℃，把重氮液过筛放置 40min。在整个过程中，保持 pH=8～8.4，温度不超过 5℃。偶合完毕，1-(4′-磺酸基苯基)-3-甲基-5-吡唑啉酮应过量，pH 值在 8.0 以上。如 pH 值低，则需补加纯碱液。继续搅拌 2h，升温至 80℃，体积约 4000L，按体积分数 20%～21%计算加入食盐量，进行盐析，搅拌冷却至 40℃ 以下过滤。在 80℃干燥，得产品 460kg（100%）。

第十一章

氧化工艺

第一节　氧化工艺基础知识

一、基本概念

狭义地，氧元素与其他的物质元素发生的化学反应称为氧化，氧化也是一种重要的化工单元过程。广义的氧化是指物质失电子（氧化数升高）的过程。氧化侧重的是反应中的还原剂物质失去电子给氧化剂的过程。但是，氧化还原是不可分割的，故氧化与还原并存。在有机中，为侧重于有机物，可以单谈氧化。

1. 生物氧化

人的新陈代谢也存在氧化作用，亦即人体每天都在"生锈"，所产生的"铁锈"在医学里就叫自由基。自由基是一种带有未成对电子的粒子。因为带有单数电子，所以非常不稳定，具有高度的化学反应性，很容易和周围的分子反应，使安定分子也变成自由基。如此一再重复，就会生成大量的自由基。自由基非常活跃，非常不安分。就像我们人类社会中的不甘寂寞的单身汉一样，如果总也找不到理想的伴侣，可能就会成为社会不安定的因素。

一般情况下，生命活动是离不开自由基的。我们的身体每时每刻都从里到外运动，每一瞬间都在燃烧着能量，而负责传递能量的搬运工就是自由基。当这些帮助能量转换的自由基被封闭在细胞里不能乱跑乱窜时，它们对生命是无害的。但如果自由基的活动失去控制，超过一定的量，生命的正常秩序就会被破坏，疾病可能就会随之而来。

自由基是一把双刃剑。目前已知有许多疾病皆因自由基作祟，如类风湿性关节炎、急性呼吸窘迫症候群、艾滋病以及牙周病等。自由基除会对细胞产生伤害外，还能发起自由基连锁反应，进一步恶化、伤害体内组织。这种连锁反应相当惊人，正常的化学物质是由原子与分子构成，且需携带两个成对电子来维持化学状态的安定，而自由基即含有不成对电子的分子或原子，因此它急需抢夺其他分子或原子的电子配对，才能保持安定。然而，如果自由基抢夺电子的对象是蛋白质、糖类、脂肪等人体必需物质，则这些失去电子的营养成分，不仅因为遭到氧化而面目全非，而且会进一步利用其自由基的新身份，再去抢夺其他电子，由此形成恶性循环的自由基连锁反应，人体的功能因此逐渐损伤。

2. 化学氧化

葡萄糖（或糖原）在正常有氧的条件下氧化后，产生 CO_2 和水，该过程称作糖的有氧氧化，又称细胞氧化或生物氧化。整个过程分为三个阶段：

① 糖氧化成丙酮酸。葡萄糖进入细胞后经过一系列酶的催化反应，最后生成丙酮酸的过程在细胞质中进行，并且是不消耗能量的过程。

② 丙酮酸进入线粒体，在基质中脱羧生成乙酰 COA。

③ 乙酰 COA 进入三羧酸循环，彻底氧化。

物质失去电子的过程叫氧化，得到电子的过程叫还原。狭义的氧化指物质与氧化合，还原指物质失去氧的过程。氧化时氧化值升高，还原时氧化值降低。氧化、还原都指反应物（分子、离子或原子）。氧化也称氧化作用或氧化反应。有机物反应时把有机物引入氧或脱去氢的作用叫氧化，引入氢或脱去氧的作用叫还原。物质与氧缓慢反应、缓缓发热而不发光的氧化叫缓慢氧化，如金属锈蚀、生物呼吸等。剧烈发光放热的氧化叫燃烧。

一般物质与氧气发生氧化时放热，个别可能吸热，如氮气与氧气的反应。电化学中阳极发生氧化，阴极发生还原。铁在空气中会生锈，银器在空气中会变黑，这也是一种氧化作用。

3. 氧化还原

生活中许多看似寻常的变化都涉及氧化还原，如：铁钉生锈，酿酒，面粉发酵做馒头，用醋酸清除水垢等。

氧化还原在工业生产中就更加普遍了，任何物质的反应都是以这两种作用为基础的。而有些物质氧化性强，在生产生活中常用作氧化剂，如氟（F）、氯（Cl）、碘（I），还有空气中的氧及臭氧。常见还原剂有活泼的金属（即金、银、铜、铂除外的常见金属）。

4. 基本意义

在化学工业生产中，氧化占有非常重要的地位，用于许多化合物的制备：

（1）将硫化铁氧化成二氧化硫，再将二氧化硫氧化成三氧化硫，以制备硫酸。

（2）将氮氧化成一氧化氮（以铂作为催化剂），再将一氧化氮氧化成二氧化氮以制备硝酸。

（3）将磷氧化成五氧化二磷制备磷酸。

（4）将乙烯氧化生成环氧乙烷。

（5）将甲醇氧化（被夺去氢）生成甲醛。

（6）将氯化氢氧化（被夺去氢）生成氯气和水。

（7）用氯给自来水消毒、杀菌。

5. 相关危害

（1）铁制品在空气中会自然氧化生成一层松散的铁锈［水合氧化铁（Ⅲ），化学式为 $Fe_2O_3 \cdot xH_2O$］，水合氧化铁（Ⅲ）容易剥落，使内层未被氧化的铁暴露在空气中继续被氧化，最后锈坏整件铁制品。

（2）草料堆积，通风不好就会缓慢氧化。古罗马一艘满载粮草的给养船在出海远征时神秘起火，后来科学家为这桩奇案找到了起火原因，是粮草发生了自燃。

（3）在坟地里出现的"磷火"也是一种自燃现象。人和动物机体里含磷的有机物腐败分解能生成磷化氢气体。这种气体着火点很低，接触空气就会自燃。在缺乏科学知识的时代，人们常把这种自燃现象说成是"鬼火"。

（4）煤栈会发生自燃，是因为有大量的煤发生缓慢氧化反应。缓慢氧化反应，单位时间内放出的热量少，只要通风良好，热量及时散失就不会发生自燃。虽然缓慢氧化反应单位时间内放出热量少，但是由于发生缓慢氧化反应的煤多，放出的热量不能散失，积少成多，热量积蓄就会有达到着火点的时候。达到着火点，又与氧气接触，具备了可燃物燃烧的条件，煤栈当然就会自燃。

（5）脂肪氧化会引起变质、变味，氧化产物主要为醛、酮、酯、酸和大分子聚合物等，这些产物有些具有异味，有些本身有毒性。

二、氧化工艺简介

氧化反应范围很广，其中催化氧化是一大类重要反应，随着科学技术的发展和应用，氧化产品类型不断扩大。氧化产品除了包括各类有机含氧化合物——醇、醛、酮、酸、酯、环氧化合物和过氧化合物等外，还包括有机腈和二烯烃等。

1. 氧化反应及氧化剂

这里的氧化反应过程特指主要以空气或氧气为氧化剂，在烃类或其他有机化合物分子中引入氧的反应。可采用的氧化剂有多种，对于产量大的有机化工产品而言，具有重要价值的氧化剂是气态氧，可以是空气或纯氧，也可以采用其他化学氧化剂，如高锰酸钾、铬酸酐或有机过氧化物。

2. 氧化反应的特点

以气态氧为氧化剂，氧化反应体系是由"物料-氧"或"物料-空气"组成，反应体系在很广的浓度范围内易燃易爆。因此，氧化反应具有一定特点。

（1）被氧化的物质以及氧化产物大部分是易（可）燃易爆物质，如乙烯氧化制环氧乙烷、甲醇氧化制甲醛，乙烯和环氧乙烷、甲醇和甲醛均为易燃易爆物质。

（2）氧化反应是强放热反应，尤其是完全氧化反应，释放的热量要比部分氧化反应大 8～10 倍。故在氧化过程中，反应热的稳定是关键问题。如果反应热不能及时移走，将会使反应温度迅速上升，会导致发生大量的完全氧化反应，使反应温度无法控制，导致发生爆炸。

（3）氧化反应温度高，除个别气液相反应外，反应温度均高于 100℃，特别是气固相催化氧化反应，其反应温度更高。

（4）氧化反应在热力学上都是很有利的，转化率都很高，尤其是完全氧化反应，在热力学上占绝对优势。烃类氧化的最终产物都是二氧化碳和水，而所需要的氧化产物是氧化中间产物。

3. 氧化方法及工艺构成

氧化方法主要有均相催化氧化和非均相催化氧化，均相催化氧化大多是气液相氧化反应，实质上属气液相非均相反应，但反应发生在液相，故也称为均相催化氧化反应。根据均相氧化反应机理，又可分为自催化氧化反应和络合催化氧化反应。

（1）均相催化氧化

① 自催化氧化反应　将空气或氧通入液态乙醛中，乙醛被氧化为乙酸，反应可以在没有催化剂存在下自动进行，但有较长的诱导期，过了诱导期，氧化反应即迅速进行，反应速率达到最大值。这种能自动加速的氧化反应具有自由基链反应特征。自催化氧化反应主要用来生产有机酸和过氧化物，如果条件控制适宜，也可以使反应停留在中间阶段而得到中间氧化产物——醇、醛和酮。工业上，为了缩短诱导期，常用过渡金属离子作催化剂。

以烷烃为原料进行自催化氢化反应，选择性较差，产物组成复杂，主要应用有甲烷氧化制甲醛、丙烷，丁烷氧化制乙醛。芳烃分子中的苯环比较稳定，故自催化氧化时的选择性较高。

② 络合催化氧化反应　均相络合催化氧化所用的催化剂是过滤金属的配合物，最主要的是 Pd 配合物。经典的均相络合氧化法——乙烯制乙醛的瓦克（Wacker）法，是以 $PdCl_2$-$CuCl_2$-HCl 的水溶液为催化剂。在此过程中 $PdCl_2$ 起催化剂作用，$CuCl_2$ 起氧化剂作用，将反应过程析出的金属 Pd 氧化为 Pd（Ⅱ），称为共催化剂，所以在反应中 $CuCl_2$ 是必需的，同时氧的存在也是必需的，要使反应能稳定地进行，必须将还原生成的低价 Cu 再氧化为高价 Cu。工业上广泛应用的是乙烯氧化合成乙醛。

③ 烯烃液相环氧化　烯烃液相环氧化是以 ROOH 为环氧化剂，工业上主要应用的是以丙烯环氧化制取环氧丙烯，所用的环氧化剂是过氧化氢乙苯或过氧化氢异丁烷。此工艺除得到环氧丙烷外，同时联产苯乙烯或异丁醇。此方法称为哈康（Halcon）法，其生产过程包括三个主要步骤：一是乙苯液相自动氧化制备过氧

化氢乙苯；二是丙烯用过氧化氢乙苯环氧化生成环氧丙烷和 α-甲基苯甲醇；三是 α-甲基苯甲醇脱水转化为苯乙烯。

（2）非均相催化氧化　非均相催化氧化主要是指气态有机原料在固体催化剂存在下，以空气或氧气为催化剂，氧化为有机氧化物的过程。非均相催化氧化反应在石油化工中得到广泛的应用，原料主要是烯烃和芳烃，也有的用醇作原料。工业上主要有正丁烷生产顺丁烯二酸酐，乙烯环氧化生产环氧乙烷，烯丙基氧化生产丙烯醛、丙烯酸、丙烯腈，芳香氧化生产酸酐，醇氧化生产醛。

三、典型氧化工艺

1. 乙烯催化氧化制乙醛

乙烯均相络合催化氧化制乙醛是一步完成的，工艺简单，反应条件温和，选择性高，是乙醛生产的主要方法。在钯盐催化下，乙烯均相氧化制乙醛过程包括三个基本反应，这三个反应在一个反应器中进行，称为一段法。其工艺流程如图11-1所示。该流程主要分为三部分：氧化部分、粗乙醛精制部分和催化剂再生部分。

（1）氧化　由乙醛吸收塔 8 来的循环乙烯经水环泵 1 压缩至气液分离器 2 后，与新鲜乙烯在管道中混合后进入反应器底部。分离器分离出的工作液通过循

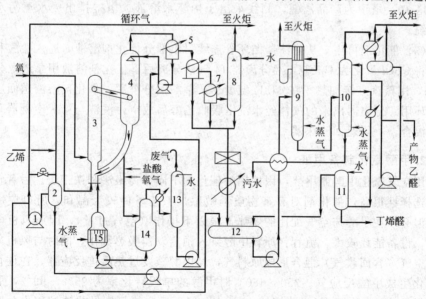

图 11-1　乙烯液相氧化制乙醛工艺流程图

1—水环泵；2—气液分离器；3—反应器；4—除沫分离器；5～7—第一、第二、第三冷凝器；
8—乙醛吸收塔；9—脱轻组分塔；10—精馏塔；11—丁醛提取塔；12—粗乙醛储槽；
13—水洗涤塔；14—分离器；15—分解器

环液泵加压，经冷却后，一部分送回水环泵 1，另一部分送入粗乙醛储槽 12 回收乙醛。

新鲜氧气从反应器 3 下部送入，与乙烯一起通入，在催化剂、398～403K、300～350MPa 条件下反应生成乙醛。反应后产物进入除沫分离器 4，除沫器分离下来的液体循环回反应器，产物气进入第一冷凝器 5，冷凝液用泵送回除沫分离器上部喷淋加入。自第一冷凝器出来的气体进入第二、第三冷凝器 6、7，将乙醛的高沸点副产物冷凝下来，未凝气体进入乙醛吸收塔 8，用水吸收乙醛。水吸收液合并第二、第三冷凝器进入粗乙醛储槽 12。自吸收塔上部出来的气体组分为乙烯（65%）、氧（8%）、其他惰性气体（氮）和副产物（二氧化碳、氯甲烷和氯乙烷），乙醛含量 $72100×10^{-6}$。其中一部分排入火炬系统烧掉，以防止惰性气体在系统中累积，大部分作为循环气返回反应器。

（2）粗乙醛精制　粗乙醛水溶液含乙醛（沸点 20.8℃）10%，其他少量副产物有氯甲烷（沸点 -24.2℃）、氯乙烷（沸点 12.3℃）、丁烯醛（沸点 102.3℃）、乙酸（沸点 118℃）、二氧化碳和原料乙烯。由于沸点相差较大，可用精馏分离。精馏分离采用二塔分馏，第一塔为脱轻组分塔 9，从塔顶脱除低沸点物氯甲烷、氯乙烷、乙烯、二氧化碳。因乙醛与氯乙烷沸点接近，在塔顶加入吸收水，利用二者水溶性差异，回收乙醛。塔釜用水蒸气直接加热，从塔釜排出粗乙醛，送入精馏塔 10。塔顶为产品乙醛，侧线采出丁烯醛水溶液。塔釜排出废水至污水处理系统。

（3）催化剂再生　从除沫器循环管连续引出部分催化剂溶液，通入盐酸和氧气，将 CuCl 氧化为 $CuCl_2$，经分离器 14 气液分离后，催化剂溶液用泵送入分解器 15，用蒸汽直接加热，在 443K 温度下，草酸铜分解后，催化剂溶液送回反应器循环用。分离器出来的气体经水洗塔吸收乙醛后放空，洗液与第一冷凝器采得凝液混合，一同返回除沫器。

2. 甲醇氧化制备甲醛

用空气氧化甲醇制甲醛，因使用的催化剂不同分为银法和铁钼法。后者转化率和选择性很高，催化剂对有害物质不敏感，工艺条件较为温和，所以应用较广，但必须在甲醇与空气配比的爆炸下限以下操作（空气过量），因而风机电耗较高，设备能耗较大。流程：原料甲醇泵入预蒸发器吸热汽化，同时与风机来的压缩空气（含回收气）混合形成原料气，经甲醇蒸发过热后进反应器，在催化剂上氧化生成甲醛反应气。350～450℃时甲醇的单程转化率为 95%～99%，甲醛的选择性为 91%～94%，收率达 91%～92%。反应热可用导热油炉移出并副产水蒸气。

3. 异丙苯经氧化-酸解联产苯酚和丙酮

异丙苯在 110～120℃下用空气进行液相氧化可制得异丙苯过氧化氢（又名

过氧化氢异丙苯，简称 CHP），然后在酸催化下即分解为苯酚和丙酮。因为在反应条件下，CHP 会发生缓慢的热分解而产生自由基，所以 CHP 本身就是引发剂，在正常连续操作时不需要加入任何引发剂。为了减少 CHP 的热分解损失，氧化液中 CHP 的浓度不宜过高，异丙苯的单程转化率一般在 20%～25% 为宜。

4. 丁烯、丁烷、C₄ 馏分或苯的氧化制顺丁烯二酸酐

（1）苯氧化法生产顺酐　工艺流程如图 11-2 所示。

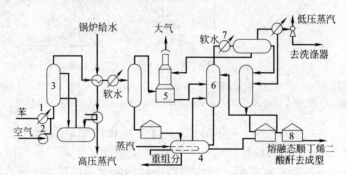

图 11-2　苯氧化法制顺丁烯二酸酐工艺流程

1—苯汽化器；2—空气压缩机；3—反应器；4—蒸馏釜；5—洗涤塔；
6—脱水器；7—精馏塔冷凝器；8—顺丁烯二酸酐产品储槽

苯被空气氧化为顺酐，常用催化剂的活性组分均为钒的氧化物。为抑制苯被完全氧化，常加入钼、磷、钛、钨、银及碱金属等元素的氧化物为添加剂，并采用低比表面积的惰性物质为催化剂载体，如 α-氧化铝、刚玉等。反应在常压下进行，温度 350～400℃。工艺过程由苯的氧化、顺酐的分离和提纯两大部分组成。苯蒸气和空气能形成爆炸混合物，所以进入反应器的混合气中，苯的浓度应在爆炸极限之外，一般为 1%～1.4%（摩尔分数）。苯氧化为强放热反应，工业上常用列管式固定床反应器，有很大的传热面，管外为冷却系统，可副产高压蒸汽。离开反应器的气体中含顺酐约 1%（摩尔分数），经冷却可将所含一半左右的顺酐冷凝为液体，其余部分则用吸收法回收。吸收剂用水或惰性有机溶剂，大多数工厂采用的是水。所得到的吸收液是顺丁烯二酸的水溶液，浓度 35%～40%（质量分数），需用共沸溶剂（例如二甲苯、苯甲醚）脱水，把酸重新转化成酸酐。脱水也可在膜式蒸发器中进行。粗酐经减压精馏可得成品。以苯计算，整个过程的顺酐收率为 92%～96%（质量分数）。

（2）C₄ 烃氧化法生产顺酐　正丁烷与丁烯均含有与氧化产品顺酐相同的碳原子数，正丁烷因价格低廉而处于更有利地位。其氧化流程与苯氧化法基本相同，见图 11-3。

催化剂为钒-磷-氧体系，添加剂有铁、铅、锌、铜、锑等元素的氧化物。可用固定床反应器或流化床反应器，反应温度约 400℃，正丁烷-空气混合物中正

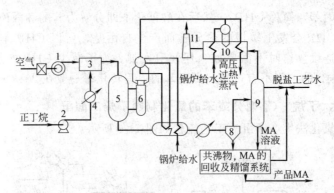

图 11-3　C_4 烃氧化法制顺酐 SD 固定床工艺流程示意图

1—空压机；2—泵；3—汽化器；4—蒸发器；5—固定床反应器；6—盐浴冷却器；
7—气体冷却器；8—分离器；9—洗涤器；10—催化焚烧炉；11—烟囱

丁烷浓度为 1.0%～1.6%（摩尔分数）。整个过程的顺酐收率按正丁烷计约为 50%。由于 C_4 烃氧化的选择性较低，因此，设备投资较苯为原料时高，且后加工不能采用部分冷凝，而必须将反应气体中的顺酐全部用吸收法回收，从而使能耗加大。但正丁烷价格比苯便宜，且苯毒性大，因此以正丁烷为原料有吸引力，对该法所用催化剂的改进工作，各国都在大力进行中。

5. 邻二甲苯或萘氧化制备邻苯二甲酸酐

（1）邻二甲苯催化氧化法　工艺流程如图 11-4 所示。

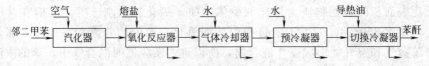

图 11-4　邻二甲苯固定床气相氧化法生产邻苯二甲酸酐（粗品）流程示意图

经预热的邻二甲苯（约 145℃）在汽化器内汽化并与热空气混合后（≥165℃），进入列管式氧化反应器，在 400～445℃、催化剂作用下气相氧化生成苯酐气体，反应热由熔盐循环移走；反应出口气依次经气体冷却器、预冷凝器和切换冷凝器，冷凝分离得到粗苯酐（尾气用水吸收，经蒸馏回收副产顺丁烯二酸酐）；粗苯酐经热处理后蒸馏、冷凝分离而得精苯酐。

（2）萘催化氧化法　液萘汽化后与空气在沸腾床（固定床）反应器内，在催化剂五氧化二钒存在下，催化氧化生成苯酐气体，经热熔冷凝而得乙酐，之后经减压蒸馏、冷凝、分离而得精苯酐。

6. 环己酮/醇混合物氧化制己二酸

原料环己醇、环己酮在酮-钒催化剂存在和一定温度条件下，在串联的多台反应器中，被一定比例浓度的硝酸（过量）氧化，制得己二酸，副产物有一元酸、二元酸、NO、NO_2、N_2O 和 CO_2。生成的己二酸溶解在过量的硝酸中，经两级结晶、增浓、离心分离及活性炭除色去杂后得到精己二酸产品。副产氮氧化物、提浓后的母液、过量硝酸等，经处理后回收利用。氧化反应器内设有冷却系统，并用搅拌器强化传热，以移出大量反应热，精确控制反应温度。

7. 氨氧化制硝酸

氨氧化制稀硝酸属无机化工，分两步：气氨在铂网催化剂上被空气氧化为一氧化氮（NO）；NO 再被氧化为 NO_2，且用水吸收制得稀硝酸。主要有五个工序：

① 氨-空混合气制备（含气体压缩）；

② 氨氧化反应及热量回收；

③ NO 的氧化及 NO_2 的吸收；

④ 脱硝（即成品酸的漂白）；

⑤ 尾气处理。

该工艺流程很多，这里介绍普遍使用的双压法，即氧化与吸收分别在不同的压力下加压进行。

主反应：

$$4NH_3+5O_2 =\!=\!=\!= 4NO+6H_2O+Q$$
$$2NO+O_2 =\!=\!=\!= 2NO_2+Q$$

副反应：

$$4NH_3+3O_2 =\!=\!=\!= 2N_2+6H_2O+Q$$

流程简述：

① 液氨经氨蒸发器蒸发成气氨，与压缩空气按一定比例在氨-空混合气中混合；

② 氨-空混合气进入氧化炉，与铂网催化剂接触发生氧化反应，生成一氧化氮并放热，反应后的混合热气经蒸汽过热器和废热锅炉回收热量（副产高压蒸汽），NO 温度降至 400℃；

③ 离开氧化炉的 NO 等冷却降温并被反应器中残余氧继续氧化生成 NO_2 和少量稀酸（约 34%），酸-气混合物经分离冷却等处理后，NO_2 进入吸收塔被水吸收生成硝酸并增浓；

④ 增浓达标的硝酸送至漂白塔与压缩空气逆流接触，提出硝酸中溶解的 NO_2，漂白得到成品硝酸；

⑤ 吸收塔顶部尾气经回收利用后排入大气。

8. 其他

2009 年国家安全监管总局《关于公布首批重点监管的危险化学品名录的通知》（安监总管三 [2011] 95 号）中，氧化工艺部分所列举的典型危险化工工艺，除了上述 7 种外，还有 14 种工艺，在此不再详细介绍。

第二节　氧化工艺危险性分析

一、反应物具有较强的助燃性与不稳定性

氧化反应所用的氧化剂具有很大的助燃危险性，一旦泄漏，与有机物、酸类物质混合接触，有着火甚至爆炸危险，如：氧、铬酸酐、高锰酸钾、硝酸、四氧化氮和臭氧等。有些氧化剂本身不稳定，遇高温或受撞击、摩擦等作用会引起本身的分解性爆炸，如：氯酸钾、高氯酸、过氧化氢以及其他有机过氧化物等。

各类氧化产物，如异丙苯经氧化制得的过氧化氢异丙苯，甲乙酮经氧化制得的过氧化甲乙酮等均属于有机过氧化物，本身稳定性很差，且具有一定燃烧性，遇高温或受撞击、摩擦等均极易引起火灾、爆炸。

二、反应物具有很强的毒害性

可引起人员中毒的氨、二氧化硫、甲醇等原料，以及环氧乙烷、丙烯腈、甲醛、三氧化硫、氮氧化物等氧化产物均具有较强的刺激性与毒害性，可引起人员中毒，有些物质还具有致癌性。

三、反应物具有强腐蚀性

反应物可引起化学灼伤与设备、建筑物的腐蚀。硝酸、顺丁烯二酸酐、乙酸等均属于酸性腐蚀物，氨溶于水生成的氨水为碱性腐蚀物。此类化学品泄漏可引起严重的化学灼伤，腐蚀相关设备设施与建筑物，间接引发各类事故。

四、氧化反应过程会释放出大量热量

若未能将这些反应热及时地转移，将导致反应装置的温度、压力急剧升高，同时副反应速率增加，引起火灾与爆炸。

五、各类反应物可造成诸多类型事故

被氧化的物质大部分是易燃易爆物质，如乙烯、丁烷、天然气均是易燃气体，异丙苯、对二甲苯、乙醛、甲醇均是易燃液体。此时，氨的分解和氧化反应将明显加剧，会产生大量的 N_2、NO 和 NO_2 气体。如：在丙烯氨氧化制丙烯腈工艺中，若反应温度超过 500℃，物质具有饱和蒸气压低、爆炸极限下限低、爆炸极限范围宽、最小点火能低等特点，泄漏后在空气中易形成爆炸性混合气体。又如：对于使用过氧化氢作催化剂，或生产物中存在着过氧化物的氧化工艺，温度升高将明显促进此类物质的分解，甚至爆炸。

六、氧化反应热转移不及时

（1）温度的升高可引起物料危险性增强　工艺温度的升高可能超过反应物的燃点，从而引起燃烧并引发火灾，同时高温可引起爆炸性混合物的爆炸极限范围变大，导致生产装置的危险性显著增大，可能引起物料爆炸。尤其是采用空气或氧气作为氧化剂的气-固相氧化工艺，其反应温度一般在 300℃ 以上，若反应温度升高，这种危险性后果则更为严重。如：在对二甲苯氧化制粗对苯二甲酸工艺中，在反应温度达到 200℃，反应压力高于 1.6MPa 的情况下，氧化反应器尾气中的对二甲苯剧烈燃烧，并有可能导致反应器爆炸。

该氧化釜采用间歇操作，液相中对硝基甲苯浓度为 23%，液相中乙酸浓度为 77%，对硝基甲苯（自燃点 529℃）蒸气和乙酸（自燃点 565℃）蒸气都能自燃，气相中主要是乙酸蒸气与氧气。根据温度与压力大小计算可知，气相中乙酸蒸气浓度为 28%～57%。在常温、常压下乙酸的爆炸极限为 5.4%～17%，但随着温度、压力升高，其爆炸危险性增加。对于密闭式设备，温度升高导致设备或系统的压力升高，高温还会引起设备设施的密封性与强度的降低。以上两方面的作用最终可导致设备内物料泄漏与设备破裂，甚至爆炸等危险。极限范围会扩大，尤其是爆炸上限的上升更为明显，往往造成气相空间形成爆炸性混合物，在可能的点火源作用下极有可能发生爆炸。所以，为了确定合理的工艺参数，确保装置安全运行，先应对物料的爆炸极限进行充分试验，获取有价值的基础资料，并以此确定氧化反应的工艺条件与设备设施及装置的技术要求。

（2）温度升高可引起设备内部压力增大，设备泄漏与破裂的危险性增加。

（3）反应温度过低会引起爆炸危险　对大部分氧化工艺而言，反应温度过低可能引起停车等，一般不会直接造成危险。但是如下情形仍可能引起安全事故：

① 反应温度过低，会引起反应速率减慢或停滞。根据阿仑尼乌斯（Arrhenius）经验式，通常反应温度升高 10℃，反应速率增加约 2～4 倍。若操作人员误判，过量投料，待反应温度恢复至正常时，则往往会由于反应物浓度过高而致反应速率大大升高，造成反应温度急剧升高，反应过程失控，甚至爆炸。

② 反应温度过低可能造成中间产物积累而引起爆炸。如：对于乙醛液相氧化法制乙酸，反应温度过低是危险的，会造成反应速率变慢，从而易造成反应液中过氧乙酸的积累，一旦温度回升，过氧乙酸就会剧烈分解，引起爆炸。

③ 反应温度过低时，还会使某些物料冻结，使管路堵塞或破裂。

④ 冷却介质选择不当，搅拌散热措施不足，可引起工艺温度失控，诱发事故。冷却介质仅允许在一定的温度范围内使用，其温度过高或过低将可能发生分解、凝固与结焦等，均可能造成传热不良，致使反应温度上升。若搅拌效果不良，致使传热速度变慢，易造成温度失控，或局部温度过高，将引发反应条件异常。若冷却介质的供应系统设计不当，冷量供应不足，或缺少备用泵等应急措

施，也可能引起反应器内部温度过高。

（4）氧化反应后的气体冷却不及时，可能引发"尾烧"现象　氧化反应后的气体若易燃易爆，若未采取措施使之急冷，很可能在出反应器的时候发生"尾烧"现象。如：乙烯氧化制环氧乙烷，环氧乙烷本身易燃，在高温及固体酸催化剂作用下异构为乙醛，乙醛进一步氧化为二氧化碳和水，并释放出热量引起温度升高，这是很危险的状况，因此通常另设冷却器以加强急冷。

七、进料配比或系统组分不当

反应器内的物料配比或组成不当，可引起爆炸危险，或致反应温度失控等，常见的事故原因及发生途径有：

（1）氧化剂与被氧化物配比不当，可形成爆炸性混合物　爆炸极限浓度之上操作的氧化工艺，若被氧化物的浓度降低，或对于在爆炸极限下限之下操作的，若被氧化物的浓度升高，使系统的气体混合物进入爆炸极限之内，由于高温或其他各种可能的点火源作用，就会发生火灾、爆炸。

此外，对气-液相氧化工艺而言，若进料配比不当或操作错误，可能在气相中发生爆炸。如：乙醛液相氧化法制乙酸，应严格控制进气中的氧气含量，主要原因是在氧化液中参与反应的氧气是有限的，若进气中的氧含量增加，反应后逸出的氧气也随之增加，在塔顶氧气浓度可能达到 5%，而与乙醛气体形成爆炸性气体，极易引起爆炸。对二甲苯氧化制粗对苯二甲酸工艺也存在同样的危险。

（2）反应抑制剂不足，物料危险性增强，可能引起爆炸　氧化反应的抑制剂加入不足或浓度过低，对混合物的爆炸危险性与系统的反应速率影响很大。如：甲醇氧化制甲醛，必须加入水蒸气，以降低混合气的爆炸危险性；在乙烯氧化制环氧乙烷工艺中需要保持二氧化碳、二氯乙烷在一定范围，因其分别具有惰性化作用与抑制深度氧化作用。

（3）催化剂含量不足引起爆炸　液相催化氧化工艺中，催化剂用量不足，将使氧化深度不足，如乙醛液相催化法制乙酸，若氧化液中的乙酸锰催化剂含量低于 0.08% 或更低，逸入塔顶的氧将大量增加，导致塔顶气相中的氧含量升高，容易导致火灾、爆炸。

八、催化剂性能降低或停留时间过短

若催化剂未及时更换、填充不当或中毒等可造成催化剂性能降低，物料停留时间过短，可造成被氧化物质、氧化剂等未被完全消耗，或使副反应增强，生成不稳定的副产物并在系统中累积，可能造成反应器与后续工段的火灾、爆炸等危险。

如：氨氧化制硝酸工艺，若催化剂活性降低、停留时间过短，造成氨的转化率下降（一般应保持在 98% 以上），因此未反应的氨与氧化氮发生反应，生成硝酸铵与亚硝酸铵，可能引起强烈爆炸。氧化炉刚开车时，温度低、转化率低，最易生成硝酸铵和亚硝酸铵。当反应温度达315℃时，一氧化氮又会使硝酸铵分解成亚硝酸铵，也容易发生爆炸。因此，在尚未升至正常反应温度（800～900℃）时，反应后的气体应放空吸收处理。

九、原料纯度与杂质不符合要求

反应物料中的某些杂质可能引起工艺参数波动与异常，最明显的影响是造成催化剂活性降低，可通过间接作用而引起各类事故。如采用空气作为氧化剂，应对空气进行除尘、除有机物等预处理，以防止催化剂中毒。因此，应结合具体工艺、装置等分析这方面可能带来的具体危险后果。

十、设备设施选型、设计不当

氧化工艺除氧化反应器之外，还有各类与之配套的设备设施，如换热器、塔器、储罐、槽、泵、压缩机、搅拌器、管道、阀门、密封材料等。氧化反应器等需承受反应温度与压力的作用，局部还得承受高温差的热胀冷缩影响，同时与物料直接接触的设备材质与密封件还应满足物料的腐蚀作用。为了防止反应器超压而发生容器破裂，需要设置安全阀、爆破片等安全保护装置。与反应器配套的管件等在耐温、耐压以及耐腐蚀等方面无法满足要求，在使用中很可能造成设备设施变形、破裂与强度降低等，均可能引起危险。

如：在气-固催化氧化装置中，在操作中有可能发生设备内火灾，如氧化反应器与易燃介质的进料装置之间，尾气锅炉与氧化反应器之间，若缺少阻火器、水封等阻火隔断措施或此类设施本身失效，一旦引起火灾，极有可能造成火灾在整个工艺系统中蔓延，甚至导致爆炸。

十一、高温物料与设备易造成人员烫伤

氧化反应的温度普遍较高，如天然气部分氧化制乙炔工艺，其反应温度甚至达到1500℃，有的反应装置可副产高温蒸汽等，此类装置一旦发生高温物料泄漏，极易造成人员烫伤。高温设备设施若缺少保温措施，也可能引起烫伤。

第三节　氧化工艺安全技术

一、氧化反应设备

催化氧化反应类型多，所用的反应器形态各异，按相态分为均相反应器和气固相反应器。均相反应器以鼓泡塔反应器为主，气固相反应器主要是固定床和流

化床反应器。

1. 鼓泡塔反应器

鼓泡塔反应器结构主要由五部分构成：①塔体；②气体分布器；③换热装置；④气液分离装置；⑤内部构件。

气体分布器作用是使气体均匀分布，强化传质、传热，是反应器的关键装置之一。换热器可以采用内换热器和外循环换热器两种，内换热器可以采用夹套式、蛇管式等。内、外冷却式乙醛氧化制乙酸鼓泡塔分别如图 11-5 和图 11-6 所示。

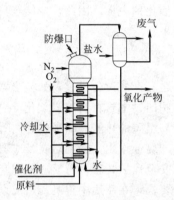

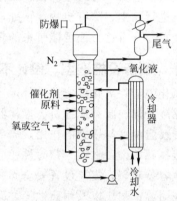

图 11-5　内冷式分段鼓泡塔反应器　　　图 11-6　外循环冷却器鼓泡塔反应器

乙醛氧化反应生产乙酸，反应液具有强腐蚀性，要求设备材料必须耐腐蚀。原料和产物与空气形成爆炸性混合物，具有爆炸危险性，原料配比应在爆炸极限之外，且要求设备有防爆装置。氧化反应是强烈放热反应，要求反应器提供足够的换热面积。

图 11-5 所示的是具有多孔分布板的鼓泡塔，氧分数段通入，每段设有冷却盘管，原料液体从底部送入，氧化液从上部溢流出来，冷却水量和氧量可以分段控制，其主要不足是传热面积太小，生产能力受到限制。大规模生产都采用图 11-6 所示的外循环冷却器的鼓泡塔反应器，反应液在反应器和外换热器间强制循环以移出反应热，氧化液的溢流口高于循环液进口约 1.5m，塔总高约 16m。

2. 固定床反应器

非均相催化氧化反应都是强放热反应，而且都伴随着完全氧化副反应的发生，完全氧化反应在高温条件下会更有利，放热更加激烈。因此，非均相氧化反应器必须能够移走反应热和控制反应温度，避免局部过热。

列管式固定床反应器的基本结构与列管式换热器类似，外壳为钢制圆筒，管数视生产能力而定，可有数百至数万根。管内装填催化剂，管间走载热体。反应温度是用插在反应管中的热电偶来测量，为了检测不同截面和高度的温度，需选择不同位置的管子，将热电偶插在不同高度。

载热体在管间流动或汽化以移走反应热。对于强放热反应，选择载热体和控制载热体温度对控制反应器平衡运行至关重要。载热体温度与反应床层温度差异小，但又要保证移走反应放出的大量反应热，要求有大的传热面积和大的传热系数。

反应温度的不同，可供选择的载热体也不同，反应温度240℃以下宜采用加压热水作载热体。反应温度在250～300℃时可采用挥发性低的矿物油或联苯醚混合物等有机热载体。反应温度在300℃以上时则需要用熔盐作载体。

图 11-7 所示为以加压水作载热体的反应装置，乙烯催化氧化制环氧乙烷可以采用该反应器，以加压水作载热体，主要借助水的汽化移走反应热，传热效率高，有利于催化床层温度控制，加压热水的进出口温度差只有2℃左右，同时可以直接产生高压（或中压）水蒸气。该反应器上下封头的内腔呈喇叭状，其作用是减少进出口物料返混，避免物料进出口处的燃烧。

图 11-8 是利用有机载热体移走反应热的反应装置，反应器外设置载热体冷却器，利用载热体移走反应热，副产中压蒸汽。图 11-9 所示是以熔盐作载热体的反应器，在反应器的中心设置载热体冷却器和推进式搅拌器，搅拌器使熔盐在反应区域和冷却区域间不断进行强制

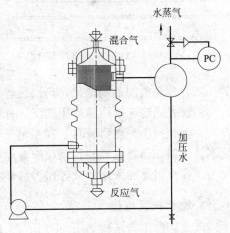

图 11-7　以加压水为载热体反应器

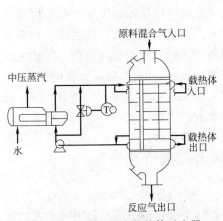

图 11-8　以有机物为载热体反应器

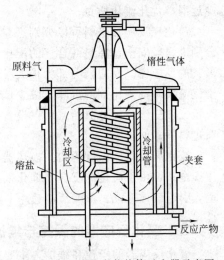

图 11-9　以熔盐为载热体反应器示意图

循环，熔盐移走反应热后，即在冷却器被冷却并产生高压水蒸气。丙烯固定床氨氧化制备丙烯腈反应采用该反应器。

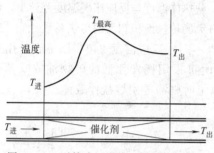

图 11-10　列管式固定床反应器温度分布

对于强放热氧化反应，床层径向和轴向均存在温差，径向温差一般不大。沿轴向温度分布都有一个最高温度，称为热点温度，如图 11-10 所示。控制热点温度是固定床反应器安全操作的关键，热点温度过高，使反应选择性降低，催化剂性能变差，甚至使反应失去稳定性而产生飞温。热点位置和温度与反应条件的控制、传热情况、催化剂性能等有关。随着催化剂的逐渐老化，热点位置下移，并且热点温度也逐渐降低。

列管式固定床反应器应用广泛，催化剂磨损小，气体流动接近活塞流，推动力大，催化剂生产能力较高。其不足是反应器结构复杂，传热差、温差较大，温度不易控制，热稳定性差。该反应器原料混合气应严格控制在爆炸极限之外，有时为了安全需要加入水蒸气等作为稀释剂。

3. 流化床反应器

流化床反应器结构如图 11-11、图 11-12 所示。流化床反应器由主体、气体分布板、换热器、气固分离装置构成。流化床中部是反应段，是关键部分。流化床内部除冷却管外可以不设置任何构件（见图 11-11），也可以设置一定数量的导向板和挡网等构件。设置构件有利于破碎大的气泡，改善气固之间的接触，减少返混，优化流化质量。

流化床反应器进料可以分别进料（图 11-11），也可以混合进料（图 11-12）。分别进料较安全，原料混合气的配比可不受爆炸极限的限制，工业上都采用这种形式的反应器。反应器上部为扩大段，在扩大段由于床径增加，气速减慢，有利于气流夹带的催化剂的沉降，减少催化剂损失。为进一步回收催化剂，在扩大段设置二、三级旋风分离器（可以设置过滤装置）。旋风分离器捕集回收的催化剂，通过料腿送回反应段。

流化床反应器温度均匀，换热器传热系数大，换热面积比固定床小得多，操作安全。但由于流化床反应器催化剂运动剧烈，催化剂损失严重，催化剂返混严重，引起气体返混，影响反应速率，使转化率和选择性下降。

二、氧化反应器的操控与维护

氧化反应器的操控和维护，主要是维持物料平衡、热平衡、相平衡和系统压差稳定，控制配料比、温度、压力、液位等工艺参数在工艺规程的允许范围内。

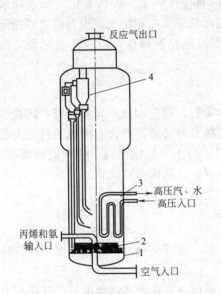

图 11-11　流化床反应器（一）

1—气体分布板；2—原料气分配管；
3—U 形冷却管；4—旋风分离器

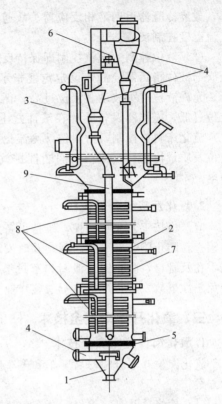

图 11-12　流化床反应器（二）

1—锥形管；2—反应段；3—扩大段；
4—进料管；5—分布板；6—防爆板；
7—导向板；8—冷却管；9—料腿

1. 氧化工艺参数的操控

工艺参数的操控主要是配料比、温度、压力、液位等参数的控制。

（1）氧化温度安全控制　一般地，氧化温度通过控制氧化物料外循环冷却系统、反应器夹套冷却系统来实现。例如，丙烯液相氧化，通过调节顶部冷凝器循环气体流量以及夹套冷却水流量控制氧化温度。因此，维持冷却水循环器正常运行，保持氧化系统热平衡是安全运行的基本条件。

（2）氧化压力安全控制　氧化压力即氧化温度下气相平衡压力。釜式反应器压力取决于釜内物料蒸气压力之和，应保持在物料饱和温度下；管式反应器压力控制略高于其饱和蒸气压力。氧化压力取决于氧化量及单体进料之间的平衡，以气相冷凝器控制压力。例如，液态丙烯量大于氧化需要量，从液相反应器进入流化或半流化床气相反应器，大部分气相丙烯（或丙烯与乙烯混合气）形成循环气流带出氧化反应热。为保持气相反应器压力恒定，循环气流冷却器返回反应器底部，或经冷凝器返回液相反应器。故通过调节冷却（冷凝）器冷却水流量、循环气流温度控制反应器压力。

（3）液位控制　液位控制即保持反应器底部与其气相空间压差不变。液位由最底部液位指示器控制，设定点能指示实际液位。保持压差设定点不变的情况下，允许液位有小波动。液位过高，循环气体起泡，浆料随循环气进入冷凝器；液位过低，搅拌器涡轮叶片在液面之上，影响搅拌效果。气相氧化（如丙烯氧化）流化床料位控制，由料位计测流化床底部与顶部气相压差，压差恒定即床层料位及质量恒定，改变粉料间断性排放时间间隔控制料位，粉料排放过程应防静电。

2. 氧化反应设备的维护

应严格按工艺规程操控，维持设备正常运行，避免和减少异常运行；认真巡回检查，防止跑、冒、滴、漏；及时发现问题及时处理；严密监控釜轴封、人孔或手孔及管口，防止密封泄漏和密封垫破裂；防止压缩机泄漏、储槽液面破裂，避免恶性事故发生；严格执行清釜作业安全规定，确保作业安全。

三、氧化开停车安全技术

1. 氧化岗位开车安全技术

氧化岗位开车分检修后开车和停车后开车。无论何种开车，均应严格执行开车方案。

（1）检修后开车　检修后开车包括开车前检查，单机及联动试车，联系相关岗位（工序）与物料准备，开车及过渡到正常运行等环节。

① 开车前检查　安全开车条件十分重要，检查确认的主要内容有：检查确认作业现场是否达到"三清"，检查设备内有无遗忘的工具和零件；清扫管线通道，查看有无应拆除的盲板，清除设备、屋顶、地面杂物垃圾；检查确认抽查盲板是否符合工艺安全要求；检查确认设备、管线是否已经通过吹扫、置换和密闭；检查确认容器和管线是否已经耐压试验、气密试验或无损探伤；检查确认安全阀、阻火器、爆破片等安全设施完好与否；检查确认调节控制阀、放空阀、过滤器、疏水器等工艺管线设施是否完好；检查确认温度、压力、流量、液位等仪器、仪表完好有效与否；检查确认作业场所职业卫生安全设施完备、可靠与否，备好防毒面具；检查确认个人防护用具是否齐备、完好、有效与否。

② 单机及联动试车　单机试车包括氧化反应釜搅拌器试运转、泵盘车等，检查确认是否完好、正常。单机试车后进行联动试车，检查水、电、汽等公用工程供应符合工艺要求与否，全流程贯通符合工艺要求与否。

③ 联系相关岗位（工序）与物料准备　联系水、电、汽公用工程供应部门，按工艺要求提供水、电、汽等；联系前后工序做好物料供应和接受的准备，计量分析化验。

④ 开车及过渡到正常运行　严格执行开车方案和工艺规程，进料前先进行升温（预热）操作，对螺栓紧固件进行热或冷紧固，防止物料泄漏。进料前关闭放空、排污、倒淋阀，经班组长检查确认后，启动泵进料。进料过程中，沿工艺管线巡视，检查物料流程，以及有无跑、冒、滴、漏现象。

严格按工艺要求的物料配比、投料次序和速度投料；严格按工艺要求的幅度缓慢升温、升压，并根据温度、压力等仪表指示，开启冷却水，调节流量，或调节投料速度和投料量，调节控制系统温度、压力达到工艺规定的限值，逐步提高处理量，以达到正常生产，进入装置正常运行，检查阀门开启程度是否合适，维持并记录工艺参数。

开车过程中，严禁随便排放物料。深冷系统、油系统进行脱水和干燥操作。

（2）正常停车后的开车　正常停车后的开车包括开车前进一步确认装置情况，联系水、电、汽等公用工程供应，联系相关岗位（工序）与物料准备，开车及过渡到正常运行等环节。

2. 氧化岗位停车操作安全技术

氧化岗位停车，分为正常停车和紧急停车。正常停车，即按正常停车方案或计划停车方案，使氧化装置有序停止正常运行。紧急停车及遇紧急情况，采取措施无效时，按紧急停车方案停止装置的运行。

（1）正常停车　正常停车包括通知上、下游岗位（工序）；关闭进料阀门，停止进料；关闭加热阀门，停止加热；开启冷却水阀门或保持冷却水流量，按程序逐渐降温、降压，泄压后采用真空卸料。正常停车要求：

① 严格执行停车方案，按停车方案规定的周期、程序、步骤、工艺参数变化幅度等进行操作，按停车方案规定的残余物料处理、置换、清洗方法作业，严禁违反停车方案的操作，严禁无停车方案的盲目作业。

② 停车操作应严格执行降温、降压幅度或速度，一般按先高压、后低压，先高温、后低温次序进行，保温、保压设备或容器，停车后按时记录其温度、压力的变化。氧化釜温度与其压力密切相关，降温才能降压，禁止骤然冷却降温和大幅度泄压。

③ 泄压放料前，应检查作业场所，确认准备就绪，且周围无易燃、易爆物品，无闲散人员等情况。

④ 清除剩余物料或残渣残液，必须采取相应措施，接收排放物或放至安全区域，避免跑冒、溢泛，造成污染和危险。作业者必须佩戴个人防护用品，防止中毒和灼伤。

⑤ 大型转动设备停车，必须先停主机，后停辅机，以免损害主机。

⑥ 停车后的维护：冬季应防冻，低位、死角、蒸汽管线、阀门、疏水器和保温管线应放净保温，避免冻裂损坏设备设施。

（2）紧急停车　遇到下列情况时，按紧急停车方案操作，停止生产装置运行：

① 系统温度、压力快速上升，采取措施仍得不到有效控制；

② 容器工作压力、介质温度或器壁温度超过安全限值，采取措施仍得不到有效控制；

③ 压力容器主要承压部件出现裂纹、鼓包、变形和泄漏等危及安全的现象；

④ 氧化安全装置失效、连接管线断裂、紧固件损坏等，难以保证安全运行；

⑤ 投料充装过量、无液位、液位失控，采取措施仍得不到有效控制；

⑥ 压力容器与连接管道发生严重振动，危及安全运行；

⑦ 搅拌中断，采取措施无法恢复；

⑧ 突然发生停电、停水、停汽、停风等情况；

⑨ 大量物料泄漏，采取措施仍得不到有效控制；

⑩ 发生火灾、爆炸、地震、洪水等危及安全运行的突发事件。

紧急停车应严格执行紧急停车方案，及时切断进料、加热热源，开启冷却水，开启放空泄压系统，及时报告车间主管，联系通知前、后岗位，做好个人防护。执行紧急停车操作时应保持镇定，判断准确、操作正确、处理迅速，做到"稳、准、快"，防止事故发生和限制事故扩大。

第四节　氧化工艺应急处置要点

一、氧化工艺主要单元宜采用的安全控制方式

反应类型为放热反应的氧化工艺生产中，重点监控的单元是氧化反应釜，宜采用的安全控制方式有：将氧化反应釜内温度和压力与反应物的配比和流量、氧化反应釜夹套冷却水进水阀、紧急冷却系统形成联锁关系，在氧化反应釜处设立紧急停车系统，配备安全阀、爆破片等安全设施。

本节所说的应急处置要点，不能完全涵盖所有类型，对于大规模氧化工艺事故，应参见本章，按照周密制定的事故应急预案执行。

二、邻二甲苯制苯酐氧化工段安全操作及应急处置要点

1. 氧化工段安全操作要点

（1）正常开车

① 反应器入口熔盐温度自动调节仪表根据熔盐给定温度，通过调节盐阀，调节反应器出口熔盐温度，根据不同的操作负荷及催化剂的使用情况，其值具体规定。盐温必须保持稳定，温度偏高时过氧化生成顺酐和 CO_x 增多，温度低易

产生苯甲酸等副产品。

② 中压汽包蒸汽压力自动调节通过调节蒸汽输出量，保证输出蒸汽压力在 1.4～1.6MPa 范围内。产生的 1.4MPa 蒸汽可供油加热器、汽化器、空气预热器、汽轮机使用。

③ 混合气冷却器出口温度控制通常可自成一个系统，混合气冷却器出口反应气体通过调节进水量来控制混合气冷却器温度。保证设备气体出口温度在 (145±5)℃之间，不宜过高或过低，低于 135℃ 易堵塞，高于 150℃ 易跑料。

④ 反应器热点温度高上限报警。当反应器热点温度超过 475℃ 时，邻二甲苯进料阀关闭，停止供料，保证催化剂在使用中不被烧毁，影响催化剂活性和使用寿命。

⑤ 熔盐槽内盐温控制在 240～250℃（向反应器内打熔盐时），防止反应器打熔盐时温差过高造成焊缝的断裂，同时防止氧化器及相关设备漏熔盐。

⑥ 反应器出口气体温度控制在（380±10）℃，如果高于 400℃，联锁停车。

⑦ 中压汽包压力控制在 1.8MPa 以下，低压汽包压力控制在 0.2～0.3MPa，水加热器出口水温 >100℃。

⑧ 轴流泵故障停泵报警。轴流泵停泵与熔盐冷却器注水泵联锁。

⑨ 氧化器系统阻力 >0.055MPa，出口温度 >170℃，联锁停车。

⑩ 混合气冷却器总部温度 >250℃，出口温度 >170℃，联锁停车。

（2）正常停车

① 接临时停车命令后 4～5h 内，按要求逐渐低负荷操作，提高熔盐温度，同时观察热点温度不能超高（或急剧下降），至操作浓度为 40g/m³，反应器入口盐升温到规定温度（这期间要根据操作浓度改变，按规定的各种负荷下反应器入口盐温要求，逐渐提高盐温的自控指标值）。

② 操作浓度降至 40g/m³ 以后，将汽包液位调节、压力调节、注水调节三块自动控制仪表全部恢复手动，逐渐关闭注水调节阀，减少甚至停止向熔盐冷却器内注水至反应器入口盐温升至下次开车的温度后，通知风机岗停车，同时停注水泵。

③ 打开定期排污阀门，用低压管网中 0.6MPa 的蒸汽将冷却器内的水压净，然后关闭两排污阀门、注水阀门及注水加热蒸汽阀门、蒸汽气动阀门两边阀门。

④ 打开熔盐调节阀，在停压缩机空气的情况下，要将盐阀用支架架住，使盐阀不能自行关闭。

⑤ 将空气放空阀缓慢打开后，停鼓风机。

⑥ 打开电加热器盐道阀后开电加热器（一般开度为 90% 左右），熔盐保温温度要求按催化剂要求和使用情况执行，并保证熔盐循环。

⑦ 冬季停车还要放净部分管道及设备内的水。

2. 氧化工段应急处置要点

（1）事故停车

① 突然停电停车，停电后要用残存的风吹扫热点，并马上把定期排污阀打开，用尚存蒸汽将废热炉内水压净，防止盐温降低，或只停低压电，没停高压电，且在 2min 之内重新送电，反应器入口盐温不低于 355℃，要立刻将盐阀手动关闭，并通知流量岗重新投料，根据实际操作情况在 60～90min 之内，将负荷重新恢复到停车前水平。

② 停车后，盐阀关闭，注水气动阀及蒸气气动阀调节阀开（在没有气源的情况下，盐阀将全部打开，因此在气源下降的情况下就要到现场用托架将盐阀压住，使之不能打开，保证熔盐的正常循环，避免熔盐冷却器内熔盐的凝固，其他操作按正常停车处理）。

③ 其他故障停车要尽可能延长停车过程时间，争取 4～5h 按正常停车步骤操作，若不行也可将邻二甲苯停掉，其他操作与正常停车相同。

（2）异常事故处理

① 正常生产中氧化器床层温度突然升高，经过操作控制仍上升时，应立即采取紧急停车措施，查找原因。

② 反应器内发生火灾时，应立即停料、停风，并关闭四台热熔箱进口阀，及时往氧化器内通 N_2 灭火并及时上报。

③ 当氧化系统防爆膜破裂时，应立即停车，查明爆破原因并处理后再开车。

④ 发现空气预热器漏蒸汽，反应器床层温度下降时，应立即停车，进行检查。

⑤ 混合气冷却器温度突然升高，反应器床层温度相应上升，经控制仍上升时应立即停车，及时关闭四台熔箱进口阀门，往氧化器系统通 N_2 灭火。

⑥ 混合气冷却器内漏水后形成二酸堵塞管道及设备，二酸与设备生成二酸亚铁盐，二酸亚铁盐自燃后引起系统着火。

⑦ 氧化器系统熔盐大量外溢，应立即停车，并把周围用沙土围住，以免熔盐与有机物接触着火。如发现自熔盐系统向外冒蒸汽，同时轴流泵电流突然下降，应停车检查系统是否有蒸汽泄漏到熔盐中。

⑧ 熔盐循环系统管道堵塞或轴流泵故障时应立即停车进行检修。

⑨ 氧化器出口熔盐温度自控，熔盐冷却器出口蒸汽压力自控及熔盐冷却器液位自控仪表失灵，应立即采用手动控制操作，并及时联系仪表工修理，如长时间修不好，手动操作困难无法保证高负荷投料操作时，应降低投料浓度到 $40g/m^3$ 左右，如果 $40g/m^3$ 或以下浓度操作仍无法控制时，应上报车间决定是否停车。

三、安全操作及应急处置要点

1. 氧化工段安全操作要点

（1）岗位人员必须熟悉本岗位易燃易爆、有毒有害等危险物质及各危险源的性质，掌握正确处理方法，熟悉本岗位各项工艺参数和操作方法，妥善保管并正确使用各种防护器材和灭火器材。

（2）对氨、氮氧化物等易燃或助燃气体介质装置的密闭设备、管道及其各种密封部位、阀门经常进行检查，防止可燃气体的泄漏。

（3）各设备所配备的压力表、液位计及安全阀等，必须保证齐全、完好，否则不准开车使用。

（4）严格控制氨蒸发器的液位、压力和温度，避免由液氨超压、超温引起的过量液氨进入氧化反应系统，及时地查看氨蒸发系统的高低液位、温度、压力。开车前对设置的氨空比例仪、高低流量控制开关，按不同负荷比例进行氨空比试验和校验，保证功能正常。严格控制氨氧化各项工艺参数，防止氨氧化率过低导致过量氨气在炉中积聚。

（5）每次开车前进行联锁空投试验和调节阀的开度、灵敏度试验合格，否则不得开车。装置运行之前，应把所有联锁信号投入工作状态，以确保机组安全运行。

（6）氨空气混合气管线上的螺纹、阀门等管件处，不许涂润滑油，以防带油进入氧化炉。

（7）系统开停车过程中，进行清洗、吹扫、置换和气密合格试验，防止系统形成硝酸铵和产生泄漏，消除可能爆炸物。检查氢气引燃系统保持良好，防止阀门未关等泄漏事件发生。

（8）定期检查和校验液位、压力、流量等仪表设施及安全阀等安全附件和联锁报警系统。

（9）重视原材料中杂质和有机物的控制，液氨过滤器中的油、催化剂定期排净。

（10）易燃易爆物品必须存放在安全位置，严禁在机械和高温设备周围存放或随意存放。

（11）检修过程中对系统进行彻底清洗，把与系统相连的物料管线彻底断开或加盲板；利用空气或氮气进行系统置换，增加对流。设备管道检修后，系统必须吹扫、试压和气密试验合格后才能投入运行。氨管道在未经处理前严禁用压缩空气进行吹扫。

2. 氧化工段异常处理要点

（1）仪表、联锁、信号装置发生异常时，要及时和仪表工联系，尽快排除故障，工艺操作人员不得擅自进行处理。

（2）正常生产中，严禁任意切除报警和联锁系统，如遇生产故障或其他原因必须切除时，要按规定办理审批手续，处理结束后及时投运。

（3）如果自动调节器失灵或调节阀损坏，若属一般调节回路，可首先从"自动"调节切换到"手动"调节,然后切换为旁路操作。联系仪表工检查修理或更换调节阀,如在短时间内故障排除不了,可做停车处理。

(4)在生产中,如果工艺指标超限,导致联锁动作停车:第一步是要识别第一事故信号及阀位动作信号;第二步是进行事故确认;第三步是进行事故处理,并分析检查事故原因;第四步是按复位按钮,使联锁再次投运。否则,再次开车时,联锁将投不上,发挥不了联锁的作用。

(5)如仪表空气中断或仪表电源中断,应立即做停车处理。

(6)严格控制反应系统中的铵盐量,当氧化氮分离器的稀酸中铵盐超标时,要及时查明原因,并采取措施,确保稀酸中铵盐量小于控制指标。如发现反应系统中有铵盐积聚,应立即停车处理。定时向氧化氮压缩机每级喷水或蒸汽,以消除积聚的铵盐,保证氧化氮压缩机安全稳定运行。

(7)管道设备内存有压力、有害气体和液体及易燃易爆物料时,禁止随意动工修理,必须处理好后,方准修理。

3.重点监控工艺参数及安全控制基本要求

(1)重点监控工艺参数　氧化反应釜内温度和压力;氧化反应釜内搅拌速率;氧化剂流量;反应物料的配比;气相氧含量;过氧化物含量等。

(2)安全控制的基本要求　反应釜温度和压力的报警和联锁;反应物料的比例控制和联锁及紧急切断动力系统;紧急断料系统;紧急冷却系统;紧急送入惰性气体系统;气相氧含量检测、报警和联锁;安全泄放系统;可燃和有毒气体检测报警装置等。

(3)宜采用的控制方式　将氧化反应釜内温度和压力与反应物的配比和流量、氧化反应釜夹套冷却水进水阀、紧急冷却系统形成联锁关系,在氧化反应釜处设置紧急停车系统,当氧化反应釜内温度超标或搅拌系统发生故障时自动停止加料并紧急停车。配备安全阀、爆破片等安全设施。

第十二章

过氧化工艺

第一节　过氧化工艺基本知识

一、过氧化反应原理

过氧化合物简称过氧化物，泛指分子结构中含有至少一个过氧基（—O—O—）的化合物。过氧化物一般分为无机过氧化物和有机过氧化物两大类。前者通常由金属元素（或氢元素）与过氧基组合而成，后者通常由有机物与过氧基组合而成。

由上述基本概念可知，生成过氧化物的反应即称为过氧化反应，其基本原理就是通过化学反应，将至少一个过氧基（—O—O—）引入到无机或有机化合物分子结构中，生成有机或无机过氧化物。

二、生产工艺及其分类

目前，过氧化物的种类非常多，其中无机过氧化物有几十种，如过氧化氢（H_2O_2）、过氧化钠（Na_2O_2）、过氧化锂（Li_2O_2）、过硫酸钾（$K_2S_2O_8$）等。而有机过氧化物则有几百种之多，常见的有过氧化苯甲酰（$C_{14}H_{10}O_4$）、过氧乙酸（$C_2H_4O_3$）、合成苯酚的中间体过氧化氢异丙苯（$C_9H_{12}O_2$）、尼龙的聚合材料己内酰胺（$C_6H_{11}NO$）、过氧化硫脲（$CH_4N_2O_2S$）等。因此，合成过氧化物的工艺也非常多，从反应类别以及生成化合物类别方面可分为有机反应工艺和无机反应工艺，从化工操作生产过程方面可分为间歇式生产和连续化生产。

1. 反应类别以及生成化合物类别方面

（1）无机过氧化物　无机过氧化物主要用于氧气发生剂、化工合成引发剂、高纯金属或化合物制备、漂白剂、氧化剂等方面，该类物质的结构以及合成均相对简单。

如前所述，无机过氧化物通常由金属元素（或氢元素）与过氧基组合而成，其中金属过氧化物是由碱金属（钾、钠等）、碱土金属（钙、镁等）以及某些过渡元素（镧、锑、汞等）直接或在特定介质中与氧气反应生成。该类反应属于简单的无机过氧化反应，其反应可大致表示如下（碱金属以 M 表示）：

$$2M+O_2 \longrightarrow M-O-O-M$$

过氧酸盐通常是由过氧化氢与某些盐类（碳酸钙、硼酸钠）在一定环境下作用生成，也有利用金属超氧化物进行化合反应或采用电解法制取。其中氢的过氧基团（H—O—O—）或过氧基（—O—O—）作为酸根的组成部分，加热时释放出氧气，与稀酸作用产生过氧化氢是该类物质的基本特征，基本反应表示如下（以过硼酸钠的制取为例）：

$$Na_2B_4O_7 + 2NaOH \longrightarrow 4NaBO_2 + H_2O$$

另外一种无机过氧化物属于分子加合型过氧化物，包括含结晶水的过氧化物（如 $Na_2O_2 \cdot 8H_2O$），含结晶过氧化氢的化合物（如 $2Na_2CO_3 \cdot 3H_2O_2$），同时含结晶水和结晶过氧化氢的三元化合物（如 $BaO_2 \cdot H_2O_2 \cdot H_2O$）。该类化合物同样具有在加热或与水、其他试剂作用时释放出氧气，与稀酸作用产生过氧化氢的特征。该类无机过氧化物是利用相应的化合物或过氧化物，与过氧化氢或水在一定的条件下进行分子加合反应而生成的，基本反应表示如下（以过碳酸钠的制取为例）：

$$2Na_2CO_3 + 3H_2O_2 \longrightarrow 2Na_2CO_3 \cdot 3H_2O_2$$

（2）有机过氧化反应 相对于无机过氧化物，有机过氧化物的种类更多，用途也更加广泛，在工业生产和人们生活中的作用非常重要，在高分子化学、精细化工、纺织印染、食品加工、医药等领域作为固化剂、催化剂、漂白粉、除臭剂、防腐消毒剂以及抗癌药剂等得到了广泛的应用，而且随着研究的深入，有机过氧化物的用途将被进一步扩展。

有机过氧化物是过氧基（—O—O—）连在碳原子上形成的化合物，也可以将所有有机过氧化物看作是过氧化氢（H_2O_2）的衍生物。有机过氧化反应即通过过氧化氢或氧气与相关有机物反应，向有机化合物分子中引入过氧基（—O—O—），或者说是用有机基团置换掉过氧化氢中一个或两个氢的反应过程。通常，有机过氧化物的氧化性比金属过氧化物以及过氧酸盐等无机过氧化物的氧化性更强。

由于有机过氧化物种类很多，通常我们按照被过氧化的有机物类别的不同，将有机过氧化物分为7类：醇类过氧化物、酸类过氧化物、酰类过氧化物、酯类过氧化物、环状过氧化物、烷基类过氧化物和有机金属过氧化物。

2. 化工操作生产过程方面

化工生产过程与其他生产过程的本质区别就是绝大多数化工生产过程有化学反应发生，并且化学反应是化工生产的核心部分，而产生化学反应的设备（即反应器）是化工生产的关键设备。不同形式的反应器决定了不同类型的化工生产。由于反应器可分为间歇式反应器和连续化反应器，因此，在化工操作生产过程方面，化工生产可分为间歇式生产和连续化生产。

（1）间歇式生产工艺 整个生产过程以反应周期为标志，从原料计量到加入反应器开始，通过物料反应、取出反应产物、清洗反应器等多个环节，达到再次投料要求的状态，此过程为一个反应周期，该类化工生产过程称为间歇式生产工艺。在间歇式生产工艺中，物料是分批次投入到反应器中的，物料在反应器中完全混合而与外界无物质交换，在整个反应过程中，反应器内各点物料浓度、反应温度、反应速率等参数均相同，但随时间变化而变化，是一个非常稳定的操作过程。

间歇式反应易于适应不同操作条件和产品品种，如小批量、多品种、反应时间较长的产品生产，在精细化、制药、染料中间体、催化剂制备等行业应用比较普遍。其优点是操作方便，灵活性大，投料容易、准确，反应产物容易调控；缺点是设备生产效率低，不易保持产品不同批次的质量稳定，劳动强度大，不适合大规模工业化生产。

（2）连续化生产工艺 反应物料不间断地进入反应器，同时产品也不间断地产出，这样的生产过程称为连续化生产。和间歇式反应器相反，连续化反应器各处的物料进出是均匀稳定的，且反应器内各处物料浓度、温度、压力、液位等参数不随时间变化而变化，是一种稳态操作过程。

相对于间歇式生产工艺，连续化生产工艺优点很多，由于生产条件稳定，不随时间变化，因此工艺控制指标很容易实现计算机操作和自动化控制，提高了安全系数，且产品质量均一、稳定。同时，由于设备可以长时间满负荷运转，生产效率大大提高，工人劳动强度降低，通常大规模化工产品的生产均采用连续化生产工艺。其缺点是：连续化反应器中都存在不同程度的返混，为减少这种情况，可采用多级反应器串联的生产方式。

三、典型工艺介绍

由于过氧化物都含有过氧键（—O—O—），过氧键结合力弱，断裂时所需的能量低。因此是极不稳定的结构，对热、振动、冲击或摩擦都极为敏感，当受到轻微外力作用时即分解，发生火灾爆炸的危险性较大。近年来，由过氧化物以及过氧化生产工艺引起的重大火灾爆炸事故不断发生。因此，认真分析研究过氧化物生产、运输、储存、使用过程中的安全性就显得十分重要。

如前所述，过氧化物的种类非常多，而且生产工艺也各不相同。因此，这里不可能对所有过氧化物的生产工艺进行介绍，在此仅选择几个具有一定代表性、社会应用相对普遍的有机和无机过氧化物生产工艺进行阐述，使生产操作者和产品使用者对过氧化工艺、过氧化物的生产原料、生产过程、储存、运输及使用等方面的危险性有初步了解，达到自我保护和安全生产的目的。

1. 蒽醌法过氧化物生产工艺

过氧化氢本身是过氧化物，但从合成工艺来看，几乎所有有机过氧化物均可采用过氧化氢为原料进行合成。同时，从分子结构来看，所有有机过氧化物均可看作是过氧化氢的衍生物。因此，过氧化氢在过氧化物行业的重要性是不言而喻的。

（1）生产工艺简介　工业过氧化氢的生产经历了电解法与蒽醌法两个过程。电解法由于能耗高、设备生产能力低等缺点已经被淘汰。蒽醌法经过不断的技术进步与完善，成为目前国内外过氧化氢生产工艺的主流。

该工艺是以适当的有机溶剂溶解蒽醌烷基衍生物，如 2-乙基蒽醌，配制成工作液，通常采用双溶剂，如由重芳烃和磷酸三辛酯组成混合溶剂，其中重芳烃是烷基蒽醌的溶剂，磷酸三辛酯则是烷基蒽醌加氢后的溶剂，在加氢催化剂，如钯催化剂作用下，将工作液中的烷基蒽醌氢化还原，生产相应的氢蒽醌，该阶段混合物称为氢化液；再经富氧或空气氧化，于工作液中产生过氧化氢，同时氢蒽醌恢复成原来的烷基蒽醌，该阶段混合物称为氧化液，然后用纯水萃取工作液中的过氧化物，水相（萃取物）与有机相（萃余液）分离后，即得到过氧化氢水溶液，再经净化或提浓后得到成品，萃余液经处理后回到氢化步骤，完成工作液的一次循环。由此可知，该反应主工艺分为氢化、氧化、萃取和后处理等步骤，工艺流程如图 12-1 所示。

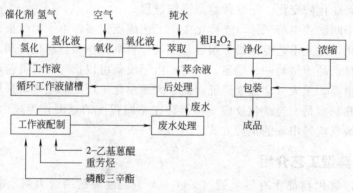

图 12-1　蒽醌法工业过氧化氢生产工艺流程简图

（2）反应原理　在上述氢化、氧化循环反应过程中，部分 2-乙基蒽醌（EAQ）逐渐变成四氢-2-乙基蒽醌（H_4EAQ），并积累于工作液中，也成为反应过程的重要载体之一，并可反复被氢化、氧化，生成过氧化氢。一定量四氢-2-乙基蒽醌的存在，将有利于提高氢化反应速率和抑制其他副产物的生成。

反应方程式如下：

① 工作液氢化反应：

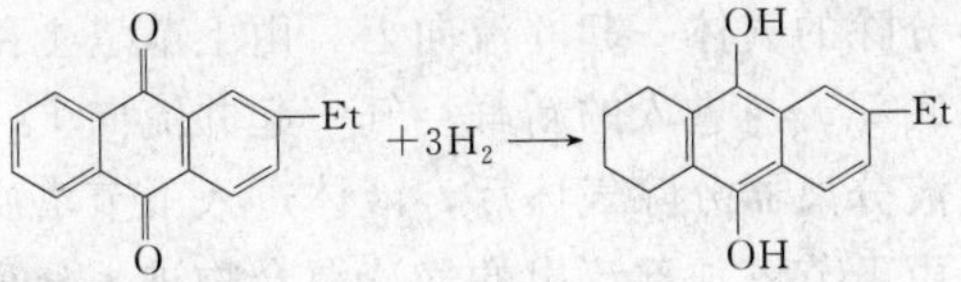

② 氢化液氧化反应：

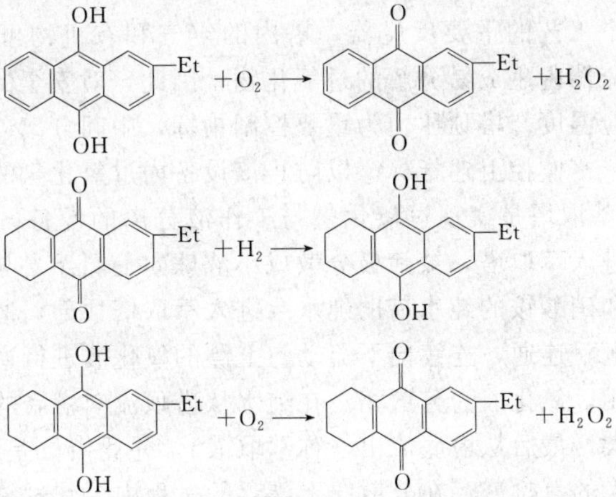

（3）主要设备简介　在蒽醌过氧化氢生产工艺中，氢化工序主要反应设备为氢化塔，氧化工序主要反应设备为氧化塔，萃取工序主要设备为萃取塔，后处理工序主要设备为碱塔、白土床，设备大小取决于整套装置的生产能力，各设备主要用途简介如下。

① 氢化塔　氢化塔一般由三节催化剂床组成，每节塔顶部设有气液分离器，使进入塔内的氢气和工作液分布均匀。根据工艺需要，氢化反应时可根据氢化效率及催化剂活性，使用三节催化剂床的任意一节（单独）或两节（串联），必要时也可同时使用三节（串联）。当上、中两节串联时，工作液与氢气先进入上节塔顶部，并流而下通过塔内催化剂层，在催化剂的作用下进行蒽醌的加氢反应，反应完全后，氢化液将从中节塔底部流出，经过气液分离后进入下一设备。为除去氢化塔内可能因循环工作液带进的过氧化氢分解释放的少量氧气，从气液分离器引出部分氢化液泵入氢化塔顶，以便反应消耗掉可能存在的氧气，确保安全。

氢化塔为整个工艺的主反应器，由于主反应物之一为氢气，因此，对安全的要求较高。在保证氢气纯度（主要控制氧、一氧化碳以及硫含量）的前提下，反应温度控制、氢化塔压力控制为主要工艺指标，工作液碱度为辅助控制指标之一。由于塔内部有氢气存在，在任何情况下不得使氢化塔处于负压状态。

② 氧化塔　在单套生产能力较小的装置中，如 10 万吨/年 27.5% H_2O_2 以下，氧化塔一般采用两节设计。而在较大规模生产装置上，为保证氧化反应的收率，氧化塔的设计一般为三节。以 10 万吨/年生产装置为例，从中、下节塔底部通入新鲜空气，通过分散器分散与塔内氢化液进行氧化反应。进入上节塔底部的

氢化液和气液分离器分除的气体一起并流向上，由上节塔上部流出的被部分氧化的氢化液进入中节塔底部，与进入的新鲜空气一起并流向上；由中节塔顶部流出的气液混合物进入气液分离器分除气体后，液体进入下节塔底部，与进入的新鲜空气一起并流向上；由下节塔顶部流出的气液混合物进入分离器进行气液分离后进入下一设备。

氧化塔为整个工艺的重要反应器，塔内的空气和有机物可以形成爆炸混合物，加之在该反应器内生成易分解的过氧化物，因此，对安全的要求极高。氧化液酸度、氧化反应温度与塔顶压力为重要控制指标，中间分离器液位为辅助控制指标之一。必须严格监控上述指标，以防止该设备内过氧化氢的分解。

③ 萃取塔　萃取塔是实现过氧化氢与工作液分离的设备。含有过氧化氢的氧化液从塔底部进入萃取塔，被筛板分散成小液珠向上漂浮。与此同时，配制的含有一定量磷酸和硝酸铵的纯水借助纯水泵进入萃取塔顶部，通过每层筛板的降液管使塔内水相上下连通，连续向下流动与上漂的氧化液进行逆流萃取。在此过程中，水为连续相，氧化液为分散相。在纯水从塔顶流向塔底的过程中，其过氧化氢含量逐渐增大，最后从塔底流出（称萃取液），并凭借位差进入净化塔顶部。从萃取塔底部进入的氧化液，在分散向上漂浮的过程中，其过氧化氢含量逐渐降低，最后从塔顶部流出（称萃余液）。

萃取塔内自上而下有大量浓度逐渐升高的过氧化氢，且塔顶存积有较多工作液，因此，防止塔内过氧化氢的分解是安全的保证。萃余液过氧化氢含量、萃取液酸度、萃取塔温度是重要的控制指标，也是塔顶液位辅助控制指标之一。

④ 碱塔、白土床　碱塔，亦称干燥塔，内装一定浓度的碳酸钾溶液与填料，主要作用是分解经萃取塔后工作液中残留的过氧化氢，调整工作液酸碱度，并进一步去除其中的水分。工作液流经碱塔的方向为自下而上，流出的工作液经沉降分离其中夹带的碱液后进入白土床底部，再自下而上流经白土床，床内装有活性氧化铝，用来再生反应过程中可能生成的蒽醌降解物和吸附工作液中残余的碳酸钾。

由于工作液至此要进行下一个循环，因此，各项指标必须调整至适合加氢反应，保证氢化塔安全。工作液中仅过氧化氢含量、工作液碱度为重要控制指标，工作液水分、碱塔液位、工作液组分等为辅助控制指标。

2. 过碳酸钠生产工艺

过碳酸钠（$2Na_2CO_3 \cdot 3H_2O_2$）全称为过氧水合碳酸钠，简称过碳，俗称固体双氧水。过碳酸钠广泛作为家庭及工业用漂白粉、洗涤剂，亦用作造纸、纺织行业的漂白粉，公共设施的清洗剂，金属表面的处理剂，医药用杀菌剂、消毒剂以及气味消除剂等，食品级过碳酸钠主要用作牛奶、水果等的保鲜剂。由于过碳酸钠无味、无毒，冷水中易于溶解，去污力强，溶于水后能放出氧而起到漂白杀菌等多种功效，加之成本低廉，可以取代传统的过硼酸钠，作为家用洗涤剂的添加剂。将过碳酸钠与含聚乙烯酸及 Cu、Fe、Co、Mn 等化合物催化剂的固体物混合，当急救用氧时，加入适量的水，即可分解出氧气，使用简单方便、供氧量大，这种氧源适于家庭（尤其是农村家庭）、军队、地下施工及矿山开采、抗洪、灭火救灾等急救场合，是一种性能优异的急救供氧剂。因此，过碳酸钠是一种很有发展前景的精细化工产品。

（1）生产工艺简介　目前我国工业过碳酸钠的生产为间歇式操作，属于配方型生产工艺，操作简单，设备较少，主要反应设备为间歇式搅拌反应釜。其主要反应过程：工业过氧化氢、碳酸钠按一定比例混合，以硫酸镁、硅酸钠、偏磷酸钠作为稳定剂，在水相环境下，控制反应温度，通过间歇式搅拌反应釜进行反应，经过一段时间后得到含成品的浆料。将反应后的浆料撤出反应釜，然后进行离心分离过滤，滤饼再在一定温度下经过干燥后得到工业成品。其生产工艺流程简图如图 12-2 所示。

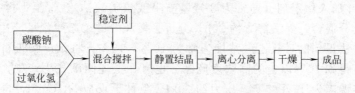

图 12-2　工业过碳酸钠生产工艺流程简图

（2）反应原理　如前所述，过碳酸钠属于典型的分子加合型无机过氧化物，由碳酸盐直接与过氧化氢进行加合反应生成，反应式为：

$$2Na_2CO_3 + 3H_2O_2 \longrightarrow 2Na_2CO_3 \cdot 3H_2O_2$$

（3）主要反应设备　常见的过碳酸钠合成工艺为间歇式操作，主要设备为间歇式搅拌反应釜。该设备主要由釜体、夹套（用以加热或冷却）、电机、搅拌、手孔、加料孔、卸料孔、温度压力测点、安全附件（泄爆孔、安全阀等）等部分组成。另外，要注意设备材质应与反应物料有良好的相容性，以保证反应过程的安全。

3. 过氧乙酸的合成

过氧乙酸，别名过乙酸、过醋酸。过氧乙酸是一种最重要、最早开发、用途最广的有机过氧酸，其氧化能力强于过氧化氢。过氧乙酸在有机合成中主要用作氧化剂的还氧化剂；在纺织、造纸、油脂、石蜡和淀粉工业中主要用作漂白剂；在医药行业中主要用作杀菌剂、消毒剂和杀虫剂。

过氧乙酸的工业合成方法主要有：乙酸直接合成法、乙酸酐法、乙醛自氧化法。其中乙酸（与过氧化氢）直接合成法应用最为普遍，该生产方式多采用间歇法进行，具有设备简单、流程短、操作方便、占地面积小、投资少的优点，但收率较低。乙酸酐法是用乙酸酐代替乙酸与过氧化氢反应，该工艺虽可提高产品过氧乙酸浓度，但在乙酸酐过量时可能生成易爆的副产物二酰基过氧化物，安全性相对较差。乙醛自氧化法是生产过氧乙酸的重要方法之一，在自氧化过程中需要加入惰性有机溶剂，起到在反应末期使原料与产品分离的作用，该工艺反应相对复杂，且生成的中间产品乙醛单过氧乙酸酯（AMP）具有高度易爆性，因此该工艺需要有充分的安全保护措施，且需要及时将危险的中间产品 AMP 通过分解方式除去。

（1）生产工艺简介　乙酸直接合成法生产过氧乙酸工艺相对比较简单，可以通过复合反应釜间歇批次操作，也可通过增加蒸馏塔，在生产过程中不断移出反应产物、补加原料方式连续化操作。前者操作简单，但产品收率低；后者增加了蒸馏塔，使得反应过程收率大为提高，而且连续化操作比较适合较大规模工业生产要求。

间歇法生产中，在搅拌状态下，依次将乙酸（冰醋酸）、稳定剂、浓硫酸（约 1%）、过氧化氢（约 30%）按特定比例加入复合反应釜（过氧化氢宜采用滴加方式），并加入稳定剂（通常为 8-羟基喹啉或焦磷酸钠），常温下搅拌 3～5h，使反应物充分混合，然后静置约 20h，分析平衡液中过氧乙酸含量，达到要求即为成品。该法得到的过氧乙酸浓度通常为 10%～15%，将该产物进行简单的减压蒸馏即可得到 70% 以上的高浓度产品。也有在上述间歇式生产中，采用加热的方式，在温度为 45～65℃、压力约 30kPa 条件下反应约 30min，再进行减压蒸馏，得到约 50% 的产品。

在连续化生产过程中，由加料管连续向蒸馏塔底部送入乙酸、过氧化氢、硫酸和水（用以稀释平衡液，使馏出液过氧乙酸含量达到要求），该原料液中含有特定的稳定剂，塔底生产的平衡液汽化后经塔内填料层被蒸馏，塔顶蒸气经冷凝器冷凝后，部分回入塔内作回馏液，其余作为产品排出。塔底平衡液排出后分两路，少量作为塔底物产品连续排出，其余部分经热交换器预蒸发后循环回入塔底继续连续反应。运转时加入的硫酸量应等于排出塔底液中硫酸量，这样从塔顶可得到大部分不含硫酸和乙酸，过氧化氢含量极低的高浓度过氧乙酸产品。

间歇式生产工艺流程简图如图 12-3 所示。

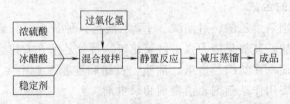

图 12-3　工业过氧乙酸间歇式生产工艺流程简图

（2）反应原理　合成过氧乙酸的有机过氧化反应为过氧化氢的一个氢原子被乙酰基取代，从而得到过氧乙酸。该反应属于可逆反应，在一定反应物与产物浓度下达到平衡。反应过程有水生成，故只要能减少平衡体系的水，及时移出过氧乙酸，或增加反应物的浓度，则可有利于该反应过氧乙酸的生成。在该反应中，浓硫酸不仅起到催化剂的作用，同时也可以结合反应生成的水，使反应向有利于过氧乙酸生成的方向进行。反应式如下：

$$
\underset{\text{AA}}{H\!-\!\overset{\overset{\displaystyle H}{|}}{\underset{\underset{\displaystyle H}{|}}{C}}\!-\!\overset{\overset{\displaystyle}{\|}}{\underset{\underset{\displaystyle O}{}}{C}}\!-\!OH} + H_2O_2 \xrightarrow{\text{浓 } H_2SO_4} \underset{\text{PAA}}{H\!-\!\overset{\overset{\displaystyle H}{|}}{\underset{\underset{\displaystyle H}{|}}{C}}\!-\!\overset{\overset{\displaystyle}{\|}}{\underset{\underset{\displaystyle O}{}}{C}}\!-\!O\!-\!OH} + H_2O
$$

（3）主要设备　合成过氧乙酸的过氧化反应相对简单，亦为间歇式操作，主要反应设备为间歇式复合反应釜。由于主要反应物与产品都为相对不稳定的过氧化物，因此反应过程中避免其分解是最主要的安全要点，适宜的专用稳定剂可以在一定范围内提供保证。由此可见，在生产过程中，反应温度及压力为重要监控指标；搅拌可使反应物充分混合，但不宜时间过长，以免引起过氧化氢与过氧乙酸的过量分解。同时，要注意设备材质应与反应物料有良好的相容性，以保证反应过程的安全。

4. 过氧化苯甲酰的合成

过氧化苯甲酰，亦称过氧化苯酰、过氧化二苯甲酰。过氧化苯甲酰是最早发现、用途最广泛的有机过氧化物之一，外观为粉末或颗粒状固体，是一种强氧化剂，极不稳定，易燃烧，当受到撞击、热、摩擦时能发生爆炸。过氧化苯甲酰可作为高分子聚合引发剂和橡胶加工的硫化剂，同时用于油脂的精制、面粉的漂白、纤维的脱色、塑料与医药加工等方面，近年来作为高速公路路面快速黏合剂也正在积极开发应用之中，是一种重要的精细化工产品。

相关文献报道的过氧化苯甲酰合成方法有很多，有过氧化钠法、过氧化氢法、苯甲醛自氧化法、超氧化物法、碳酸氢铵法等。但在工业化生产中，最成熟、最方便的方法是用过氧化氢、氢氧化钠、苯甲酰氯三种主要原料在一定条件下进行反应，该反应对设备要求较低。该工艺缺点是碱液消耗大，操作费用和生产成本较高。目前国内外工业化装置多采用该工艺。

（1）生产工艺简介　在间歇式生产工艺中，向间歇式反应釜内加入一定量的30%氢氧化钠水溶液，打开反应釜夹套冷冻盐水，维持料液温度在 0~5℃，在此条件下开动搅拌器，按比例加入过氧化氢，控制加料速度，保持料液温度不变，防止温度升高引起过氧化氢分解，搅拌约 10min，此过程制得过氧化钠溶液；然后在反应釜中加入计量的苯甲酰氯，控制加入速度以保持物料温度不变，防止温度升高引起苯甲酰氯水解生成苯甲酸，该反应过程多次洗涤晶体，以除去反应生成的氯化钠和其他杂质；洗涤后的晶体移入干燥箱，在 60~70℃下干燥即得产品，纯度一般在 98% 以上。

在连续化生产工艺中，按上述方法制取过氧化钠溶液，在常温下将该溶液以一定速度引入喷射器上部；与此同时，将一定量苯甲酰氯溶液按一定比例、速度从喷射器的侧面引入喷射器中，合成反应是在喷射器内瞬间进行，得到含过氧化苯甲酰粉末结晶淤浆；用水洗涤淤浆，分离干燥得过氧化苯甲酰，纯度一般在98％以上。产品储存时，保持成品中含水量25％～30％，提高安全性。

近年来也有一些新工艺，如以碳酸钠、碳酸氢钠或碳酸氢铵来代替氢氧化钠，以降低操作费用，在反应物中添加少量植酸作为过氧化氢的稳定剂以及添加十二烷基硫酸钠作相转移催化剂，可以实现在弱碱性条件下的常温操作。阴离子表面活性剂的加入，有助于反应物混合均匀，避免产物结块，避免产物包裹太多的水分和一些杂质。但该工艺的缺点是在表面活性剂作用下，反应过程因气体产生而出现大量泡沫，不利于反应的进行及产物的分离，严重时泡沫夹带原料溢出反应釜造成事故，从而引发安全隐患。该类反应机理因碱性介质的不同，反应物加入顺序的不同而发生变化。典型工艺简图如图 12-4 所示。

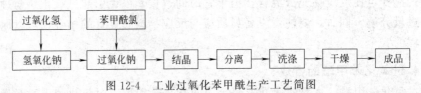

图 12-4　工业过氧化苯甲酰生产工艺简图

（2）反应原理　合成过氧化苯甲酰反应分两步进行：第一步制取过氧化钠溶液；第二步使过氧化钠分子中的过氧键（—O—O—）分别取代两个苯甲酰氯中的氯根，形成对称酰类过氧化物——过氧化苯甲酰，同时生产稳定的无机盐氯化钠。反应式如下：

$$2NaOH+H_2O_2 \xrightarrow{0\sim5℃} Na_2O_2+2H_2O$$

$$Na_2O_2+2 \text{(苯甲酰氯)} \xrightarrow{0\sim5℃} \text{(过氧化苯甲酰)} +2NaCl$$

（3）生产设备　从上述工艺可以看出，典型过氧化苯甲酰生产工艺的主要设备同样是间歇式反应釜，基本结构如前所述。由于反应物中有过氧化氢存在，反应环境呈碱性，通常过氧化氢在碱性环境中是极不稳定的，容易发生剧烈分解，因此，保证过氧化氢的稳定性是该工艺的重要安全要点。在生产过程中，反应物温度以及 pH 值为重要监控指标；加料速度以及表面活性剂也会对反应产生重要影响；搅拌可使反应物充分混合，但同样会引起过氧化氢的加速分解而使利用率降低。

5. 过氧化氢异丙苯的合成

过氧化氢异丙苯，亦称过氧化羟基异丙苯、乙丙苯过氧化氢、过氧化羟基茴香素、枯基过氧化氢。过氧化氢异丙苯主要用于原油、乙烯中脱砷，丁苯橡胶、塑料 ABS、丙烯酸酯 AB 胶聚合反应引发剂，也可用作其他有机过氧化物及高聚物反应中的助剂。异丙苯空气液相氧化生产过氧化氢异丙苯，过氧化氢异丙苯再酸解为苯酚和丙酮是目前工业上生产苯酚的主要途径，用该途径生产的苯酚占全部苯酚产量的 90％以上。

异丙苯空气液相氧化法分为"多相湿式氧化法"和"干式氧化法"，氧化反应在有碱性添加剂参与下进行的就是多相湿式氧化法。碱性添加剂通常以水溶液形式加入反应器中，形成两个不混溶相，在空气的强鼓泡作用下，两不混溶相接触合成为部分乳化的混合物，这种形态对中和酸类副产物是至关重要的，能有效保证氧化反应的正常进行。另外，该方法有水相的存在，为反应提供了更高的安全性以及对放热反应有更好的控制。因此，国内外目前传统的生产工艺均为该类型，现简介如下。

（1）生产工艺简介　过氧化氢异丙苯的合成一般采用直接氧化法，即异丙苯在氧化塔内直接与空气中的氧气发生氧化反应，该反应连续进行。

氧化反应是气液相混合反应，通常采用鼓泡式氧化塔，为提高生产能力和物料的转化率，目前采用多塔串联的生产方式，一般为 2～4 个氧化塔串联，采用 4 塔串联的居多。在整个反应中，物料是串联的，而空气是并联的。在空气与物料的接触流动方式上多采用并流，也有部分工艺采用逆流接触。

经过碱洗后的异丙苯（一部分是新鲜的，而另一部分是通过蒸馏回收的，含有一定的酸性杂质，因此要经过酸洗除去），由换热器加热后进入第一氧化塔下部，与底部进入的空气（也要经过碱洗除去酸性杂质）进行混合反应，并流向上，达到一定转化率后反应液从该塔上部引出，进入第二氧化塔下部，再与底部进入的新鲜空气进行混合反应，同样并流向上，各氧化塔自顶部加入碱性添加剂水溶液（通常为碳酸钠水溶液，浓度一般为 0.2％～0.5％）。这样进行多级氧化反应，最终达到所要求的转化率（过氧化氢异丙苯含量一般为 25％～30％）后，混合物料进入分离罐，有机相与无机相进行分层分离，无机相为碱性添加剂水溶液，有机相主要为异丙苯和过氧化氢异丙苯的混合物。再经下一步浓缩工序，将异丙苯回收再利用，同时将过氧化氢异丙苯提浓至约 80％，送至下一道工序。

由于氧化过程中过氧化氢异丙苯的分解，产生甲酸、甲醛等副产物，不仅严重抑制氧化反应的进行，而且能加速过氧化氢异丙苯的分解，导致反应速率以及收率下降，并带来安全隐患。为改变这种状况，目前工艺中采用碱金属碳酸盐，如碳酸钠作为添加剂中和酸类副产物。此外，碳酸钠还能起到缓冲混合物 pH 的作用，稳定反应环境。氢氧化钠由于能和反应物生成水溶性盐，在后处理工序中流失，通常不选用。

氧化塔的操作压力通常控制在 0.4～0.6MPa，主要目的是通过控制蒸发率来使反应热量达到平衡。也有部分生产工艺采用接近常压操作且不加入碱性添加剂水溶液的干式氧化法，这样就使得对反应器的要求降低，从而实现增加反应器体积、减少反应器数量的目的，而且操作湿度也可以降至 85％左右。

典型工艺流程如图 12-5 所示（以两塔为例）。

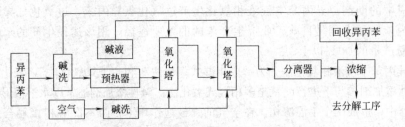

图 12-5　工业过氧化氢异丙苯工艺流程简图

（2）反应原理　异丙苯的液相氧化与一般烃类的液相氧化相似，是按自由基连锁反应历程进行的。由于反应生成的过氧化氢异丙苯在氧化条件下能部分分解成自由基，从而加速链的引发以促进反应的进行，因此异丙苯的氧化反应是一种非催化自动氧化反应，其反应过程表示如下：

$$\text{异丙苯} + O_2 \longrightarrow \text{过氧化氢异丙苯}$$

（3）主要设备　由前述所知，生成过氧化氢异丙苯的主要设备就是氧化塔，通常采用强鼓泡空气氧化，也可在氧化塔内加入少量填料以便增加传质效果。为保证空气与物料的充分混合，避免出现塔内物料反应死区，塔底设有空气分布器，且塔内一般设有加热（冷却）盘管，用以在开车时对反应物料进行加热，反应过程中对热量移除，以及在紧急事故状态下对物料冷却。氧化塔的气体出料加装气液分离、雾沫捕集等结构组件，在塔顶设有回流进料分布器，用以将碱液分散均匀。

在材质方面，由于反应过程中产生诸如甲酸、乙酸等有机酸类物质，具有较强腐蚀性，因此氧化塔以及塔内组件通常选用 304（美国产品牌号）以上的不锈钢材质，以保证设备、工艺安全。在工艺方面，氧化塔的温度、压力以及整体反应物料的 pH 值为关键控制指标。

第二节　过氧化工艺危险、有害因素分析

过氧化工艺火灾爆炸危险性较大，而该工艺的反应物都因涉及过氧化物而存在较高的危险性。因此，必须先了解过氧化物的危险特性，过氧化物的危险特性参数，以及处理过氧化物过程中的危险性。

一、过氧化物的危险特性

1. 分解爆炸性

爆炸是一种非常急剧的物理、化学变化，是一种在限制状态下系统潜能突

然释放并转化为动能而对周围介质产生作用的过程。而过氧化物都含有过氧键（—O—O—），属含能物质，且由于过氧键结合力弱，断裂时所需的能量不大，对热、振动、冲击或摩擦极为敏感，当受到轻微外力作用时即分解，如果反应放热速度超过了对周围环境的散热速度，在分解反应热的作用下温度升高，反应加速并发展成爆炸。相对于无机过氧化物，有机过氧化物更容易发生爆炸。有机过氧化物稳定性的次序为：酮过氧化物＜二乙酰过氧化物＜过醚＜二烃基过氧化物。各类过氧化物的低级同系物比高级同系物对机械作用与热量更敏感，爆炸危险更大。

2. 易燃性

多数过氧化物，尤其是有机过氧化物，很容易燃烧，因燃烧过程释放氧气，导致燃烧迅速而猛烈，有机过氧化物过氧键的活化能低于一般爆炸物质，约在 $80 \sim 160 kJ/mol$ 范围内，这就决定了有机过氧化物自燃温度较低。当过氧化物封闭受热导致剧烈分解时，极易发生爆炸并燃烧。

易燃、分解爆炸性几乎是所有过氧化物的通性，如过氧化氢、过氧化苯甲酰等，分解均产生氧气且放出大量反应热，导致体积剧烈膨胀，氧气为助燃剂、氧化剂，遇到有机物、还原剂极易发生燃烧、爆炸。

3. 人身伤害

过氧化物的氧化性极强，对人体的伤害也是这一特性所引起。有机过氧化物的人身伤害性主要表现为容易伤害眼睛和皮肤，如过氧化氢、过氧乙酸、过氧化二乙酰等，都对眼睛和皮肤以及上呼吸道有伤害作用，有些即使与眼睛短暂接触，也会对眼角膜造成严重的伤害。相对而言，过氧化物对皮肤的伤害略小，轻微灼伤一般可自行恢复，但高浓度过氧化物对皮肤的伤害很大。因此，当眼睛、皮肤接触到过氧化物后，需立即用大量清水冲洗，及时就医。

二、过氧化物的危险特性参数

1. 加速分解温度

过氧化物的分解速度随温度升高而加快，当温度高于一定值时，分解反应会自动进行。过氧化物的热不稳定参数可用自加速分解温度（SADT）来衡量。自加速分解温度是指过氧化物在包装、使用、运输中引起其自加速分解的最低温度。如果温度超过了自加速分解温度，过氧化物就会自行加速分解，反应所释放出的热量又会加速其分解。

自加速分解温度与分解速度、活化能、生成热有关。随着温度的升高，活化能高的过氧化物分解速度提高很快，因此，分解速度快、活化能高、生成热大的过氧化物热稳定性较差。一般不稳定的过氧化物自加速分解温度小于等于 $20℃$，稳定的过氧化物自加速分解温度为 $50 \sim 60℃$。

2. 氧平衡值

过氧化物分解爆炸的热量取决于爆炸时形成的并由氧平衡值所决定的气态产品的热能和数量。所谓氧平衡值是指 100g 物质爆炸并生成完全反应物所需要或剩余氧的质量（以克为单位）。过氧化物的氧平衡值为负数，所以它的爆炸能量比一般爆炸物低得多。过氧化物爆炸时的传播速度相当快，某些过氧化物对冲击的敏感性极强，与爆炸性质相接近。根据氧平衡值，过氧化物可分为能爆炸性分解和不能爆炸性分解两类。氧平衡值在 -200g 以内的过氧化物能够发生分解爆炸。

三、处理过氧化物过程中的危险性

1. 过氧化物生产的危险性

过氧化物的生产中，反应温度和浓度的控制很重要。反应温度高，氧化反应速率快，但由于过氧键的不稳定性，使得产物的分解速度也快。由于分解反应释放的热量比氧化反应释放的热量大得多，使分解反应难以控制，甚至发生爆炸性分解反应而引起爆炸。反应中产生的过氧化物浓度愈高，分解速度也愈快，因此在该类反应中，反应产物的及时移出很重要。如异丙苯的过氧化过程中，在氧化塔内生成的产物一般控制在 40%～50%，达到该程度后过氧化氢异丙苯需要及时移出，在一定的环境条件下进行浓缩。

在氧化反应器中，被氧化物与氧化剂、产物的配比是反应过程中重要的火灾爆炸因素，如果控制不当，进入爆炸极限，就易引起爆炸。如蒽醌法过氧化氢生产过程中，在生成过氧化氢的氧化工序，氧化残液中过氧化氢浓度很高，一般在 40%～50%，而此时氧化塔内本身就含有空气与重芳烃的混合物，这类三元混合物的敏感度，随温度和与有机物混合的 H_2O_2 水溶液浓度的升高而增大，若在该反应器内氧化残液中发生剧烈分解反应，将会导致爆炸的发生。

2. 过氧化物储运的危险性

过氧化物是固态或液态产品，极少数是气态产品。能爆炸性分解的固体过氧化物对冲击和摩擦很敏感，储运过程中稍有不慎，就可能引发事故。另外，由于过氧化物对温度的敏感性，使得过氧化物在储运过程中若冷却不充分，使温度升高，超过自燃点，就会导致其发生分解和爆炸。

过氧化物用表面粗糙的容器盛装会加速其分解。如 38% 过氧化氢在抛光的铂器皿中加热至 60℃ 仍不分解，而在内表面有多处擦伤的铂器皿中于室温条件下就会分解。

过氧化物溶液泄漏，尤其当溶液是挥发性化合物时，具有很大的危险性。如蒽醌法过氧化氢生产过程中的氧化液若发生泄漏，挥发性溶剂重芳烃蒸发，而过氧化氢则逐渐被浓缩沉积，使与之接触的有机物质迅速氧化会引起火灾。

此外，即便在正常状态下，过氧化物也会不可避免地缓慢分解，若该类物质储存在密闭狭小的空间，就有可能发生危险。以过氧化氢为例，过氧化氢分解可产生很大体积的气体，甚至在很弱的分解过程中，产生的气量也很大。例如20t 70%的过氧化氢即使每年分解0.1%，每天也将产生13L的氧气。在一个装料系数为95%的密闭储槽中，上述产生气体的速率可使储槽内的压力在约2个月内上升1个大气压力。更重要的是，很少量的污染物或容器表面的缺陷可使放气速率增大一个数量级。从过氧化氢的质量和浓度方面，或许检测不出什么不正常，但在几天之内即可出现压力的显著上升。

显然，过氧化物不应储存在完全密闭的容器中，所有容器必须有通气口，以便安全地释放正常或中等加速分解产生的氧气。

3. 与过氧化物混合的危险性

过氧化物与有机物质作用，在一定条件下会形成爆炸性混合物。在变价金属盐、胺类作用下，浓过氧化物与强酸混合时会迅速分解，引起爆炸。而含H_2O_2、有机物和硫酸的一些反应，在工业上是很重要的和普遍的，该体系不仅是危险的，而且是不可预料的一个未知体系，如不首先进行规模很小的实验，就不可进行大规模操作的尝试。固体无机过氧化物与有机物接触时也会剧烈分解，引起有机物氧化并着火。

如合成过氧乙酸的过程中，浓硫酸作为催化剂，于是就存在过氧化物、浓硫酸、有机物的混合体系，该反应也是危险的，除严格控制反应温度外，产品过氧乙酸的浓度一般控制在15%～20%，以避免高浓度过氧化物在强酸作用下发生剧烈分解。

4. 副产过氧化物的危险性

许多化学过程，尤其是氧化、缩聚和聚合过程，甚至只存在少量氧化物时，也会形成过氧化物。有机物质，如溶剂、单体与氧或含氧化合物长期接触，能够自发氧化产生过氧化物积聚在各种设备（吸附器）中。如用乙酐与过氧化氢反应制过氧乙酸，在生成过氧乙酸的同时，还有副产物二酰基过氧化物的生成，该物质极不稳定，在强酸、有机物混合体系下很容易发生爆炸。

某些化学过程，尤其是用氧液相氧化有机产品的过程，都需要经过氧化物阶段，形成的过氧化物可能成为事故的原因。如乙醛氧化生产乙酸反应，中间产物有过氧乙酸，该物质是一般不稳定的有爆炸性的有机过氧化物。氧化反应器的上部气相空间因无催化剂存在，容易造成过氧化物的积累，可能发生突然分解而导致爆炸。

四、典型过氧化工艺中危险物质性能

1. 氢气

氢气（H_2）最早于16世纪初被人工制成，当时使用的方法是将金属置于强酸中。1766~1781 年，亨利·卡文迪许发现氢气是一种与以往所发现气体不同的另一种气体，在燃烧时产生水，这一性质也决定了氢气的拉丁语"hydrogenium"（"生成水的物质"之意）。常温常压下，氢气是一种极易燃烧、无色透明、无臭无味的气体。

(1) 理化性质　氢气是无色并且密度比空气小的气体（在各种气体中，氢气的密度最小。标准状况下，1L 氢气的质量是 0.0899g，相同体积氢气比空气轻得多）。因为氢气难溶于水，所以可以用排水集气法收集氢气。另外，在 101kPa 下，温度 -252.87℃时，氢气可转变成无色的液氢；-259.1℃时，变成雪状固氢。常温下，氢气的性质很稳定，不容易跟其他物质发生化学反应。但当条件改变（如点燃、加热、使用催化剂等）时，情况就不同了，如氢气被钯或铂等金属吸附后具有较强的活性（特别是被钯吸附，金属钯对氢气的吸附作用最强）。当空气中氢的体积分数为 4%~75%时，遇到火源，可引起爆炸。

(2) 基本性能

① 可燃性　纯氢的引燃温度为 400℃。氢气在空气里的燃烧，实际上是与空气里的氧气发生反应，生成水：

$$2H_2 + O_2 \xrightarrow{点燃} 2H_2O$$

这一反应过程中有大量热放出，火焰呈淡蓝色（实验室里用玻璃管看不出蓝色，看到的黄色是由于玻璃中存在 Na^+）。氢气燃烧时放出热量是相同条件下汽油的三倍。因此，氢气可用作高能燃料，如在火箭上使用，中国长征 3 号火箭就用液氢作燃料。

不纯的 H_2 点燃时会发生爆炸，但有一个极限，当空气中所含氢气的体积占混合气体积的 4.0%~74.2%时，点燃都会发生爆炸，这个体积分数范围叫爆炸极限。

用试管收集一试管氢气，将管口靠近酒精灯，如果听到轻微的"噗"声，表明氢气是纯净的。如果听到尖锐的爆鸣声，表明氢气不纯，这时需要重新收集和检验。

如用排气法收集，则要用大拇指堵住试管口一会儿，使试管内可能尚未熄灭的火焰熄灭，然后才能再收集氢气（或另取一试管收集）。收集好后，用大拇指堵住试管口移近火焰再移开，看是否有"噗"声，直到表明氢气纯净为止。

② 还原性　氢气与氧化铜反应，实质是氢气还原氧化铜中的铜元素，使氧化铜变为红色的金属铜。反应式如下：

$$CuO + H_2 \xrightarrow{\triangle} Cu + H_2O$$

$$CO + 3H_2 \xrightarrow{高温催化} CH_4 + H_2O$$

在这个反应中，氧化铜失去氧变成铜，氧化铜被还原，即氧化铜发生了还原反应，还原剂具有还原性。

根据氢气所具有的燃烧性质，它可以作为燃料，可以应用于航天、焊接、军事等方面。根据它的还原性，还可以用于冶炼某些金属材料等方面。

此外，氢气与有机物的加成反应也体现了氢气的还原性，如：

$$CH_2 \!=\! CH_2 + H_2 \longrightarrow CH_3CH_3$$

2. 重芳烃

重芳烃是指分子量大于二甲苯的混合芳烃，主要来源于重整重芳烃、裂解汽油重芳烃和煤焦油，是一种以 C_9 芳烃为主要成分的混合芳烃。

（1）危险特性　遇高热、明火及强氧化剂易引起燃烧。

（2）理化特性　外观与性状：无色透明液体，具有芳香烃气味。冰/熔点：$-45℃$；沸点范围：$140\sim185℃$。闪点：$40℃$。引燃温度：$450℃$。溶解性：不溶于水，溶于乙醇、苯。

（3）健康危害　吸入后引起肺炎，并使神经系统、肝脏受损，会使皮肤脱脂。

（4）急救措施　皮肤接触：先用水冲洗，再用肥皂水彻底洗涤，就医。眼睛接触：眼睛受刺激用水冲洗；溅入眼内严重者需就医诊治，安置休息并保暖。食入：误服立即漱口，就医。灭火方法：用砂土、泡沫、二氧化碳灭火，小面积着火可用雾状水扑救。

（5）泄漏应急处理　迅速将人员从泄漏污染区撤至安全区，并对污染区进行隔离，严格限制出入，切断火源。建议应急处理人员戴自给正压式呼吸器，穿消防防护服，尽可能切断泄漏源，防止泄漏物进入下水道、排洪沟等限制性空间。

3. 过氧化氢

过氧化氢化学式为 H_2O_2，俗称双氧水，外观为无色透明液体，是一种强氧化剂，其水溶液适用于医用伤口消毒、环境消毒和食品消毒。在一般情况下会分解成水和氧气，但分解速度极其慢，加快其反应速率的办法是加入催化剂——二氧化锰或用短波射线照射。

（1）基本信息　中文名称：过氧化氢。英文名称：hydrogen peroxide。别称：双氧水。水溶性：易溶于水。化学式：H_2O_2。密度：1.13g/mL（20℃）。分子量：34.01。外观：蓝色黏稠状液体（水溶液通常为无色透明液体）。CAS 号：7722-84-1。闪点：107.35℃。应用：物体表面消毒，化工生产，除去异味。熔点：$-0.43℃$。沸点：158℃。

（2）物理性质　水溶液为无色透明液体，溶于水、醇、乙醚，不溶于苯、石油醚。纯过氧化氢是淡蓝色的黏稠液体，纯的过氧化氢的分子构型会改变，所以熔、沸点也会发生变化。其密度随温度升高而减小。它的缔合程度比 H_2O 大，所以它的介电常数和沸点比水高。纯过氧化氢比较稳定，加热到153℃便猛烈分解为水和氧气。值得注意的是，过氧化氢中不存在分子间氢键。

过氧化氢对有机物有很强的氧化作用，一般作为氧化剂使用。

4. 过氧乙酸

过氧乙酸溶于水、醇、醚、硫酸，属强氧化剂，极不稳定。其在−20℃也会爆炸，浓度大于45％就有爆炸性，遇高热、还原剂或有金属离子存在就会引起爆炸。

(1) 基本信息　中文名称：过氧乙酸。英文名称：peroxyacetic acid。别称：过乙酸、过氧化乙酸。CAS 号：79-21-0。危险货物编号：52051。结构简式：CH_3COOOH。分子式：$C_2H_4O_3$。分子量：76.05（近似值：76）。

(2) 物理性质　主要成分：含量35％（质量分数）和18％～23％两种。外观与性状：无色液体，有强烈刺激性气味。熔点：0.1℃。沸点：105℃。相对密度（水＝1）：1.15（20℃）。饱和蒸气压：2.67kPa 25℃。闪点：41℃。

(3) 化学性质　完全燃烧能生成二氧化碳和水；具有酸的通性；可分解为乙酸、氧气具有溶解性。

制备的方程式：

$$CH_3COOH + H_2O_2 \rightleftharpoons CH_3COOOH + H_2O$$

(4) 健康危害　有毒，LD_{50} 1540mg/kg（大鼠经口），LD_{50} 1410mg/kg（兔经皮），LC_{50} 450mg/kg（大鼠吸入）。过氧乙酸对眼睛、皮肤、黏膜和上呼吸道有强烈刺激作用。吸入后可引起喉、支气管的炎症、水肿、痉挛、化学性肺炎、肺水肿。接触后可引起烧灼感、咳嗽、喘息、喉炎、气短、头痛、恶心和呕吐。

(5) 危险性　过氧乙酸易燃，具有爆炸性，具有强氧化性、强腐蚀性、强刺激性，可致人体灼伤。易燃，加热至100℃即猛烈分解，遇火或受热、震动都可起爆。与还原剂、促进剂、有机物、可燃物等接触会发生剧烈反应，有燃烧爆炸的危险。

5. 过氧化苯甲酰

过氧化苯甲酰的分子式是 $C_{14}H_{10}O_4$，CAS 号为 94-36-0，中文名称全名为过氧化苯甲酰，白色或淡黄色，微有苦杏仁气味，是一种强氧化剂，极不稳定，易燃烧，当撞击及受热、摩擦时能爆炸，加入硫酸时发生燃烧。其主要用途：合成树脂的引发剂，面粉、油脂、蜡的漂白剂，化妆品助剂，橡胶硫化剂。过氧化苯甲酰能对面粉起到漂白和防腐的作用，已经安全性评估，也有研究认为对人体有一定的负面作用。

别名：过氧化（二）苯甲酰。英文名称：benzoyl peroxide、benzoyl superoxide。分子量：242.23。熔点：103℃（分解）。溶解性：微溶于水、甲醇，溶于乙醇、乙醚、丙酮、苯、二硫化碳等。密度：相对密度（水＝1）1.33。稳定性：稳定。

6. 过氧化氢异丙苯

过氧化氢异丙苯是无色液体，在 0.004MPa 下的沸点是 97.4℃，在温度 70～90℃时稳定。过氧化氢异丙苯为性质相对稳定的液体有机过氧化物，在 145℃ 以上会分解，属于强氧化剂，易燃易爆，与还原剂、铵、有机物、酸、易燃物、硫、磷等混合可发生爆炸性分解反应，甚至引起爆炸，在受热、撞击时会引发爆炸。过氧化氢异丙苯为中等毒性，对皮肤有刺激性作用，接触可引起灼伤，进入眼内可引起眼角膜损伤。

第三节　蒽醌法生产过氧化氢危险性及预防措施

一、蒽醌法生产过氧化氢的原理

本方法制取过氧化氢是以 2-乙基蒽醌（EAO）为载体，以重芳烃（AR）及磷酸三辛酯（TOP）为混合溶剂，配制成具有一定组成的工作液，将其与氢气一起通入一装有催化剂的氢化床内，EAQ 于一定压力和温度下与氢进行氢化反应，生成相应的氢蒽醌（HEAQ），所得溶液称氢化液。氢化液再被空气中的氧氧化，其中的氢蒽醌恢复成原来的蒽醌，同时生成过氧化氢，所得溶液称为氧化液。利用过氧化氢在水和工作液中溶解度的不同及工作液与水的密度差，用纯水萃取氧化液中的过氧化氢，得到过氧化氢水溶液（俗称双氧水）。此水溶液经净化处理即可得到过氧化氢产品。经水萃取后的工作液（称萃余液），经过后处理工序利用 K_2CO_3 溶液干燥脱水分解 H_2O_2 和沉降分离碱，再经白土床内的活性氧化铝吸附除碱和再生降解物后得到工作液，然后再循环使用。

二、过氧化氢产品及原料的危险性

1. 过氧化氢

纯净的过氧化氢，在任何浓度下都很稳定，工业生产的过氧化氢的正常分解速度极慢，每年损失低于 1%，但与重金属及其盐类、灰尘、碱性物质及粗糙的容器表面接触，或受光、热作用时可加速分解，并放出大量的氧气和热量。分解速度与温度、pH 值及杂质含量有密切关系，随着温度、pH 值的提高及杂质含量的增加，分解速度加快。

温度每升高 10℃，分解速度约提高 1.3 倍，分解时进一步促使温度升高和分解速度加快，对生产安全构成威胁。

过氧化氢稳定性受 pH 值的影响很大，中性溶液最稳定，当 pH 值低（呈酸性）时，对稳定性影响不大，但当 pH 值高（呈碱性）时，稳定性急剧恶化，分解速度明显加快。

当和含碱（如 K_2CO_3、$NaOH$ 等）成分的物质及重金属接触时，过氧化氢迅速分解。虽然通常在过氧化氢产品中都加有稳定剂，但当污染严重时，对其分解也无济于事。

当 H_2O_2 与可燃性液体、蒸气或气体接触时，如果此时的 H_2O_2 浓度过高，可导致燃烧，甚至爆炸。因此，H_2O_2 储槽的上部空间存在一定的危险性，因为 H_2O_2 上部漂浮的芳烃是可燃性液体和气体的混合物，一旦 H_2O_2 分解或有明火，就会引起爆炸。

随着过氧化氢水溶液浓度的提高，爆炸的危险性也随着增加。在常压下，气相中过氧化氢爆炸极限质量分数为 40%，与之对应的溶液中的质量分数为 74%，压力降低时，爆炸极限值提高，因此负压操作和储存是比较安全的。

过氧化氢是一种强氧化剂，可氧化许多有机物和无机物，容易引起易燃物质，如棉花、木屑、羊毛、纸片等的燃烧。

2. 原料

（1）重芳烃　重芳烃来自石油工业铂重整装置，主要为 C_9 或 C_{10} 馏分，即三甲苯、四甲苯异构体混合物，另外还含有少量二甲苯、萘及胶质物。重芳烃为可燃性液体，当周围环境达到燃烧条件（如有火源、助燃剂等）时即可燃烧。其蒸气与氧或空气混合后，可形成爆炸性混合物，达到爆炸极限后，在明火、静电等作用下，可发生爆炸、燃烧。

（2）氢气　氢气是易燃易爆的气体，当它和空气、氧气等混合时，易形成爆炸性混合气体，氢气在空气中的爆炸极限为 $4\%\sim74\%$（体积分数），在氧气中的爆炸极限为 $4.7\%\sim94.0\%$（体积分数）。但爆炸极限不是一个固定的数值，它受诸多因素的影响，如温度、压力、惰性介质、容器材质及能源等都可使其改变，明火和高温均可引起爆炸，在化工生产中，极易达到上述的爆炸条件，不能认为只要在爆炸极限外使用就是安全的。

（3）催化剂　过氧化氢生产所用的催化剂主要有兰尼镍和钯两种，前者在空气中可自燃，需经常保存在水或溶剂中，使用时切忌散落在外与空气接触，更不能漏至后面工序中，导致过氧化氢分解。钯催化剂本身无危险，但如漏至氧化系统或萃取系统中，也将导致过氧化氢剧烈分解，产生严重后果。

三、生产系统中存在的危险因素

1. 氢化工序

氢化工序中，重芳烃是工作液中的主要成分，在一定条件下可燃烧和爆炸。而氢气也为易燃易爆气体，与空气和氧气混合，在外界条件（明火、静电等）引发下，可导致事故发生。因此，应绝对避免氧进入塔内，包括氢气中带入的氧、过氧化氢分解产生的氧或因负压吸入的空气等。

循环进入氢化工序的工作液中过氧化氢含量高，遇到催化剂后分解出氧气，并在塔中积累，与进入塔中的氢气混合，发生爆炸。为此，必须严格控制进塔工作液的过氧化氢含量。还要使部分氢化液循环回入氢化塔，使其中氢蒽醌与可能存在的氧气发生反应，消除其积累。

进入塔中的工作液带有大量的碱，使催化剂中毒，失去活性，且把碱或催化剂粉末随工作液带到氧化塔和萃取塔，使其中的过氧化氢分解爆炸。进入塔中的氢气或氮气含有氧气，能引起催化剂燃烧或氢氧混合爆炸。

在氢化系统运转前，必须用氮气彻底置换系统中的空气，再用氢气置换氮气。停止运转前，则先用氮气置换氢气，然后再停止向塔中送工作液，确保不会造成因氢气和空气的混合而发生爆炸。

2. 氧化工序

氧化工序中，由于工作液中的重芳烃、含氧空气和过氧化氢存在于同一个系统里，潜伏着十分危险的燃烧和爆炸因素。

在氧化塔中，存在有机溶剂、过氧化氢和助燃的氧气，如果存在使过氧化氢分解的杂质（碱性物质、重金属、催化剂粉末等），即可能发生因过氧化氢的剧烈分解而燃烧、爆炸。由于氢化液本身为弱碱性，向氧化塔中必须加入磷酸，使反应介质呈弱酸性，并保持过氧化氢稳定。

氧化过程中生成的过氧化氢，极少量会被少量过氧化氢分解产生的少量水萃取出来，形成氧化残液，其中积聚了大量的杂质和浓度很高的过氧化氢，稳定度很低（一般只有 $40\% \sim 50\%$），这部分残液需定时排放，如果设计或操作失误，将可能产生爆炸。因此，储存氧化残液的容器应有安全阀，保证在其分解时泄掉压力，最好采用常压操作，在任何操作条件下，也不会造成压力的升高。

氢化液进入氧化塔前，应有很好的过滤设备，避免催化剂粉末或其他固体杂质（如氧化铝粉末）带入。

3. 萃取和净化工序

该工序也是生产过氧化氢的主要工序。该工序的危险来自外界不同物料的串混和杂质的侵入。在萃取塔和净化塔中储存了大量过氧化氢，凡是能促使其分解的杂质（如碱、金属离子、催化剂粉末、氧化铝粉末等）都将造成过氧化氢的急剧分解，使温度和压力升高，工作液从系统的放空口或设备的薄弱处喷出，发生燃烧、爆炸事故。这些杂质均由工作液夹带，经过氢化、氧化和后处理工序再进入萃取塔。

将碱带入工作液，主要来自后处理的干燥塔，因为干燥塔中有大量的碱液，由于设备结构、操作不当或设计流程不合理，可能使碱和工作液分不开，也可能因其他误操作，将碱直接混到工作液中，进入萃取塔。其他杂质也容易带入工作液，如催化剂和氧化铝粉末，因其质量不合格，容易破碎；过滤器未起到应有的作用，所选择的过滤材质规格不当或操作失误。

净化塔所出的事故主要由重芳烃引起，如果重芳烃将铁锈或其他可能使过氧化氢分解的杂质带入，这是非常危险的。因此，芳烃经过蒸馏再加入系统是十分必要的，这样还可提高氢化效率。

4. 后处理工序

该工序是辅助工序，主要任务是利用浓碳酸钾溶液（一般称为碱液）将萃余液中夹带的过氧化氢和水分除去，并使酸性转为碱性，同时利用活性氧化铝（也称白土）再生蒽醌降解物，使其成为有效蒽醌。如果操作不当就会导致酸、碱物质串岗互混，系统酸碱度失调则会对生产造成极为不利的影响，甚至造成危险。

萃余液中的过氧化氢含量高，在干燥塔内分解产生气体，破坏了塔内的流动状态，使大量的碱带走，进入固定床，使催化剂严重中毒。如果处理不当，碱还可能进入氧化塔和萃取塔，使大量过氧化氢剧烈分解，造成更严重后果。

5. 配制工序

该工序的任务是用重芳烃、磷酸三辛酯和 2-乙基蒽醌配制工作液；用氢氧化钠再生工作液中的降解物；将粗芳烃经过蒸馏提纯后用于配制工作液，以及废工作液的清洗、回收等。

由于该工序的工作复杂，又接触过氧化氢、碱液、工作液和重芳烃等危险物料，在操作中经常变换流程、温度和压力，因此也是事故频发的工序，发生事故时往往是恶性爆炸。

6. 浓缩工序

该工序是将质量分数较低（≤27.5%）的过氧化氢，通过蒸发精馏过程，提高到 50%以上，以满足用户需要，并节省大量包装、运输费用。如前所述，随着过氧化氢质量分数的提高，爆炸的危险性加大，尤其有杂质存在或接触有机物时更是如此。由于过氧化氢浓缩过程也是杂质富集的过程，这些杂质包括无机盐类和有机物（如溶剂和蒽醌），都能促使过氧化氢分解、燃烧或爆炸，进料过氧化氢中杂质越多，发生事故的危险性越大。抑制过氧化氢分解过快的最有效办法之一是加入大量纯水稀释，这样可降低过氧化氢和杂质浓度，同时降低温度。因此，在设计中必须考虑在紧急状况下补加纯水的措施。

7. 静电

静电是由物体与物体的相互接触、摩擦、快速分离而产生的。相互摩擦的物体绝缘程度越高，摩擦速度越快，产生的静电电位越高，如高电阻物质在管道中流动或喷出时都能产生静电，氢气和工作液在管道中的快速流动和急速喷出时，都能产生静电并引起燃烧。

四、安全防范措施

1. 装置建设过程中的安全措施

（1）设计方面 应充分考虑到在操作不当或失误的情况下，仍能最大限度地避免发生恶性燃烧、爆炸事故。例如，可在危险部位增加安全阀、防爆膜、自动放空装置或采用常压敞口设备；尽量分开两种不能接触的物料，管道之间尽量少用阀门连接，以免因错开阀门或内漏发生事故；萃取塔、精馏塔等存在大量过氧化氢的设备，在发生剧烈分解、温度骤升时可自动注水等。同时与工艺结合，尽量提高生产过程的自动联锁调控水平（包括建立紧急情况下自动联锁停车装置和保护系统等）。要根据生产实践经验和实际需要，不断修改和完善设计，提高设计的安全技术水平。

对电气系统、压力容器、易燃及有毒物质，要严格按照有关国家标准进行设计施工。在设备设计、车间布置时要运用人机工程的原理，尽可能使机器和环境适合人的工作，以方便操作，防止误操作。

（2）安装方面 生产过氧化氢的设备必须由合适的材料制作（一般为304或316不锈钢，铝或铝镁合金也可使用），而且其内表面必须经过钝化处理。安装过程中要注意阀门的解体检查，取出其中的铜垫，确保阀体、阀芯与物料接触部分均为1Cr18Ni9Ti不锈钢材质。

由于过氧化氢的氧化性强，遇到重金属及其他杂质可剧烈分解，甚至爆炸，安装时切勿将螺栓、螺帽、钻头等碳钢类材料掉入设备或管线中，以免开车发生事故。工作液具有很强的腐蚀性，垫片密封材料一般选用聚四氟乙烯、聚乙烯。氢化、工作液配制等高温处不能使用聚乙烯垫片，以免受热变形后漏料。系统在开车前必须经严格的化学清洗和钝化处理。

2. 生产过程中的安全措施

（1）过氧化氢分解是发生燃烧、爆炸的主要原因。在氧化、萃取、净化以及产品储存、包装和运输等过程中，应严格避免含有过氧化氢的物料与碱类、重金属及有催化性的杂质相接触，并保持生产设备的洁净。

（2）萃余液中 H_2O_2 质量浓度应控制在 0.3g/L 以下。进入氢化工序的工作液碱度≤0.005g/L，工作液在进到氧化工序时应保证足够的加酸量，使氧化液酸度≥0.002g/L。

（3）过氧化氢不应储存在密闭容器中 所有容器都应留有足够面积的放空管，以释放分解产生的气体，避免容器中压力升高而引起爆炸。在两个关闭的阀门之间要防止过氧化氢滞留，以免其分解形成高压而爆炸。

（4）为避免杂质污染，出系统的不合格过氧化氢不能重新返回系统净化处理。从大储槽内取出的过氧化氢如未用完，不能返回储槽；进入系统的工作液必须清洗干净，并且要定时排掉生产中生成的降解物。

（5）可燃物质，如木材、棉布等应远离过氧化氢甚至工作液系统。

（6）生产中出现异常情况，如氧化塔、萃取塔内呈碱性，过氧化氢急剧分解，温度突然升高时，应立即停车处理，必要时要打开排料阀排放。

（7）加强氢化液、氧化液、循环工作液过滤器的检查与清洗，以防活性氧化铝粉末或催化剂粉末带入后工序引发分解爆炸事故。

（8）严格避免工作液蒸气和氢气与空气（或氧气）混合，以免形成爆炸性气体，主要注意在开停车阶段，氢化塔必须用氮气进行置换后，才能进氢。

（9）防止静电着火爆炸。由于工作液、氢气、过氧化氢在管道中急速流动容易产生静电荷，故其设备和管线均需用铜线或铜板静电接地，法兰与法兰之间也应保证用铜线连通。在排放氢气时，注意控制流速，缓慢排放，避免引起静电着火。

（10）增加安全监测设施，设置必要的易燃气体自动监测、H_2O_2 浓度自动分析等监测设施，并保证灵敏好用。

3. 重点监控的工艺参数及安全控制基本要求

（1）重点监控的工艺参数　过氧化反应釜内温度、pH 值；过氧化反应釜内搅拌速率；（过）氧化剂流量；参加反应物质的配料比；过氧化物浓度；气相氧含量等。

（2）安全控制的基本要求　反应釜温度和压力的报警联锁；反应物料的比例控制和联锁及紧急切断动力系统；紧急断料系统；紧急冷却系统；紧急送入惰性气体的系统；气相氧含量检测、报警联锁；紧急停车系统；安全泄放系统；可燃和有毒气体检测报警装置等。

（3）宜采用的控制方式　将过氧化反应釜内温度与釜内搅拌电流、过氧化物流量、过氧化反应釜夹套冷却水进水阀形成联锁关系，设置紧急停车系统。过氧化反应系统须设置泄爆管和安全泄放系统。

第四节　安全操作规程

一、搅拌反应器的开停车安全操作规程

1. 开车阶段

（1）检查　检查的主要内容为反应釜本体以及安全附件的清洁、完好状况，包括密封性、搅拌电机与搅拌桨、换热器与换热介质、阀门、安全阀（爆破片）、计量装置（泵）等，避免过氧化剂（过氧化氢）和过氧化产品的外泄、分解，或在反应过程中的反应热无法及时移出而发生安全事故。此外，还要检查防护用品

及安全设备设施，包括防护服以及事故池、灭火器、消防栓等，以便应对意外事故。

（2）进料　在确定了原料的配比后，有些反应可以将反应原料直接在反应釜内进行混合，比如过碳酸钠的生产，但在过氧化氢与有机物的反应中，为保证安全则需要控制加料的顺序以及加料速率，如过氧乙酸与过氧化苯甲酰的生产过程。

（3）搅拌　过氧化反应通常为放热反应，而在间歇式反应中由于初始反应物浓度最高，因此反应也最快，为使反应物均匀混合，分散反应热，避免局部剧烈反应发生安全事故，反应初期及时开启搅拌非常重要，但同时也要注意控制一定的搅拌速率，减缓过氧化氢因搅拌发生的分解。

（4）维持反应温度　过氧化反应初期比较剧烈，放热量也较大，而过氧化物均对热有敏感性，过高的温度加速其分解，因此，除在反应初期及时开启搅拌外，通过内盘管或夹套用冷媒将系统维持在一定的反应温度也很重要。

2. 停车阶段

间歇式反应的停车指停止加料、维持工艺要求的反应时间使反应结束。反应夹套或盘管内冷却介质继续冷却，反应完成后停止，待釜内物料温度恢复至常温时，打开放料阀放料，待放料完毕后关闭放料阀，然后彻底清洗反应釜，避免设备管道死角积料而发生危险，最后再检查一遍，使各阀门处于下次的开车状态。

二、过氧化氢生产装置安全操作规程

工业过氧化氢的生产工艺通常是采用集散控制系统（DCS）控制的较大规模的连续化生产工艺，整套工艺系统几乎涵盖了所有常见的化工单元。工作液在氢化、氧化、萃取、后处理4个主要工序中闭路循环，以蒽醌为反应载体，以氢气和空气为主要合成原料，在重芳烃和磷酸三辛酯组成的混合溶剂中经过系列有机反应生成过氧化氢，工艺流程及参数控制如前所述。

由于过氧化氢生产涉及的设备众多，因此操作相对比较复杂，且反应系统涉及有机物、过氧化氢、氢气、氧气、酸、碱等危险化学品，其中很多物质具有混合爆炸的特点，尤其是氢气与氧气、过氧化氢与液相有机物、氧气与气相有机物的混合体系具有很高的危险性。整个生产过程可以认为是用危险的原料，通过危险的工艺，生产出危险的产品，而在连续化化工生产过程中，装置的开、停车又是最容易发生危险事故的阶段，因此下面将重点介绍装置开、停车安全操作要点。

1. 装置正常开车

（1）准备工作

① 各相关岗位人员到位，明白各自任务与职责，熟悉开车程序，避免开车过程混乱，影响进度与安全。

② 详细检查设备、工艺管线及阀门，保证各处均完好，发现问题及时处理，避免系统物料外泄而发生安全事故。

③ 辅助工艺，如空压机、冷冻机的油泵可提前开启，使润滑油充满各轴承间隙，并开始加热，将油温控制在 35～45℃（或者按设备要求控制），做好开机准备。

④ 检查 DCS 控制系统各处温度、压力、液位、流量等显示是否正常，并与现场仪表比对是否相符，确认气动阀操作灵活准确，避免错误信号导致控制失灵。

⑤ 检查系统中的工作液总量是否能满足正常闭路循环要求，若不够则需要通过工作液计量槽经后处理碱塔和白土床向系统补料，以免长时间低负荷运转对系统造成危害，甚至产生危险。

⑥ 按要求配制 1∶1（质量比）磷酸溶液（磷酸含量 0.02%～0.05%）、30%～40%磷酸钾溶液（相对密度 1.3～1.4）备用，并向浓碱、芳烃高位槽备料待用，以便使系统尽快达到需要的酸碱度，保证安全。

⑦ 冬季气温较低的时候，开车前需开启各处伴热，加热系统工作液，且应将纯水加热至 50～70℃，使系统尽快升温，避免温度低造成工作液中蒽醌析出，引起设备、管路、阀门堵塞。

(2) 检查并打通主工艺流程　目前蒽醌法过氧化氢生产装置在设计上均采用自动化程度较高的 DCS 控制系统，但开车前仍需要开启现场流程中的部分手动阀门（除企业分离器以外），这些阀门通常在正常运行时处于常开状态且无须调节，如各罐槽的出口阀，各物料泵的进口阀，各过滤器的进出口阀，相关换热器的进出口阀，所用氢化塔的进出口阀以及氧化尾气处理设施的进出口阀等。此外，相关气动调节阀前后的切断阀门也应处于开启状态，此时整个流程除自控气动调节阀外基本处于通畅状态。

(3) 辅助设备开车　过氧化氢生产所需的公用条件有纯水、氮气、仪表风、蒸汽、循环水、压缩空气、低温水等，按设备开车要求逐步开启相关公用工程设备并保证运转良好，上述公用条件的流量、压力、温度以及纯度等各相关指标应满足正常生产要求，尤其是涉及用于安全保护的氮气以及用于自控调节的仪表风，必须先期满足要求，为主工艺生产装置提供必备条件。

(4) 开车初期系统流量平衡的建立及安全操作规程

① 氢气和氧气的混合是非常危险的，因此整个氢化工序在开车前需要用氮气置换，降低氧含量至规定值，以保证氢气系统的安全；开启氮气过滤器后阀门，以氮气置换氢化系统，直至尾气凝液接受罐后放空的尾气中氧含量低于 0.5% 为止，并保持氢化塔顶压力在 0.15～0.20MPa。

② 若萃取塔原来已有合格的过氧化氢且停车已有较长时间时，一般在开启氧化液泵前 10～15min 启动纯水泵，开始进、出水，以防止开车时萃余液中

H_2O_2 含量高而引发危险事故。

③ 空压机运行正常以后，空气缓冲罐压力达到 0.40～0.50MPa。DCS 操作开启氧化塔中、下塔进气调节阀，现场人员开启氧化塔进气的设备根部阀门，缓慢向氧化塔中、下塔进气，此过程要通过气动调节阀严格控制进气速度，避免气量的突然增大，造成物料自尾气系统大量带出，严重时可能造成设备损坏。

④ 通过 DCS 缓慢调节氧化塔进气调节阀，使氧化塔中、下塔的进气量逐渐接近要求的空气量，在氧化塔能正常出料前提下尽可能采用常压或低压操作。期间密切注意氧化塔各级分离器液位变化，及时开启出料阀。调节氧化塔末级分离器出料自控阀，使分离器液位保持在 30%～60% 之间，液位过高容易使物料返混甚至外泄，液位过低则可能导致大量空气进入氧化液罐发生安全事故。

⑤ 开启氧化液泵，向萃取塔进氧化液，冬季开车流量要尽量小，避免工作液在低温下黏度过高而造成萃取塔泛液。

⑥ 开启氢化液泵，同时启动磷酸计量泵，向氢化液进氧化塔管路中送入磷酸水溶液，调整氧化液酸度在 0.003～0.006g/L 的范围之内，以保证反应的安全性。

⑦ 当循环工作液经水分离进入计量槽时，及时通过气动调节阀将计量槽液位控制在 30%～60% 之间，并通过 DCS 控制调节阀向干燥塔进浓碱，出稀碱，以调整工作液的碱度。

⑧ 开启循环工作液泵，保持循环工作液流量基本恒定（这样可以保持氢化效率的稳定），用氧化液泵和氢化液泵来调节各储槽的液位平衡。

至此，在氢气进入氢化工序开始正式反应之前，整个系统流量平衡已经建立，工作液开始稳定的闭路循环。

(5) 各工序化学反应安全操作规程

① 当氢化尾气分析氧含量小于 0.5%，且各储槽液位达到基本平衡后，通过气动调节阀向氢化塔缓慢通入合格氢气，同时从氢化尾气自控放空阀排放塔内氮气，维持控制氢化塔顶压和氢化气液分离器压力在 0.15～0.30MPa。

② 开启循环氢化液泵，同时注意保持氢化液气液分离器液位的稳定，将部分氢化液回流至氢化塔，以防止氧气在塔顶聚集产生危险，同时增加了塔内的喷淋密度，使催化剂的利用率提高。

③ 开启去氢化液白土床的阀门及流量计，对再生反应产生的降解物，控制其流量为系统流量的 10%。

④ 密切注意工作液预热后、氢化液冷却后及氧化塔的温度，根据实际情况及时开启加热蒸汽或循环冷却水，控制各处温度到工艺要求的范围内，使整个系统达到热量平衡，保证各工序反应安全、平稳。

⑤ 在氢化塔开始加氢反应后，根据氧化尾气氧含量变化，逐步将氧化塔顶压提高至正常水平 (0.2～0.3MPa)。

⑥ 缓慢将各个流量调至正常值，同时取样分析氢效、氧效、萃余酸度、碱度、氧化尾气、工作液过氧化氢含量等各项分析指标，根据分析结果调整各项工艺参数，使萃取塔出来产品浓度逐渐合格。至此，整套装置进入正常生产过程。

（6）其他操作安全规程

① 一般情况先开氧化液泵，再开氢化液泵，最后开循环工作液泵，缓慢调节流量及三个储槽液位至均衡，平稳后将仪表调为自动，当然也可以根据上次停车和各储槽液位的实际情况选择泵的开启顺序。

② 注意氢化液储槽氮封压力，及时通氮气保护，切勿使其形成负压，空气的进入将会造成危险的后果。

③ 经常检查安全水封的水位计 U 形管液封情况，需要时要补加，以免发生安全事故。

④ 各排污点要勤排污，注意排污物的量和排污物的颜色，尤其注意及时排除氧化塔底部的水相残液，该处残液中过氧化氢浓度可达到约 50%，这在有机相体系中是极其危险的，容易发生爆炸事故。

2. 装置正常停车

（1）氢化塔停止通氢，运转至塔顶压力降至约 0.1MPa 时，通过氮气调节阀向塔内持续通入氮气，保持压力 0.15～0.2MPa，系统继续运转 20min，其目的在于尽可能降低工作液中的氢蒽醌含量，以免停车后在系统中析出，用氮气保证塔内压力也避免了空气进入氢化塔发生危险。

（2）同时调节循环工作液流量，将循环工作液储槽液位降至 30% 以下，保证停车后从后处理工序进入工作液的安全存放，避免溢料。

（3）依次停循环工作液泵、氢化液泵、氧化液泵、循环氢化液泵、磷酸泵，关闭泵出口阀，同时密切注意三个中间储槽液位，防止物料外溢。

（4）开启空压机防喘振调节阀至 100%，空气从空压机机房外放空。然后关闭向氧化塔通空气的阀门（各塔底进气阀、自动调节阀及自控调节阀前后阀），停止向氧化塔通空气，也可以通过开启空气缓冲罐顶部放空阀来降低出口压力，以避免空压机发生喘振现象。

（5）关闭氢化塔尾气放空阀，用氮气调节，使塔内保持 0.15～0.2MPa 的氮气压力，避免空气进入。

（6）停止各处换热器的工作，关闭相关设备、管线上的阀门，无关的公用工程设备按有关操作规程停车。

三、过氧化氢异丙苯生产安全操作规程

过氧化氢异丙苯的生产与过氧化氢生产工艺非常类似，而相对于由氢化、氧化、萃取、后处理四个主要工序闭路循环组成的过氧化氢连续生产工艺，过氧化氢异丙苯的合成工艺就显得相对简单，仅有一种单元操作（鼓泡式氧化反应塔）

组成的生产工序和其他工序的联系不如过氧化氢各工序之间的关联性强、运行协调性要求高，因为该工序和其他工序串联连续生产，也可以单独进行操作，开、停车过程也较为简单。

1. 开车安全操作规程

（1）安全要点　在开车过程中，压缩空气和异丙苯依次进入鼓泡式氧化反应器，系统稳定后，在常压下升温直到接近反应温度，然后再逐渐建立塔内压力至正常操作范围。其目的在于尽可能缩短大量空气与气相异丙苯混合的时间，提高系统安全性。因为在60℃以下，异丙苯和氧气的反应速率接近零，如果此时增加塔内压力，塔内氧含量大幅度增加但不参与反应消耗，很容易与气相异丙苯混合达到爆炸极限而发生危险事故。所以应先升温，使部分氧气参与反应，降低气相混合物中氧的分压，同时可以避开气相异丙苯和空气混合达到爆炸极限，然后再逐步升压、升温，使过氧化反应逐渐正常化，保证操作的安全性。

（2）基本步骤　氧化反应器正常开车步骤：检查外循环系统；通入氮气保压；投用吸附床；开预热器；异丙苯充填；启动循环泵；氧化塔升压；外循环换热器切到加热状态，蒸汽加热，氧化塔升温；加入压缩空气；根据分析结果，调整操作。升压过快可造成安全阀起跳，物料泄入事故槽，造成损失，延缓开车进程。升温过快，可引发系统联锁停车，亦延缓开车进程。在开始反应后，要特别注意观察温度和压力的变化，及时调整，温度正常后，要及时将外循环换热器切回冷却状态。空气提量过快，易造成尾气含氧高，形成爆炸性气体，十分危险。

2. 停车安全规程

（1）安全要点　在停车过程中，与上述同样道理，应先降低塔内压力，再逐渐降低反应温度，使塔内气相组成避开爆炸极限，提高系统的安全性。在正常操作过程中，氧化尾气的氧含量通常控制在6%以下，使之处于爆炸极限之外。如果在停车后物料暂存于氧化塔内，则应通入氮气进行搅拌，使过氧化氢异丙苯分散均匀，防止局部过热造成其大量分解，导致安全事故的发生。

（2）基本步骤　氧化反应器正常停车步骤：停止进料，停预热器，降低各塔液位，降低氧化塔温度，降低空气量，氮气置换，撤空物料，蒸汽吹扫，加盲板，拆下人孔，自然通风。在停车过程中，要特别注意观察尾气含氧量，严防形成爆炸性气体。要确保外循环换热器处于冷却状态，严防CHP过热发生热分解。

第十三章

氨基化工艺

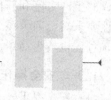

第一节 氨基化工艺简介

一、什么是氨基化

氨基化合物是氨的氢原子被烃基代替后的有机化合物。氨分子中的一个、两个或三个氢原子被烷基取代而生成的化合物，分别称为第一胺（伯胺）、第二胺（仲胺）和第三胺（叔胺），它们的通式为 RNH_2（伯胺）、R_2NH（仲胺）、R_3N（叔胺）。胺类广泛地存在于生物界，具有极重要的生理作用。因此，绝大多数药物都含有胺的官能团——氨基。蛋白质、核酸、许多激素、抗生素和生物碱都含有氨基，是胺的复杂衍生物。

二、产品名称及用途

1. 一甲胺

一甲胺（MMA）为无色气体，有似氨的味道；熔点为 $-93.5℃$，沸点为 $-6.8℃$，密度为 $0.66g/cm^3$；用于染料、农药（如甲胺磷）、制药（如非乃根、磺胺）、燃料添加剂、溶剂、火箭推进剂等方面。

2. 二甲胺

二甲胺（DMA）为无色气体，具有刺鼻的烂鱼味；熔点为 $-92.2℃$，沸点为 $6.9℃$，密度为 $0.68g/cm^3$；广泛用于农药、医药、制革、合成染料、合成树脂、化学纤维、溶剂、表面活性剂、高能燃料、照相材料等领域，是重要的基本有机化工原料。

3. 三甲胺

三甲胺（TMA）为无色气体，具有刺鼻的鱼油臭味；熔点为 $-117.1℃$，沸点为 $3℃$，密度为 $0.66g/cm^3$；广泛用作消毒剂、天然气的报警剂，用于分析试剂和有机合成领域，也是医药、农药、照相材料、橡胶助剂、炸药、化纤溶剂、表面活性剂和燃料的基础原料。

4. 二甲基甲酰胺

二甲基甲酰胺（DMF）为无色带有鱼腥味的液体；熔点为 $-61℃$，沸点为

153℃，密度为 0.953g/cm^3；被誉为万能溶剂，广泛用于皮革、纤维、医药、石油化工、电子、燃料、涂料、金属加工等领域。

5. 二甲基乙酰胺

二甲基乙酰胺（DMAC）为无色透明液体，具有弱氨味；熔点为 -20℃，沸点为 166℃，密度为 0.936g/cm^3；用作耐热合成纤维、塑料薄膜、涂料、医药、丙烯腈纺丝的溶剂，在国内主要用于高分子合成纤维纺丝和其他有机合成的优良极性溶剂。

三、工艺简介及工艺特点

1. 甲胺工艺

甲胺生产是以甲醇和氨为原料，在加压和高温下，采用甲醇和氨连续气相催化胺化的方法合成精甲胺。粗甲胺中含有未反应的氨和一甲胺、二甲胺、三甲胺及微量甲醇。混甲胺粗产品经过脱氨、萃取、脱水、分离四塔连续精馏分离后，分别获得精制的一甲胺、二甲胺、三甲胺三种产品。该工艺由配料合成、精馏分离、尾气回收及废水处理三个工序组成。

（1）配料合成工序　新鲜甲醇由界区外送到尾气吸收塔，或送入甲醇槽，再由吸收液循环泵送入配料工序甲醇槽；新鲜液氨由界区外液氨储槽用管道直接送入液氨槽；Ⅱ塔塔顶三甲胺、Ⅳ塔塔顶一甲胺和Ⅳ塔塔底侧线不合格二甲胺送入混胺槽；来自蒸馏工段Ⅰ塔塔顶的氨和一甲胺、三甲胺共沸物送入共沸物槽。

甲醇、液氨、共沸物和混胺四种原料分别从各自储槽经过滤器后，分别进入各自的输送泵，将甲醇、液氨、共沸物和混胺升压至合成系统的压力为 3.0MPa（G），按一定配料比要求，分别以一定流量进入混合槽，充分混合后直接进入低温换热器。

40℃时原料混合液进入低温换热器，经与合成气进行热交换后温度升至 125℃左右；再进入开工汽化器与Ⅲ塔釜液进行换热，使温度提高至 140℃左右。此时原料混合液完全汽化，然后进入三台串联的高温换热器，与反应器出来的反应气体进行换热，将温度提高到 320℃左右后进入电加热炉，再将其加热到 380～385℃后，使其进入反应器。

原料气体在反应器内催化剂层进行气相胺化反应，反应温度为 420℃，反应压力为 3.0MPa。反应生成的粗胺产品气体从反应器底部引出，随即进入三台串联的高温换热器和低温换热器与原料气（液）进行充分换热后，反应气体温度由进入高温换热器时的 400～420℃，降至低温换热器出口温度的 90%左右，此时反应气体已全部冷凝为液体，反应液再进入过冷器，用水冷却至 76℃后，经调节阀从 3.0MPa 降到 1.9MPa（G）直接进入Ⅰ塔进行蒸馏。

合成系统开车时，原料液应先进入开工汽化器，用蒸汽加热，使物料汽化，原料气出开工汽化器，温度为 165℃，再经电炉加热到 380～385℃后进入反应器进行反应,当系统热量逐渐建立平衡后,关闭加热蒸汽,转入上面叙述的正常操作条件运转。

(2) 精馏分离工序 现在的精馏分离工序,在精馏流程设计中吸收了国内主要甲胺生产厂家所取得的革新成果,采取了四塔连续分离流程,从Ⅰ塔到Ⅲ塔利用压差直接进料。这样既减少了设备,又简化了流程。

合成工序送来的粗胺物料靠压差直接进入Ⅰ塔,Ⅰ塔为脱氨塔,直径为1500~1800mm,为填料塔,塔顶操作压力为 1.9MPa(G),塔顶蒸出的氨、三甲胺、一甲胺共沸物蒸气进入Ⅰ塔冷凝器内冷凝,冷凝液流入Ⅰ塔回流槽,塔顶压力控制用冷凝器冷却水量和放空气量进行分程调节,冷凝液自Ⅰ塔回流槽经过滤器进入Ⅰ塔回流泵,Ⅰ塔回流泵出口物料一部分经流量计回流到Ⅰ塔塔顶,其余物料经流量计送去甲胺共沸物槽馏出,根据Ⅰ塔回流槽液面进行自动调节。

Ⅰ塔釜液根据塔底液面和流量均匀调节连续排出,经Ⅰ塔釜液冷却器用水冷却至85℃左右,进入Ⅱ塔,进行萃取蒸馏。

Ⅱ塔为萃取塔,直径为 1400mm,为填料塔,萃取水为Ⅴ塔釜液,进入Ⅱ塔上部。Ⅱ塔塔顶蒸出三甲胺,经Ⅱ塔冷凝器冷凝,冷凝液流入Ⅱ塔回流槽,Ⅱ塔压力为 0.9MPa(G),其压力由冷凝器冷却水量进行自动调节,冷凝液从Ⅱ塔回流槽流出,经过滤器后进入Ⅱ塔回流泵,Ⅱ塔回流泵出口物料一股经流量计作为回流返回Ⅱ塔塔顶,另一股经流量计经回流槽液位调节返回混胺槽,或送至成品配制单元三甲胺配制槽。

Ⅱ塔釜液根据Ⅱ塔底液面和流量均匀调节连续排出经Ⅱ塔釜液冷却器,用水冷却至125℃后进入Ⅲ塔。

Ⅲ塔为脱水塔,直径为 1400mm,为填料塔,塔顶压力 0.6MPa(G),其压力由Ⅲ塔冷凝器冷却水量和放空量进行分程调节。Ⅲ塔顶蒸出一、二甲胺蒸气经Ⅲ塔冷凝器冷凝,冷凝液流入Ⅲ塔回流槽,再经过Ⅲ塔回流泵后,一部分物料经流量计送至Ⅲ塔顶回流,一部分物料经流量计直接进入Ⅳ塔蒸馏,塔顶馏出液不合格时(物料含三甲胺偏高)送至馏出物槽,再用泵返回到Ⅱ塔进行萃取蒸馏。Ⅲ塔釜液排出量根据塔底液面自动调节,连续排出,Ⅲ塔釜液先进入合成工序开工汽化器与原料混合液进行热交换,然后进入Ⅲ塔釜液冷却器用水冷却至 65℃左右,直接送入Ⅴ塔蒸馏。

Ⅲ塔馏出液直接进入Ⅳ塔,Ⅳ塔为分离塔,塔径 1200mm,为填料塔,塔釜加热采用固定蒸汽,流量自动调节,塔顶压力为 0.7MPa(G),其压力由Ⅳ塔冷凝器冷却水量进行自动调节,Ⅳ塔塔顶的一甲胺蒸气进入Ⅳ塔冷凝器冷凝,冷凝器流入Ⅳ塔经回流槽再经过滤器进入Ⅳ塔回流泵,泵出口物料一部分经流量计送入塔顶回流,另一部分经流量计与Ⅳ塔回流槽液位调节,返回混胺槽,或送至成品配制单一甲胺产品槽。不合格料送馏出物,再返回到Ⅱ塔重新蒸馏。

在Ⅳ塔下部第10块塔板处采出二甲胺蒸气,进入Ⅳ塔侧线冷凝器冷凝。冷凝液一部分经流量计送Ⅳ塔第一块塔板回流；另一部分经流量计根据回流槽液位调节，经流量计计量后，经二甲胺冷却器冷却，送至成品配制单元二甲胺产品槽或 DMF 装置。不合格时送到Ⅰ塔釜液槽，再返回到Ⅱ塔重新蒸馏，Ⅳ塔釜液排出量根据塔底液位可连续或间断排至馏出物槽内储存，再用泵返回Ⅱ塔甲胺或直接送成品配制单元二甲胺配制槽，配制成二甲胺水溶液产品。

由界区外锅炉送来的 2.5MPa、1.3MPa 蒸汽经减压后，分别送至开工汽化器、Ⅰ塔再沸器、Ⅱ塔再沸器、Ⅲ塔再沸器、Ⅳ塔再沸器供加热用。

各用汽加热设备的凝结水，均经疏水器后送入凝液闪蒸槽，闪蒸出 0.3MPa（G）水蒸气作为汽提蒸汽进入Ⅴ塔釜液，冷凝水则靠压力进入凝液槽，凝液槽排出二次蒸汽进入冷凝液冷却器，用循环水冷凝后也回到凝液槽，用蒸汽凝液泵进Ⅱ塔萃取。

（3）尾气回收及废水处理工序

① 甲醇回收　Ⅴ塔为甲醇回收塔，主要是将Ⅲ塔釜液（含有少量甲醇和有机物的污水）进行分离回收甲醇及胺。这样一方面可降低原料消耗，另一方面是可以改善废水水质，以减少环境污染。

Ⅲ塔釜液经塔釜液位调节直接进入Ⅴ塔。Ⅴ塔塔径 1200mm，塔顶操作压力 0.1MPa（G），其压力由冷却水量和放空量分程调节，塔顶甲醇蒸气进入Ⅴ塔冷凝器冷凝，冷凝液流入Ⅴ塔回流槽，冷凝液自Ⅴ塔回流槽，由Ⅴ塔回流泵一部分打入塔顶回流，一部分送入Ⅳ塔塔釜。

Ⅴ塔釜液经Ⅴ塔釜液冷却器用水冷却后，由萃取水泵排出。排出的釜液即废水一部分用作Ⅱ塔萃取水，另一部分则经废水冷却器冷却后送至界区外废水处理设施，处理合格达到排放要求后排放，其排出量由Ⅴ塔釜液位进行调节。

② 尾气回收　尾气回收是将配料合成工序及蒸馏工序排出的含有氨、甲胺的放空尾气，用低温甲醇吸收回收尾气中的氨和甲胺，以减少放空气体对大气的污染。

从合成、蒸馏工段送来的放空尾气分别进入尾气管冲槽，然后进入Ⅳ塔，Ⅳ塔为尾气吸收塔，用低温甲醇作吸收液，从界区外来的新鲜甲醇，进入Ⅳ塔塔釜与循环甲醇混合，由Ⅳ塔循环泵加压，并经Ⅳ塔冷却器用冷冻盐水冷却后进入Ⅳ塔上部喷洒，与放空尾气逆流接触，以吸收空气中的氨和胺，吸收后的甲醇从塔底部由Ⅳ塔循环泵送入配料工序的甲醇槽，从Ⅳ塔上部排出的尾气进入尾气冷凝器，分离后的尾气排至大气，分离下来的液体返回Ⅳ塔下部。

由Ⅴ塔来的回收甲醇直接进入Ⅳ塔塔釜，从Ⅴ塔冷凝器送来的放空尾气进入尾气缓冲槽，然后进入Ⅳ塔用低温甲醇进行吸收。

2. DMF 工序

自甲胺装置来的二甲胺原料进入二甲胺缓冲槽，桶装的催化剂经催化剂泵送入催化剂储槽。二甲胺和催化剂分别由二甲胺进料泵、催化剂进料泵加压到 2.0MPa（G），经计量后从顶部进入反应器。由一氧化碳净化装置的 2.0MPa（G）一氧化碳经流量调节后由塔釜进入反应器。

在反应器中经气体喷射器鼓泡与二甲胺发生气-液反应，生成二甲基甲酰胺。反应温度为 120℃，反应压力为 1.6MPa（G），因为反应是放热反应，为了维持反应温度，热量由反应器内 U 形管冷却器带走，反应物料经反应器循环泵由底部抽出，一部分物料返回到反应器上部，另一部分送至分离器或过滤器。未反应的物料从反应器顶进入气体冷却器，用循环水冷却，凝液返回反应器，不凝气体进入反应器尾凝器（冷剂为−10℃盐水），由放空气体排至放空总管。反应器尾凝器中的冷凝液返回反应器。

由反应器循环泵来的反应液，在蒸发分离阶段循环过程中在蒸发器中汽化，然后进入Ⅰ塔。分离器底部物料由蒸发器循环泵加压进入过滤器，滤液进入蒸发器，滤渣为废催化剂，定期送至焚烧处理。蒸发器加热蒸汽压力为 1.5MPa（G），由分离器液位自动调节蒸发量。

Ⅰ塔塔釜温度为 180℃，塔顶温度为 80℃，压力为 0.105MPa（G）。塔顶气体进入Ⅰ塔冷凝器，由循环水冷凝，采用自然回流，未凝气体进入Ⅰ塔尾凝器，用−10℃冷冻盐水冷凝，冷凝液送到循环槽，由放空气体温度自动调节冷冻盐水量。塔顶压力采用分程调节，主调冷却水量，次调放空气体量，放空气体排至放空总管。从塔顶侧线采出的液体二甲胺/甲醇混合物进入循环槽，用二甲胺/甲醇循环泵加压到 2.3MPa（G），经计量后返回反应器或甲醇罐。Ⅰ塔再沸器用饱和蒸汽加热，蒸汽量由塔釜温度自动调节。Ⅰ塔塔底物料由液位调节后进入Ⅱ塔。

Ⅱ塔操作压力为 −320mmHg（A），塔釜温度为 128℃，塔顶温度为 1117℃。塔顶蒸汽在Ⅱ塔冷却器内用循环水冷凝，采用自然回流，未凝气由液环真空泵抽出，排入水封罐，再经阻火器高空排放。塔底高沸物间断排入重组分储罐，然后装桶存放。Ⅱ塔再沸器用 1.5MPa（G）饱和蒸汽加热，蒸汽用量由塔釜液位自动调节。塔顶采出的 DMF 排入馏出物槽，经Ⅱ塔出料泵加压后进入Ⅲ塔顶部。

自制氮装置来的 0.35MPa（G）高纯氮，经计量、减压后进入Ⅲ塔底部，与塔顶流下的液体进行逆流接触，将物料中的微量 DMA 脱除。由塔底排出的物料经Ⅲ塔釜液泵加压，一部分经计量后送入塔顶作为喷淋液，另一部分则经塔底液面自动调节进入 DMF 冷却器冷却到 45℃，再送到 DMF 中间槽，最终由 DMF 输送泵送至成品罐区。当 DMF 不合格时，则送到不合格 DMF 储槽储存，然后定期用不合格 DMF 泵送至分离器，重新进行分馏。Ⅲ塔塔顶气体进入Ⅲ塔冷凝器，经循环水冷却，冷凝液返回Ⅲ塔，不凝气体进入水封罐后高空排放。

3. DMAC 工序

经分析合格的 DMA 和 AC 从储槽通过进料泵加压加入反应器中，混合物料通过反应器预热器加热后维持在一定温度、压力下，进行 DMAC 的合成反应，未反应的 DMA 等从塔顶出来经冷凝器冷凝后从塔底返回塔内重新参与反应。

反应器出来粗产品混合物经过排料调节阀的调节靠压差进入 I 塔，在该塔内 DMA 和水等轻组分从塔顶被分离出来。塔顶物料经过冷凝器冷凝，进入馏出物料槽，储槽物料经回流泵加压后部分进入塔内作为回流，以调节塔的上中部温度，当 I 塔塔顶出料槽达到一定液位时，通过 I 塔进料泵将含有 DMA、水和少量 TMA 的物料送到 DMAC Ⅲ塔处理。

I 塔底的 DMAC、MMAC、AC 等混合物靠压差进入Ⅱ塔，该塔通过真空泵控制在真空条件下操作。轻组分 DMAC 经塔顶冷凝器冷凝进入中间槽，中间槽物料部分通过分离泵加压后送入Ⅱ塔作为回流，另一部分采出到中间产品储槽。

在Ⅱ塔中 AC 与 DMAC 形成共沸物，并与高沸物 MMAC 一起在Ⅱ塔底浓缩，浓缩的乙酸及 MMAC 混合物以一定的速率循环到 AC 泵出口进入反应器继续反应，由于工艺中产生的 MMAC 会在Ⅱ塔底积聚，因此，必须定期从系统中排出，排出的重组分进行处理。

第二节　氨基化工艺安全技术

一、氨基化反应工艺特点

1. 甲醇气相催化氨化法生产原理

（1）反应方程式　甲醇气相催化氨化法，是利用甲醇和液氨为原料，按一定比例，在一定温度和压力下，通过催化剂经气相催化反应而得到一、二、三甲胺，同时发生一系列主、副反应。其主要反应式如下：

① 主反应

a. $CH_3OH + NH_3 \rightleftharpoons CH_3NH_2 + H_2O + 4960cal/mol$

b. $2CH_3OH + NH_3 \rightleftharpoons (CH_3)_2NH + 2H_2O + 14560cal/mol$

c. $3CH_3OH + NH_3 \rightleftharpoons (CH_3)_3N + 3H_2O + 27360cal/mol$

d. $2CH_3NH_2 \rightleftharpoons (CH_3)_2NH + NH_3 + 4700cal/mol$

e. $2(CH_3)_2NH \rightleftharpoons CH_3NH_2 + (CH_3)_3N - 3150cal/mol$

f. $(CH_3)_3N + NH_3 \rightleftharpoons CH_3NH_2 + (CH_3)_2NH - 7850cal/mol$

g. $CH_3OH + CH_3NH_2 \rightleftharpoons (CH_3)_2NH + H_2O + 9600cal/mol$

h. $CH_3OH + (CH_3)_2NH \rightleftharpoons (CH_3)_3N + H_2O + 12800cal/mol$

② 次反应

　　a. $2CH_3OH \Longrightarrow CH_3OCH_3 + H_2O$

　　b. $CH_3OCH_3 + NH_3 \Longrightarrow CH_3NH_2 + CH_3OH$

　　c. $CH_3OCH_3 + CH_3NH_2 \Longrightarrow (CH_3)_2NH + CH_3OH$

　　d. $CH_3OCH_3 + (CH_3)_2NH \Longrightarrow (CH_3)_3N + CH_3OH$

　　e. $CH_3OCH_3 + NH_3 \Longrightarrow (CH_3)_2NH + H_2O$

　　f. $CH_3OCH_3 + CH_3NH_2 \Longrightarrow (CH_3)_3N + H_2O$

③ 副反应

　　a. $CH_3OH \Longrightarrow CO + 2H_2$

　　b. $2NH_3 \Longrightarrow N_2 + 3H_2$

　　c. $(CH_3)_3N \Longrightarrow CH_3N = CH_2 + CH_4$

　　d. $CH_3OH \Longrightarrow HCHO + H_2$

　　e. $3HCHO + NH_3 \Longrightarrow (CH_3)_2NH + CO_2 + H_2O$

　　副反应的发生，不仅增加了甲醇的消耗，而且生成的碳酸盐类（胺、氨的碳酸盐）易于结晶，会堵塞设备和管道，故必须避开副反应的发生，如给予适当的条件，副反应基本上是可以抑制的。

　　(2) 合成反应机理　由上述反应式可知，甲醇氨化催化反应制造甲胺的主反应实际上为催化脱水作用，对于该反应的原理，曾有人进行了研究，但说法不一，以 γ-Al_2O_3 为例，概括有两种说法：

　　① 吸附理论　该理论认为，γ-Al_2O_3 在催化脱水过程中具有相当的活性。在 275℃ 以上时，水不能与氧化铝重新化合，而仅是被吸附，在整个催化历程中，水被认为是具有重要作用的，由于水生成单分子层，将氧化氯粒子包上一层薄膜，水在薄膜内离解为 OH^- 和 H^+。由于合成引力，使薄膜具有高度的稳定性，而薄膜即形成催化中心。CH_3OH 和 NH_3 在薄膜上被吸附，NH_3 被 OH^-，CH_3OH 被 H^+ 吸附，从而产生张力状态，CH_3^+（甲基）和 NH_3^-（氨基）就化合成甲胺而引起一分子的损失。但当温度到 600℃ 以上时，氧化铝由于网状结构变化，晶格收缩，引起吸附力减弱而活性被破坏。

　　② 游离基理论　该理论认为，甲醇和氨的气相混合物通过催化剂和 γ-Al_2O_3 表面时，由 γ-Al_2O_3 吸附而引起自由基发生反应。当 γ-Al_2O_3 的温度高于其活性温度（>600℃）时，其晶格结构变化，活性减弱。当高于 1000℃ 时，其晶格变成完整无缺，而成为 α-Al_2O_3，致使自由基消失而成为非活性物质，则不再起催化作用。

　　因此，对于 γ-Al_2O_3 催化剂，在使用过程中，必须进行认真的活化处理和活性保护，其方法步骤见试车准备和安全操作规程。

2. 化学反应的平衡和速度

　　甲胺的合成反应是一个比较复杂的可逆反应，所谓可逆反应，就是反应可以向正方向（从反应物向生成物的方向）进行，同时也可以向反方向（从生成物向原来的反应物方向）进行，以主反应为例：

$$CH_3OH + NH_3 \rightleftharpoons CH_3NH_2 + H_2O$$

反应可以由反应物 CH_3OH、NH_3 向生成 CH_3NH_2、H_2O 的方向进行，同时，已经生成的 CH_3NH_2、H_2O 也可反应生成原来的反应物 CH_3OH、NH_3。反应伊始，系统中只有 CH_3OH 和 NH_3，反应很快地向着生成 CH_3NH_2 和 H_2O 的方向进行。当系统中出现 CH_3NH_2 和 H_2O 时，反方向的反应同时发生。随着系统中 CH_3OH 和 NH_3 浓度逐渐减小，正反应速率逐渐减慢，而随着系统中 CH_3NH_2 和 H_2O 的浓度逐渐增加，反方向的反应速率逐渐加快，当正、反方向的反应速率相等时，系统中的 CH_3OH、NH_3 和 CH_3NH_2、H_2O 的浓度不再改变，反应达到了平衡，但是系统中正、反方向的反应不停地进行，因此，反应的平衡实际上是一个动态平衡。同时，在工业生产中使化学反应达到平衡状态，必须在有足够的反应速率的前提下才有实际意义。例如，氨的合成反应如果在300℃下进行，达到平衡状态需要几年甚至几千年的时间，平衡产率虽然很高，但没有什么实际意义。因此，对于一个化学反应的进行，通常希望既有利于反应平衡，又有利于反应速率，才能在单位时间内获得较多的产物。

从化学热力学可知，任何可逆反应皆有一个限度，即达到平衡状态。这种限度（平衡），与反应的条件（温度、压力、成分等）有关，条件改变时，这个限度（平衡）也就改变。这种外界条件对反应平衡的影响，是符合质量作用和平衡转移规律的。

质量作用定律告诉我们，要改变决定化学平衡的任一因素，则平衡向着反抗这种变化的方向转移。例如，升高温度可使平衡向着吸热反应的方向移动；反之，降低温度可使平衡向着放热反应的方向移动。增加压力可使反应向体积减小的方向移动；反之，除低压力可使平衡向体积增大的方向移动。同理，增加反应物的浓度或降低生成物的浓度，可使平衡向增加生成物的方向移动；相反，减少反应物的浓度或增加生成物的浓度，可使平衡向增加反应物浓度方向移动。

根据上面介绍的原理，我们就可以选择一些合适的条件（温度、压力、配比、空速等），使反应以最快的速度接近于平衡状态，以满足产量、工艺流程的条件和设备构造简单、操作方便、安全可靠以及原材料动力消耗定额低的要求。同时，还要能够根据需要控制三种甲胺的生产比例，在生产过程中，也可依据这些条件（或称因素）对反应的影响，从而创造有利的生产条件，使化学反应进行得又快又完全。

3. 影响合成反应的因素及工艺指标的选择

对于各种因素对甲胺合成反应的影响，国内外曾经进行过很多研究工作，并有了成熟的生产经验，其主要因素归纳为如下五个方面。

（1）压力　由主反应方程式可知，反应前的分子数等于反应后的分子数。根据热力学的观点，增加压力对主反应没有影响，但从副反应方程式来看，反应后的分子数是增加的，增加压力可以抑制副反应的发生，提高甲醇的有效转化率，减少堵塞阀门和管道的碳酸盐结晶的产生。同时，化学动力学的观点认为，对气相反应，提高压力，就提高了气体的浓度，从而增加了分子间碰撞的机会，使反应加速，在相同的空速下，提高压力等于延长接触时间，因而能得到较大的单位时间、单位空间的产量，较高的压力也有利于简化后工序加压蒸馏的操作。但压力过高，会提高对设备的材料要求，给设备制造带来困难，对工艺的好坏也不再产生明显的影响。所以操作压力的选择要根据设备制造水平和经济性价比而定。我国多数大型甲胺厂操作压力原来一般采用 50kgf/cm^2（$1\text{kgf/cm}^2 = 98.0665\text{kPa}$），现在一般采用 30kgf/cm^2 左右。

（2）温度　对于甲胺的合成，主反应多为放热反应。由平衡转移定律知道，降低温度能促使反应向生成甲胺的方向进行。但在一般情况下，提高温度总是使反应速率加快，这是因为提高温度可使分子运动加速，分子间碰撞次数增加，能使化合时分子克服阻力的能力增大，增加分子有效结合的机会。另外，每种催化剂都有一定的活性温度，对于 $\gamma\text{-Al}_2\text{O}_3$ 催化剂，在 $375\sim450℃$ 范围内活性最好。温度太低，甲醇转化率明显下降。有资料报道，合成温度由 $375℃$ 上升到 $425℃$，甲醇转化率由 93% 提高到 98% 以上；在 $370℃$ 以上反应时，即使原料配比中氨大大过量，仍有 3.5% 的甲醇没有反应；在 $400℃$ 以上反应时，产物中甲醇含量下降到 0.5% 以下。但是温度过高，造成甲醇大量分解，致使催化剂严重积炭而致活性降低，同时产物中不凝气体显著增多。生产实践证明，对于 $\gamma\text{-Al}_2\text{O}_3$ 催化剂，反应的最适宜温度是（425 ± 5）℃，不能超过 $450℃$。

必须指出，反应温度不但影响甲醇的转化率，而且影响产物中三种甲胺的生成率。温度升高，可以增大产物中一、二甲胺的生成率，而减小三甲胺的生成率；温度降低，则情况相反。

（3）空速（空间速度）　空速是指在单位时间内通过单位体积催化剂的原料量。空速是催化剂活性的标志，是确定合成塔生产能力的主要因素。一般地说，为提高既定设备的产量，总希望空速越高越好，但空速过大，使气体与催化剂接触时间也减少，进而降低甲醇的转化率。但空速过低又会使副反应增加，使三甲胺的生成率增加。同时，空速也与反应压力有关，压力高时，空速便可适当提高。对于 $\gamma\text{-Al}_2\text{O}_3$ 催化剂，在 3.0MPa 下，空速采用 $2.5\sim3.5\text{h}^{-1}$ 为宜。特别在不主要生产三甲胺的情况下，采用较高空速尤为有利。

（4）配料比　配料比（配比）是指配料中氨和甲醇的分子比。在工业生产中，往往采用循环投料，原料中除氨和甲醇外，还有返回的一部分甲胺，所以严格地说配比应是 N 与 C 分子比，我们习惯上采用 $(A+B)/(C+D)$ 来计算配料比。式中，A 为氨的千克分子数；B 为甲胺的千克分子数；C 为甲醇的千克分子数；D 为三甲胺的千克分子数。

根据质量作用定律，高的配比有利于生成一甲胺，低的配比有利于生成三甲胺，而二甲胺在适当配比时有一最高平衡浓度。

在生产中通过调节配比来满足对于三种甲胺的产量要求。但是配比过低，会生成很多的三甲胺而致使生成物无法处理，也会使原料甲醇相对过剩而造成很多副反应，增加原料的消耗定额；相反，配比过高，大量的原料氨在系统内循环，会增加反应的动力消耗，也使设备生产能力下降。因此，根据对产品的分配和平衡，原料和动力消耗，设备投资情况，确定一个合适的配比是很重要的。在一般情况下，对于 $\gamma\text{-}Al_2O_3$ 催化剂在 3.0MPa、425℃时，采用 NH_3 与 CH_3OH 分子比在 2.5 左右是较为适宜的。

应该注意，原料中含水会抑制甲胺的生成。根据质量作用定律，水分对三甲胺的生成影响最大，对一甲胺的生成影响最小。

（5）催化剂　在甲醇氨化法生成甲胺的过程中，催化剂是一个关键问题。一般总希望催化剂活性高，选择性好，强度好，寿命长，活性温度低，加工容易，成本低廉。催化剂的好坏对生产控制、原料消耗、能量消耗等都有重要影响。据文献报道，甲醇氨化法所采用过的催化剂有铝、镁、硅、锌、钛、钨、铬等元素的氧化物，活性炭、陶土，以及硅酸盐、磷酸盐等盐类。但目前多是采用以 $\gamma\text{-}Al_2O_3$ 为主体的催化剂。我国甲胺厂原多采用 $\gamma\text{-}Al_2O_3$ ＋丝光氟石催化剂。$\gamma\text{-}Al_2O_3$ ＋丝光氟石的物理性质指标见表 13-1。

表 13-1　$\gamma\text{-}Al_2O_3$ ＋丝光氟石的物理性质指标

项目	A-6	A-2
形状与外观	白色或略带红色条形颗粒	白色或略带红色条形颗粒
尺寸/mm	$\varphi 3.5 \times 5 \sim 20$	$\varphi 3.5 \times 5 \sim 20$
径向抗压碎力/N	$\geqslant 60$	$\geqslant 50$
送装堆积密度/(g/mL)	0.65 ± 0.05	0.65 ± 0.05
物相组成	氧化铝＋丝光氟石	氧化铝

$\gamma\text{-}Al_2O_3$ ＋丝光氟石的工艺应用条件见表 13-2。

表 13-2　$\gamma\text{-}Al_2O_3$ ＋丝光氟石的工艺应用条件

项目	使用范围	较佳范围
反应温度/℃	$360 \sim 450$	$410 \sim 440$
压力/MPa	$1.5 \sim 4.0$	$1.8 \sim 3.5$
N 与 C 分子比(摩尔比)	$1.2 \sim 3.0$	$1.5 \sim 2.5$
液体空速/h^{-1}	$1.5 \sim 3.5$	$1.5 \sim 3.0$

γ-Al_2O_3＋丝光氟石在较佳操作条件下，其主要技术指标见表13-3。

表 13-3　γ-Al_2O_3＋丝光氟石的主要技术指标

项目	A-6	A-2
甲醇转化率/%	97(98.0)	97.0(98.0)
催化剂寿命/年	12(8)	6(9)

注：括号内数字是最佳操作指标。

γ-Al_2O_3＋丝光氟石与参比催化剂在同一评价装置上反应约500h的试验结果见表13-4。

表 13-4　γ-Al_2O_3＋丝光氟石、参比催化剂的试验结果对比

项目	γ-Al_2O_3＋丝光氟石	参比催化剂
转化率/%	97.53	97.08
选择性(摩尔分数)/%	22.46	22.81
	27.52	27.09
	50.02	50.09
胺分布(质量分数)/%	30.47	30.72
	20.86	26.48
	42.67	42.80
420℃	LHSV=11.7A	N/C=1.9

A-2催化剂在相同条件下，对二甲胺的选择性为25.0～26.0。

为了满足国民经济的发展及对甲胺品种选择的需要，特别是对二甲胺的需要，寻找选择性更好的催化剂具有重要意义。

二、氨基化运行

1. 分离原理

在甲醇气相催化法合成甲胺过程中，其合成产物除一、二、三甲胺外，还有反应生成的和原料带入的水分，未反应的甲醇和氨以及微量的其他副产物。必须将这种多组分的合成物进行分离，以分离出我们所需要的三种纯的甲胺产品。

甲胺的分离方法是利用甲胺的化学性质差异而加入某种试剂，使之产生不同反应的化学方法。此种方法由于过程复杂，又要消耗大量试剂，多用于实验室或高纯度甲胺试剂的制备，一般工业生产中很少应用，工业生产中广泛采用的是精馏方法。

精馏分离是化学工业生产中经常采用的一种方法。精馏过程简单地说就是利用混合液各组分挥发度不同，同时多次地运用热部分汽化和冷部分冷凝的方法，使混合液分离为纯组分的操作。按被分离的物料性质不同，常用的精馏操作可分为常压精馏、加压精馏和真空精馏，精馏按操作要求又可分为间歇式精馏和连续式精馏。另外，还有特殊精馏，如共沸精馏、萃取精馏、精密精馏等。

甲胺合成物的粗产品中，氨以及三种甲胺在常温常压下均呈气态，而三种甲胺沸点又比较接近，加之三甲胺同氨及一、二甲胺均能形成二元共沸物，显然采用普通的精馏方法难以达到分离的目的，因而工业生产中广泛采用包括特殊精馏手段（共沸精馏、萃取精馏）在内的多步连续加压精馏的分离方法。

共沸精馏一般是指在系统中加入第三组分，使与原来的组分之一形成共沸物，其沸点比原组分低，以加大被分离组分之间的相对挥发度，以达到分离的目的。例如精胺混合物中，氨与三甲胺形成共沸物，这种共沸物具有最低沸点（其沸点比纯组分氨及三甲胺沸点都低），就可以达到使三甲胺与一、二甲胺有效分离的目的。

萃取精馏是指在用普通精馏方法难以实现分离的物系中，加入一种相对挥发度比被分离组分小得多的"第三组分"，形成非理想溶液，来改变组分的活度系数，以加大被分离组分之间的相对挥发度，达到有效分离的目的。例如三种甲胺中，三甲胺在水中溶解度最小，而水的沸点比三种甲胺都高得多，在水存在的情况下改变了三种甲胺的逸度，增加了三甲胺对一、二甲胺的相对挥发度，从而达到三甲胺与一、二甲胺有效分离的目的。

2. 分离流程

甲胺工业生产的分离流程中，有脱氨、共沸脱氨及三甲胺、萃取、脱水、分离等各种不同的精馏方法组合流程。但一般根据对较难分离的三甲胺处理方式不同，大体上可以归纳为共沸流程和萃取流程两大类。

① 共沸流程 共沸流程是使全部三甲胺以氨-三甲胺共沸物的形式带出，然后再分离一、二甲胺。

② 萃取流程 萃取流程是利用水萃取精馏的方法先分离出三甲胺，然后再分离一、二甲胺。显然，萃取流程可以得到产品三甲胺。萃取流程大致分两类：一类是先用水萃取精馏分离三甲胺，再分离其他组分；另一类是先脱氨再萃取精馏分离三甲胺，继而分离一、二甲胺。

共沸流程和萃取流程各自具有不同的特点：a.共沸流程只能得到一、二甲胺产品，不能得到三甲胺产品，萃取流程可以获得三种甲胺产品；b.由于水的存在是甲胺产生腐蚀的主要原因，共沸流程可以先脱水而后进行甲胺分离，所以对设备材质要求较低，而萃取流程有二三个塔与水接触，故对设备材质要求较高；

c.共沸流程设备较少，操作易于控制，萃取流程比前者多一个萃取塔，操作相对要复杂一些；d.由于共沸流程靠氨把全部三甲胺带走，有时合成粗胺中氨量不足，还要在蒸馏时另外补加氨，但 N/C 一般是固定的，这样产品的生成量不能进行调节，而萃取流程的 N/C 可以不受限制，可以根据一、二、三甲胺的需要灵活调节；e.由于共沸流程采用大的 N/C，氨在系统中大量循环，使设备能力大大降低，能量消耗相应增加。

三、相关工艺主要控制单元及工艺参数

1. 合成控制单元

岗位任务：负责接收尾气洗涤循环槽送来的甲醇；Ⅰ塔馏出的氨-三甲胺共沸物、合成循环物料经升温催化胺化得到气态粗胺产品，再经换热、冷凝、冷却得到液态粗胺送精馏岗位精制，并将冷凝后的不凝气体送尾气洗涤吸收；配合Ⅰ塔将回收槽加压输送。

2. 岗位职责

① 严格遵守操作规程、安全技术规程及有关规章制度；

② 负责本岗位所属设备、电气、管道、仪表、阀门、工具、用具的正确使用和维护保养，负责所属设备、环境的清洁卫生；

③ 认真填写原始记录，做到完整准确；

④ 经常与上下工序及其他有关岗位取得联系，密切合作，使各项工艺指标保持在规定范围内；

⑤ 精心操作，按时巡回检查。操作中出现异常情况，必须查明原因，并与有关单位（岗位）联系。重大问题应及时向值班长或调度、车间主任汇报；

⑥ 参加本岗位所属设备的检修工作；

⑦ 完成领导临时布置的工作任务。

第三节　危险、有害因素分析及安全控制

一、氨基化工艺主要涉及的危险物质

甲胺（DMF）生产过程中涉及多种危险、有害物质，其中危险、有害程度较高且数量较多的主要有一氧化碳、液氨、一甲胺、二甲胺、三甲胺、一甲胺溶液（40%）、二甲胺溶液（40%）、三甲胺溶液（30%）、二甲基酰胺（DMF）、甲醇-甲醇钠溶液等。各主要危险物料的性质见表 13-5 和表 13-6。

表 13-5　甲胺装置危险物料主要性质

名称	甲醇	氨	一甲胺	二甲胺	三甲胺
分子式	NH_3OH	NH_3	CH_3NH_2	$(CH_3)_2NH$	$(CH_3)_3N$
分子量	32.04	17.03	31.06	45.08	59.11
外观	无色透明液体	常温常压为气态,液化气体无色透明,具有氨味			
熔点/℃	97.8	77.7	93.47	92.9	117.0
沸点/℃	64.8	33.4	6.32	6.88	2.87
临界温度/℃	240	132.3	156.9	164.6	161.0
临界压力(G)/MPa	797	11.98	4.07	5.31	4.15
闪点/℃	7		<−17.8	<−17.8	<−17.8
分解温度/℃	—	—	250	879	809
发火点/℃	385	780	480	402	190
爆炸下限/%	6	15~16	4.9	2.8	2
爆炸上限/%	36.5	25~33	20.8	±4.4	11.6
火灾危险等级	甲	乙	甲	甲	甲

表 13-6　DMF 装置危险物料主要性质一览表

序号	名称	分子量	熔点/℃	沸点/℃	闪点/℃	燃点/℃	在空气中的爆炸范围		国家卫生标准规定值/(mg/m³)	备注
							上限%	下限%		
1	CO	28	−207	−191	—	610	74	12.5	30	
2	甲醇	32	97.8	64.8	7	385	36.5	6.0	50	
3	DMA	45	−92	6.88	−17.8	402	14.4	2.8	10	
4	DMF	73	−61	153	67	445	15.2	2.2	10	
5	25%甲醇钠-甲醇溶液	—	−97.8	64.8	7	385	36.5	6.0	50	按甲醇考虑

1. 一氧化碳

一氧化碳介质毒性程度为中度危害类,在血液中与血红蛋白结合,造成组织缺氧,引起中毒。轻度中毒者出现头痛、头晕、耳鸣、心悸、呕吐、无力,血液中碳氧血红蛋白浓度高于 10%;中度中毒者除有上述症状外,还有皮肤黏膜呈樱红色、脉快、烦躁、步态不稳,甚至中度昏迷;重度患者深度昏迷、瞳孔缩小、肌张力增强、频繁抽搐,大小便失禁、休克、肺水肿、严重心肌损害。

2. 甲醇

甲醇的中毒病因和途径,主要是误服甲醇或吸入甲醇蒸气。假酒和劣质酒中含有高浓度的甲醇，饮用这类酒也可致中毒。

　　毒理学简介：甲醇吸收至体内后，可迅速分布在机体各组织内，其中，以脑脊液、血、胆汁和尿中的含量最高，眼房水和玻璃体液中的含量也较高，骨髓和脂肪组织中含量最低。甲醇在肝内代谢，经醇脱氢酶作用氧化成甲醛，进而氧化成甲酸。甲醇在体内氧化缓慢，仅为乙醇的 1/7，排泄也慢，有明显蓄积作用。未被氧化的甲醇经呼吸道和肾脏排出体外，部分经胃肠道缓慢排出。

　　推测人吸入空气中甲醇浓度 $39.3 \sim 65.5 \mathrm{g/m^3}$，$30 \sim 60 \mathrm{min}$ 可致中毒。人口服 $5 \sim 10 \mathrm{mL}$，可致严重中毒；一次口服 $15 \mathrm{mL}$，或 2d 内分次口服累计达 $124 \sim 164 \mathrm{mL}$，可致失明。有报告称，一次口服 $30 \mathrm{mL}$ 可致死。甲醇主要作用于神经系统，具有明显的麻醉作用，可引起脑水肿。甲醇的麻醉浓度与 LC 较接近，故危险性较大。其对视神经和视网膜有特殊的选择作用，易引起视神经萎缩，导致双目失明。甲醇蒸气对呼吸道黏膜有强烈刺激作用。甲醇的毒性与其代谢产物甲醛和甲酸的蓄积有关。以前认为毒性作用主要为甲醛所致，甲醛能抑制视网膜的氧化磷酸化过程，使膜内不能合成 ATP，细胞发生变性，最后引起视神经萎缩。近年研究表明，甲醛很快代谢成甲酸，急性中毒引起的代谢性酸中毒和眼部损害，主要与甲酸含量相关。甲醇在体内抑制某些氧化酶系统，抑制糖的需氧分解，造成乳酸和其他有机酸积聚以及甲酸累积而引起酸中毒。一般认为，甲醇的毒性是由其本身及代谢产物所致的。

　　临床表现：急性甲醇中毒后主要受损靶器官是中枢神经系统、视神经及视网膜。吸入中毒潜伏期一般为 $1 \sim 72 \mathrm{h}$，也有 $96 \mathrm{h}$ 的；口服中毒多为 $8 \sim 36 \mathrm{h}$；如同时摄入乙醇，潜伏期较长些。

　　临床特点：刺激症状：吸入甲醇蒸气可引起眼和呼吸道黏膜刺激症状。中枢神经症状：患者常有头晕、头痛、眩晕、乏力、步态蹒跚、失眠、表情淡漠、意识浑浊等。重者出现意识蒙眬、昏迷及癫痫样抽搐等。严重口服中毒者可有锥体外系损害的症状或帕金森综合征。头颅 CT 检查发现豆状核和皮质下中央白质对称性梗塞坏死。还会出现幻觉、忧郁等症状。眼部症状：最初表现为眼前黑影、闪光感、视物模糊、眼球疼痛、畏光、复视等。严重者视力急剧下降，可造成持久性双目失明。检查可见瞳孔扩大或缩小，对光反应迟钝或消失，视乳头水肿，周围视网膜充血、出血、水肿，晚期有视神经萎缩等。酸中毒：二氧化碳结合力降低，严重者出现紫绀，呼吸深而快呈 Kussmaul 呼吸。消化系统及其他症状：患者有恶心、呕吐、上腹痛等，可并发肝脏损害。口服中毒者可并发急性胰腺炎。少数病例伴有心动过速、心肌炎、S-T 段和 T 波改变，急性肾功能衰竭等。严重急性甲醇中毒出现剧烈头痛、恶心、呕吐、视力急剧下降，甚至双目失明，意识蒙眬、谵妄、抽搐和昏迷，最后可因呼吸衰竭而死亡。根据甲醇接触史，短期内出现中枢神经损害、眼部损害和代谢性酸中毒为主的临床表现，参考现场卫生学调查，排除其他类似表现的疾病，综合分析后诊断并不困难，必要时可做血和尿甲醇测定。中毒早期应与感冒、神经衰弱、急性胃肠炎等鉴别。此外，应与氯甲烷、乙二醇急性中毒和其他原因引起的脑病、视神经损害等相鉴别。必须详细询问职业史，进行现场卫生学调查，密切观察病情进展，结合实验室检查，可得出正确诊断。

3. 氨

（1）吸入 吸入是氨接触的主要途径。氨的刺激性是可靠的有害浓度报警信号。但由于嗅觉疲劳，长期接触后对低浓度的氨会难以察觉。

① 轻度吸入氨中毒表现有鼻炎、咽炎、气管炎、支气管炎。患者症状有咽灼痛、咳嗽、咳痰或咯血、胸闷和胸骨后疼痛等。

② 急性吸入氨中毒的发生多由意外事故，如管道破裂、阀门爆裂等造成。急性氨中毒主要表现为呼吸道黏膜刺激和灼伤。其症状根据氨的浓度、吸入时间以及个人感受性等而轻重不同。

③ 严重吸入中毒可出现喉头水肿、声门狭窄以及呼吸道黏膜脱落，可造成气管阻塞，引起窒息。吸入高浓度氨可直接影响肺毛细血管通透性而引起肺水肿。

（2）皮肤和眼睛接触 低浓度的氨对眼和潮湿的皮肤能迅速产生刺激作用。潮湿的皮肤或眼睛接触高浓度的氨气能引起严重的化学烧伤。

皮肤接触可引起严重疼痛和烧伤，并能发生咖啡样着色。被腐蚀部位呈胶状并发软，可发生深度组织破坏。

高浓度蒸气对眼睛有强刺激性，可引起疼痛和烧伤，导致明显的炎症，并可能发生水肿、上皮组织破坏、角膜浑浊和虹膜发炎。轻度病例一般会缓解，严重病例可能会长期持续，并发生持续性水肿、疤痕、永久性浑浊、眼睛膨出、白内障、眼睑和眼球粘连及失明等并发症。多次或持续接触氨会导致结膜炎。

4. 二甲基甲酰胺

二甲基甲酰胺（DMF）的毒性作用机制尚未完全明了，目前认为与其体内代谢过程有关。DMF 甲基羟基化，生成 N-甲基-甲醇酰胺（HMMF），HMMF 部分脱羟甲基分解成甲基甲酰胺（NMF）和甲醛，NMF 还可羟基化，然后再分解成甲酰胺（F），还有少部分 DMF 以原形从尿中排出。实验表明，NMF 毒性强于 DNF 及 HMMF。NMF 或 HMMF 生成 N-甲基氨基甲酰半胱氨酸（AM-CC）过程中的活性中间产物（可能是异氰酸甲酯）具有亲电性，可以与蛋白质、DNA、RNA 等大分子的亲核中心共价结合，造成机体肝肾器官损伤。

（1）急性中毒 吸入高浓度 DMF 或皮肤大面积污染后可引起急性中毒。发病潜伏期视接触量和接触时间而定，一般为 6～12h。吸入中毒时，可产生眼及上呼吸道刺激症状，表现为眼结膜、咽部充血及不适，出现头痛、头晕、嗜睡，但以消化道症状最为突出，患者有恶心、呕吐、食欲不振、便秘、腹痛等。腹痛位于上腹部或脐周，为持续性或阵发性，进食后加重，但压痛较轻，无肌卫及反跳痛，可与外科急腹症鉴别。体检可见肝脏肿大、肝区叩痛、少数患者皮肤黄染。纤维胃镜可见食道下段至十二指肠黏膜充血水肿、点状出血。EKG出现一过性改变，表现为心肌损害、束支传导阻滞、心率及心律异常。实验室检查：可见肝功能异常，一般出现在中毒数日后，血清甘胆酸升高和前白蛋白降低，且较为敏感；血清丙氨酸氨基转移酶（ALT）轻、中度增高，γ-谷氨酰基转肽酶（γ-GT）增高。周围血白细胞增高或降低、血小板减少，尿常规可见蛋白尿、尿隐血阳性、尿胆素原增高。

（2）慢性作用　长期接触后可出现上呼吸道刺激症状及神经衰弱症状群。在低浓度下可出现消化系统症状，表现为恶心、呕吐、食欲不振、腹痛、便秘。长期接触并超过阈限值可有肝功能异常、蛋白尿及心电图改变。

5. 甲醇钠/甲醇溶液（25%）

该溶液对中枢神经有麻醉作用，对视神经和视网膜有特殊选择作用，引起病变，可致代谢性酸中毒。短时间大量吸入可引起急性中毒，出现眼及上呼吸道刺激症状。经潜伏期后出现头痛、头晕、乏力、眩晕、醉酒感、意识模糊，甚至昏迷，视神经及视网膜病变，可有视物模糊、复视等症状，重者失明。

6. 一甲胺

一甲胺具有强烈的刺激性和腐蚀性。吸入后，可引起咽喉炎、支气管炎、支气管肺炎，重者可因肺水肿、呼吸窘迫综合征而死亡；极高浓度吸入引起声门痉挛、喉水肿而很快窒息死亡。一甲胺可致呼吸道灼伤，对眼和皮肤有强烈刺激性和腐蚀性，可致严重灼伤。口服一甲胺溶液可致口、咽、食道灼伤。

（1）刺激性　4%一甲胺溶液可致兔角膜损伤。40%一甲胺溶液1.0mL可致兔皮肤刺激坏死。一甲胺的嗅觉阈为 $0.5\sim1mg/m^3$，刺激阈为 $10mg/m^3$。一甲胺在一般情况下，对皮肤黏膜仅为刺激作用，只有在高浓度吸入时，才可能作用到呼吸道深部致使发生肺水肿，同时由于碱性作用造成呼吸道黏膜破坏。一甲胺低于 $12.7mg/m^3$ 时仅有微臭味，长期接触对人无刺激；浓度增加 $2\sim10$ 倍时，气味加重，有浓烈的鱼腥臭；浓度增加 $10\sim50$ 倍时，有难闻的氨气味。

（2）中枢神经系统　可引起先兴奋后抑制，当达到致死剂量时，可引起惊厥、震颤、抽搐而后死亡。

（3）拟交感神经作用　一甲胺为脂肪胺，脂肪胺被称为拟交感胺，可致心跳加快、血压升高等。

（4）一甲胺释放组胺，引起哮喘等过敏反应。

7. 二甲胺

对眼和呼吸道有强烈的刺激作用。液态二甲胺接触皮肤可以引起坏死，眼睛接触可引起角膜损伤、浑浊。

8. 三甲胺

对眼、鼻、喉和呼吸道有刺激作用。浓三甲胺水溶液能引起皮肤的烧伤感和潮红，洗去溶液后皮肤上仍可残有点状出血。长期接触三甲胺可致眼、鼻、咽喉干燥不适。

二、氨基化工艺危险性分析

1. 固有危险性

固有危险性指氨基化反应中的原料、产品、中间产品等本身具有的危险有害特性。

（1）火灾危险性

① 氨　氨为可燃性气体，在一定条件下能发生燃烧。

② 氨基化原料及产品　氨基化原料及产品多为可燃、易燃物。部分氨基化产品受热、光照，接触明火或受到摩擦、碰撞会发生火灾。

③ 催化剂　氨基化工艺催化剂一般使用金属氧化物类催化剂，这类催化剂正常情况下没有火灾危险性。

（2）爆炸危险性　氨基化工艺使用的氨基化剂一般为氨水、液氨或氨气，氨气在一定条件下能发生火灾爆炸，液氨受热或设备容器出现故障可能导致设备物理爆炸。部分氨基化原料、氨基化产品受热、碰撞、摩擦等可能发生爆炸。

（3）中毒危险危害性

① 氨　氨属于低毒类物质，低浓度氨气对黏膜有刺激作用，高浓度氨可引起溶解性坏死，造成化学灼伤和急性中毒。吸入后对鼻、喉和肺有刺激性，引起咳嗽、气短和哮喘等，重者发生喉头水肿、肺水肿、心、肝、肾损害。溅入眼内可造成灼伤，皮肤接触可致灼伤，口服灼伤消化道。慢性影响：反复低浓度接触，可引起支气管炎、皮炎。

② 其他氨基化原料及产品　不同氨基化原料和产品的中毒危害性不同，部分原料，如硝基氯苯、甲醇等有较强毒性，部分产品（如丙烯腈等）有强毒性，部分氨基化原料（如丙烯），为无毒或低毒类物质，需要对具体工艺进行分析。

（4）腐蚀及其他危险性

① 氨　氨的水溶液呈碱性，具有一定程度的腐蚀性。

② 其他氨基化原料及产品部分种类的氨基化原料具有一定酸碱性、氧化性，对设备、管道有一定腐蚀作用。氨基化产品中一般含有氨基或腈基，在一定条件下具有酸、碱性或氧化性，对设备、管道有一定腐蚀作用。

2. 工艺过程危险性分析

氨基化反应过程为放热反应，反应产物、反应原料多为可燃物质，部分反应原料、产品受热易分解，在受到热或光照、遇明火或摩擦、碰撞时会发生爆炸。氨基化工艺中，使用的无机酸和部分反应原料、反应产物具有一定毒性和腐蚀性。

有些氨基化工艺反应温度较高，如丙烯腈工艺反应温度在430℃以上，有的氨基化工艺系统中存在中、高压设备，故在氨基化工艺过程中，设备或管道发生泄漏，反应温度过高，物料的储运过程中出现异常，都有可能造成火灾、爆炸或中毒事故。

三、重点控制工艺参数和控制的基本要求

1. 反应温度

氨基化反应为放热反应，进料预热到一定温度后进入反应器（釜），反应热需要及时移出，以控制反应温度在正常指标以内。氨基化的反应温度对于反应器（釜）内压力和反应速率有很大影响，温度高可能使反应压力升高，对气液相和液相反应来说，反应温度过高时，液相中的氨大量汽化使反应器（釜）发生喷溅、溢流或泄漏。部分氨基化反应原料具有一定氧化性，温度过高，使原料发生进一步反应生成副产物，降低产率。

影响传热效果的因素主要有反应器的传热面积、冷却能力和搅拌效果等。冷却能力与反应器（釜）所使用冷媒的温度、流量等有关，对于危险的高温、高压反应器（釜），要提高冷媒供给的安全保障能力，例如邻硝基苯胺（反应温度170～175℃）、甲胺（反应温度425℃）、苯甲胺（反应温度350℃）等，氨基化反应温度均超过物料闪点，部分超过物料的燃点，有效地控制反应温度对保证氨基化反应正常进行是非常重要的。反应器（釜）需要设置超温联锁装置，当温度超过危险温度时，通过控制进料、加大冷媒流量、启动紧急泄放等措施，保证生产安全。

2. 反应压力

氨基化反应一般在低压下进行，部分工艺在中压下进行，例如邻硝基苯胺反应压力为3.5～4MPa，对硝基苯胺反应压力为4～5MPa，甲胺反应压力为2.45MPa，二乙胺反应压力为2.26MPa，氨基蒽醌反应压力为3.8～4MPa。氨基化反应釜内压力一般与反应釜内温度和氨基化剂（即氨水或氨气量）有关，反应釜内压力过高可能出现喷溅、溢流、泄漏等事故，需对反应釜内压力进行监控。压力容器应设置完备的安全附件，如安全阀、爆破片等，以及超温、超压报警安全联锁装置。气相胺化工艺中，反应器（釜）进出物料均为易燃易爆气体，在进出物料管线中应设置阻火器、水封等阻火装置，管线、设备上应设置防静电接地装置。氨基化反应器（釜）的压力控制，一般通过控制反应温度和进料速率等手段来实现。

3. 反应釜搅拌

在间歇釜式氨基化反应器的操作中，一般是氨基化原料与过量的氨一次性投入升温，保压反应 6～12h，控制冷却能力，维持温度及压力。在液相反应和多相反应中，反应釜内的热量分布和物料分布相关，为使反应釜内温度、反应介质分布均匀，便于移出反应热量，需要对反应釜搅拌速率进行监控。

4. 反应投料速度和物料配比

一般氨基化反应，氨基化剂需要过量投放以保证氨基化原料的转化率。氨基化反应的投料速度和物料配比对反应的温度、压力、产品收率影响较大，因此需要对反应投料速度和物料配比进行监控。部分氨基化工艺中，反应器内温度、压力较高，同时存在氧化剂，需要控制，反应器内物料浓度不在其爆炸极限内，以保证反应安全进行。

5. 反应器内氧含量

一般氨基化反应需要在一定压力下进行，开车前必须进行氮气置换，保证通氨时氧含量低于 1%，同时保证原料进入反应器时不含氧。在反应过程中，反应器内的氨必须始终保持在其爆炸极限值以外，一般通过控制反应器的进料配比来实现。

四、推荐的安全控制方案

需对氨基化工艺的温度、压力、进料流量及物料配比、料位、反应釜搅拌速率、冷媒运行状况、反应器（釜）气体氧含量等重点监控工艺参数进行控制。

1. 工艺系统控制方式

（1）基本监控要求

① 氨基化反应应实现反应器（釜）温度和压力的自控，并设置报警和联锁系统。其温度、压力自控方式可根据工艺过程原理采取简单控制系统或复杂控制系统。反应器（釜）体积较大、反应热分配不均匀时，应增加温度测量点数，取其数个关键点的温度平均值作为反应器（釜）的被控温度。当反应器（釜）的温度和压力达到报警设定值时，发出声光报警；当反应器（釜）的温度和压力达到或超过联锁设定值时，启动联锁：切断投料，终止反应，紧急送入惰性气体，冷媒阀门全开以带走反应热等，并同时发出声光报警。

② 氨基化反应为连续工艺过程时，参与反应的原料应有温度、压力、流量监控，实现各原料进料的恒定控制或比值控制和联锁。生产中若某种原料流量出现异常，要保证切断危及安全的原料投入，并发出声光报警。

③ 对于带搅拌的釜式反应器，还应实现搅拌器运行状况的监控和联锁。搅拌器运行状况的监控可采取监测搅拌电机的电流、搅拌器的转速来实现。当搅拌器出现异常时，应发出声光报警，当危及安全时，应联锁停产：切断投料，终止

反应，冷媒阀门全开以带走反应热等，并同时发出声光报警。

④ 应设置原料进料紧急切断系统，使工艺操作人员可在控制室内切断原料的投入。

⑤ 应设置反应器的紧急冷却系统、紧急泄放系统及事故状态下的吸收中和系统等，且这些系统可由操作人员在控制室投运。

⑥ 连续氨基化气相反应中，宜加装反应尾气在线氧分析仪表，并将其分析结果远传至控制室。

⑦ 设计时，工艺和自控人员应结合具体的工艺机理，合理地设置控制回路，避免出现因控制回路间密切相关、互相影响导致工艺参数无法控制的情况。

(2) 控制系统的选用原则　鉴于 DCS、PLC 系统已逐步国产化，其控制、操作功能较强，可靠性及平均无故障时间较高，已能满足大部分化工工艺的需求，且价格适中，因此建议工艺过程简单、监控参数较少（50点以下）时选用智能仪表并与工控机通信的系统，其他则应首选 DCS 或 PLC 系统。

① 对于间歇氨基化反应过程，其控制的主要功能以逻辑判断、顺序控制等为主，以模拟监控为辅，宜选择 PLC 系统。

② 对于连续氨基化反应过程，以监控模拟控制信号为主，以逻辑判断、顺序控制为辅，宜选择 DCS 系统。

2. 安全控制方式

(1) 对于系统控制回路较多、危险性较高的装置，应设置独立于工艺控制系统之外的紧急停车系统（ESD）。

(2) 一般装置可在控制室内加装紧急停车按钮，确保现场出现紧急情况时，操作人员可在控制室内切断原料进料，启动紧急冷却系统、紧急泄放系统和吸收中和系统等。

以上 (1)(2) 的设计应满足《信号报警及联锁系统设计规范（HG/T 20511—2014）》的要求。

(3) 氨基化工艺的原料、中间产品及产品大多为有毒、易燃、易爆物品，装置应按《石油化工可燃气体和有毒气体检测报警设计规范》(GB 50493—2009) 设置检测报警系统，并保证在装置停车或工艺监控系统失效后，仍能有效地监测、报警。

3. 重点监控工艺参数及安全控制基本要求

(1) 重点监控的工艺参数　氨基化反应釜内温度、压力；氨基化反应釜内搅拌速率；物料流量；反应物质的配料比；气相氧含量等。

(2) 安全控制的基本要求　反应釜温度和压力的报警和联锁；反应物料的比例控制和联锁系统；紧急冷却系统；安全泄放系统；可燃和有毒气体检测报警装置等。

（3）宜采用的控制方式　将氨基化反应釜内温度、压力与釜内搅拌、氨基化物料流量、氨基化反应釜夹套冷却水进水阀形成联锁关系，设置紧急停车系统。

五、某企业氨基化生产丙烯腈安全控制方案

1. 工艺简述

该企业丙烯、氨、空气氨基化制备生产丙烯腈产品为连续生产方式，工艺流程见图 13-1。

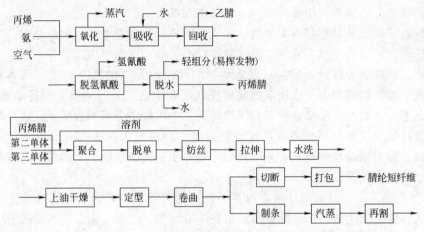

图 13-1　氨基化制备丙烯腈工艺流程框图

将汽化丙烯与汽化氨混合，再与预热的空气混合后进入丙烯腈反应器，与催化剂接触反应生成丙烯腈（副产乙腈、氢氰酸等物质）。该混合生成物通过热交换，经氨中和、吸收、精制等系列后处理得到丙烯腈产品，以及乙腈等其他副产品。

2. 该装置氨基化工艺危险性分析

（1）固有危险性分析　该装置属甲类火灾危险性场所，所涉及危险品主要有原料丙烯、氨、产品丙烯腈等。

原料丙烯在常温常压条件下是有大葱味的无色可燃气体，自燃温度 455℃，爆炸极限 2.0%～11.1%（体积分数），遇明火或静电火花，会引起爆炸。

原料氨在常温常压条件下是有刺激性气味的无色气体，爆炸极限 15%～27%（体积分数）。

产品丙烯腈为无色易挥发的透明液体，味甜，微臭，冰点 −83～−84℃，沸点 77.3℃，闪点 −5℃，爆炸极限 3.05%～17%（体积分数），纯品易自聚。

（2）工艺过程的危险性分析

① 火灾爆炸　该工艺中所用原料丙烯，在常温常压条件下是无色可燃气体，自燃温度 455℃，爆炸极限 2.0%～11.1%（体积分数），遇明火或静电火花，会

引起火灾及爆炸。

原料氨在一定条件下能发生火灾及爆炸。

产品丙烯腈闪点－5℃，爆炸极限 3.05％～17％（体积分数）；纯品易自聚，特别是在缺氧或暴露在可见光的情况下更易聚合，在浓碱存在下能强烈聚合导致爆炸事故；遇明火、高热易引起燃烧及爆炸。

② 中毒危害　该工艺中所涉及的原料丙烯，对皮肤和黏膜略有刺激性，高浓度丙烯有麻醉作用，有窒息性，对心血管毒性比乙烯强，可引起心室性早搏、血压降低和心力衰竭，中毒后必须立即撤离现场。

原料氨对皮肤和黏膜有刺激性，吸入后对鼻、喉和肺刺激，引起咳嗽、气短和哮喘等，重者发生喉头水肿、肺水肿，以心、肝、肾的损害。

产品丙烯腈为极毒物质，对温血动物的毒性约为氰化氢的 1/30。丙烯腈不仅蒸气有毒，而且附着于皮肤上也易经皮肤吸收中毒，长时间吸入丙烯腈蒸气，能引起恶心、呕吐、头痛、疲倦和不适等症状。丙烯腈若溅到衣服上，应立即脱下衣服；溅及皮肤时用大量水冲洗；溅入眼内需用流水冲洗 15min 以上；不慎吞入时，则用温盐水洗胃；如果中毒，应立即用硫代硫酸钠、亚硝酸钠进行静脉注射，并及时就医诊治。

③ 灼伤　生产过程中，液态丙烯一旦从相关设备、输送物料管线发生泄漏溅及人体将会发生灼（冻）伤事故。液氨一旦从相关设备、输送物料管线发生泄漏溅及人体将会造成化学灼伤事故。

3. 该装置氨基化工艺控制方案综述

由于该氨基化反应是放热反应过程，若反应温度失控，将导致进一步的剧烈反应；若反应物料在高温情况下发生泄漏，将会引起燃烧、爆炸事故。所以，该氨基化反应的设备必须在具备良好的冷却撤热系统的同时，严格控制参加氨基化反应各物质加入量的比例，以避免反应失控而引起爆炸事故。鉴于氨基化反应的危险性取决于被氨基化介质的性质及反应过程的控制条件，用氨基化工艺生产的企业应通过优化控制方案，采用先进的自动化手段实现精确控制，采用安全联锁及紧急停车系统，以保障企业的安全生产及员工的人身安全。

鉴于某企业丙烯、氨、空气氨基化法制备丙烯腈是连续生产过程，控制的重点是氨基化反应部分。通过对氨基化反应器设置温度、压力、流量现场指示，并远传控制室显示报警和联锁系统；设置氨基化反应器爆破片；设置反应物料的比例控制，设置氨基化反应器温度与反应器内撤热水管冷却水进水阀的联锁系统；设置氨基化反应器事故状态下的原料切断阀及原料切断时的惰性气体（氮气）紧急送入系统；装置内设置可燃和有毒气体检测报警设施等措施，以达到保障企业安全生产及员工人身安全的目的。

以上控制、报警及联锁方式通过 DCS 在控制室实现。

第四节 氨基化安全操作规程

一、甲胺工段安全操作规程

1. 合成塔安全操作要点

合成塔为立式筒状结构，作用是提供合成物料反应的场所。配料工序的合格原料液经升压预热送合成塔中，混合物料在一定的温度、压力、空速和催化剂存在的条件下，进行气相胺化反应，生成粗甲胺，经换热、减压后送至精馏工序。合成塔催化剂必须在合适的温度范围内才具有良好的活性。为了使催化剂充分活化，必须先升温后投料。升温可用氮气或液氨进行。系统升温升压应缓慢进行，一般控制升温速度为 15~20℃/h，升压速度为 1.0~1.5MPa/h。升温用的液氨量约为生产满负荷的 50% 左右。为了更好地使催化剂充分活化，要先升温至 400℃ 左右并保温 2~4h，然后降温到 360~380℃ 再投过渡物料。降温的主要目的是避免正式投料时甲醇与液氨反应放热过多，使催化剂层温度过高难于控制而烧坏催化剂。要严格保证合成投料后催化剂层温度能控制在指标范围以内。

2. 精馏塔安全操作要点

在精馏塔的安全操作中，必须对塔釜、中间槽的液面加以控制。塔釜维持一定的液面可以保证不发生釜液抽干或将底层塔板淹没的现象，从而使塔釜的传热面积发挥有效作用，并维持塔身物料平衡和塔底部的传热效果。一般常用的控制方法是通过调节塔釜釜液的排出量，达到维持液位的稳定。控制回流槽（中间槽）维持一定液面，一方面可以保证有足够的回流量，使回流能连续供应不至于使回流泵抽空，同时具有气液分离的作用。因此，必须对回流槽液位加以控制，常用调节塔顶采出量来维持液面的恒定。

二、DMF 工段安全操作规程

1. 反应器操作安全要点

（1）反应器升温 合成反应必须在合适的温度范围内才具有良好的活性，必须先升温后投料。升温可用蒸汽加热循环水带动合成物料温度升高。系统升温升压应缓慢进行，一般控制升温速度为 30~50℃/h，升压速度为 1.0~1.5MPa/h。要先升温至 100℃ 左右，然后投料。

（2）蒸发分离过滤操作要点 蒸发分离过滤设备较集中，主要有过滤、蒸发、分离单元。过滤器作用是将合成工序来的粗 DMF 中固体颗粒分离出来，每班倒换一次，注意氮气压力不得低于 0.5MPa。蒸发器将过滤器来的清洁物料迅速汽化，并在分离器中实现气液分离。蒸发分离温度控制在 150~170℃，当温度过高或过低时应考虑倒换蒸发器。分离器液位由排料和蒸发量控制。

2. 精馏安全操作要点

在精馏塔的操作中，必须对塔釜、流出槽的液面加以控制。塔釜维持一定的液面可以保证不发生釜液抽干或将底层塔板淹没的现象，从而使塔釜的传热面积发挥有效作用，并维持塔身物料平衡和塔底部的传热效果。一般常用的控制方法是通过调节塔釜液的排出量，调节加热蒸汽量达到维持液位的稳定。

三、装置安全操作规程

1. 配料工段安全规程

配料工段安全规程重点是防止危险物品的跑、冒、滴、漏，在操作中应当做到以下几点：

① 通过岗位练兵和学习，提高技术素质；

② 严格控制过渡料（供升温用）配比：氨∶甲醇＝3∶4；

③ 严格控制循环配料组成，根据生产需要由计算确定。

2. 合成工段安全规程

合成工段安全工作：一是防止液氨、甲醇的跑、冒、滴、漏；二是防止设备超温、超压、超液位。在操作中应当注意以下几点：

（1）经常注意检查反应器的操作参数、反应温度、压力是否符合工艺控制的要求。

（2）反应釜在清理时，必须有清理方案，用盲板与系统隔离开，可燃气体用氮气置换后再用空气置换。

（3）系统开车前，必须用氮气吹扫，在氮封条件下方可投料运行。

（4）甲胺系统严防泄漏，检查密封油系统必须处于正常运行状态。

（5）温度控制困难时，必须及时采取放空泄压、迅速降温措施。

（6）消防水幕要定期喷试，做到常备不懈。

（7）认真巡检，及时发现泄漏的可燃物，处理时必须使用无火花铜制工具。

（8）停工排放物料时，严格控制排放速度。

（9）要定期检查 UPS 电源，确保完好。

3. 精馏工段安全规程

（1）停车后关闭甲胺工序循环水总管上回水阀，开倒淋将水排净。

（2）关闭精馏各塔冷凝器上回水阀，开倒淋将水排净。

（3）严格执行各种票证制度。

（4）按规定穿戴好劳动防护用品。

4. 产品罐区工段安全规程

产品罐区重点是防止一、二、三甲胺以及 DMF 的跑、冒、滴、漏，在操作中应当做到：

(1) 通过岗位练兵和学习，提高技术素质。

(2) 阴雨天装车装桶应有防雨防潮的安全措施。

(3) 进入罐区的车辆必须装有阻火器，否则禁止入库。

(4) 装桶、充瓶、装车时必须连接接地线，雷雨天气禁止装车。

(5) 装桶、充瓶、装车时严禁接打移动电话。

(6) 充瓶时应正确穿戴劳动防护用品，即防护衣、手套、防护面具或眼镜。

四、主要作业安全操作规程

1.液氨及甲醇卸车的安全规程

(1) 卸车前　确认装置无动火作业；现场配备灭火器及防毒面具；现场应将汽车的静电接地线接地；有安全监护人。

(2) 卸车期间　禁止司机和监护人员离开现场；发现少量液氨及甲醇泄漏时立即停止卸车，用铜制工具处理；大量泄漏时立即停止卸车，用消防蒸汽予以驱散后处理；由于泄漏引发火灾时，用灭火器灭火，报火警；严禁司机开动汽车。

(3) 卸车完成　卸车完成时，卸车软管间的液氨禁止现场排放，应通过管线排至火炬。

2.压力表更换作业安全规程

(1) 关闭压力表底阀。

(2) 更换含易燃易爆物质管线上的压力表与动火作业不能同时进行。

(3) 更换含易燃易爆物质管线上的压力表时，使用铜质工具，戴手套。

3.应用蒸汽带安全规程

(1) 应戴手套抓紧蒸汽带出口处，防止蒸汽带摆动，造成烫伤。

(2) 蒸汽带出口严禁对准任何人。

4.盲板抽堵作业安全规程

(1) 设备抢修或生产中，注意设备、管道内存有物料（气、液、固态）及一定温度、压力情况时的盲板抽堵，或设备、管道内物料经吹扫、置换、清洗后的盲板抽堵。

(2) 盲板和盲板垫片应选用与管道内介质的性质、压力、温度相适应的型号。

(3) 盲板应有一个或两个手柄，便于识别、抽堵，8字盲板可不设手柄。

(4) 应预先对盲板进行统一编号，并设专人负责管理。

(5) 作业人员应对现场作业环境进行有害因素辨识，并制定相应的安全措施。

(6) 盲板抽堵作业应设专人监护，监护人不得离开作业现场。

（7）在有毒介质的管道、设备上进行盲板抽堵作业时，系统压力应降到尽可能低的程度，作业人员应穿戴合适的防护用具。

（8）在易燃易爆场所进行盲板抽堵作业时，作业人员应穿防静电工作服、工作鞋；距作业地点30m内不得有动火作业；工作照明应使用防爆灯具；作业时应使用防爆工具，禁止用铁器敲打管道、法兰等。

（9）在介质温度较高，可能对作业人员造成烫伤的情况下，作业人员应采取防烫措施。

（10）抽堵盲板时，应按盲板位置图及盲板编号，设专人统一指挥作业，逐一确认并做好记录。

（11）每个盲板应设标牌进行标识。

（12）作业完成后，负责人应组织检查盲板抽堵情况。重点检查抽、加装位置是否正确，抽盲板是否有遗漏，螺栓是否有遗漏和紧固。

5. 系统氮气置换安全规程

（1）应根据气密试验划分的系统对所有工艺管道设备进行氮气置换。

（2）置换前应制定置换方案，绘制置换流程图，确定置换介质进入点和排放点，确定取样分析点以免遗漏，防止出现死角。

（3）被置换的设备、管道系统必须采取可靠的隔离措施，置换时要逐个打开所有的排污阀或放空阀泄压或排放余液，调节阀的前后阀及旁通阀也应打开。

（4）在指定的采样点测量氧含量，采样点应选在氮气置换接气口的最下游（终点和易形成死角的部位附近）。

（5）大型储罐在置换前应对其所有控制仪表及安全附件进行严格检查，避免控制仪表失灵，安全附件不起作用，造成设备事故。

（6）氮气置换至氧气含量小于0.2%后，泄压至微正压状态保压，以防止空气窜入。

6. 开车安全规程

（1）现场检修已结束，并确认达到交付开车条件。

（2）要制定装置开车方案，开停车要做到统筹一致。

（3）检修现场的临时设施、临时电源及可燃物质，应清除干净后再撤离现场。

（4）厂区消防道路保持畅通无阻，各种安全、消防灭火器材要完备好用。

（5）气密、置换已经完成。

（6）各种管线的管帽已经恢复。

（7）开车期间可燃性气体要送入气柜回收或送至燃烧系统。

（8）投催化剂时要严格控制，防止因反应剧烈而引起飞温。

7. 检修安全规程

检修是石化、危险化学品企业维持和促进生产必不可少的重要环节。检修可分大、中、小修，还有抢修。检修时会涉及生产过程中有毒、有害物质和其他危害因素，因此，检修过程应做好如下工作：

（1）停工检修方案中，要列出防尘、防毒、防噪声等生产性卫生设施的检修计划；要列出本次检修过程中预防急性中毒的措施。

（2）有毒有害物料不得随意排放，要坚持回收，可燃废气排入火炬燃烧。

（3）用氮气置换后的设备，必须先用压缩空气吹扫，经气体分析氧含量（≥20％）合格，可燃气体含量（＜0.1％）合格，办理作业票，并有专人监护，方可进入。在容器内工作时发现异常后立即撤离。拆卸含酸碱的设备，应穿防酸碱服，戴防护面罩，必须做好个人安全防护。

（4）必须准备好防毒面具及其他个人防护用品。

（5）职业病防治部门和医疗急救室要做好抢救急性中毒或窒息的准备，并需对检修工作进行自救互救知识的培训。

（6）高处作业人员要做好体检，有高血压、心脏病或中枢神经功能明显异常者不得从事高处作业。

（7）各工种作业须统一安排，合理调配，力求互不影响。

（8）对 X 射线损伤、电光性眼炎、烟雾热、皮肤烫伤和过敏性，以预防为主。

（9）夏天要及时供给含盐饮料，以防中暑；冬天要防冻和摔倒。

（10）确保充分睡眠和合理休息。

（11）严格遵守操作规程，不违章操作。

（12）油漆作业要预防溶剂气体吸入中毒；保温作业要戴好防尘口罩，防止吸入玻璃棉尘、矿渣棉尘、石棉尘等。

（13）进行尘毒浓度和噪声强度等的测定。

（14）抢修作业往往因时间紧迫和忙乱，忽略人体健康的防护，故必须认真监督。监督的重点应是摸清毒物品种和测定浓度，在此基础上做好相应的个体防护，预防急性中毒、放射性损伤和噪声性听力损伤的发生。

（15）在拆卸反应器等设备的人孔时，其内部温度、压力应达到安全条件后，再从上而下一次打开；人孔盖在松动之前，不准把螺栓全部拆开，严防发生意外。所有容器打开后，是否进入都要经过化验分析。

（16）进容器必须办理作业票，必须有监护人，作业人员应具备气防常识和技能。

（17）从事密封堵漏的人员必须具备相应的知识和技能。

（18）动设备检修必须确保断电，并在开关处标记醒目的标志。

（19）物料退出时应严格控制速度，防止装置和罐区发生跑、冒、滴、漏、串、冻坏设备和污染环境事故。

(20) 装置吹扫时严禁用火作业、临时用电和机动车辆进入，防止引起着火、爆炸事故。

(21) 设备检修完毕需要封闭人孔时，必须和检修单位共同检查验收，清除杂物，清点人员，确认无误后，双方在场封闭人孔，做到万无一失。

第十四章

磺化工艺

第一节　磺化工艺基础知识

苯分子等芳香烃化合物里的氢原子可以被硫酸分子里的磺酸基（—SO_3H）所取代。磺化反应过程即向有机分子中引入磺酸基（—SO_3H）或磺酰氯基（—SO_2Cl）的反应过程。磺化过程中磺酸基取代碳原子上的氢称为直接磺化；磺酸基取代碳原子上的卤素或硝基称为间接磺化。通常用浓硫酸或发烟硫酸作为磺化剂，有时三氧化硫、氯磺酸、二氧化硫＋氯气、二氧化硫＋氧气以及亚硫酸钠等也作为磺化剂。

一些重要的磺化产品及其生产方法见表 14-1。

表 14-1　一些重要的磺化产品及其生产方法

磺化产品	磺化原料	磺化剂	主要生产方法
仲烷基磺酸盐（SAS）	石蜡烃	SO_2+O_2	磺氧化法
十二烷基苯磺酸	十二烷基苯	SO_3＋空气	三氧化硫磺化法
苯磺酸	苯	硫酸	恒沸脱水磺化法
2-萘磺酸	萘	浓硫酸	过量硫酸磺化法
乙酰氨基苯磺酰氯	N-乙酰基苯胺	氯磺酸	氯磺酸磺化法
对氨基苯磺酸	苯胺	浓硫酸	烘焙磺化法
1,3,6-萘三磺酸	萘	发烟硫酸	过量硫酸磺化法

一、磺化反应基本原理

1. 磺化过程概念

芳烃磺化是亲电取代反应，芳香化合物磺化反应在机理上属于亲电取代反应，其反应条件大致有三种：含水硫酸、三氧化硫和发烟硫酸。有人通过实验证明：苯在非质子溶剂中与三氧化硫反应时，进攻的亲电试剂为三氧化硫；在含水硫酸中磺化时亲电试剂为硫酸合氢正离子（可理解为水合质子＋三氧化硫）；而在发烟硫酸中，亲电试剂为焦硫酸合氢离子（质子化的焦硫酸）和 $H_2S_4O_{13}$

（可理解为一分子硫酸＋三分子三氧化硫）。因此，在不同条件下磺化，其反应机理略微有所不同。

芳烃磺化是亲电取代反应，SO_3 是亲电取代质点。浓硫酸磺化质点主要为 $H_2S_2O_7$。$80\%\sim85\%$ 硫酸磺化质点主要为 $H_3SO_4^+$。

硫酸先离解成 SO_3，然后 SO_3 进攻苯环成 δ-配合物，该配合物失去质子，形成稳定的取代物——苯磺酸负离子。反应如下：

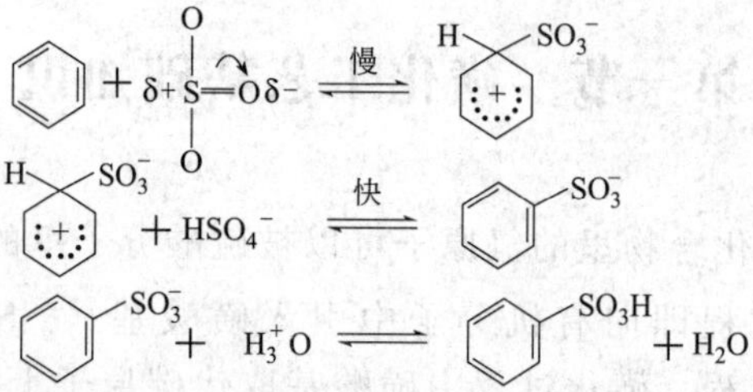

苯磺酸负离子是高度离解的强酸，在含水酸性介质中苯磺酸水解，磺酸基脱落：

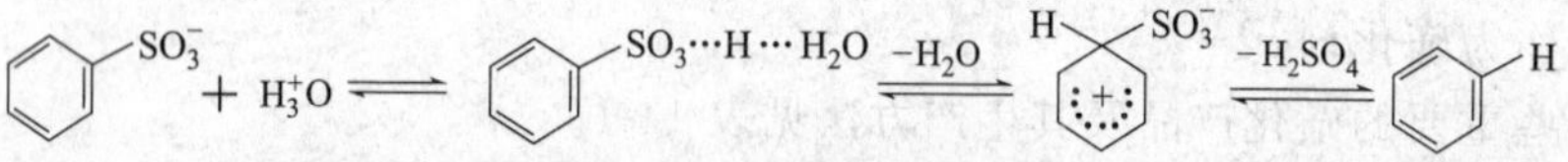

反应是可逆的，蒸出生成水或用发烟硫酸磺化，平衡向产物方向移动。如将 170℃ 苯蒸气通过浓硫酸，部分苯磺化，部分苯为恒沸剂将水带出反应系统。若除去磺酸基，可将苯磺酸与 $50\%\sim60\%$ 硫酸共热，使之水解脱去磺酸基。

磺化及水解速率与温度关系密切，试验表明，温度每升高 10℃，磺化速率增加 2 倍左右，水解速率增加 2.5～3 倍。因此，浓硫酸低温磺化，将磺化视为不可逆反应；稀硫酸高温磺化，将磺化视为可逆反应。

2. 磺化主要影响因素

（1）被磺化物　被磺化物主要是芳香烃及其衍生物，芳香烃的化学结构影响磺化反应的难易。芳环上若含有给电子取代基，磺化反应易于进行；若含有吸电子取代基，磺化反应难于进行。故甲苯比苯易磺化，萘比甲苯易磺化。

（2）磺化剂　动力学研究表明，磺化剂的浓度对磺化反应速率影响显著。用硫酸磺化，每引入 1mol 磺酸基，产生 1mol 水，硫酸浓度随之降低，其磺化能力和反应速率也随之降低。当硫酸浓度降到一定程度时，反应难以进行，磺化事实上已停止，此时的硫酸称"废酸"。

（3）磺化温度与时间　一般而言，磺化温度低，反应速率慢，磺化时间长；磺化温度高，反应速率快，磺化时间短。温度过高，易引起多磺化、氧化、生成砜和树脂化等副反应，高温还易发生异构化，磺酸基位置转移。

因此，磺化温度、硫酸浓度及用量、磺化时间不同，磺化产物也不同。

（4）辅助剂　少量辅助剂可抑制磺化副反应，并有定位作用。

根据化学平衡原理，在磺化液中加入无水硫酸钠，可抑制砜生成。2-萘酚磺化过程中，加入 Na_2SO_4 可抑制硫酸的氧化作用。羟基蒽醌磺化，加入硼酸使羟基转变成硼酸酯，也可抑制氧化副反应。

（5）搅拌、传热　良好的搅拌及换热装置，可以加快有机物在酸相中的溶解，提高传热效率，防止局部过热，有利于磺化反应。

二、磺化生产工艺及分类

磺化生产工艺，一般由磺化物料准备、磺化反应、磺化液分离、产物精制、废酸回收等工序组成。

1. 磺化工艺方法

按使用的磺化剂不同，磺化工艺方法分为过量硫酸磺化法、三氧化硫磺化法、氯磺酸磺化法、恒沸脱水磺化法等；按不同的操作方式，分为间歇磺化法和连续磺化法。

（1）过量硫酸磺化法　使用过量硫酸或发烟硫酸的磺化，也称"液相磺化"。过量硫酸磺化可连续操作，也可间歇操作。连续操作常用多釜串联磺化器。间歇操作的加料次序取决于原料性质、磺化温度及引入磺酸基的位置和数目。磺化温度下，若被磺化物呈液态，可先将被磺化物加入釜中，然后升温，在反应温度下徐徐加入磺化剂，这样可避免生成较多的二磺化物。如被磺化物在反应温度下呈固态，先将磺化剂加入釜中，然后在低温下加入固体被磺化物，溶解后再缓慢升温反应，如萘、2-萘酚的低温磺化。多磺酸生产采用分段加酸，即在不同时间、不同温度下，加入不同浓度的磺化剂，以使各阶段都具有最适宜的磺化剂浓度和磺化温度。

磺化过程按规定温度-时间规程控制，加料后需升温保持一定的时间，直到试样中总酸降至规定数值。

传统的磺化反应是采用过量硫酸作磺化剂，硫酸在工艺中不仅是磺化剂，而且又是溶剂和脱水剂，用量非常大，因此被称为过量硫酸磺化法。目前高效减水剂合成工艺中的磺化反应通常都采用过量硫酸磺化法。这种磺化工艺有大量的废酸产生，浓度可达70%以上，虽然它在反应中容易控制，但由于硫酸的大量浪费使得磺化剂利用率低，生产能力小，又有大量废硫酸和工业废渣产生，严重污染环境，同时提高了后续处理的成本，有悖于当前倡导的清洁生产工艺和可持续发展战略思想。

（2）三氧化硫磺化法　三氧化硫磺化法是一种具有活化能低、反应放热量大、体系黏度剧增、传热慢、副反应多等突出特点的化学反应，给工艺控制带来诸多困难。然而，该法生产出的烷基苯磺酸产品质量好，含盐量低，应用范围广；能与化学计量的烷基苯反应，无废酸生成，可节约大量烧碱，且生产三氧化硫的原料丰富。

因此，生产成本低是今后工业磺化的发展方向。其工艺特点是要求生产过程的反应物料在体系中的停留时间短，气-液两相接触状态良好，投料比、气体浓度和反应温度稳定，使反应热及时排出。为此，对设备加工精度及材质均有较高要求，设备庞大复杂，造价均在几百万元以上，一般中小型企业和乡镇企业难以投产。

① 气相法即用气体三氧化硫磺化，如十二烷基苯磺酸钠的生产，三氧化硫用干燥空气稀释至 4%～7%，磺化采用双膜式反应器。

② 液相法即用液体三氧化硫磺化，将 20%～25% 发烟硫酸加热至 250℃，产生的三氧化硫蒸气通过硼酐固定床层，冷凝后得稳定的 SO_3 液体。液相法用于不活泼的液态芳烃的磺化，在反应温度下产物磺酸为液态。

③ 三氧化硫-溶剂磺化即先将被磺化物溶解于硫酸、二氧化硫、二氯甲烷、1,2-二氯乙烷、1,1,2,2-四氯乙烷、石油醚、硝基甲烷等溶剂中，再用 SO_3 磺化。

④ SO_3 有机配合物磺化即使用 SO_3 与有机物形成的配合物磺化，其反应活性低于发烟硫酸磺化，反应温和，有利于抑制副反应，磺化产品质量较高，适用于高活性的被磺化物。

三氧化硫反应活性高，反应激烈，副反应多，常用干燥空气稀释 SO_3 以降低浓度。三氧化硫磺化瞬时放热量大，反应热效应显著。三氧化硫是氧化剂，特别是在使用纯 SO_3 时，要严格控制温度和加料顺序，防止发生爆炸事故。

(3) 氯磺酸磺化法　氯磺酸的磺化能力比硫酸强，比三氧化硫温和，在适宜条件下，氯磺酸和被磺化物几乎是定量反应，副反应少，产品纯度较高。副产物氯化氢负压排出，用水吸收制成盐酸。

(4) 亚硫酸盐磺化法　亚硫酸盐能将芳环上卤基或硝基置换为磺酸基。邻位和对位二硝基苯与亚硫酸钠反应，生成水溶性的邻、对硝基苯磺酸钠盐。利用亚硫酸盐可对间位二硝基苯进行精制提纯。

(5) 烘焙磺化法　芳伯胺与等物质的量的硫酸混合制成固态芳胺硫酸盐，然后在 180～230℃ 高温烘焙炉内烘焙，或用转鼓式球磨机成盐烘焙。

(6) 恒沸脱水磺化法　被磺化物苯与水可形成恒沸物，故以过量苯为恒沸剂携带反应生成水。苯蒸气通入浓硫酸磺化，过量苯与磺化生产水一起蒸出，维持磺化剂一定浓度，磺化液中游离硫酸含量下降到 3%～4%，停止通苯蒸气，磺化结束，如果继续通入苯，生成大量二苯砜。

2. 磺化液的分离操作

磺化液是磺化反应后的液体混合物，对磺化液的处理，一是磺化后不分离，直接进行硝化和氯化等操作；二是分离出磺酸或磺酸盐。根据磺酸或磺酸盐溶解度的差异，分离方法有以下几种：

（1）稀释酸析法 磺化液加水稀释至适当浓度析出磺酸，此法适用于在50%～80%硫酸中溶解度很小的芳磺酸。

（2）直接盐析法 在稀释后的磺化物中加入食盐、氯化钾或硫酸钠，磺酸成盐析出。

氯化钾或食盐盐析产生氯化氢气体，污染环境，腐蚀设备，也有可能造成人员中毒。

（3）中和盐析法 该法用碱性物质，如 NaOH、Na_2CO_3 等中和稀释磺化液，生成硫酸盐，磺酸以钠盐、铵盐或镁盐形式析出。

（4）脱硫酸钙法 磺化液用氢氧化钙悬浮液中和稀释，生成物磺酸钙溶于水，硫酸钙不溶于水，过滤除去硫酸钙，得磺酸钙溶液，再用碳酸钠溶液处理，使磺酸钙转变成钠盐（磺酸钠）、碳酸钙沉淀。滤去碳酸钙沉淀得到不含无机盐的磺酸钠溶液，磺酸钠溶液可直接用于下一步反应，或经蒸发、浓缩制成磺酸钠固体。

（5）萃取分离法 该法是以有机溶剂为萃取剂，从磺化液中萃取磺化产物的方法。萘磺化稀释水解除去 1-萘磺酸，用叔胺（N,N-二苄基十二胺）甲苯溶液萃取，叔胺与 2-萘磺酸形成配合物萃取到甲苯层，分出有机层，用碱液中和，磺酸转入水层，蒸发至干，得 2-萘磺酸钠，纯度 86.8%，其中 1-萘磺酸钠占 0.5%，Na_2SO_4 占 0.8%。2-萘磺酸钠以水解物计，收率为 97.5%～99%，叔胺回收循环使用。

三、典型磺化工艺过程

1. 2-萘磺酸钠盐的生产

2-萘磺酸钠盐为白色或灰白色结晶，易溶于水，主要用于制取 2-萘酚。2-萘磺酸钠盐采用过量硫酸磺化法生产，其生产工艺如图 14-1 所示。

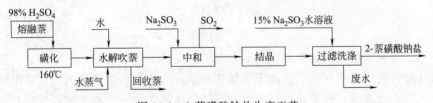

图 14-1 2-萘磺酸钠盐生产工艺

（1）磺化 将熔融萘加入带锚式搅拌和夹套的磺化釜，开启夹套加热蒸汽，加热至 140℃停止加热，然后缓慢滴加定量的 98%硫酸，萘与硫酸的摩尔比为 1：1.09。由于反应放热，釜温自动升至 160℃左右，在此温度下保温 2h，取样分析测定磺化液总酸度。所测磺酸和硫酸总量（总酸度）按硫酸计，酸度达 25%～27%，2-萘磺酸含量为 67.5%～69.5%时达磺化终点，停止反应。保温过程随水蒸气逸出的部分萘，用热水捕集回收。

（2）水解吹萘　将 1-萘磺酸水解并回收未磺化的萘。磺化完毕将磺化液打至水解釜，加少量水稀释，在 140～150℃通入水蒸气进行水解：

$$\text{（1-萘磺酸，含} SO_3H\text{）} + H_2O\text{（汽）} \underset{}{\overset{H_2SO_4}{\rightleftharpoons}} \text{（萘）} + H_2SO_4$$

1-萘磺酸大部分水解并随水蒸气蒸出，回收后循环使用。

（3）中和　向有耐酸衬里、搅拌器的中和釜中加入磺化水解液，在 120℃及负压下，缓慢加入热亚硫酸钠溶液中和 2-萘磺酸和过量的硫酸。反应如下：

$$2\,\text{（含} SO_3H\text{）} + Na_2SO_3 \longrightarrow 2\,\text{（含} SO_3Na\text{）} + H_2O + SO_2\uparrow$$

$$H_2SO_4 + Na_2SO_3 \longrightarrow Na_2SO_4 + H_2O + SO_2\uparrow$$

用抽真空引出中和产生的 SO_2 气体，用于 2-萘酚钠酸化：

$$2\,\text{（含} ONa\text{）} + SO_2 + H_2O \longrightarrow 2\,\text{（含} OH\text{）} + Na_2SO_3$$

$$\text{（含} SO_3Na\text{）} + 2NaOH \longrightarrow \text{（含} ONa\text{）} + Na_2SO_3 + H_2O$$

（4）中和液缓慢冷却至 32℃左右，析出 2-萘磺酸钠盐结晶，离心过滤，用 15％的亚硫酸钠水溶液洗涤滤饼，除去滤饼中的硫酸钠，甩干，湿滤饼作碱溶原料。

2. 十二烷基苯磺酸生产

以十二烷基苯为原料，采用三氧化硫气相磺化法生产：

$$\text{（} C_{12}H_{25}\text{苯）} \xrightarrow[\text{磺化}]{SO_3+\text{空气}} \text{（} C_{12}H_{25}\text{，} SO_3H\text{）} \xrightarrow[\text{中和}]{NaOH} \text{（} C_{12}H_{25}\text{，} SO_3Na\text{）}$$

十二烷基苯用三氧化硫磺化为强放热反应，反应热 710kJ/kg 烷基苯，反应几乎在瞬间完成，磺化速度取决于三氧化硫的扩散速度、扩散距离，主要影响因素是三氧化硫浓度、气流速度、气液分布及传热速度等。为避免剧烈反应，产生大量的反应热，应控制磺化过程，采用双膜式磺化器连续操作，SO_3 用干燥空气稀释使其浓度在 4％～7％。用气体 SO_3 薄膜磺化连续生产十二烷基苯磺酸工艺过程如图 14-2 所示。

磺化用干燥空气的露点要求低于 -40℃，甚至 -50～-60℃。干燥采用冷却-吸附法，空气经冷却脱除约 85％水分，再经硅胶吸附除去残余水分，空气露点达到 -40℃以下，空气带入系统的水分越少，磺化操作越稳定。

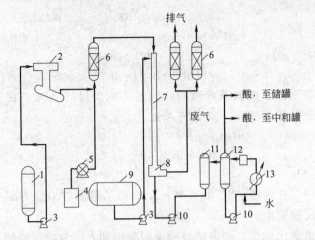

图 14-2　用气体 SO_3 薄膜磺化连续生产十二烷基苯磺酸工艺过程

1—液体 SO_3 储罐；2—汽化器；3—比例泵；4—干空气；5—鼓风机；

6—除沫器；7—薄膜反应器；8—分离器；9—十二烷基苯储罐；

10—泵；11—老化罐；12—水解罐；13—热交换器

　　三氧化硫气体由液态三氧化硫蒸发提供，或采用燃硫法或发烟硫酸蒸发提供。液态三氧化硫由计量泵送到汽化器，汽化后的三氧化硫气体与干空气混合，稀释至规定浓度，经玻璃纤维静电除雾器除雾后，再进磺化反应器，避免微量水与 SO_3 形成酸雾，影响磺化操作的产品质量。烷基苯由计量泵从储罐送到磺化反应器顶部分配区，烷基苯薄膜与含 SO_3 气体接触发生磺化反应。反应后的气液混合物经反应器底部的气-液分离器分离，分出的尾气经除雾器除去酸雾，再经吸收后放空。分离得到的磺化产物经循环泵、冷却器后返回磺化反应器底部，用于磺酸的急冷，部分送至老化罐、水解罐。磺化产物在老化罐中老化 5～10min，以降低其中的游离硫酸和未反应原料的含量，然后送到水解罐中，加入约 0.5% 的水以破坏残存的硫酸酐，之后经中和罐中和，即制得十二烷基苯磺酸。

3. 对乙酰氨基苯磺酰氯生产

　　对乙酰氨基苯磺酰氯（ASC）是合成磺胺类消炎药物磺胺甲唑的中间体，其化学结构式为：

乙酰氨基苯磺酰氯的合成是以乙酰苯胺（退热冰）为原料，以氯磺酸为磺化剂在室温下进行反应。反应式为：

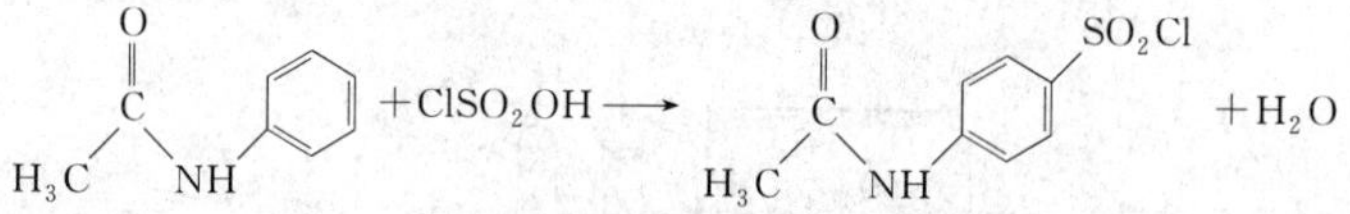

$$H_2O + ClSO_2OH \longrightarrow H_2SO_4 + HCl\uparrow$$

主要生成物是对乙酰氨基苯磺酸，同时生成少量的 ASC。在过量氯磺酸作用下，对乙酰氨基苯磺酸进一步变成 ASC：

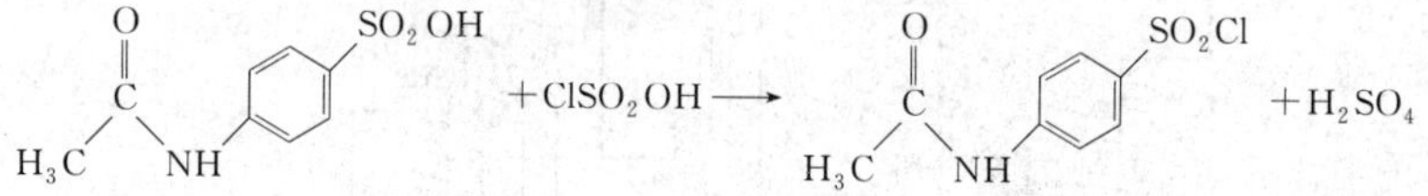

反应过程中，还伴随 ASC 的水解、ASC 与乙酰苯胺缩合等副反应，反应温度较高促使副反应发生。

乙酰苯胺氯磺化操作，先向搪玻璃反应釜中加入定量的氯磺酸，釜温控制在 15℃ 以下，然后缓慢加入乙酰苯胺 [乙酰苯胺：氯磺酸＝1：4.7（摩尔比）]，不断排出反应生成的氯化氢气体，加料后在 50～60℃ 下保温 2h 后，冷却到 30℃，放入氯磺化液储罐，静置 8～12h。

磺化初期主要生成对乙酰氨基苯磺酸，反应速率快，放热，一般通过冷却控制温度不超过 50℃。加料后，对乙酰氨基苯磺酸在过量氯磺酸的作用下转变为 ASC 是吸热过程，补加适当热量，温度保持在 50℃ 左右。

乙酰苯胺磺化液含 ASC、乙酰苯胺、对乙酰氨基苯磺酸以及大量硫酸和氯磺酸，其分离通常在磺化液中缓慢加入大量水，使过量氯磺酸分解，并使硫酸等水溶性物质溶于水，同时析出水溶解度小的 ASC。加水稀释产生大量稀释热，部分 ASC 水解为对乙酰氨基苯磺酸，为避免 ASC 水解，稀释温度控制在 20℃ 以下。

水解分为两次：一次水解将磺化液冷却到 15℃ 以下，缓慢滴加计算量的水，使磺化液中氯磺酸全部分解，硫酸浓度保持 90%（89.31% 硫酸中 HCl 溶解度最低），回收氯化氢气体；二次水解将一次水解液用 20 倍量的水稀释，稀释温度保持在 30℃ 以下。析出的 ASC 经离心脱水，水洗涤甩干，得类白色对乙酰氨基苯磺酰氯粉末，收率在 80% 左右。

乙酰苯胺磺化，磺化液稀释过程中，产生大量氯化氢气体，可以水吸收制成 35% 左右的浓盐酸。析出 ASC 母液中的 5%～7% 硫酸，通常将离心分离的 ASC 母液冷却，处理至含硫酸 28% 后，通氨气制成硫酸铵。

第二节　磺化工艺危险、有害因素分析

磺化工艺过程既有物质状态、组成的变化，又有化学变化。其主要危险来自磺化作业的原辅料，产品和半成品，以及带温、带压或负压作业条件。

一、危险品的性质

1. 萘

萘是一种有机化合物，分子式 $C_{10}H_8$，白色，易挥发，有特殊气味的晶体，从炼焦的副产品煤焦油中大量生产，用于合成染料、树脂等。以往的卫生球就是用萘制成的，但由于萘具有毒性，现在卫生球已经禁止使用萘作为成分。

（1）基本信息　中文名称：萘。水溶性：不溶于水。颜色：白色。别称：骈苯、并苯、粗萘、环烷、精萘、萘丸、煤焦油脑。EINECS 登录号：202-049-5。分子量：128.18。CAS 登录号：91-20-3。闪点：78.89℃。沸点：217.9℃。安全性描述：属低毒类。英文名：naphthalene、tar camphor。熔点：80.5℃。应用：制备染料、树脂、溶剂等的原料，也用作驱虫剂。密度：1.162g/cm³。

（2）性质与稳定性

① 用五氧化二钒和硫酸钾作催化剂，用硅胶作载体，于 385～390℃用空气氧化得到邻苯二甲酸酐。在乙酸溶液中用氧化铬进行氧化，生成 α-萘醌。加氢生成四氢化萘，进一步加氢则生成十氢化萘。在氯化铁催化下，将氯气通入萘的苯溶液中，主要得到 α-氯萘。光照下与氯作用生成四氯化萘。萘的硝化比苯容易，常温下即可进行，主要产物是 α-硝基萘。萘的磺化产物和温度有关，低温得到 α-萘磺酸，较高的温度下，主要得到 β-萘磺酸。

② 萘的水溶性较小，而且不易被吸收，故其毒性不太强。吸入浓的萘蒸气或萘粉末时，能促使人呕吐、不适、头痛。特别是损害眼角膜，引起小水泡及点状浑浊，能使皮肤发炎，有时还能引起肺的病理性改变，可损害肾脏，引起血尿，但没有致癌性。工作场所萘的最大容许浓度为 10×10^{-6}。生产设备及容器应密闭，防止其蒸气、粉末外逸，操作现场强制通风。若发生萘中毒现象，要立即转移至空气新鲜处，多饮热水，呕吐，进行人工呼吸，严重者送医院治疗。

③ 稳定性：稳定。

④ 禁配物：强氧化剂（如铬酸酐、氯酸盐和高锰酸钾等）。

⑤ 聚合危害：不聚合。

2. 浓硫酸

浓硫酸分子式为 H_2SO_4，是一种具有强腐蚀性的矿物酸。坏水指质量分数大于或等于 70% 的硫酸溶液。浓硫酸在浓度高时具有强氧化性，这是它与普通硫酸最大的区别之一。同时，它还具有脱水性、强氧化性、难挥发性、酸性、吸水性等。

（1）基本信息　中文名称：浓硫酸。化学式：H_2SO_4。CAS 登录号：7664-93-9。外观：无色油状液体。闪点：无。熔点：10.4℃。别称：坏水。分子量：

98.04。酸碱性：酸性（pH＜7）。英文名：concentrated sulfuric acid。沸点：338℃。密度：$1.84g/cm^3$。水溶性：易溶于水。应用：工业、化学实验等。

（2）化学定义　浓硫酸是指浓度（H_2SO_4 的水溶液里 H_2SO_4 的质量分数）大于等于70％的 H_2SO_4 水溶液。硫酸与硝酸、盐酸、氢碘酸、氢溴酸、高氯酸并称为化学六大无机强酸。

（3）物理性质　除了酸固有的化学性质外，浓硫酸还具有特殊的性质，与稀硫酸有很大差别，主要原因是浓硫酸溶液中存在大量未电离的硫酸分子（硫酸分子亦可以进行自偶电离），这些硫酸分子使浓硫酸有很特殊的性质。

3. 三氧化硫

（1）危险性类别　第8.1类，一级无机酸性腐蚀物品。

（2）理化性质　三氧化硫按熔点的高低顺序有 α-、β-、γ-三种形态。α-型：石棉状针状结晶，熔点62.5℃，蒸气压9731Pa（25℃），能与水发生爆炸样剧烈反应而生成硫酸，易溶于浓硫酸。β-型：石棉状、针状结晶，熔点32.5℃，蒸气压45900Pa（25℃）。γ-型：无色透明，冰块状（斜方晶系）固体或液体，密度为 $1.97g/cm^3$（20℃液体），熔点16.8℃，沸点44.8℃，蒸气压57700Pa（25℃）。

（3）危险特性　与水发生爆炸样剧烈反应。与氧气、氟、氧化铅、过氯酸、磷、四氟乙烯等接触剧烈反应。与有机材料，如木、棉花或草接触会着火。遇潮时对大多数金属有强腐蚀性。三氧化硫吸湿性极强，在空气中产生有毒的白烟。对皮肤、眼睛、黏膜有强烈刺激性。

（4）消防措施　用水、干粉或二氧化碳灭火。消防人员必须穿戴全身防护服等劳动保护用品，防止灼伤。

4. 氯磺酸

氯磺酸（$ClSO_2OH$）是一种无色或淡黄色的液体，具有辛辣气味，在空气中发烟，是硫酸的一个—OH被氯取代后形成的化合物。其分子为四面体构型，取代的基团处于硫酸与硫酰氯之间，有催泪性，主要用于有机化合物的磺化，以及制取药物、染料、农药、洗涤剂等。

（1）基本信息　中文名称：氯磺酸。英文名称：chlorosulfonic acid。化学品类别：无机酸。化学式：$ClSO_2OH$。分子量：116.52。

（2）物性数据　性状：无色半油状液体，有极浓的刺激性气味。熔点：−80℃。沸点：151～158℃。相对密度（水＝1）：1.77。相对蒸气密度（空气＝1）：4.02。饱和蒸气压：0.13kPa（32℃）。临界压力：8.5MPa。辛醇/水分配系数：0。溶解性：不溶于二硫化碳、四氯化碳，溶于氯仿、乙酸、二氯甲烷。

（3）储存注意事项　储存于阴凉、干燥、通风良好的专用库房内，实行"双人收发、双人保管"制度。库温不超过 30℃，相对湿度不超过 75%。包装必须密封，切勿受潮。应与易（可）燃物、酸类、碱类、醇类、活性金属粉末等分开存放，切忌混储。储区应备有泄漏应急处理设备和合适的收容材料。

二、生产过程中的危险性分析

磺化反应是以芳烃或者直链烷烃为原料，在一定的压力和温度下与磺化剂反应。最常用的磺化剂有浓硫酸、发烟硫酸、氯磺酸和三氧化硫。硫化剂浓硫酸、发烟硫酸、氯磺酸和三氧化硫都是强吸水剂，具有强烈的腐蚀性和氧化性，使用时必须注意以下几点：

① 防水防潮　浓硫酸、发烟硫酸和硫酸酐遇水分会强烈吸收，同时放出大量热，造成温度升高，可能引发爆炸。因此，使用磺化剂必须严格防水防潮。

② 防止接触易燃物　磺化剂具有强烈的氧化性，必须严格防止接触各种可燃、易燃物，以免发生火灾、爆炸。

③ 密切注意腐蚀情况　由于磺化剂具有很强的腐蚀性，设备管道必须采取防腐措施，同时要密切注意腐蚀情况，经常检查，防止因腐蚀造成穿孔泄漏，引起火灾和腐蚀伤害事故。

车间生产过程中的危险有害因素：物体打击、车辆伤害、机械伤害、起重伤害、触电、灼伤、火灾、高处坠落、坍塌、容器爆炸、其他爆炸、中毒和窒息以及其他伤害等。

1. 易燃易爆物质危险性分析

磺化反应使用的原料一般为芳烃及其衍生物，都是易燃、易爆化学品，而磺化剂本身都具有强氧化性，因此，一旦发生泄漏，遇明火或静电火花，均可引发燃烧、爆炸事故。危险化学品泄漏引发火灾爆炸事故是该生产装置的主要危险。其原因有：可燃物泄漏引起大火燃烧，进而引发爆炸；紧急停车，误操作引起爆炸；粉尘静电引起燃烧爆炸。

易燃、易爆危险化学品的燃烧爆炸常伴随发热、发光、压力上升和电离等现象，具有很强的破坏作用，会造成现场人员灼伤或死亡，附近建筑毁坏，飞出的设备碎片波及的范围很大，应积极预防和控制易燃、易爆危险化学品燃烧爆炸的发生。

2. 中毒危害分析

磺化反应的原料以芳烃为主，基本上都是挥发液体或者升华固体（萘），因此，装置工艺过程和开停工检修中，会存在大量的有机蒸气。芳烃系列的有机物基本上对人体都有害，因此该装置必须确保密封循环系统良好，杜绝误操作，坚持巡检，以防止各类恶性事故的发生。另外，在设备检修期间，需要确保装置提前通风或者空置一段时间。人员进入受限空间作业时，必须佩戴防毒面具、橡胶手套等防护用品。

防止窒息事故的措施：一是确保装置密封性良好；二是做好监测、检查及个体防护工作；三是严格遵守进入受限空间作业安全管理规定。

3. 意外伤害危害分析

装置生产运行存在着意外伤害的可能性，如在接触电气设备时，可能发生触电事故。检修、维修压力容器、管线时，由于种种原因，没有完全泄压造成带压操作，有可能发生人员伤亡事故。装置进行检修或大修时使用机械较多，在场人员立体交叉作业，起吊频繁有可能发生高空落物，造成人员伤害。平时生产运行的机泵、空压机、空冷机等，都存在着机械伤害的危险。

4. 灼烫危害分析

磺化反应为放热反应，磺化装置中各种高温设备、容器和蒸汽管线较多，人体直接接触这些设施会造成烫伤事故。在生产过程中，反应物料的温度也较高，在运行中很可能由于管道的泄漏和损坏，造成物料泄漏，以及保温层的损坏，造成高温表面裸露，从而对人体造成物理性和化学性烧伤。

5. 触电危害分析

该生产装置中需要用到各种电气设备，电气设备断电保护系统不完善，由于腐蚀、损坏等原因造成漏电时，操作人员操作就有可能发生触电危险。因此，要合理设计电路，经常对线路进行检查。发现隐患及时处理。对操作人员进行技术培训，杜绝触电事故的发生。

6. 噪声危害分析

磺化反应装置转动机械设备较多，运行时噪声较大。噪声可能引起听觉疲劳、噪声性耳聋、爆炸性耳聋；噪声可引起头晕、头痛、多梦、失眠、心悸、记忆力减退等神经衰弱综合征；噪声可引起血管收缩、血压升高、心律失常、心跳过快，从而影响血液循环，长期下去可引起高血压和心脏病；噪声会抑制胃功能，减少唾液分泌，长期处于噪声环境的作业人员易患胃溃疡和胃肠炎；噪声会使视力及识别速度降低，导致视力下降和视物模糊；噪声损害听力，导致人的反应时间延长，烦躁不安，注意力分散。

7. 磺化剂配制与计量危险性分析

使用计量罐和配制罐等设备将不同浓度的硫酸输送、混合、计量，混合过程产生大量溶解热，若不能及时移出，将导致硫酸或发烟硫酸分解生成大量三氧化硫气体。因此，酸稀释须在搅拌和冷却条件下进行，温度控制在 $30\sim50℃$，严格控制加料次序和配比，将浓硫酸加至水或稀酸中，避免冲料。

硫酸、发烟硫酸、氯磺酸等具有强烈的腐蚀性，操作不慎或防护不当容易造成化学性灼伤，以及发生设备腐蚀和环境污染等事故。三氧化硫、发烟硫酸、硫酸、氯磺酸等具有氧化性，与有机物等接触易发生氧化反应，释放大量热能，导致物料喷出，酿成火灾及爆炸事故。

8. 磺化反应过程危险性分析

（1）磺化反应大多数是液-液非均相反应，如果两相分布不均，接触不充分，特别是在磺化初期可能产生局部过热。反应体系分为酸油两相（层），如果搅拌时叶片脱落或失效，搅拌中断，磺化反应质点在酸相积聚，一旦重新启动搅拌，局部磺化反应剧烈，瞬间释放热能，极易引起冲料，在切断时危险性更大。

（2）磺化是强放热反应，如果不能及时移除反应热，磺化温度上升，导致多磺化、氧化、异构化、分解、水解等副反应，磺化反应进一步恶化，甚至失控。

（3）磺化系统温度升高或有杂质时，不仅发生副反应，还造成发烟硫酸、硫酸分解产生三氧化硫气体，系统温度、压力迅速升高，极易造成喷料，引发火灾、爆炸和化学灼伤事故。

因此，磺化必须在有效搅拌和冷却条件下进行，按照工艺规定的物料配比、加料次序，控制加料速度和加料量，严禁水、有机物等杂质进入磺化系统。投料速度过快，冷却水供应减少或中断，搅拌失效或中断均可能导致系统温度过高，甚至酿成事故。

9. 磺化液后处理危险性分析

后处理作业一般包括磺化液卸出，稀释酸析或中和盐析，浓缩，过滤甩干，或有机溶剂萃取。由于后处理操作涉及的磺化液、废酸、中和液等为腐蚀性物料，必须防范物料泄漏、跑冒等危险。这些现象一旦发生，极易造成化学灼伤、环境污染等事故，甚至引发火灾或爆炸事故。

第三节 磺化工艺安全技术

一、防火防爆安全技术

防火防爆基本措施有：消除火灾爆炸的物质、能量条件；根据物质燃烧、爆炸特性避免形成爆炸性化合物；严格控制可燃物跑、冒、滴、漏，严格控制点火源等。

1. 控制火灾爆炸危险物

（1）以较小或无火灾、爆炸危险性的物料，替代危险性较大的物料。例如，以难燃或不燃溶剂替代可燃溶剂；在混酸或在硫酸介质中硝化，比在有机溶剂中硝化的安全性好。沸点在110℃以上的溶剂，蒸气压较低，安全性较好。

（2）根据物质燃烧特性采取相应措施：

① 遇空气或遇水燃烧的物质，应隔绝空气或防水、防潮。

② 性质相抵触引起爆炸的物质不能混存、混用；遇酸、碱分解的物质，应防止接触酸、碱；对机械作用敏感的物质，应轻取轻放，避免振动、碰撞或摩擦。

③ 根据燃烧性气体或液体的相对密度，采取排污、防火、防爆措施。性质相抵触的废水排入同一下水道易发生化学反应，导致事故。如硫化碱废液与酸性废水排入同一下水道，反应产生硫化氢，造成中毒或爆炸事故。输送易燃液体的管道、沟，若泄漏、外溢，则易造成积存，引发火灾。

④ 加工或储存自燃点较低的物质，应采取通风、散热、降温措施，防火的重点措施是消除任何形式的明火。

⑤ 某些液体对光不稳定，应避光保存，如乙醚应盛于金属或深色玻璃容器中。

⑥ 添加某些物质可改变液体的自燃点，如添加四乙基铅可提高汽油的自燃点；而铈、钒、铁、钴、镍的氧化物可降低易燃液体的自燃点。

⑦ 易产生静电的物质，如烃类化合物，应防止静电的危害。

（3）密闭及通风措施　可燃性气体、蒸气或粉尘与空气混合，可形成爆炸性气体混合物、薄雾、粉尘云。可燃性物质生产、加工、储存设备和输送管道必须密闭，正压操作防止泄漏，负压操作防止空气渗入。

输送危险物料的管道应用无缝管，在安装检修允许的情况下，尽量少用法兰连接。盛装腐蚀性液体物料的容器底部，尽可能不装开关和阀门，应从顶部抽吸排出。负压设备放空操作，避免大量空气吸入。定期检验容器的密闭性和耐压性，检查压缩机、液泵、阀门、法兰、接头是否存在渗漏。高锰酸钾、氯酸钾、铬酸钠、硝酸铵、漂白粉等加工的传动装置，必须保持良好的密封性，定期清洗传动装置，及时更换润滑剂，防止其防尘进入变速箱，否则粉尘与其中的润滑油相混，与组件摩擦生热极易引起爆炸。

通风分为机械通风和自然通风，换气分为排风和送风。有火灾爆炸危险的车间厂房排风或送风设备应独立设置，排风管直通室外安全处，排风管不得穿过防火墙和楼板等防火隔离设施。排出或输送80℃以上的空气、燃烧性气体或粉尘的设备，选用防爆除尘器；含燃烧性粉尘的空气需要先净化处理。

（4）惰性气体保护　惰性气体常用氮气、二氧化碳、水蒸气及烟道气等，惰性气体的用途如下：

① 可燃性粉尘物料的粉碎、筛分、研磨、混合、输送等加工过程，需惰性

气体覆盖保护；

② 惰性气体充压输送易燃液体；

③ 加工生产易燃气体，可以用惰性气体作稀释剂，可燃气体排气后氮封；

④ 具有火灾爆炸危险的工艺装置、储罐、管道等配备惰性气体管线，以备发生危险时使用；

⑤ 氮气正压保护易燃、易爆场所的电气设备、仪表等；

⑥ 易燃、易爆系统动火作业，用惰性气体吹扫和置换；

易燃、易爆场所物料性质不同，惰性气体及其供气装置不同，应防止物料窜入惰性气体系统，反之亦然，防止惰性气体窒息。

2. 控制点火源

明火、化学热、自燃、热辐射、高温表面、日光照射、摩擦和撞击、绝热压缩、静电放电、雷击、电气设备和线路过热和火花等，均为点火源。严格控制点火源，是防火防爆的重要措施之一。

（1）严格控制明火 加热物料应尽可能避免使用明火直接加热，应选用水蒸气、导热油、熔盐等间接加热。焊接切割产生的火花及熔融金属温度达 2000℃，高空作业火星飞散距离可达 20m，应严格动火作业，坚持"三不动火"，即禁止无监护人动火；禁止安全措施不落实动火；禁止与动火票内容不符动火。生产区及其附近，禁止熬炼沥青、石蜡等明火作业；禁止吸烟；严禁电瓶车通行；通行汽车、拖拉机的排气管必须安装火星熄灭器。

（2）避免摩擦与撞击 轴承的摩擦，钢铁器具间的撞击与敲击，钢铁器具与混凝土浇筑体、地面或墙体间的撞击或敲击，均可能产生火星。在存在燃烧危险的生产区域，机械轴承应保持润滑，禁止使用抛掷工具器械，不得使用铁质工具，进出人员不得穿钉子鞋。

（3）避免光照和热辐射 光，如日光、灯光、激光等是一种能量。光能激发化学反应，可转化为热能。对光不稳定、敏感的物料要避光储存，避免热辐射，其设备可采用喷水降温，外表面反光折射。

（4）隔绝高温物体表面 高温物体指表面温度较高的各类设备和管道。高温物体应隔热保温，减少其热能损失，避免形成点火源。作业中，避免可燃物品接触高温表面；禁止高温表面烘烤衣物，及时清理高温表面的油污，物料排放远离高温物体表面。

（5）防止电气火花 电力是化工生产不可或缺的动力，电气火花引发火灾爆炸事故的频率较高。电气火花指高压放电、瞬时弧光放电、接点散弱火花。电动机、照明、电缆、线路等电气设备及配件的检修维护，应由专业电工负责，工艺作业人员不得自行拆卸、检修，工艺作业人员应正确使用电气设备，遇有故障应及时报告。

（6）消除静电荷和防止静电放电　液体流动、物料搅拌、挤压、切割等作业，均会产生静电荷。

① 工艺控制法　如限制物料流速；选用或镶配导电性能好的材料；改变灌注方式，避免液流喷溅、注油的冲击，在静电荷逸散区设置接地导电钢栅，加速静电荷消散。

② 泄漏导走法和静电法　如空气增湿、静电接地、增加物料静置时间、使用抗静电剂。

③ 工作地面导电化。

④ 个体防静电措施　如静电消除触摸球杆，穿防静电服装、鞋靴等。静电危害或危险场所要求不携带手机、手表、硬币、戒指等，不穿化纤服装和带钉鞋子，不使用化纤材料的拖布或抹布，不接近或接触带电体，不做剧烈运动。

3. 控制工艺参数

（1）控制温度　任何化工过程均有其适宜的温度范围，温度控制在允许范围，不仅是工艺要求，也是安全生产的必需。温度若超过适宜值，生产过程波动，反应剧烈，副反应增多，重则温度失控，造成物料分解，冲料冒槽，甚至发生火灾爆炸事故。温度若低于温控下限，过程速率减慢或停滞，一旦恢复，会因物料过多而使反应加剧。温度过低某些物料凝固冻结，堵塞管道或胀裂，物料泄漏，可能引发火灾爆炸事故。

一般控温措施，有效移出反应热常用的方法有：①反应器夹套、蛇形盘管冷却移热；②过量反应物或溶剂蒸发冷凝回流移热；③惰性气体循环冷却；④冷、热路进料，调节其中一路流量以控制反应温度；⑤进料配以惰性介质（如水蒸气）携带部分反应热。上述方法可根据具体情况，既可独立亦可联合应用。

（2）控制压力　压力影响液体流动状态、物料浓度，进而影响过程传热效率、蒸发与冷凝速率、反应速率等。压力的控制不当，不仅影响产品质量和产量，而且影响生产安全。超压极易造成密封容器的泄漏、喷冒或空气吸入而引发火灾爆炸事故。因此，应严格按照工艺规程控制压力，禁止超温、超压、超量。

（3）控制投料　投料的控制主要控制投料速度、投料配比和投料次序。对于放热反应，根据设备传热能力控制投料速度，否则，系统温度因投料加快而急剧升高，引起物料分解、突沸，酿成事故。如果系统温度过低，加料过快则投料过量，造成物料累积，温度一旦上升，反应热若不能及时移出，温度、压力超过控制上限，极易导致事故。

此外，投料速度过快，反应产生的有毒或易燃气体吸收不完全，气体外溢引起中毒窒息事故。严禁颠倒投料次序，错误投料，必须按规定次序投料。严禁超量投料，反应釜、塔器和储罐均有其安全容积系数。如果反应釜搅拌启动液面升高，釜温升高，物料液面、压力升高，投料超过安全容积系数，易发生溢料或超压。控制反应程度，避免生成副产物，尤其是一些副产物不稳定，极易引发事故。防止物料，如乙醚、异丙醚、四氢呋喃等与空气氧化反应生成过氧化物，因为过氧化物不稳定，极易发生爆炸事故。

（4）控制原料纯度 应控制原料杂质含量，杂质不仅影响产品质量，还可能引发副反应，甚至酿成火灾爆炸事故。少量有害成分循环过程不断积累，易引发火灾爆炸事故。惰性杂质积累，将降低物料浓度，增加生产成本。吸收方法：消除有害杂质，定期部分放空，可避免惰性气体积累。

若在物料储存和处理过程中添加一定量的稳定剂，可防止杂质引起的事故。例如，氰化氢常温呈液态，低温密闭容器储存，水含量不得大于 1%，水存在可生成氨，引发聚合反应，聚合热使蒸气压力上升，导致爆炸事故，若添加浓度为 0.001%～0.5% 的硫酸、磷酸或甲酸等可提高其稳定性。

（5）防止物料溢冒、泄漏 物料溢冒是因配料、加料、加热等工艺操作不当。加热、搅拌或投料速度过快，易产生液沫的物料将引起溢料。溢料不仅引起冲浆、液泛等操作异常，还极易引发涉险事件或事故。减少泡沫、防止溢料的措施：稳定加料速度，平稳操作；调节搅拌速度和配料温度，真空操作调节真空差消除泡沫，或添加消泡剂。

物料跑、冒、滴、漏引发事故的原因：操作疏忽或误操作，如收料满槽（罐）跑料，分离器液面控制不稳，错开排污阀门，设备管线和机泵密封不严；设备管线腐蚀，巡查检修不及时。

4.限制火灾爆炸蔓延扩散

火灾爆炸事故造成的破坏和损失，大多由于事故蔓延和扩散。限制事故蔓延、扩散的措施，包括工艺装置布局、建筑结构、划分防火区域等几个方面：

（1）分区隔离、露天布置、远距离操纵 如机械传动、液压传动和电动操纵等。

（2）防火与防火装置 防止外部火焰窜入有燃烧爆炸危险的设备、容器和管道，或阻止火焰在设备和管道间蔓延和扩散，如设置阻火器、安全液封、水封井、单向阀和火星熄灭器等。

（3）防爆泄压装置 如安全阀、爆破片、防爆门和放空管等。

二、磺化反应的安全技术

使用磺化剂必须严格防水防潮，严格防止接触各种易燃物，以免发生火灾、爆炸。经常检查设备、管道，防止因腐蚀造成穿孔泄漏，引起火灾和腐蚀伤害事故。

　　保证磺化反应系统有良好的搅拌和有效的冷却装置，以及时移走反应热，避免温度失控。

　　严格控制原料纯度（主要是含水量），投料操作时顺序不能颠倒，速度不能过快，以控制正常的反应速率和反应热，以免正常冷却失效。

　　反应结束注意放料安全，避免烫伤及腐蚀伤害。

　　磺化反应系统应设置安全防爆装置和紧急放料装置，一旦温度失控，立即紧急放料，并进行紧急冷处理。

　　液相磺化法一般采用釜式反应器，在原料温度提升到一定范围（萘磺化一般在$80 \sim 90℃$）后才开始滴加磺化剂（如浓硫酸）。在投料前一定要对设备进行检查，确保放空管道畅通，确保搅拌正常运转，确保冷却系统正常工作。投料后用蒸汽加热循环水带动合成物料温度，必须先升温然后滴加浓硫酸，在升温过程中随时注意温度、压力情况，若发现异常应及时减压降温，开始滴酸时要缓慢滴加，刚开始滴酸时由于酸溶解热比较大，温度可能会快速上升，这属于正常现象。加酸完毕后，要控制温度缓慢上升至反应温度，一般控制升温速率在$30 \sim 50℃/h$。在反应过程中随时注意反应器中温度、压力情况，出现异常及时处理，特别是压力异常。

　　气相磺化法一般采用膜式反应器，磺化剂一般为三氧化硫。三氧化硫的来源有两种，一种是罐装三氧化硫，罐装三氧化硫需要汽化稀释后使用，需要注意汽化温度以及稀释比例，同时需要确保原料和磺化剂投料比例正确，在生产过程中要随时关注反应器的温度，确保冷却系统工作正常。三氧化硫的另一种来源是现用现制，以硫铁矿等其他原料制成的原料气，经过净化除水进入转化器中，在钒催化剂存在下进行催化氧化：

$$SO_3 + (1/2)O_2 \longrightarrow SO_3 \quad \Delta H = -99.0 kJ$$

　　钒催化剂是典型的液相负载催化剂，它以五氧化二钒为主要活性组分，碱金属氧化物为助催化剂，硅藻土为催化剂载体，有时还加入某些金属或非金属氧化物，以满足强度和活性的特殊需要。钒催化剂需在某一温度以上才能有效发挥催化作用，此温度称为起燃温度，通常略高于$400℃$，这就对安全生产提出更高的要求。

三、应急处置安全技术

1. 一般要求

　　（1）隔离、疏散　设定初始隔离区，封锁事故现场，实行交通管制，紧急疏散、转移隔离区内所有无关人员。当扩散区域增大时，现场人员必须撤离，扩大隔离区。

　　（2）工程抢险　工程抢险以控制泄漏，防止事故扩大和防止次生灾害为主要目的。进入现场的应急救援人员必须配备合适的个人防护器具，在确保自身安全的情况下，实施救援工作。

（3）检测、侦察　检测泄漏物质种类、浓度、扩散范围及气象数据，及时调整隔离区的范围，做好动态检测；侦察事故现场，搜寻被困人员，确认设施、建（构）筑物险情及可能引发爆炸、燃烧的各种危险源，考察现场及周边污染情况，确定攻防、撤退的路线。

（4）医疗救护　应急救援人员采取正确的救护方式，将遇险人员移至安全区域，进行现场急救，并视实际情况迅速将受伤、中毒人员送往医院抢救。

（5）控制　根据事故类型、现场具体情况，采取相应的措施控制事故扩大。

（6）防止次生灾害　采取措施防止进一步造成火灾、爆炸和环境污染等次生灾害，并做好相关的检测工作。

（7）洗消　设立洗消站，对遇险人员、应急救援人员、救援器材等进行洗消，严格控制洗消污水排放，防止二次污染。

（8）危害信息宣传　宣传危险化学品的危害信息和应急救援措施。

2. 泄漏事故的应急技术

（1）控制泄漏源　关闭阀门，切断与之相连的设备、管线，停止作业，以控制生产中的泄漏。使用软橡胶塞（圆锥状、楔子状等不同规格的软木塞、橡皮塞、气囊塞）、胶泥、棉纱、肥皂、弯管工具等封堵材料封堵；较大孔洞用湿棉絮封堵、捆扎，以控制容器、管道的泄漏。容器泄漏时应注意先降温降压，再关闭阀门，防止温度或压力骤升而爆炸。若暂时未能封堵，根据泄漏的性质，可稀释泄漏有毒物质，降低其毒害性。若泄漏物呈燃烧状态，应保持其稳定燃烧，冷却保护受威胁的容器和设备等。

（2）切断　消除泄漏区火源，设置警戒线，根据事故及发展撤离有关人员。

（3）应急救援人员应了解泄漏物性质　进入泄漏区必须佩戴个人防护用品，处理有毒泄漏物应穿戴专用防护服、隔离式防毒面具；封堵应有监护人监护，于上风向或在水枪（雾状水）掩护下进行。

（4）处理泄漏物　围堤堵截引流至收集槽（池），关闭雨水排放阀，防止外流；稀释与覆盖，喷射雾状水，加快蒸气云扩散；施放水蒸气或氮气，用抗溶性泡沫灭火剂覆盖，破坏燃烧条件，降低蒸发速度。

（5）收集泄漏物　泄漏量较大时，用隔膜泵抽至容器或槽车；泄漏量较小时，可用活性炭、砂土等吸附或中和材料处理。

（6）废弃物处置　收集的泄漏物回收或无害化处理；消防水收集排入事故污水系统，禁止排至环境或城市污水系统。

（7）对参加事故抢险的各种车辆、器材设备、防护服装、检测仪器设备、防毒设施等进行消毒处理；对参加事故应急抢险的人员彻底清洗淋浴，观察身体状况或进行健康检查。

3. 火灾事故的应急技术

(1) 紧急停车，关闭上、下游阀门，切断一切进料。管道泄漏着火时迅速关闭气源阀门。若关闭无效，则根据火势判断气体压力和泄漏口大小及形状，准备堵漏材料。

(2) 用石棉毡、干粉灭火器等扑灭初期火灾，泄漏气体或蒸气保持其稳定燃烧，扑灭引燃的可燃物，控制燃烧范围，防止泄漏物与空气形成爆炸混合物。

(3) 尽快查清燃烧物、燃烧范围、火势蔓延方向及途径等情况。根据不燃烧物的性质，采用相应的灭火器材扑救：

① 苯、汽油等密度比水小的液体火灾，应用干粉灭火剂或泡沫灭火剂。

② 二氧化碳等密度比水大且不溶于水的火灾，可用消防水。

③ 醇、酮类等水溶性液体火灾，使用抗溶性的泡沫灭火剂。

④ 有毒、腐蚀性易燃液体火灾，使用低压水流或雾状水，避免毒害性、腐蚀液体飞溅。

⑤ 浓硫酸与可燃物火灾，硫酸量不大时，用低压水或雾状水，避免飞溅；硫酸量较大时，用二氧化碳、干粉或卤代烷等灭火，再分开浓硫酸与燃烧物。

⑥ 黄磷火灾，使用低压水或雾状水，熔融黄磷液体，用沙袋、泥土等筑堤拦截，并用雾状水冷却，冷却固化磷块，用钳子夹入储水容器。

⑦ 钾、钠、镁、铝、三乙基铝等遇水燃烧物火灾，严禁使用水、泡沫和酸碱等灭火剂，使用干粉灭火扑救，或用干水泥、干沙、硅藻土和蛭石等覆盖。

(4) 根据燃烧面积和火势等情况来疏散受威胁物品；冷却重点设备；用沙袋等消防材料围堤拦截易燃液体，并导流至事故槽池；用石棉毡、海草帘等消防材料封堵住下水井、窨井口等处。

(5) 利用掩蔽体。避开卧式槽罐封头，低姿喷射水，冷却受火焰威胁的容器。

(6) 扑救人员必须佩戴防毒面具，穿防护服，在上风或测风向扑救。

(7) 专人监视抢险现场，密切关注火势，如有可能发生喷溅、沸溢、爆炸危险时，或发现火焰熄灭时间较长，未恢复稳定燃烧，受热辐射容器的安全阀火焰耀眼变色、尖叫、晃动等危险征兆时，及时发出撤退信号，并迅速撤离至安全地带。

4. 爆炸事故的应急技术

(1) 迅速判断、查明再次爆炸危险，尽一切可能防止再次爆炸。

（2）如有疏散、隔离易燃易爆物的可能，在安全可靠的保障下，迅速疏散着火区域周围的爆炸物，使着火区周围形成一个隔离带。

（3）切忌用砂土覆盖、埋压爆炸物。

（4）消防水流不得冲击爆炸品堆垛火灾，避免堆垛倒塌再次爆炸，应采用水流吊射扑救。

（5）应急扑救行动应有保护措施，尽量利用现场掩蔽体，低姿或卧姿，不得使用距离爆炸物较近的水源。

（6）如有再次爆炸征兆，应立即向现场指挥报告，立即迅速撤至安全地带，来不及撤退时要就地卧倒。

5. 中毒和窒息事故的应急技术

（1）立即启动现场应急处置方案，紧急停车并报警。

（2）迅速佩戴隔离式防毒面具，关闭泄漏阀门，若阀门无法关闭，立即通知周围尤其是下风向的人员防范，并迅速撤离至上风向。

（3）立即启动排风、喷淋吸收、喷射雾状水、中和、稀释或吸附、拦截导流等安全设施或装置，隔离泄漏污染区，设置警戒线，控制现场。

（4）应急人员佩戴隔离式防毒面具，穿戴专用防护服，应急行动应在上风向、雾状水保护、专人监护下进行。

（5）关闭雨水排放阀，开启洗消废水及污染物导排系统，进行中和、稀释、吸收或吸附、掩埋覆盖等无害化处理，禁止将洗涤废水及污染物排至城市污水系统。

（6）事故抢险车辆、器材装备、防护服装、检测仪器设备、防毒设施等进行洗消处理，事故应急抢险人员洗消淋浴，观察身体状况或进行健康检查。

6. 灼烫伤事故应急技术

（1）立即启动现场应急处置方案，紧急停车并报警。

（2）灼烫伤者迅速脱离污染区，立即除去其污染衣物，并用流动水冲洗，现场急救处理后转送医院。

（3）迅速穿戴防护面罩、防护手套、鞋靴，关闭泄漏阀门。若含有有毒气体或蒸气，应佩戴隔离式防毒面具，通知周围人员防范并撤离至上风向。

（4）立即启动中和、稀释、喷淋吸收、喷射雾状水、封堵等装置，淹埋覆盖腐蚀性物料，拦截并导流、洗消腐蚀性污水，设置警戒线，隔离污染区，控制现场。

（5）开启污染物及洗消废水导流处理系统，进行中和、稀释、吸收等无害化处理。

（6）事故抢险车辆、器材装备、防护服装、检测仪器设备、防毒设施等进行洗消处理，事故应急抢险人员洗消淋浴，观察身体状况或进行健康检查。

7. 重点监控的工艺参数及安全控制基本要求

（1）重点监控工艺参数　磺化反应釜内温度；磺化反应釜内搅拌速率；磺化剂流量；冷却水流量等。

（2）安全控制基本要求　反应釜温度的报警联锁；搅拌的稳定控制和联锁控制；紧急冷却系统；紧急停车系统；安全泄放系统；三氧化硫泄漏监控报警系统等。

（3）宜采用的控制方式　将磺化反应釜内温度与磺化剂流量、磺化反应釜夹套冷却水进水阀、釜内搅拌电流等形成联锁关系，当磺化反应釜内各参数偏离工艺指标时，能自动报警、停止加料，甚至紧急停车。

磺化反应系统应设有泄爆管和紧急排放系统。

第四节　磺化工艺安全操作规程

一、磺化反应安全操作规程

常用的磺化剂浓硫酸、三氧化硫、氯磺酸等都是氧化剂。特别是三氧化硫，它一旦遇水则生成硫酸，同时会放出大量的热量，使反应温度升高造成沸溢，导致燃烧、起火或爆炸。同时，由于硫酸具有极强的腐蚀性，增加了对设备的腐蚀破坏作用。

磺化反应是强放热反应，若在反应过程中温度超高，可导致燃烧反应，造成爆炸或起火事故。苯、硝基苯、氯苯等可燃物与浓硫酸、三氧化硫、氯磺酸等强氧化剂进行的磺化反应非常危险，因其已经具备了可燃物与氧化剂作用发生放热反应的燃烧条件。对于这类磺化反应，操作稍有疏忽都可能造成反应温度升高，使磺化反应变为燃烧反应，引发着火或爆炸事故。因此，磺化反应操作时应掌握以下几点安全规程：

（1）有效冷却　磺化反应中应采取有效的冷却手段，及时移出反应放出的大量热，保证反应在正常温度下进行，避免温度失控。但应注意，冷却水不能渗入反应器，以免与浓硫酸等作用，放出大量热，导致温度失控。

（2）保证良好的搅拌　磺化反应必须保证良好的搅拌，使反应均匀，避免局部反应剧烈，导致温度失控。

（3）严格控制加料速度　磺化反应时磺化剂应缓慢加入，不得过快、过多，以防反应过快，热量不能及时移出，导致温度失控。

（4）控制原料纯度　主要应控制原料中的含水量，水与浓硫酸等作用会放出大量热，导致温度失控。

（5）设置防爆装置　由于磺化反应过程具有危险性，为防止爆炸事故发生，系统应设置安全防爆装置和紧急放料装置，一旦温度失控，立即紧急放料，并进行紧急冷却处理。

（6）放料安全　反应结束后，要等降至一定温度后再放料。此时物料中的硫酸的浓度依然比较高，因此要注意安全，避免进水，避免泄漏、飞溅等造成腐蚀伤害。

二、各生产工段安全操作规程

1. 配料工段安全规程

配料工段的安全工作是防止危险化学品的跑、冒、滴、漏，在操作中应当注意：

（1）通过岗位练兵和学习，提高技术素质。

（2）注意反应物料的配比（如三氧化硫磺化过程中原料和三氧化硫的比例）。

（3）严格控制循环配料组成，根据生产需要由计算确定。

2. 合成工段安全操作规程

合成工段安全工作：一是防止磺化剂，如浓硫酸、三氧化硫的跑、冒、滴、漏；二是防止设备超温、超压。在操作中应当做到以下几点：

（1）经常注意检查反应器的操作参数，反应温度、压力是否符合工艺控制的要求。

（2）反应釜在清理时，必须有清理方案，用盲板与系统隔开；可燃气体用氮气置换后再用空气置换。

（3）温度控制困难时，必须及时采取放空泄压措施迅速降温。

（4）消防水幕要定期喷试，做到常备不懈。

（5）认真巡检及时发现泄漏的可燃物，处理时必须使用无火花铜质工具。

（6）停工排放物料时，严格控制排放速度。

3. 原料罐区安全操作规程

原料罐区安全操作的重点是防止易燃易爆原料的跑、冒、滴、漏，以及磺化剂的防水防潮。在操作中应当做到：

（1）通过岗位练兵和学习，提高技术素质。

（2）阴雨天装车装桶应有防雨防潮安全措施。

（3）进入罐区车辆必须装有阻火器，否则禁止进入。

三、主要作业安全操作规程

1. 压力表更换安全规程

（1）关闭压力表底阀。

（2）更换含易燃易爆物质管线上的压力表与动火作业不能同时进行。

（3）更换易燃易爆物质管线上的压力表时，使用铜质工具，戴手套。

2. 应用蒸汽带作业安全规程

（1）应戴手套抓紧蒸汽带出口处，防止蒸汽带摆动，造成烫伤。

（2）蒸汽带出口严禁对准任何人员。

3. 盲板抽堵作业安全规程

（1）设备抢修或生产中，注意设备、管道内存有物料（气、液、固态）及一定温度、压力情况时的盲板抽堵，或设备、管道内物料经吹扫、置换、清洗后的盲板抽堵。

（2）盲板和盲板垫片应选用与管道内介质的性质、压力、温度相适应的型号。

（3）盲板应有一个或两个手柄，便于辨识、抽堵，8字盲板可不设手柄。

（4）应预先对盲板进行统一编号，并设专人负责管理。

（5）作业人员应对现场作业环境进行有害因素辨识，并制定相应的安全措施。

（6）盲板抽堵作业应设专人监护，监护人不得离开作业现场。

（7）在有毒介质的管道、设备上进行盲板抽堵作业时，系统压力应降到尽可能低的程度，作业人员应穿戴合适的防护用具。

（8）在易燃易爆场所进行盲板抽堵作业时，作业人员应穿戴防静电工作服、工作鞋；距作业地点30m内不得有动火作业；工作照明应使用防爆灯具；作业时应使用防爆工具，禁止用铁器敲打管线、法兰等。

（9）在介质温度较高，可能对作业人员造成烫伤的情况下，作业人员应采取防烫措施。

（10）抽堵盲板时，应按盲板位置图及盲板编号，设专人统一指挥作业，逐一确认并做好记录。

（11）每个盲板应设标牌进行标识。

（12）作业完成后，负责人应组织检查盲板抽堵情况。重点检查抽加装位置是否正确，抽盲板是否有泄漏，螺栓是否有遗漏和紧固。

4. 开车安全规程

（1）现场检修结束后，确认达到交付开车条件。

（2）要制定装置开车方案、开停车统筹方案。

（3）检修现场的临时设施、临时电源及可燃物质，应清理干净后再撤离现场。

（4）厂区消防道路保持畅通无阻，各种安全、消防器材完备好用。

（5）确认气密、置换已经完成。

（6）确认各种管线的管帽已经恢复。

（7）开车期间可燃性气体要送回气柜回收或送至燃烧系统。

（8）投催化剂时要严格控制，防止因反应剧烈而引起飞温。

5. 检修安全规程

检修是石化（危险化学品）企业维持和促进生产必不可少的重要环节，检修可分大、中、小检修，还有抢修。检修时会涉及生产过程有毒、有害物质和其他危险因素。因此，检修过程应做好以下工作（检修安全规程）：

（1）停工检修方案中，要列出防尘、防毒、防噪声等生产性卫生设施的检修计划，要列出本次检修过程中预防急性中毒等的措施。

（2）有毒有害物料不得随意排放，要坚持回收，可燃废气排入火炬燃烧。

（3）必须准备好防毒面具及其他个人防护用品。

（4）职业病防治部门和医疗急救室要做好抢救急性中毒和窒息的准备，并需对检修工作进行自救、互救知识的培训。

（5）高处作业人员要做好体检，有高血压、心脏病或中枢神经功能明显异常者不得从事高处作业。

（6）各工种作业须统一安排，合理调配，力求互不影响。

（7）对X射线损伤、电光性眼炎、烟雾热、皮肤烫伤和过敏，以预防为主。

（8）夏天要及时供给含盐饮料，以防中暑；冬天要防冻伤和摔倒。

（9）确保睡眠充分和合理休息。

（10）严格遵守操作规程，不违章操作。

（11）油漆作业要预防溶剂气体吸入中毒；保温作业要戴好防尘口罩，防止吸入玻璃棉尘、矿渣棉尘、石棉尘等。

（12）进行尘毒浓度和噪声强度等测定。

（13）检修作业往往因时间紧迫和忙乱，忽略人体健康的防护，故必须认真监督。监督的重点应该是摸清毒物品种和测定浓度，在此基础上做好相应的个人防护，预防急性中毒、放射损伤和噪声性听力损伤的发生。

（14）在拆卸反应器等设备的人孔时，其内部温度、压力应达到安全条件后，再从上而下依次打开；人孔盖在松动之前，不准把螺栓全部拆开，严防发生意外。所有容器打开后，是否进入要经过化验分析。

（15）进容器必须办理作业票，必须有监护人，作业人员应具备气防常识和技能。

（16）从事密封堵漏人员必须具备相应的知识和技能。

（17）动设备检修必须确保断电，并在开关处标记醒目的作业标志。

（18）物料退出时应严格控制速度，防止装置和罐区发生跑、冒、滴、漏、窜、冻坏设备和环境污染事故。

（19）设备检修完毕需要封闭人孔时，必须和检修单位共同检查验收，清除杂物，清点人员，确认无误后，双方在场封闭人孔。

第十五章

聚合工艺

第一节 聚合工艺基础知识

一、聚合反应的基本原理

1. 聚合物的基本概念

聚合物是由一种或几种简单的低分子化合物（单体）经聚合反应，形成由简单的结构单元以重复方式连接成的高分子化合物。由一种单体形成的聚合物称为均聚物，由两种或多种单体共同形成的聚合物称为共聚物。聚合物的分子量一般大于 1×10^4。

2. 聚合物的分类与命名

（1）聚合物的分类 按来源分，聚合物分为天然聚合物和合成聚合物，天然聚合物包括棉、毛、麻、皮、天然橡胶等，合成聚合物包括聚乙烯、聚氯乙烯、聚苯乙烯等。按性质和用途分，聚合物分为塑料、橡胶、纤维、黏合剂、涂料、离子交换树脂等。按高分子链的结构分，聚合物分为碳链聚合物、杂链聚合物和元素有机聚合物。碳链聚合物即主链由碳原子组成；杂链聚合物主链中除碳原子之外还有氧、氮、硫等杂原子；元素有机聚合物主链无碳原子，主要由硅、硼、铝、氧、氮、硫等原子组成，侧基由有机基团组成。按高分子链形状不同，聚合物分为线型、支链型和体型三种类型。

（2）聚合物的命名 聚合物通常按制备方法及原料名称命名。以加聚反应制得的聚合物，在原料名称前面加"聚"字。例如，氯乙烯的聚合物称聚氯乙烯，苯乙烯的聚合物称聚苯乙烯等。以缩聚反应制得的聚合物，常在原料后面加上"树脂"二字，例如，酚醛树脂、环氧树脂等。加聚物在未制成的制品前也常称"树脂"，例如聚氯乙烯树脂、聚苯乙烯树脂等。在商业上，聚合物的商品名称，如聚己内酰胺纤维称锦纶-6、聚对苯二甲酸乙二酯纤维称涤纶，聚丙烯腈纤维称腈纶。

3. 聚合反应类别及特征

聚合反应是指由低分子的单体形成高分子聚合物的化学反应。聚合反应按元素组成和结构变化关系，分为加成聚合反应和缩合聚合反应；按反应机理的差异，分为连锁聚合反应和逐步聚合反应。此外，还可通过聚合物的化学转变形成新的聚合物。

（1）加成聚合反应及其特征　加成聚合反应简称加聚反应，是由一种或多种单体通过相互加成形成聚合物的反应。由加聚反应形成的聚合物称为加聚物。加聚物的元素组成与原料单体相同，仅分子结构有所变化。加聚物的分子量是单体分子量的整数倍。绝大多数烯类或碳链聚合物是通过加聚反应形成的。例如，乙烯加成聚合产物为聚乙烯，氯乙烯加成聚合产物为聚氯乙烯。加成聚合反应的特征如下：

① 加成聚合反应需要引发剂或催化剂，在引发剂或催化剂的作用下，单体烯烃 π 键断裂形成活性中心，活性单体与许多单体发生连锁反应，瞬间形成长碳链大分子聚合物。由于活性中心不同，加聚反应可分为自由基聚合、离子型聚合、配位型聚合等反应。

② 就单个活性中心而言，反应瞬间可连接许多个单体生成一个大分子，聚合物分子量随时间延长变化不大。由于单体活性中心的数量有限，大量单体不能同时参与反应，故单体转化率随聚合时间延长而逐渐增加。由于链增长极快，因此反应无中间产物。

③ 加成聚合反应由链引发、链增长、链终止三个不同的基元反应构成，链增长反应活化能较小，反应速率极快，通常以秒计。

④ 反应热效应较大（ΔH 一般为 -84kJ/mol），聚合极限温度为 $200\sim300℃$，一般温度下，加聚反应是不可逆的。

（2）缩合聚合反应及其特征　缩合聚合反应简称缩聚反应，即双官能团或多官能团单体形成聚合物的聚合反应。反应过程中，除形成高分子缩聚产物外，还产生低分子的水、醇、氨、氯化氢等副产物。由于有低分子的副产物析出，缩聚产物的结构单元比其单体要少若干个原子，缩聚产物的分子量不是单体分子量的整倍数。聚合反应实质是在官能团之间多次进行重复放热缩合反应，在缩聚产物中保留官能团的特征，如酰氨键（—NHCO—）、酯键（—COO—）、醚键（—O—）等，故大部分缩聚物为含杂原子的杂链聚合物，缩聚物容易被水、醇、醚等分解。缩聚反应的特征如下：

① 缩聚反应具有逐步性，即单体先生成二聚体、三聚体、四聚体，逐步生成聚合物，每一步均能生成稳定的聚合物，中间产物可单独存在和分离出来，聚合物分子量随聚合时间逐步增大。缩聚过程中，反应初期单体很快转化为低聚物，然后低聚物进一步转化为分子量更高的缩聚物。故缩聚反应的转化率初期变化较大，随时间延长变化不大，缩聚物分子量随反应时间延长而逐步增大。

② 缩聚反应具有可逆性，多数缩聚反应为可逆反应，当反应进行到一定程度时，就达到平衡状态，缩聚物的分子量不再随时间延长而增大，欲使其分子量增

大，则需要改变平衡状态，通常是将缩聚生成的水、氨、氯化氢等小分子从反应系统中移出来。

③ 相对于加聚反应，缩聚反应的热效应小（ΔH 一般为 -21kJ/mol），聚合临界温度较低（40～50℃），无明显的链引发、链增长、链终止反应，反应活化能较高，反应速率较慢。

④ 缩聚反应是复杂反应，除链增长反应外，还可能发生链裂解、链交换等副反应，产物比较复杂。

二、聚合工艺及其分类

1. 聚合生产方法

根据物料聚集状态不同，聚合生产方法分为气相聚合、液相聚合和固相聚合；根据反应介质和条件不同，分为本体聚合、溶液聚合、悬浮聚合、乳液聚合。聚合生产方法的选择，取决于单体的性质和聚合物的用途，如表 15-1 所示。

表 15-1　四种自由基型聚合方法的比较和工艺特征

聚合方法	本体聚合	溶液聚合	悬浮聚合	乳液聚合
引发剂种类	油溶液	油溶液	油溶液	水溶液
配方主要成分	单体、引发剂	单体、引发剂、溶剂	单体、引发剂、水、分散剂	单体、水溶性引发剂、水、乳化剂
聚合场所	本体内	溶液内	液滴内	胶束和乳胶粒内
聚合机理	遵循自由基聚合一般机理，提高聚合速率可降低分子量	伴有向溶剂的链转移反应，一般分子量较低，反应速率也较低	与本体聚合相同	可同时提高分子量和聚合速率
温度控制	难	易，溶剂为载热体	易，水为载热体	易，水为载热体
反应速率	快，初期需低温，再逐渐升温	慢	快	很快
生产特征	不易散热，间歇生产（也可连续生产），设备简单，易于生产透明浅色制品，分子量分布宽	易于散热，可连续生产，不宜制成干燥粉状或粒状树脂	易于散热，间歇生产，需有分离、洗涤、干燥等工序	易于散热，可连续生产。制成固体树脂时，需经凝固、洗涤、干燥等工序
产品纯度与形态	纯度高，块状、颗粒状或粉粒状	纯度低，溶液或颗粒状	比较纯净，可含有分散剂，粉粒状或珠粒状	含有少量乳化剂和其他助剂、乳液，胶粒或粉状
三废	很少	溶剂、废水	废水	胶乳、废水
产品品种举例	有机玻璃、高压聚乙烯、聚苯乙烯、聚氯乙烯等	聚丙烯腈、聚醋酸乙烯酯等	聚氯乙烯、聚苯乙烯等	聚氯乙烯、丁苯橡胶、丁腈橡胶、氯丁橡胶等

2. 聚合工艺过程

聚合工艺过程由原料准备、聚合、分离、回收、后处理等工序或岗位构成，见图 15-1。

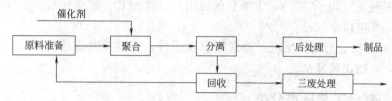

图 15-1 聚合物生产的基本工艺过程

（1）原料准备工序　聚合前原料与引发剂的处理准备，包括：单体、溶剂、去离子水等的储存、洗涤、精制、干燥、调整浓度等；引发剂和助剂的制备、溶解、储存、调整浓度等。

（2）聚合工序　以聚合装置为核心，附有冷却、加热和物料输送等。

（3）分离工序　包括未反应单体、溶剂、残余引发剂和低聚物的脱除等。

（4）回收工序　包括未反应单体与溶剂的回收、精制。

（5）后处理工序　包括高聚物的输送、干燥、造粒、均匀化、储存、包装。

（6）辅助工序　包括三废处理和供电、供气、供水等。

3. 主要工艺影响因素与控制

聚合工艺控制参数包括聚合温度、聚合压力、引发剂及其流量、聚合搅拌速率、聚合釜冷却水流量、料仓静电防护、可燃气体监控等。

三、典型聚合工艺过程

1. 1,3-丁二烯和苯乙烯共聚生产丁苯橡胶

丁苯橡胶（SBR）是一种综合性能较好的通用橡胶，其产量和消费量均比较大。丁苯橡胶由 1,3-丁二烯与苯乙烯共聚而得，其生产方法有乳液聚合法、溶液聚合法，以乳液聚合法为主。低温乳液聚合生产丁苯橡胶工艺流程如图 15-2 所示。

（1）配料混合　根据丁苯橡胶聚合配方，聚合单体、助剂等经过计量后在管路中混合。叔十烷基硫醇（调节剂）、苯乙烯经计量泵在管路中混合溶解，然后与来自分离罐的丁二烯混合，再与乳化剂混合液（乳化剂、去离子水、脱氧剂等）等混合，混合后的物料经冷却器冷却至 10℃，与活化剂溶液（还原剂、整合剂等）混合之后，由第一聚合釜底部进入聚合系统。氧化剂由第一聚合釜底部进入。

（2）聚合反应系统　它由 8~12 台聚合釜串联组成，当聚合到规定转化率时加入终止剂，终止剂在终止釜前加入。聚合反应终点控制，主要根据单体转化率

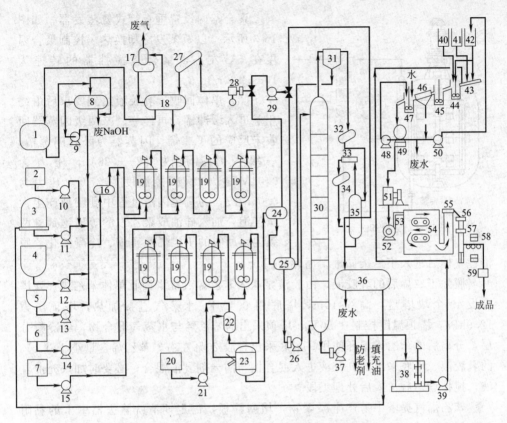

图 15-2　低温乳液聚合生产丁苯橡胶工艺流程

1—丁二烯原料罐；2—调节剂槽；3—苯乙烯储罐；4—乳化剂槽；5—去离子水储罐；6—活化剂槽；
7—过氧化物储槽；8—分离罐；9~15,21,39,48,49—输送泵；16—冷却器；17—洗气罐；18—丁二
烯储罐；19—聚合釜；20—终止剂储罐；22—终止釜；23—缓冲罐；24,25—闪蒸器；26,37—胶液
泵；27,32,34—冷凝器；28—压缩机；29—真空泵；30—苯乙烯汽提塔；31—气体分离器；33—喷
射泵；35—升压机；36—苯乙烯储罐；38—混合槽；40—硫酸储罐；41—食盐水储罐；42—清浆液储
槽；43—絮凝槽；44—胶粒化槽；45—转化槽；46—筛子；47—再胶浆化槽；50—真空旋转过滤
器；51—粉碎机；52—鼓风机；53—空气输送带；54—干燥机；55—输送器；56—自动计量器；
57—成型机；58—金属检测器；59—包装机

和门尼黏度。单体转化率一般控制在 60% 左右（固体含量）。门尼黏度是根据产品指标要求取样测定的。为确保聚合产物门尼黏度合格，当门尼黏度达到规定指标时，即使转化率未达到要求，也要加入终止剂终止反应。

聚合温度，采用氧化-还原引发体系时引发温度为 5℃ 或更低（−10 ~ −18℃）；采用 $K_2S_2O_8$ 引发剂时为 50℃，转化率为 72%~75%。单体转化率与聚合时间、引发剂等有关。采用氧化-还原引发剂体系，转化率一般控制在 60% 左右，反应时间 7~12h，未反应单体回收后循环使用。

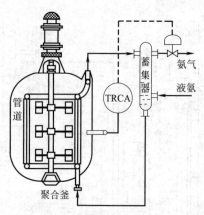

图 15-3　氨冷却式聚合釜

聚合釜内设置垂直管式氨蒸发器，如图 15-3 所示。以氨蒸发冷却换热，控制聚合温度在 5℃ 左右，聚合釜搅拌器的转速为 105～120r/min。

（3）单体回收　乳胶液达到要求后由终止釜进入缓冲罐，再经一、二两级闪蒸器回收未反应的丁二烯。闪蒸器为卧式闪蒸槽，一级闪蒸温度为 22～28℃，压力为 0.04MPa，二级闪蒸温度为 27℃，压力为 0.03MPa。为避免闪蒸过程中乳胶液产生大量气泡，加入硅油或聚乙二醇等消泡剂。两级闪蒸回收的丁二烯经压缩、冷凝液化、脱惰性气体后进入丁二烯储罐，循环使用。

脱除丁二烯后的乳胶液，由胶液泵送入苯乙烯汽提塔回收单体苯乙烯。该塔内设 40 余块塔盘，高约 10m，塔底用 0.1MPa 水蒸气直接加热，塔顶压力 12.9kPa，塔顶温度控制在 50℃，塔顶采出的苯乙烯与水蒸气混合物，经冷凝分层，分离后的苯乙烯循环使用。塔底采出含胶 20% 左右，苯乙烯含量小于 0.1% 的乳胶液。塔底采出的乳胶液进入混合槽与防老剂乳液混合，必要时加入充油乳液，搅拌均匀后送入后处理工段。

苯乙烯汽提塔中易产生凝聚物，堵塞筛板，需定期清洗除去器壁上的黏附物。加入亚硝酸钠、碘、硝酸等抑制剂，可防止回收系统产生爆聚物。

（4）乳胶液后处理　乳胶液后处理包括破乳、胶粒化、乳化剂转化、洗涤脱水、粉碎、干燥和称重包装等工序。混匀的乳胶用泵送至絮凝器槽，加入 24%～26% 食盐水破乳形成浆状物，然后与 0.5% 的稀硫酸混合进入胶粒化槽，在剧烈搅拌下，55℃ 左右形成胶粒，然后溢流至转化槽，在乳化剂作用下转化为游离酸，转化槽操作温度为 55℃ 左右。由转化槽溢流出的胶粒和清浆液经振动筛过滤分离，湿胶粒进入洗涤槽，以清浆液和清水洗涤，洗涤温度为 40～60℃。胶粒经洗涤过滤脱水（含水量≤20%），用湿粉碎机粉碎成 5～50mm 胶粒，由空气输送器送至干燥箱。

干燥箱为多室、双层履带式，履带为多孔不锈钢板，各干燥室温度分别控制，最高为 90℃，出口为 70℃。进料端喷淋硅油溶液以防胶粒黏结，胶粒被上层履带终端刮刀刮下落入第二层履带干燥至含水量小于 0.1%，然后称量、压块、检测金属、包装成品。

2. 对苯二甲酸和乙二醇缩聚生产聚酯纤维

聚酯即聚对苯二甲酸乙二醇酯，以对苯二甲酸双羟乙酯为原料经缩聚而成，化学反应式如下：

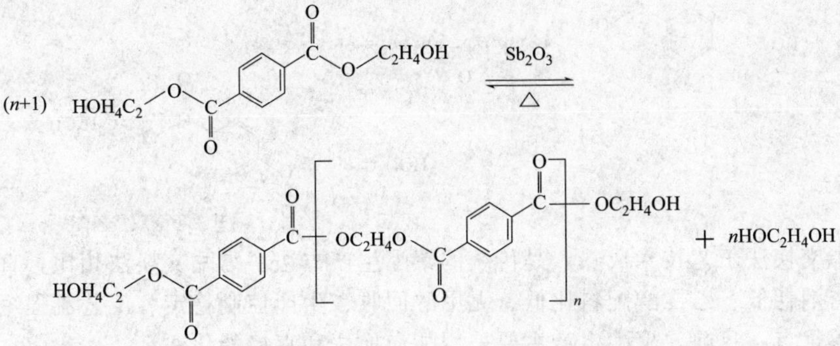

反应是可逆的，为使反应完全，必须从系统中分离出乙二醇，通常采用真空和强力搅拌条件。为获得较高分子量的聚酯，最终压力不大于0.26666kPa。一般产品的平均分子量不低于20000，用于制造纤维、薄膜的分子量约为25000。

聚酯工艺路线，根据对苯二甲酸双羟乙酯生产方法不同，主要有酯交换法、直接酯化法和环氧乙烷法。

酯交换法，即以乙酸锌、乙酸锰或钴为催化剂，对苯二甲酸二甲酯（DMT）与乙二醇（EG）以1∶2.5的摩尔比进行酯交换，合成对苯二甲酸双羟乙酯：

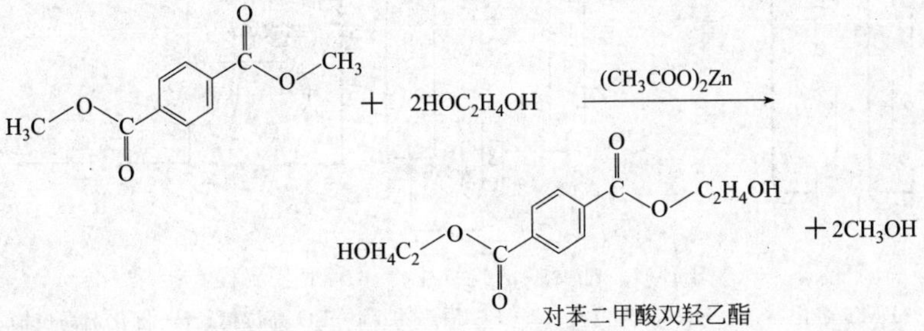

对苯二甲酸双羟乙酯

直接酯化法，即对苯二甲酸与乙二醇直接酯化合成对苯二甲酸双羟乙酯：

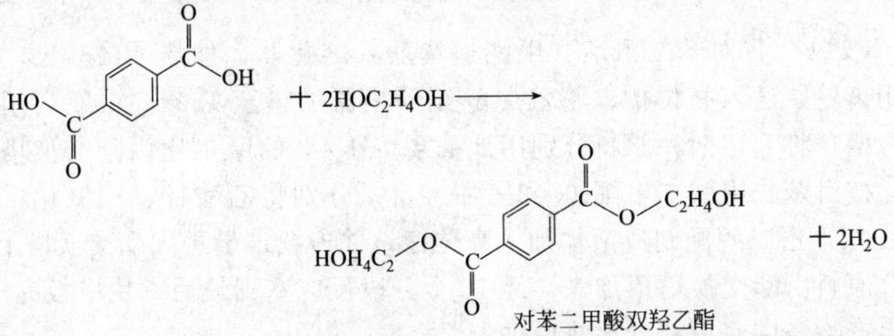

对苯二甲酸双羟乙酯

环氧乙烷法，即对苯二甲酸与环氧乙烷在脂肪胺或季铵盐存在下酯化：

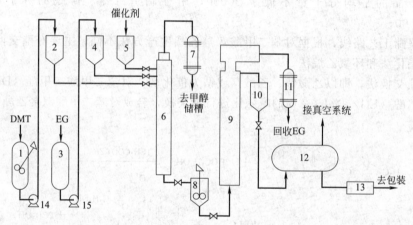

对苯二甲酸双羟乙酯

酯交换法工艺技术成熟，是传统的聚酯生产方法。与酯交换法相比，直接酯化法有消耗低、乙二醇配料比低、无甲醇回收、生产控制稳定、工艺流程短、投资低等优点。目前，聚酯生产主要采用酯交换法和直接酯化法。

（1）酯交换法连续生产聚酯工艺 该工艺包括酯交换、预缩聚、缩聚等过程，其工艺流程如图 15-4 所示。

图 15-4 酯交换法连续生产聚酯工艺流程

1—DMT 熔化器；2—DMT 高位槽；3—EG 预热器；4—EG 高位槽；5—催化剂高位槽；
6—连续酯交换塔；7—甲醇冷凝器；8—混合器；9—预缩聚塔；10—预聚物中间储槽；11—冷凝器；
12—卧式连续真空缩聚釜；13—连续纺丝、拉膜或造粒系统；14—齿轮泵；15—离心泵

① 酯交换 将对苯二甲酸二甲酯连续加入熔化器，加热 ［（150±5）℃］ 熔化后，用齿轮泵送入高位槽；将乙二醇经预热器加热至 150～160℃，用离心泵送入高位槽。将上述两种原料分别用计量泵按 1：2 的摩尔比由酯交换塔上部连续加入。按对苯二甲酸二甲酯 0.02％ 加入量，分别将乙酸锌、三氧化二锑用过量（0.4mol）乙二醇配制成液体加入高位槽，并连续定量送入酯交换塔上部。

聚合原料由酯交换塔顶加入，经 16 个分段反应室到最后一块塔板完成反应，酯交换生产物经塔底再沸器加热后进入混合器。

连续酯交换塔是塔顶带乙二醇回流的填充式精馏柱的立式泡罩塔，酯交换温度控制在 190～220℃，反应产生的甲醇蒸气沿各层塔板泡罩齿缝上升，经冷凝

器冷凝后进入甲醇储槽。

② 预缩聚 预缩聚在预缩聚塔内进行，该塔由16块塔板构成，塔内温度控制在 $(265\pm5)℃$。混合器中单体经过滤器过滤、计量泵计量、预热器预热，由塔底进入沿塔板升液管逐层上升，在上升过程中进行缩聚反应，反应产生的乙二醇蒸气起搅拌作用，最上一层塔板上为特性黏度 $\eta 0.2\sim0.25Pa \cdot s$ 的预聚物，预聚物由塔顶物料出口进入预聚物中间储槽。

③ 缩聚 预聚物由计量泵输送至卧式连续真空缩聚釜入口。圆筒形缩聚釜内设49枚圆盘轮的单轴搅拌器，釜底部由与圆盘轮交错安装的隔板隔成多段反应室（如图 15-5 所示）。锌为催化剂时，缩聚温度不超过270℃，加入稳定剂可控制在 $275\sim278℃$，压力小于133.3Pa。预聚物在搅拌器的作用下，从缩聚釜一端向另一端流动，在流动过程中进行缩聚反应，当物料到达另一端时，物料的特性黏度 η 增加至 $0.64\sim0.68Pa \cdot s$，经连续纺丝、拉膜或造粒得聚酯树脂产品。

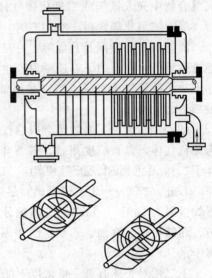

图 15-5 卧式连续真空缩聚釜

（2）直接酯化法生产聚酯工艺 该工艺包括酯化与缩聚两个过程。

① 酯化过程 对苯二甲酸与乙二醇按摩尔比 1:1.33 配料，以三氧化二锑为催化剂，酯化温度控制在乙二醇沸点以上，酯化在反应釜中搅拌下进行，以平均聚合度为1.1酯化物在反应器中循环，酯化物与对苯二甲酸摩尔比为 0.8:1，夹套温度控制在270℃，物料在釜内第一区室内充分形成黏度为2Pa·s的浆液，浆液由区室间挡板小孔进入下一区室。在流动过程中反应，最后得均一低聚物，反应产生的水经蒸馏排出。

② 缩聚过程 酯化产物经缩聚反应设备进行连续缩聚反应，缩聚反应设备与酯交换法设备基本相同。

第二节 聚合工艺的危险性与安全措施

一、聚合物料的危险性分析

1. 聚合单体的危险性

（1）氯乙烯 氯乙烯是具有麻醉性、芳香气味的无色气体，密度比空气大1

倍，分子量 62.51，沸点 −13.9℃，凝固点 −159.7℃。纯氯乙烯加压至 0.49MPa，冷却得液体氯乙烯，液体氯乙烯密度比水略小。

氯乙烯化学性质比较活泼，易燃、易爆，在空气中的爆炸极限为 4%～22%（体积分数），在氧气中的爆炸极限为 3.6%～72%（体积分数）。在氯乙烯与空气混合物中充入氮气或二氧化碳气体，可缩小其爆炸浓度范围。当氮气含量≥48.8%、二氧化碳含量≥36.4%时，氯乙烯与空气不会形成爆炸性混合物。

液态氯乙烯泄漏及其危险：一旦泄漏，遇火源极易爆炸起火。液态氯乙烯为绝缘性液体，在压力下高速喷射产生静电荷，静电荷集聚放电，极易引发火灾爆炸事故。故输送液态氯乙烯宜采用低流速，设备及管道应有可靠的防静电接地设施。

（2）丁二烯　丁二烯是合成橡胶的主要单体，分子量 54.09，常温、常压下为无色气体，具有适度甜感、芳香味，沸点 −4.413℃，凝固点 −108.92℃。液体丁二烯无色透明，折射率为 1.4293（−25℃），极易挥发，汽化潜热为 386kJ/kg（25℃）。丁二烯易燃、易爆，闪点≤6℃，自燃点 450℃，在空气中的爆炸极限为 2.0%～11.5%（体积分数）。丁二烯易溶于乙醇、甲苯、乙醚、氯仿、四氯化碳、汽油、乙腈、二甲基甲酰胺、N-甲基吡咯烷酮等有机溶剂，微溶于水。

丁二烯对人体有毒，低浓度下能刺激黏膜和呼吸道，高浓度下对中枢神经有麻醉作用，使人感到头痛、嗜睡、恶心、胸闷、呼吸困难，长期与丁二烯接触使人记忆衰退。按国家卫生标准，空气中丁二烯最高允许浓度为 $100mg/m^3$。

（3）苯乙烯　苯乙烯为无色透明、油状、易燃液体，不溶于水，溶于醇、醚等多数有机溶剂。熔点 −30.6℃，沸点 146℃，相对密度（水＝1）0.91，相对蒸气密度（空气＝1）3.6，闪点 34.4℃，引燃温度 490℃，爆炸极限 1.1%～6.1%（体积分数）。

苯乙烯为可疑致癌物，具有刺激性，对眼睛、上呼吸道黏膜有刺激和麻醉作用。

苯乙烯严重危害环境，造成水体、土壤和大气污染。

2. 聚合助剂的危险性

聚合助剂包括溶剂、引发剂、悬浮剂、分子量调节剂、阻聚剂等化学物质。例如，氯乙烯聚合除需要单体氯乙烯外，还需要分散剂明胶、聚乙烯醇，引发剂过氧化二苯甲酰、偶氮二异庚腈、过氧化二碳酸等。引发剂化学性质活泼，对热、震动和摩擦敏感，易分解，属易燃、易爆危险物质，如偶氮二异丁腈、过氧化二苯甲酰、过硫酸铵等。溶剂包括甲醇、乙醇、石油醚、溶剂油等，均为易燃、易爆、易产生静电的危险物质。甲醇有毒，具有刺激性，误饮 15mL 可致眼睛失明。

3. 聚合物的危险性

聚合物大多为粉状或粒状的固体，称合成树脂；或聚合物分散在溶剂中呈黏稠态液体，称乳胶。一般而言，聚合物热稳定性差，易分解析出有害气体；具有燃烧性，其粉尘与空气混合可形成爆炸性混合物（粉尘云）；电阻率较高，导热及导电性差，易产生静电。

聚氯乙烯树脂（PVC）130℃开始分解变色，析出氯化氢，燃烧过程释放氯化氢气体，还产生二噁英等有毒物质。

二、聚合反应主要危险源

在生产中，聚合过程本身存在一定的危险因素，主要包括：①反应过程中热量的移出，如果反应热不能及时移出（即反应放出的热量远超出了反应移出的热量，导致了化学放热系统的热失控行为的发生），随物料温度上升，发生裂解和爆聚，所产生的热量使裂解和爆聚过程进一步加剧，进而引发反应器爆炸；②聚合原料的自聚和燃爆危险性；③部分聚合助剂的危险较大，如自燃、爆炸等。

1. 反应过程中热量的移出

反应过程中热量的移出问题，一直以来都是研究人员关注的重点，可以从两个方面进行考虑，即内部因素和外部因素。

（1）内部因素的危险分析及控制　内部因素是指在流化床反应器内部，由于压力、催化剂等的原因，导致的热量的变化。在聚合反应过程中，催化剂确保了反应的进行，但是如果加入量过大，可能导致聚合反应过快，放出热量过多。对此，自动控制系统有流量监控装置，确保流量的稳定。当聚合反应超温时，将导致超压，进而引起爆炸。

（2）外部因素的危险分析及控制　外部因素是指工艺对于产生热量的移出、消除的能力。为了确保流化床反应器内产生的热量及时移出，一般采用循环气外部冷却的方法，即循环气由流化床反应器顶部流出，将聚合反应产生的热量移出反应器，经循环气冷却器移出这部分热量。同时，还设有调温水冷却器，以确保循环气冷却器的水温。具体来说，是指流化床反应器与循环气冷却器设有温度联锁控制，流化床反应器内的温度数据会传送至循环气冷却器，当流化床反应器内热量骤增时，循环气带出的热量就会增多，这时，调温冷却器接收到调节信号，对冷却水温度进行调节，保持调温冷却器的工作效率，以此确保流化床反应器内产生热量的移出。同时，也会确保循环气的温度，不至于温度过低，影响聚合反应的进行。此外，当热量聚集过多，温度骤增时情况会非常危险，为有效控制反应速率，则会由流化床反应器底注入少量的阻聚剂，抑制单体自聚，从而控制热量的产生。当确实无法控制的时候，将会启动联锁停车系统，停止物料供应，彻底终止反应。

2. 聚合原料与部分助剂的危险性

在聚合过程中，聚合原料具有自聚性和燃爆危险性，如：原料乙烯遇明火、高热会引起燃烧爆炸，有麻醉性或其蒸气有麻醉性；共聚单体苯丁烯有毒，易燃，与空气混合能形成爆炸性混合物，遇明火、高热会引起燃烧爆炸。同时，部分聚合助剂的危险较大，如：助催化剂三乙基铝遇高热分解，遇水或潮湿空气会引起燃烧爆炸，与酸类、卤素、醇类、胺类发生强烈反应，会引起燃烧，遇微堵氧易引起燃烧爆炸，接触空气能自燃或干燥品久储变质后能自燃，触及皮肤有强烈刺激作用而造成灼伤；助催化剂二乙基氯化铝具有强腐蚀性，暴露在空气中会自燃，与水、强氧化剂、酸类、卤代烃、碱类和胺类接触剧烈反应，燃烧时能产生剧毒气体。因此，在整个聚合过程中，这些物料均要有惰性气体保护。此外，为了能够及时发现危险物料的泄漏，以便准确地做出应急行动，在装置的关键部位、有危险物料经过的泵房以及厂房均设有可燃和有毒气体检测报警装置。同时，可将报警信息回传至总控制室，以便做出应急行动。

3. 单体储存与精制的危险性

（1）单体储存的危险性　单体绝大多数为易燃、易爆、易产生静电的危险化学品。单体储存设备为各种球罐、储槽等密闭承压容器，而且单体储存量较大，内储单体一旦泄漏、溢冒、喷射、误注入，极易引发火灾爆炸等事故。因此，杜绝误操作，防泄漏、静电、雷击，杜绝一切火种及严格执行安全操作规程，十分重要而且必要。

（2）单体精制的危险性分析　单体精制的方法主要有精馏、吸附干燥、加氢精制等。精馏过程在精馏塔内进行，温度较低的液体在重力作用下，由塔顶自上而下流动，温度较高的蒸气在压力作用下，自下而上流动，二者在塔盘（或填料）上进行质量、热量传递。精制装置由塔体和塔盘（填料）、再沸器、冷凝器、预热器等组成。塔盘（填料）是气、液相进行质量、热量传递的基本构件，再沸器是提供热能的设备，塔顶冷凝器是提供冷量（或移出热量）的设备，预热器是提供进料条件的设备。精馏过程一旦失控，易燃易爆的单体泄漏，极易酿成火灾爆炸事故。

4. 聚合物后处理的危险性

根据聚合工艺过程的不同，后处理主要有闪蒸（溶剂或单体与聚合产物分离），汽提，破乳及乳化剂转化、胶粒化或切片、粉碎，洗涤脱水，离心过滤，气体输送干燥，称重包装等。后处理工序开放性操作较多，涉及动力设备，如离心机、螺杆挤压机、气流输送及料仓储存设备等；涉及物料种类和聚集状态较多，且为易燃、易爆的单体或溶剂，易产生静电的聚合物、单体或溶剂；生产中的机械、电气故障，操作中的物料沉积、堵塞、泄漏等极易引发火灾或爆炸事故。聚氯乙烯的后处理工序常见事故及预防措施见表 15-2。

表 15-2　聚氯乙烯后处理工序常见事故及预防措施

作业系统	故障现象	产生原因	预防措施
离心操作	离心机自动停车	① 熔断器损坏； ② 浆料量过载,使转矩控制器自动脱杆； ③ 润滑油量不足,使油压力开关跳脱； ④ 电机超温,热保护器跳开； ⑤ 离心机下料斗堵塞	① 更换烧坏的熔断器。 ② 转矩控制器自动脱开时,用手顺时针转动矩臂,若无阻碍,抬上转矩臂,调整进料量； 　若有阻碍时,抬上转矩臂,取下及其外罩,前后转动转臂,并用水冲洗,转动皮带,开车运转。 ③ 调节润滑油量,再开车运转,电机超温使热保护器跳开时,电机停止运转,请电工检查。 ④ 打开下料斗手孔,疏通离心机下料斗的积料
	离心机不进料	① 过滤器或进料管堵塞； ② 浆料自控阀故障	① 关闭过滤器进料阀,借热软水冲洗疏通； ② 切换手控阀,检修自控阀
气流干燥系统	螺旋机不能自启或自停	① 加料量过大,熔断器烧坏； ② 未启动松料器	① 调换熔断器,打开输送机手孔,将"料封"树脂挖出,重新运输； ② 使松料器运转
	旋风分离器堵塞	① 物料过干或过湿； ② 螺旋输送机自停或太慢	① 调整气流干燥温度； ② 使输送机运转或提高转速
	气流干燥器底部积料	① 先开输送机,后开鼓风机； ② 开车时蝶阀未开启	停车,清理积料
	干燥器第Ⅳ室温度过高	进料量少	提高离心机进料量,降低气流干燥温度,或暂停热水循环泵
	干燥器第Ⅳ室温度过低	① 加料量过多； ② 空气湿度增加,导致干燥过慢	① 降低离心机进料量,或适当开大散热片蒸气阀； ② 提高气流干燥顶部温度
	旋风分离器堵塞	① 分离器下料管堵塞； ② 下料管锥形底部"料封"故障	① 清理积料； ② 停车检修
	压差难控制	鼓风或抽风装置蝶阀故障	停车检查、检修
	粗料增多	① 料过干,产生静电粘网； ② 筛网堵塞,树脂颗粒大	① 降低干燥温度,或沸腾床第Ⅳ室通少量蒸汽增湿； ② 停车,清理筛网； ③ 与聚合系统联系

5. 其他危险因素

（1）压缩机　在聚合反应过程中，循环器经循环气压缩机加压后，进入后续过程。其中，当循环气压缩机出现问题，导致循环气不能从循环气压缩机通过时，由紧急排放系统将循环气排至火炬系统。

（2）静电　在流化床反应器内，形成的颗粒状产物之间的接触以及颗粒状产物与器壁的接触，可能会产生静电，从而产生结片甚至爆聚现象。而原料中存在杂质就可能导致上述现象的产生。如物料中杂质含量超标，与三乙基铝作用，使反应器内静电效应大大增加，致使反应器静电波动较大，且温度波动大。若静电持续时间较长，将打破反应器静电平衡，导致反应结片甚至爆聚。因此。在物料进入流化床反应器之前，由原料净化工序严格控制物料中杂质的含量。此外，在循环气中加入抗静电剂，有效地抑制了静电的产生。

三、聚合反应的安全控制措施

1. 聚合生产中的主要设备维护和检查

良好的设计是保证聚合生产安全的基础，设备的正常运行是安全生产的保障。聚合中使用的设备，如聚合釜、各种压力容器、压力管道、电梯、天车、叉车等都属于特种设备，涉及生命安全，危险性较大，这些设备的采购、安装、检验、使用等必须严格执行国家《特种设备安全监察条例》。

2. 生产管理中的设备维护保养和使用

设备维护保养分为日常保养、一级保养和二级保养，每一级保养都有要求。

（1）检查搅拌电动机地脚螺栓是否有松动现象，检查皮带张紧力是否合适。

（2）每次开车前，都要检查机械密封水的流量和压力，确保连续向釜内注水，防止物料进入机械密封。一般注水流量不低于 $0.5m^3/h$，注水压力大于釜内压力 $0.2MPa$。如果搅拌只是短时间停止运行，应该保持注水状态。

（3）检查油压单元、减速机冷却水压力流量是否正常，一般冷却水温度不高于 30℃。

（4）检查机械密封油压单元的压力、流量和温度。油压单元压力一般在 $1.5\sim1.8MPa$，流量在 $10L/min$，温度不高于 60℃。

（5）机械密封用油首次使用应加装过滤网，运行 1 周左右进行第 1 次更换，以后半年更换 1 次。

（6）减速机、轴承用油首次使用为 2500h 或 6 个月更换 1 次，以后每年更换 1 次。

（7）设备上所有压力表每年至少检查校验 1 次。

（8）对于安装事故电动机的聚合釜，每月至少对事故电动机检查加油 1 次，以保证在必要时能够正常使用。

（9）对聚合釜内部管线、仪表接口、爆破片安全阀接口、排空管线等，每次清釜都要进行检查清理。

3. 消防设施、防护用具的配备

在聚合生产中，为了减少火灾损失，扑灭初期火灾，防止事故扩大，必须配置相应的消防设施。

（1）配备火灾自动报警系统 发生火灾后，自动报警系统会自动发出声光报警信号，提醒发生火灾。在控制室和机柜室内还要配备自动喷淋系统，迅速控制火灾的蔓延。

（2）配备高、低压消防水系统 聚合厂房主要以高压消防水为主，辅助低压消防水。消防水电源应有备用电源。

（3）配备灭火器材 根据聚合生产特点，在聚合釜周围配备一定数量的手提式干粉灭火器、手推车式干粉灭火器和二氧化碳灭火器等，在紧急时刻方便使用。

（4）配备安全防护用具 根据现场操作人员的多少和现场危险品的性质以及作业性质配备安全防护用具。聚合区域主要配备正压式空气呼吸器、长管式呼吸面具、2 号滤毒罐、防护服、防护眼镜、紧急通信装置（包括防爆扩音系统、对讲系统）等。

4. 重点监控工艺参数及安全控制基本要求

（1）重点监控工艺参数 聚合反应釜内温度、压力，聚合反应釜内搅拌速率；引发剂流量；冷却水流量；装料仓库防静电、可燃气体监控等。

（2）安全控制基本要求 反应釜温度和压力的报警和联锁；紧急冷却系统；紧急切断系统；紧急加入反应终止剂系统；搅拌的稳定控制和联锁系统；装料仓库静电消除、可燃气体置换系统，可燃和有毒气体检测报警装置；高压聚合反应釜设有防爆墙和泄爆面等。

（3）宜采用的控制方式 将聚合反应釜内温度、压力与釜内搅拌电流、聚合单体流量、引发剂加入量、聚合反应釜夹套冷却水进水阀形成联锁关系，在聚合反应釜处设立紧急停车系统。当反应超温、搅拌超温、搅拌失效或冷却失效时，能及时加入聚合反应终止剂，需设立安全泄放系统。

第三节 聚合工艺安全技术

一、聚合工艺反应设备

聚合工艺反应设备是聚合工艺作业的关键设备，聚合工艺反应设备系统包括：反应器，如聚合釜；输送设备，如循环压缩机、循环泵；冷却设备，如夹套、循环冷却器、回流冷却器等。

1. 聚合反应器的类别、结构及作用

聚合反应器分为釜式、管式和流化床等类型。例如：氯乙烯聚合、丙烯液相聚合采用釜式反应器，如图 15-6 所示；乙烯高压聚合采用管式反应器，丙烯液相聚合采用环管式反应器，如图 15-7 所示；丙烯气相聚合采用流化床反应器等。

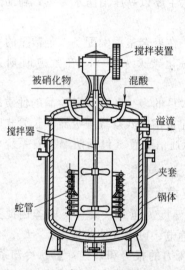

图 15-6　33m³（Ⅰ型）聚合釜结构

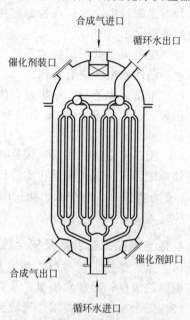

图 15-7　环管式聚合反应器

国内第一代 33m³（Ⅰ型）聚合釜（图 15-6）由碳钢复合不锈钢材质制造，其中有 D_8100 内冷管 8 根（冷却水两进两出），5～6 层平板桨式桨叶搅拌器。第二代 33m³（Ⅱ型）不锈钢釜基本结构与Ⅰ型釜相似，有 8 根 D_8100 内冷管（冷却水八进八出），设两层三叶平板式搅拌桨叶，底部为小桨叶，搅拌效果优于Ⅰ型。Ⅱ型釜电机功率 75kW，搅拌转速 115r/min，总容积 32.8m³，夹套传热面积 49m³，内冷管传热面积 28.4m²。

聚合釜传热能力以其传热速率 Q 表示：

$$Q = KA\Delta t_m$$

式中　Q——聚合釜传热速率，kJ/h；

　　　K——总传热系数，kJ/(h·m²·℃)；

　　　A——聚合釜传热面积，包括釜夹套、釜内冷却管、釜顶冷却器传热面积，m²；

　　Δt_m——聚合釜内温度与冷却水平均温度的差值，℃。

增加传热面积 A，加大传热温差，或提高传热系数 K，均可提高聚合釜的传

热能力。冷却水平均水温即夹套进、出水温的算术平均值，以工业用水为冷却水的夏季水温约30℃，以深井水为冷却水时水温为13～15℃，冷冻水温为5～6℃。

釜夹套一般不能满足传热要求，在釜内设直形冷却管。如果冷却面积还不够，可设釜顶回流冷凝器，借助单体汽化-冷凝移除热量，热负荷一般不超过总热负荷的50%。

一般情况下，釜顶回流冷凝器垂直安装，以防雾沫夹带造成回流冷凝器结垢甚至堵塞。釜顶回流冷凝器的运行，应防止泡沫夹带，可在冷凝器蒸气管放置玻璃棉除去泡沫；或添加消泡剂，或在氯乙烯蒸气入口逆流喷水、氯乙烯冷凝液或含阻聚剂的水溶液等；延缓启动釜顶冷凝器，待分散剂大部分吸附在液滴表面，转化率达15%左右再启动。防止釜内泡沫状物进入冷凝器，避免冲料，釜装料系数控制在0.1～0.8；投料前尽可能排净系统内的不凝气，避免降低冷凝器的传热系数。

氯乙烯聚合反应热由冷却水系统移除。冷却水系统，分为非循环流程和循环流程。非循环流程保持水池由给水泵经公用上水管并联进入釜夹套下部，吸热后由夹套顶部引出，经凉水塔返回水池，冷却水另有旁路自成系统。聚合作业视聚合放热情况，控制调节冷却水阀门。反应自动加速时，增大冷却水流量，增大釜内外传热温差。如果放热过多，加大水量不足以及时散热时，启动冷冻水降低釜内外温差。

冷却水循环流程，在夹套进出口间装一台循环泵，夹套出来的水小部分流入冷水塔，大部分由循环泵送回夹套进口。不足部分由水池给水泵补充温度较低的冷冻水。此种情况，夹套进水量恒定，但用量较大，反应出现自动加速时，调节补充水量比例，逐

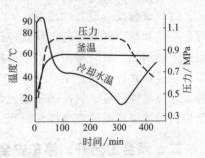

图15-8 氯乙烯悬浮聚合过程温度与压力的变化

步降低平均水温，以满足放热递增的散热要求。氯乙烯悬浮聚合过程温度与压力的变化，如图15-8所示。

2.聚合反应器的操控与维护

聚合反应器的控制和维护，主要是维持物料平衡、热平衡、相平衡和系统压差稳定，控制配料比、温度、液位等工艺参数在工艺规程允许的范围内。

(1)聚合工艺参数的控制 主要是控制配料比、温度、液位等工艺参数。

① 聚合温度安全控制 一般通过控制聚合物料外循环冷却系统、反应器夹套冷却系统来实现。例如，丙烯液相聚合，通过调节顶部冷凝器循环气体流量，以及夹套冷却水流量控制聚合温度。因此，维持冷却水及冷却循环器正常运行，保持聚合系统热平衡是安全运行的基本条件。

② 聚合压力的安全控制 聚合压力即在聚合温度下的气相平衡压力。对于釜式反应器压力，取决于釜内物料蒸气压力之和；对于管式反应器压力控制，略高于饱和蒸气压力。聚合压力取决于聚合量及单体进料之间的平衡，用气相冷凝器控制压力。例如，液态丙烯以大于聚合需要量，从液相反应器进入流化或半流化床气相反应器，大部分气相丙烯（或丙烯与乙烯混合气）形成循环气流带出聚合反应热。为保持气相反应器压力恒定，循环气流经冷却器冷却返回反应器底部，或经冷凝器冷凝返回液相反应器。故通过调节冷却（冷凝）器冷却水流量、循环气流温度，控制反应器压力。

③ 液位安全控制 液位安全控制即保持反应器底部与其气相空间压差不变。液位由最底部的液位指示器控制，设定点能指示实际液位。在保持压差设定点不变的情况下，允许液位有小波动。液位过高，循环气体起泡，浆料随循环气进入冷凝器；液位过低，搅拌器涡轮叶片在液面上，影响搅拌效果。气相聚合（如丙烯聚合）流化床料位控制，由料位计测密相床底部与顶部气相压差，压差恒定即床层料位及质量恒定。对于粉料的控制，用改变粉料间断性排放时间间隔的方法来控制料位，粉料排放过程应防静电的产生。

(2) 聚合反应设备的维护 应严格按工艺规程操控设备，维护设备正常运行，避免和减少异常运行；认真巡回检查，防止跑、冒、滴、漏；及时发现设备运行中的问题，及时解决这些运行中的问题。例如，在聚氯乙烯生产中，严密监控反应釜轴封、人孔、手孔及管口，防止密封泄漏和密封垫破裂；防止聚积排料、分馏尾气带料、氯乙烯压缩机泄漏、储罐液面计破裂，避免恶性事故发生；严格执行清釜作业的安全操作规程，确保作业的安全。

二、聚合工艺开、停车安全技术

1. 聚合工艺岗位开车安全技术

(1) 检修后开车 检修后开车包括开车前检查、单机及联动试车。无论何种开车，均应严格执行开车方案。

① 开车前检查 安全开车条件十分重要，检查确认的主要内容有：确认作业现场是否达到"三清"，检查设备内有无遗留下的工具和零件；清扫管道通道，查看有无应拆除的盲板；清除设备、屋顶、地面杂质垃圾；检查确认盲板是否符合工艺安全要求；检查确认设备、管线是否已经吹扫、置换和密闭；检查确认容器和管线是否已经耐压试验、气密试验或无损探伤；检查确认安全阀、阻火器、爆破片等安全设施完好与否；检查确认调节控制阀、放空阀、过滤器、疏水器等工艺管线设施完好与否；检查确认温度、压力、流量、液位等仪器、仪表是否完好有效；检查确认作业场所职业卫生安全设施可靠与否，备好防毒面具；检查确认个体防护用具是否配齐、完好、有效。

② 单机试车与联动试车 单机试车包括聚合反应釜搅拌器试运转、泵盘车

等，检查确认是否完好、正常。单机试车后进行联动试车，检查水、电、汽等公用工程供应符合工艺要求与否，全流程贯通符合工艺要求与否。

③ 与相关岗位工序的联系及物料准备　联系水、电、汽公用工程供给部门，按工艺要求提供水、电、汽等；联系前后工序做好物料供应和接受的准备；本岗位做好投料准备、计量、分析、化验。

④ 开车并过渡至正常运行　严格执行开车方案和工艺规程，进料前先进行升温（预冷）操作，对螺栓紧固件进行热或冷紧固，防止物料泄漏。进料前关闭放空阀、排污阀、倒淋阀，经班长检查确认后，启动泵进料。进料过程中，沿工艺管线巡视，检查物料流程以及有无跑、冒、滴、漏现象。

⑤ 严格按工艺要求的物料配比、投料次序和速度投料　严格按工艺要求的幅度，缓慢升温或升压，并根据温度、压力等仪表指示，开启冷却水调节流量，或调节投料速度和投料量，调节控制系统温度、压力达到工艺规定的限值，逐步提高处理量，以达到正常生产。进入装置正常运行后，检查阀门开启程度是否合适，维持并记录工艺参数。

（2）正常停车后的开车　正常停车后的开车，包括开车前进一步检查确认装置情况，联系水、电、汽等公用工程供应，联系相关岗位（工序）与物料准备，开车及过渡到正常运行等环节。

2. 聚合岗位停车安全技术

（1）正常停车

① 严格执行停车方案，按停车方案规定的周期、程序、步骤、工艺参数变化幅度等进行操作，按停车方案规定的残余物料处理、置换、清洗方法作业，严禁违反停车方案的操作，严禁无停车方案的盲目作业。

② 停车操作应严格控制降温、降压幅度或速度，一般按先高压、后低压，先高温、后低温次序进行，保温、保压设备和容器停车后按时记录其温度、压力的变化。聚合釜温度与其压力密切相关，降温才能降压，禁止骤然冷却和大幅度泄压。

③ 泄压放料前，应检查作业场所，确认准备就绪，且周围无易燃、易爆物品，无闲散人员等。

④ 清除剩余物料或残渣残液，必须采取相应安全措施，接收排放物或放至安全区域，避免跑、冒、滴、漏、溢泛，造成污染和危险；作业者必须佩戴个人防护用品，防止中毒和灼伤。

⑤ 大型转动设备停车，必须先停主机，后停辅机，以免损害主机。

⑥ 停车后的维护，如果是冬季停车应防冻，低位、死角、蒸汽管线、阀门、疏水器和保温管线应放净水，避免冻裂损坏设备设施。

（2）紧急停车　遇到下列情况，按照紧急停车方案操作，停止生产装置运行。

① 系统温度、压力快速上升，采取措施仍得不到有效控制。

② 容器工作压力、介质温度或器壁温度超过安全限值，采取措施后仍得不到有效控制。

③ 压力容器主要承压部件出现裂纹、鼓包、变形和泄漏等危及安全的现象。

④ 聚合安全装置失效、连接管件断裂、紧固件损坏等，难以保证安全运行。

⑤ 投料充装过量、无液位、液位失控，采取措施后仍得不到有效控制。

⑥ 压力容器与连接管道发生严重振动，危及安全运行。

⑦ 搅拌中断，采取措施后无法恢复。

⑧ 突然发生停电、停水、停汽、停风等情况。

⑨ 大量物料泄漏，采取措施后仍得不到有效控制。

⑩ 发生火灾、爆炸、地震、洪水等危及安全运行的突发事件。

紧急停车应严格执行紧急停车方案，及时切断进料、加热热源，开启冷却水、放空泄压系统，及时报告车间主管，联系通知前、后岗位，做好个人防护。执行紧急停车操作时应保持镇定，判断准确、操作正确、处理迅速，做到"稳、准、快"，防止发生事故和限制事故扩大。

第四节　聚合工艺安全操作规程

一、主要工段安全操作规程

1.通用安全技术操作规程

(1) 严格控制工艺条件，严格控制过氧化物引发剂的配比。

(2) 确保冷却效果，冷却介质量要充足，搅拌装置应可靠，必须采用避免粘壁的安全措施。

(3) 反应器的搅拌和温度应有控制和联锁装置，设置反应抑制添加系统，出现异常情况时能自动抑制添加剂系统，达到自动停车的目的。

(4) 高压系统应设防爆片、导爆管等安全附件，并有良好的防静电接地系统。

(5) 必须设置可燃气体检测报警器，以便及时发现单体泄漏，及时采取安全防范对策、措施。

(6) 必须对电气设备采取防爆措施，消除各种火险隐患。

(7) 必要时，对聚合装置采取隔离措施，必须加强对引发剂的安全管理。

2.聚合反应工段安全操作规程

(1) 经常检查聚合釜操作参数，检查聚合釜的反应温度、压力是否符合工艺控制的要求。

（2）聚合釜在清理时，必须有清理方案，用盲板与系统隔开，可燃气体用氮气置换后再用空气置换。

（3）系统开车前，必须用氮气吹扫，在氮封条件下方可投料运行。

（4）聚合系统严防泄漏，检查密封油系统必须处于正常运行状态。

（5）温度控制困难时，必须及时采取放空泄压、迅速降温措施，必要时应注入一氧化碳阻聚剂。

（6）消防水幕要定期喷试，做到常备不懈。

（7）认真巡检，及时发现泄漏的可燃物，处理时必须使用无火花铜质工具。

（8）停工排放丙烯时，严格控制排放速度，以防聚合釜夹套冻住。

（9）要定期检查 UPS 电源，确保完好。

3. 催化剂工段安全操作规程

（1）催化剂配制时，三乙基铝催化剂的装卸与操作必须在氮封下进行。

（2）装置区内不得储备超过安全用量的三乙基铝。

（3）操作人员必须穿戴好全套（帽、服装、鞋）隔热、阻燃服。

（4）装置内禁止用己烷擦洗设备零件。

4. 干燥工段安全操作规程

（1）经常检查干燥工段静电接地情况，防止静电接地失效，产生静电放电现象。

（2）必须保持正压操作，防止空气进入，造成粉尘爆炸或可燃气体爆炸。

（3）必须通入足够量的蒸汽，保证主催化剂、助催化剂失活。

5. 造粒工段安全操作规程

（1）操作人员必须穿戴好劳动防护用品。

（2）在挤压机拉条时必须使用特制的专用工具。

二、主要作业安全操作规程

1. CO 钢瓶更换安全操作规程

（1）CO 钢瓶的备用瓶（满瓶）要分开存放，摆放整齐，备用瓶和待装瓶要做明显标志，不得任意摆放、混放。

（2）更换 CO 钢瓶时，必须两人以上进行，一人操作，一人进行安全监护。严禁无监护人单独进行更换操作。

（3）进行换瓶操作时，操作人员要站在上风向，严禁在下风向进行操作。

（4）无论在任何情况下，严禁就地大量排放 CO 气体和敲打撞击 CO 钢瓶，搬运时要轻搬轻放。

（5）更换钢瓶时，严格按照以下操作顺序进行：

① 将待卸瓶角阀和软管与系统相连接处阀门关闭好，防止钢瓶内和系统管线内 CO 拆卸时大量外泄。②将与待卸钢瓶相连软管的活接头卸松后，操作人员暂离钢瓶地点 5min，使软管内少量 CO 泄放。③软管泄压完毕，将空瓶卸下，检查活接头垫片是否完好，将不完好的垫片换新垫片。④在连接满瓶时，应首先将丝扣对接好，用手上丝几圈后，方可用扳手拧紧活接头。⑤检查新装钢瓶是否带有护圈或护圈是否完好，对于缺失护圈或护圈损坏者应及时整改。⑥将新装钢瓶角阀打开，检查压力情况，并用肥皂水对活接头部位进行密封检查，无问题后方可离开。⑦将更换下的钢瓶做上空瓶标志，按要求存放，并记录更换内容（更换时间、瓶号部位、更换前后压力、操作人）。

（6）一旦发生一氧化碳中毒，应送至空气新鲜的场所，让其平静休息，注意体温和保暖，如果发烧则用水冷却头部，如中毒者心脏停止跳动，可采用心肺复苏术急救，并立即拨打急救电话。

2. 催化剂配制安全操作规程

（1）进行三种催化剂的配制操作时，必须戴上防护手套和面罩，穿好防护服和防护鞋。

（2）配制操作过程必须严格按照操作技术规程的条件和步骤进行。

（3）配制三乙基铝的过程如发现储罐出口或管线有阻塞现象，要上报，不许自行拆卸处理。

（4）三乙基铝在配制时，未搅拌之前或搅拌时间未达要求之前，不许采样分析。

（5）不得就地排放任何浓度的三乙基铝。

（6）必须在氮气保护下进行配制。

（7）少量的三乙基铝泄漏时，可用干沙、蛭石、干粉灭火剂覆盖。

（8）一旦发生三乙基铝泄漏而引起的火灾时，操作人员应及时撤离，并迅速报火警。参加抢险的人员必须穿着带铝、石棉层的耐火隔热服和面罩，以防烧伤。此外，必须备有空气呼吸器等，以防缺氧或燃烧时所产生的气体中毒，处理催化剂时务必戴皮革手套和面罩。严禁使用含水物质救火。

（9）主催化剂泄漏后与空气中的水反应时，产生盐酸所特有的刺激性气味，因此，应立即远距离用水分解，并用 NaOH 水溶液进行分解。

3. 丙烯卸车安全操作规程

（1）卸车前　确认装置现场无动火作业；现场配备灭火器；现场应将汽车的静电接地线接地；要有人监护。

（2）卸车期间　禁止司机和监护人离开现场；发现少量丙烯泄漏时立即停止卸车，用铜质工具处理；大量泄漏时立即停止卸车，用消防蒸汽予以驱散后处理；由于泄漏引发火灾时，用灭火器灭火并报火警；严禁司机开动汽车；卸车完成后，卸车软管间的丙烯禁止现场排放，应通过管线排至火炬。

4. 电梯使用安全操作规程

（1）电梯必须由专人负责，电梯负责人必须懂得电梯操作、日常维护保养知识。

（2）电梯驾驶人员要做到"五要五不"：要由经过培训、考核且有特种设备操作证的人员驾驶电梯，不让无证者驾驶电梯；要按安全操作规程驾驶电梯，不违章驾驶电梯；要用手操纵开关按钮，不能用手臂和身体其他部位操纵开关按钮；要站在轿厢里或井道外等候，不站在轿厢与井道之间等候；要听从检修人员指挥，不听从其他任何人指挥（紧急情况除外）。

（3）电梯驾驶人员要做到"十不开"：超载荷不开；安全装置失灵不开；物体装得太大不好关门不开；物体堆放不牢固、稳妥不开；物体超长，伸出安全窗等紧急出口不开；检修人员在轿厢顶上或地坑内不开（检修人员指令开动）；厅门、轿门关闭不好不开；轿厢行驶速度比平时超快或减慢不开；有人把头、手、脚伸出轿厢或伸出井道不开；电梯不正常（声音不对，有异样感觉，有地方碰撞等）不开。

（4）电梯的电气系统包括电机、开关、安全联锁装置，以及超重部分的卷筒、滚轮、绳索、卡环和支撑主梁等，定期（每半年时间）由专业技术人员检查一次，并做好检查维修记录。

（5）电梯的所有安全附设装置要完整无损，如电梯的刹车、门栏信号指示、梯箱照明等，如不齐全禁止使用。

（6）电梯在使用过程中，如发现有异常现象，必须立即停止使用，由专业人员检查修复后，经升降检验，确认无故障后方可继续使用。

（7）电梯的装运量不能超重，严禁过负荷操作。

（8）电梯在开动前，必须预先将电梯的大门关严方可启动，严禁在运行时突然进出和传递物件。

（9）电梯停止使用时，应把电梯开到最低层处，切断电源并将外门关严。

（10）任何时候都不准用手强行扒开电梯门。

5. 冷冻盐水配制安全操作规程

（1）配制前确认装置现场无动火作业。

（2）添加乙二醇时要戴上橡胶手套、口罩、防护眼罩，防止皮肤与之接触或进入口中、眼中。

（3）使用过的盛装乙二醇的包装桶要恢复密封，妥善保管，防雨防晒。

（4）对含有乙二醇的废水废液要由厂安全环保部门专门处理，不得任意排放。

6. 压力表更换作业安全操作规程

（1）关闭压力表底阀。

（2）更换含易燃易爆物质管线上的压力表与动火作业不能同时进行。

（3）更换含丙烯、己烷等易燃易爆管线上的压力表时，使用铜质工具，并戴手套。

（4）更换含 CO 管线上的压力表时，操作人员要站在上风向，严禁在下风向进行操作，并使用铜质工具。

7. 使用蒸汽带安全操作规程

（1）应戴手套抓紧蒸汽带出口处，防止蒸汽带摆动，造成烫伤。

（2）蒸汽带出口严禁对准任何人员，以免造成不必要的伤害事故。

8. 盲板抽堵作业安全操作规程

（1）作业前必须将劳保用品穿戴整齐，不得酒后上岗，严格执行班组安全管理制度。

（2）抽堵盲板操作前，首先通知防护人员及车间安全员到场，并通知现场周边的岗位注意现场煤气浓度变化。现场设置警戒线或者安全护栏，并有专人监护，禁止无关人员进入警戒区域。

（3）作业人员进入盲板阀台区域前必须按规范穿戴好煤气表、空气呼吸器等安全防护用品，安全防范措施到位后再进入作业现场。

（4）到达指定地点后检查盲板胶圈有无破损，盲板油缸管路阀门是否正常，确认无误后开始作业。

（5）抽堵盲板操作需要现场与液压站双向配合共同完成操作。先将管道盲板前蝶阀关闭，打开管道放散阀。与液压站联系首先松开盲板阀，到位后打停止，然后联系液压站进行盲板翻转操作，盲板翻转开关到位后打停止。最后通知液压站盲板夹紧，盲板夹紧到位后，关闭液压站。检查盲板有无泄漏现象，打盲板操作完成。

（6）作业结束后，盲板用铁丝拴牢，盲板及液压站均要悬挂操作牌，禁止非工作人员乱动。清理防护用品，撤离现场，通知周边岗位作业结束。

9. 粉料清理作业安全操作规程

正常停工时装置内粉料含量很小，危险相对较小。装置一旦发生停电引起的紧急停工时，反应釜内就会聚集大量粉料，粉料夹带较多丙烯和催化剂，清理时危险性很高，同类企业曾多次发生清理停电引起的反应釜内粉料聚集而发生的人员伤亡事故。含大量聚丙烯粉料的反应釜有氧气缺乏、易燃易爆的丙烯、催化剂、聚丙烯粉料、中暑、釜内空间狭小等危害因素。因此，在进行该作业时，必须事先制定作业方案和应急预案，并对参与的每一位作业人员进行培训，同时做好以下安全防护措施：

（1）作业前，作业现场应准备好以下应急物资：干粉灭火器，空气呼吸器或长管呼吸器，打开的蒸汽带，已经接好的消防水带，隔热、阻燃防护服。

（2）作业前反应釜必须用氮气置换，确保釜内可燃气的浓度符合标准。

（3）用盲板隔离后需清理反应釜。

（4）作业前向反应釜内通入一定量的蒸汽，增加反应釜湿度，以便减少清理时的扬尘，降低丙烯气浓度，降低产生静电的可能性，使催化剂失活，防止开启反应釜时催化剂与空气反应引起着火。

（5）进入釜内清理时，利用反应釜底部管线，尽可能把釜内粉料卸出，卸粉料时应打开蒸汽带进行掩护。

（6）进入釜内清理时，应对反应釜中的可燃气浓度和氧含量进行分析，如果合格（当可燃气体爆炸下限大于 4% 时，其被测浓度不大于 0.5% 为合格；爆炸下限小于 4% 时，其被测浓度不大于 0.2% 为合格。氧含量 19.5%～23.5% 为合格），办理"受限空间作业票"，确定一名取得安全合格证的操作人员作为监护人，并严格落实作业证上要求的安全措施。

（7）作业人员应戴防尘口罩、防飞溅眼镜，穿防静电工作服、防静电鞋，佩戴气体个体检测报警仪，系安全绳，使用铜质或木质清理工具。

（8）反应釜内允许一名操作者作业；反应釜外应有一名操作者准备好空气呼吸器或长管呼吸器，随时做好救援准备。

（9）清理出来的粉料要用蒸汽带进行掩护，并及时清理出作业现场。

（10）取得安全作业证的监护人不准离开现场，并保持时刻能够观察到作业人员，但不许把头伸入釜内。

（11）当气体个体检测报警仪报警时，作业人员立即撤离，并进行处理，直至可燃气浓度合格后，才能再次作业。

（12）一般不需夜间作业，如必须夜间作业，照明等必须符合防爆要求。

（13）作业人员应轮流作业，防止发生中暑。

（14）一旦发生冒烟、着火，作业人员立即撤离，并使用干粉灭火器、消防水灭火。

（15）人员晕倒时，救援人员应穿防静电工作服、防静电鞋，佩戴空气呼吸器或长管呼吸器进行救援。

10. 催化剂、干燥剂装填安全操作规程

（1）通过采样分析，检查容器内氧含量不小于 20%；检查装填工作使用的安全照明灯具、通信器材、安全防护用具、长管呼吸器等是否准备齐全及是否符合安全规定。

（2）检查与容器相关的管道是否均已用盲板隔离，向容器通风继续保持干燥。

（3）检查装料软管与装填料口是否紧密连接，料斗是否接地。

（4）对带入反应器内的工具列出一份清单，工作完毕后应检查所有工具是否已带出。

（5）使用提升机前，检查作业人员资质，检查提升系统及钢丝绳是否合格，严禁人、物混装。

（6）进入容器作业前，办理"受限空间安全作业票"，并落实票中列出的安全措施。

（7）所有作业人员必须穿戴好规定的防护用品。在容器内工作的人员必须轮换，外部设专人监护，工作完毕后充分淋浴。

（8）作业现场催化剂桶码高不得超过2层，空桶应及时运出。

11. 装置气密试验安全操作规程

（1）检查试验范围与连接相邻系统的隔断情况。注意打开相邻系统的排泄阀，根据盲板图表检查盲板安插情况，盲板一般应插在阀门法兰的后侧，并在两侧加上垫片，以防损坏法兰密封面。

（2）升压时应有专人监视，以防超温超压。

（3）试验压力应以系统中不同等级的最低设计压力为标准，一般为操作压力的 1.1 倍。

（4）检查升压是否按升压曲线缓慢进行，每个压力段应恒压 $5\sim10min$，然后检查，无问题后，再逐步升至试验压力。对各密封点泄漏检查应力求全面彻底。

（5）对泄漏点的处理应在泄压后进行，严禁带压处理，登高检查人员应系安全带，随身携带的工具不得在管线上乱放，以防坠落伤人。

（6）尽量避开夜间进行气密试验，无关人员不得进入试验区。

12. 系统氮气置换安全操作规程

（1）应根据气密试验划分的系统，对所有工艺管道设备进行氮气置换。

（2）置换前应制定置换方案，绘制置换流程图，确定置换介质进入点和排放点，确定取样分析点，以免遗漏，防止出现死角。

（3）被置换的设备、管道系统必须采取可靠的隔离措施，置换时要逐个打开所有的排污阀或放空阀泄压和排放余液，调节阀的前后阀及旁通阀也应打开。

（4）在指定的采样点测量氧含量，采样点应选在氮气置换接气口的最下游（终点和易形成死角的部位附近）。

（5）大型储罐在置换前应对其所有控制仪表及安全附件进行严格检查，避免控制仪表失灵，安全附件不起作用，造成设备事故。

（6）氮气置换至氧含量小于 0.2% 后，泄压至微正压状态保压，以防止空气窜入。

13.系统丙烯循环安全操作规程

（1）必须制定详细的引入丙烯及建立循环方案，并使操作人员熟练掌握。

（2）主控制室人员与现场人员之间应能保持方便的通信联络。

（3）气密试验必须合格，单机试运结束后，火炬系统已投用，达到进丙烯条件。

（4）应检查确认系统流程正确。

（5）严禁烟火，严禁车辆进入。

（6）要统一指挥，统一行动，按方案逐步进行。

（7）测定系统氧含量应小于 0.2%，所有与系统相关的监测仪表和安全联锁都应投用，消防器材、防护器材配备齐全，道路畅通，引丙烯进装置必须做到丙烯到哪里人到哪里，以便及时发现问题与处理问题。

（8）循环过程中要加强巡检，发现问题及时处理。若问题严重时，应采取紧急措施。发现泄漏及时切断泄漏源，在必要的情况下停车处理。

第十六章

烷基化工艺

第一节　烷基化工艺基础知识

利用加成或置换反应将烷基引入有机物分子中的反应过程为烷基化反应。烷基化反应作为一种重要的合成手段，广泛应用于许多化工生产过程。

一、简介

烷基化是烷基由一个分子转移到另一个分子的过程，是化合物分子中引入烷基（甲基、乙基等）的反应。如汞在微生物作用下，在底质下会烷基化生成甲基汞或二甲基汞。工业上常用的烷基化剂有烯烃、卤代烷、硫酸烷酯等。铅的烷基化产物为烷基铅，其中四乙基铅曾作为汽油添加剂，也作防爆剂。

标准的炼油过程中，烷基化系统在催化剂（磺酸或者氢氟酸）的作用下，将低分子量烯烃（主要由丙烯和丁烯组成）与异丁烷结合起来，形成烷基化物（主要由高级辛烷、侧链烷烃组成）。烷基化物是一种汽油添加剂，具有抗爆作用并且燃烧后产生清洁的产物。烷基化物的辛烷值与所用的烯烃种类和采用的反应条件有关。

大部分原油仅含有10％～40％可直接用于汽油的烃类。精炼厂采用裂解加工，将高分子量的烃类转变成低分子量易挥发的产物。利用聚合反应将小分子的气态烃类转变成液态的可用于汽油的烃类。烷基化反应将小分子烯烃和侧链烷烃转变成更大的具有高辛烷值的侧链烷烃。

裂解、聚合和烷基化相结合的过程可以将原油的70％转变为汽油产物。另一些高级的加工过程，例如烷烃环化和环烷脱氢可以获得芳烃，也可以增大汽油辛烷值。现代化炼油过程可以将输入的原油完全转变为燃料型产物。

在整个炼油过程中，烷基化可以将分子按照需要重组，增加产量，是非常重要的一环。

二、反应类型

烷基化反应可分为热烷基化和催化烷基化两种。由于热烷基化反应温度高，易发生热解等副反应，所以工业上都采用催化烷基化法。主要的催化烷基化有以下几种。

① 烷烃的烷基化：

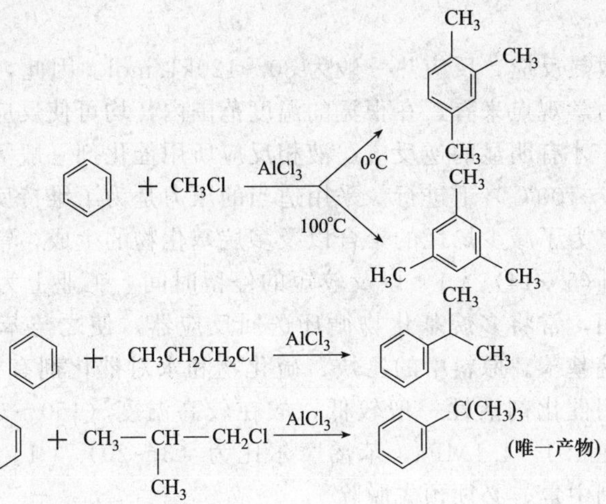

② 芳烃的烷基化：

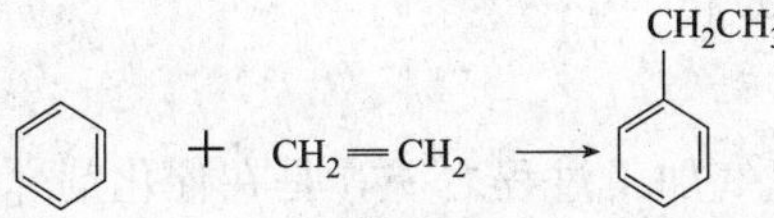

③ 酚类的烷基化：

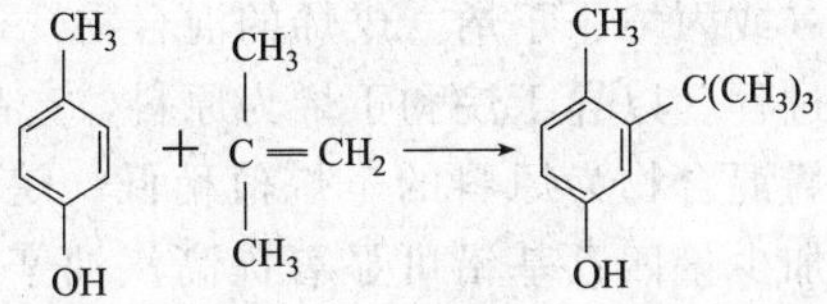

三、催化剂

工业上催化烷基化过程可分为液相法和气相法两种，所用催化剂不相同。液相法催化剂主要用：

① 酸催化剂　常用的有硫酸和氢氟酸。异丁烷用丙烯、丁烯进行的烷基化，目前以应用氢氟酸为多。苯用高碳烯烃或用 $C_{10} \sim C_{18}$ 的氯代烷进行的烷基化，以及酚类的烷基化，则以应用硫酸为多。

② 弗瑞德-克来福特催化剂　如氯化铝-氯化氢和氟化硼-氟化氢等，常用于苯与乙烯、丙烯以及高碳烯烃的烷基化，以及酚类的烷基化等过程。

气相烷基化催化剂主要用：

① 固体酸催化剂　如磷酸硅藻土等，用于苯与乙烯、丙烯，萘与丙烯的烷基化。

② 金属氧化物催化剂　如氧化铝、氧化铝-氧化硅、镁和铁的氧化物以及活性白土等，常用于苯与乙烯、酚与甲醇进行的烷基化反应等。

③ 分子筛催化剂　如 ZSM-5 型分子筛催化剂，主要用于苯与乙烯进行的烷基化过程。

烷基化是放热反应，反应热一般为 80～120kJ/mol。因此，反应热的移除至关重要。从热力学观点来看，在很宽的温度范围内，均可使反应接近完全，只有在温度很高时，才有明显的逆反应。液相反应所用催化剂一般活性较高，反应可在较低温度（0～100℃）下进行。采用适当的压力是为了维持反应物呈液相以及调节反应温度。为了减少烯烃的聚合以及多烷基化物的生成，常采用较高的烷烯或苯烯摩尔比 [(5～14)：1] 以及较短的停留时间。工业上为了使苯和烷基化剂得到有效利用，常将多烷基化物循环送回反应器，使之与苯发生烷基转移反应，以生成一烷基苯。原料中的乙炔、硫化物和水对催化剂有害，应预先除去。气相烷基化所用催化剂活性一般较低，故在较高温度（150～620℃）下进行反应，压力通常在 1.4～4.1MPa，苯烯摩尔比为（3～20）：1。原料中的硫化物及水易使催化剂中毒，必须预先脱除。

四、石油烃烷基化

1. 原理

石油烃烷基化是炼厂气加工过程之一，是在催化剂 [氢氟酸、硫酸或固体酸（研究方向，可以避免液体废酸造成的环境污染或产生高昂的回收处理费用）] 存在下，使异丁烷和丁烯（或丙烯、丁烯、戊烯的混合物）通过烷基化反应，以制取高辛烷值汽油组分的过程。以异丁烷和丁烯为原料，产品的研究法辛烷值可达94，以丙烯、丁烯、戊烯混合物为原料的辛烷值稍低。烷基化汽油的敏感性好，蒸气压低，感铅性好（加少量四乙基铅可显著提高汽油辛烷值），是生产航空汽油和高标号车用汽油的理想调和组分。

2. 工艺过程

根据所用催化剂的不同，可分为氢氟酸法烷基化和硫酸法烷基化两种。

氢氟酸法烷基化流程（见图 16-1）通常由原料预处理、反应、产品分馏及处理、酸再生和三废治理等部分组成。预处理的目的主要是控制原料的含水量（低于 20×10^{-6}），以免造成设备严重腐蚀，同时要严格控制硫、丁二烯、C_2、C_6 和含氧化合物等杂质含量。由于烃类在氢氟酸中的溶解度较大，烷基化反应速率非常快，仅几十秒钟即可基本完成，故可使用管式反应器，反应温度 20～40℃，压力 0.7～1.2MPa。为抑制副反应的进行，需将大量异丁烷循环回到反应进料中，使异丁烷与烯烃进料保持（8～12）：1 的体积比。反应热依靠酸冷却器带走。酸再生的目的主要是去除反应中生成的叠合物及原料中带入的水，以酸溶性油自再生器底排出，使氢氟酸浓度维持在 90% 左右。烷基化油从主分馏塔底排出，循环异丁烷从塔的侧线抽出。如果要生产航空燃料，则所得烷基化油还需进行再蒸馏，自塔顶分出轻烷基化油作航空汽油组分。自系统排出的含氢氟

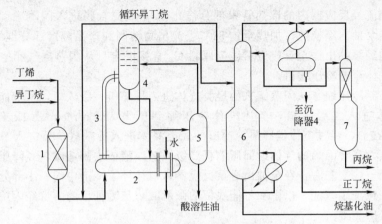

图 16-1 氢氟酸法烷基化流程

1—干燥器；2—酸冷却器；3—管式反应器；4—沉降器；
5—酸再生塔；6—主分馏塔；7—氢氟酸汽提塔

酸的废气或废液均需经过处理，最后与氯化钙进行反应，使之变成惰性的氟化钙。生产每吨烷基化汽油约消耗氢氟酸 0.4～0.6kg。

硫酸法烷基化的基本过程与氢氟酸法相似，主要问题是酸耗高，1t 烷基化油需消耗 70～80kg 硫酸，同时副产大量稀酸。若附近没有硫酸厂或酸提浓设施，将对环境造成严重的污染。

3. 装置

石油烃烷基化装置由原料加氢精制、反应、制冷压缩、流出物精制和产品分馏等几部分组成。

（1）原料加氢精制　自 MTBE 来的未反应 C_4 馏分经凝聚脱水器脱除游离水后进入原料缓冲罐，经泵抽出换热、加热到反应温度，与来自系统的氢气在静态混合器中混合，进入加氢反应器底部床层，反应物从反应器顶部出来，与加氢裂化液化气（来自双脱装置，进入缓冲罐，经泵抽出）混合进入脱轻烃塔（脱除 C_3 以下轻组分和二甲醚）。塔顶轻组分经冷凝器冷凝，进入回流罐，不凝气排至燃料气管网，冷凝液部分回流，部分作为液化气送出装置。塔底 C_4 馏分经换热、冷却至 40℃进入烷基化部分。

（2）反应　烯烃与异丁烷的烷基化反应，主要是在酸催化剂的作用下，二者通过中间反应生成汽油馏分的过程。

C_4 馏分与脱异丁烷塔来的循环异丁烷混合经换冷至 11℃，经脱水器脱除游离水（$10×10^{-6}$）后与闪蒸罐来的循环冷剂直接混合，降温至 3℃分两路进入烷基化反应器。反应完全的酸-烃乳化液经一上升管直接进入酸沉降器，分出的酸液经下降管返回反应器重新使用，90%浓度废酸排至废酸脱烃罐，从酸沉降器分出的烃相流经反应器内的取热管束部分汽化，汽-液混合物进入闪蒸罐。净反应流出物经泵抽出经换热、加热至约 31℃ 去流出物精制和产品分馏部分继续处理。循环冷剂经泵抽出送至反应进料线与原料 C_4 直接混合，从闪蒸罐气相空间出来的烃类气体至制冷压缩机。

（3）制冷压缩　从闪蒸罐来的烃类气体进入压缩机一级入口，从节能罐顶部来的气体进入二级入口，上述气体被压缩到压力为 2kgf/cm^2（1kgf/cm^2 = 98.0665kPa），经过空冷器冷凝，冷凝的烃类液体进入冷剂罐，后进入节能罐在其内闪蒸，富含丙烯的气体返回压缩机二级入口，液体去闪蒸罐，经降压闪蒸温度降低至 −10℃ 左右，经泵抽出送至反应器入口循环。冷剂中的一小部分经泵抽出至丙烷碱洗罐碱洗，以中和可能残留的微量酸，从罐抽出的丙烷经丙烷脱水器脱水后送出装置。

（4）流出物精制和产品分馏　该步骤目的是脱除酸酯（99.2％的硫酸＋12％的 NaOH）。

换热后的反应流出物进入酸洗系统，与酸在酸洗混合器内进行混合后，进入流出物酸洗罐，绝大部分酸酯被吸收。流出物烃类和酸在酸洗罐中分离，烃类流出物酸含量低于 10×10^{-6}，酸则连续进入反应器作为催化剂使用。

酸洗后的流出物与循环碱液在流出物碱洗混合器中混合后，进入碱洗罐脱除微量酸，进入流出物水洗罐，含硫酸钠和亚硫酸盐的碱水经泵从罐底抽出换热后送回混合器入口循环使用

第二节　烷基化化学反应的危险性分析

烷基化（亦称烃化）是在有机化合物中的氮、氧、碳等原子上引入烷基（—R）的化学反应。引入的烷基有甲基（—CH$_3$）、乙基（—C$_2$H$_5$）、丙基（—C$_3$H$_7$）、丁基（—C$_4$H$_9$）等。

烷基化常用烯烃、卤代烃、醇等能在有机化合物分子中的碳、氧、氮等原子上引入烷基的物质作烷基化剂，如苯胺和甲醇烷基化制取二甲基苯胺。

一、烷基化普遍的火灾危险性分析

（1）被烷基化的物质大都具有着火爆炸危险，如：苯是甲类液体，闪点 −11℃，爆炸极限 1.5％～9.5％；苯胺是丙类液体，闪点 71℃，爆炸极限 1.3％～4.2％。

（2）烷基化剂一般比被烷基化物质的火灾危险性要大，如：丙烯是易燃气体，爆炸极限 2％～11％；甲醇是甲类液体，闪点 7℃，爆炸极限 6％～36.5％；十二烯是乙类液体，闪点 35℃，自燃点 220℃。

（3）烷基化过程所用的催化剂反应活性强，如：三氯化铝是忌湿物品，有强

烈的腐蚀性，遇水或水蒸气分解放热，放出氯化氢气体，有时能引起爆炸，若接触可燃物，则易着火；三氯化磷是腐蚀性忌湿液体，遇水或乙醇剧烈分解，放出大量的热和氯化氢气体，有极强的腐蚀性和刺激性，有毒，遇水及酸（主要是硝酸、乙酸）发热、冒烟，有起火爆炸的危险。

（4）烷基化反应都是在加热条件下进行的，如果原料、催化剂、烷基化剂等加料次序颠倒、速度过快或者搅拌中断停止，就会发生剧烈反应，引起跑料，造成起火或爆炸事故。

（5）烷基化的产品亦有一定的火灾危险，如：异丙苯是乙类液体，闪点35.5℃，自燃点434℃，爆炸极限0.68%～4.2%；二甲基苯胺是丙类液体，闪点61℃，自燃点371℃；烷基苯是丙类液体，闪点127℃。

二、烷基化物质危险性及分析

参与烷基化反应的原料、中间产物及其产品大多数是易燃、易爆、腐蚀性强的物质，一旦在反应过程中发生泄漏，很可能发生火灾、爆炸和人身伤害事故。因此，了解烷基化物料的危险性，对控制烷基化反应的操作就显得非常重要。轻烯烃和异丁烷在酸催化剂的环境下发生的烷基化反应主要涉及的烷基化原料有丙烯、异丁烷、氢氟酸、硫酸、烷基化油（汽油）、丙烷、正丁烷等。

（1）丙烯 理化特性：无色、有烃类气味的气体。分子式：C_3H_6。分子量：42.08。熔点：−192.2℃。相对密度（水＝1）：0.5。沸点：−47.7℃。相对蒸气密度（空气＝1）：1.48。闪点：−108℃。引燃温度：445℃。爆炸极限：1.0%～15.0%（体积分数）。燃烧热：2049kJ/mol。临界温度：91.9℃。临界压力：4.62MPa。溶解性：溶于水、乙醇。主要用途：用于制丙烯腈、环氧乙烷、丙酮等。

危险特性：易燃，与空气混合能形成爆炸性混合物；遇热源和明火有燃烧爆炸的危险，与二氧化碳、四氧化二氮、一氧化二氮等激烈化合，与其他氧化剂接触发生剧烈反应；气体比空气密度大，能在较低处扩散到相当远的地方，遇火源会着火回燃。

（2）丁烯 理化特性：无色气体。分子式：C_4H_8。分子量：56.11。熔点：−158.3℃。相对密度（水＝1）：0.67。沸点：−6.3℃。相对蒸气密度（空气＝1）：1.93。闪点：−80℃。引燃温度：385℃。爆炸极限：1.6%～10%（体积分数）。燃烧热：2583.8kJ/mol。临界温度：146.4℃。临界压力：4.02MPa。溶解性：不溶于水，微溶于苯，易溶于乙醇、乙醚。主要用途：用于制丁二烯、异戊二烯、合成橡胶等。

危险特性：易燃，与空气混合能形成爆炸性混合物；遇热源和明火有燃烧爆炸的危险；若遇高热，可发生聚合反应，放出大量热量而引起容器破裂和爆炸事故；与氧化剂接触发生猛烈反应；气体比空气密度大，能在较低处扩散到相当远的地方，遇火源会着火回燃。

（3）氟化氢（氢氟酸）　理化特性：无色液体或气体。分子式：HF。分子量：20.01。熔点：−83.7℃。相对密度（水=1）：1.15。沸点：19.5℃。相对蒸气密度（空气=1）：1.27。临界温度：188℃。临界压力：6.48MPa。溶解性：易溶于水。主要用途：用于蚀刻玻璃，以及制氟化合物。

危险特性：不燃，高毒，具有强腐蚀性、强刺激性，可致人体灼伤。

（4）异丁烷　化学名：2-甲基丙烷。分子式：C_4H_{10}。理化特性：无色稍有气味的气体。分子量：58.12。熔点：−159.6℃。沸点：−11.8℃。相对密度（水=1）：0.56。相对密度（空气=1）：2.01。闪点：−82.8℃。自燃温度：460℃。爆炸极限：1.8%～8.5%（体积分数）。溶解性：微溶于水，溶于乙醚。

危险特性：易燃，与空气混合能形成爆炸性混合物；遇明火、高热能引起燃烧爆炸；其蒸气比空气密度大，能在较低处扩散到相当远的地方，遇火源会着火回燃；若遇高热，容器内压增大，有开裂和爆炸的危险。

（5）烷基化油（汽油）　理化特性：无色或淡黄色易挥发液体，具有特殊臭味。熔点：小于−60℃。相对密度（水=1）：0.70～0.79。沸点：40～200℃。相对蒸气密度（空气=1）：3.5。闪点：−50℃。引燃温度：415～530℃。爆炸极限1.3%～6.0%（体积分数）。溶解性：不溶于水，易溶于苯、二硫化碳、醇、脂肪。

危险特性：其蒸气与空气混合可形成爆炸性混合物，遇明火、高热极易燃烧爆炸；与氧化剂能发生强烈反应；其蒸气比空气密度大，能在较低处扩散到相当远的地方，遇火源会着火回燃。

（6）丙烷　理化特性：无色气体，纯品无臭。分子式：C_3H_8。分子量：44.10。熔点：−187.6℃。相对密度（水=1）：0.58（−44.5℃）。沸点：−42.1℃。相对蒸气密度（空气=1）：1.56。闪点：−104℃。引燃温度：450℃。爆炸极限：2.1%～9.5%（体积分数）。燃烧热：2217.8kJ/mol。临界温度：96.8℃。临界压力：4.25MPa。溶解性：微溶于水，溶于乙醇、乙醚。主要用途：用于有机合成。

危险特性：易燃气体，与空气混合能形成爆炸性混合物，遇热源和明火有燃烧爆炸的危险，与氧化剂接触猛烈反应；气体比空气密度大，能在较低处扩散到相当远的地方，遇火源会着火回燃。

（7）正丁烷　理化特性：无色气体，气味似天然气。分子式：C_4H_{10}。分子量：59.12。熔点：−138.4℃。相对密度（水=1）：0.58（−44.5℃）。沸点：−0.5℃。相对蒸气密度（空气=1）：2.05。引燃温度：287℃。爆炸极限：1.6%～8.4%（体积分数）。燃烧热：2653kJ/mol。临界温度：151.9℃。临界压力：3.79MPa。溶解性：易溶于水、醇和氯仿。主要用途：用于有机合成和乙烯制造，仪器校正，也可作燃料等。

危险特性：易燃，与空气混合能形成爆炸性混合物，遇热源和明火有燃烧爆炸的危险，与氧化剂接触发生猛烈反应；气体比空气密度大，能在较低处扩散到相当远的地方，遇火源会着火回燃。

三、烷基化工艺过程危险性分析

氢氟酸（硫酸）烷基化生产过程中的主要危险因素有火灾、爆炸、中毒，还有噪声、高温、灼烫、高处坠落等危险因素。

1. 氢氟酸（硫酸）烷基化反应火灾、爆炸危险性

（1）被烷基化的物质大多具有着火爆炸危险，如异丁烷是易燃气体，闪点$-82.8℃$，爆炸极限 $1.8\%\sim8.5\%$（体积分数）。

（2）烷基化剂一般比被烷基化物质的火灾危险性要大。

（3）烷基化过程所用的催化剂反应活性强，如：氢氟酸是高毒性物质，有强烈的腐蚀性；硫酸有极强的腐蚀性和刺激性，遇水或水蒸气放热，有发生人身伤害的危险。

（4）烷基化反应都是在加热条件下进行的，如果原料、催化剂、烷基化剂等加料次序颠倒、速度过快或者搅拌中断停止，就会发生剧烈反应，引起跑料，造成着火或爆炸事故。

（5）烷基化的产品亦有一定的火灾危险，如：烷基化油（汽油）是易燃液体，闪点$-50℃$，引燃温度$434℃$，爆炸极限 $1.3\%\sim6.0\%$（体积分数）；丙烷是易燃气体，闪点$-140℃$，引燃温度$450℃$，爆炸极限 $2.1\%\sim9.5\%$（体积分数）；正丁烷是易燃气体，引燃温度$287℃$，爆炸极限 $1.6\%\sim8.4\%$（体积分数）。

（6）烷基化反应使用的物料中有许多为电介质，它们在管道内高速流动或经阀门、喷嘴喷出时会产生静电，最高静电电压可达万伏以上，装置中存在静电放电引起火灾的可能性。

（7）氟化氢、硫酸都是有强腐蚀性的危险化学品，对设备和管件都会产生腐蚀，造成易燃液体和气体的泄漏，与空气混合形成爆炸性混合物，遇火源（如加热炉）等就会引起火灾或爆炸事故。

2. 氢氟酸（硫酸）烷基化反应中毒危险性分析

烷基化油（汽油）和氢氟酸蒸气是毒性物质，对人体都有中毒的危害。烷基化油（汽油）是一种麻醉性毒物，能引起中枢神经系统功能障碍。吸入高浓度汽油蒸气后，出现头痛、头晕、四肢无力、恶心、呕吐、视物模糊、步态不稳，以及眼睑、舌、手指细微震颤和易激动等。严重者可迅速出现意识丧失、呼吸停止。吸入汽油可引起吸入性肺炎。汽油蒸气对黏膜有刺激性，引起流泪、流涕、咳嗽、结膜充血等。口服可出现口腔、胸骨后烧灼感，以及恶心、呕吐、腹痛、腹泻或大便带血。

氢氟酸蒸气对呼吸系统的所有部分都有强烈的刺激性，严重时会迅速致肺发炎充血,导致急性中毒的氢氟酸蒸气浓度随着暴露的时间而异,在 50×10^{-6} 或高浓度下,呼吸其 $30 \sim 60s$ 就可致命。慢性中毒表现:长期反复地暴露于有害浓度的氢氟酸蒸气中,会导致氢氟酸在骨骼中沉积,引起氟化病。

3. 氢氟酸烷基化反应灼烫危险性分析

(1)装置主分馏塔底的重沸加热炉温度达 $400 \sim 500℃$。另外,装置内蒸汽伴热和蒸汽加热的压力为 $0.55 \sim 1.0MPa$,温度接近 $160℃$。蒸汽管线在投用时,要进行低点排凝,以防止进气后发生水击损坏管线,低点排凝易发生蒸汽烫伤作业人员的事故,裸露管壁会烫伤人员的皮肤。

(2)烷基化反应所用的催化剂是氢氟酸,氢氟酸极易吸收水分并放出大量热。装置氢氟酸泄漏后,与作业人员皮肤接触会造成灼伤事故。另外,烷基化反应产物后处理用的氢氧化钠(钾)与皮肤接触也会引起灼伤事故。

为防止灼伤事故的发生,在有可能发生氢氟酸泄漏的区域和制取蒸汽操作时,作业人员要佩戴好劳动防护用品。

4. 氢氟酸(硫酸)烷基化反应噪声危害性分析

装置内运转的机泵、加热炉的引风机、空气冷却器的抽风机、蒸汽和气体的排放设备等都会产生强大噪声,对人体的听力、神经、心脏、消化系统等造成不良影响。为此,要对产生噪声的设备进行密闭化,或采用吸声材料以减少噪声污染。同时在有噪声的地方,要定期检测,如噪声太高或超标,要佩戴耳罩或进行技术改造,使其达到国家标准要求。

5. 烷基化反应过程中有害物质及主要危险分布

烷基化反应过程中有害物质及主要危险分布见表 16-1。

表 16-1 烷基化反应过程中有害物质及主要危险分布

装置名称	主要危险部位	主要化学品	主要危险	火灾危险性分类
氢氟酸烷基化装置	原料干燥区	丙烯、丁烯、异丁烷	火灾、爆炸、灼烫	甲
	反应区	丙烯、丁烯、异丁烷、汽油、丙烷、正丁烷、氢氟酸	火灾、爆炸、中毒、灼伤	
	分馏区	汽油、异丁烷、丙烷、正丁烷、氢氟酸	火灾、爆炸、中毒、灼伤、高温、噪声	
	加热炉区	汽油、瓦斯	火灾、爆炸、中毒、灼伤、高温、噪声	
	产品处理区	汽油、丙烷、正丁烷、氢氧化钠(钾)	火灾、爆炸、中毒、灼伤、噪声	
	酸再生区	氢氟酸	灼伤	
	ASO碱洗区	氢氧化钠(钾)	灼伤	
	酸储存区	氢氟酸	灼伤	

第三节 典型烷基化硫酸法工艺

一、工艺简介

烷基化反应是在强酸存在的条件下轻烯烃（C_3、C_4、C_5）和异丁烷发生的化学反应。虽然烷基化反应在没有催化剂存在时在高温下也可以发生，但是目前投入工业运行的主要的低温烷基化装置仅以硫酸或者氢氟酸作催化剂。一些公司致力于固体酸催化剂烷基化装置的工业化。烷基化过程发生的反应较为复杂，产品沸点范围较宽。选择合适的操作条件，大多数产品的馏程能够达到所期望的汽油馏程，马达法辛烷值范围88～95，研究法辛烷值范围93～98。

STRATCO 流出物制冷硫酸法烷基化工艺及其专利反应设备（接触式反应器）的设计可促进烷基化反应，抑制副反应（如聚合反应）的发生。副反应提高了酸消耗量，并造成产品干点升高及辛烷值降低。

1. 化学原理

在 STRATCO 烷基化工艺中，烯烃与异丁烷在硫酸催化剂存在的情况下发生反应，形成烷基化物——一种汽油调和组分。进料中存在的正构烷烃不参加烷基化反应，但会在反应区域内起到稀释剂的作用。酸烃乳化液通过在 STRAT-CO 的专利反应设备——接触式反应器中对酸与烯烃混合物剧烈搅拌得到。

STRATCO 烷基化反应工艺使用硫酸作为催化剂。根据定义，催化剂可以加快化学反应，但自身不发生变化。然而，在硫酸烷基化工艺中，必须连续向系统中加入硫酸。由于副反应及进料中的污染物造成酸浓度下降，所以需要向系统中补充酸。聚合反应是一种与烷基化反应竞争的副反应。在聚合反应中，烯烃分子相互反应形成几种聚合物，产生高终馏点、低辛烷值的产品，以及可导致高耗酸的酸溶性油。

2. 反应条件的影响

（1）异丁烷浓度 为了加快期望的烷基化反应，必须在反应区内保持高浓度的异丁烷。因为异丁烷在酸中的溶解度比在烯烃中的溶解度低，所以异丁烷需要保持高浓度，以抑制在酸相中可能发生的烯烃聚合反应。混合进料中的异丁烷与烯烃体积比一般控制在（7∶1）～（10∶1）。由于异丁烷的消耗量大约与进料中的烯烃成化学计算比例，反应区域内物料中过量的异丁烷可予以回收，并再循环到反应中。异丁烷的回收可以在制冷压缩单元及分馏单元中进行。稀释剂可降低异丁烷的浓度，因而产生有害影响。正丁烷及丙烷，尽管是烷基化反应中的不活泼成分，但如果不将其以外排物流方式清除，这些成分可能发生积聚。丙烷可以通过从制冷剂储罐到脱丙烷塔的制冷剂中分出一部分的方式将其从单元中清除。正丁烷可以在分馏单元中以产品物料形式清除。

(2) 烯烃空速 烯烃空速（空间速度）是优化烷基化工艺设计的一个重要变量。烯烃空速的定义是每小时注入的烯烃体积除以反应器中的酸体积。此术语只是反应器酸相中烯烃浓度的度量。降低烯烃的空速可提高异丁烷与烯烃之间的反应概率，可产生质量更好的产品；相反，提高烯烃的空速可提高各烯烃之间的反应概率。

(3) 反应温度 降低反应温度（在规定反应温度范围内），降低了聚合反应相对于烷基化反应的速率。接触式反应器中硫酸烷基化反应的温度应该保持在 $5.5 \sim 13℃$ 之间。反应器可以在 $18℃$ 以上操作，高温操作的副作用是发生过多的聚合反应、烯烃氧化反应、酸稀释，并产生烷基酸酯。

从反应速率角度来看，降低反应温度是有利的。然而，温度低于 $4℃$ 会抑制酸沉降器中的沉降速率，并导致跑酸。跑酸不仅会浪费酸，而且会导致接触式反应器管束结垢，污垢覆盖在管壁内侧。由于硫酸在低温下的黏度很高，在高浓度（96%，质量分数）接触式反应器中，这个问题尤为严重。

(4) 混合 由于异丁烷只是微溶于硫酸，需要将烯烃及酸进行剧烈搅拌，以便产生烷基化反应。剧烈搅拌并伴以低温条件可以使烯烃在酸连续相乳化液中均匀分布。增强乳化作用可以增大酸相的表面积，以利于异丁烷到酸相的传质。

在反应器内进行良好搅拌及充分进行内部循环，可以尽可能降低反应区内任何两点之间的温度差（低于 $0.6℃$），这将降低出现局部热点的可能性。局部热点可造成烷基化物产品质量下降，并且加剧系统的腐蚀。在反应器内剧烈搅拌，可以使烯烃在酸乳化液中均衡分布，这样可以防止局部区域内的异丁烷与烯烃的比率以及酸与烯烃的比率不理想，这两种情况均可以加速烯烃的聚合反应。

(5) 酸浓度 酸浓度或酸强度影响烷基化产品的质量。酸浓度变化对烷基化物质量的影响取决于反应器混合的效率以及酸稀释剂的组成。这些稀释剂大部分为水、烷基硫酸盐以及通常称为红油的酸溶性油。据报道，水降低酸催化剂活性的速率比烯烃稀释剂降低酸催化剂活性的速率快 $3 \sim 5$ 倍。因此，尽量降低进料污染物的浓度非常重要，特别是氧化产物，以确保进料凝聚过滤器的性能。然而，有必要保留一些水，以对酸进行电离。当异丁烷烷基化时，酸浓度为 92% ~ 94%（质量分数），水浓度为 0.5% ~ 1%（质量分数），其他为酸溶性油，方可获得更好的烷基化物质量及最高产率。

为了尽可能降低酸的消耗量，应该在安全限度内尽可能降低废酸浓度。在大多数情况下，酸再生所节约的成本可补偿在酸低浓度条件下运行造成的辛烷值损失。然而，在最低浓度以下装置将无法进行操作［如丁烯烷基化反应所需要的硫酸浓度约为 87% ~ 89%（质量分数）］。如果酸浓度低于这个值，聚合反应将变得非常显著，以至于无法保持酸的正常浓度，这将导致"跑酸"。为了避免跑酸，多数丁烯烷基化装置将浓度维持在 2%～3% 的安全范围，在废酸浓度 89%～90%（质量分数）条件下操作。

（6）经验法则 下列经验法则将异丁烷浓度、烯烃空速、温度及酸浓度与典型丁烯烷基化工艺的烷基化物研究法辛烷值（RON）联系在一起。这些经验法则对粗略估算丁烯烷基化装置中操作条件变化的影响非常有用。然而，如同任何一般相互关系一样，经验法则应用时需谨慎。经验法则如下：

① 反应流出物的异丁烷每上升 1%（体积分数），RON 上升 0.07；② 烯烃空速每降低 0.05，RON 上升约 0.3；③ 反应器温度每上升 1℃，RON 下降 0.09；④ 硫酸浓度每上升 1%（质量分数），RON 上升 0.15；⑤ RON 每上升 1，酸耗降低 18kg/m³ 烷基化物。

二、操作原理

1. 装置组成

STRATCO 流出物制冷烷基化工艺流程见图 16-2，图中未包括废酸脱烃罐、废水脱气、污水中和及酸碱储罐部分。

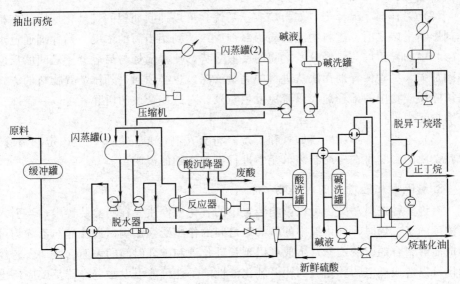

图 16-2 STRATCO 流出物制冷烷基化工艺流程图

该烷基化装置设计可同时运行两台 STRATCO 接触式反应器及两台酸沉降器。硫酸先进入第一级反应器，第一级酸沉降器的中等浓度酸将流入第二级反应器。这种布置可以使用两个酸浓度等级操作来达到理想效果。相反，烃物料同时按相同的流量分别进入两台反应器。

2. 反应单元

（1）烯烃进料　烷基化装置操作中影响最大的变量为烯烃进料流量及进料组成。一般来说，这些变量均不在烷基化装置操作的控制范围内，因此，有必要了解烯烃进料可能发生的每种变化或者这些变化的组合影响。

烯烃进料中包括的组分可轻至氢（当上游有一个选择性加氢装置时），重至C_6烃（特别是进料中具有相当数量的戊烯时）。当进料为C_3、C_4及C_5烯烃组成时，即出现复杂的烯烃进料。如前所述，这些不同的烯烃可生产不同产品质量的化合物，耗酸量也不同。非常明显，因为每个装置所处理的原料不同，每个装置均有独特之处。然而，特定的操作结果与烯烃类型相关。例如，当C_3烯烃引入C_4进料时，产品辛烷值将下降，耗酸量将上升，并且丙烷的产量将上升。另外，丙烯含量上升将导致热负荷和必须通过制冷部分清除的丙烷量上升。随着丙烯数量的上升，进料物流中存在乙烷及乙烯污染物的可能性随之上升。这些组分即使数量很少，也会对酸沉降器及反应器流出物处理设备造成操作困难。烯烃进料物流中的杂质也会影响装置的操作，这些杂质一般可分为四种类型：①影响烷基化反应正常进行的稀释剂；②影响压缩制冷单元的不凝气；③消耗大量酸的污染物；④延长酸和碱混合物破乳时间的污染物。

（2）稀释剂　稀释剂，如丙烷或正丁烷，可以抑制期望的烷基化反应。在稀释剂影响生产之前，进料物流中的稀释剂应该达到相当高的浓度。稀释剂通过干扰酸相中的异丁烷与烯烃分子之间的反应趋势，使得烯烃与烯烃分子之间的反应得到加强。尽管稀释剂无法从进料中完全清除，也必须通过外排装置物料的方式来清除反应物中的稀释剂，以避免发生积聚。对这些杂质的清除，可以在制冷及分馏单元中进行。

（3）不凝气　不凝气，如氢和乙烷，将会在制冷单元积聚，应该定期清除。这些杂质的影响将在压缩制冷单元中进行更加详细的说明。

3. 影响乳化液性质的污染物

有许多种进料污染物可以影响装置中的乳化液性质。在实验装置中，当引入高浓度的丁二烯时，乳化液中的酸与烃之间的作用受到影响。乙硫醇与乙烯均可形成能够聚合的硫酸乙酯，生成可以延长乳化液和破乳时间的表面活性剂。芳烃同样可以造成类似的乳化液问题。乳化液性能不佳可能引发酸沉降器及反应流出物处理设备的操作问题。

（1）反应器进料　烷基化装置设计可同时运行两台 STRATCO 反应器及两台酸沉降器。生产时两台反应器并联操作，也就是说，来自进料罐的混合烯烃进料分为相等的两部分，输送到两台反应器中。来自酸洗罐的新酸注入第一台反应器中。来自第一台酸沉降器的中等浓度酸将流到第二台反应器中。这样布置可以使用两个酸浓度等级来达到最佳操作效果。

    每台（套）反应器-酸沉降器系统的仪表及操作，除硫酸流量不同造成的轻微区别外，均是相同的。

    C_4烯烃进料、补充异丁烷以及循环异丁烷在进料、流出物换热器上游混合，然后，混合物料在进料脱水器下游分开，并同时输送到每台反应器当中，进入每台反应器的物料流量由流量控制阀进行设定，该流量控制阀则由位于混合进料总管上的压力控制器进行重新设定。

    每台反应器设置一个流量控制器，控制流入循环制冷剂流量。闪蒸罐液位控制器自动控制所有循环回流流量。循环冷剂在反应器上游与循环异丁烷和烯烃的混合物料进行混合。循环异丁烷及循环冷剂为反应器提供异丁烷。反应器进料中的异丁烷与烯烃的体积比保持在（7∶1）～（10∶1）。

    硫酸催化剂从相应的酸沉降器中流入每台反应器中，重力及叶轮两侧的差压影响硫酸到反应器的流量。

    (2) 反应器检测　烷基化反应器可视为一台连续有泵的换热器，反应器可为烷基化过程提供最佳的条件，反应器壳体是符合 ASME 标准的容器，其最低操作压力为 0.35MPa，以保证反应区域内的烃类处于液态。叶轮提供混合动力，使烯烃及异丁烷充分混合，促进和反应器管束之间的热传递。循环酸及烃类进料分不到反应物料中，流向叶轮入口。全部物料在水力头之内混合，形成酸连续相乳化液。混合后，大部分乳化液则循环流过换热管束外侧，以冷却降温为冷却反应物，来自酸沉降器的反应流出物闪蒸后通过换热管束。

    为了确保反应器的正确操作及正常性能，需对几个工艺参数进行检测，这些参数包括：a.叶轮差压；b.电机功率要求；c.密封冲洗油差压；d.反应器温度；e.反应器乳化液性质；f.反应器酸烃比。

    (3) 叶轮差压及电机功率　引压管嘴位于各个反应器上，以检测叶轮差压。差压可以指示混合的完成情况。一般来说，在酸与烯烃体积比 50∶50 条件下，差压将保持在 0.05～0.08MPa 之间。

    叶轮与泵性质类似，其功率消耗取决于流体的密度及流量。由于通过叶轮的流量由反应器的结构决定，假定反应器未受到损坏，则电机功率是酸与烯烃比例的直接反映。当酸与烃之间的比例下降时，电机的功率即下降。

    反应器的叶轮条件及酸与烃的比例可影响叶轮差压。低差压表明可能出现叶轮损坏、磨损或酸烃比低。如果电机功率异常低，即表示反应器损坏导致短路。反应器有几个区域可能会发生短路，造成叶轮差压读数低及电机功率降低。

    烯烃进料管线通过内部循环套筒外侧的套管段进入反应器。如果套管与管道之间存在间隙，乳化液直接回流到叶轮入口，完全走旁路从管束旁边流过。

    同样，差压计负压室引压管必须穿过循环套筒进入叶轮的入口侧。由于引压管直接位于乳化液的流动线路中，所以可能造成腐蚀。此引压管损坏可能形成旁路。另外，如果引压管受到损坏，叶轮差压室不会再测量到真实压力，差压读数将不准确。在此处，检测反应器效率的最佳方法是检测电机功率（为了避免管线堵塞造成读数不准确，引压管应该使用反应流出物每周冲洗一次，以清除废酸反应形成的焦油）。

反应器内循环套筒的接头处也可能发生短路。在安装时应仔细检查密封水力头之间的 O 形环。如果在安装 O 形环时有破损，乳化液可通过开口区域形成冲刷。冲刷将会使间隙开关变大，对金属接头造成腐蚀，致使壳体不再与水力头正常吻合。

在损坏的循环套筒处也可能发生短路，如在某次事故中，反应器已投入运行 20 余年，却未对循环套筒壁厚进行检查，循环套筒不断被腐蚀，最后圆锥部分的壁厚低于 3mm，金属穿孔导致大量反应物走旁路，结果在不超过反应温度极限的条件下，反应器处理能力降低到事故前的 1/3。

当叶轮尾部金属因腐蚀而造成损耗时，也会发生问题。尽管叶轮使用耐腐蚀高镍铸铁、ALLOY20 或哈氏 C 材料制造，叶轮尾部材料也可能损失 19mm，造成乳化液通过旁路直接回到入口。使用损坏叶轮的反应器所提供的混合及热传递性能要比最佳性能低。如果在装置中发现叶轮处于这种状况，应使用焊接金属对叶轮进行修复，再将表面打磨光滑。杜邦的经验表明，对耐腐蚀高镍铸铁叶轮进行的这种修复方法将导致焊接金属在两年内开裂脱离。

（4）密封冲洗油差压　除叶轮差压外，应该检测密封油罐与脱丙烷塔进料密封冲洗油之间的差压。此差压至少应该为 0.18MPa，在开车期间，烷基化油将被用来代替脱丙烷塔进料作为密封冲洗油。应该保持差压稳定，因为水力头包括一个悬臂、轴流泵，反应器轴需要一个密封系统。当水力头轴转动时，密封液将自动润滑每个反应器的双液流集装式机械密封。

在任何时候，密封冲洗油罐内的氮气压力都应该保持比密封油压力高 0.18MPa 以上，以防止酸反方向流入密封区域，并可能流入密封罐中。316SS 材质冲洗油罐的最高工作压力约为 1.23MPa，容量为 76L。

同时，还应该检测储罐内的密封冲洗油液位，液位至少应该比来自机械密封的返回线入口高 200mm，这样可以防止密封冲洗流体中夹带的氮气在密封室内形成泡沫及过热。密封流体润滑并冷却二级密封及内部滚珠轴承。如果环境温度降到 0℃ 以下，应对密封冲洗油罐进行加热，防止罐内液体的黏度变得太高。一般来说，当叶轮转动时，油温将在 43~46℃ 范围内。

来自脱丙烷塔进料泵的密封冲洗油将以 1.14m³/h 的流量输送到每台反应器，冲洗油用以防止密封与反应器内的液体接触，并对一次密封进行冷却。一般来说，维持合适的密封冲洗油流量所要求的压力为比叶轮出口压力高 0.18MPa。

密封冲洗油将由来自脱丙烷塔进料泵的小股支流提供。一般来说，工艺压力比密封所需的压力高得多。所以，一般应在密封冲洗流量供给管线上安装一台可以维持 0.8MPa 压力的调节器。密封冲洗油通过一台 20μm 过滤器，以确保密封冲洗油是干净的。过滤器下游的所有管线均采用 316SS 材料制造，以保持密封冲洗物流尽可能干净。在开车期间，当脱丙烷塔没有进料时，存储的烷基化物产品将用作密封冲洗油。同样，在开车期间，密封冲洗过滤器可能被快速并频繁地堵塞，应密切检测。

（5）反应器温度　低温反应可抑制聚合反应，并促进烷基化反应。尽管反应器可以在接近 18℃ 的温度下操作，但是这样可能导致烷基化物质量下降，耗酸增加及腐蚀加剧。由于低温可抑制烃中的酸沉降分离，应该防止反应温度低于 4℃，以免大量酸从酸沉降器中携出。

有几种情况可能造成反应器温度失衡。几种常见的原因包括流量计不准确、反应器混合不充分、管束结垢。管道堵塞及配管不对称是其他可能出现的原因，但不常见。

一般来说，由于热电偶的精确度比流量计要高，因此杜邦建议使用反应器温度来检测并补偿单台反应器进料流量计的不精确。如果烯烃进料平衡，反应器温度也应平衡。

杜邦建议仅使用反应器温度对烯烃进料流量进行精确调整，避免在反应器温度平衡时烯烃进料流量改变过大，以防止酸跑损。

当温度不平衡是流量计不准确以外的其他原因造成的时候，可通过调整烯烃进料或循环冷剂流量的方法得到合适的反应器温度，这种调整对烷基化产品质量的影响远大于温度差别本身造成的影响。另外，杜邦建议不要使用调整循环冷剂的流量来对反应器进行平衡，因为这是一个影响反应器进料中异丁烷与烯烃比率的关键组分。

进料流量相同的两个反应器之间出现温度差别，可能是因为高温反应器的换热管束的总传热系数低，这一现象在高酸浓度反应器更为常见，因为高浓度硫酸具有在低温下黏度增大的特点。高酸浓度反应器的总传热系数降低可能意味着大量硫酸从酸沉降器中携出，这些酸将黏附在反应器换热罐的内壁上，被带入低酸浓度反应器的酸一般会直接通过该反应器换热管束，由于黏度较低，并不会对总散热系数产生显著影响。

反应器中带有 U 形换热管束，以便对反应部分进行冷却。随着时间的推移，管束会受到腐蚀，通常采用堵住泄漏的管道，而不是立即更换整个管束的方法处理管道泄漏的问题。随着被堵住的管道数量上升，换热面积减小，反应器内部的温度将上升。一般来说，低酸浓度的反应器管束受到的腐蚀及侵蚀比高酸浓度的反应器管束更严重。但是，反应温度过高（≫13℃）也将提高侵蚀速率，应该定期对管束组件进行检查。

管束使用碳钢制造，其设计压力为 0.82MPa，设计温度为 199℃，管束使用的是外径 1in（1in＝0.0254m）的厚壁无缝管。管束通过横梁或箱型支撑架进行支撑，每组管束包括三套支撑组件。这种类型支撑优于扇形折流板支撑，是对管束支撑的改进，流体流速并不太快。与杆型折流板管束支撑的点接触比较，这种配置可以为扁钢表面提供支撑。由于管束支撑在一个较宽的表面上，即可阻止管束出现任何振动趋势。管束组件在弯曲位置设有一个防振组件，这些组件包括一系列扁钢，用以消除弯曲区域的振动。

管束有一个慢性断裂点，在正常情况下该点出现在低酸浓度反应器中。一般来说，管道将在靠近内循环套筒顶部的水平位置发生故障。在这个位置，乳化液将转向，并通过管束返回叶轮入口，杜邦相信这些破裂一般是由腐蚀/侵蚀造成的，杜邦目前正采取措施解决这个问题。

管束破损的另一个原因就是振动。在进行安装检验时，应该检查支撑的机械强度。如果一条板条未连接在板条箱板上，即可能发生振动，与相邻的管道发生碰撞导致局部损坏。板条应该焊接就位，并且将焊接金属磨平，否则循环酸将会侵蚀并损坏焊接部位。

(6) 乳化液性质和酸烃比　反应器中的酸烃乳化液的稳定性是流出物制冷烷基化装置操作的一个重要参数。通过反应器比例计，可以观察乳化液的两个重要性质：破乳时间及酸烃比。

比例计的上部连接到混合区，而下部则连接到反应器的循环酸管线上。在连接位置以及比例计的两端位置均安装有一个截止阀。顶部连接向比例计倾斜，而不是水平进入比例计。比例计刻度范围根据底端阀门的中心线与上部返回管嘴之间的距离进行校准，玻璃板量程为 35%～65%。

当所有阀门处于开位时，在叶轮差压的作用下乳化液流过比例计，为了观察乳化液的性质，关闭底端阀门以获取一份样品，样品取出后，烃相及酸相将互相分离，乳化液酸烃完全分离需要约 30min。

如果乳化液性质不好，乳化液酸烃可能立即开始分离，并在 10min 内完全分离。这可能意味着乳化液为烃连续相乳化液，而不是所需要的酸连续相乳化液。在这种条件下操作将导致酸耗增大，产品质量下降。如果乳化液完全分离所需要的时间远远超过 30min，乳化液可能是过乳化液。一般来说，酸性污染物是酸沉降器内出现乳化液的原因。这些污染物可能是检修后遗留在容器中的铁颗粒，或者是进料中的乙烯，这些污染物均可与酸发生反应形成表面活性剂。

(7) 酸沉降器监测　期望的反应器内酸与烃的体积比例为 45%～60%。调整沉降器内的酸储存量可以控制酸烃比。调整离开沉降器的废酸流量即可控制沉降器内的酸储量。与新酸及废酸流量相比，反应器出去的酸储量是非常大的，因此，由于废酸流量变化引起的酸液位变化需要经过相当长的时间才能观察到。

沉降器内的酸储量应该降至最少，以减少烃酸副反应的发生。如果反应器内乳化液性质较好且沉降器内酸储量较少，则从沉降器返回到反应器的酸相中将包括 15%～30% 的可分离烃。这种操作模式称为"乳液循环"。酸沉降器的高酸储量为酸烃分离提供了更长的沉降时间，酸停留时间也更长，酸滞留将会导致不需要的副反应（如烯烃聚合反应）的发生。如果酸沉降器中发生过多的聚合反应，沉降器温度可能超过反应器温度。

通过对沉降器内的酸储量进行检测，可以将反应器内的酸与烯的比例控制在45%～60%。一般来说，沉降器内的酸液位需要保持在450～600mm。通过总玻璃板观察到的"液位"指示的是沉降器中的总酸储量，即在酸烃完全分离时的酸液位。在正常操作条件下，进出沉降器的酸保持高流量可以防止酸烃完全分离的发生，沉降器内酸烃始终处于乳化状态。分段玻璃板用于观察沉降器内不同高度的乳化液中酸含量，每个玻璃板将指示玻璃板所在区域的酸烃比例。单个玻璃板的酸烃比例显示在玻璃板到出口之间高度的乳化液性质。一般来说，酸只能在下方两个或三个玻璃板处看到。当上部玻璃板处开始出现酸时，大量的酸即可能从沉降器携出，应该采取补救措施。

在上部玻璃板出现酸即表示沉降器及反应器中的酸储量上升。如果确实出现这种情况，将会出现下列操作变化：①反应器电机功率上升；②叶轮差压上升；③乳化液破乳时间轻微上升。

如果总液位计酸液位在正常的操作范围内，未出现上述现象，则分段玻璃板引出管可能被堵塞。应使用反应流出物冲洗管，以获得正确的参数。杜邦建议至少每周对酸系统玻璃板引出管冲洗一次，以保持玻璃及仪表清洁。

如果总玻璃板指示酸液位偏低，但可以在上部分段玻璃板中看到酸，则可能出现过乳化液。出现下列操作条件即表示酸沉降罐储量偏低，但在上部分分段玻璃板中出现酸：①反应器电机功率下降；②叶轮压差下降；③破乳时间明显上升（1h或更长）。

如果酸受到乳化剂污染，即有可能出现过乳化液。这些污染物可能以进料污染物的形式进入装置，或者在开车之前并未从装置中冲洗出去。乳化剂可能在酸沉降器的凝絮层面积聚集并难以清除，过乳化液不易矫正。

过乳化液可能导致两种潜在的问题：①酸未能从烃中完全分离，导致酸被携带进入闪蒸罐；②烃未能从酸中分离，导致烃被携带回反应器。

这两个问题均使系统酸液位及酸浓度难于控制。如果出现严重的过乳化现象，酸沉降器中的酸烃无法分离，导致无法维持酸储量。为了解决这个问题，反应器应停用，将污染酸排出，向反应器中注入未受污染的酸。既然无法对酸储量进行控制，就没有理由试图去节省酸用量。

如果过乳化现象不严重，可能有一定量的酸被带到闪蒸罐的吸入侧，但大部分酸仍保留在酸沉降器中。离开沉降器的循环酸中所含的烃将比在正常操作条件下要多。因此，应提高酸抽出量以降低酸液位。当抽出量上升时，烃的携出量相应上升。

因为二级沉降器中的酸的抽出量比从一级获得的大，所以当一级沉降器中的酸液位上升时，二级中的液位暂时下降。然而，当出现污染物从一级沉降器进入二级沉降器和凝絮层在压力作用下通过酸抽出管线的现象时，这种状况即发生改变。酸液位的改变可以在污染酸从一级沉降器移动到最后一级沉降器的过程中观察到。在开始时，每级沉降器中将包括相同数量的污染物。随后，通过酸流动，上游沉降器可使最后一级沉降器的污染程度提高。由于这种浓缩作用，最后一级沉降器中将会出现最严重的过乳化问题。因此，污染物在被从废酸中缓慢清除之前，在最后一级沉降器的凝絮层中可能存在较长一段时间。完全将过乳化液清除，需要一周或者更长时间。

烷基化酸中含有在不流动状态时可以凝固的反应化合物。酸系统中的玻璃板及液位计应该定期进行冲洗，以防止引出管堵塞。新烷基化装置的酸沉降器及反应器玻璃板都配备反应流出物冲洗接口。

反应器/沉降器系统中的酸储量决定了反应区域内酸与烯的比例。而且，调节酸储量的调节阀同时可控制本级的酸浓度。当存在过乳化液时，由于流量仪表读数并不准确，使得在这些约束条件下将酸从一台沉降器移动到另一台沉降器的操作变得非常困难。当酸以相同的速率被消耗时，应该以相同的速率排出并补充。因为与总酸储量相比，耗酸量相对较小，污染酸的排出速率可能超过酸的消耗速率。应该连续将足量的新酸注入系统中，并维持酸沉降器中的酸储量，将系统酸浓度维持在最低水平或者86%～88%（质量分数），即使中间流量不可靠。

(8) 酸浓度检测　为控制酸浓度，需要了解酸沉降器中乳化液的流动形态。酸烃乳化液通过置换的方式从反应器流到酸沉降器中。乳化液通过"粗纹"聚结介质进入沉降器。在破乳时，烃上升并通过"细纹"聚结介质离开沉降器顶部。

废酸浓度及酸储量通过酸流量串级控制实现。新酸烃由泵从反应流出物处理部分的流出物酸洗罐输送到一级和二级反应器/酸沉降器系统中的循环酸管线。废酸从一级及二级酸沉降器中流入三级反应器/酸沉降器系统。废酸在重力的作用下，从该沉降器流到酸后沉降器，以进一步进行烯分离。最后，废酸从后沉降器送到废酸脱烃罐中。

改变通向一级反应器的新酸流量，可以将离开最后一级沉降器的酸浓度控制在约90%（质量分数）。对来自酸沉降器的废酸流量进行调节，以将每级沉降器中的酸储量维持在一个恒定水平，如其总玻璃板所示。反应器及沉降器中的酸体积远大于新酸与废酸流量，因此，由于酸流量变化所引起的任何结果需要经过相当长的时间才能观察到。

一般地，至少每8h从最后一级酸沉降罐取样一次，并根据需要进行相应调节，以控制酸浓度。一般情况下，因为与酸储量相比，耗酸量相对较小，因此酸的浓度改变缓慢。即使由于进料增加致使酸耗量迅速上升，大量酸储量也足以满足酸耗量上升的需要。为了防止出现这种问题，目标废酸浓度应该为约90%（质量分数），以便使一级反应器酸浓度低于96%（质量分数），当一级反应器酸浓度低于96%（质量分数）时，应该将管程加热至4～8℃，以便将高浓度酸冲出。此操作可以通过降低循环冷剂流量来完成，直到反应器温度达到约 21℃，并保持此温度约 8h。

当进料中存在污染物，或者反应区内存在烃连续相乳化液的情况下，耗酸量将迅速上升，发生这种情况时，由于耗酸为正常速率的 3～4 倍，酸浓度可能在几个小时之内降低一个百分点。不幸的是，新酸泵的尺寸一般只能以该酸耗速率的一半的速率输送新酸。任何额外污染物都可能超过新酸泵的补酸能力，导致出现跑酸。因此，应尽可能在上游对过量污染问题进行监测控制。

(9) 酸跑损　当反应区内酸浓度太低，无法保持异丁烷的反应活性时，即发生酸跑损。烯烃优先与其他烯烃和硫酸发生反应，产生烷基硫酸酯及混合聚合物，这些产物对酸相进行稀释。这些导致酸跑损的反应并非众所周知，其产品范围可为从重焦油类物质到丙烯。在酸跑损期间，烯烃生成烷基化物的反应将会停止，另外加入烯烃进料只会加剧这一问题。

因为在酸跑损期间烯烃与酸发生反应，加入更多的烃将导致酸浓度下降。随着酸浓度下降，产生聚合物的烯烃聚合反应会大大加剧。此后，酸的浓度以越来越快的速率下降。在某一点上，酸补充的速率将跟不上酸消耗的速率，酸的浓度无法保持，甚至可能降至 40%（质量分数）。在这种条件下，酸的浓度因为烯烃的稀释而降低。浓度降低后更难以将烃通过重力方法在酸沉降器内与酸分离。这样，就更难以将酸存留在反应部分，从而造成在流出物处理部分会消耗更多的碱，并造成更严重的腐蚀问题。

随着烯烃进料的继续，二烷基酸酯的生成量将上升。二烷基酸酯在烃中的溶解度比在酸中的溶解度高，反应流出物中含有过多的二烷基硫酸酯可能使流出物处理系统过负荷，在通过再沸器进行加热时，硫酸酯会分解成聚合物，导致下游分馏设备内结垢。

酸跑损期间另一种加剧的重要反应是硫酸对聚合物的氧化作用。聚合物氧化后生成低氢碳比的重质聚合物，该重质聚合物类似焦油类物质，硫酸则被还原为水及二氧化硫。该反应进行过程中，聚合物氧化形成有色物质，反应生成的过量的二氧化硫可导致丙烷外排部分腐蚀加剧。

聚合反应及氧化反应中放出的总反应热比烷基化反应的反应热少。因此，一般来说，在酸跑损期间反应区的温度将会下降。

现在还不知道开始跑酸时酸的精确浓度，可能在硫酸浓度低于 85%～87%（质量分数）时发生。酸的精确浓度可能取决于原料、水含量及其他参数。

确认酸跑损的关键在于观察反应温度。与其他反应器相比，跑酸反应器中的反应热低，维持反应温度需要除去的热较少。因此，低酸浓度反应器的温度将下降到低于其他反应器的温度。在酸跑损状态下，温度可能降至 −1℃。增加烯烃进料并不会升高温度，因为烷基化反应不再发生，因此也不会产生热量。

酸跑损也可以通过监测叶轮差压以及电机功率来确定。因为酸被可溶解烃稀释，酸相的密度及黏度下降，这就降低了反应器叶轮差压及电机功率。

在跑酸状态下，酸变得"充满野性"。由于密度低，酸不易从烃中分离出来，可能被携带到整个装置。聚合物在酸相中的生成是非常容易发现的，因为与正常的红棕色相比，酸变为暗黑色。

另外一种展示酸跑损特点的方法是通过"加热"实验来实现的。如果将一份酸样品加热到环境温度并进行摇动，将生成聚合物并发生氧化/还原反应，产生二氧化硫并放出热量。在通常情况下，样品将产生泡沫并从烧瓶中溢出。加热实验是确定酸相对稳定性的一种简单方法。

出现紫色或者变色烷基化物是发生酸跑损的一种特征，这种变色是硫酸对聚合物进行氧化生成有色物质的结果。

某些酸跑损反应可产生不稳定的组分，而这些组分不会在反应区存在。在烃物流中的这些组分将会在酸洗罐与新酸发生反应，并将迅速降低酸浓度。无论如何，酸洗也不能有效处理这些物流，碱水洗同样不可能对所有污染物进行处理。这些组分此后将在再沸器中受到热分解，生成聚合物并放出二氧化硫。酸跑损将会造成塔盘、再沸器及下游换热器结垢。如果发生酸跑损，应该立即停止烃进料。在酸跑损期间，烯烃应该视为耗酸污染物。在低酸浓度时，异丁烷不具有反应能力，不可能生产出高质量的烷基化物。

杜邦建议在发生酸跑损时，应该采取下列措施：①停止发生酸跑损的反应器的烯烃进料。②继续操作反应器，保持异丁烷继续进入反应器，以清除反应热。只要酸保持低温，烷基硫酸酯的聚合反应将会得到抑制。然而，当系统升温后，重质聚合物的生成反应和氧化/还原反应还会发生。③使用制冷剂保持系统低温，并冲洗反应物料。不得停止制冷剂物流，以将反应器加热到正常操作温度。异丁烷是一种链终止剂，当酸浓度恢复后，应该继续进行冲洗以稳定酸跑损。必须将跑损的酸存放在特定的容器中，以防止其进一步发生不需要的反应。④除非发生紧急事故需要泄压，不得通过加压将酸输送到废酸脱烃罐或者废酸罐中。应停止向受影响的反应系统中注入新酸，以及抽出废酸，将酸存放在反应区。跑损酸将继续发生反应，在不流动的容器中产生二氧化硫及热量。⑤将新酸通过酸直接进料管线输送到系统，以提高跑损酸的浓度（如果酸洗罐硫酸已被严重污染，可能需要在酸洗罐处为向其他运行的反应器补酸的新酸设置旁路）。必须将酸的浓度恢复到最低酸度 [89%～90%（质量分数）]，以便保持异丁烷的反应能力，并在反应器重新引进烯烃、投入运行之前抑制聚合反应的发生。⑥直接从反应器中取出酸样品，不要从废酸管线中取酸样。此管线不再使用，不会取得有代表性的样品。⑦检查样品的浓度及稳定性（加热实验），以确定反应器是否具备烯烃进料的条件。⑧在再次引入烯烃进料之前，应该确定酸跑损的原因。

酸跑损是许多因素造成的，这些典型的因素包括：①进料问题，如过量的污染物或进料流量过大；②异丁烷、烯烃及酸的接触不好；③由于流量计不准确或流程不正确，造成新酸加入意外中断；④酸烃比例（低于45%）或者异丁烷与烯烃的比例（低于8∶1）超出正常操作范围；⑤初始反应温度太高（高于18℃）。

如前所述，如果可能，跑损酸应该储存在反应部分中，如果储存在非流动的容器中，聚合物将继续与硫酸发生反应，产生焦油类物料、水、二氧化硫并放出热量。如果酸存留在反应段中，反应热可以通过循环制冷剂进行控制，二氧化硫产品可以在下游处理部分脱除。并且，聚合反应在富异丁烷环境中可得到抑制，而反应段可提供富丁烷环境。试图将跑损酸排放到反应段以外的设施，可能引发更多问题。

发生跑损的酸必须仔细、慎重的进行处理，因为在装置中酸跑损结束后，跑损酸将继续反应几天。

低浓度酸的腐蚀性取决于产生的水的氧化反应的程度。此外，腐蚀性溶液必须与金属壁接触，如果溶液被包含在焦油中，则不会产生不利影响。任何时候最好在酸跑损问题解决后对设备进行检验。

另外，由于二氧化硫气体的产生，丙烷洗涤所用的碱溶液损耗将会增加，并造成腐蚀。生产过程中从酸系统改变为水系统的所有位置，如流出物碱洗罐的混合点，可能成为腐蚀点。

4. 制冷压缩单元

（1）制冷回路及控制　反应流出物从反应器的管程流到闪蒸罐的吸入侧。闪蒸罐设计在0.017MPa的压力下操作。反应流出物的压力及组成确定了反应器管程的温度。在正常情况下，其组成由循环异丁烷及烯烃进料的流量及组成确定。改变闪蒸罐的压力可控制反应器温度。在正常操作过程中，闪蒸罐压力通过调节电动压缩机入口节流阀的压力控制器保持。一般来说，压力改变7kPa将会使反应温度改变约1~2℃。

如果烯烃进料流量非常低，反应热不能满足压缩机所需气体量的需要，从压缩机出口管线到闪蒸罐的防喘振线自动打开，以维持最低的压缩机流量。装置开车时，在没有烯烃进料期间，防喘振线一般在压缩机入口流量低于最低流量时打开，以将反应器温度维持在4℃以上。

调节丙烷外排量，控制制冷回路中的物料组成。当对流量进行调节时，可对物料流量中的丙烷浓度进行监测。该物料流的设计丙烷含量约为11.0%（摩尔分数）。在正常操作条件下，该含量可跟随装置原料组成及进料量变化。如果丙烷含量太低，反应流出物中的冷剂组分需要在较高温度下闪蒸，导致反应温度升高，此时应该降低丙烷外排量，以便使丙烷积聚在制冷系统中。相反，如果丙烷含量太高，制冷剂蒸气的冷凝压力及压缩机出口压力将上升，制冷能力下降，这将导致反应器温度上升。

应该对冷剂罐温度及压缩机出口温度进行连续监测。如果压缩机的出口压力及冷剂罐压力上升，则冷剂冷凝器可能结垢，应该清理。压缩机出口温度上升而罐的温度不变，说明轻烃积聚，应该将轻烃从罐中排放到火炬中。

（2）外排丙烷处理　在送到外部 C_3/C_4 分离器之前，应该对来自丙烷外排泵的丙烷外排物料进行处理，以中和其中的酸性组分，此项处理步骤是防止酸对下游设备造成腐蚀所必需的。循环碱溶液及外排丙烷在一个在线静态器中混合，所形成的乳化液在丙烷碱洗罐中分离，连续加入 12%（质量分数）的新鲜碱液，以维持罐中的碱液位恒定。废碱水连续抽出，并送入碱水洗系统中。

碱液在液位控制阀控制下从含酸气碱洗塔输送到丙烷碱洗罐中。应对补充碱的浓度进行检测。碱与二氧化硫反应生成亚硫酸钠，亚硫酸钠有一个极限溶解度，该溶解度随着碱浓度的上升而下降。当新碱浓度≥18%（质量分数）时，亚硫酸钠将沉淀并堵塞静态混合器及液位计引出口。亚硫酸钠沉积可导致设备腐蚀，同时，碱携带并堵塞下游设备的可能性也会上升。如果碳钢焊接管道应力未释放，由于下游设备的碱性脆变，碱携带还可导致应力腐蚀开裂。

碱洗罐的操作原则：①碱循环流量应该为丙烷外排流量的 20%～30%（体积分数）。②定期检测混合器前后差压，一般混合器前后差压为 0.06～0.11MPa。③界面应该保持在碱洗罐总直径的约 65%。④碱洗罐的补充碱溶液浓度不得高于 12%（质量分数）。

来自丙烷碱洗罐的烃相与除盐水接触，以稀释并清除丙烷携带的碱。烃水两相在丙烷水洗罐中分离。除盐水连续加入循环水流中。丙烷水洗罐水包收集到的水将在液位控制器控制下连续输送到流出物碱洗系统中，以保持丙烷水洗罐缓水包水位稳定。

5. 流出物处理单元

反应流出物处理的目的是减轻分馏单元的结垢及腐蚀。来自闪蒸罐的反应流出物首先在酸洗系统中处理，然后进行碱水洗及水洗。流出物处理系统的效率可以通过对脱异丁烷塔的顶部水取样进行检测，此处水的 pH 值应该为 6～7，并且铁含量应该低于 50×10^{-6}。

（1）流出物酸洗　酸洗系统从反应流出物中除去烷基硫酸酯，并将酸循环到反应部分中。来自酸循环泵的酸加入反应流出物中，混合物先进入在线静态混合器，然后酸与烃相在酸洗罐分离。一部分酸相从酸洗罐中抽出，作为反应器/酸沉降器系统的补充酸。手动控制补充酸的流量，以连续酸流的方式对来自最后反应器/沉降器系统的废酸浓度进行控制。酸洗罐界面控制器控制来自新酸储罐的新酸流量。

尽管没有一种得到完全认可的对烷基硫酸酯进行可靠分析的方法，但酸洗系统的效率可以直接通过酸滴定方式进行检测。分析入口及出口的酸浓度，一般来说，出口样品的酸浓度比入口酸浓度低约 0.5％（质量分数），这将说明酸洗是否吸收了污染物。

（2）流出物碱洗　碱洗系统用以将反应流出物中的二烷基硫酸酯热分解，以防止下游设备腐蚀和结垢。来自酸洗罐的反应流出物与热碱水在在线静态混合器中接触混合，然后两种液相在碱洗罐中分离。来自罐底部的碱水通过碱水加热器及补充碱水加热器循环到静态混合器的进料管线中。加入来自丙烷碱洗系统的碱水，以维持循环碱水的 pH 值。为防止盐类在循环碱水中积聚，应将新鲜的除盐水加入系统中并外排废碱水。碱洗罐界面控制器控制碱水外排到废水脱气罐中的流量。碱洗的操作原则如下：①碱水循环流量应该保持在不低于反应流出物流量的 20％～30％（体积分数）。②离开碱洗系统的反应流出物温度不低于 49℃。③定期检测静态混合器前后差压，一般来说，该差压的范围为 0.06～0.11MPa。④碱洗罐碱水液位应该保持在罐总直径的约 65％。⑤向碱水系统中注入碱液，将碱水 pH 值保持在 11±1。⑥在碱水罐液位控制器控制下，从水洗罐向碱水洗系统补充水。控制通向水洗罐的补充水流量，将循环碱水的电导率保持在约 5000～8000μS/cm。同时，水在丙烷水洗罐液位控制器控制下从丙烷水洗罐输送到流出物碱洗系统中。

流出物带水过量将会导致反应流出物洗罐中积聚额外的水，应对水样品进行分析，以确保其 pH 值及外观，如果样品看起来为剃须膏状稳定泡沫，进料中含苯或者乙苯是最可能的原因。如果水被发泡剂污染，不得将水送到碱洗系统中。

碱洗水夹带烃将导致过量的烃流入装有废碱水的废水脱气罐中。其中的异丁烯将作为促进剂，在废水脱气罐中产生剃须膏状的泡沫。这种泡沫非常稳定，可持续几个小时，由于在正常液位（NLL）下，碱洗水在脱气罐中的设计停留时间只有 10min，这通常会导致烃进入下水道，或者泡沫夹带进入火炬系统中。

乳化液问题可以由几种原因造成。在大多数情况下，其原因是 FCC 开车时分馏系统无法从进料中将乙烯污染物有效脱除，直到装置处于稳定状态。通常情况下，在通入清洁进料几天后，碱洗系统中的问题将消失。能够在酸沉降器及碱水洗涤中产生乳化液问题的另一种原因是密封油泄漏到反应器中。如果有一台密封油罐中的液位下降，并且装置中存在乳化液问题，这可能是密封油泄漏造成的。

反应流出物从碱洗罐流到反应流出物水洗罐，新鲜的除盐水从罐上游注入，以便将任何夹带的碱水从烃中清除。这些除盐水的硬度不得超过 50×10^{-6}，否则循环水系统中的换热器将由于沉淀而结垢。如果除盐水硬度低于 50×10^{-6}，也可能产生泡沫。

（3）流出物水洗　烃相离开碱洗罐进入流出物水洗罐，在水洗罐上游，新鲜除盐水喷入流出物水洗混合器中混合以脱掉流出物中的微量碱，然后水和烃进入流出物水洗罐中分离。碱水中富含碱、易结垢组分以及固体物质，容易引起下游的脱异丁烷塔堵塞结垢。油和水相在重力和聚结介质作用下沉降分离，油相进入脱异丁烷塔进料加热器中被加热到 52.8℃，然后进入脱异丁烷塔。

6.产品分馏单元

（1）脱异丁烷塔　脱异丁烷塔的作用之一是将异丁烷从反应流出物中分离，以产生烷基化反应所需要的大量循环异丁烷。从水洗系统来的反应流出物进料进入塔的第 8 层塔盘（从上往下数）。脱异丁烷塔再沸器使用低压蒸汽作为热源，控制蒸汽流量以控制向塔提供的热量。进料中的所有过量正丁烷从底部产品排出，这将避免正丁烷在异丁烷物料流中聚集。底部物料的温度可以根据正丁烷装置外排的需要进行调整。

塔的顶部压力控制在约 0.63MPa。调节空冷器的热旁路的流量和空冷器入口处的压力调节阀控制塔的压力。塔顶物料的组成由在线气相色谱仪进行监测。调节塔回流流量，以将塔顶物料中的异丁烷含量维持在 88.0%。

塔顶回流罐的液位通过控制补充丁烷的进料来维持。进料流量是烷基化装置中异丁烷是否平衡的指示。流量降低说明烷基化装置中含有过多的异丁烷。如果平均流量上升，则装置中异丁烷不足。然而，如果来自闪蒸罐的反应流出物瞬间流量不稳定，通向脱异丁烷塔的流量及塔顶流量可能临时改变。装置的异丁烷流量及组成应尽可能避免这些不稳定情况。循环异丁烷流量是影响烷基化装置稳定的重要因素。

检测从塔顶回流罐中脱除的水的数量及质量将有助于确定水夹带到塔顶中的数量是否增加，或者反应流出物处理系统是否存在问题。每天应对水包收集到的水的数量进行检测，这项工作可以通过观察记录每天从水包切水的次数来完成。

应随时检查水的 pH 值，以确定进料处理系统的效率。水的 pH 值一般应该为 6.5±0.5。pH 值是再沸器的关闭温度下烷基硫酸酯分解所产生的二氧化硫数量的函数。二氧化硫在塔顶汽化，并与水反应生产亚硫酸，这种酸是一种使 pH 值降低的弱酸，在塔顶造成腐蚀。pH 值低说明流出物处理操作中未能完全清除烷基硫酸酯。一般来说，如果脱异丁烷塔顶腐蚀过于严重，形成聚合物也会造成再沸器结垢。这将导致输入塔的热量不足，并且塔底产品的异丁烷含量上升。

为了获得准确的结果，在获得样品之后应该尽快测量收集到的水的 pH 值。随着时间的推移（至少 1h），亚硫酸与空气接触将氧化为硫酸。由于硫酸的酸性要比亚硫酸的酸性强得多，pH 值将迅速下降。

在监测过量腐蚀的同时，还应该分析塔顶物料中的铁含量。一般来说，铁含量应该低于 50×10^{-6}。当 pH 值为 5 或者更低时，所测量的铁含量应该为 $(500 \sim 1200) \times 10^{-6}$。

有时脱异丁烷塔可能由于碱水洗系统的盐夹带而发生结盐。在这种情况下，由于结盐初期塔盘遗留，塔盘效率将下降，导致循环异丁烷纯度下降。炼油装置已经发现在线水洗系统能够使塔盘恢复到设计效率。一般是将清洁除氧水或者冷凝水与进料一起，以塔进料流量的 0.4%（体积分数）注入塔内。控制再沸器蒸汽流量以控制热输入量，使游离水溶解固体盐。注水 3～4h 即可满足需要，在几个小时内塔顶物流将开始呈现分馏能力增强的迹象。

（2）脱正丁烷塔　脱正丁烷塔用于根据控制烷基化物雷德蒸汽压力（RVP）的需要，脱除烷基化物中的正丁烷。一般来说，RVP 在 0.03～0.04MPa 之间。

脱丁烷塔再沸器使用低压蒸汽向塔提供热量。通向再沸器的蒸汽流量通过与蒸汽流量控制器串联的第 28 层塔盘温度控制器进行调节。脱丁烷塔底部液体是烷基化产品。热烷基化产品通过泵输送到反应流出物处理单元，以提供碱洗系统所需的热量，在加热循环碱水后，烷基化产品在烷基化物产品冷却器中冷却。

塔顶物料在冷却器中冷凝，并收集到脱丁烷塔回流罐中。压力通过调节冷却器的热旁路的流量，以及水冷器处的压力调节阀来控制。来自回流罐的一部分液体为塔提供回流。调节通向界区的正丁烷产品流量控制罐中的液位。

第四节　烷基化工艺安全技术

一、工艺安全技术

氢氟酸烷基化反应属放热反应，由于主要原料烯烃（丙烯、丁烯等）和异丁烷的火灾危险为甲类，决定了其装置属火灾危险甲类。同时，中间产物和最终产品都是可燃物质，并有一定毒性和腐蚀性。从总体上看，生产性质本身决定了火灾爆炸和中毒腐蚀的潜在危险是始终存在的。

经过干燥的原料和循环异丁烷混合器混合后进入酸冷却器。烷基化反应即在酸上升管的垂直部分充分进行，反应速率快，一般在 20s 内完成。这种反应器结构需要较高的烷烯比和酸烃比来保证理想的反应条件，如不能保证会引起反应热积聚，使温度、压力上升，从而发生泄漏。

反应工段的物料烯烃和异丁烷一旦泄漏进入大气，即变为气态的丙烯、丁烯和异丁烯，和空气混合形成爆炸性混合气体，一旦遇高温和明火立即发生着火爆炸。因此，反应工艺的安全技术就是控制反应热的积聚，减少和消除形成爆炸性混合气体的机会，即消灭反应气体的泄漏。

二、紧急处置安全技术

（1）装置停水

① 停止向装置内各加热器供热，防止各系统超压、安全阀起跳。

② 关闭新鲜进料阀，停止装置进料。

③ 保持各液（界）面，维持各机泵不抽空，以便来水后恢复正常生产。

④ 各系统压力有下降趋势时，将高压与低压部位隔离。

⑤ 待循环水恢复后按事故解除，恢复生产步骤开工。

（2）装置局部停工处理

① 当装置以下部位发生事故时，可采取局部停工处理方法：a.原料干燥系统；b.酸再生系统；c.酸再接触系统；d.产品处理系统；e.酸释放中和池系统。

② 处理方法：a.切断装置进料和混合三通原料线上的阀门；b.维持正常的异丁烷循环量；c.停止丙烷、正丁烷和烷基化油装置，根据情况确定丙烷、正丁烷和烷基化油是否改循环操作；d.切断事故发生部位与整个系统的联系；e.事故部位向火炬泄压；f.事故部位 N_2 向火炬吹扫，盲区和死角应拆法兰吹扫；g.吹扫结束后，含酸管线应通氨中和；h.中和结束后，系统氨向火炬泄放，并打开设备人孔和有关管线、法兰，用空气转换，然后在有关部位加盲板，防止酸窜油。

（3）其他事故处置　装置发生跑、冒、窜、氢氟酸泄漏、设备超压、机械故障等事故都可能引起火灾、爆炸，也可能造成人身伤亡事故。

① 事故处理原则：a.看准事故性质及发生部位；b.切断物料来源；c.发生事故后系统泄压；d.及时采取补救措施。

② 酸区设备大面积泄漏的处理方法：a.按紧急停工方案处理；b.切断泄漏设备与其他设备的联系；c.降低泄漏内部压力；d.将酸区地沟中的雨水口用消石灰堵死，防止污染扩大；e.迅速向中和池中加碳酸钠，并启用空气搅拌，使排出物为中性；f.当地面有少量酸时，用水和石灰加到酸上中和，有大量酸时，以50m 为半径划出隔离区；g.设备中和后进行修复。

③ 法兰和垫片泄漏　管线上的法兰、垫片和其他含酸设备法兰和垫片泄漏时，不能用紧法兰、螺栓的方法来制止泄漏。首先应用卡子卡住法兰，更换全部螺栓、螺母，如不奏效则应按退酸、退料、切断、吹扫、中和、再吹扫的程序处理泄漏设备和管线，然后更换垫片和螺栓、螺母。

④ 管线泄漏　丝扣连接的管线接口泄漏时，可以先用拧紧的方式来制止泄漏，如果不见效，则也按上述程序处理管线，然后更换聚四氟乙烯带或管件。

⑤ 酸泵泄漏　如果泵密封失效引起氢氟酸泄漏，应立即切换备用泵，而且在检修前必须对此泵进行吹扫、放空处理，具体步骤如下：a.切换备用泵；b.有条件应用冲洗油冲洗 2h；c.打开泄压阀用氮气吹扫泵体 15min，或泄压后用一段短管将抽气机与顺风方向的排液口相连接，用抽气机排气，打开泵压力表排放阀吸出泵内空气；d.待泵体泄压后，切断进出口阀门盲板；e.小心拆卸泵体，所有拆件应在设备中和池中进行中和，然后挂上安全标签，通知有关领导或检修部门进行检修。

三、重点监控工艺参数及安全控制基本要求

1.重点监控工艺参数

烷基化反应釜内温度和压力，烷基化反应釜内搅拌速率，反应物料的流量计

配比等这些工艺参数是烷基化安全运行的重要指标，必须严格控制。

2. 安全控制基本要求

反应物料的紧急切断，紧急冷却系统，安全泄放系统，可燃和有毒气体检测报警装置等这几个方面是烷基化工艺安全控制的基本要求。

3. 宜采用的控制方式

将烷基化反应釜内温度和压力与釜内搅拌、烷基化物料流量、烷基化反应釜夹套冷却水进水阀形成联锁关系，当烷基化反应釜内温度超标或搅拌系统发生故障时自动停止加料并紧急停车。

第五节 烷基化工艺安全操作规程

一、开车操作指南

1. 系统充填烷基化油和异丁烷，建立循环

（1）从罐区引烷基化油进脱正丁烷塔底（无烷基化汽油时推荐使用轻石脑油，但必须确保其中的非饱和烃含量不超过 5%）。

（2）脱正丁烷塔底液面建立后，通过开工循环线引烷基化油进入闪蒸罐，至液面 50%。

（3）从罐区通过正丁烷进料线引异丁烷到脱异丁烷塔底，液面上升后投用塔底再沸器。不含烯烃的异丁烷可以从加氢裂化装置引到装置前备用。

（4）投用脱异丁烷塔，进行全回流操作。

（5）脱异丁烷塔底液面上升后，投用脱丁烷塔底再沸器。

（6）脱正丁烷塔进行全回流操作，塔顶回流罐液面上升后可以外送部分正丁烷。

（7）通过烷基化油开工线从脱正丁烷塔底引烷基化油到闪蒸罐。

（8）脱异丁烷塔顶产品异丁烷含量超过 70% 且操作平稳后，引循环异丁烷到进料/流出物换热器壳程，灌满换热器和进料脱水聚结器。

（9）进料/流出物换热器充满异丁烷后，引异丁烷充满进料聚结脱水器。

（10）反应器、酸沉降器系统充填异丁烷，步骤如下：①确保 12in 反应器乳化液去酸沉降器管线阀门和 10in 硫酸循环线阀门全开，向第一反应器引异丁烷。②将酸沉降器背压控制阀投自动，压力设定 4.2kgf/cm²。③酸沉降器充满异丁烷后，异丁烷将会溢流到闪蒸罐。④重复步骤①～③，将第二反应器、酸沉降器充满异丁烷。

（11）第二反应器、酸沉降器充满异丁烷后，异丁烷就可以平行地引入整个系统。异丁烷将会被压入已经注入烷基化油的闪蒸罐，压缩机吸入口一侧液面逐渐上升，漫过挡板，进入闪蒸侧。闪蒸罐闪蒸侧异丁烷见液面后，启动流出物泵。

（12）将来自闪蒸罐的异丁烷、烷基化油混合物引入进料/流出物换热器管程，充满换热器。

（13）引异丁烷、烷基化油混合物充满酸洗聚结器并溢流到流出物碱洗罐。

（14）引异丁烷、烷基化油混合物充满流出碱洗罐。

（15）引异丁烷、烷基化油混合物充满流出物水洗罐。

（16）将异丁烷、烷基化油混合物引入脱异丁烷塔。

（17）启动烷基化油、异丁烷循环。

① 异丁烷循环建立如下：a.来自脱异丁烷塔顶异丁烷经过反应器、酸沉降器到闪蒸罐。b.自闪蒸罐引异丁烷经过流出物泵、酸洗聚结器、流出物碱洗罐、流出物水洗罐到脱异丁烷塔。

② 烷基化油循环建立如下：a.自脱丁烷塔底经过开工引油线引烷基化油到闪蒸罐。b.自闪蒸罐引烷基化油经过流出物泵、酸洗聚结器、流出物碱洗罐、流出物水洗罐到脱丁烷塔。c.自脱丁烷塔底引异丁烷、烷基化油混合物到脱正丁烷塔。

2. 制冷压缩单元

烷基化油、异丁烷循环建立后，异丁烷可以通过流出物泵出口的开工引烃线输送至压缩机出口冷剂罐并建立液面。

3. 系统脱水

（1）从下列设备周围的放空口、泄压口、液位控制器、控制阀、孔板引压线放空、备用泵处切水：反应器、酸沉降器、闪蒸罐、进料/流出物换热管程、酸洗聚结器、冷剂罐、节能罐。

（2）启动冷剂压缩机，压缩机出口冷剂罐液位上升时引冷剂进入闪蒸罐闪蒸侧，闪蒸罐液面建立后启动冷剂循环泵。如果可能的话，闪蒸罐维持足够压力以保持闪蒸罐温度在0℃以上数小时，这将使冷剂系统中的残留水得以蒸发出来。

（3）将反应器温度降低到大约4℃，如果压缩机在回流操作条件下不能满足温度要求，停压缩机。

（4）投用密封冲洗油过滤器，从产品汽油冷却器下游引冲洗油冲洗/密封反应器。

（5）确保封油罐液位，液位高度至少要高于封油返回线200mm，确保罐内氮气压力至少高于封油压力 $1.8kgf/cm^2$。

（6）确保12in反应器乳化液去酸沉降器管线阀门和10in硫酸循环线阀门处

于打开状态，启动反应器电机，使液体在反应器、酸沉降器间循环5～10min。

（7）停反应器电机，静置20～30min，从反应器底部放空脱水。

4. 引碱、引水、建立循环

（1）酸性气碱洗塔、丙烷碱洗塔、丙烷脱水器内引入液流并投用，启用丙烷外排泵提升上述设备压力，设备副线开度降至最低。

（2）向流出物碱洗罐引入足够的pH值为10～12的碱溶液至液面达到正常操作高度。

（3）启动碱水循环泵建立碱水循环，流量控制在流出物流量的20%（体积分数）。系统中存在的水开始在脱异丁烷塔顶回流罐和进料脱水器水包中聚集。

（4）向流出物水洗罐和丙烷水洗罐内补充除盐水。

（5）将流出物水洗罐和丙烷水洗罐的除盐水引入流出物碱洗罐，按设计值控制流量，维持pH值在10～12。

（6）投用废水脱气罐和污水中和系统。

5. 引硫酸，建立硫酸循环

（1）启动反应器电机。

（2）关闭10in酸循环管靠反应器一侧的阀门，保持其靠酸沉降罐一侧的隔断阀处于打开状态。

（3）从新酸储罐引新鲜硫酸进酸沉降罐，新酸可以通过4in开工线直接泵入酸沉降罐，建立液位直至玻璃板满液位。

（4）缓慢打开反应器的10in酸循环管靠反应器一侧的阀门，观察反应器电机电流读数，注意电机不要超负荷，此过程一般需要10～15min。

（5）检查反应器、酸沉降器操作：①检查冲洗油是否以1.4kL/h流率注入反应器。②检查冲洗油过滤器差压是否正常。③确保反应器电机电流低于过载电流。④投用酸烃比例计，检查反应器酸烃比。比例计中酸烃分离大约需要20～40min，分离后比例计中酸应该在45%～60%（体积分数）。⑤确保反应器叶轮差压测量仪表投用正常。⑥观察酸沉降器乳化液分段玻璃板中乳化液液位，在装置开工初期及其以后的一段时间的一般检查中，系统中的酸烃易于形成在酸沉降罐中难以分离的"过乳化液"，过乳化液的出现可以通过上部玻璃板中出现硫酸判断出来。为避免过乳化液现象带来的酸跑损问题，开工初期应保持较低的系统酸储量，以后再逐渐增加到正常操作所需要的储量。过乳化液现象正常情况下一般不会出现，而在开工初期的1～2周内易于出现，其后会有明显的好转。⑦检查每个反应器、酸沉降器的酸浓度，确保能够满足开工需要（>96%）。

注意：酸样品必须在反应器酸烃比例计采样器中采集，进料后每4h取样分析一次。

6. 进料

(1) 引新鲜硫酸进酸洗罐，达到正常操作液位。

(2) 若压缩机尚未运行，启动压缩机。闪蒸罐液位上升后，启动冷剂循环泵。

(3) 检查进料聚结脱水器是否正常。

(4) 反应器进料（烯烃）前降低反应器温度到 4～10℃。

(5) 逐步引烯烃进装置（流量不超过设计值的 50%）。

(6) 停止烷基化油进闪蒸罐循环，开始外送烷基化油。

(7) 丙烷开始在冷剂系统聚集，投用丙烷水洗等丙烷外排系统。

(8) 时间允许则可以投用节能罐。

(9) 进料后每 4h 检查一次硫酸浓度，应从反应器比例计采样点采集酸样。废酸线上的常规采样点不能正确反映反应系统酸浓度，因为其中可能为新酸。

(10) 当酸浓度达到 94%～93% 时，开始补充新酸，排出废酸到废酸脱烃罐。启动硫酸循环泵建立新酸循环，流量控制在流出物流量的 3%～5%（体积分数）。

二、停车操作指南

在没有冲洗油的情况下，反应器尽可能不要投用，对双液流筒式机械密封而言，只要冲洗油流动正常，就不会出现大的危险。STRATCO 认为，只要反应器中有酸存在，就应该保证冲洗油流动正常。

1. 停工准备

(1) 节能罐切出系统，走副线。

(2) 停止烯烃进料前，可以先停止丙烷外送，停用丙烷处理系统。

(3) 停工前 1h，停止向流出物酸洗罐补充新酸，继续将酸洗罐中的硫酸送往反应器，直到酸洗罐中的硫酸拿空为止。通过酸循环泵用酸洗罐中的烃冲洗酸循环线，用烃冲洗连接反应器的正常补酸线，上述管线冲洗干净后，停酸循环泵。

2. 正常停工

(1) 反应器停止输入新酸时，停止烯烃进料。

(2) 继续异丁烷循环（包括循环异丁烷和循环冷剂）约 15min，以冲洗反应器并确保反应器中残存的烯烃完全反应。停止进料后，冷剂需要量会大幅降低，需注意防止反应器过冷而导致硫酸在反应器中冷凝。反应器温度不能维持在 4℃以上时，停运压缩机。

(3) 完成异丁烷冲洗过程后，停反应器电机，继续冲洗油循环并尽可能延长冲洗时间。

(4) 停运压缩机，停止进反应器冷剂循环，闪蒸罐闪蒸侧液面拿空后关闭冷剂循环线阀门，继续脱丁烷塔到反应器的异丁烷循环。

(5) 卸净反应系统硫酸，步骤如下：①反应器电机停运后，硫酸将会自酸沉降罐自流入反应器，打通反应器底部连接废酸脱烃罐的流程。②将反应器中的硫酸压入废酸脱烃罐，烃类进入废酸脱烃罐后停止压送，废酸脱烃罐精制沉降分离约 30min。继续压送反应器残存硫酸，直到反应器中所有硫酸都被压送到废酸脱烃罐，反应器排空时用反应流出物冲洗反应器比例计。③对第二反应器、酸沉降器重复上述步骤①、②。④用烃冲洗所有硫酸管线，以尽可能清除管线以及酸沉降罐中的硫酸。

（6）将异丁烷送往罐区，闪蒸罐液位较低时停运流出物泵，停止反应器冲洗油泵。

（7）排空反应器：①流出物泵应在闪蒸罐吸入侧液面较低时停运。②打通反应器到流出物泵流程，将烃送入脱异丁烷塔以回收烃。为防止泵出现气蚀问题，打开反应器充氮气线并且控制较低的泵出口流量。③对第二反应器、酸沉降器重复上述步骤①、②。④从所有的仪表、玻璃板中吹净残留的硫酸。

（8）反应器、酸沉降罐、闪蒸罐酸烃液位拿空后，利用设备的排空管线引碱中和反应器、酸沉降罐系统。仅当反应器、酸沉降罐需要打开维修时，才有必要对其进行中和操作。

（9）中和反应器、酸沉降罐：①中和过程中，需要使用新鲜水代替反应器的冲洗油，新鲜水能够防止颗粒物和碱液进入密封室。②将装有切断阀、压力管嘴、$10\mu m$ 过滤器的清洁新鲜水管线连接到冲洗油线。③将反应器、酸沉降器内的压力泄向火炬系统。卸开冲洗油管线底部的 3/4in 放空塞，放净密封室内残存的烃类，放空时需注意可能存在硫酸。④使用清洁水冲洗密封室，干净后装上 3/4in 放空塞。⑤密封室冲洗干净后，通过冲洗油管线向反应器内引入清洁水。⑥向每个反应器底部加入大约 2000kg 10%碱溶液。⑦尽可能快地向反应器注入大量水，直到水从酸沉降罐顶部溢出，启动反应器电机 10～15min。检查反应器、沉降器 pH 值。⑧检查中性/碱性中和水的 pH 值（控制在 6～9），根据需要加碱或加水。⑨当 pH 值介于 6～9 之间时，打开背压控制阀，使中和水流入反应器管程和闪蒸罐进行中和反应，注意中和仪表嘴管和玻璃板。⑩整个反应器和相关设备中和完毕后，容器内的中和水即可排掉，注入反应器冲洗油系统内的新鲜水也可以停止。

注意：若反应器、酸沉降罐无须打开维修，则不必进行中和。

（10）闪蒸罐吸入侧液面建立后，启动流出物泵冲洗流出物酸洗罐。

（11）启动酸循环泵建立酸洗罐中和水循环，检查循环水 pH 值，根据需要加碱或加水。

（12）使中和水从酸洗罐溢出进入流出物碱洗罐。

（13）当流出物水洗罐内的烃液面拿空后，停止向系统注入水，停止向分馏系统送烃，脱丁烷塔顶凝液将异丁烷送往罐区。

（14）将脱正丁烷塔内烃类送往罐区，塔底再沸器停止供蒸汽。

3. 停运一台反应器（另一台继续运行）步骤

（1）如果需要的话，停止向即将停运的反应器供酸。

（2）停止向即将停运的反应器提供烯烃原料。

（3）反应器继续运转，冷剂循环继续运行，关闭从酸沉降器到反应器的10in乳化液循环线，这将使反应器中的大部分硫酸进入酸沉降罐中，使用异丁烷冲洗反应器10~15min。

（4）停止反应器的所有进料。

（5）静置分离后，打通反应器至酸沉降罐或者至废酸脱烃罐的流程。

（6）关闭自反应器到酸沉降罐的12in乳化液循环线上的隔断阀。

（7）向反应器缓慢引入循环异丁烷或者氮气，以置换反应器内残存的硫酸。观察反应器的玻璃板，以确保残存的硫酸全部置换干净。停止反应器冲洗油泵循环。

（8）停止反应器异丁烷循环。

（9）打通反应器至酸沉降罐的排空流程，用氮气将反应器内的烃顶到酸沉降罐，直到反应器干净为止。

（10）反应器顶空后，打通反应器排空至废酸脱烃罐的流程，将反应器内残存的压力泄向火炬系统。

三、硫酸安全操作规程

一个安全的操作环境对烷基化生产装置而言是必需的，所有人员都应该注意人身健康、安全防范，以及正确的着装和正确的设备使用方法。

一般来说，在STRATCO烷基化装置中操作人员可能接触到浓度在90.0%~99.2%（质量分数）之间的硫酸，该化学品为腐蚀性、无色至暗褐色、高密度油状液体。当直接接触到硫酸时，硫酸将迅速损坏身体组织，导致严重烧伤。吸入时，可损伤人体鼻、咽喉及肺。长时间暴露在硫酸环境中，可导致咳嗽、慢性炎症及慢性支气管炎。

如果酸与皮肤或衣服接触，建议脱下被污染的衣物，并彻底清洗身上被污染的部位至少15min。在使用水将硫酸洗净之前，不得使用中和剂。如果吸入蒸气，则需要将受害人移到空气新鲜的位置。如果出现更严重的症状，需要进行人工呼吸或送医院治疗。如果吞入任何数量的硫酸，应该喝大量的水以稀释硫酸并立即送往医院治疗。

有下列特征的人员应避免接触硫酸：

①具有上呼吸道或肺部慢性疾病的人员。

②具有一只眼睛正常的人员。

③存在严重视觉障碍的人员。

④以前受到严重皮肤伤害的人员。

第十七章

新型煤化工工艺

第一节　概述

一、我国新型煤化工行业发展现状

煤化工是指以煤炭为原料，经化学加工后使煤转化为气体、液体和固体燃料及化学品的过程。按照生产工艺的不同可分为煤焦化、煤气化和煤液化。其中，煤焦化为传统型煤化工，主要产品有焦炭、煤焦油、PVC、合成氨和甲醇等，而新型煤化工以生产洁净能源和可替代石油化工产品为主，如煤制油、煤制天然气、煤制烯烃、煤制乙二醇等。煤化工工艺流程见图 17-1。

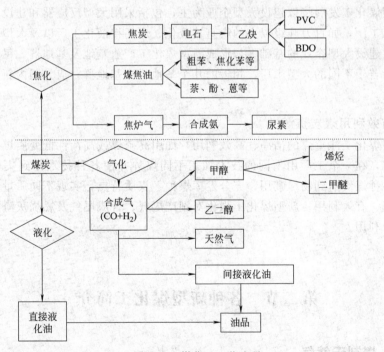

图 17-1　煤化工工艺流程

二、新型煤化工主要技术特点

1. 以清洁能源为主要产品

新型煤化工以生产洁净能源和可替代石油化工产品为主，如柴油、汽油、航空煤油、液化石油气、乙烯原料、聚丙烯原料、替代燃料（甲醇、二甲醚）等，以及生产煤化工独具优势的化工产品，如芳香烃类产品。

2. 煤炭-能源化工一体化

新型煤化工是未来中国能源技术发展的战略方向，紧密依托于煤炭资源的开发，并与其他能源、化工技术结合，形成煤炭-能源化工一体化的新兴产业。

3. 高新技术及优化集成

新型煤化工根据煤种、煤质特点及目标产品不同，采用不同的煤转化高新技术，并在能源梯级利用、产品结构方面对不同工艺优化集成，提高整体经济效益，如煤焦化-煤直接液化联产、煤焦化-化工合成联产、煤气化合成-电力联产、煤层气开发与化工利用、煤化工与矿物加工联产等。同时，新型煤化工可以通过信息技术的广泛利用，推动现代煤化工技术在高起点上迅速发展和产业化建设。

4. 建设大型企业和产业基地

新型煤化工发展将以建设大型企业为主，包括采用大型反应器和建设大型现代化单元工厂，如百万吨级以上的煤直接液化、煤间接液化工厂以及大型联产系统等。在建设大型企业的基础上，形成新型煤化工产业基地及基地群。每个产业基地包括若干不同的大型工厂，相近的几个基地组成基地群，成为国内新的重要能源产业。

5. 有效利用煤炭资源

新型煤化工注重煤的洁净、高效利用，如用高硫煤或高活性低变质煤作为化工原料煤，在一个工厂用不同的技术加工不同煤种并使各种技术得到集成和互补，使各种煤炭达到物尽其用，充分发挥煤种、煤质特点，实现不同质量煤炭资源的合理、有效利用。新型煤化工强化对副产煤气、合成尾气及燃烧灰渣等废物和余能的利用。

第二节　各种新型煤化工简介

一、煤制天然气

煤制天然气是指煤经过气化产生合成气，再经过甲烷化处理，生产代用天然气（SNG）。煤制天然气的能源转化效率较高，技术已基本成熟，是生产石油替代产品的有效途径。

中国资源禀赋的特点是"富煤、缺油、少气"。环渤海、长三角、珠三角三大经济带对天然气需求巨大，而内蒙古、新疆等地煤炭资源丰富，但运输成本高昂。因此，将富煤地区的煤炭资源就地转化成天然气，成为继煤炭发电、煤制油、煤制烯烃之后的又一重要战略选择。

1. 生产工艺

煤制天然气的工艺可分为煤气化转化技术和直接合成天然气技术。两者的区别主要在于煤气化转化技术先将原料煤加压气化，由于气化得到的合成气达不到甲烷化的要求，因此需要经过气体转换单元提高 H_2/CO 再进行甲烷化（有些工艺将气体转换单元和甲烷化单元合并为一个部分同时进行）。直接合成天然气技术则可以直接制得可用的天然气。煤制天然气工艺流程见图 17-2。

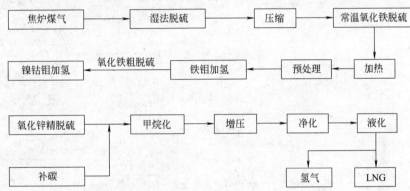

图 17-2　煤制天然气工艺流程图

煤制气的主要反应如下：

① 碳的氧化反应：$C+O_2 \Longrightarrow CO_2 - 393.8 kJ/mol$

② 碳的部分氧化反应：$2C+O_2 \Longrightarrow 2CO - 231.4 kJ/mol$

③ 二氧化碳还原反应：$C+CO_2 \Longrightarrow 2CO + 162.4 kJ/mol$

④ 水蒸气分解反应：$C+H_2O \Longrightarrow CO+H_2 + 131.5 kJ/mol$

⑤ 水蒸气分解反应：$C+2H_2O(g) \Longrightarrow CO+2H_2 + 90.0 kJ/mol$

⑥ 一氧化碳变换反应：$CO+H_2O(g) \Longrightarrow CO_2+H_2 - 41.5 kJ/mol$

⑦ 碳加氢反应：$C+2H_2 \Longrightarrow CH_4 - 74.9 kJ/mol$

⑧ 甲烷化反应：$CO+3H_2 \Longrightarrow CH_4+H_2O - 206.4 kJ/mol$

⑨ 甲烷化反应：$2CO+2H_2 \Longrightarrow CH_4+CO_2 - 247.4 kJ/mol$

⑩ 甲烷化反应：$CO_2+4H_2 \Longrightarrow CH_4+2H_2O - 165.4 kJ/mol$

2. 煤气转化技术

煤气转化技术可分为较为传统的两步法甲烷化工艺，将气体转换单元和甲烷化单元合并为一个部分同时进行的一步法甲烷化工艺。直接合成天然气的技术主要有催化气化工艺和加氢气化工艺。其中，催化气化工艺是一种利用催化剂在加压流化气化炉中一步合成煤基天然气的技术。加氢气化工艺是将煤粉和氢气均匀混合后加热，直接生产富氢气体。

煤制天然气整个生产工艺流程可简述为：原料煤在煤气化装置中与空分装置来的高纯氧气和中压蒸汽进行反应制得粗煤气；粗煤气经耐硫耐油变换冷却和低温甲醇洗装置脱硫脱碳后，制成所需的净煤气；从净化装置产生富含硫化氢的酸性气体送至硫回收和氨法脱硫装置进行处理，生产出硫黄；净化气进入甲烷化装置合成甲烷，生产出优质的天然气；水煤气中有害杂质通过酚氨回收装置处理，废水经物化处理、生化处理、深度处理及部分膜处理后得以回收利用；除主产品天然气外，在工艺装置中同时副产石脑油、焦油、粗酚、硫黄等。主工艺生产装置包括空分、水煤浆加压气化炉、耐硫耐油变换装置、气体净化装置、甲烷化合成装置及废水处理装置。辅助生产装置由硫回收装置、动力、公用工程系统等组成，见图 17-3。

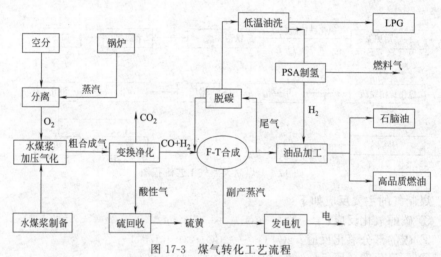

图 17-3　煤气转化工艺流程

3. 主要风险因素分析

（1）技术风险分析　国内煤制天然气技术仍未完成产业化过程。当前，煤制天然气项目技术上的风险在于"过程"，即从技术到大规模生产的过程中产生的风险。一项技术必须经过"实验—半工业实验—工业化示范—大规模工业化示范—商业化大规模生产"这样一个过程，才能最终推广。这一过程中很多风险是难以预测的，此外还有一些非常现实的技术问题没有暴露或尚无良好的解决方法。

（2）试车风险分析　工程设计是否合理，设备制造或安装是否有缺陷，设备是否匹配，质量是否合格，控制系统是否有效，工人、技术人员是否有足够经验和熟练程度等都需要在试车期进行检验，此时工程价值达到了最大值，各种风险十分集中，一旦发生事故将造成严重损失。

二、煤制甲醇生产工艺

甲醇是重要的有机化工产品，本书对甲醇的生产工艺和国内发展现状进行了分析，目前生产甲醇的主要原料是煤和天然气，未来 3～5 年国内甲醇装置将供过于求，建议控制国内甲醇装置建设过热的势头，加快甲醇下游生物产品的开发步伐。

1. 产品介绍

甲醇是一种透明、无色、易燃、有毒的液体，略带酒精味。熔点 −97.8℃，沸点 64.8℃，闪点 12.22℃，自燃点 470℃，相对密度 0.7915（20℃/4℃），爆炸极限 6%～36.5%，能与水、乙醇、乙醚、苯、丙酮和大多数有机溶剂相混溶。它是重要的有机化工原料和优质燃料，主要用于制造甲醛、乙酸、氯甲烷、甲胺、硫酸二甲酯等多种有机产品，也是农药、医药的重要原料之一。甲醇亦可代替汽油作燃料使用。甲醇是假酒的主要成分，过多食用会导致失明，甚至死亡！

2. 国内甲醇工艺技术

我国是煤丰富的国家，生产甲醇的原料以天然气和煤为多，产量几乎各占一半。生产工艺有单产甲醇和联产甲醇两种。联产甲醇除在合成氨装置中联产甲醇外，还可利用化工厂尾气或结合城市煤气联产甲醇。

（1）国内的甲醇造气技术　我国以天然气为原料合成甲醇的技术主要有：一段蒸汽转化工艺和中国成达公司的纯氧两段转化工艺。我国以煤为原料合成甲醇的技术主要有：固定床气化（包括 Lurgi 炉、恩德炉和间歇式气化炉）、流化床气化（灰熔聚化、气流床气化炉），近几年引进了 Texaco 水煤浆气化和 Shell 粉煤气化。其中，Texaco 水煤浆气化引进较早，使用的经验较多，国产化率高，投资较省；Shell 粉煤气化还没有使用经验。

（2）国内煤气净化技术　甲醇粗煤气脱硫脱碳净化与合成氨是相同的，只是不需要液氮洗。国内主要的净化技术有低温甲醇洗、MDEA、NHD，对于中小厂也有脱硫用 ADA、PDS，脱碳用热钾碱、PC、MDEA 技术。

（3）合成甲醇和精馏技术　我国自 1986 年就开发了低压甲醇合成和精馏技术，国内广泛采用的管壳式副产蒸汽合成塔和两塔精馏就源于该技术，后又推广了"U"形冷管合成塔，精馏也从两塔发展到三塔，既可生产符合 GB 338—2011 的优等品精甲醇，又可生产美国 O-M-232KAA 级精甲醇，含醇污水的处理工艺已取得突破性进展，污水处理后可回收利用，故甲醇装置在正常生产时实现了无含醇污水排放。

（4）甲醇技术发展的主要趋势

① 生产的原料转向天然气、烃类加工尾气　从甲醇生产的实际情况核算，采用天然气为原料比采用固体为原料的投资可降低 50％，采用乙炔尾气则经济效果更为显著。国际上，生产甲醇的原料以天然气为主（约占 90％），以煤为原料的只占 2％。国内以煤为原料生产甲醇的比例在逐步上升，这与中国的能源结构有关。

② 生产规模大型化　单系列最大规模达 225 万吨/年，即单系列日产 7500kg。规模扩大后，可降低单位产品的投资和成本。

③ 充分回收系统的热量　产生经济压力的蒸汽，以驱动压缩机及锅炉给水泵、循环水泵的透平，实现热能的综合利用。

④ 采用新型副产中压蒸汽的甲醇合成塔，降低能耗。

⑤ 采用节能技术　如氢回收技术、预转化技术、工艺冷凝液饱和技术、燃烧空气预热技术等，降低甲醇消耗。

3. 工艺流程

工业上几乎都是采用一氧化碳、二氧化碳加压催化氢化法合成甲醇，典型的流程包括原料气制造、原料气净化、甲醇合成、粗甲醇精馏等工序。

天然气、石脑油、重油、煤及其加工产品（焦炭、焦炉煤气）、乙炔尾气等均可作为生产甲醇合成气的原料。天然气与石脑油的蒸气转化需在结构复杂、造价很高的转化炉中进行。转化炉设置有辐射室与对流室，在高温及催化剂存在下进行烃类蒸气转化反应。重油部分氧化需在高温气化炉中进行，以固体燃料为原料时，可用间歇气化或连续气化制水煤气。间歇气化以空气、蒸汽为气化剂，将吹风、制气阶段分开进行，而连续气化以氧气、蒸汽为气化剂，过程连续进行。

甲醇生产中所使用的多种催化剂，如天然气与石脑油蒸气转化催化剂、甲醇合成催化剂都易受硫化物毒害而失去活性，必须将硫化物除净。气体脱硫方法可分为两类，一类是干法脱硫，另一类是湿法脱硫。干法脱硫设备简单，但反应速率较慢，设备比较庞大。湿法脱硫可分为物理吸收法、化学吸收法与直接氧化法三类。

甲醇的合成是在高温、高压、催化剂存在下进行的，是典型的复合气-固相催化反应过程。随着甲醇合成催化剂技术的不断发展，总的趋势是由高压向低、中压发展。

粗甲醇中存在水分、高级醇、醚、酮等杂质，需要精制。精制过程包括精馏与化学处理。化学处理主要用碱破坏在精馏过程中难以分离的杂质，并调节 pH。精馏主要是除去易挥发组分，如二甲醚，以及难以挥发的组分，如乙醇、高级醇、水等。

甲醇生产的总流程长，工艺复杂，根据不同原料与不同的净化方法可以演变为多种生产流程。下面简述高压法、中压法、低压法三种方法及区别。

（1）高压法　高压法一般指的是使用锌铬催化剂，在 $300\sim400℃$、$30MPa$ 的高温、高压条件下合成甲醇的过程。自从 1923 年第一次用这种方法合成甲醇成功后，差不多有 50 年的时间世界上合成甲醇生产都使用这种方法，仅在设计上有某些细节不同，例如甲醇合成塔内移热的方法有冷管型连续换热式和冷激型多段换热式两大类，反应气体流动的方式有轴向和径向或者二者兼有的混合形式，有副产蒸汽和不副产蒸汽的流程等。近几年来，我国开发了 $25\sim27MPa$ 压力下在铜基催化剂上合成甲醇的技术，出口气体中甲醇含量为 4% 左右，反应温度 $230\sim290℃$。

（2）低压法　ICI 低压甲醇法为英国 ICI 公司在 1966 年研究成功的甲醇生产方法，从而打破了甲醇合成的高压法的垄断，这是甲醇生产工艺上的一次重大变革。它采用 51-1 型铜基催化剂，合成压力为 $5MPa$。ICI 法所用的合成塔为热壁多段冷激式，结构简单，每段催化剂层上部装有菱形冷激气分配器，使冷激气均匀地进入催化剂层，用以调节塔内温度。低压法合成塔的形式还有德国 Lurgi 公司的管束型副产蒸汽合成塔及美国电动研究所的三相甲醇合成系统。20 世纪 70 年代，我国轻工部四川维尼纶厂从法国 Speichim 公司引进了一套以乙炔尾气为原料日产 300t 的低压甲醇装置（英国 ICI 专利技术）。20 世纪 80 年代，齐鲁石化公司第二化肥厂引进了德国 Lurgi 公司的低压甲醇合成装置。

（3）中压法　中压法是在低压法研究基础上进一步发展起来的，由于低压法操作压力低，导致设备体积相当庞大，不利于甲醇生产的大型化。因此，发展了压力为 $10MPa$ 左右的甲醇合成中压法。它能更有效地降低建厂费用和甲醇生产成本。例如 ICI 公司研究成功了 51-2 型铜基催化剂，其化学组成和活性与低压合成催化剂 51-1 型差不多，只是催化剂的晶体结构不相同，制造成本比 51-1 型贵。由于这种催化剂在较高压力下也能维持较长的寿命，从而使 ICI 公司有可能将原有的 $5MPa$ 合成压力提高到 $10MPa$，所用合成塔与低压法相同，也是四段冷激式，其流程和设备与低压法类似。

4. 煤、焦炭制甲醇

煤与焦炭是制造甲醇粗原料气的主要固体燃料，用煤和焦炭制甲醇的工艺路线包括燃料的气化、气体的脱硫、变换、脱碳及甲醇合成与精制。

用蒸汽与氧气（或空气、富氧空气）对煤、焦炭进行热加工称为固体燃料气化，气化所得可燃性气体通称煤气，是制造甲醇的初始原料气。气化的主要设备是煤气发生炉，按煤在炉中的运动方式，气化方法可分为固定床（移动床）气化法、流化床气化法和气流床气化法。国内用煤与焦炭制甲醇的煤气化一般都采用固定床间歇气化法，采用 UCJ 煤气炉。在国外对于煤的气化，已工业化的煤气化炉有柯柏斯-托切克（Koppers-Totzek）、鲁奇（Lurgi）及温克勒（Winkler）三种，还有第二、第三代煤气化炉的炉型，主要有德士古（Texaco）及谢尔-柯柏斯（Shell-Koppers）等。

用煤和焦炭制得的粗原料气组分中氢碳比太低，故在气体脱硫后要经过变换工序，使过量的一氧化碳变换为氢气和二氧化碳，再经脱碳工序将过量的二氧化碳除去。原料气经过压缩、甲醇合成与精馏精制后制得甲醇，见图 17-4。合成甲醇的反应，首先通过煤生产出合成气 CO 和 H_2，然后将经过脱硫的合成气通入甲醇合成反应器，在一定的温度和压力下，CO 和 H_2 在催化剂的作用下发生如下的可逆反应：

$$CO+2H_2 \Longrightarrow CH_3OH-98.8kJ/mol$$

反应气中存在 CO_2 时，还将发生如下反应：

$$CO_2+3H_2 \Longrightarrow CH_3OH+H_2O-49.5kJ/mol$$

同时，CO_2 和 H_2 还将发生如下反应：

$$CO_2+H_2 \Longrightarrow CO+H_2O+41.3kJ/mol$$

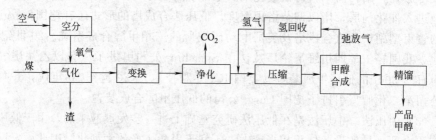

图 17-4　煤制甲醇工艺流程

此外，还伴有一些副反应发生，生成少量的烃、醇、醚、酸和酯等化合物。

5. 联醇生产

与合成氨联合生产甲醇简称联醇，这是一种合成气的净化工艺，以替代我国不少合成氨生产用铜氨液脱除微量碳氧化物而开发的一种新工艺。

联醇生产的工艺条件是在压缩机五段出口与铜洗工序进口之间增加一套甲醇合成的装置，包括甲醇合成塔、循环机、水冷器、分离器和粗甲醇储槽等有关设备，工艺流程是压缩机五段出口气体先进入甲醇合成塔，大部分原先要在铜洗工序除去的一氧化碳和二氧化碳在甲醇合成塔内与氢气反应生成甲醇，联产甲醇后进入铜洗工序的气体一氧化碳含量明显降低，减轻了铜洗负荷。同时，变换工序的一氧化碳指标可适当放宽，降低了变换的蒸汽消耗，而且压缩机前几段汽缸输送的一氧化碳成为有效气体，压缩机电耗降低。

联产甲醇后能耗降低较明显，可使每吨氨节电 50kW·h，节省蒸汽 0.4t，折合能耗为 200 万千焦。联醇工艺流程必须重视原料气的精脱硫和精馏等工序，以保证甲醇催化剂使用寿命和甲醇产品质量。

三、煤制烯烃

煤制烯烃即煤基甲醇制烯烃，是指以煤为原料合成甲醇后再通过甲醇制取乙烯、丙烯等烯烃的技术。

煤制烯烃包括煤气化、合成气净化、甲醇合成及甲醇制烯烃四项核心技术，主要分为煤制甲醇、甲醇制烯烃这两个过程。而其中煤制甲醇的过程用到煤气化、合成气净化、甲醇合成这三项核心技术。

煤制烯烃首先要把煤制成甲醇，煤制甲醇技术也就是煤制烯烃技术的核心。煤制甲醇的过程主要有4个步骤：首先将煤气化制成合成气；接着将合成气变换；然后将变换后的合成气净化；最后将净化合成气制成粗甲醇并精馏，最终产出合格的甲醇。

1. 技术经济性

主要问题：就整个煤制烯烃行业自身所面临的经济性问题来讲，主要有投资大，融资难度大，原材料及能耗大，水耗高。煤制甲醇作为煤制烯烃的主要环节以及技术核心，主要面对的也是这两个难题，总结下来就是：缩小前期投资规模；节能降耗。

同时，在整个煤制甲醇流程的所有单元中能耗最高的是甲醇精馏单元，甲醇精馏技术的革新对于缩小投资规模、降低全厂能耗有至关重要的作用，也是煤制甲醇节能降耗的技术核心。

针对缩小前期投资规模及节能降耗的问题，目前国内已有的煤气化工业示范装置主要有惠生-壳牌新型混合气化炉示范装置。该装置采用煤制甲醇工艺成套节能降耗技术。目前的甲醇双效精馏中，常压塔塔顶甲醇蒸气需要用大量冷公用工程来冷却，与此同时必须消耗大量的热公用工程来加热高压塔塔釜液体，造成了冷、热公用工程的双重消耗，随着甲醇装置规模不断扩大，即使采用双效精馏工艺，能耗总量也非常巨大。

对此，惠生采用一种有自主知识产权的技术工艺——甲醇热泵精馏工艺。热泵精馏工艺不设加压塔，而是直接压缩精馏塔（常压）塔顶精甲醇气体，提高塔顶精甲醇气体的压力和冷凝温度，作为精馏塔塔釜再沸器或中间再沸器的热源，从而极大节省了塔釜热公用工程和塔顶冷公用工程的消耗。

采用甲醇热泵精馏工艺的装置因为不设加压塔，直接省去了这部分的投资，投资幅度降低了40%～45%。

以年产45万吨甲醇的煤制甲醇装置为例，与典型的甲醇双效精馏、水冷余热发电工艺相比，采用煤制甲醇工艺成套节能降耗技术吨甲醇水耗降低30%，每年可以节水167万吨，运行能耗降低17%。

(1) 工艺　到2008年底，煤气化、合成气净化和甲醇合成技术均已实现商业化，有多套大规模装置在运行，甲醇制烯烃技术已日趋成熟，具备工业化条件。甲醇转化制烯烃单元除反应段的热传递方向不同之外，其他都与目前炼油过程中成熟的催化裂化工艺过程非常类似，且由于原料是单一组分，更易把握物性，具有操作条件更温和、产物分布窄等特点，更有利于实现过程化。轻烯烃回收单元与传统的石脑油裂解制烯烃工艺中的裂解气分离单元基本相同，且产物组成更为简单，杂质种类和含量更少，更易于实现产品的分离回收。因此在工程实施上都可以借鉴现有的成熟工艺，技术风险处于可控范围。

在工艺技术路线上，煤制烯烃与炼油行业的催化裂化差不多，中国国内是有把握解决的。煤制烯烃问题不在工艺上，而在催化剂上。目前催化剂的长周期运转的数据并没有出来，催化剂的单程转化率、收率，副产物的组成，催化剂、原材料和公用工程的消耗定额，催化剂衰减的特性曲线，废催化剂的毒性和处理，催化剂制备的污水组成和数量，整个装置单程和年连续运行的时间，废液、废气的排放等多项重要数据目前没有公布，因此，大规模工业化可能还要过段时间。

（2）工艺流程 通过煤气化制合成气，然后将合成气净化，接着将净化合成气制成甲醇，甲醇转化制烯烃，由烯烃聚合工艺路线生产聚烯烃。简单来说，可分为煤制甲醇、甲醇制烯烃这两个过程。而将煤制成净化合成气后，除了甲醇还能生产出氢气、一氧化碳、合成气、硫黄等产品，而甲醇除了制成烯烃化学品外，还能制成醇类、醚类、胺类、酯类、有机酸类等化学品，因此大部分煤化工企业都会维持产品的多样性。

2. 技术可行性

甲醇是煤制烯烃工艺的中间产品，如果甲醇成本过高，将导致煤制烯烃路线在经济上与石脑油路线和天然气路线缺乏竞争力。此外，MTO需要有数量巨大且供应稳定的甲醇原料，只有煤制甲醇装置与甲醇制烯烃装置一体化建设才能规避原料风险。因此，在煤炭产地附近建设工厂，以廉价的煤炭为原料，通过大规模装置生产低成本的甲醇，使煤制烯烃工艺路线具有了经济上的可行性。

四、煤制油生产工艺技术

煤制油（coal-to-liquids，CTL）是以煤炭为原料，通过化学加工过程生产油品和石油化工产品的一项技术，包含煤直接液化和煤间接液化两种技术路线。煤的直接液化是将煤在高温高压条件下，通过催化加氢直接液化合成液态烃类燃料，并脱除硫、氮、氧等原子，具有对煤的种类适应性差，反应及操作条件苛刻，产出燃油的芳烃、硫和氮等杂质含量高，十六烷值低的特点，在发动机上直接燃用较为困难。费托合成工艺是以合成气为原料制备烃类化合物的过程。合成气可由天然气、煤炭、轻烃、重质油、生物质等原料制备。根据合成气的原料不同，费托（Fischer Tropsch）合成油可分为：煤制油（coal to liquids，CTL）、生物质制油（biomass to liquids，BTL）和天然气制油（gas to liquids，GTL）。煤的间接液化是先把煤气化，再通过费托合成转化为烃类燃料。生产的油品具有十六烷值高、H/C 较高、低硫和低芳烃以及能和普通柴油以任意比例互溶等特性。同时，CTL 具有运动黏度低、密度小、体积热值低等特点。

1. 间接液化

（1）技术梗概 煤的间接液化工艺就是先对原料煤进行气化，再做净化处理，得到一氧化碳和氢气的原料气；然后在 270～350℃左右、2.5MPa 以及催化剂的作用下合成出有关油品或化工产品。即先将煤气化为合成气（CO＋H$_2$），合成气经脱除硫、氮和氧净化后，经水煤气反应使 H$_2$/CO 调整到合适值，再费托催化反应合成液体燃料。典型的费托催化反应合成柴油工艺包括：煤的气化及煤气净化、变换和脱碳，费托合成反应，油品加工等 3 个步骤。气化装置产出的粗煤气经除尘、冷却得到净煤气，净煤气经 CO 宽温耐硫变换和酸性气体脱除，得到成分合格的合成气。合成气进入合成反应器，在一定温度、压力及催化剂作用下，H$_2$ 和 CO 转化为直链烃类、水及少量的含氧有机化合物。其中，油相采用常规石油炼制手段，经进一步加工得到合格的柴油。费托合成柴油的特点：合成条件较温和，无论是固定床、流化床还是浆态床，反应温度均低于 350℃，反应压力为 2.0～3.0MPa，且转化率高。间接液化几乎不依赖于煤种（适用于天然气及其他含碳资源），而且反应及操作条件温和。间接液化虽然流程复杂、投资较高，但对煤种要求不高，产物主要由链状烃构成，因此所获得的产物十六烷值很高，几乎不含硫和芳香烃。费托合成油工艺流程见图17-5。

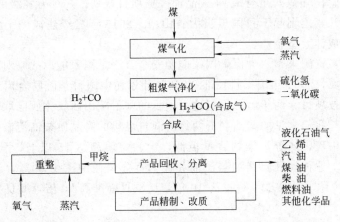

图 17-5　费托合成油工艺流程图

费托合成的主要化学反应：

① 生成烷烃：$nCO+(2n+1)H_2 \longrightarrow C_nH_{2n+2}+nH_2O$

② 生成烯烃：$nCO+2nH_2 \longrightarrow C_nH_{2n}+nH_2O$

另有一些副反应：

① 生成甲烷：$CO+3H_2 \longrightarrow CH_4+H_2O$

② 生成甲醇：$CO+2H_2 \longrightarrow CH_3OH$

③ 生成乙醇：$2CO+4H_2 \longrightarrow C_2H_5OH+H_2O$

④ 结炭反应：$2CO \longrightarrow C+CO_2$

由煤炭气化生产合成气，再经费托合成生产合成油称为煤炭间接液化法。煤炭间接液化法最早在南非实现工业化生产。南非也是个多煤缺油的国家，其煤炭储藏量高达 553.33 亿吨，储采比为 247 年。煤炭占其一次能源比例为 75.6%。南非 1955 年起就采用煤炭气化技术和费托法合成技术，生产汽油、煤油、柴油、合成蜡、氨、乙烯、丙烯、α-烯烃等石油和化工产品。南非费托合成技术现发展了现代化的 Synthol 浆液床反应器。萨索尔（Sasol）公司现有二套煤炭间接液化装置，年生产液体烃类产品 700 多万吨（萨索尔堡 32 万吨/年、塞库达 675 万吨/年），其中合成油品 500 万吨，每年耗煤 4950 万吨。累计的 70 亿美元投资早已收回，现年产值达 40 亿美元，年实现利润近 12 亿美元。

（2）技术发展　根据煤制油项目进展情况和几个煤制油企业规划，到 2020 年可达 3300 万吨的规模。预计，按照高中低三种增速计算，到 2020 年高增长情况下可达 5000 万吨/年。

我国中科院山西煤化所从 20 世纪 80 年代开始进行铁基、钴基两大类催化剂费托合成油煤炭间接液化技术研究及工程开发，完成了 2000 吨/年规模的煤基合成油工业实验，5t 煤炭可合成 1t 成品油。据项目规划，一个万吨级的"煤变油"装置可望在几年内崛起于我国煤炭大省山西。2015 年已经建成一个年产 180 万吨的煤基合成油大型企业。

我国煤炭资源丰富，为保障国家能源安全，满足国家能源战略对间接液化技术的迫切需要，2001 年国家科技部"863"计划和中国科学院联合启动了"煤制油"重大科技项目。两年后，承担这一项目的中科院山西煤化所已取得了一系列重要进展。与我们常见的柴油判若两物的源自煤炭的高品质柴油清澈透明，几乎无味，柴油中硫、氮等污染物含量极低，十六烷值高达 75 以上，具有高动力、无污染特点。这种高品质柴油与汽油相比，百公里耗油减少 30%，油品中硫含量小于 0.5×10^{-6}，比欧 V 标准高 10 倍，比欧 IV 标准高 20 倍，属优异的环保型清洁燃料。

2. 直接液化

（1）技术历史　早在 20 世纪 30 年代，第一代煤炭直接液化技术——直接加氢煤液化工艺在德国实现工业化。但当时的煤液化反应条件较为苛刻，反应温度470℃，反应压力70MPa。1973年的世界石油危机，使煤直接液化工艺的研究开发重新得到重视。相继开发了多种第二代煤直接液化工艺，如美国的氢-煤法（H-coal）、溶剂精炼煤法（SRC-Ⅰ、SRC-Ⅱ）、供氢溶剂法（EDS）等，这些工艺已完成大型中试，技术上具备建厂条件，只是由于建设投资大，煤液化油生产成本高而尚未工业化。现在几大工业国正在继续研究开发第三代煤直接液化工艺，具有反应条件温和、油收率高和油价相对较低的特点。目前世界上典型的几种煤直接液化工艺有：德国IGOR公司和美国碳氢化合物研究（HTI）公司的两段催化液化工艺等。我国煤炭科学院北京煤化所自1980年开展煤直接液化技术研究，现已建成煤直接液化、油品改质加工实验室。通过对我国上百个煤种进行的煤直接液化试验，筛选出15种适合于液化的煤，并对4个煤种进行了煤直接液化的工艺条件研究，开发了煤直接液化催化剂，液化油收率达50%以上，煤炭科学院与德国RUR和DMT公司也签订了云南先锋煤液化厂可行性研究项目协议，并完成了云南煤液化厂可行性研究报告。拟建的云南先锋煤液化厂年处理（液化）褐煤257万吨，气化制氢（含发电17万千瓦）用原煤253万吨，合计用原煤510万吨。液化厂建成后，可年产汽油35.34万吨、柴油53.04万吨、液化石油气6.75万吨、合成氨3.90万吨、硫黄2.53万吨、苯0.88万吨。

（2）可行性研究　我国首家大型神华煤直接液化油项目可行性研究，进入了实地评估阶段。推荐的三个厂址为内蒙古自治区鄂尔多斯市境内的上湾、马家塔、松定霍洛。该神华煤液化项目是2001年3月经国务院批准的可行性研究项目。该项目是国家对能源结构调整的重要战略措施，是将中国丰富的煤炭能源转变为较紧缺的石油资源的一条新途径。该项目引进美国碳氢化合物研究公司煤液化核心技术，将储量丰富的优质神华煤按照国内的常规工艺直接转化为合格的汽油、柴油和石脑油。该项目可消化原煤1500万吨，形成新的产业链，效益比直接卖原煤可提高20倍。其附属品将延伸至硫黄、尿素、聚乙烯、石蜡、煤气等下游产品。该项目的一大特点是装置规模大型化，包括煤液化、天然气制氢、煤制氢、空分等都是世界上同类装置中最大的。预计年销售额将达到60亿元，税后净利润15.7亿元，11年可收回投资。煤直接液化流程见图17-6。

五、煤炼焦技术

1. 结焦机理

煤的有机质基本结构单元，是以芳香族稠环为主体，周围连接侧链杂环和官能团的大分子。煤在结焦过程中加热到350～480℃，大分子剧烈分解，断裂后的侧链继续裂解，其中分子量小的呈气态，分子量适中的呈液态，分子量大的和

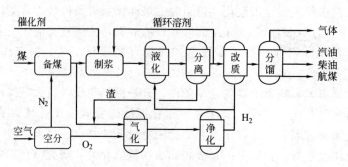

图 17-6　煤直接液化流程

不熔组分呈固态，相互渗透的三相物组成胶质体。煤的黏结性强弱，取决于胶质体的数量以及流动性和热稳定性。当温度继续升高到 450～550℃时，液相产物进一步分解，其中一部分又呈气态析出，剩余部分逐渐变稠，与分散的固相颗粒融成一体，最后缩聚并固化，形成半焦。在这过程中，气态产物通过胶质体逸出，产生膨胀压力，使固体颗粒结合得更加牢固。聚积在胶质体中的气态产物则形成气孔。当温度进一步升高到 700～1000℃时，半焦主要析出气体，碳网继续缩聚，体积变小，焦质变硬，形成多孔的焦炭。这时，热解产物已无液相出现。由于半焦的收缩，各点的温度和升温速度不同，使收缩量和收缩速度不均，产生焦炭裂纹。

2. 生产工艺

炼焦煤料的制备简称备煤，是将煤矿运来的各种精煤（或低灰分原煤）制备成配比准确、粒度适当、质量均一、符合炼焦要求的煤料，一般包括：卸煤、储存和混匀、配合、粉碎和混合，并将制备好的煤料送到焦炉储煤塔。严寒地区，还应有解冻库和破冻块设备。炼制优质焦炭，必须对备煤操作给予足够的重视。把煤混匀好，提高配煤的准确度，使煤质波动最小，保证焦炭的化学成分和物理机械性能的稳定，以稳定焦炭质量。因此，配煤设备必须准确地按给定值配煤，配煤槽要均匀连续下煤。煤中杂物要除净，水分不能过高。煤料的合理粉碎，可以有效地提高焦炭的机械强度。必须根据具体情况，对不同的煤料确定最适宜的粉碎粒度。

改进备煤流程是扩大炼焦煤源和改善焦炭质量的途径。中国绝大多数焦化厂都采用先按规定比例配合的混合粉碎流程。这种流程不能根据各种煤的硬度差异分别进行处理，因此只适用于黏结性较好、煤质较均匀的炼焦煤料。较新的备煤流程有三种：①单独粉碎流程，将各种煤先单独进行粉碎，然后按规定的比例配合，再进行混合；②分组粉碎流程，先将硬度相近的各煤种按比例配合成组，各组分别送往各自的粉碎机粉碎到要求的粒度，再进行混合；③选择粉碎流程，将粉碎到一定程度的煤过筛，将筛出的粗粒级组分进行再粉碎，这样可使黏结性差、惰性物含量高的粗粒级组分粉碎得较细，避免黏结性好的岩相组分过度粉碎。

已经制备好的煤料从煤塔放入装煤车，分别送至各个炭化室装炉。干馏产生的煤气经集气系统，送往化学产品回收车间加工处理。经过一个结焦周期（即从装炉到推焦所需的时间，一般为14～18h，视炭化室宽度而定），用推焦车将炼制成熟的焦炭经拦焦车推入熄焦车。熄焦后，将焦炭卸入晾焦台，然后筛分、储藏。

炼焦车间一般由两座炼焦炉组成一个炉组。两座炼焦炉布置在同一中心线上，中间设一个煤塔。一个炉组配有相应的焦炉机械——装煤车、推焦车、拦焦车、熄焦车和电机车，还配备一套熄焦设施，包括熄焦塔、熄焦泵房、粉焦沉淀池及粉焦抓斗等，布置在炉组的端部。熄焦塔中心与炉端炭化室中心的距离一般不小于40m。如采用干法熄焦，则需设干熄焦站。炼焦车间还装备有必要的管道和换向系统。煤焦工艺流程见图17-7。

3. 焦炭处理

从炼焦炉出炉的高温焦炭，需经熄焦、晾焦、筛焦、储焦等一系列处理。为满足炼铁的要求，有的还需进行整粒。

（1）熄焦　熄焦有湿法熄焦和干法熄焦两种方式。前者是用熄焦车将出炉的红焦载往熄焦塔用水喷淋。后者是用180℃左右的惰性气体逆流穿过红焦进行热交换，焦炭被冷却到约200℃，惰性气体则升温到800℃左右，并送入余热锅炉，生产蒸汽。每吨焦生产蒸汽量约400～500kg。干法熄焦可消除熄焦对环境的污染，提高焦炭质量，同时回收大量热能，但基建投资大，设备复杂，维修费用高。

（2）晾焦　将湿法熄焦后的焦炭，卸到倾斜的晾焦台面上进行冷却。焦炭在晾焦台上的停留时间一般要30min左右，以蒸发水分，并对少数未熄灭的红焦进行熄焦。

（3）筛焦　根据用户要求将混合焦在筛焦车间进行筛分分级。中国钢铁联合企业的焦化厂，一般将焦炭筛分成四级，即粒度大于40mm为大块焦，40～25mm为中块焦，25～10mm为小块焦，小于10mm为粉焦。通常大、中块焦供冶金用，小块焦供化工部门用，粉焦用作烧结厂燃料。

（4）储焦　将筛分处理后的各级焦炭，分别储存在储焦槽内，然后装车外运，或由胶带输送机直接送给用户。

整粒将大于80mm（或75mm）级的焦炭预先筛出，经切焦机破碎后再过筛，得到粒度80～25mm（或75～25mm）级焦炭用于炼铁。这样可以提高焦炭粒度的均匀性，并避免大块焦炭沿固有的裂纹在高炉内碎裂，从而提高焦炭的机械强度，有利于炼铁生产。

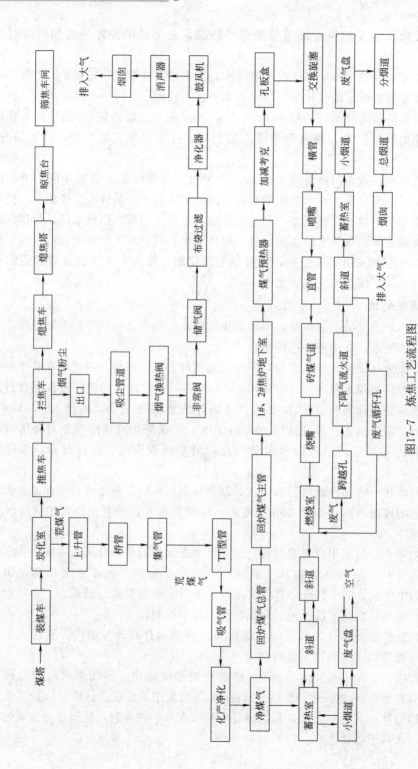

图17-7 炼焦工艺流程图

第三节 新型煤化工危险辨识及预防

一、危险源辨识

开展危险源辨识、风险评价及风险控制措施，可以为国家安全监察和管理提供技术支持，为事故的调查分析与处理及事故预防提供科学的决策依据，提高我国的安全生产管理和事故预防水平。同时，可以使企业管理上档次，体现风险管理的思想；可以降低企业的风险，提高企业的经济效益和市场竞争力。开展危险源辨识、风险评价及风险控制措施，还可以为企业建立职业安全健康管理体系奠定良好的基础，并提供科学的依据。

二、危险源的辨识方法

1. 一般危险源的辨识

按 GB/T 13861《生产过程危险和有害因素分类与代码》进行辨识：物理性危险、危害因素；化学性危险、危害因素；生物性危险、危害因素；生理性危险、危害因素；心理性危险、危害因素；人的行为性危险、危害因素；其他危险、危害因素。

① 物理性危险、危害因素见表 17-1。

表 17-1 物理性危险、危害因素

种类	内容
设备、设施缺陷	强度不够、运动件外露、密封不良
防护缺陷	无防护、防护不当或距离不够等
电危害	带电部位裸露、静电、雷电、电火花
噪声危害	机械、振动、流体动力振动等
振动危害	机械振动、流体动力振动等
电磁辐射	电离辐射、非电离辐射等
辐射	核放射
运动物危害	固体抛射、液体飞溅、坠落物等
明火	
能造成灼伤的高温物质	熟料、水泥、蒸汽、烟气等
作业环境不良	粉尘大、光线不好、空间小、通道窄等
信号缺失	设备开停、开关断合、危险作业预防等
标志缺陷	禁止作业标志、危险型标志、禁火标志
其他物理性危险、危害因素	

② 化学性危险、危害因素见表 17-2。

③ 生物性危险、危害因素见表 17-3。

表 17-2　化学性危险、危害因素

种类	内容
易燃易爆物	氢气、乙炔、一氧化碳、油料、煤粉、水泥包装袋等
自燃性物质	原煤及煤粉等
有毒物质	有毒气体、化学试剂、粉尘、烟尘等
腐蚀性物质	腐蚀性的气体、液体、固体等

表 17-3　生物性危险、危害因素

种类	内容
致病微生物	细菌、病毒、其他致病微生物
传染病媒介物	能传染疾病的动物、植物等
致害动物	飞鸟、老鼠、蛇等
致害植物	杂草等

④ 生理性危险、危害因素　包括健康状况异常、从事禁忌作业等。

⑤ 心理性危险、危害因素　包括心理异常、辨识功能缺陷等。

⑥ 人的行为性危险、危害因素　包括指挥失误、操作错误、监护失误等。

⑦ 其他危险、有害因素。

2. 危险源的评价与分级

（1）是非判断法　直接按国内外同行业事故资料及有关工作人员的经验判定为重要危险因素。

（2）作业条件危险性评价法　即 LEC 法：当无法直接判定或直接不能确定是否为重要危险因素时，采用此方法，评价是否为重要危险因素。

这是一种评价具有潜在危险性环境中作业时的危险性半定量评价方法。它是用与系统风险率有关的 3 种因素指标值之积来评价系统人员伤亡风险大小，这 3 种因素是：L 为事件发生的可能性大小；E 为人体暴露于危险环境的频繁程度；C 为发生事故的后果。

取得这 3 种因素的科学准确的数据是相当烦琐的过程，为了简化评价过程，采取半定量计值法，给 3 种因素的不同等级分别确定不同的分值，再以 3 个分值的乘积 D（危险性分值或危险级别）来评价危险性的大小，即

$$D = LEC$$

D 值越大，说明该系统危险性大，需要增加安全措施，或改变发生事故的可能性，或减少人体暴露于危险环境中的频繁程度，或减轻事故损失，直至调整到允许范围内。

表 17-4 为事件发生的可能性（L）。

表 17-5 为暴露于危险环境的频繁程度（E）。

表 17-6 为发生事故的后果（C）。

表 17-7 为风险值所对应的危险级别（D）。

表 17-4　事件发生的可能性 （L）

分数值	事件发生的可能性	分数值	事件发生的可能性
10	完全可以预料	0.5	很不可能，可以设想
6	相当可能	0.2	极不可能
3	可能，但不经常		
1	可能性小，完全意外	0.1	实际不可能

表 17-5　暴露于危险环境的频繁程度 （E）

分数值	暴露于危险环境的频繁程度	分数值	暴露于危险环境的频繁程度
10	连续暴露	2	每月一次暴露
6	每天工作时间内暴露	1	每年几次暴露
3	每周一次或偶然暴露	0.5	非常罕见暴露

表 17-6　发生事故的后果 （C）

分数值	发生事故的后果	分数值	发生事故的后果
100	10 人以上死亡	7	严重
40	3～9 人死亡	3	重大，伤残
15	1～2 人死亡	1	引人注意

表 17-7　风险值所对应的危险级别 （D）

危险级别	高度危险	重要危险	一般危险	稍有危险
D	160 及以上	70～159	21～69	20 及以下
备注	要立即采取措施和整改	需要整改	需要注意控制	可以接受，需要关注

三、煤化工火灾危险性

1. 煤化工生产过程的特点

（1）煤化工物质的特点　在煤化工企业中，所涉及的绝大多数化工原料、中间体、成品、半成品、副产品等都具有易燃、易爆、腐蚀性或者有毒有害等特点。

（2）煤化工生产装置的特点　①煤化工生产装置种类繁多，各种塔、釜、槽、罐、阀门比比皆是；②高度密集，设备紧凑；③各种管道（线）纵横交错，上下串通，左右贯穿。

（3）煤化工生产工艺的特点　①自动化生产程度高，连续性强；②生产中的处理量比较大；③生产工艺过程复杂多样，工艺控制参数多；④要求高，操作严格，通常都是在高温、高压、低温、真空等条件下进行，并且伴有复杂的化学反应。

2. 煤化工火灾的特点

煤化工生产的特点，也决定着煤化工企业的各个环节中都容易发生火灾甚至爆炸的事故。一旦发生火灾，通常会出现以下的特点：①火势猛烈，燃烧强度大，火场温度高，热辐射强；②火灾蔓延速度快，极易形成立体火灾、大面积火灾和流淌火；③容易复燃和多次爆炸；④往往需要投入较多的扑救力量和较长时间；⑤组织指挥、扑救和处置的难度都相当大；⑥易造成重大人员伤亡和财产损失，社会影响大；⑦容易造成环境污染，有毒有害物质一旦泄漏到大气或排放到江河中，易造成大量人员伤亡和大气、水资源污染，影响持久，治理难度大。

3. 煤化工火灾危险性分析

预防煤化工火灾事故的发生，减少火灾事故的损失是当前企业安全工作中一项十分重要的内容。而进行火灾预防的前提就是应该清楚煤化工生产过程中存在的主要火灾危险种类、分布及可能产生的危险方式和途径等。火灾危险性分析是煤化工火灾预防的重要环节和基础，分析是否全面、准确、科学合理，将直接影响到预防措施的正确性。

（1）煤化工生产中典型化学反应的火灾危险性分析　化工生产的核心是化学反应，这些化学反应过程中均存在着不同程度的火灾危险性，不同的化学反应过程的火灾危险性往往不同。结合某化工园区内化工企业的生产状况，这里将着重针对几种典型的化学反应过程的火灾危险性展开分析。

①氧化反应　在煤化工生产中，常把加氧去氢的反应叫作氧化反应。氧化反应需要加热，绝大多数又都是放热反应，反应热若不及时移去，会使温度迅速升高引发爆炸。在反应中，被氧化的物质大部分是易燃易爆物质。而反应所用的氧化剂本身也具有很大的火灾危险性，如过氧化氢、氯酸钾、高锰酸钾等，遇高温或受撞击、摩擦，与有机物、酸类接触，就会着火爆炸。因此，要严格控制反应温度，进行有效的冷却和良好的搅拌，以及控制氧化剂的加料速度和投料量。

②还原反应　在煤化工生产中，通常把加氢去氧的反应叫作还原反应。还原反应种类很多，无论是利用初生态氢还原，还是用催化剂把氢气活化后还原，都有氢气存在，特别是催化加氢还原，大都在加热、加压下进行。若氢气泄漏，极易与空气形成爆炸性混合物，遇火就会爆炸。其他如固体还原剂、硼氢类、四氢化锂铝、氢化钠等都是遇湿易燃危险品，本身就具有很大的火灾危险性。因此，需严格控制反应温度以及反应设备的密闭性等。

③硝化反应　硝化反应是指在有机化合物分子中引入硝基（—NO_2），取代氢原子而生成硝基化合物的反应。硝化反应是放热反应，温度越高，反应速率越快，放出热量越多，需在降温条件下进行，否则易引起火灾和爆炸事故。因此，控制反应温度是关键，可以通过有效冷却、良好搅拌、控制反应速率等方法实现。此外，硝化剂具有较强的氧化性，常用的硝化剂有储浓硝酸、硝酸、浓硫

酸、硫酸、混合酸等，它们与油脂、有机物接触即能引起燃烧。而被硝化的物质（如苯、甲苯、甘油、脱脂棉等）也大多易燃，若使用或储存管理不当，易造成火灾。硝化产品大都有着火爆炸的危险，受热、摩擦、撞击或接触明火，极易发生爆炸或火灾。

④ 聚合反应 聚合反应是指将若干个分子结合为一个较大的组成相同而分子量较高的化合物的反应过程。聚合反应一般在高压下进行，而聚合反应本身又是放热反应，往往由于聚合热不易散出而导致火灾爆炸事故。因此，在聚合反应中要严格控制反应温度以及反应过程中有良好的搅拌。如果在聚合反应过程中不能充分搅拌，就会引起爆聚，发生爆炸事故。

⑤ 裂化反应 裂化反应是指有机化合物在高温下分子发生分解的反应过程，主要有热裂化、催化裂化和加氢裂化三种类型。热裂化在高温高压下进行，装置内的油品温度一般超过其自燃点，若漏出油品会立即起火，反应还会产生大量的可燃裂化气，有发生爆炸的危险。催化裂化一般在 $460\sim520℃$ 和 $0.1\sim0.2MPa$ 下进行，也会产生大量的易燃裂化气。而加氢裂化，需要使用大量氢气，容易使装置发生氢脆，且反应温度和压力都较高，再加上是强烈的放热反应，火灾危险性相当大。因此，需严格控制反应温度和反应设备的密闭性等。

⑥ 氯化反应 氯化反应是指有机化合物中氢原子被氯原子取代的反应过程。常用的氯化剂有气态或液态氯、三氯化磷、次氯酸钙等。氯化反应的原料大多是有机易燃物和强氧化剂（如甲烷、乙烷、乙醇、天然气、苯、甲苯、液氯等），本身容易发生火灾爆炸。而最常用的液态或气态氯，不仅属剧毒品，且氧化性极强，储存压力较高，一旦泄漏，危险性很大。氯化反应是放热反应，温度越高，反应越剧烈，放出的氯化氢气体和氢气越多，设备易受腐蚀而发生泄漏，容易造成火灾或爆炸。因此，氯化反应的关键是控制投料配比、温度、压力和投入氯化剂的速度。

⑦ 磺化反应 磺化反应是指在有机化合物分子中引入磺（酸）基（—SO_3H）或其衍生物的化学反应。常用的磺化剂有浓硫酸、发烟硫酸、硫酸酐等，它们都能强烈吸水放热，引起温度升高。磺化反应中所用原料（如苯、硝基苯、氯苯等）均为可燃物，所用的磺化剂浓硫酸、发烟硫酸等又都是氧化性较强的物质，整个反应是典型的放热反应，若不进行有效控制，很可能使反应温度超高，以致发生火灾或爆炸事故。因此，要严格控制反应温度，进行有效的冷却和良好的搅拌，并控制投料的速度。

⑧ 电解反应 电解反应是指电流通过电解质溶液或熔融电解质时，在两个电极上所引起的化学变化过程。钠、钾、镁等有色金属和锆、铪等稀有金属的冶炼，铜、锌、铝等的精炼，氢气、氧气、氯气、过氧化氢等许多化工产品的制备，以及电镀、电抛光、阳极氧化等，都要通过电解来实现。电解反应的火灾危险性主要是在电作用下能产生一些易燃易爆气体，泄漏遇明火就会发生爆炸。因

此，要防止易燃气体的泄漏、渗透，设备整体要有良好接地。

（2）煤化工生产中典型操作单元的火灾危险性分析　虽然煤化工生产中的化学反应种类繁多，但是煤化工生产中的操作单元却相对比较固定，下面将着重分析几种典型操作单元的火灾危险性。

① 物料输送　由于化工生产中所输送的物料大部分为有机易燃物，因此要防止在输送过程中产生静电，或在搬运过程中由于撞击摩擦产生火花而引发火灾。

② 加热　加热是最常见的控制条件。若温度过高，反应速率加快，容易引发火灾爆炸。若升温速度过快，容易使反应温度超过规定的温度上限。因此，在加热过程中要严格控制温度的上限和升温速度。

③ 冷却　冷却一般比加热安全，但应该控制冷却温度的下限，以免过度冷却，造成物料太稠。冷却速度也不可太快，以免温差太大，引起设备渗漏，引发事故。忌水物料的冷却介质应该选用凝固点低的矿物油，以免遇水发生爆炸。

④ 蒸馏　蒸馏是煤化工企业常见单元操作，主要有减压蒸馏、常压蒸馏和高压蒸馏，通常以蒸汽、载体、电加热等方式进行加热，而加热物料往往是易燃可燃液体，极易造成火灾。因此，要严格控制加热温度，保证冷却效果、反应设备管道的密闭性和系统的静电消除。

⑤ 搅拌　把物料拌匀，以利于进行反应，通常都是用机械搅拌。机械搅拌时要严格控制温度、搅拌速度以及防止产生静电。

⑥ 调节 pH 值　加酸、碱调节 pH 值时，都会产生热量，所以加的速度不宜过快，而且要控制温度。调节 pH 值时，酸、碱也不能过量，要严格控制pH 值。

⑦ 过滤　当过滤易燃液体时，防火的重点主要是设备的静电消除，以及防止物料的泄漏。

⑧ 干燥　干燥的火灾危险性主要在于加热方式及被加热物质的化学特性。因此，干燥工艺的防火关键是合理选用干燥设备和控制干燥温度。在加热方式上尽可能用蒸汽加热等代替电加热、明火加热。

⑨ 筛分、粉碎　筛分与粉碎过程中的火灾危险性在于此时的物料一般为可燃物料，可燃粉尘往往能达到爆炸极限，如遇明火、赤热表面或火花等就能引起火灾、爆炸。因此，这一操作单元的防火重点是增加场所的相对湿度，以及避免产生火花。

四、煤化工爆炸危险性

1.有机溶剂的火灾爆炸危险性分析

有机溶剂是一大类在生活和生产中广泛应用的有机化合物，分子量不大，常温下呈液态。有机溶剂包括多类物质，如链烷烃、烯烃、醇、醛、胺、酯、醚、酮、芳香烃、萜烯烃、卤代烃、杂环化物、含氮化合物及含硫化合物等，多数对人体有一定毒性。有机溶剂在工业生产中应用十分普遍，在塑料、染料、橡胶、油漆、香料、印刷、油墨、电影胶片、医药、纺织、机械、选矿等各个领域均有应用。由于有机溶剂本身具有易燃易爆的特性，决定了有机溶剂生产使用场所具有较大的火灾爆炸危险性，并且起火后燃烧猛烈，蔓延迅速，扑救困难。有机溶剂生产使用场所火灾爆炸事故时有发生。本书就有机溶剂生产使用场所的火险特点与预防对策进行分析研究。

（1）有机溶剂的类型　有机溶剂种类十分繁多，常见的溶剂有 800 多种，按其化学结构可分为 10 大类：芳香烃类，如苯、甲苯、二甲苯等；脂肪烃类，如戊烷、己烷、辛烷等；脂环烃类，如环己烷、环己酮、甲苯环己酮等；卤化烃类，如氯苯、二氯苯、二氯甲烷等；醇类，如甲醇、乙醇、异丙醇等；醚类，如乙醚、环氧丙烷等；酯类，如醋酸甲酯、醋酸乙酯、醋酸丙酯等；酮类，如丙酮、甲基丁酮、甲基异丁酮等；二醇衍生物，如乙二醇单甲醚、乙二醇单乙醚、乙二醇单丁醚等；其他，如乙腈、吡啶、苯酚等。

（2）有机溶剂在生产中的应用　有机溶剂在备料、投料、化学反应、出料、分离等生产的各个工艺过程都有存在。有机溶剂在生产中应用大致可以归纳为以下几个方面。

① 溶解物料　应用有机溶剂溶解物料，以提取生产所需的有效成分。如中药雷公藤片的生产，采用乙醇和醋酸乙酯提取雷公藤片中的雷公藤甲素和乙素。

② 稀释物料　采用有机溶剂稀释物料，以满足工艺要求。如乙醇和醚类溶剂混合可以提高对硝基纤维的溶解能力，在硝基纤维涂料中用作稀释剂可以降低溶液黏度。橡胶制品生产中，在生胶或混炼胶中加入大量溶剂汽油进行打浆，制成黏合用的胶浆。油漆生产中，直接将高温树脂打到有机溶剂兑稀罐中制成油漆。

③ 处理物料　利用有机溶剂对物料进行脱水、沉淀、结晶和洗涤等处理。如赛璐珞生产中，采用乙醇将含水硝脂棉中的水分除去；塑料生产中，用有机溶剂洗涤固体聚合物表面的杂质。

④ 分离混合物　利用有机溶剂分离混合物在生产中应用广泛，如在合成橡胶生产过程中，采用乙腈或二甲基甲酰胺萃取二丁烯。以糠醛作为萃取剂进行萃取精馏，分离环己烷与苯的混合物。

⑤ 化学反应　有机溶剂常作为化学反应的介质，生产新的化工产品。如染料 N,N-二甲基苯胺的合成，由甲醇、苯胺与硫酸混合，经过甲基化反应，中和、分层、减压蒸馏而得产品。

⑥ 作为移除反应热的载体　将有机溶剂作为移除热的载体，蒸发回流是较好的移出反应热的方法。例如，在溶液聚合中，常采用该法以控制聚合温度。

⑦ 在特种工艺中起特殊作用　有机溶剂在特殊工艺中具有特殊作用，如静

电喷涂时，可用来调整防火涂料的电导率，以改进雾化和上漆率；在分散聚合物中，用来控制聚合物的粒度；在溶液聚合中，用作链转移剂来控制分子量及其分布等。

(3) 溶剂生产使用场所火灾爆炸危险性分析

① 有机溶剂的危险性质

a. 燃烧爆炸性　有机溶剂绝大部分属于易燃危险化学品，它们的闪点一般在 -41~46℃ 之间，沸点一般在 30~200℃ 之间，相对密度较小，一般在 0.8 (水=1) 左右，爆炸浓度下限一般小于 10%。有机溶剂所需点火能量较小，一般在 0.2~0.3mJ，如苯为 0.2mJ、丙烷为 0.29mJ。因此，只要遇火都可能引起爆炸燃烧。

b. 挥发性　有机溶剂具有易挥发特性，如汽油即使在较低的气温下都能蒸发，挥发的蒸气能迅速与空气混合，形成爆炸性混合气体。

c. 流动扩散性　有机溶剂具有流动扩散的特性，其流动性的强弱取决于本身的黏度。一般黏度低的液体，流动扩散性强。如果管路、容器破损或闸门关闭不严，罐装超出容器容量，就容易造成跑、冒、滴、漏现象。流动的可燃物就是流动火源，增加了对周围的建、构筑物的威胁和危害。可燃有机溶剂流动性越好，扩散速度越快，其火灾扩大的危险性越大。有机溶剂蒸气若比空气密度小，逸散在空气中扩散，顺风向移动，可成为气体火焰迅速蔓延的条件。有机溶剂空气若比空气密度大，往往漂流于地表、沟渠建筑的死角，不易被空气吹散，一旦遇引火源就可能发生燃烧爆炸。

d. 静电危害性　有机溶剂类物质大多属于绝缘物质，其导电性比较差，如汽油、甲苯等，电阻率为 1010~1015Ω·cm。在生产、使用、输送、装卸过程中，与容器、管道、机泵、过滤介质、水、杂质、空气等发生碰撞、摩擦，都会产生静电，由于物料本身不导电，所产生的静电极难散失，容易产生静电火花。

e. 毒害性　有机溶剂是由各种烃类化合物组成的，大多具有毒害性，其中芳香烃毒性最大，环烷烃次之，烷烃最小。如油漆涂料，特别是作为溶剂和稀释剂的各种液体材料，会挥发出刺激、毒害人的毒气，经常吸入这种气体，就会破坏人的生理机能，并引起某些器官发生病变。

② 有机溶剂生产使用场所的火灾特点

a. 易发生燃烧　有机溶剂生产使用场所，一般多种原料、产品等同时存在，工艺过程中，大量、多种易燃危险品存在，有引起火灾的可能性。如果控制不当，易发生燃烧。常见的起火源有明火、电气火花、静电火花、摩擦撞击火花、高热、自燃等。

b. 易发生爆炸　在生产设备的外部空间，由于溶剂以液态或气态的形式跑、冒、滴、漏，易与空气形成爆炸性混合物，遇火源引起着火爆炸。一些生产设备为负压操作，出现渗漏或误操作等异常情况时，会使空气进入容器内，因氧化高温引起可燃蒸气着火爆炸。有机溶剂在应用到生产过程中时，其操作条件大多要通过加温、加压来实现。当温度失去控制，达到某一溶剂的过热温度极限时，就会由液相突变为气相，体积迅速扩大数十甚至数百倍，压力猛增导致容器超压爆炸。在反复使用的有机溶剂中，过氧化物含量增多，发生异常反应，也会导致温度、压力升高。当容器发生物理性爆炸后，其内部物料（有机溶剂）则大量地迅速扩散，物理性爆炸的高温和遇外部火源又会引起扩散蒸气的化学性爆炸和燃烧。

c.易形成大面积立体火灾　有机溶剂从罐、桶、槽、锅等容器中大量溢出，形成流淌火，流量越大，燃烧面积就越大。有机溶剂随着罐、桶、槽、锅的爆炸而喷射到各个角落，瞬间形成大面积燃烧。长期使用溶剂的设备、建筑，在可燃蒸气的熏蒸下，其表面常积有一定数量的污垢，火灾通过这些可燃污垢迅速将设备的建筑引燃。起火后有机溶剂、物料由上层流至下层，爆炸时有机溶剂、物料上、下喷溅，均会形成上下一起的立体火灾。

d.发生事故易引起连锁反应　有机溶剂生产使用工艺各生产工序相互衔接，设备相互串通，有机溶剂往往经过几道工序后回收反复使用，一旦某个工序发生火灾爆炸事故，易出现连锁反应，火灾爆炸事故沿着生产管道、污水管网、可燃物料、建筑物孔洞蔓延。

（4）防火防爆措施

① 建筑和布局符合防火要求　有机溶剂生产使用场所的建筑和布局，应按《建筑设计防火规范》《炼油化工企业设计防火规范》《爆炸和火灾危险环境电力装置设计规范》等相关要求和规定进行设计、施工、安装。工厂要经过消防、安全监督管理部门的验收批准才能投产，设备的布局一定要考虑安全防火的需要。

② 用难燃或不燃的溶剂代替可燃溶剂　在生产中，用燃烧性能差的溶剂代替易燃溶剂，以改善操作的安全性。选择危险性较小的液体作为溶剂时，沸点和蒸气压是很重要的两个参数。沸点在110℃以上的液体，常温下（18～20℃）不可能达到爆炸浓度。醋酸戊酯、丁醇、戊烷、乙二醇、氯苯、二甲苯等都是危险性较小的液体。代替可燃溶剂的不燃液体（或难燃液体）有甲烷的氯衍生物（二氯甲烷、三氯甲烷、四氯化碳）及乙烯的氯衍生物（三氯乙烯）等。例如，溶解脂肪、油、树脂、沥青、橡胶以及油漆，可以用四氯化碳代替危险性大的液体溶剂。可以用不燃（或难燃）清洗剂代替汽油或其他易燃溶剂，清洗粘有油污的机件和零件。

③ 严格安全操作　尽量减少敞口操作，采用密闭操作，容器要加盖，减少溶剂挥发。车间内各种化学原料和溶剂的储存量要严加控制，以不超过当天用量为宜，多用储罐式静态装料，而少使用桶式动态装料。在使用易燃、易爆、挥发性的有机溶剂时，应控制使用温度在其沸点30℃以下。如果操作温度高时，应

采取冷凝、冷却措施。如油漆生产中，高温树脂（200～240℃）直接加入兑稀溶剂（溶剂汽油、甲苯、二甲苯等）的兑稀罐中，会使溶剂温度升高，溶剂蒸气大量排出。因此，要在罐上安装冷凝、冷却装置，减少有机溶剂的反复使用次数。有机溶剂初次使用前应进行化验检测，清除杂质和水分，定期取样分析反复使用的有机溶剂中的过氧化物含量，防止出现异常反应。

④ 控制和消除火源　有机溶剂生产使用场所严禁随意使用明火或其他易于生产火源的用具及装置，如必须动火、使用喷灯、焊接时，必须在安全规范的区域里进行。禁止一切能产生火花的行为，如用铁棒敲开封盖的金属桶、穿带钉子的鞋和使用易产生火花的工具等。选用符合防爆等级要求的防爆电气设备，采用耐火电缆或防火塑料管套敷设电气线路。采用控制有机溶剂流速和搅拌速度，空间增湿，工艺设备、管线接地，投入抗静电添加剂等措施消除静电火花。揩过有机溶剂的棉纱、破布等必须存放在专用的有水的金属桶内，定期予以清理烧毁，防止自燃。

⑤ 保证设备完好不漏　为了防止有机溶剂蒸气逸出，与空气形成爆炸性混合物，设备，应该密闭，对于有压力设备，更需要保持其密闭性。正确选择设备之间的连接方法，如设备与管道之间的连接应尽量采用焊接方法，输送易燃有机溶剂的管道应采用无缝钢管等。由于生产过程中的高温、腐蚀性，各种设备、容器、管线壁厚逐渐变薄，易发生泄漏造成火灾事故。因此，对重点设备应定期进行保养、维修、更换，严格检漏、试漏。有机溶剂储罐应尽可能埋在地下，防止高温、日晒使之温度升高，发生泄漏。

⑥ 设置安全装置和灭火设施　承压设备及其他有爆炸危险的工艺设备上安装独立、合适的防爆泄压装置，如安全阀、防爆膜等。在相互连通的生产工艺管线上安装单向阀等阻火防爆装置，以截断事故扩展途径。排放管沟上设置隔油池、水封装置。在有机溶剂生产使用场所，设置浓度自动检测报警与通风装置联动系统。当发生泄漏时，泄漏液体蒸气达到危险浓度时，报警系统动作，同时通风系统自动开启，驱散泄漏蒸气。有机溶剂用量较大、发生事故后果严重的场所，增设蒸汽幕或水喷淋系统。一旦有机溶剂或蒸气大量泄漏，通风不足以排除危险时，则启动蒸汽幕或水喷淋系统，以稀释有机溶剂、蒸气，消除起火爆炸的危险。根据生产使用有机溶剂工艺的不同特点和生产规模，设置相应的固定式或移动式灭火装置。

2. 粉尘爆炸危险性分析

（1）粉尘爆炸的基本原理　粉尘爆炸是指可燃性粉尘在助燃气体中悬浮，在点火源作用下急剧燃烧，引起温度、压力明显跃升，从而发生爆炸。粉尘爆炸包括5个条件：可燃性粉尘、助燃气体（一般指氧气）、点火源、扩散（形成粉尘云）、受限空间。前3个条件一般称为"燃烧三要素"。可燃性粉尘云的燃烧速度比堆积的粉尘燃烧速度要快得多，会在瞬间产生大量的燃烧热，气体温度迅速升高，体积剧烈膨胀，如果空间受限，就会发生爆炸。

发生粉尘爆炸事故的原因很多，既有粉尘物质自身物理、化学性质等因素，也有点火源、点火浓度等外部因素。通过消除粉尘燃烧爆炸的外部因素，可预防粉尘爆炸事故的发生；增加隔爆、抑爆、泄爆等装置，能减弱粉尘爆炸造成的损失。

一般比较容易发生爆炸事故的粉尘大致有铝粉、锌粉、镁粉、铝材加工研磨粉、各种塑料粉末、有机合成药品的中间体、小麦粉、糖、木屑、染料、胶木灰、奶粉、茶叶粉末、烟草粉末、煤尘、植物纤维尘等。这些物料的粉尘易发生爆炸燃烧的原因是都有较强的还原性元素（H、C、N、S 等）存在。当过氧化物和易爆粉尘共存时，便发生分解，由氧化反应产生大量的气体，或者气体量虽小，但释放出大量的燃烧热。

粉尘爆炸极具破坏性。除"初始爆炸"外，还会发生"二次爆炸"及多次爆炸，往往是火灾和爆炸同时发生。像煤尘、塑料等粉尘燃烧爆炸时还会产生一氧化碳、氯化氢等有毒有害气体，往往造成爆炸过后的大量人畜中毒伤亡，必须充分重视。

（2）预防粉尘爆炸的技术措施　粉尘爆炸是可以预防的。在采取预防措施之前，必须了解哪些生产工艺和设备容易发生粉尘爆炸事故。

容易发生粉尘爆炸事故的生产工艺有：物料研磨、破碎过程，气固分离过程，除尘过程，干燥过程，气力输送过程，粉料清（吹）扫过程等，这些过程使粉尘处于悬浮状态，只要有合适的点火源则极易发生燃烧爆炸。集尘器、除尘器、气力输送机、磨粉机、干燥机、筒仓、连锁提升机等生产设备也特别容易发生爆炸。

预防粉尘爆炸的关键，就是消除"燃料""火源""氧化剂"这"燃烧三要素"中的一个或多个要素。

消除火源的措施有可靠接地、选用粉尘防爆电器、消除明火、防止局部过热、不用铁质工具敲击等。据统计，引起袋式除尘器内粉尘爆炸的火花主要是粉尘与滤袋摩擦、撞击产生的静电火花。如果在滤袋中织入金属导线并可靠接地，就能使静电及时释放，避免积聚到放电的水平。如果可燃性粉尘覆盖在失效的工业轴承或电动机表面上，容易点燃粉尘，引发火灾、爆炸事故。

消除燃料的措施主要是保持工作面、设备表面清洁，采用正确的清扫方法，目的是防止粉尘云产生。可燃性粉尘车间宜采用负压清扫、湿式清扫（活泼金属粉尘除外），而不应采用压缩空气清扫。

消除氧化剂主要方法是用惰性气体（如 N_2、CO_2 等）替代氧气，使内部空气惰化，可在密闭条件好、内部无人作业的筒仓等设备中使用。像旋风分离器、干燥器、粉尘收集器等设备则不适合采用惰化的方法。

预防措施不可能百分之百奏效。为了减少爆炸造成的损失，应采用泄爆、抑爆、隔爆等措施，进一步控制爆炸事故及其后果。抑爆是在爆炸初始阶段，通过物理化学作用扑灭火焰，抑制爆炸的发展；泄爆旨在爆炸压力尚未达到围包体的极限强度之前，通过泄压膜泄除爆炸压力，使围包体不致被破坏；隔爆是在爆炸发生后，通过物理化学作用扑灭火焰，阻止爆炸传播。通过采取合适的泄爆、抑爆、隔爆技术，能够最大限度降低爆炸损失。

（3）防止粉尘爆炸事故的监管对策

① 强化监管　要调查可燃性粉尘加工、使用企业状况，分析以往粉尘爆炸事故特点、规律，提出重点监管的粉尘、加工工艺的措施。对饲料、铝镁粉、棉麻、淀粉、木材、烟草、煤粉、制糖、港口等企业，参照高危行业进行监管。

② 开展专项检查　应根据不同行业粉尘防爆重点，制定安全检查表，开展检查方法培训；要求企业自查，提交自查报告；各地对本辖区企业开展专项检查，查找隐患、督促整改；组织对重点地区、重点企业检查，检查的重点为现场、设备、工艺缺陷、粉尘防爆设施"三同时"情况、隐患整改情况等。

③ 开展专项整治　通过专项整治纠正"违法""违规"，通过工程技术措施治理设备、工艺安全隐患，对标整改。在易发生粉尘爆炸事故的行业中，树立粉尘防爆示范标杆企业，建立标准化考评方法，促使同类企业对标整改。

3. 重点监控工艺参数及安全控制基本要求

（1）重点监控工艺参数　反应器温度和压力；反应物料的比例控制；料位；液位；进料介质温度、压力与流量；氧含量；外界取热器蒸汽温度与压力；风压和风温，烟气压力与温度；压降；H_2/CO；NO/O_2；$NO/$醇；H_2S、CO_2 含量等。

（2）安全控制基本要求　反应器温度、压力报警与联锁；进料介质流量控制与联锁；反应系统紧急切断进料联锁；料位控制回路；液位控制回路；H_2/CO 与联锁；NO/O_2 控制与联锁；外取热蒸汽热水泵联锁；主风流量联锁；可燃和有毒气体检测报警装置；紧急冷却系统；安全泄放系统。

（3）宜采用的控制方式　将进料流量、外取热蒸汽流量、外取热蒸汽包液位、H_2/CO 与反应器进料系统设立联锁关系，一旦发生异常工况启动联锁，紧急切断所有进料，开启事故蒸汽阀或氮气阀，迅速置换反应器内物料，并将反应器进行冷却、降温。

第四节　新型煤化工工艺安全操作规程

因为煤化工生产的产品繁多，各种产品的生产工艺各异。因此，不可能有一个统一的安全操作规程，只能是根据各个工艺的特点和生产流程，以及配备的设备等情况，各自制定安全操作规程。为了说明问题，这里列出某企业煤制甲醇制氢生产的安全操作规程。

一、甲醇制氢岗位安全操作规程

1. 开车

（1）准备工作

① 所有阀门在开车前均为全关闭状态。开车前应检查仪表气源、电源及线路连接是否正确；控制柜是否工作良好；程控阀门是否动作正常；手动阀门开启是否正常；各仪表是否正常。

②当甲醇分解装置运行稳定，甲醇分解气合格且压力处于变压吸附装置的工作范围之内时，即可准备开车。

（2）开车

① 接通气动管路气源，将所有压力表截止阀全开。

② 打开分解气缓冲罐进气阀，放空阀全开。

③ 开始运行程序，使气动阀门按选定的程序开始运行，使甲醇分解气进入变压吸附系统中。

（3）注意事项

① 变压吸附装置除进气阀、出气阀、冲洗阀、压力表截止阀、排污阀等阀门为手动阀外，其余阀门均为气动阀门，无须手调。

② 关键重要阀门只能由技术负责人操作，调整好后任何人不允许再调整或关闭。

③ 开机后，操作员应定期巡视，发现异常现象，应立即停车。

2. 停车

（1）从上位机上停止运行程序，关闭出口阀或放空阀。

（2）若为短暂停车，其余手动阀不必关闭；若为长时间停车，将所有手动阀全部关闭。按氢气压缩机操作规程停止氢气压缩机，关闭相关阀门。

3. 重开车

（1）若系统无拆卸，保压正常，重开车可按上述开车步骤进行。

（2）若对系统某一部分进行了拆卸或每小时压力降超过 0.5%，则重开车必须先进行气密性试验、吹扫，然后再按上述开车步骤进行。

4. 安全注意事项

（1）所有操作人员需经培训合格后才能上岗操作。

（2）该装置处理气体为含氢的混合气体。操作人员应注意防燃、防爆。必须遵守安全操作规程及"甲醇分解制氢装置工艺规程"中的各项规定。

（3）所有设备及控制柜应有良好的接地。

（4）所有程序控制阀均按编制好的程序运行，未经许可不得改动。

（5）若设备维修会造成设备或管道与大气连通，则维修前必须先将此部分中的压力泄放到常压，用氮气进行置换，保证此部分氢气含量小于 0.5% 后，再拆卸。若更换吸附剂，则必须进行上述操作。

5. 设备维护

（1）长期使用后（一年以上），吸附器内的吸附剂会有所减少，可适当补加吸附剂。补加吸附剂后，应再次用氮气试压、吹扫。

（2）长期使用后（两年以上），过滤器会因尘粒堵塞造成阻力增加，应当更换滤芯。

（3）阀门在运行一段时间后会发生内漏或外漏，应定期维修。内漏严重的阀门应更换阀内密封座或更换阀门。

（4）控制柜表面应保持清洁、无尘，操作人员应经常用干布清洁柜体及柜内仪表。长期不用时应定期清洁，定期通电检查，注意设备现状。

（5）现场仪表变送器、调节阀、分析仪应保持清洁，防尘、防锈，同时注意其运行情况。

（6）每隔 3~6 个月应对电气设备及线路检查一次。检查内容包括：电气接头是否松动、脱落，以及电气绝缘、接地、短路等项目，发现问题及时处理。

（7）仪表气源应保持无油、无水、无尘、压力稳定。

（8）仪表、设备的例行维护详见相应的说明书。

6. 故障分析与排除

甲醇制氢设备故障分析与排除见表 17-8。

表 17-8　甲醇制氢设备故障分析与排除

序号	故障现象	原因分析	排除方法
1	产品氢气纯度低	① 处理气量过大 ② 系统压力过低 ③ 分析取样管道吹除不彻底 ④ 阀门内漏严重 ⑤ 原料气纯度降低 ⑥ 吸附剂部分或全部失效	① 调小处理气量 ② 将压力调到给定的范围 ③ 彻底吹除取样管道 ④ 维修或更换阀门 ⑤ 提高原料气氢气纯度 ⑥ 更换吸附剂
2	产品氢气产量不足	① 阀门泄漏严重 ② 原料气量过小	① 维修或更换阀门 ② 调大原料气量
3	工作压力失常	① 仪表空气供气失常 ② 压力变送器失灵 ③ 薄膜调节阀失灵 ④ 可编程控制器失灵 ⑤ 程控阀门失灵	① 维修仪表空气供气系统 ② 调节或维修压力变送器 ③ 调节或维修薄膜调节阀 ④ 维修可编程控制器 ⑤ 维修程控阀门

续表

序号	故障现象	原因分析	排除方法
4	程控阀门不动作	① 没有启动 ② 无 24V DC 电源 ③ 程序未写入 ④ 没有气源或气动管路堵塞 ⑤ 先导阀堵塞	① 启动 ② 检查 24V DC 电源 ③ 检查输出与程序 ④ 检查气源及气动管路 ⑤ 疏通先导阀
5	调节阀打不开	① 系统压力低于控制压力 ② 调节器无输出 ③ 没有气源 ④ 气动管路堵塞 ⑤ 调节阀膜片漏气 ⑥ 阀门定位器坏	① 升高系统压力 ② 检查调节器输入输出信号是否正常 ③ 检查气源 ④ 找出具体部位并排除 ⑤ 更换膜片 ⑥ 修理或更换阀门定位器

二、关于安全操作规程的说明

煤化工生产的安全操作规程,有产品才有安全操作规程,因为煤化工产品五花八门,繁多复杂,所以,一种产品就有一种产品的安全操作规程,不能笼统地说煤化工安全操作规程。比如煤制油工艺,主要过程有煤的运输、煤的气化、煤气的净化、煤气制氢、油品的合成、油品的加工、油品的储存等工艺过程,每个工艺过程均有安全操作问题,也就有安全操作规程。因此,煤化工安全操作规程,应以产品和各个工艺过程的安全要求来制定。像上面所说的甲醇制氢安全操作规程也只是一个工艺过程的安全操作规程而已。

安全操作规程是根据工艺流程进行生产工作时,就如何使用设备或工具和材料准备,环境安全,质量保证等方面的工作步骤进行描述的文件和符合安全生产法律法规的操作程序。其作用为保障安全生产和保证国家、企业、员工的财产或生命安全。企业职工的违规操作除了因为员工的安全意识淡薄外,安全操作规程缺乏实际操作性也是不容忽视的原因。因此,企业应根据实际情况的变化不断调整、完善安全操作规程,增加可操作性,使员工乐于遵守该规程。而且,企业在制定劳动纪律时应充分考虑相关因素,在对违规操作、忽视安全的员工进行一定处罚的同时,更应该重视正面引导对员工遵守安全操作规程的作用。

安全操作规程不仅能规范员工的工作行为,还能强化员工的安全意识。在实际情况下,员工能够分清什么是正确的,什么是不违章的,或者更进一步地说,在特殊情况或者突发情形时,员工可依据安全操作规程来确定到底怎么去做才是最合理有效的。它适用于企业所有员工和岗位,它的存在,有效地减少了生产事故的发生,给安全生产管理工作带来便利。因此,煤化工生产的各种安全操作规程是非常重要的,是员工一切操作的规范,也是员工生命安全的"保护神",必须不折不扣地认真贯彻执行。

第十八章

电石生产工艺

第一节　电石生产工艺简介

一、定义

碳化钙（CaC_2）俗称电石，工业品呈灰色、黄褐色或黑色，含碳化钙较高的呈紫色。其新创断面有光泽，在空气中吸收水分呈灰色或灰白色。能导电，纯度愈高，导电性愈好。在空气中能吸收水分，加水分解成乙炔和氢氧化钙，与氮气作用生成氰氨化钙。

电石工业诞生于 19 世纪末，迄今工业生产仍沿用电热法工艺，即生石灰（CaO）和焦炭（C）在埋弧式电炉（电石炉）内，通过电阻电弧产生的高温反应制得，同时生成副产品一氧化碳（CO）。还有一种生产电石的方法，即氧热法。

电石是有机合成化学工业的基本原料之一，是乙炔化工的重要原料。由电石制取的乙炔广泛应用于金属焊接和切割。

电石生产工艺流程如图 18-1 所示。主要生产过程是：原料加工，配料，通

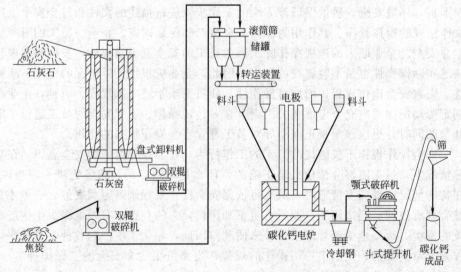

图 18-1　电石生产工艺流程

过电炉上端的入口或管道将混合料加入电炉内，在开放或密闭的电炉中加热至 2000℃左右，反应式为 $GaO+3C \longrightarrow CaC_2+CO$。熔化了的碳化钙从炉底取出后，经冷却、破碎后作为成品包装。反应中生成的一氧化碳则依电石炉的类型以不同方式排出：在开放炉中，一氧化碳在料面上燃烧，产生的火焰随同粉尘一起向外四散；在半密闭炉中，一氧化碳的一部分被安置于炉上的吸气罩抽出，剩余的部分仍在料面燃烧；在密闭炉中，全部一氧化碳被抽出。

二、电石生产的基本化学原理

根据 $CaO+3C \longrightarrow CaC_2+CO$ 可见，电石生成反应中投入的三份 C，其中两份生成 CaC_2，而另一份则生成 CO，即消耗了 1/3 的炭素材料。

1. 石灰生产

生石灰（CaO）是由石灰石（$CaCO_3$）在石灰窑内于 1200℃左右的高温煅烧分解制得：

$$CaCO_3 \longrightarrow CaO+CO_2 \uparrow$$

2. 电石生产

电石（CaC_2）是生石灰（CaO）和焦炭（C）于电石炉内通过电阻电弧热在 1800～2200℃的高温下反应制得。

电石炉是电石生产的主要设备，电石工业发展的初期，电石炉的容量很小，只有 100～300kV·A，炉型是开放式的，副产品 CO 在炉面上燃烧，生成 CO_2 白白浪费。

电石行业是一个高耗能、高污染的行业。在原材料的运输、准备过程及生产过程中都有污染物生成。现在这个行业国家规定比较严格，另外一氧化碳的回收也取得了很好的效果。图 18-2 为电石路线悬浮法 PVC 生产工艺流程。

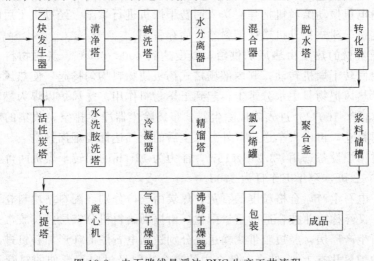

图 18-2　电石路线悬浮法 PVC 生产工艺流程

3. 电石生产工艺过程

烧好的石灰经破碎、筛分后，送入石灰仓储藏，待用。把符合电石生产需求的石灰和焦炭按规定的配比进行配料，用斗式提升机将炉料送至电炉炉顶料仓，经过料管向电炉内加料，炉料在电炉内经过电极电弧垫和炉料的电阻热反应生成电石。电石定时出炉，放至电石锅内，经冷却后，破碎成一定要求的粒度规格，得到成品电石。在电石炉中，电弧和电阻所产生的热把炉料加热至 1900～2200℃，其总的化学反应式为：

$$CaO + 3C \Longrightarrow CaC_2 + CO \uparrow$$

4. 电石炉生产工艺

电石生产分为原料储运，炭材干燥，电石生产，固态电石冷却、破碎、储存及电极壳制造等几个工序。

（1）原料储运　电石生产主要原料焦炭、石灰、电极糊均由汽车运入厂区，经地中衡计量后储存。焦炭采用露天堆场和焦棚储存，储存周期按 14d 计，储量为 5000t；石灰采用地下料仓储存，储存周期按 2d 计，储量为 850t；电极糊储存在电极糊厂房内，储量为 8t。

焦炭干燥时由装载机送到受料斗中，经带式输送机及斗式提升机送到破碎筛分楼筛分，5～25mm 焦炭通过带式输送机送至炭材干燥中间料仓，0～5mm 焦炭用小车送至电厂、空心电极或炭材干燥焦粉仓供热风炉使用。石灰需要时经带式输送机送至石灰破碎筛分楼进行破碎筛分。破筛后 8～45mm 石灰由大倾角输送机送至配料站配料，0～8mm 石灰送至石灰粉仓。电极糊经破碎机破碎后由专用小车运往电石厂房。

（2）炭材干燥　合格粒度（≤25mm）焦炭由胶带输送机分别送入湿焦炭仓，再由电机振动给料机把焦炭送入回转干燥机进行烘干。经过烘干后的物料由胶带输送机、斗式提升机送往配料站，储存备用。

烘干炭材的热量由热风炉供给，温度达到 400～600℃，炭材物料流入烘干机内，由回转干燥机转动，其内部栅格式扬板使物料均匀扬起，使热风与物料充分接触，热风把物料中水分带走，起到干燥物料作用。热风炉以煤为燃料。用过的热风（低于 160℃）进入旋风除尘器、布袋除尘器净化排空，收集的炭材粉被送入炭材粉仓，再由汽车送至厂外。除尘后的废气达标经烟囱排空。

炭材干燥设备选用 $\phi 2.2m \times 15m$，能力为 12t/h 的回转干燥机两台，每台每天生产 1～2 班，全年工作日为 330d。

（3）电石生产　合格粒度的石灰、焦炭由仓口分别经配料站块料仓下的振动给料机，又经称重斗按合适的重量配比，由振动给料机分三层经长胶带式输送机送至电石生产厂房，经短胶带式输送机分别送到电石炉的环形加料机进入炉料储斗。电炉炉料共有 12 个储仓，储仓中的混合物料经过向下延伸的料管及炉盖上的进料口靠重力连续进入炉中。装在电极糊盛斗内的破碎好的电极糊（100mm以下），经单轨吊从地面提升到各电极筒顶部倒入电极筒内。

电能由变压器和导电系统经自焙电极输入炉内，石灰和炭素原料在电阻电弧产生的高温（2000～2200℃）下转变成电石。

冶炼好的电石，每隔1h左右从炉口出炉一次，熔融电石流入牵引小车上的电石锅内，由卷扬机将小车拉到冷破厂房进行冷却、破碎。

（4）固态电石冷却、破碎、储存 液态电石注入电石锅，经卷扬机牵引小车送至冷却厂房。由5t吊钩桥式起重机将电石锅用吊具从小车上吊出，放置在"热锅预冷区"冷却。待液态电石凝固成坨后从锅内吊出，放置在冷却区继续冷却（冷却时间约20～22h）。再由5t吊钩桥式起重机通过专用卡具将整坨电石从锅内吊出，送至破碎平台进入一次破碎机破碎（破碎后的块状电石粒度≤200mm）。再经带式输送机送至二次破碎机破碎（破碎后的块状电石粒度≤80mm）。然后再经带式大倾角输送机送至成品电石仓储存。需要时经方形电动颚式阀以汽车运出。成品电石依级别建仓，分一级品、合格品和次品，储存周期按2d计，储量为800t。

（5）电极壳制造 电极壳制造工段的任务是加工适合于电石炉组合式把持器使用的电极壳。同时，在电石炉正常运转期间负责将电极壳焊于电石炉的电极柱上。

电极壳由12块带折边的弧形板及若干块大小筋板组成，焊后的电极壳直径为1250mm，长度为1500mm，其所用材料为厚度2mm和3mm的冷轧薄钢板。

第二节 电石工艺的危险性分析

一、电石的危害性

电石是碳化钙的俗称，分子式CaC_2，工业用电石密度为2.2～2.8g/cm^3。电石的制造是将焦炭和氧化钙放在电炉中熔炼：$CaO+3C \Longrightarrow CaC_2+CO$。制取1t电石约需耗电3500kW·h，电石粒度一般为20～80mm。

碳化钙本身不具燃烧性质，但与水的化合作用极为活跃，电石与水接触或吸收空气中潮气立即分解，产生乙炔气并放出大量热量，该热量即可引起乙炔的着火爆炸。因此，电石属于遇水燃烧的一级危险品。电石与水的反应式为：

$$CaC_2+2H_2O \Longrightarrow C_2H_2+Ca(OH)_2+127.19J/mol$$

由于电石与水反应时放出大量热量，如果不能及时导出，在散热不良的条件下，就会因积热升温而促使乙炔着火爆炸。

电石过热是乙炔发生器着火爆炸事故的主要原因之一。考虑到电石的热效应，根据发生器的不同原理，分解 1kg 电石的用水量，包括分解和冷却用水量应为 5～15kg。

电石发生着火爆炸的危险性与分解速度有关。电石与水作用的分解速度单位是 L/（kg·min），它与电石的粒度、纯度及水的纯度、温度等有关。其中，粒度是最重要的影响因素，对粒度为 2～4mm 至 50～80mm 的电石来说，其完全分解的时间为 1.17～16.57min。

电石粒度越小，分解速度越快，单位时间内产热越多，而积热升温引起乙炔的燃爆就越迅速。因此，应当按规定的粒度给发生器加料。一般结构的发生器严禁使用粒度小于 2mm 的电石粉（俗称芝麻电石），这种电石遇水后立即快速分解，冒黄烟，产生高热并结块，能促使乙炔自燃。当发生器含有空气时，将引起爆炸和着火。

电石一般含有杂质硅铁，硅铁与硅铁或其他金属相互摩擦碰撞时，容易产生火花，往往成为乙炔燃烧爆炸的火源，发生意外事故。

电石含有 CaS 和 Ca_3P_2 等有害杂质，其含量必须限制，以乙炔中的磷化氢含量不超过 0.08%（体积分数）为合格。

二、生产过程中危险因素分析

根据电石物理化学性质，在危险化学品中被列为第 4.3 类，属于遇湿易燃物品，其生产过程中产生高温、高压、乙炔、一氧化碳、二氧化碳、二氧化硫及粉尘等诸多的职业危害因素，并伴随着高电压、大电流等，在生产过程中的灼烫、爆炸、窒息与中毒、机械伤害、物体打击、高处坠落、淹溺等都属于多发事故。如果设备设施整体安全性不足或存在误操作现象等各种原因，易造成各类重大事故的发生。近几年来，在电石生产行业发生的多起电石炉事故，造成了严重的人员伤亡和重大财产损失以及恶劣的社会影响，充分说明了电石生产的危险性和危害程度。

当电石受水或潮湿的空气作用时即放出乙炔气体，与空气混合浓度在 2.1%～87% 时形成爆炸性混合物，倘若室内或容器内的水进入电石中就可以放出大量的乙炔气体及热量，若有任何火源存在，即能引起燃烧及爆炸。

在生产过程中，电石炉内以 2300℃ 左右的高温来冶炼电石，同时放出一氧化碳、二氧化碳、二氧化硫等气体及粉尘。

一氧化碳（CO）为无色、无味、无臭、有毒气体，在温度 15～20℃，CO 的相对密度（空气＝1）为 0.968。一氧化碳和空气混合达到一定的浓度比例时，会引起燃烧及爆炸。在 18～19℃ 时，一氧化碳在空气中的浓度达到 12.5%～74.2% 范围内即爆炸，在 650℃ 时与空气接触会自动着火。

当空气中一氧化碳含量在 0.16%～0.2%（$1600 \times 10^{-6} \sim 2000 \times 10^{-6}$）时，

人吸入 1～1.5h 后会中毒死亡，而浓度增加到 1.5% 以上时，则人吸入 15min 即会中毒死亡。其浓度控制在 0.01% 以下，才能确保人身安全。

二氧化碳（CO_2）一般来说是无害的，但会对人产生窒息的作用，当空气中二氧化碳浓度达到 3%～4% 时，会使人心跳加剧；浓度达到 8% 时，会引起剧烈头痛；如浓度超过 10%，则足以使人窒息而死。

二氧化硫是从炉内废气中生成的，因为原料中（主要是炭素原料中）含有一定的硫。二氧化硫（SO_2）空气中的允许极限浓度是 0.02～0.04mg/L。在电石炉出炉时含有一些二氧化硫气体，但在距离出炉口 4～5m 的场所，通常没有硫化物气体。

电石炉使用的白灰、炭素材料及排出的粉尘，对于人的呼吸器官、视觉器官、皮肤等都是有害的。

电石炉生产的主要消耗之一是电能，电炉设备的电流通过部分必须绝缘良好，人体触电会受到伤害甚至死亡。

三、电石的使用安全要求

（1）搬运电石桶时应使用小车，轻装轻卸，不得从滑板滑下或在地面滚动，防止撞击、摩擦产生火花而引起爆炸着火。

（2）电石桶在搬运过程中，应采取防潮措施，如发现桶盖不严密或鼓包等现象，应打开桶盖放气后，再将桶盖盖严。严禁在雨天搬运电石。

（3）给发生器装电石的操作应平稳，不得将电石掷入电石篮内。加料时如发现电石搭桥，可用木棒或含铜量小于 70% 的铜棒捅电石，禁止使用铁器捅电石。

（4）发生器自动加料的输送带或其他加料机构，应采取铺设橡胶片等措施。

（5）应当按发生器使用说明书规定的粒度给发生器加料。移动式发生器的电石反应区如果有排热装置时，安全规则允许添加不超过 5% 的粒度为 2～25mm 的电石；大型电石入水式乙炔发生器，粒度为 2～8mm 的电石不应超过 30%。不得使用粒度大于 80mm 的电石，因为容易发生搭桥卡料。

（6）应当根据发生器使用说明书的要求按时换水，并且应根据水位计或水位龙头的标志，供给足量的洁净水，避免电石发生过热现象。

（7）在发生器周围的地面上，或乙炔站、电石库房和破碎间等场所的电石粉末，应及时清扫，并分批倒入电石渣坑进行处理，避免电石吸潮气分解，使车间等内形成乙炔与空气的爆炸性混合气。同样的道理，在乙炔站、焊接车间和气焊与气割的临时工作间等区域不得存放堆积超过发生器两天用量的电石，并且要采取防潮措施。

四、重点监控工艺参数及安全控制基本要求

1. 重点监控工艺参数

炉气温度；炉气压力；料仓料位；电极压放量；一次电流；一次电压；电极

电流；有功功率；冷却水温度、压力；液压箱油位、温度，变压器电流；净化过滤器入口温度、炉气组分分析等。

2. 安全控制基本要求

设置紧急停炉按钮；电炉运行平台和电极压放视频监控、输送系统视频监控和启停现场声音报警；原料称重和输送系统控制；电石炉炉压调节、控制；电极升降控制；电极压放控制；液压泵站控制；炉气组分在线监测、报警和联锁；可燃和有毒气体检测和声光报警装置等。

3. 宜采用的控制方式

将炉气压力、净化总阀与放散阀形成联锁关系；将炉气组分氢、氧含量与净化系统形成联锁关系；将料仓超料位、氢含量与停炉形成联锁关系。

五、生产过程中危害因素安全控制

1. 乙炔生产事故案例分析

案例1：发生器加料口燃烧

某厂发生器在加料时，由于第一储斗排氮不彻底，电石块太大，在加料吊斗内"搭桥"。操作人员采用吊斗撞击加料口，致使吊钩脱落。于是现场挂吊钩，同时启动电动葫芦开关，结果引起燃烧，操作人员脸部和手部被烧伤。

原因分析：乙炔气遇到电动葫芦开关火花引起燃烧。

案例2：乙炔发生器爆炸

安徽某厂乙炔工段1♯发生器活门被电石桶盖卡住，操作人员进入储斗内处理时突然发生爆炸，死亡3人。

原因分析：人进入发生器内处理被卡住的活门时，致使大量空气进入储斗内，用工具敲击电石时产生火花，乙炔气与之接触后发生爆炸。

案例3：乙炔发生器发生爆喷燃烧

广西某厂乙炔工段当班操作人员发现乙炔气柜高度降至 $180m^3$ 以下，按正常生产要求，此时发生器需要添加电石，于是操作人员到三楼添加电石，1♯发生器储斗的电石放完后，又去放2♯发生器储斗的电石，当放出约一半电石物料时，在下料斗的下料口与电磁振动加料器上部下料口连接橡胶圈的密封部位，突然发生爆喷燃烧。站在电磁振动器旁的操作人员全身被喷射出来的热电石渣浆烧伤，送医院抢救无效死亡。

原因分析：操作人员在放发生器储斗的电石时，没注意到乙炔气柜液位的变化，致使加入粉料过多，产气量瞬间过大，压力超高，气压把中间连接的橡胶圈冲破，大量电石渣和乙炔气喷出并着火。

案例4：乙炔发生器加料口爆炸

湖南某厂乙炔站1♯发生器加料口爆炸起火，随后2♯发生器加料口和储斗橡胶圈的密封处也发生爆炸起火,电石飞溅到一楼排渣池,产生乙炔气导致起火,发生器一、三、四楼都起火。操作人员紧急处理时,乙炔气又从2#冷却塔水封处冲出,不久便被一楼的火源引爆,冲击波将东、西、北三方围墙冲倒,周围的9人受伤,其中1人经抢救无效死亡,有2人为重伤。

原因分析:①操作人员在紧急处理中的操作程序有误,造成管道内压力升高,冲破水封,气体跑出;②电石加料口处阀泄漏,乙炔气从加料口处冲出,而电石储斗处氮气密封不好,有空气进入,致使加料过程中爆炸起火。

案例5:乙炔发生器爆炸

保定市某电化厂乙炔工段乙炔发生器溢流管堵塞,停车处理。开车后下料管道又堵塞,继续停车处理,操作人员用木锤、铜锤分别敲击下料斗的法兰盘,之后发生爆炸,当场死亡1人,重伤1人,轻伤1人。

原因分析:下料口堵塞时间过长,使发生器内电石吸水分解放热,因加料斗密封橡胶圈破裂,空气进入。当下料口砸通,突然下料,形成负压,瞬间发生爆炸。

案例6:违章抽盲板,导致乙炔发生器发生爆炸

江苏某公司树脂厂乙炔发生器停车检修(包括动火作业)已1个月,在开车的当天,检修人员修理完电振荡器后,自认为"做好事",未经允许擅自拆除加料口盲板,在遭到其他人员"谁装谁拆"训斥后又将盲板安装上,在这过程中导致少量电石落入发生器内,开车时发生爆炸。致使分离器筒体1m长焊缝开裂,发生器顶盖严重变形,人孔32只$\phi16mm$螺栓全部拉断(需2.5×10^6N力),人孔盖飞出撞坏墙体,车间、操作室门窗玻璃炸飞,所幸未有人员伤亡。

原因分析:违反了抽堵盲板"谁装谁拆"的原则,电石掉入发生器后未报告和处理,开车时加水没有执行操作规程2/3液面的规定(气相容积增大),导致气相充氮不足,使乙炔-空气混合物达到爆炸极限范围,在开动搅拌时引发爆炸。

2. 危险和有害因素分析

电石及乙炔的主要危险和有害因素分别见表18-1和表18-2。

表 18-1 电石的主要危险和有害因素

序号	项目	主要危险和有害因素
1	危险性类别	第4.3类遇湿易燃物品(43025)
2	燃爆特性	燃烧性:遇湿易燃
		最大爆炸压力:无资料
		危险特性:干燥时不燃,遇水或湿气迅速产生高度易燃的气体,在空气中达到一定浓度时,可发生爆炸性灾害,遇酸类物质能发生剧烈反应

续表

序号	项目	主要危险和有害因素
3	稳定性和反应活性	稳定性:稳定
		聚合危害:不聚合
		避免接触的条件:潮湿空气
		禁忌物:水、醇类、酸类
		燃烧(分解)产物:乙炔、一氧化碳、二氧化碳
4	健康危害性	侵入途径:吸入、食入
		健康危害:损害皮肤,引起皮肤瘙痒、炎症、"乌眼"样溃疡。皮肤灼伤表现为创面长期不愈合及慢性溃疡型。接触工人出现牙釉质损害、龋齿发病率增高

表 18-2　乙炔的主要危险和有害因素

序号	项目	主要危险和有害因素
1	危险性类别	第 2.1 类易燃气体(21024)
2	燃爆特性	燃烧性:易燃
		爆炸下限:2.1%;爆炸上限:80.0%;引燃温度:305℃;最小点火能:0.02mJ
		危险特性:极易燃烧、爆炸。与空气混合能形成爆炸性混合物,遇热或明火即会发生爆炸。与氧化剂接触会猛烈反应。与氟、氯等接触会发生剧烈的化学反应。能与铜、银、汞等的化合物生成爆炸性物质
3	稳定性和反应活性	稳定性:稳定
		聚合危害:聚合
		避免接触的条件:受热
		禁忌物:强氧化剂、强酸、卤素
		燃烧(分解)产物:一氧化碳、二氧化碳
4	健康危害性	侵入途径:吸入、食入
		健康危害:暴露 20%浓度,出现明显缺氧症状;吸入高浓度,初期兴奋、多语、哭笑不安,后出现眩晕、头痛、恶心、呕吐、共济失调、嗜睡,严重者昏迷、紫绀、瞳孔对光反应消失、脉弱而不齐。当混有磷化氢、硫化氢时,毒性增大,应予以注意

（1）固有的危险性工艺过程

① 电石与水发生乙炔工艺的危险　电石是第 4.3 类遇湿易燃物品,遇水能迅速反应产生乙炔气,乙炔气遇明火即会发生着火或爆炸。

电石中如含有磷化钙杂质,则遇水生成爆炸性磷化氢气体。但必须采用水解法工艺,才能得到需要的乙炔气。因此,这是固有的危险性工艺过程。

② 乙炔净化工艺的危险　乙炔是第 2.1 类易燃物品，常温、常压时为气体，易燃、易爆，在空气中的爆炸极限为 2.1%～80.0%（7%～13% 时爆炸能力最强）。乙炔（气）在 GB 13690《常用危险化学品的分类及标志》中的危险特性描述为：与铜、汞、银能形成爆炸性混合物；遇明火、高热会引起燃烧爆炸；遇卤素会引起燃烧、爆炸。

（2）操作危险性分析　电石加料是间歇式单元操作，采用危险的装置、单元操作，存在一定危险性。

① 电石加料发生火灾和爆炸的危险性　加料前储斗内乙炔未排净；吊斗与加料斗碰撞或电石摩擦产生火花；电动葫芦电线冒电火花。

② 加料时漏乙炔发生火灾、爆炸的危险性　加料阀橡胶圈破损；硅铁卡住；加料阀变形损坏。

③ 反应温度太高的危险性　小块电石过多，反应速率快；工业水水压低或水管堵塞；溢流管不畅通。

④ 压力波动的危险性　气柜滑轮被卡住，或管道积水；正压水封液面过高；电石加料过多，反应速率快；电石质量不好，发气量迅速降低。

（3）电石的危险　重大危险源的辨识依据是物质的危险特性及其数量，分为储存区重大危险源和生产场所重大危险源两种。

① 电石　仓库最大储量将达几百吨，特别是雨天，如果暴雨夹带暴风，雨水漫淹，一旦库房破坏，后果严重。

② 乙炔　采用 $600m^3$ 的气柜，存在超压泄放或低压吸入空气引起混合气体爆炸的危险性。

（4）各类点火能的危险　生产区易燃物质乙炔泄漏，空气为助燃物，而点火能是不确定的，对于电气火花、检修动火、机械摩擦、静电积聚、雷击、违章或故意破坏等，均存在危险。

① 明火源　明火源指敞开的火焰、火花等，如吸烟用火、加热用火、检修用火、机动车辆排气火花等。这些明火源是乙炔（引燃温度 305℃）泄漏火灾、爆炸事故的常见原因。

② 摩擦和撞击　当两个表面粗糙的坚硬物体互相猛烈撞击或剧烈摩擦时，有时会产生火花，0.1mm 和 1mm 直径的火花所带的热能分别为 1.76mJ 和 176mJ，超过可燃物质的最小点火能（乙炔最小点火能为 0.02mJ），足以点燃可燃气体。

③ 电气火花　电气线路、设备开关接触不良、短路、漏电产生火花，静电积聚放电火花，雷击火花等也是火灾爆炸事故的常见原因。

④ 高温物体　高速运动（旋转）机械——乙炔压缩机，由于失去润滑或冷却水，摩擦引起温度升高也有可能导致可燃气体燃烧或爆炸。

（5）违章操作的危险　人的不安全行为是事故的主要原因，根据国内统计，

"三违"（违章指挥、违章操作和违反劳动纪律）引起的事故占统计数据的70％左右。

（6）电石车辆的危险　运输电石的车辆最易发生由于防雨篷布缺损，雨水与电石反应的自燃事故。近几年，使用电石的企业每年都会发生此类事故，虽然往往是运输单位的责任，但车辆在厂区停靠时，存在着"殃及"的危险。

（7）废弃电石袋的火灾危险　废弃电石袋所含电石（粉、碎块）如果达一定量，由于纸质袋极易吸湿，因而会引起自燃或火灾。因此，废弃电石袋也是危险源。清理仓库的电石粉料，如处理不当，也会引起自燃。

（8）粉尘爆炸　GB 15577—2018《粉尘防爆安全规程》中，粉尘爆炸危险场所指的是存在可燃粉尘和气态氧化剂（或空气）的场所。电石破碎（颚式破碎机）空间及周围存在可燃粉尘（电石粉），也是一个危险源。

第三节　乙炔系统爆炸事故模型

一、爆炸 TNT 当量

乙炔发生器和气柜瞬态泄漏后立即遇到火源，则可能发生燃烧；而泄漏后遇到延迟点火，则可能发生乙炔分解爆炸。前者属于火灾型，后者属于爆炸型。在事故过程中，一种事故形态还可能向另一种形态转化，如燃烧可能引起爆炸，爆炸也可能引起燃烧。为了估计爆炸的后果，必须找出定量计算爆炸当量的一些方法。

爆炸 TNT 当量计算式如下：

$$W_{TNT}=\eta\Delta H_f/Q_{TNT}W_f$$

式中，W_{TNT} 为爆炸 TNT 当量，kg；ΔH_f 为燃料燃烧热（乙炔燃烧热为44.19kJ/kg），kJ/kg；Q_{TNT} 为 TNT 的爆炸热，4187kJ/kg；W_f 为燃料总量，约300kg；η 为有效系数，0.03～0.05。

如果乙炔系统爆炸，则 $W_{TNT}=0.03\times300\times44.19\times10^3\div4187=95(kg)$

二、爆炸过压

爆炸过压曲线见图18-3。

根据乙炔的 W_{TNT} 及爆炸过压曲线图可计算距离不同爆炸源处的爆炸过压值：

① 距离爆炸源10m处爆炸过压：$10\div(95)^{1/3}=10\div4.56=2.19$，查图爆炸过压约为0.07MPa。

② 距离爆炸源20m处爆炸过压：$20\div(95)^{1/3}=20\div4.56=4.38$，查图爆

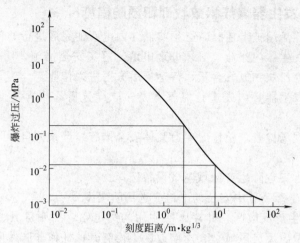

图 18-3 爆炸过压曲线图

炸过压约为 0.015MPa。

③ 距离爆炸源 30m 处爆炸过压：$30 \div (95)^{1/3} = 30 \div 4.56 = 6.57$，查图爆炸过压约为 0.001MPa。

爆炸、过压造成的影响见表 18-3、表 18-4。

表 18-3 爆炸损坏的影响

损坏程度	爆炸过压/MPa	损坏程度	爆炸过压/MPa
房屋几乎损坏（75%损坏）	0.040	荡平地面	0.200
房屋严重损坏（50%损坏）	0.025	树的主干或大的枝干断裂	0.080
房屋修缮暂时无法居住	0.010	支撑突然断裂	0.070
门窗破碎	0.007	50%的窗户破碎	0.0025

表 18-4 过压对人身安全的影响

爆炸过压/MPa	伤亡的概率%	爆炸过压/MPa	伤亡的概率%
<0.007	0	0.034～0.048	70
0.007～0.021	10	>0.048	95
0.021～0.034	25		

三、事故模型危险分析结果

如果乙炔系统爆炸，距离爆炸源 10m 处伤亡的概率约为 95%，距离爆炸源 20m 处伤亡的概率约为 10%，距离爆炸源 30m 处伤亡的概率约为 0。按国家标准 GB 3836.1《爆炸性环境 第一部分：设备 通用要求》规定，根据所选定物质的危险性分级分组，乙炔场所应当选择 dⅡCT2 隔爆型电气设备。

四、乙炔发生器爆炸事故教训和预防措施

(1) 发生器活门被卡住时，必须将储斗内电石加完后进行处理。

(2) 进入发生器内作业，必须办理申请，落实安全措施，用氮气排气置换，取样分析储斗内乙炔和氮气含量，待达标后方可进入作业。

(3) 清理发生器必须先进行氮气置换，取样分析乙炔含量＜0.23％后方可作业。

(4) 加强现场检查，检修时要有具体安全措施，严禁擅自拆除盲板，落实专人负责。

(5) 乙炔火灾危险生产区域电气设备选择

① 电机　生产装置中安装的电机应选用防爆型。

② 照明　生产反应区、储存区照明用的配电箱、照明灯具、开关、接线盒等应选用隔爆型。反应区域、仓库储放区不得有其他任何非防爆电气装置，也不得在其区域内使用手枪电钻、电吹风等易产生电火花的工具、电器，如有低压型灯也应选用隔爆型。

③ 电缆、导线　爆炸危险区域内的电缆可选铠装电缆或非铠装电缆。电缆、导线的额定电压不应低于线路的额定电压，且不高于400V。

④ 仪表、检测、报警自控系统　生产区域内的自控仪表应选用隔爆型，设置在该区域外或防爆区域内的正压室内的仪表和自控仪表也可选普通型。

⑤ 爆炸危险区域内电气线路的安装　爆炸危险区域内的电缆应尽量沿厂房外墙处铺设。当易燃物质比空气密度大时，电缆应在较高处铺设或直接埋地（非铠装电缆外需用钢管保护）；架空铺设时宜采用电缆桥架；电缆沟铺设时沟内应充砂，并有排水设施。当易燃物质比空气密度小时，电缆宜在较低处铺设或采用电缆沟铺设。电缆所穿越过的空洞，应采用非易燃材料堵塞严密。

⑥ 防雷　按 GB 50057《建筑物防雷设计规范》，凡建筑物、构筑物属第2类防雷等级的，需采取防直接雷、感应雷和雷电波入侵的措施。防雷接地可与电气保护接地装置共用，但其接地电阻应≤4Ω。

(6) 预防措施

① 电石破碎应采用敞开式粉碎设备且不宜露天设置，屋顶应防漏。电石破碎机输送带上应安装磁铁分离器，以除去硅铁杂质，防止因其撞击而产生火花。

② 发生器加料时不宜过多、过快，电石粒度不宜过小，以免造成反应剧烈而使发生器超压发生危险。加料时应按工艺要求充氮，以驱除乙炔气，否则容器内乙炔含量可能超标达到爆炸极限，在电石与器壁碰撞时产生火花而燃烧、爆炸。当储斗堵塞时，只能用木锤将料振落。

③ 发生器供水不足，反应温度和压力增高或搅拌发生故障导致局部温度过高，均能使乙炔发生聚合而引起爆炸，所以应保证发生器内水的供应量及搅拌器

有效。

④ 若乙炔发生器和管路发生泄漏，由于乙炔气高速喷射会产生静电而起火。因此，乙炔发生器和管路除严防泄漏外，应有良好的避雷及静电接地装置。

⑤ 为了防止爆炸性的乙炔铜、乙炔银、乙炔汞等生成，发生器上的附件及与发生器接触的计量仪表、自动控制设备和检修工具等含铜量不得超过 70%。

⑥ 乙炔发生器排渣速度不能过快，否则，发生器会产生负压，容易吸入空气形成爆炸性的混合物。

⑦ 乙炔在输送管路中最大流速：当压力为 0.00688～0.147MPa 时，不应超过 8m/s；当压力为 0.147～2.45MPa 时，不应超过 4m/s。

第四节　电石炉生产安全技术

一、原材料安全技术

(1) 严格控制原料中的硫、磷含量，使产品中硫、磷含量符合标准要求。

(2) 电极糊应能耐高温，同时热膨胀系数小；具有比较小的电阻系数，可以降低电能的损失；具有较小的气孔率，可以使加热状态的电极氧化缓慢；有较高的机械强度，不致因机械与电气负荷的影响使电极折断。

电流通过电极输入炉内产生电弧进行冶炼，电极在整个电炉中占有极其重要地位，没有它，电炉就无法产生作用。要使电极在电弧所产生的温度下正常工作，必须具有高度的耐氧化性及导电性，这只有炭素材料制成的电极才有这种性质，因为炭素电极可承受达 3500℃的电弧温度及缓慢氧化。

二、生产过程控制安全技术

(1) 保护氮气含氧量≤2%。

(2) 储存电石设备内乙炔含量＜0.5%。

(3) 操作场所空气中一氧化碳含量＜30mg/m³。

三、原材料破碎、输送岗位安全技术

(1) 操作破碎机前先检查破碎机有无物料或异物卡住，不得带负荷启动设备，如有除尘设备，开车前必须先启动除尘设备。

(2) 操作输送设备前先对圆筒筛、提升机、皮带机、滚筒、托轮、电振机、除尘器、固定筛、设备传动部位等设施的完好情况进行检查，同时检查各物料储仓的料位情况。

(3) 确认设备完好后，再按操作规定的顺序启动设备，待运转正常时方可均匀进行投料、破碎、输送。

（4）设备运行中严禁把手伸进破碎机进料口或其他转动部位取杂物、清扫、加油、处理故障，发现问题必须停车处理。

（5）生产时，随时注意圆筒筛、料斗入料、皮带机、提升机的运转情况，防止满出、倒料或堵料情况发生。如遇圆筒筛堵料、皮带打滑或滚筒不转等异常时，应立即停车处理，并有人监护，禁止在设备运转的情况下直接处理。

（6）操作或巡回检查时，提防滑倒或踩空，劳保用品必须穿戴整齐，防止衣、裤等被带入转动部位。

（7）控制放料量，保持放料均匀，防止因放料过多、过快，石头滚落伤人，在运输杂物或不合格的石块时，人体不得贴近皮带机，避免衣裤带入转动部件致伤。

（8）如遇皮带打滑或石块卡住皮带时，应停车处理。在清扫场地、设备时，应先清理高处，然后打扫地面，防止高处停滞的石块或杂物滚落击伤。

（9）设备检修时，必须切断电源，挂上"禁止启动"的牌子。

四、石灰生产安全技术

（1）开卷扬机前先对吊石斗、限位开关、配料皮带机、卷扬机等所属设备的完好性能进行检查。在确认设备无缺陷后，方可启动设备进行工作。卷扬机在运行时，头、手不得伸入吊石架等传动部位，严禁进入吊石架内工作。

（2）在吊石架内工作时，应将空吊石斗停在窑顶部，并保持两个称量斗是空斗，切断卷扬机电源总开关，戴上安全帽，设有监护人，方可打扫、清理。

（3）钢丝绳应定期加油和维护，加油时严禁边开边加，避免钢丝绳断头勾住手套带入绳轮而压伤手指。钢丝绳使用期为 12 个月或断股 1/6 时应更换。

（4）在对石灰窑进行操作时，司窑人员应密切关注、掌握窑内的温度、风压、配比、料层高度和气体分析数据，合理安全组织石灰窑生产。

（5）必须在石灰窑顶装设烟罩、排气管、平台和栏杆等可靠的安全设施。在窑顶工作时，应注意风向，人应在上风向且不能久留，同时应有专人监护，避免一氧化碳气体中毒。在窑顶打开视孔观察料面情况及物料分布时，要严防火焰窜出，观察时必须停止鼓风。

（6）上窑顶或进入窑底卸灰转盘进行检查、清扫时，必须在停止送风的情况下，要有两人以上同行。

（7）劳保用品应穿戴齐全，防止石灰粉末灼伤皮肤。石灰粉末飞入眼内时，不得用手擦拭，少量时可立即翻开眼皮用流动清水冲洗，大量时应先采用油脂擦拭粉末，再用流动清水进行清洗。

五、电极糊岗位安全技术

（1）加电极糊时不得同时接触两相。不准将整块电极糊直接加入电极筒内，而要破碎成 10cm 以下的小块。

（2）电极糊装车不能高出车身，吊糊时要平稳，关好防护栏。

（3）严格掌握电极糊块度＜10cm，使用的糊种、投用量、糊面深度必须记录清楚。

（4）在加电极糊时，应检查是否有导电物落在两相电极之间和易发生导电起弧的地方，如有则必须及时予以清理，防止联电、刺火。

（5）测量电极糊面深度时，严禁站在转动部位上，以防伤人。

六、电炉操作岗位安全技术

（1）操作时，不得以人体或导体同时接触两相电极，不准赤手或使用潮湿工具进行作业。

（2）不准在明弧、崩炉时压放电极。

（3）停炉进入炉内检查或打扫时必须先铺好铁板，穿戴好防护用品，以防烫伤。

（4）为减少热辐射，防止电极软断、硬断或塌料的红料飞溅伤人，不得把炉罩随意拿掉。

（5）压放电极必须做到：根据电极工作端长度、电极焙烧质量及电流情况，由当班组长确定压放时间、长度，压放时必须严格执行压放程序。压放电极时必须密切观察电极下放的长度和质量（防止电极下滑或抽心）。严格控制电极压放次数，两次压放时间应大于 1h，每次压放长度一般不得大于 60cm。

（6）操作时必须根据电极质量增减负荷。

（7）遇下列情况立即停电处理：

① 电极漏糊、软断、硬断（硬断在导电卡端头以上时）；

② 电极自动滑下，降负荷来不及时；

③ 电极绝缘破坏，刺火严重时；

④ 水冷却系统堵塞，冒蒸汽或大量漏水。

（8）送电前必须做认真、详细的检查，经操作人员、电工共同确认完好，再与有关方面取得联系同意后方可送电。

七、集控、油泵岗位安全技术

（1）工作时必须注意力集中，集控室内禁止打闹说笑，无关人员不得在集控室内逗留。

（2）一般情况不准使用紧急停电按钮停电，电压级数降为一级后停电。

（3）送电时必须先联系，确认设备系统完好、电压级数一级时送电。

（4）送电前应检查料管插板情况，确认各料管下料时方可闭炉操作，清除炉面杂物，水冷套上压紧炉盖不能碰加料柱，各加料管杆板不相连，检查各通水部位阀门打开、出水畅通、炉气烟囱畅通后方可送电。

（5）炉气温度长时间超标时，应检查是否漏水及漏水部位，是否下料管堵塞，是否翻电石，是否炉心料面低，是否电极过短，炉膛内的炉壳是否有洞，并采取相应措施。

（6）二次电流过大时，应查明焦炭粒度是否过大，是否翻电石，料面是否太高，电极是否太长。

（7）电极压放量偏少时，应查明原因，压放装置故障应立即处理，出现电极皱皮等应停电处理。

（8）电极部位大量刺火，水管冒蒸汽或断水时，炉内大量漏水，电极软、硬断，烟囱堵塞，应立即停电处理。

（9）动力电突然停，如使用循环水应立即切换成工业水。油管大量漏油或着火时禁止压放电极、升降电极，做停电处理。

（10）一批料投完后，求料信号不灭，应立即停止输送系统，查明原因。

（11）严禁带负荷上炉罩。测量电极时，保持炉压负压，严禁正对测量孔，防止火焰喷出伤人。

（12）经常注意氢氧含量的变化，氢含量突然增加到 5％ 以上时，应停电检查是否漏水，如氢氧含量长期保持较高并达到 16％ 时，应立即停电检查。

（13）密闭炉经常保持良好的密封性，以防止电炉内 CO 偏高，造成爆炸及中毒事故，在电炉停电后必须用氮气进行置换至合格方可打开操作孔，送电前也应用氮气进行置换合格方可开车。

（14）密闭炉所有下料管尽可能用氮气加以密封，其压力保持在 $10mmH_2O$（$1mmH_2O＝133.322Pa$），同时应保持料仓内料面有一定高度，以防气体外漏。

（15）电石炉炉面及电炉操作岗位附近禁止堆放易燃物、爆炸物。

（16）密闭炉在正常运转时，炉盖上不得上人，需要上人时必须停电。

（17）发现某个料仓长时间不吃料时，应立即查明原因。

（18）测量电极时，要戴好安全帽、防护面罩，站好位置，以防烫伤。

（19）严禁同时接触两相电极，管线网件严禁带压力紧固、检修。

（20）每小时检查料仓一次，发现料管堵塞或求料信号有误时，应立即进行处理。

（21）动力电停时应立即通知组长停电，油管大量漏油或着火时禁止压放电极、升降电极，做停电处理。

（22）在密闭炉送电后，严禁登上炉盖。停电后必须打开防爆孔，方可登上炉盖。

（23）在压放电极时，严禁开弧操作。

（24）操作工必须熟知本岗位冷却水系统所有管线，以备事故状态下能正确采取有效措施。

（25）密闭炉炉气压力应保持微负压。

（26）在炉气净化系统开车前，必须进行气体置换，使氧含量不超过 2%。

（27）在冷却水系统运行中，不得停水、停电。

（28）在冷却水系统运行中，发现有爆鸣声或异常现象时，应立即堵炉眼。

（29）在电石储斗、提升机、密闭滚筒筛开车前，必须通入保安氮气，定期分析控制乙炔含量不超过 0.5%。

（30）下列情况必须紧急停电处理：

① 在密闭炉配电岗位发现电流变化异常，呈现电极事故征兆时；

② 电极软断、脱落下滑或出现危及人身和设备的电极故障；

③ 导电系统有严重放电现象或发生短路；

④ 炉面设备大量漏水；

⑤ 出炉流料槽漏水，引起严重爆炸；

⑥ 炉壁及炉底严重烧穿；

⑦ 变压器室及油冷却室发生严重故障；

⑧ 密闭炉严重喷火或爆炸；

⑨ 密闭炉气含氢量急剧上升，超过正常值 5% 时；

⑩ 液压系统发生大量漏油，压力下降故障，危及安全生产时；

⑪ 净化系统防爆膜破裂漏气；

⑫ 电石炉冷却水突然中断；

⑬ 发生火灾及其他严重事故。

（31）储存一氧化碳的设备及其输送管线，必须保持严密，在容易发生中毒的岗位，必须有明显标志。

八、出炉岗位安全技术

（1）出炉前仔细检查出炉小车有无出轨，挂钩是否挂好，锅底有无垫好，锅耳朵是否放好。

（2）用电打眼时，严禁使用湿手套和接触导体物，用烧穿器维护炉眼时，炉口一定要备有空锅。

（3）出炉时除组长、出炉工外，其他与工作无关人员不准站在出炉口附近。

（4）不准使用水分较多或冻结的泥球堵炉眼，不准用受潮电石粉末垫炉嘴和垫锅底，以防止爆炸。

（5）一般情况不准用氧气打炉眼，特殊情况必须使用氧气时应严格执行下列规定：

① 吹氧气时应与炉面加料工联系。

② 使用的软胶管必须干燥，并不得沾有油污。

③ 必须正确使用安全手柄，氧气瓶应离炉嘴 10m 以外，氧气胶管距离挡热

板不得小于 5m。

④ 三人配合操作，一人打眼，一人扶握吹氧管和软胶管，一人开氧气。先以小气量吹扫管内异物，确认吹氧管畅通无异物后才能开始打眼。在进行吹氧操作时，吹氧管可能触及的区域禁止站人，防止意外伤人。

⑤ 氧气不能急开急关，流淌电石后不准再吹氧气。

（6）电石出炉岗位及轨道附近地面应保持干燥，不准有积水。严禁液体电石与水接触，防止爆炸伤人。

（7）转换炉眼时，认真检查冷却系统是否完好后方可进行，发现漏水过多的情况应立即关闭冷却水，以防引起爆炸。当冷却系统漏水发生爆炸时，人应立即撤离炉台，并关闭冷却水，停电进行处理。

（8）出炉时，禁止进入挡热板区域内做任何工作。出炉开炉眼时，禁止其他人员站在操作人员后面。

（9）遇小车掉道翻锅，影响正常出炉时，应立即堵眼，若堵眼困难，有可能导致事故时，应及时降负荷或停电。

（10）堵眼过程中喷火、喷料严重时上下联系好进行处理、堵眼，堵眼时堵把不能撞击，预防灼烫致伤。

（11）进行铁筋捅炉操作时，炉台后面不得站人，无关人员一律不允许上炉台。

（12）小车运行过程中，两旁禁止站人。

（13）内有铁筋、锅耳朵等物掉入未处理者，应做好明确标记，并详细交班。

（14）打锅耳朵必须在电石基本固化条件下进行。吊夹电石必须在完全冷却固化的条件下进行（一般情况下不应少于 1～2h），夹具必须完好可靠，起吊时挂钩人员挂好钩后需及时离开，应先离开后起吊，防止压伤、碰伤和烫伤，工作结束夹具按规范放置在专用器具上。

（15）出炉时如发现大量硅铁流出，确认有烧坏设备（炉嘴、炉前壁等）危险时，可迅速关闭有关冷却水阀门，以防爆炸。

（16）出炉小车卡住需用卷扬机牵引时，现场所有人员应迅速离开，防止钢丝绳断裂或翻锅伤人。

（17）作业时要仔细观察有无液体电石流于轨道或有无漏锅。牵引机起拉时不能过猛，特别是液体电石满锅时，要轻慢拉动，保持锅子平衡。小车运行过程中，两旁禁止站人，正常情况下由炉前操作者指挥。

（18）出炉时，劝阻无关人员离开工作现场，防止钢丝绳断裂或翻锅伤人。

（19）正常生产时，不准使用氧气开炉眼。特殊情况需用氧气开炉眼时，必须结合实际情况，制定安全操作规程及防护措施，并严格执行。

九、冷却厂房岗位安全技术

（1）夹具使用前必须检查，夹具夹牢后人应立即离开，防止吊物伤人。

（2）夹吊热电石时，严格控制工艺指标，冷却时间不得少于 2h，预防烧伤事故发生。

（3）吊电石遇电石粘锅底，在用圆钢敲打锅底作业时，应规范戴好安全帽，人站侧面操作，防止锅底突然落下导致圆钢反弹伤人事故发生。

（4）行车运行时禁止打扫卫生，防止吊物伤人。

十、行车运行岗位安全技术

（1）行车工必须经过安全技术和操作考试合格，获得安全作业证及特殊工种作业证，并应身体健康，无妨碍操作的疾病。

（2）行车工在操作行车前必须对轨道松动、走轮贴轨、咬轨、小车、钢丝绳磨损、断股、各机构的制动器、限位开关、吊钩等进行检查，发现安全设施性能不正常时，应在操作前排除，经检查确认安全可靠后方可运行。

（3）开车前应先发出信号铃，行车运行时，随时注意下面是否有行人，发现有人通过或工作时，应及早打铃警告，同时降低速度。吊钩不得从人头上越过，行车开动时严禁修理、检查和擦机件，在运行中如发现故障必须立即停车。

（4）工作过程中操作人员必须集中精力，起吊前先空转，空抓斗留在离料面约 2m 的高度，等行车上小车与料位对正垂直时，再下落抓斗。抓料后，先提升抓斗到 1m 以上高度后，再启动行车和小车，行驶速度要适中，做到平稳开车。

（5）禁止起吊重量不明的重物，制动装置和限位开关不全或失灵时，不准开车。

（6）行车抓斗需停放到固定点进行维护检修和加油，行车运行时需打警告铃，停放点必须有专人监护。行车维修、加油的临时停放固定点必须设有安全标志。

（7）成品行车起吊重物时，必须在夹具夹牢后方可起吊。起吊时，葫芦与重物要随正，钢丝绳必须垂直。

（8）严禁用吊具斜拉提升重物，也严禁利用起重机来拉拔埋在地下的重物。

（9）不得利用电机的突然反转作为机构的止动方法，只有在发生意外事件时，才允许使用这种止动方法。不得在载荷情况下调整起升、变幅机构制动器。

（10）禁止利用限位器开关进行正常操作下停电，限位器开关只是在操纵设备意外不良或司机操作疏忽时才可起作用。

（11）如有两台行车同时运行时应控制车速，一般两台行车最小间距应大于 9m，必须避免急剧的启动、制动以及与另一台行车相碰，因为这种急剧动作会使桥梁产生很大的附加载荷变形。

（12）不得起吊超重物件，不得将无关人员带入操作室，不得起吊不明重量的物体。光线暗、视物不清时严禁起吊。

（13）为防止钢丝绳松懈和降低强度，起升机构工作时，应避免吊具打转。

（14）工作结束时，必须将行车开到固定停放地点，钩子定置摆放，抓斗应平衡放回地面，把吊钩上升到位。吊钩上不得悬挂物体，把所有的控制器、操纵杆放到零的位置上，并检查钢丝绳的损坏、断股情况，并关闭电源开关，锁上驾驶门。

（15）设备检修时，必须切断电源，挂上"严禁合闸"的牌子。

十一、电石破碎、包装、储存、运输电石的安全技术

（1）电石破碎前必须对破碎机、输送设备等做认真检查，同时提升机、储斗必须经气体分析合格，确认设备无缺陷时，打警铃与有关岗位取得联系后，方可启动设备，严禁带负荷启动设备。

（2）吊冷电石时，要轻放夹具，人不能靠墙无退路操作，人不得贴靠冷电石，预防破裂压伤。

（3）电石潮湿有易爆危险，地上的积灰不准铁锹铲在冷电石上和锅子内。

（4）设备在运行中，不能把手伸进转动部件或破碎机进料口取杂物，发现问题必须停车处理。

（5）设备检查或检修时，要挂上"有人操作，禁止合闸"的牌子，并有专人监护。

（6）工作结束，提升机地坑的碎电石必须清理干净。

（7）在搬运桶装电石时，应轻拿轻放，防止撞击、跌落和进水，搬运人员不准站在桶口的正面。

（8）电石包装桶必须烘烤干燥，同时检查有无小洞或裂缝，否则禁止使用。

（9）包装斗下放电石至电石桶内时，严格控制翻板，使电石均匀下桶，储斗和包装口保持有电石才能进行包装，严禁在空储斗中边送边包，以防电石飞出伤人。

（10）封电石桶盖时，头不能正对桶口上方，严禁敲打。电石桶翻倒时，人应站在电石桶的外侧，防止爆炸伤人。

（11）桶盖必须严密，桶盖周围保持清洁，以防受潮或进入水分，预防在运输过程中发生爆炸。

（12）电石粉落入眼内，少量时应立即翻开眼皮用流动清水冲洗，大量时应首先用石蜡油类物质蘸擦眼内电石粉，然后再用流动清水冲洗。

（13）室内储存电石，必须装在桶（储斗）内。应保持厂房的干燥和通风良好，其地面应选用不易产生撞击火花的材料。

（14）应尽量避免露天储存电石，如实在需要，应存放于高于地面 200mm以上无积水的平台或架子上，码放牢固，并遮盖好。露天储仓应有防雨措施，严防进水。

十二、电极筒制筒焊接岗位安全技术

（1）开卷板机时，要注意规定正反转是否有错，性能是否良好。

（2）卷板时，思想要集中，行动要一致，相互配合好。

（3）卷送钢板不偏，当钢板快卷到头时，应立即松手，以免压伤手指。

（4）在剪板或压型作业时，手不能放入钢板底部或剪口。

（5）工作位置不对或设备有故障时，应停车处理。

（6）电极筒连接处，应采用搭焊结构，焊接部位要平整，无凹凸现象。

（7）焊接好的筒发现筒体不圆，需用榔头校正时，应一人校正，禁止二人同时对打校正。

（8）需吊电极筒时应先与电炉当班组长取得联系，起吊时，必须有专人监护，吊物口下严禁人员通行。

（9）焊接作业前与集控室人员取得联系，炉压调为微负压生产状态，将各料仓加满料。作业时必须有专人监护。严禁在放电极时或下放电极后 15min 内进行对焊，以防电极软断，火焰上窜烧伤人。

（10）电极筒离楼板高度 1.5m 时，不准对焊。在对焊过程中，要互相配合，人要站在安全的位置。

（11）焊接电极筒时，不得同时接触两相电极，注意焊条头等导电物不得掉入筒内、两相电极之间和易发生导电起弧的地方，防止引起刺火。

（12）作业过程中如感觉头晕、呼吸困难等应立即离开作业现场，到空气新鲜处，以防 CO 中毒。

十三、循环水泵岗位安全技术

（1）检查维护设备时，不得从电机上方跨越。

（2）设备检修或停机检查时，要挂上"有人操作，禁止合闸"的牌子，并有监护人监护。

（3）开停车时，必须与电石炉取得联系后，方可启动或停止设备，严禁满负荷启动设备。

（4）加药时，穿戴好劳保用品，谨防器皿落入池内，防止人体滑落。

（5）换泵时，必须与电石炉取得联系后，由两人配合，由小到大提升流量。

第五节　电石生产安全操作规程

一、准备工作

（1）根据生产电石的质量选择适当配料（一般 65～70kg）。

(2) 根据焦炭粒度及电炉运转情况决定石油焦掺加比例，并通知上料工。

(3) 检查设备有无漏水，接点有无刺火，冷却水是否畅通，有问题及时处理。

(4) 出炉、上料岗位检查所属设备是否具备正常生产条件。

二、正常生产

(1) 5000kV·A 每小时出炉一次，投料量 2.2t（白灰 1.3t，焦炭 0.9t），分三次投入。1800kV·A 每 80min 出炉一次，投料量 1.3t（白灰 0.8t，焦炭 0.75t），分三次投入。

(2) 每炉出炉以后如炉温及质量较低，可适当干烧几分钟后再加料，如产量、质量都比较理想，出完炉即可加料，每次投料量为全炉量的 1/3。

(3) 炉料要加在电极周围及三角区。三角区料面要高于周围料面 100～200mm，使整个料面呈馒头形。

(4) 加完料后用耙子将电极外围的红料推到电极跟前，新加冷料的上面。严禁开弧时将红料推入坩埚内（处理炉子例外）。

(5) 加完料后要加强巡视，设备出现问题及时处理。炉内明弧跑火用料盖，炉料不透气用钎子疏通，放出炉内一氧化碳。

(6) 第一次加完后 5000kV·A 炉过 20min，1800kV·A 炉过 26min 加第二次料。

(7) 第二次料加完，经过上述同样时间后加第三次料，加完料后通知出炉。

(8) 当发现配比高，出炉黏时可适当加调和灰，但在炉温质量配比都低的情况下，电极位置高，也禁止加调和灰。调和灰使用频繁，破坏料层，对电炉不利，每班最多使用三次。

(9) 电极位置高，造成质量低、炮火、电耗高。其原因一般有以下几点：

① 配比过高，炉料电阻小；

② 炉内红料多，支路电流大；

③ 电极三角小；

④ 二次电压高（电位极度大）；

⑤ 料层破坏，炉温太低。

应对症采取措施，不可一味加调和灰。

三、停送电安全操作

1. 停电（短期）

(1) 停电前尽可能将炉内电石水出净。

(2) 停电后将电极下降，料面上外露电极尽可能少。

(3) 用炉料将电极外露部分埋严。

（4）定时活动电极，以免与电石粘连。

2. 送电（短期停炉后）

（1）送电前检查设备是否完好，冷却水是否畅通，其他岗位是否具备生产条件。

（2）具备送电条件后，将电板周围的炉料扒开。

（3）将电极提起，至埋入料中部分剩 200～300mm。

（4）通知配电室送电。

（5）送电后要加强巡视，发现异常及时处理，情况严重时立即停电。

（6）电流增长速度根据停电时间长短及电极情况而定，由炉长指挥。

四、电极焙烧、下放操作

1. 焙烧

（1）电极工作端长度 1800kV·A 炉为 600～800mm，5000kV·A 炉为 700～900mm，电极糊柱高度 3～3.5m，电极糊块度不应超过 200mm，每班装填时间间隔应均衡。

（2）当电极消耗快，焙烧量供不上使用时，可减少送风量；或将冷却水关小，以提高回水温度，加快电极焙烧。采取少放勤放的方法也可加速焙烧。

（3）由于某种原因，采取上述措施电极工作端长度仍不够用时，可采取电阻焙烧。停电后将电极下放需要长度到坩埚，让电极端头将炉料压实，形成该相电极对地短路，产生短路电流用炉料将电极埋好，通过对另两相电极的调节，控制被焙烧电极电流的增长速度。利用电阻热进行焙烧，注意料面火焰。随时跟进，防止电极悬空，初级电流的大小由电极的焙烧程度决定。如电极属于挥发阶段，18000kV·A 炉初始电流不能超过 40A，5000kV·A 炉不能超过 20A。一般情况下焙烧 300mm 的电极需 1.5～2h，电极焙烧好以后夹回 200mm，提起电极送电，恢复正常生产。

2. 电极下放

（1）出完炉加上料后放电极，严禁开糊放电极。

（2）1800kV·A 炉每两炉，5000kV·A 每三炉放电极一次，每次每项电极下放量在 100～120mm，禁止超量下放。

（3）放电极以前必须用工具触摸电极软硬程度，水套以上（1800kV·A 炉加紧抢回以上），使电极高度等于或大于电极下放尺寸时，才允许按要求（100～120mm）下放，否则减少下放量。

（4）放电极前必须将电极提升负荷降至 1800kV·A 炉 70～80A，5000kV·A 炉 50～60A 方可下放电极。

（5）下放电极前，1800kV·A 炉先将把持器提起预定下放尺寸的高度。然后松动夹紧螺栓，要缓慢进行，以免电极下滑过量造成软断。当电极滑下预定下放长度后立即紧固夹紧螺栓。5000kV·A炉下放电极时按回油电极要轻点。水套松动不可过急，避免电极下滑过猛，造成软断。电极下放时配电工要密切配合，电极下放后根据电极焙烧情况提高电流。电极焙烧良好，可在下放后5min长满负荷，如电极焙烧不均匀半红半黑或有大块黑时电流提高要缓慢进行。电流的增减由代班长指挥配电工进行，如电极下放后太软，应停电往回夹，避免出现软断，电极下放后要加强巡视，出现大面积刺火等异常现象时采取紧急停电措施。

五、安全生产操作注意事项

（1）工作时必须穿绝缘鞋，手套要干燥。

（2）推料时切勿撞击电极。

（3）保持炉面的干燥。

（4）松电极时人体切勿同时接触两相电极。

（5）进炉检修时，必须垫大张铁板，铁板上垫木板，禁止脚踏料面作业。

六、电石炉的维护安全操作

1. 电极维护

（1）正常生产中要随时注意电极焙烧情况，控制送风量，使电极焙烧量与下放量均衡，电极过烧、过软对生产及设备都不利。

（2）电极糊填装块度不应过大，发现棚柱时应短时间停风机使其熔化不塌。电极糊应分三班填装，不可一次填装太多，避免棚柱和电极焙烧压力时大时小，影响电极强度。

（3）电极下放时要定时定量有规律地下放，禁止长时间下放，下放时，长度超过200mm。

（4）电极下放前必须用工具触摸，有多少量放多少，不许蛮干，以免电极软断伤人。

（5）开夜炉、避峰炉停电后要将电极用料埋好，夏季再将风口处的电极用铁板挡好，以免电极出现硬断。

2. 炉底炉墙的维护

（1）新开炉由于料松软，坩埚壁尚未形成，不能很好地保护炉壁，所以在1～2个月内不要超负荷高电压操作，炉温不可过高（不生产高质量电石）。

（2）利用停电机会将四周炉料夯实，有利于料层的形成和稳定以保炉墙。

（3）原料含硅太高时，生成大量硅铁，易烧穿炉墙和炉底。除用原料要选择外，应保持高炉温，使硅铁及时排出。

（4）原料中的杂质沉积于炉底使炉底升高，熔化上积电极不能深入，造成产量小、质量低、电耗高。积极避免炉底升高，如已升高可增加料面，予以弥补。

造成炉底升高的原因有以下几方面：

① 原料杂质太多。

② 电极太短。

③ 焦炭粒度大，部分炭反应不完全，沉积于炉底。

④ 加送石灰频繁，使炉温下降。

⑤ 炉眼位置升高。

⑥ 电极间距小，电极不深入，造成炉温低。

七、新开炉的安全操作

1. 送电前应具备的条件

（1）对配比、油压、电极升降出炉系统进行单机试车，暴露矛盾及时解决。

（2）变压器、短网、导电系统开关，绝缘系统，电工检查良好。

（3）绝缘试验 500V 电压摇表测试不得低于 $0.5M\Omega$，标准要求用 36V 灯泡通电不亮为准。

（4）所有水冷系统用 $2kgf/cm^2$ 压力测试畅通，无漏水。

（5）焙烧好足够长度的电极，1800kV·A 炉 1.7m，5000kV·A 炉 1.9m。

（6）各岗位具有能独立处理事故的操作人员。

2. 电极焙烧

将电极下放要求长度下口封死，装入破碎好的电极糊（2.5m），通冷却水以焦炭焙烧。至初步量化为止，约需 24h。

3. 铺炉

（1）底铺 200mm 厚，3～13mm 粒度的干焦炭。

（2）砌假炉门。

（3）三相电极下各放半个电极，筒内装满焦炭。

（4）三个炭柱间用 40mm 高 300mm 宽的炭粉相连接。

（5）铺混合料：配合料配比 60%～70%，铺混合料时才能进入炭柱内，炭柱旁及三角区混合料高度要比炭柱低 200mm，四周混合料高于炭柱 300～400mm。

（6）将三相电极用 20 号钳丝连成三角短路，以便检查各相电极是否导电。

4. 送电程序及操作

（1）送电前各岗位对所属设备做最后全面检查。

（2）检查各回水是否畅通。

（3）电极工作端长度：1800kV·A 炉 1～1.1m，5000kV·A 炉 1.2～1.3m，将电极夹紧提起。

（4）送电前瞬间合闸冲击 1～2 次，各岗位人员在电冲击时观察所属设备有无刺火和其他不正常现象。

(5) 经冲击试验一切正常后方可合闸送电。

(6) 送电初期如不起糊可往炭柱内插几根 ϕ20mm 圆钢。

(7) 电流增长速度：1800kV·A 炉 10A4～5h 开始投料压糊。5000kV·A 炉 5～6h 开始投料压糊，配比 60％～65％投料后逐渐将负荷长满出炉，出炉时间 8～10h。

(8) 24h 后应停电检查紧固各接点螺栓。

(9) 送电后电炉逐步转入正常，三天将料逐步加满炉，以后炉面不再长高。

八、紧急停电安全操作

(1) 在生产中遇到紧急情况时，必须果断停电处理，防止人身伤亡及设备事故，紧急停电不必请示班长，由配电工自行决定。

遇有下述情况均要紧急停电处理：

① 电极软断，事故停电后迅速将电极下降，减少电极糊外流或严重的电极破肚。

② 电极硬断，遇此情况应迅速将另两相电极提升降低负荷后紧急停电。

③ 在开糊情况炉内设备突然漏水，必须马上停电，防止爆炸。

④ 油压失灵，电极下滑。

⑤ 下放电极时，电极失控突然下滑，电流猛烈增高。

⑥ 炉内爆炸着火。

⑦ 短网系统短路放炮或严重刺火。

⑧ 变压器着火及高压系统出现严重故障。

⑨ 动力电源突然中断。

⑩ 电极卷扬机出现故障，电极下滑失去控制，停电后立即通知班长排除故障，同时向电站报告事故情况。

(2) 1800kV·A 炉一次电流控制在 104～110A 之间（104A 满负荷），5000kV·A 炉一次电流控制在 82.5～19A 之间（82.5 为满负荷）。配电工应不断调整三相电极电流，使炉保持三相电流的平衡及满负荷运行。

(3) 三相电极电流差不得超过 30％，超过时必须马上调整。

(4) 出炉时电极必须及时跟进，保持电流。

(5) 大电流焙烧电极时，视电极软硬程度决定初始电流不能超过 1800kV·A 炉 40A，5000kV·A 炉 20A。发现料面火焰大时将电极稍降一点（电极降多了易压破肚，电极悬空易拉断，必须掌握好分寸），电流增长听从班长指挥。

(6) 电极下放时（18000kV·A 炉降至 70～80A，5000kV·A 炉降至 50～60A），电极放完后，电流增长速度由班长指挥。

九、电石搬运、储存和使用安全操作

（1）电石的保管必须在金属桶中，并加以密封。在雨天搬运时应采取可靠的防雨措施。桶上应注明"电石"和"防潮防火"字样。搬运中应轻装轻卸，不得从滑板上滑下或在地面移动，以防止撞击、摩擦产生火花而引起爆炸着火。

（2）储存电石的仓库应干燥，严密不透水。仓库内不准铺设自来水管和采暖管道。仓库的电气设备和照明应采用防爆型电气设备和照明灯具。

（3）开启电石桶时，可用黄铜制成的凿子和手锤或硬木棒制成的工具，禁止用喷灯、焊枪及能引起火星的金属工具。同时，不准在火旁开桶，开桶处不准吸烟和有明火。

（4）给发生器装电石的操作应平稳，不得将电石掷入电石篮内。加料时如发现电石"搭桥"，可用木棒或铜棒（含铜率<70%）捅电石，禁止使用铁棍。

（5）发生器自动加料的输送带或其他加料机构，应采取铺设橡胶片等措施，以防硅铁产生火花。

（6）应该按照发生器使用说明书规定的粒度给发生器加料。

（7）应根据发生器使用说明书的要求按时换水，并且根据水位计的标志，供给足够数量的洁净水。

（8）在发生器周围的地面上，或乙炔站、电石库房和破碎间等场所的电石粉末应及时清理，并分批倒入电石渣坑进行处理，避免电石吸潮分解，在室内形成乙炔与空气的爆炸性混合气。

（9）为扑灭电石火灾，电石库房应备有黄砂及二氧化碳灭火器或干粉灭火器等灭火器材。禁止使用水、泡沫灭火器及四氯化碳灭火器灭火。

（10）电石库房的布设，库房结构及仓库设施等，均应符合甲类危险物品库房的安全技术要求。电石库房应是单层不带顶的一、二级耐火建筑，房顶应采用非燃烧材料。库房泄压装置和泄压面积应该符合规范要求。

第十九章

偶氮化工艺

第一节 基础知识

一、偶氮化合物

偶氮化合物是偶氮基—N=N—与两个烃基相连接而生成的化合物，通式为 R—N=N—R，式中，R 为脂烃基或芳烃基，两个 R 基可相同或不同。脂肪族偶氮化合物由相应的肼经氧化或脱氢反应制取。芳香族偶氮化合物一般由重氮化合物的偶联反应制备。偶氮基（—N=N—）是生成团，芳香族偶氮化合物大多为有色物质，用作染料及指示剂。脂肪族偶氮化合物加热易分解为自由基，例如偶氮二异丁腈是聚合反应的引发剂。

氢化偶氮化合物和芳香胺在氧化剂［如 NaOBr、CuCl、MnO 等］存在下，可被氧化为相应的偶氮化合物；氧化偶氮化合物和硝基化合物在还原剂存在下，也可被还原为偶氮化合物，例如：

单偶氮染料：Ar—N=N—Ar—OH（NH$_2$）

双偶氮染料：Ar$_1$—N=N—Ar$_2$—N=N—Ar$_3$

三偶氮染料：Ar$_1$—N=N—Ar$_2$—N=N—Ar$_3$—N=N—Ar$_4$

式中，Ar 为芳基。

偶氮基能吸收一定波长的可见光，是一个发色团。偶氮染料是品种最多、应用最广的一类合成染料，可用于纤维、纸张、墨水、皮革、塑料、彩色照相材料和食品着色。有些偶氮化合物可用作分析化学中的酸碱指示剂和金属指示剂。有些偶氮化合物加热时容易分解，释放出氮气，并产生自由基，如偶氮二异丁腈AIBN 等，故可用作聚合反应的引发剂。

很多偶氮化合物有致癌作用，如曾用于人造奶油着色的"奶油黄"能诱发肝癌，现已禁用。作为指示剂使用的甲基红可引起膀胱和乳腺肿瘤。有些偶氮化合物虽不致癌，但毒性与硝基化合物和芳香胺相近，用时应注意。

二、偶氮染料反应机理

在偶氮染料的生产中，重氮化与偶合是两个主要工序及基本反应。也有少量偶氮染料是通过氧化缩合的方法，而不是通过重氮盐的偶合反应合成的。对染整工作者来说，重氮化和偶合是两个很重要的反应，人们常用这两个反应进行染色和印花。重氮化和偶合反应基本过程如下所示：

$$ArNH_2 \xrightarrow[HX]{NaONO} ArN_2^{\oplus}X^{\ominus} \xrightarrow{} Ar—N=N—\text{ERG}$$

1. 重氮化反应

芳香族伯胺和亚硝酸作用生成重氮盐的反应称为重氮化反应，芳伯胺常称为重氮组分，亚硝酸称为重氮化试剂。因为亚硝酸不稳定，通常使用亚硝酸钠和盐酸或硫酸，使反应时生成的亚硝酸立即与芳伯胺反应，避免亚硝酸的分解，重氮化反应后生成重氮盐。影响重氮化反应的因素如下。

（1）酸的用量和浓度 在重氮化反应中，无机酸的作用是：首先使芳胺溶解，其次和亚硝酸钠生成亚硝酸，最后与芳胺作用生成重氮盐。重氮盐一般是容易分解的，只有在过量的酸液中才比较稳定。尽管按反应式计算，一个氨基的重氮化仅需要 2mol 的酸，但要使反应得以顺利进行，酸必须适当过量。酸过量的多少取决于芳伯胺的碱性。其碱性越弱，酸过量越多，一般是 25%～100%。有的过量更多，甚至需在浓硫酸中进行反应。

（2）亚硝酸的用量 按重氮化反应方程式，一个氨基的重氮化需要 1mol 的亚硝酸钠。重氮化反应进行时，自始至终必须保持亚硝酸稍过量，否则会引起自偶合反应。这可由加入亚硝酸溶液的速度来控制。加料速度过慢，未重氮化的芳胺会和重氮盐作用发生自偶合反应。加料速度过快，溶液中产生的大量亚硝酸会分解或产生其他副反应。反应时，鉴定亚硝酸过量的方法是用淀粉-碘。

过量的亚硝酸对下一步偶合反应不利，会使偶合组分亚硝化、氧化或产生其他反应。所以，常加入尿素或氨基磺酸以分解过量的亚硝酸。

（3）反应温度 重氮化反应一般在 0～5℃进行，这是因为大部分重氮盐在低温下较稳定。

（4）芳胺的碱性 酸的浓度越低，芳胺的碱性越强，反应速率越快。在酸的浓度较高时，酸性较弱的芳胺重氮化速率快。

2. 偶合反应

芳香族重氮盐与酚类和芳胺等作用，生成偶氮化合物的反应称为偶合反应。酚类和芳胺等称为偶合组分。重要的偶合组分如下。

（1）酚类 苯酚、萘酚及其衍生物。

（2）芳胺类 苯胺、萘胺及其衍生物。

（3）氨基萘酚磺酸类 H 酸、J 酸、γ 酸等。

（4）活泼的亚甲基化合物 乙酰苯胺、吡唑啉酮等。

偶合反应机理：偶合反应条件对反应过程影响的各种研究结果表明，偶合反应是一个芳环亲电取代反应。在反应过程中，第一步是重氮盐阳离子和偶合组分结合形成一种中间产物；第二步是这种中间产物释放质子给质子接受体，生成偶氮化合物。反应基本方程式如下所示：

$$Ar-N=\overset{+}{N} \; + \; \langle\!\!\!\!\!\!\text{◯}\!\!\!\!\!\!\rangle-NH_2 \Longleftrightarrow Ar-N=N-\overset{H}{\langle\!\!\!\!\!\!\text{◯}\!\!\!\!\!\!\rangle}-\overset{+}{N}H_2$$

$$Ar-N=N-\underset{\underset{B}{H}}{\langle\!\!\!\!\!\!\text{◯}\!\!\!\!\!\!\rangle}-\overset{+}{N}H_2 \longrightarrow Ar-N=N-\langle\!\!\!\!\!\!\text{◯}\!\!\!\!\!\!\rangle-NH_2 \; + \; HB$$

3. 影响偶合反应的因素：

（1）偶氮盐偶合反应是芳香族亲电取代反应。重氮盐芳核上有吸电子取代基存在时，加强了重氮盐亲电子性，偶合活泼性高；反之，芳核上有给电子取代基存在时，减弱了重氮盐的亲电子性，偶合活泼性低。不同的对位取代基苯胺重氮盐和酚类偶合时的相对活泼性如下所示：

$$O_2N-\langle\!\!\!\!\!\!\text{◯}\!\!\!\!\!\!\rangle-N=N^+ > HO_3S-\langle\!\!\!\!\!\!\text{◯}\!\!\!\!\!\!\rangle-N=N^+ > Cl-\langle\!\!\!\!\!\!\text{◯}\!\!\!\!\!\!\rangle-N=N^+ > \langle\!\!\!\!\!\!\text{◯}\!\!\!\!\!\!\rangle-N=N^+ >$$

$$H_3C-\langle\!\!\!\!\!\!\text{◯}\!\!\!\!\!\!\rangle-N=N^+ > H_3CO-\langle\!\!\!\!\!\!\text{◯}\!\!\!\!\!\!\rangle-N=N^+$$

（2）偶合组分芳环上的取代基性质，对偶合活泼性有显著的影响。

（3）偶合介质的 pH 值。

（4）偶合反应一般在较低温度下进行。

（5）盐效应。

（6）催化剂存在的影响。

第二节　偶氮化工艺安全技术

一、偶氮化工艺的危险性

1. 偶氮化合物自身危险性

部分偶氮化合物极不稳定，活性强，受热或摩擦、撞击等作用能发生分解甚至爆炸，以偶氮二异丁腈为例：

（1）**性状**　白色结晶或结晶性粉末，不溶于水，溶于乙醚、甲醇、乙醇、丙醇、氯仿、二氯乙烷、乙酸乙酯、苯等，多为油溶性引发剂。遇热分解，熔点 $100 \sim 104℃$。应保存于 20℃ 的干燥地方。遇水分解放出氮气和含—$(CH_2)_2$—C—CN 基有机氰化物。分解温度 64℃，室温下缓慢分解，100℃ 急剧分解，能引起爆炸、着火，易燃、有毒。分解放出的有机氰化物对人体危害较大。

（2）**应用特性**　偶氮二异丁腈是油溶性的偶氮引发剂，偶氮引发剂反应稳定，是一级反应，没有副反应，比较好控制，所以广泛应用在高分子的研究和生产中。比如用作氯乙烯、乙酸乙烯、丙烯腈等单体聚合引发剂，也可用作聚氯乙烯、聚烯烃、聚氨酯、聚乙烯醇、丙烯腈与丁二烯和苯乙烯共聚物、聚异氰酸酯、聚乙酸乙烯酯、聚酰胺和聚酯等的发泡剂。此外，也可用于其他有机合成。

（3）制备或来源　可由丙酮、水合肼和氢氰酸，或由丙酮、硫酸肼和氰化钠作用再经氧化制得。现在工艺有氯气氧化和双氧水氧化两种。

（4）物质毒性　偶氮二异丁腈物质毒性见表 19-1。

表 19-1　偶氮二异丁腈物质毒性

编号	毒性类型	测试方法	测试对象	使用剂量	毒性作用
1	急性毒性	口服	大鼠	100mg/kg	① 行为毒性——全身麻醉 ② 行为毒性——嗜睡 ③ 行为毒性——共济失调
2	急性毒性	吸入	大鼠	>12mg/m³	① 眼毒性——结膜刺激 ② 行为毒性——兴奋 ③ 营养和代谢系统毒性——体重下降或体重增加速率下降
3	急性毒性	腹腔注射	大鼠	25mg/kg	① 行为毒性——全身麻醉 ② 行为毒性——嗜睡 ③ 行为毒性——共济失调
4	急性毒性	皮下注射	大鼠	30mg/kg	① 行为毒性——惊厥或癫痫发作阈值受到影响 ② 肺部、胸部或者呼吸毒性——其他变化
5	急性毒性	口服	小鼠	700mg/kg	详细作用没有报告除致死剂量以外的其他值
6	急性毒性	腹腔注射	小鼠	25mg/kg	详细作用没有报告除致死剂量以外的其他值
7	急性毒性	皮下注射	小鼠	40mg/kg	① 行为毒性——惊厥或癫痫发作阈值受到影响 ② 肺部、胸部或者呼吸毒性——其他变化
8	急性毒性	皮下注射	兔	50mg/kg	① 行为毒性——惊厥或癫痫发作阈值受到影响 ② 肺部、胸部或者呼吸毒性——其他变化
9	急性毒性	皮下注射	豚鼠	50mg/kg	① 行为毒性——惊厥或癫痫发作阈值受到影响 ② 肺部、胸部或者呼吸毒性——其他变化
10	慢性毒性	口服	大鼠	2200mg/kg	① 胃肠道毒性——其他变化 ② 营养和代谢系统毒性——体重下降或体重增加速率下降 ③ 慢性病相关毒性——死亡

2. 其他反应原料的危险性

偶氮化生产过程所使用的肼类化合物高毒，具有腐蚀性，易发生分解爆炸，遇氧化剂能自燃。肼又称联氨，无色油状液体，有类似于氨的刺鼻气味，是一种强极性化合物。肼能很好地混溶于水、醇等极性溶剂中，与卤素、过氧化氢等强氧化剂作用能自燃，长期暴露在空气中或短时间受高温作用会爆炸分解，具有强烈的吸水性，储存时用氮气保护并密封。肼能强烈侵蚀皮肤，对眼睛、肝脏有损害作用。

偶氮苯危险性也较强。健康危害：吸入、摄入或经皮肤吸收后对身体有害，具有刺激作用、致敏作用，受热分解释出氮氧化物。环境危害：对环境有危害。燃爆危险：可燃。

操作注意事项：密闭操作，局部排风。防止粉尘释放到车间空气中。操作人员必须经过专门培训，严格遵守操作规程。建议操作人员佩戴自吸过滤式防尘口罩，戴化学安全防护眼镜，穿防毒物渗透工作服，戴橡胶手套。远离火种、热源，工作场所严禁吸烟。使用防爆型的通风系统和设备。避免产生粉尘。避免与氧化剂接触。配备相应品种和数量的消防器材及泄漏应急处理设备。倒空的容器可能残留有害物。

储存注意事项：储存于阴凉、通风的库房。远离火种、热源。防止阳光直射。包装密封。应与氧化剂分开存放，切忌混储。配备相应品种和数量的消防器材。储区应备有合适的材料收容泄漏物。

二、偶氮化工艺的安全控制

偶氮化工艺的安全控制如下：

---

1. 概念

合成通式为 R—N=N—R 的偶氮化合物的反应为偶氮化反应，式中，R 为脂烃基或芳烃基，两个 R 基可相同或不同。涉及偶氮化反应的工艺过程为偶氮化工艺。脂肪族偶氮化合物由相应的肼经过氧化或脱氢反应制取。芳香族偶氮化合物一般由重氮化合物的偶联反应制备。

2. 工艺危险特点

(1)部分偶氮化合物极不稳定，活性强，受热或摩擦、撞击等作用能发生分解甚至爆炸。

(2)偶氮化生产过程所使用的肼类化合物高毒，具有腐蚀性，易发生分解爆炸，遇氧化剂能自燃。

(3)反应原料具有燃爆危险性。

3. 典型工艺

(1)脂肪族偶氮化合物合成　水合肼和丙酮氰醇反应，再经液氯氧化制备偶氮二异丁腈；次氯酸钠水溶液氧化氨基庚腈，或者甲基异丁基酮和水合肼缩合后与氰化氢反应，再经氯气氧化制取偶氮二异庚腈；偶氮二甲酸二乙酯(DEAD)和偶氮二甲酸二异丙酯(DIAD)的生产工艺。

(2)芳香族偶氮化合物合成　由重氮化合物的偶联反应制备得到偶氮化合物。

4. 重点监控工艺参数

偶氮化反应釜内温度、压力、液位、pH 值；偶氮化反应釜内搅拌速率；肼流量；反应物质的配料比；后处理单元温度等。

5. 安全控制的基本要求

反应釜温度和压力的报警和联锁；反应物料的比例控制和联锁系统；紧急冷却系统；紧急停车系统；安全泄放系统；后处理单元配置温度监测、惰性气体保护的联锁装置等。

6. 宜采用的控制方式

将偶氮化反应釜内温度、压力与釜内搅拌、肼流量、偶氮化反应釜夹套冷却水进水阀形成联锁关系。在偶氮化反应釜处设立紧急停车系统，当偶氮化反应釜内温度超标或搅拌系统发生故障时，自动停止加料，并紧急停车。

后处理设备应配置温度监测、搅拌、冷却联锁自动控制调节装置，干燥设备应配置温度测量、加热热源开关、惰性气体保护的联锁装置。

安全设施包括安全阀、爆破片、紧急放空阀等。

三、安全操作规程

1. 通用安全操作规程

（1）密闭操作，局部排风。

（2）操作人员必须经过专门培训，严格遵守操作规程。

（3）建议操作人员佩戴过滤式防尘呼吸器，戴安全防护眼镜，穿透气型防毒服，戴防毒物渗透手套。

（4）远离火种、热源，工作场所严禁吸烟。

（5）使用防爆型的通风系统和设备，避免产生粉尘。

（6）避免与氧化剂接触。

（7）搬运时要轻装轻卸，防止包装及容器损坏。

（8）配备相应品种和数量的消防器材及泄漏应急处理设备。

（9）倒空的容器可能残留有害物，要防止残留有害物的伤害。

2. 具体安全操作内容

（1）严格遵守工艺技术操作规程，加料必须均匀缓慢，切记不能集中或快速加料，防止由于加料过快，冷却系统来不及带走热量，造成釜内温度急剧上升。高温下偶氮盐不稳定会造成冲料甚至爆炸。

（2）严格禁止压缩气管、真空管等与偶氮化釜内直接相连的管道内进水，因为水与硫酸混合稀释时会放出大量的稀释热，釜内温度会急剧上升，温度如果超高，盐分解，温度更高，如此循环造成冲料甚至爆炸。

（3）偶氮夹套尽量不要安装蒸汽加热管，如果某些产品非安装蒸汽管不可的，换品种生产时必须用盲板封死蒸汽管道。生产使用蒸汽完毕后，必须马上关闭蒸汽阀门。密切注意该阀门是否有漏气，如有要及时更换。蒸汽内漏不断加热时，偶氮化温度会上升，超过限度时，工艺不稳定，会造成冲料甚至爆炸的事故。

（4）偶氮化加料后发生突然停电或搅拌失效时，应该立即停止加料，通好冷冻盐水。搅拌停止时间较长时，应通知有关人员到现场处理，千万不要立即开启搅拌，以防止重新开启搅拌时发生剧烈反应，反应热量短时间内无法带走，造成反应失控、冲料甚至爆炸。

（5）当偶氮化反应温度失控时，操作者应立即采取以下措施：

① 打开放空阀、人孔盖，开启引风机；

② 关闭所有原料阀门；

③ 开通偶氮釜夹套盐水；

④ 打开底阀卸掉这批料，以免造成更大的事故。

3. 储存安全规程

（1）储存于阴凉、通风的库房。

（2）远离火种、热源。

（3）库温不超过 30℃，相对湿度不超过 80%。

（4）包装密封。应与氧化剂分开存放，切忌混储。

（5）采用防爆型照明、通风设施。

（6）禁止使用易产生火花的机械设备和工具。

（7）储区应备有合适的材料收容泄漏物。

4. 运输安全规程

（1）运输时，运输车辆应配备相应品种和数量的消防器材及泄漏应急处理设备。

（2）装运偶氮化学品的车辆排气管必须有阻火装置。

（3）运输过程中要确保容器不泄漏、不倒塌、不坠落、不损坏。

（4）严禁与氧化剂、食用化学品等混装混运。

（5）运输途中应防暴晒、雨淋，防高温。中途停留时应远离火种、热源。

（6）车辆运输完毕应进行彻底清扫。铁路运输时要禁止溜放。

◆ 参考文献 ◆

［1］ GB 19041 光气及光气化产品生产安全规程.
［2］ GB 13548 光气及光气化产品生产装置安全评价通则.
［3］ 中华人民共和国国家安全生产监督管理总局. 光气及光气化产品安全生产管理指南，2014.
［4］ GB 11984 氯气安全规程.
［5］ AO 3014 液氯使用安全技术要求.
［6］ GB 50187 工业企业总平面设计规范.
［7］ GB 50016 建筑设计防火规范.
［8］ GB 50057 建筑物防雷设计规范.
［9］ GB 50011 建筑抗震设计规范.
［10］ GB/T 12801 生产过程安全卫生要求总则.
［11］ GB 5083 生产设备安全卫生设计总则.
［12］ GB 5044 职业性接触毒物危害程度分级.
［13］ GB 18218 危险化学品重大危险源辨识.
［14］ GB 50034 工业企业照明设计标准.
［15］ GB 50053 20kV 及以下变电所设计规范.
［16］ GB 50052 供配电系统设计规范.
［17］ GB 50054 低压配电设计规范.
［18］ GB 50058 爆炸和火灾危险环境电力装置设计规范.
［19］ GB 12158 防止静电事故通用导则.
［20］ GB 2894 安全标志及其使用导则.
［21］ GB 50140 建筑灭火器配置设计规范.
［22］ GB 50046 工业建筑防腐蚀设计规范.
［23］ GB 6441 企业职工伤亡事故分类.
［24］ GB/T 50062 电力装置的继电保护和自动装置设计规范.
［25］ GB 16912 深度冷冻法生产氧气及相关气体安全技术规程.
［26］ GBZ 2.1 工作场所有害因素职业接触限值 第 1 部分：化学有害因素.
［27］ GBZ 2.2 工作场所有害因素职业接触限值 第 2 部分：物理因素.
［28］ GB/T 13869 用电安全导则.
［29］ GB/T 13861 生产过程危险和有害因素分类与代码.
［30］ HG/T 20571 化工企业安全卫生设计规范.
［31］ HB/T 20546 化工装置设备布置设计规定.
［32］ HG/T 20509 仪表供电设计规范.
［33］ HG/T 20508 控制室设计规范.
［34］ HG/T 20666 化工企业腐蚀环境电力设计规程（附条文说明）.
［35］ AO 8001 安全评价通则.
［36］ AO 8002 安全预评价导则.
［37］ AO 3009 危险场所电气防爆安全规范.
［38］ GB 50041 锅炉房设计规范.
［39］ GB 15603 常用化学危险品贮存通则.

［40］　崔克清，陶刚.化工工艺及安全.北京：化学工业出版社，2004.

［41］　陈五平等.无机化工工艺学（上册）.北京：化学工业出版社，2000.

［42］　大连工学院.合成氨生产工艺.北京：化学工业出版社，1978.

［43］　崔克清.化学安全工程学.沈阳：辽宁科技出版社，1985.

［44］　郑端文.生产工艺防火.北京：化学工业出版社，1998.

［45］　崔政斌编著.危险化学品安全技术.北京：化学工业出版社，2010.

［46］　王小辉主编.危险化学品安全技术与管理.北京：化学工业出版社，2018.

［47］　许世森等编著.大规模煤气化技术.北京：化学工业出版社，2007.

［48］　高晋生，张德祥编著.煤液化技术.北京：化学工业出版社，2005.

［49］　许世森等编著.煤气净化技术.北京：化学工业出版社，2006.

［50］　崔克清等编.化工安全设计.北京：化学工业出版社，2004.

［51］　孙万付主编.危险化学品安全技术全书.第三版.通用卷.北京：化学工业出版社，2017.